高等数学
——新证明法讲解

陶 俊 编著

 南京大学出版社

图书在版编目(CIP)数据

高等数学 ：新证明法讲解 / 陶俊编著. — 南京 ：南京大学出版社，2021.1

ISBN 978 - 7 - 305 - 24084 - 3

Ⅰ. ①高… Ⅱ. ①陶… Ⅲ. ①高等数学—教材 Ⅳ. ①O13

中国版本图书馆 CIP 数据核字(2020)第 257463 号

出版发行 南京大学出版社
社 址 南京市汉口路 22 号 邮编 210093
出 版 人 金鑫荣

书 名 高等数学——新证明法讲解
编 著 陶 俊
责任编辑 何永国 编辑热线 025 - 83596997

照 排 南京开卷文化传媒有限公司
印 刷 南京京新印刷有限公司
开 本 787×1092 1/16 印张 23.25 字数 260 千
版 次 2021 年 1 月第 1 版 2021 年 1 月第 1 次印刷
ISBN 978 - 7 - 305 - 24084 - 3
定 价 62.00 元

网 址：http://www.njupco.com
官方微博：http://weibo.com/njupco
微信服务号：njuyuexue
销售咨询热线：(025)83594756

前　言

本书的特点是以首创的“辅助公式证明法”对牛顿-莱布尼兹公式进行了证明；同时，以“辅助公式证明法”替代了“元素法”（又称“微元法”）对曲线下的面积公式、旋转体的体积公式、平面曲线的弧长公式、旋转体的面积公式、空间曲线的弧长公式等其他公式进行了证明，这些新的证明不但严谨，而且使得这些公式的原理形象易懂，从而达到让高等数学易学好懂的目的.

众所周知，牛顿-莱布尼兹公式、曲线下的面积公式、弧长公式等等均是高等数学的重要内容. 但这些公式现有的推导方法比较抽象难懂，这就导致这些公式的原理很难被理解，这也是高等数学难学难懂的重要原因之一. 而“辅助公式证明法”可彻底改变这一现象，下面举例说明：

先说定积分的曲线下面积公式及与其密切相关的连续函数可积定理，它们是定积分开宗明义首先要学的公式和定理. 曲线下面积公式给出了曲线下面积的计算方法，而连续函数可积定理与定积分的定义相关，因此它们很重要. 但它们现有的推导过程比较复杂，也很难懂，因此一般教科书都不作介绍. 不介绍证明过程，学习者就无从知道这个公式和定理的原理，而处于一种知其然，不知其所以然的状态. 这非常不利于高等数学的学习和理解. 本书运用“辅助公式证明法”，将此公式和定理以简单、易懂的方式证明出来，让同学不但知其然，而且知其所以然，为后面的学习打下了坚实的基础.

再说牛顿-莱布尼兹公式，现有的推导需要运用较多的定理和定义，如曲线下面积公式、积分中值定理、不定积分的定义等，从而导致推导过程抽象. 其实牛顿-莱布尼兹公式本质上是一个极限定理. 本书运用“辅助公式证明法”，及极限运算法则先证明了“曲线下面积的极限公式”和“函数增量的极限公式”，再以此为基础，推导出了牛顿-莱布尼兹公式. 这个推导方式不但简单，而且能透彻地展示了牛顿-莱布尼兹公式的极限原理，使其容易理解. 本书对传统的牛顿-莱布尼兹公式的推导方法亦作了介绍，以方便同学讨论和理解.

再说弧长公式，现有教科书是以折线逼近弧长的方法推导出计算弧长的极限公式，从而将弧长公式定义为折线长度之和的极限，这是不妥的. 正确的推导方法应该是用任意点切线对弧长进行逼近，而非折线. 本书运用“辅助公式证明法”，以任意点切线逼近弧长的方式推导出弧长公式，从而将弧长公式是任意点切线长度之和的极限这一本质清晰地揭示出来. 本书在附录中，对折线逼近法的不妥之处进行了详细讨论，以方便同学理解.

同样的问题也存在于参数方程的弧长公式、空间曲线的弧长公式，以及旋转曲面的面积公式的推导过程中. 为了让同学了解这些公式的真正原理，本书在第十章分别介绍了这三个公式的正确推导方法.

另外，现有教科书在讨论极限时，只给出了函数极限的定义，即 $\delta-\varepsilon$ 不等式，但却没有给出这个定义的逻辑推导过程，没有推导过程，我们就很难理解这个公式的原理. 因此，$\delta-\varepsilon$ 不等式一直是学习极限上的一个难点. 而本书对极限趋向性的本质进行了讨论，根据趋向性的原理，我们很容易地从逻辑上推导出用于定义函数极限的 $\delta-\varepsilon$ 不等式. 知其原理，方觉此不等式一点都不难理解.

综上所述，本书通过“辅助公式证明法”对高等数学的一些重要定理进行证明，这些新的证明和推导简单、形象、易懂，从而使我们能领略高等数学的原理之美. 而用图讲原理，以图推公式也是本书的特点之一. 因此，本书不但易于老师教学，而且易于同学自学，是一本真正你能一读就懂的高等数学教科书.

本书在编排上做了一些调整. 因为有了“辅助公式证明法”，我们可以在极限水平上将高等数学的一些主要原理讲清楚. 因此在编排上，本书在介绍极限后，就立即开始运用极限的方法构建高等数学主要的原理公式. 先用极限方法定义了函数的连续性；再用极限方法构建了导数公式；然后在函数的连续性及导数概念的基础上，用极限方法推导出了牛顿-莱布尼兹公式，一气呵成地将高等数学的主要原理讲解清楚. 学习高等数学贵在弄懂原理，讲清楚了主要原理之后，本书再分章分节地具体讲解运算问题.

最后要感谢国家倡导的创新政策及形成的有利于创新的社会环境，这让我的研究更具有动力，也让本书得以顺利出版. 当然也要衷心感谢给予我帮助、建议的各位老师和编辑，特别是要衷心感谢帮助我提高分析和思维能力的有关老师，因为这是我能够创新的关键所在.

陶　俊

2020 年 2 月

目　录

第一章　函　数

函数是数学研究中的最重要的对象之一，本章将介绍函数的概念以及函数的一些基本性质. 在介绍之前，让我们先复习一下集合的概念以及它的一些基本性质.

第一节　集　合

由于集合学已经在中学中讲授，这里我们简单地复习一下集合的概念和运算.

一、集合及其表示法

集合是数学的基本概念之一. 一般地讲，集合是指具有某种特性的事物所组成的一个整体，而构成这个整体的每一个个体事物称作元素. 集合中的元素可以是任何事物，可以是人，可以是物，也可以是字母或数字等. 例如：

由一个排的士兵组成的一个集合，每一个士兵就是这个集合的元素.

由 2,4,6,8,10,12 六个数字组成的一个集合，每一个数字就是这个集合的元素.

我们通常用大写字母 $A,B,C,D,\cdots$ 表示集合，而用小写字母 $a,b,c,d,\cdots$ 表示元素. 当元素 a 属于集合 A 时，记为 $a\in A$；符号 $\in$ 的意思是"属于". 当元素 a 不属于集合 A 时，则记作 $a\notin A$；符号 $\notin$ 的意思是"不属于". 例如：

由 a,b,c,d 四个字母组成的一个集合 H，这四个字母都属于集合 H，我们有：$a\in H$，$b\in H$，$c\in H$ 和 $d\in H$.

若一个集合只包含有限个的元素，则称为有限集；若一个集合包含无限个的元素，则称为无限集. 不含元素的集合，则称为空集，用符号 $\varnothing$ 表示.

集合的表述法有两种：列举法和描述法.

列举法：就是把集合的元素都列举出来，例如由 2,4,6,8 这四个数字组成的集合 A，可表示为 $A=\{2,4,6,8\}$.

描述法：如果集合 B 是由许多具有性质 f 的元素 x 组成的，就可表示为

$$B=\{x \mid x \text{ 具有性质 } f\}.$$

例如，集合 C 是方程 $2x^2+6x=0$ 的解集，就可表示为

$$C=\{x \mid 2x^2+6x=0\}.$$

如果一个集合中所有的元素都是数，那么这个集合就称为数集. 习惯上，由实数全体构成的数集称为实数集，记作 $\mathbf{R}$.

全体自然数的数集记作 $\mathbf{N}$，我们有

$$\mathbf{N}=\{0,1,2,3,4,5,6,\cdots,n,\cdots\}.$$

我们在表示数集的字母的右下角标上“+”来表示该数集是排除 0 与负数元素的数集. 例如,$\mathbf{N}_+$ 为全体正整数的数集:

$$\mathbf{N}_+=\{1,2,3,4,5,6,\cdots,n,\cdots\}.$$

全体整数的数集记作 $\mathbf{Z}$,我们有

$$\mathbf{Z}=\{\cdots,-n,\cdots,-4,-3,-2,-1,0,1,2,3,4,\cdots,n,\cdots\}.$$

全体有理数的数集记作 $\mathbf{Q}$,我们有

$$\mathbf{Q}=\left\{\frac{p}{q}\middle|\, p\in\mathbf{Z}, q\in\mathbf{N}_+, p\text{ 与 }q\text{ 互质}\right\}.$$

设有集合 A 和集合 B,若集合 A 的所有元素都是集合 B 的元素,则称 A 是 B 的子集,记作 $A\subseteq B$ 或 $B\supseteq A$. $A\subseteq B$ 读作 A 包含于 B,而 $B\supseteq A$ 读作 B 包含 A.

二、集合的运算

集合的基本运算方式是并、交、差. 下面作简单的介绍.

并集

设集合 A 和集合 B 是两个非空集合,那么所有属于集合 A 或集合 B 的元素所组成的集合,称为集合 A 和集合 B 的并集,记为 $A\cup B$,如图 1-1 所示. 并集 $A\cup B$ 的定义为

$$A\cup B=\{x\mid x\in A\text{ 或 }x\in B\}.$$

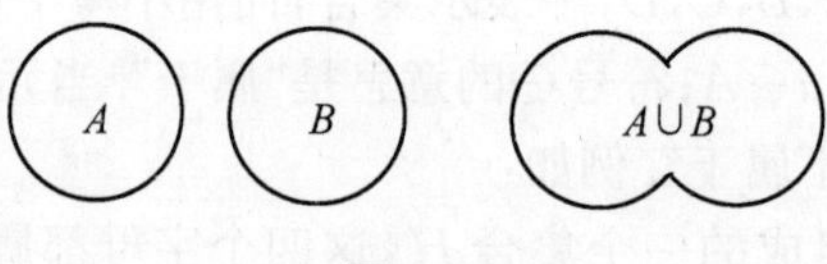

图 1-1

交集

设集合 A 和集合 B 是两个非空集合,那么所有既属于集合 A 又属于集合 B 的元素所组成的集合,称为集合 A 和集合 B 的交集,记为 $A\cap B$,如图 1-2 所示. 交集 $A\cap B$ 的定义为

$$A\cap B=\{x\mid x\in A\text{ 且 }x\in B\}.$$

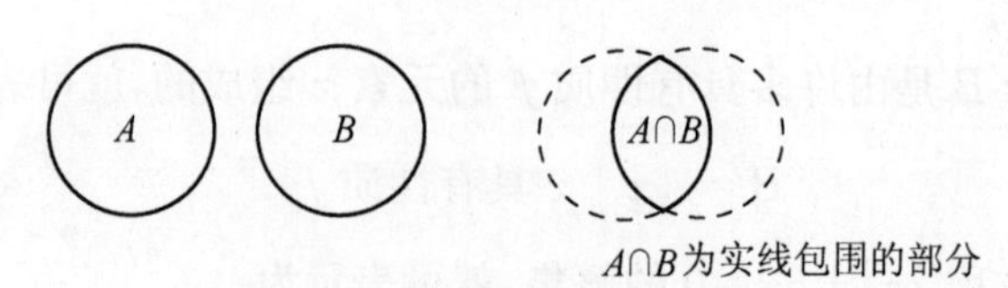

$A\cap B$ 为实线包围的部分

图 1-2

差集

设集合 A 和集合 B 是两个非空集合,那么所有属于集合 A 而不属于集合 B 的元素所组成的集合,称为集合 A 与集合 B 的差集,记为 $A\backslash B$,如图 1-3 所示. 差集 $A\backslash B$ 的定义为

$$A\backslash B=\{x \mid x\in A \text{ 且 } x\notin B\}.$$

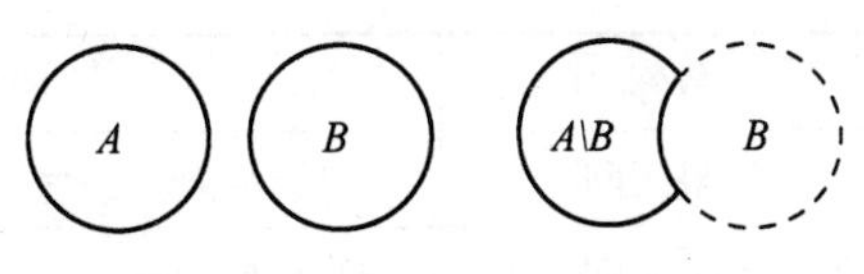

图 1-3

余集

设集合 A 非常大，而集合 B 很小且是集合 A 的子集，那么 $\overline{A}$ 称为 B 的余集，记为 B^c，如图 1-4 所示. $B^c=\overline{A}$，其中 $B\subseteq A$.

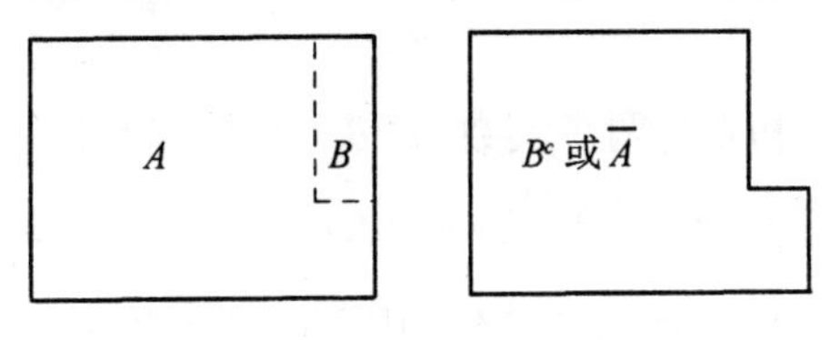

图 1-4

设有 A,B,C 任意三个集合，则有下列法则：

(1) 交换律：$A\cup B=B\cup A$，

$A\cap B=B\cap A$；

(2) 结合律：$(A\cup B)\cup C=A\cup(B\cup C)$，

$(A\cap B)\cap C=A\cap(B\cap C)$；

(3) 分配律：$(A\cup B)\cap C=(A\cap C)\cup(B\cap C)$，

$(A\cap B)\cup C=(A\cup C)\cap(B\cup C)$；

(4) 对偶律：$(A\cup B)^c=A^c\cap B^c$，

$(A\cap B)^c=A^c\cup B^c$.

上面介绍的法则均可根据集合相等的定义进行验证，在这里我们就不逐条验证了.

三、区间和邻域

区间

区间是一种数集. 区间一般用 I 表示，I 是英文单词 Interval(区间)的第一个字母. 区间分有限区间和无限区间两类. 先讨论有限区间.

有限区间包括开区间、闭区间和半开区间. 设 a,b 为实数，且 $a<b$，那么上述有限区间的定义和记号可表示如下：

记号	名称	定义
(a,b)	开区间	$(a,b)=\{x\mid a<x<b\}$
$[a,b]$	闭区间	$[a,b]=\{x\mid a\leqslant x\leqslant b\}$
$(a,b]$	半开区间	$(a,b]=\{x\mid a<x\leqslant b\}$
$[a,b)$	半开区间	$[a,b)=\{x\mid a\leqslant x<b\}$

在上述有限区间中，a,b 分别称为区间的左、右端点.

现在介绍无限区间. 设 a,b 为实数,那么无限区间的定义和记号可表示如下:

记号	名称	定义
$(-\infty,+\infty)$	无限区间	$(-\infty,+\infty)=\{x\mid -\infty<x<+\infty\}$
$(a,+\infty)$	无限区间	$(a,+\infty)=\{x\mid a<x<+\infty\}$
$[a,+\infty)$	无限区间	$[a,+\infty)=\{x\mid a\leqslant x<+\infty\}$
$(-\infty,b)$	无限区间	$(-\infty,b)=\{x\mid -\infty<x<b\}$
$(-\infty,b]$	无限区间	$(-\infty,b]=\{x\mid -\infty<x\leqslant b\}$

邻域

邻域是一种数集. 设 x_0 和 δ 为两个实数,且 $\delta>0$,则数集 $\{x\mid |x-x_0|<\delta\}$ 称为点 x_0 的 δ 邻域,如图 1-5 所示,记为 $U(x_0,\delta)$,即

$$U(x_0,\delta)=\{x\mid |x-x_0|<\delta\},$$

x_0 为邻域 $U(x_0,\delta)$ 的中心,δ 为邻域 $U(x_0,\delta)$ 的半径.

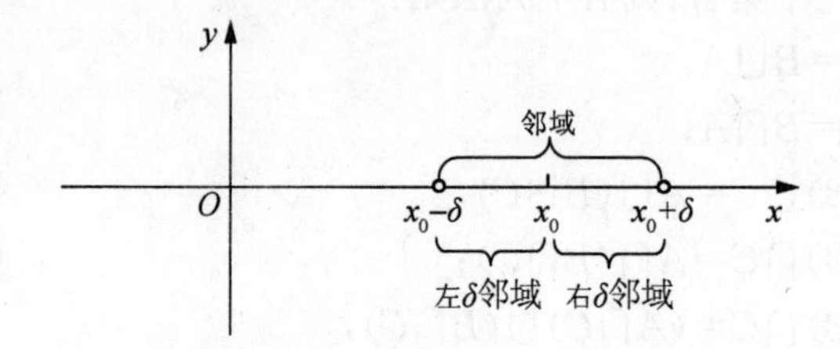

图 1-5

不含点 x_0 的 δ 邻域称为去心邻域,记为 $\mathring{U}(x_0,\delta)$,用数集可表示为

$$\mathring{U}(x_0,\delta)=\{x\mid 0<|x-x_0|<\delta\}.$$

开区间 $(x_0-\delta,x_0)$ 称为左 δ 邻域,可用数集表示为

$$(x_0-\delta,x_0)=\{x\mid x_0-\delta<x<x_0\}.$$

开区间 $(x_0,x_0+\delta)$ 称为右 δ 邻域,可用数集表示为

$$(x_0,x_0+\delta)=\{x\mid x_0<x<x_0+\delta\}.$$

在表示邻域时,也可以不指明半径,用 $U(x_0)$ 表示点 x_0 的邻域,用 $\mathring{U}(x_0)$ 表示点 x_0 的去心邻域.

习题 1-1

1. 已知集合 $A=(-\infty,+\infty)$,$B=(-12,-4)$.

(1) 求 $A\cup B$;

(2) 求 $A\cap B$;

(3) 求B^c.

2. 已知集合 $A=(-\infty,1)$，$B=(-6,12)$.

(1) 求 $A\cup B$；

(2) 求 $A\cap B$；

(3) 求 $A\backslash B$.

3. 开区间(a,b)的定义是(　　).

(A) $\{x|a<x<b\}$.

(B) $\{x|a\leqslant x\leqslant b\}$.

(C) $\{x|a<x\leqslant b\}$.

4. 用区间表示下列不等式的解集.

(1) $x<9$；

(2) $x\leqslant 5$；

(3) $|x-2|>0$.

第二节　函数的概念

自然界里很多变量是相互依赖的，一个变量的变化会导致另一个变量的变化，而这种变化有一定的内在规律. 这些变量与变量之间的依赖关系、内在的变化规律可用数学的方式进行表述，这个表述变量之间关系的数学方式就是函数. 下面举个例子.

设圆的周长为 l，它的半径为 r，那么圆的周长与它的半径之间的关系可用等式表示为

$$l=2\pi r;$$

也可用表格表示为

半径 r/cm	1	2	3	4	5	6
周长 l/cm	2π	4π	6π	8π	10π	12π

也可用图形表示为

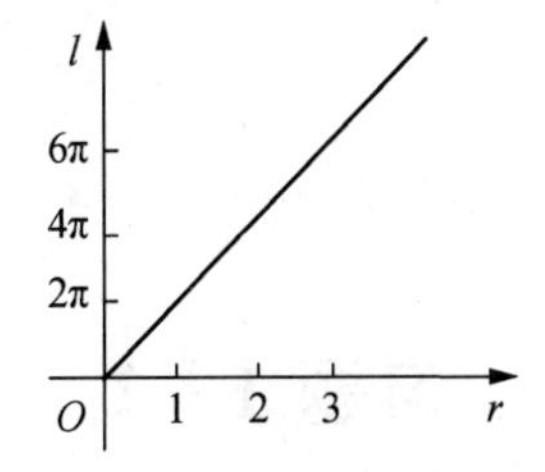

上述等式、表格和图形都描述了圆的周长 l 和圆的半径 r 这两个变量之间的变化规律. 表述这两个变量内在的变化规律的数学方式就是函数. 因此，函数可用等式表示，也可用表格表示，也可用图形表示.

函数定义　设 D 为一个非空数集，若存在对应规则 f，使得每一个数 $x\in D$，都有唯一的一个数 y 与之相对应，则称 f 为定义在非空数集 D 上的**函数**，记作

$$y=f(x),x\in D.$$

非空数集 D 称作这个函数的**定义域**，与数 x 相对应的数 y 称作函数值，全体函数值所组成的数集 $f(D)$称作函数 f 的**值域**.

在函数 $y=f(x)$中，非空数集 D 中的数 $x(x\in D)$称作**自变量**，与之相对应的且唯一的数 y 称作**因变量**.

在上述例子中，函数 $l=2\pi r$ 中的变量 r 为自变量，变量 l 为因变量.

对一个给定的函数 $y=f(x)$，确定其定义域，是数学中常需要解决的问题.下面举几个例子.

例 1　求函数 $y=\dfrac{6}{x^2-3x}$的定义域.

解　因为在分式$\dfrac{6}{x^2-3x}$中分母不能等于零，所以有 $x^2-3x\neq 0$，解得

$$x\neq 0 \text{ 且 } x\neq 3.$$

因此函数 $y=\dfrac{6}{x^2-3x}$的定义域D 为

$$D=(-\infty,0)\cup(0,3)\cup(3,+\infty).$$

例 2　求函数 $y=\sqrt{16-x^2}$的定义域.

解　因为在偶次根式中，被开方式必须大于或等于零，所以有$16-x^2\geqslant 0$，解得

$$-4\leqslant x\leqslant 4.$$

因此函数 $y=\sqrt{16-x^2}$的定义域 D 为

$$D=[-4,4].$$

例 3　求函数 $y=\dfrac{2}{\ln(x-6)}$的定义域.

解　因为在对数中真数必须大于零，所以有 $x-6>0$，即 $x>6$. 又因为在分式$\dfrac{2}{\ln(x-6)}$中分母不能等于零，所以有 $\ln(x-6)\neq 0$，即 $x-6\neq 1$，所以 $x\neq 7$. 因此函数 $y=\dfrac{2}{\ln(x-6)}$的定义域 D 为

$$D=(6,7)\cup(7,+\infty).$$

习题 1－2

1. 求函数 $y=\sqrt{1-2x}$的定义域.
2. 求函数 $y=\dfrac{2}{1-x}$的定义域.
3. 求函数 $y=\dfrac{1}{x^2-3x}$的定义域.

4. 求函数 $y=\dfrac{1}{\ln(x-10)}$的定义域.

5. 求函数 $y=\dfrac{1}{x^2}+\sqrt{x}$的定义域.

6. 求函数 $y=\dfrac{1}{x^2-x}+\sqrt{2-x}$的定义域.

第三节 函数的性质

一、函数的有界性

让我们观察函数 $y=\sin x$ 的图形,在区间$(-\infty,+\infty)$上,函数 $y=\sin x$ 的曲线介于两条平行直线 $y=1$ 和 $y=-1$ 之间,如图 1-6 所示.

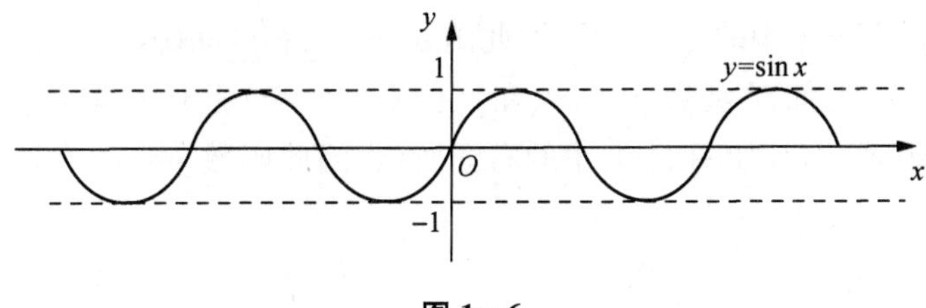

图 1-6

因此,对函数 $y=\sin x$,我们有不等式$|\sin x|\leqslant 1$. 这个不等式告诉我们,在区间$(-\infty,+\infty)$上,函数值不可能大于 1 或小于-1. 也就是说,函数值的变动范围是有限的,或者说是有界的.

定义 设函数 $y=f(x)$的定义域为 D,如果存在一个确定的正数 M,使得对所有的 $x\in D$,都有$|f(x)|\leqslant M$,那么就称函数 $y=f(x)$在集合 D 上是**有界函数**. 如果不存在这个正数 M,那么就称函数 $y=f(x)$在集合 D 上无界.

注意不等式$|f(x)|\leqslant M$ 中的绝对值符号,它表明有界性是同时在上、下加以限制的. 也就是既要求有上界,又要求有下界. 上面例子中的函数 $y=\sin x$ 完全符合这一条件,我们有

$$|\sin x|\leqslant 1.$$

$y=\sin x$ 的上界为 1,下界为-1. 因此函数 $y=\sin x$ 是有界函数.

再让我们讨论函数 $y=\dfrac{1}{x}$. 函数 $y=\dfrac{1}{x}$在区间$(0,1)$上没有上界,但有下界,下界等于 1. 因此函数 $y=\dfrac{1}{x}$在区间$(0,1)$上无界.

二、函数的单调性

让我们观察函数 $y=x^2$ 在区间$(0,+\infty)$上的图形,即 y 轴右边的图形. 当 x 增大时,函数 y 总是增大,如图 1-7 所示. 也就是说,函数 $y=x^2$ 在区间$(0,+\infty)$上是单调增加的.

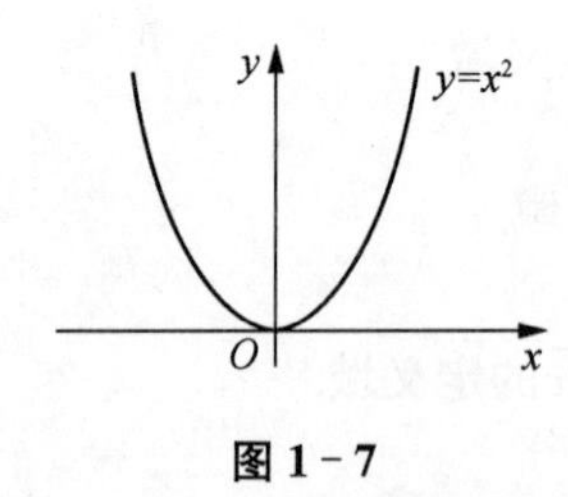

图 1-7

再让我们观察函数 $y=x^2$ 在区间$(-\infty,0)$上的图形，即 y 轴左边的图形. 当 x 增大时，函数 y 总是减小，如图 1-7 所示. 也就是说，函数 $y=x^2$ 在区间$(-\infty,0)$上是单调减少的.

定义 设函数 $y=f(x)$在区间(a,b)上有定义，若我们在区间(a,b)上任意取两点 x_1 和 x_2，且 $x_1<x_2$ 时，总是有 $f(x_1)<f(x_2)$，则称函数在区间(a,b)上**单调增加**. 同理，若我们在区间(a,b)上任意取两点 x_1 和 x_2，且 $x_1<x_2$ 时，总是有$f(x_1)>f(x_2)$，则称函数在区间(a,b)上**单调减少**.

根据定义，让我们对函数 $y=x^2$ 在区间$(0,+\infty)$上任意取两点 x_1 和 x_2，使得$x_1<x_2$，我们总有 $x_1^2<x_2^2$，如图 1-8 中的左图所示. 因此函数 $y=x^2$ 在区间$(0,+\infty)$上是单调增加的.

再根据定义，让我们对函数 $y=x^2$ 在区间$(-\infty,0)$上任意取两点 x_1 和 x_2，使得 $x_1<x_2$，我们总有 $x_1^2>x_2^2$，如图 1-8 中的右图所示. 因此函数 $y=x^2$ 在区间$(-\infty,0)$上是单调减少的.

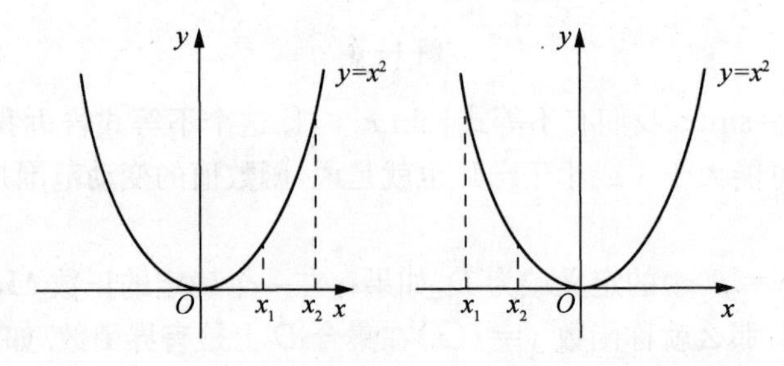

图 1-8

再根据定义，让我们对函数 $y=x^2$ 在区间$(-\infty,+\infty)$上任意取两点 x_1 和 x_2，使得 $x_1<x_2$，显然我们不能保证总有 $x_1^2<x_2^2$，或总有 $x_1^2>x_2^2$. 因此，函数 $y=x^2$ 在区间$(-\infty,+\infty)$上不是单调的. 如果我们观察函数 $y=x^2$ 在区间$(-\infty,+\infty)$上的图形，我们会发现函数既有增大情形，又有减小情形，显然，该函数在此区间上不可能是单调的.

单调增加函数和单调减少函数都称为单调函数.

三、函数的奇偶性

奇偶性是对函数图形对称性的描述. 若一个函数的图形关于原点对称，则称此函数为奇函数. 例如，函数 $y=x^3$，它的图形关于原点对称，如图 1-9 中左图所示，因此函数 $y=x^3$ 为奇函数. 若一个函数的图形关于 y 轴对称，则称此函数为偶函数. 例如，函数 $y=x^2$，它的图形关于 y 轴对称，如图 1-9 中右图所示，因此函数 $y=x^2$ 为偶函数.

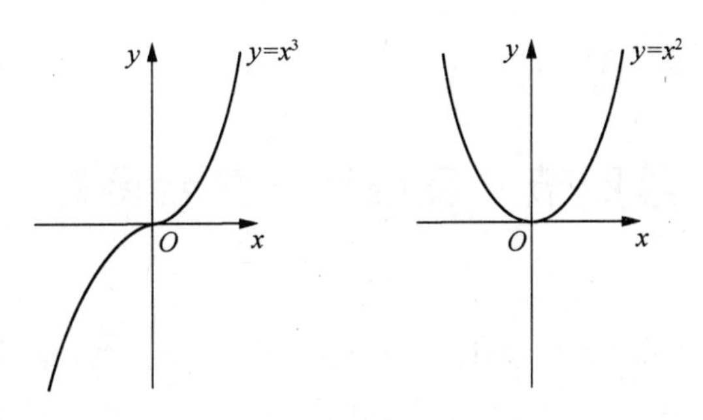

图 1－9

定义 设函数 $y=f(x)$ 的定义域为 D，如果对于任意 $x\in D$，总是有 $f(-x)=-f(x)$，那么就称函数 $y=f(x)$ 为**奇函数**；如果对于任意 $x\in D$，总是有 $f(-x)=f(x)$，那么就称函数 $y=f(x)$ 为**偶函数**.

四、函数的周期性

如果一个函数具有周期性，那么这个函数曲线的形状就会有规律地重复出现. 例如函数 $y=\sin x$，它的曲线的形状每间隔 2π 就会重复地出现，如图 1－10 所示.

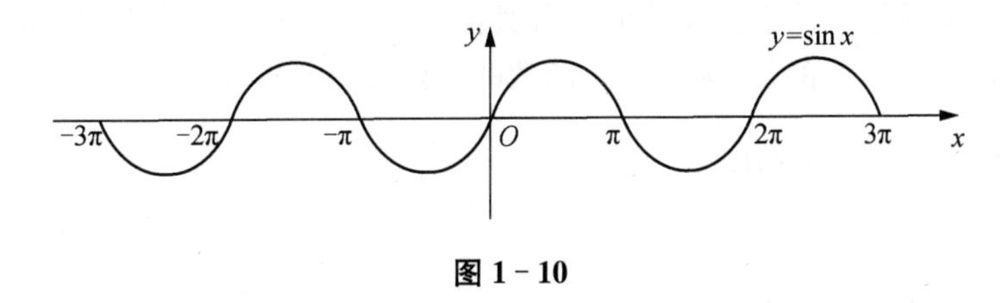

图 1－10

定义 设函数 $y=f(x)$ 的定义域为 D，如果存在一个正数 l，对于任意 $x\in D$，总是有 $f(x+l)=f(x)$，那么就称函数 $y=f(x)$ 为**周期函数**，称正数 l 为周期函数 $y=f(x)$ 的**周期**. 注意，周期函数 $y=f(x)$ 的周期，总是指其**最小正周期**.

对函数 $y=\sin x$，我们总有 $\sin(x+2\pi)=\sin x$. 因此根据定义，函数 $y=\sin x$ 是周期函数，2π 为函数 $y=\sin x$ 的周期.

习题 1－3

1. 试判断下列函数的奇偶性.

(1) $y=\sin 2x$；

(2) $y=(x-2)(x+2)$；

(3) $y=x^4-x^2-8$；

(4) $y=\cos 2x$.

2. 指出下列函数哪些是周期函数，并给出其最小正周期.

(1) $y=\sin(x-3)$；

(2) $y=\sin 2x$；

(3) $y=x^2\cos x$；

(4) $y=\cos(x+6)$.

第四节　反函数与复合函数

一、反函数

函数 $y=f(x)$ 描述了自变量 x 与因变量 y 之间的对应关系，即当给出一个自变量 x 的值，函数 $y=f(x)$ 就会给出一个与之相对应的因变量 y 的值. 而反函数相反，反函数描述了因变量 y 与自变量 x 之间的对应关系，即当给出一个因变量 y 的值，反函数就会给出一个与之相对应的自变量 x 的值. 这就是反函数的概念.

当然，将函数 $y=f(x)$ 转换成反函数，需要满足一个条件，就是因变量 y 的每一个值，只对应于唯一的一个自变量 x 的值.

定义　设有函数 $y=f(x)$，其定义域为 X，其值域为 Y，如果对于每一个因变量 $y\in Y$ 的值，只存在唯一的一个自变量 $x\in X$ 与它对应，那么 x 可以看作是 y 的函数. 记作 $x=f^{-1}(y)$，这个新的函数 $x=f^{-1}(y)$ 就是函数 $y=f(x)$ 的**反函数**. 此时，函数 $y=f(x)$ 也称为直接函数.

我们知道单调函数的因变量 y 的值与自变量 x 的值有着唯一的一对一的对应关系，即一个 y 的值只对应一个 x 的值. 因此单调函数的反函数总是存在.

例 1　求函数 $y=\dfrac{x}{2}$ 的反函数.

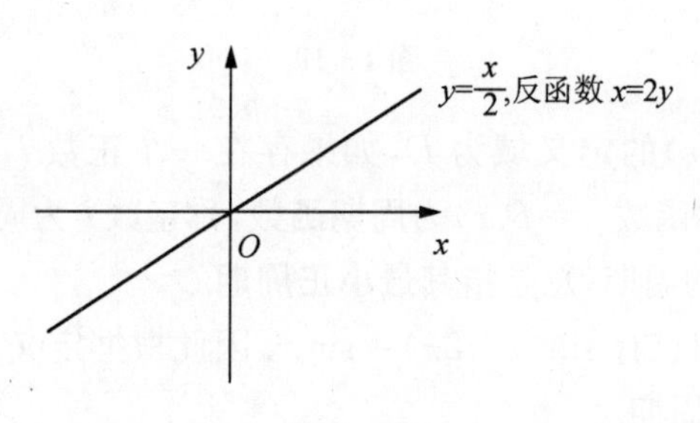

图 1 - 11

解　因为函数 $y=\dfrac{x}{2}$ 是单调函数，所以因变量 y 的每一个值，只对应于唯一的一个自变量 x 的值. 因此，函数 $y=\dfrac{x}{2}$ 的反函数为 $x=2y$.

注意，这里直接函数 $y=\dfrac{x}{2}$ 和反函数 $x=2y$ 的图形是一样的，如图 1 - 11 所示.

例 2　求函数 $y=x^3$ 的反函数.

解　因为函数 $y=x^3$ 是单调函数，所以因变量 y 的每一个值，只对应于唯一的一个自变量 x 的值. 因此，函数 $y=x^3$ 的反函数为 $x=y^{\frac{1}{3}}$. 注意，这里直接函数 $y=x^3$ 和反函数 $x=y^{\frac{1}{3}}$ 的图形是一样的，如图 1 - 12 所示.

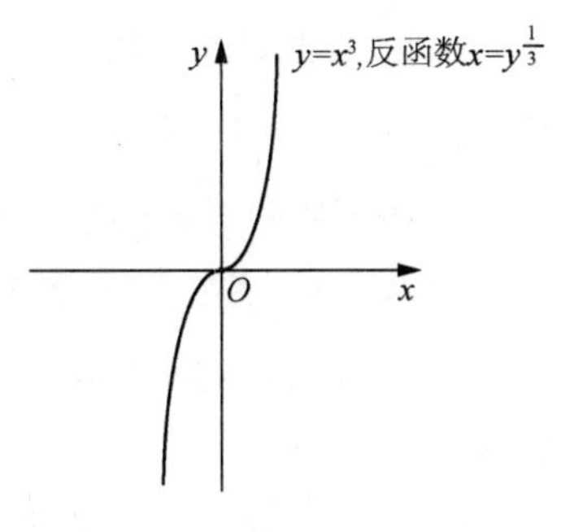

图 1-12

注意,如果我们用 $y=f(x)$表示直接函数,用 $x=f^{-1}(y)$表示反函数,那么在 xOy 坐标系中,直接函数$y=f(x)$和反函数 $x=f^{-1}(y)$的图形就完全一样.

由于数学习惯上自变量用 x 表示,因变量用 y 表示,所以直接函数 $y=f(x)$的反函数也可用 $y=f^{-1}(x)$表示.例如,把直接函数 $y=x^3$ 的反函数写成 $y=x^{\frac{1}{3}}$.注意,这里直接函数和反函数的图形是不一样的.如果我们用 $y=f(x)$表示直接函数,用 $y=f^{-1}(x)$表示反函数,那么直接函数 $y=f(x)$和反函数 $y=f^{-1}(x)$的图形就不一样.

综上所述,当用 $y=f(x)$表示直接函数时,如果用 $x=f^{-1}(y)$表示反函数,那么直接函数和反函数的图形就完全一样;如果用 $y=f^{-1}(x)$表示反函数,那么直接函数和反函数的图形就不一样.

二、复合函数

直观地说,复合函数是将一个函数代入另一个函数而得到的函数.例如,有两个函数 $y=f(u)$和 $u=g(x)$.如果将函数 $u=g(x)$代入函数 $y=f(u)$,我们就得到一个复合函数$y=f[g(x)]$.

在函数的复合过程中,有一个要求,即函数 $u=g(x)$的值域必须是函数 $y=f(u)$的定义域的子集.

定义 设有函数 $y=f(u)$,其定义域为 D^*,另有函数 $u=g(x)$,其定义域为 D,其值域为 $g(D)$,如果 $g(D)\subseteq D^*$,那么 $y=f[g(x)]$,$x\in D$ 称为由函数 $y=f(u)$和 $u=g(x)$构成的**复合函数**,变量 u 称为**中间变量**.

注意,中间变量 u 有双重意义,对函数 $u=g(x)$ 而言,它是因变量,即函数;对函数 $y=f(u)$ 而言,它是自变量.

例如,有两个函数$y=u^2$ 和 $u=\sin x$.函数$y=u^2$ 的定义域为$(-\infty,+\infty)$,而函数 $u=\sin x$的值域为$[-1,1]$.显然,函数 $u=\sin x$ 的值域是函数 $y=u^2$ 的定义域的子集,因此我们可将函数 $u=\sin x$ 代入函数 $y=u^2$,这样就构成了一个复合函数 $y=\sin^2 x$.换句话说,函数 $y=\sin^2 x$ 是由函数 $y=u^2$ 和函数 $u=\sin x$ 复合而来.中间变量 u 在函数$u=\sin x$ 中是因变量,即函数;而在函数 $y=u^2$ 中是自变量.

习题 1-4

1. 给出函数 $y=x^2$ 在区间$(-\infty,0]$上的反函数.

2. 给出函数 $y=x^5$ 在区间 $(-\infty,+\infty)$ 上的反函数.

3. 如果将直接函数 $y=x^5$ 的反函数写为 $x=y^{\frac{1}{5}}$，问:在 xOy 坐标系中,它们的图形是否一样?

4. 将直接函数 $y=x^3$ 和反函数 $x=y^{\frac{1}{3}}$ 的图形都作在 xOy 坐标系中，在直接函数 $y=x^3$ 曲线上选择点 $(x=1,y=1)$ 和点 $(x=2,y=8)$，并在这两点上作一割线. 另外在它的反函数 $x=y^{\frac{1}{3}}$ 曲线上选择点 $(y=1,x=1)$ 和点 $(y=8,x=2)$，并在这两点上作一割线. 问：

(1) 这两个函数的图形是否一样?

(2) 这两条割线的图形是否一样?

(3) 这两条割线的斜率是否互为倒数?

5. 在上题中，在直接函数 $y=x^3$ 曲线上选择点 $(x=2,y=8)$，并在这点上作一切线. 另外在它的反函数 $x=y^{\frac{1}{3}}$ 曲线上选择点 $(y=8,x=2)$，也在这点上作一切线. 问这两条切线的图形是否一样?

6. 将函数 $y=u^2$ 与函数 $u=\sin x$ 构成以 y 为因变量、以 x 为自变量的复合函数 $y=f(x)$.

7. 将函数 $y=\cos u$ 与函数 $u=x^3$ 构成以 y 为因变量、以 x 为自变量的复合函数 $y=f(x)$.

8. 将函数 $y=u^{\frac{1}{2}}$ 与函数 $u=x^2+2x$ 构成以 y 为因变量、以 x 为自变量的复合函数 $y=f(x)$.

第五节　基本初等函数与初等函数

所谓基本初等函数通常是指常数函数、幂函数、指数函数、对数函数、三角函数、反三角函数这六种函数. 而这六种基本初等函数通过一定的数学运算和复合构成了初等函数. 下面分别介绍.

一、基本初等函数

基本初等函数包括常数函数、幂函数、指数函数、对数函数、三角函数和反三角函数. 由于基本初等函数在初等数学中已经讲过，这里仅作简单地介绍.

常数函数

常数函数的数学表达式为

$$y=C.$$

常数函数的定义域为 $(-\infty,+\infty)$. 常数函数的图形是一条水平直线，如图 1-13 所示.

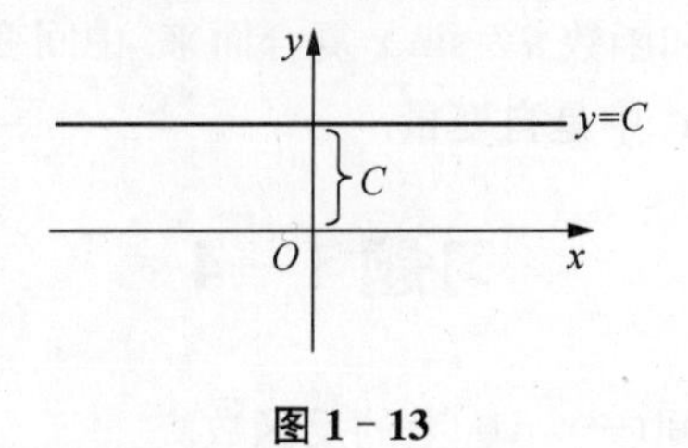

图 1-13

幂函数

幂函数的数学表达式为

$$y = x^{\mu}(\mu \in \mathbf{R}).$$

幂函数的定义域随 μ 数值的不同而不同. 例如:当 μ 为正整数时,幂函数 $y=x^{\mu}$ 的定义域为 $(-\infty,+\infty)$. 当 μ 为负整数时,幂函数 $y=x^{\mu}$ 的定义域为 $(-\infty,0)\cup(0,+\infty)$,等等. 但是不论 μ 为何数值,在区间 $(0,+\infty)$ 上,幂函数 $y=x^{\mu}$ 总有定义.

当 $\mu>0$ 时,幂函数的图形均通过原点 $(0,0)$ 和点 $(1,1)$,如图 1-14 所示. 当 $\mu<0$ 时,幂函数的图形均通过点 $(1,1)$,如图 1-14 所示.

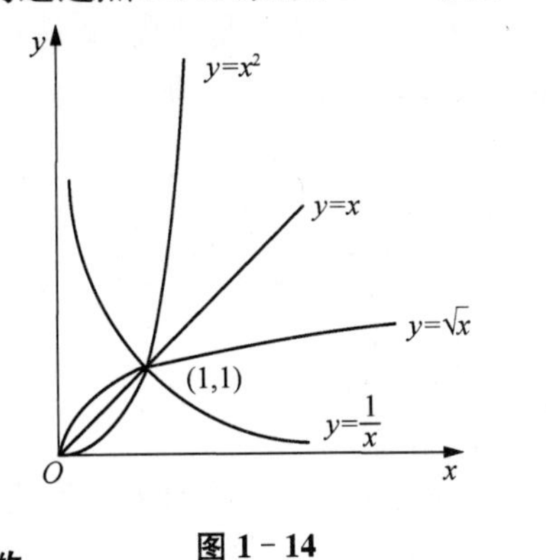

图 1-14

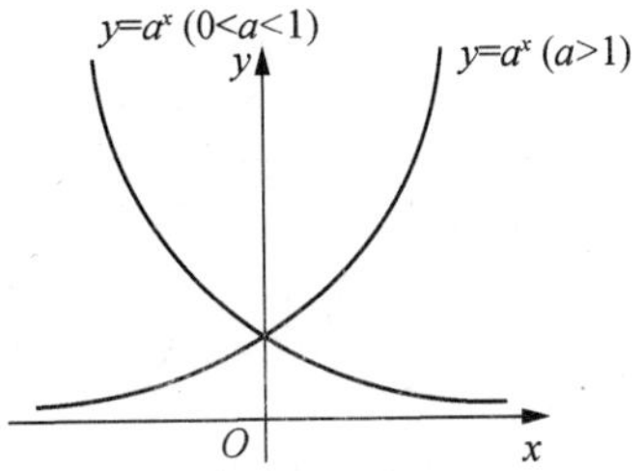

图 1-15

指数函数

指数函数的数学表达式为

$$y = a^{x}(a > 0, a \neq 1).$$

指数函数的定义域为 $(-\infty,+\infty)$,值域为 $(0,+\infty)$. 指数函数 $y=a^{x}$ 的图形均在 x 轴之上,而且均通过点 $(0,1)$,如图 1-15 所示.

对数函数

对数函数的数学表达式为

$$y = \log_{a} x(a > 0, a \neq 1).$$

对数函数的定义域为 $(0,+\infty)$,值域为 $(-\infty,+\infty)$. 对数函数 $\log_{a} x$ 的全部图形均在 y 轴右侧,而且均通过点 $(1,0)$,如图 1-16 所示.

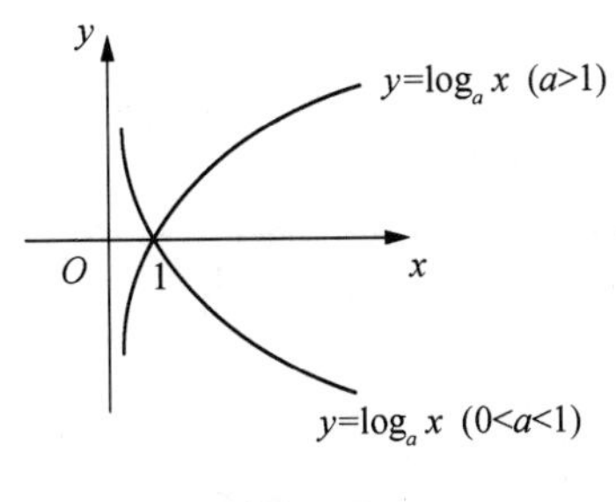

图 1-16

三角函数

这里我们将介绍 4 种三角函数:正弦函数 $y=\sin x$、余弦函数 $y=\cos x$、正切函数 $y=$

$\tan x$ 和余切函数 $y=\cot x$.

正弦函数 $y=\sin x$ 的定义域为$(-\infty,+\infty)$. $y=\sin x$ 既是奇函数,又是有界函数,它的值域为$[-1,1]$. $y=\sin x$ 还是周期函数,其周期为 2π,如图 1-17 所示.

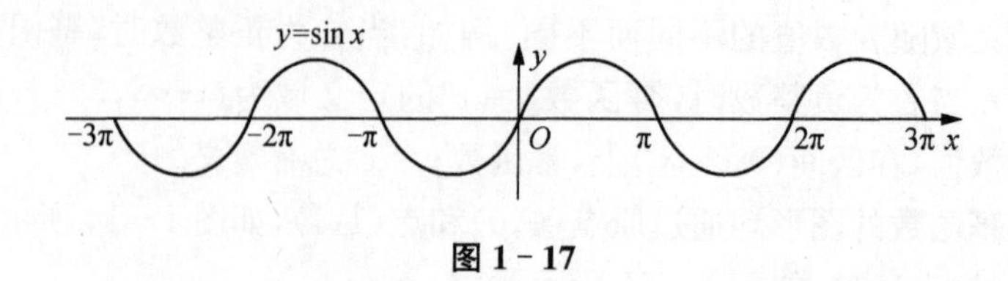

图 1-17

余弦函数 $y=\cos x$ 的定义域为$(-\infty,+\infty)$. $y=\cos x$ 既是偶函数,又是有界函数,它的值域为$[-1,1]$. $y=\cos x$ 还是周期函数,其周期为 2π,如图 1-18 所示.

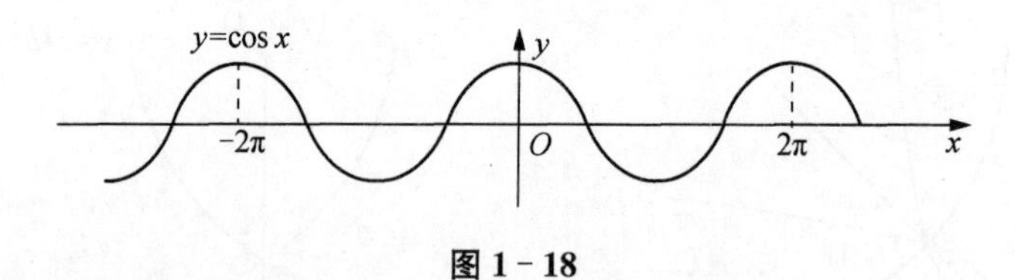

图 1-18

正切函数 $y=\tan x$ 的定义域为$\left\{x\,\middle|\,x\neq k\pi+\dfrac{\pi}{2}(k=0,\pm1,\pm2,\cdots)\right\}$. 正切函数 $y=\tan x$ 既是奇函数,又是周期函数,其周期为 π,如图 1-19 所示.

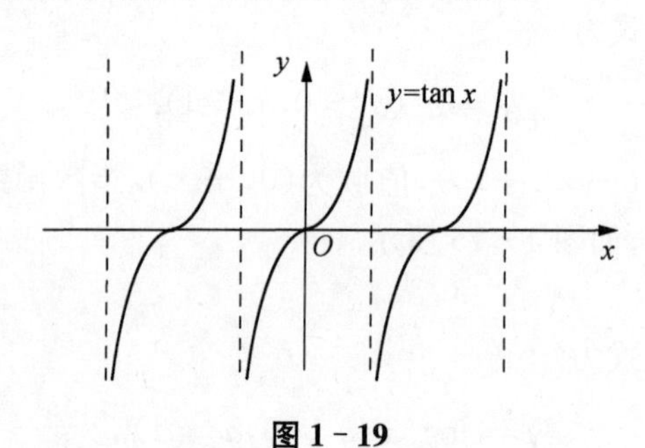

图 1-19

余切函数 $y=\cot x$ 的定义域为$\{x\,|\,x\neq k\pi(k=0,\pm1,\pm2,\cdots)\}$. 余切函数 $y=\cot x$ 既是奇函数,又是周期函数,其周期为 π,如图 1-20 所示.

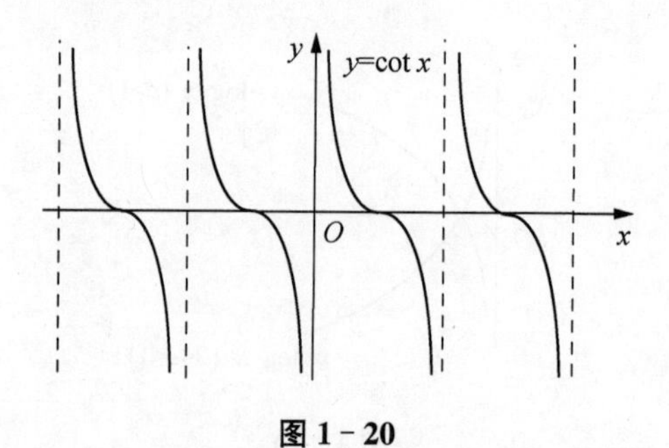

图 1-20

反三角函数

在这里我们将介绍 4 种反三角函数:反正弦函数 $y=\arcsin x$、反余弦函数 $y=\arccos x$、

反正切函数 $y=\arctan x$ 和反余切函数 $y=\text{arccot}\, x$. 由于三角函数都是周期函数,因此,我们要对三角函数的定义域进行限制,使其一个 y 值只对应唯一的一个 x 值,这样才能生成反三角函数.

1. *反正弦函数* $y=\arcsin x$

在区间 $\left[-\frac{\pi}{2},\frac{\pi}{2}\right]$ 上,正弦函数 $y=\sin x$ 的一个 y 值只对应唯一的一个 x 值,因此有反函数. 正弦函数 $y=\sin x$ 在区间 $\left[-\frac{\pi}{2},\frac{\pi}{2}\right]$ 上的反函数记为 $y=\arcsin x$, $y=\arcsin x$ 也称为反正弦函数的主值.

反正弦函数 $y=\arcsin x$ 的定义域为 $[-1,1]$,值域为 $\left[-\frac{\pi}{2},\frac{\pi}{2}\right]$,是单调增加且有界的函数,也是奇函数,其曲线如图 1-21 所示.

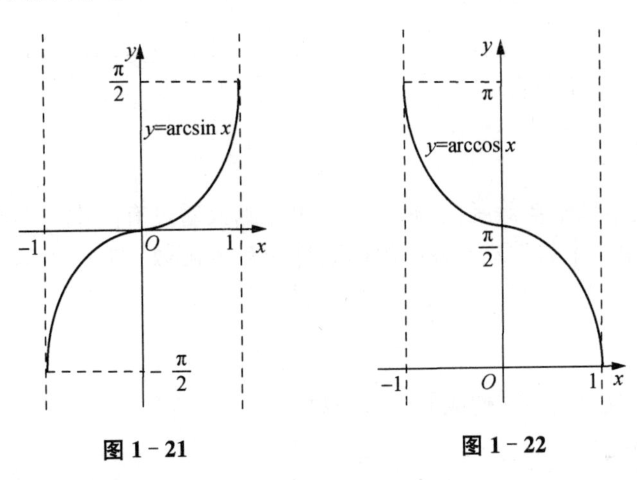

图 1-21　图 1-22

2. *反余弦函数* $y=\arccos x$

在区间 $[0,\pi]$ 上,余弦函数 $y=\cos x$ 的一个 y 值只对应唯一的一个 x 值,因此有反函数. 余弦函数 $y=\cos x$ 在区间 $[0,\pi]$ 上的反函数记为 $y=\arccos x$, $y=\arccos x$ 也称为反余弦函数的主值.

反余弦函数 $y=\arccos x$ 的定义域为 $[-1,1]$,值域为 $[0,\pi]$,是单调减少且有界的函数,其曲线如图 1-22 所示.

3. *反正切函数* $y=\arctan x$

在区间 $\left(-\frac{\pi}{2},\frac{\pi}{2}\right)$ 上,正切函数 $y=\tan x$ 的一个 y 值只对应唯一的一个 x 值,因此有反函数. 正切函数 $y=\tan x$ 在区间 $\left(-\frac{\pi}{2},\frac{\pi}{2}\right)$ 上的反函数记为 $y=\arctan x$, $y=\arctan x$ 也称为反正切函数的主值.

反正切函数 $y=\arctan x$ 的定义域为 $(-\infty,+\infty)$,值域为 $\left(-\frac{\pi}{2},\frac{\pi}{2}\right)$,是单调增加的奇函数,其曲线如图 1-23 所示.

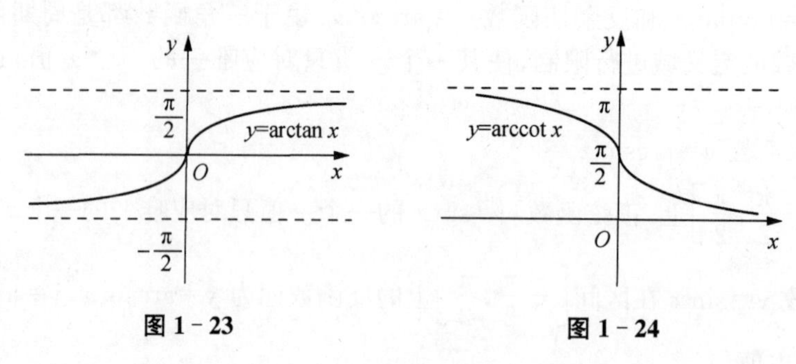

图 1-23　　　　图 1-24

4. **反余切函数** $y=\operatorname{arccot}x$

在区间$(0,\pi)$上，余切函数 $y=\cot x$ 的一个 y 值只对应唯一的一个 x 值，因此有反函数. 余切函数 $y=\cot x$ 在区间$(0,\pi)$上的反函数记为 $y=\operatorname{arccot}x$，$y=\operatorname{arccot}x$ 也称为反余切函数的主值.

反余切函数 $y=\operatorname{arccot}x$ 的定义域为$(-\infty,+\infty)$，值域为$(0,\pi)$，是单调减少且有界的函数，其曲线如图 1-24 所示.

二、初等函数

我们已经讨论了基本初等函数. 而由基本初等函数通过有限次的四则运算以及复合而构成的，并且可以用一个数学式子表示的函数称为初等函数. 例如，由基本初等函数通过加减构成的初等函数：

$$y=x^3+x^2-x;$$

由基本初等函数通过相乘构成的初等函数：

$$y=x^3\sin x;$$

由基本初等函数通过相除构成的初等函数：

$$y=\frac{\sin x}{\cos x};$$

由基本初等函数通过复合构成的初等函数：

$$y=\sin^2 x.$$

又如，双曲正弦函数$\operatorname{sh}x=\frac{e^x-e^{-x}}{2}$，双曲余弦函数$\operatorname{ch}x=\frac{e^x+e^{-x}}{2}$，双曲正切函数$\operatorname{th}x=\frac{\operatorname{sh}x}{\operatorname{ch}x}=\frac{e^x-e^{-x}}{e^x+e^{-x}}$等都是初等函数. 这里就不一一介绍了.

习题 1-5

1. 下列函数中，哪些函数的定义域为$(-\infty,+\infty)$？

(1) x^{-1}；

(2) $\tan x$；

(3) $\sin x$;

(4) $\arcsin x$.

2. 下列函数中,哪些函数是单调减少的函数?

(1) $\arcsin x$;

(2) $\arccos x$;

(3) $\arctan x$;

(4) $\operatorname{arccot} x$.

3. 下列函数中,哪一个函数不是初等函数?

(1) $e^{2x+\frac{x}{2}}$;

(2) $\arctan x+x^2$;

(3) $\sin x^2$;

(4) $\sec x$.

第二章　极　限

我们知道，仅靠代数的方法我们不能计算函数曲线上切线的斜率、函数曲线下的面积和曲线的长度. 为了解决这类问题，我们需要引进一个新的方法学，这就是极限.

第一节　极限的概念和定义

极限实际上是一门关于“趋向于”的方法学. 首先让我们介绍一个新的符号“$\to$”. 符号“$\to$”代表趋向于，但不等于. 例如，我们有函数 $y=f(x)$，如让 x_0 代表一个固定的值，那么 $x\to x_0$ 就代表变量 x 趋向于定值 x_0，但不等于定值 x_0. 当变量 x 趋向于定值 x_0 时，函数 $y=f(x)$ 趋向于什么值呢？让我们来讨论.

一、当 $x\to x_0$ 时函数的极限

1. *原理*

为了便于理解，让我们以函数 $y=x+6$ 为例子来讨论当变量 x 趋向于定值 x_0 时，函数趋向于什么值.

例 1　设有函数 $y=x+6$，问：当 $x\to 1$ 时，y 趋向于何值？

让我们分析当 x 趋向于 1 时，函数 y 会趋向于什么样的值.

$x\to 1$ 指 x 趋向于 1，但不等于 1. 变量 x 有两种方式趋向于 1. 一种是以大于 1 的方式趋向于 1. 以这种方式，x 可以等于 1.01、1.001、1.000 1 等等. 另一种方式是以小于 1 的方式趋向于 1. 以这种方式，x 可以等于 0.99、0.999、0.999 9 等等. 让我们在下面的表格中列出变量 x 的这些值和相对应的函数 y 的值，这样我们可看出当 x 趋向于 1 时，函数 y 会趋向于什么值.

x 以大于 1 的方式趋向于 1		$y=x+6$
$x>1$ ↓ 1	当 $x=1.01$ 当 $x=1.001$ 当 $x=1.000\,1$ 当 $x\to 1$	$y=7.01$ $y=7.001$ $y=7.000\,1$ $y\to 7$
1 ↑ $x<1$	当 $x\to 1$ 当 $x=0.999\,9$ 当 $x=0.999$ 当 $x=0.99$	$y\to 7$ $y=6.999\,9$ $y=6.999$ $y=6.99$
x 以小于 1 的方式趋向于 1		$y=x+6$

根据这个表格的结果，我们知道当 x 趋向于 1 时，y 趋向于 7. 因此我们有

$$\text{当 } x\to 1, y\to 7 \quad \text{或} \quad \text{当 } x\to 1, (x+6)\to 7.$$

让我们称上述数学表达式为"趋向式". 在上述趋向式中，这个 7 就是当 x 趋向于 1 时，函数 y 所趋向于的目标值. 这个目标值就称为函数的极限. 因此这个 7 就是当 x 趋向于 1 时，函数$(x+6)$的极限(目标值).

既然 $x+6$ 趋向于的目标值(极限值)是 7，那么我们也可以这样说，当 $x\to 1$，$x+6$ 趋向于的极限值等于 7，即有

$$\text{当 } x\to 1, x+6 \text{ 趋向于的极限值} = 7.$$

极限的英语是 limit. 我们可以把"$x+6$ 趋向于的极限值"用"$\lim(x+6)$"表示，那么上面的表达式就可写为

$$\text{当 } x\to 1, \lim(x+6) = 7.$$

最后把 $x\to 1$，移至 lim 的下方，就有

$$\lim_{x\to 1}(x+6) = 7.$$

这样我们就把趋向式变成了等式，这就极大地方便我们进行极限运算.

让我们用图 2－1 来解说极限等式 $\lim\limits_{x\to 1}(x+6)=7$.

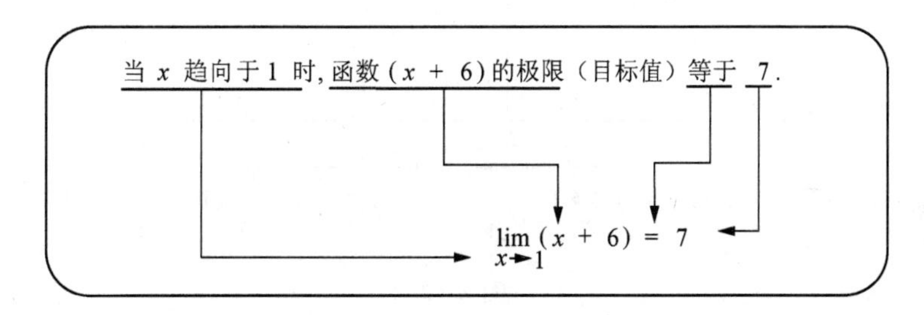

图 2－1

$\lim\limits_{x\to 1}(x+6)=7$ 表达了"当 $x\to 1$，$(x+6)\to 7$"的数学概念. 极限$\lim\limits_{x\to 1}(x+6)$代表当 x 趋向于 1 时，函数$(x+6)$所趋向于的目标值.

现在，我们可以将趋向式"$x\to 1$，$(x+6)\to 7$"写成极限等式$\lim\limits_{x\to 1}(x+6)=7$. 因此，极限也是一门关于"趋向于"的方法学. 通过极限的方式，我们将趋向式转换成了一个等式.

因为自变量 x 有两种方式趋向于 1. 我们用 $x\to 1^+$ 代表 x 以大于 1 的方式趋向于 1. 用 $x\to 1^-$ 代表 x 以小于 1 的方式趋向于 1. 据此，我们用 $\lim\limits_{x\to 1^+}(x+6)$代表当 x 以大于 1 的方式趋向于 1 时，函数$(x+6)$所趋向于的目标值. 而用 $\lim\limits_{x\to 1^-}(x+6)$代表当 x 以小于 1 的方式趋向于 1 时，函数$(x+6)$所趋向于的目标值. 因此上述表格可被重新如下：

x 以大于 1 的方式趋向于 1	$y=x+6$
$x>1$ ↓ 1	当 $x=1.01$ $\quad y=7.01$ 当 $x=1.001$ $\quad y=7.001$ 当 $x=1.0001$ $\quad y=7.0001$ 当 $x\to1^+$ $\quad y\to7$ $\lim\limits_{x\to1^+}(x+6)=7$
1 ↑ $x<1$	$\lim\limits_{x\to1^-}(x+6)=7$ 当 $x\to1^-$ $\quad y\to7$ 当 $x=0.9999$ $\quad y=6.9999$ 当 $x=0.999$ $\quad y=6.999$ 当 $x=0.99$ $\quad y=6.99$
x 以小于 1 的方式趋向于 1	$y=x+6$

$\lim\limits_{x\to1^-}(x+6)=7$ 被称为左极限，因为 x 从 1 的左边趋向于 1，如图 2-2 所示.

$\lim\limits_{x\to1^+}(x+6)=7$ 被称为右极限，因为 x 从 1 的右边趋向于 1，如图 2-2 所示.

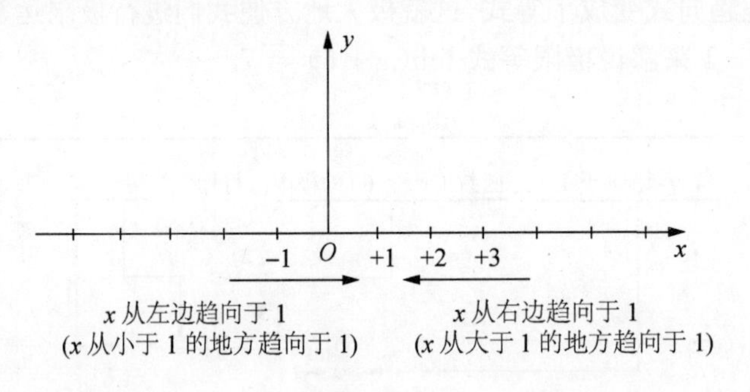

图 2-2

当左极限等于右极限时，我们说这个极限存在. 如果左极限不等于右极限，那么这个极限就不存在. 这里，我们有 $\lim\limits_{x\to1^-}(x+6)=\lim\limits_{x\to1^+}(x+6)=7$. 因此我们说，函数 $y=x+6$ 的极限存在，并且等于 7. 我们有

$$\lim_{x\to1}(x+6)=7.$$

让我们用下一个例子来演示怎样用“趋向于”的方法来计算切线的斜率.

例 2 已知函数 $f(x)=x^2$，求与函数曲线在点 $(2,2^2)$ 处相切的切线的斜率，如图 2-3 中的左图所示.

我们知道，如果我们在区间 $[x_1,x_2]$ 上对函数 $f(x)$ 作一割线，那么我们可以通过计算割线在此区间上的垂直增量与水平增量之比 $\dfrac{f(x_2)-f(x_1)}{x_2-x_1}$，来求得该割线的斜率，如图2-3 中的右图所示. 但对切线，我们不可能知道其在一个区间上的垂直增量和水平增量. 因此我们不能用这个公式来计算切线的斜率. 我们需要一种新的方法. 这就是极限方法.

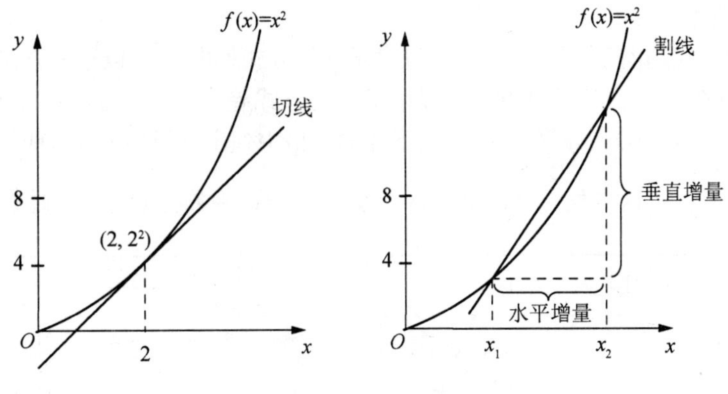

图 2-3 (示意图)

让我们作一条与函数曲线在点$(2,2^2)$处和点$(2+\Delta x,(2+\Delta x)^2)$处相交的割线，如图 2-4所示，这里$\Delta x$代表一个小的增量. 那么$[2,2+\Delta x]$代表一个小的区间. 我们知道在小区间$[2,2+\Delta x]$上，割线的垂直增量等于$(2+\Delta x)^2-2^2$，割线的水平增量为$\Delta x$. 因此这个割线的斜率等于$\dfrac{(2+\Delta x)^2-2^2}{\Delta x}$.

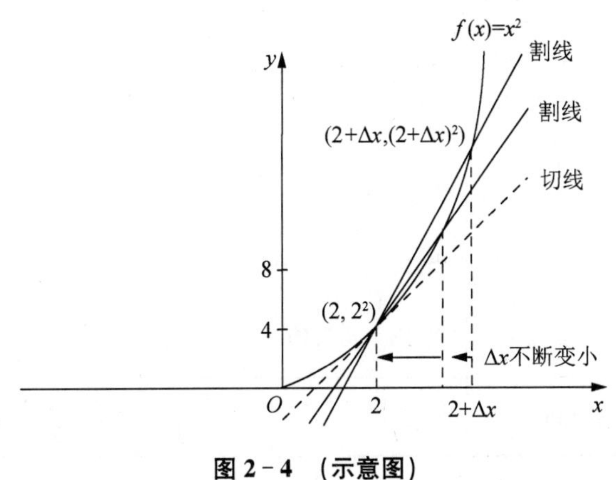

图 2-4 (示意图)

如果我们缩小Δx，使得点$(2+\Delta x,(2+\Delta x)^2)$趋向于点$(2,2^2)$，那么函数$f(x)=x^2$在小区间$[2,2+\Delta x]$上的割线将趋向于函数$f(x)=x^2$在点$x=2$处的切线，如图 2-4 所示. 因为当$\Delta x$趋向于 0 时，割线将趋向于切线，所以当$\Delta x$趋向于 0 时，割线的斜率将趋向于切线的斜率. 我们有

$$当\ \Delta x\to 0，割线的斜率\to 切线的斜率.$$

我们知道该割线的斜率等于$\dfrac{(2+\Delta x)^2-2^2}{\Delta x}$. 让$f'(2)$代表函数$f(x)=x^2$在点$x=2$处的切线的斜率，上式可写为

$$当\ \Delta x\to 0,\ \frac{(2+\Delta x)^2-2^2}{\Delta x}\to f'(2).$$

让我们讨论当Δx趋向于 0 时，$\dfrac{(2+\Delta x)^2-2^2}{\Delta x}$趋向于什么值. 这个值就是在点$x=2$处

函数的切线的斜率.

Δx 有两种方式趋向于 0. 一种方式是以大于 0 的方式趋向于 0. 以这种方式，Δx 可以等于 0.01、0.001、0.000 1 等等. 另一种方式是以小于 0 的方式趋向于 0. 以这种方式，Δx 可以等于 −0.01、−0.001、−0.000 1 等等. 让我们在下面的表格中列出变量 Δx 的这些值和相对应的函数 $\frac{(2+\Delta x)^2-2^2}{\Delta x}$ 的值，这样我们可得出当 Δx 趋向于 0 时，函数将会趋向于什么值.

Δx 以大于 0 的方式趋向于 0		$\frac{(2+\Delta x)^2-2^2}{\Delta x}$
$\Delta x>0$	当 $\Delta x=0.01$	$\frac{(2+\Delta x)^2-2^2}{\Delta x}=4.01$
↓	当 $\Delta x=0.001$	$\frac{(2+\Delta x)^2-2^2}{\Delta x}=4.001$
↓	当 $\Delta x=0.0001$	$\frac{(2+\Delta x)^2-2^2}{\Delta x}=4.0001$
0	当 $\Delta x\to 0^+$	$\frac{(2+\Delta x)^2-2^2}{\Delta x}\to 4$
		$\lim\limits_{\Delta x\to 0^+}\frac{(2+\Delta x)^2-2^2}{\Delta x}=4$
		$\lim\limits_{\Delta x\to 0^-}\frac{(2+\Delta x)^2-2^2}{\Delta x}=4$
0	当 $\Delta x\to 0^-$	$\frac{(2+\Delta x)^2-2^2}{\Delta x}\to 4$
↑	当 $\Delta x=-0.0001$	$\frac{(2+\Delta x)^2-2^2}{\Delta x}=3.9999$
↑	当 $\Delta x=-0.001$	$\frac{(2+\Delta x)^2-2^2}{\Delta x}=3.999$
$\Delta x<0$	当 $\Delta x=-0.01$	$\frac{(2+\Delta x)^2-2^2}{\Delta x}=3.99$
Δx 以小于 0 的方式趋向于 0		$\frac{(2+\Delta x)^2-2^2}{\Delta x}$

在这个表格中，我们有 $\lim\limits_{\Delta x\to 0^+}\frac{(2+\Delta x)^2-2^2}{\Delta x}=4$ 和 $\lim\limits_{\Delta x\to 0^-}\frac{(2+\Delta x)^2-2^2}{\Delta x}=4$. 根据这个结果，我们有

$$\lim_{\Delta x\to 0}\frac{(2+\Delta x)^2-2^2}{\Delta x}=4.$$

我们知道：当 $\Delta x\to 0$，$\frac{(2+\Delta x)^2-2^2}{\Delta x}\to f'(2)$. 让我们将这个趋向式写成极限表达式. 我们有

$$\lim_{\Delta x\to 0}\frac{(2+\Delta x)^2-2^2}{\Delta x}=f'(2).$$

据上述两式，我们有等式：

$$\lim_{\Delta x\to 0}\frac{(2+\Delta x)^2-2^2}{\Delta x}=f'(2)=4.$$

因此我们有

$$f'(2) = 4.$$

由此可知，函数 $f(x)=x^2$ 在点 $x=2$ 处的切线的斜率等于 4.

注意：在这里，我们不能让函数$\frac{(2+\Delta x)^2-2^2}{\Delta x}$中的 Δx 等于 0. 如果我们让 $\Delta x=0$，我们将得到$\frac{(2+\Delta x)^2-2^2}{\Delta x}=\frac{0}{0}$. $\frac{0}{0}$是无定义的. 只有让 $\Delta x\to 0$，我们才能得到正确的答案 $\lim\limits_{\Delta x\to 0}\frac{(2+\Delta x)^2-2^2}{\Delta x}=4$. 因此，只有运用“趋向于”的方法才能解决这个问题.

例 3　设有常数函数 $y=A\cdot 1^x=A$，问：当 $x\to 1$，y 趋向于何值？

让我们分析当 x 趋向于 1 时，函数 y 会趋向于什么样的值.

$x\to 1$ 指 x 趋向于 1，但不等于 1. 变量 x 有两种方式趋向于 1. 一种是以大于 1 的方式趋向于 1. 以这种方式，x 可以等于 1.01、1.001、1.000 1 等等. 另一种方式是以小于 1 的方式趋向于 1. 以这种方式，x 可以等于 0.99、0.999、0.999 9 等等. 让我们在下面的表格中列出变量 x 的值和相对应的函数 y 的值，这样我们可看出当 x 趋向于 1 时，函数 y 会趋向于什么值.

x 以大于 1 的方式趋向于 1	$y=A\cdot 1^x=A$
$x>1$ ↓ 1	当 $x=1.01$　　$y=A$ 当 $x=1.001$　　$y=A$ 当 $x=1.0001$　　$y=A$ 当 $x\to 1^+$　　$y=A$ $\lim\limits_{x\to 1^+}A=A$
1 ↑ $x<1$	$\lim\limits_{x\to 1^-}A=A$ 当 $x\to 1^-$　　$y=A$ 当 $x=0.9999$　　$y=A$ 当 $x=0.999$　　$y=A$ 当 $x=0.99$　　$y=A$
x 以小于 1 的方式趋向于 1	$y=A\cdot 1^x=A$

根据这个表格的结果，我们知道当 x 趋向于 1 时，y 总是等于 A. 我们有公式：

$$当\ x\to 1, y=A.$$

注意：这里 y 是等于 A，而不是趋向于 A. 我们把上式也记为

$$\lim_{x\to 1}A\cdot 1^x=\lim_{x\to 1}A=A.$$

总结：对一个函数 $y=f(x)$，如果当 x 趋向于x_0，函数 $y=f(x)$ 趋向于 A，即

$$当\ x\to x_0, f(x)\to A,$$

我们记为

$$\lim_{x\to x_0}f(x)=A.$$

对一个常数函数 $f(x)=A$，当 x 趋向于x_0，函数 $f(x)$ 总是等于 A，即

$$当\ x \to x_0, f(x) = A,$$

我们记为

$$\lim_{x \to x_0} f(x) = A.$$

2. 定义

当 $x \to x_0$ 时,函数极限的直观定义:

一般来说,如果当 x 以大于 x_0 和小于 x_0 的两种不同方式趋向于 x_0 时,函数 $f(x)$都趋向于常数 A 或等于常数 A,那么称当 x 趋于 x_0 时,函数 $f(x)$以 A 为**极限**,记为

$$\lim_{x \to x_0} f(x) = A.$$

根据极限的直观定义,我们可以运用上述表格方式,找到函数的极限.

然而在高等数学中,函数极限的定义通常采用不等式来表述,因此下面我们讨论怎样将趋向式“$x \to x_0, f(x) \to A$”(若是常数函数,则“$x \to x_0, f(x) = A$”)转换成不等式,即用不等式表述函数极限的定义.

我们知道,趋向式“当 $x \to x_0, f(x) \to A$”表述的是:当 x 趋向于 x_0 时,$f(x)$趋向于 A. 换句话说,当 x 愈趋向于 x_0 时,$|x - x_0|$就愈趋向于 0. 而当 $f(x)$愈趋向于 A 时,$|f(x) - A|$就愈趋向于 0. 因此,我们可以把趋向式“$x \to x_0, f(x) \to A$”写成

$$当\ |x - x_0| \to 0,\ |f(x) - A| \to 0;$$

因为“$\to 0$”表示趋向于 0,但不等于 0,所以上式可写为

$$0 < |x - x_0| \to 0, \quad 0 < |f(x) - A| \to 0.$$

注意,上式只适用非常数函数(非常数函数指不包括常数函数的所有函数),因为常数函数 $f(x) = A \cdot 1^x = A$ 或 $f(x) = A \cdot x^0 = A$ 的趋向式是“$x \to x_0, f(x) = A$”. 按上述模式,常数函数的趋向式“$x \to x_0, f(x) = A$”应该写成

$$当\ 0 < |x - x_0| \to 0, |f(x) - A| = 0.$$

因为非常数函数与常数函数的趋向式不同,我们需要把它们分开来讨论,这样我们会得到两个不等式. 通过对这两个不同的不等式进行整合,我们可将其合而为一,变成一个既适用非常数函数,又适用常数函数的通用不等式. 先讨论如何将非常数函数的趋向式转化成不等式.

注意:在逻辑上,变量的绝对值趋向于 0 与变量的绝对值小于给定的任意小的正数,这两种表述是完全等效的. 正是根据这一逻辑关系,我们可将趋向式“当 $0 < |x - x_0| \to 0$, $0 < |f(x) - A| \to 0$”转换成不等式.

首先,我们可把趋向式 $0 < |f(x) - A| \to 0$ 转换成不等式 $0 < |f(x) - A| <$(给定的任意小的正数).

另外在逻辑上,“小于给定的任意小的正数”可以说成“小于任意给定的正数”. 因为任意给定的正数包括从任意小的正数到任意大的正数. 如果一个变量的绝对值小于任意给定的正数,它就必须既小于任意小的正数,又小于任意大的正数. 当然,如果小于任意小的正数,自然就一定小于任意大的正数. 因此,小于任意给定的正数的实质就是小于给定的任意

小的正数. 这样我们可把 $|f(x)-A|<$(给定的任意小的正数)写为 $|f(x)-A|<$(任意给定的正数). 令 ε 代表一个任意给定的正数(不论多小),将 $0<|f(x)-A|<$(任意给定的正数)写为 $0<|f(x)-A|<\varepsilon$. 我们有

$$0<|f(x)-A|\to 0$$
$$\Leftrightarrow 0<|f(x)-A|<\text{(给定的任意小的正数)}$$
$$\Leftrightarrow 0<|f(x)-A|<\varepsilon\text{(任意给定的正数)}$$

符号⇔表示"等价".

这样我们可把趋向式 $0<|f(x)-A|\to 0$ 转换成不等式

$$0<|f(x)-A|<\varepsilon.$$

接着让我们讨论如何将趋向式 $0<|x-x_0|\to 0$ 转换成不等式. 首先需要解释的是,我们不能将趋向式 $0<|x-x_0|\to 0$ 也写成 $0<|x-x_0|<\varepsilon$(任意给定的正数,无论多小). 因为此时 $|x-x_0|$ 所小于的正数不是任意的. 我们知道 $|x-x_0|$ 愈小,$|f(x)-A|$ 就愈小. 反过来说 $|f(x)-A|$ 愈小,$|x-x_0|$ 也就愈小. 如图 2-5 所示. 因此,$|x-x_0|$ 所小于的正数与 $|f(x)-A|$ 所小于的正数是相关联的. 因为我们已设 $|f(x)-A|$ 所小于的正数是任意给定的(无论多小),那么 $|x-x_0|$ 所小于的正数就不可能是任意给定的,它只能是一个与这个任意给定的正数 ε 有关联的某个正数. 根据这个情况,我们就简单说 $|x-x_0|$ 一定小于一个正数,即当 $0<|f(x)-A|<\varepsilon$ 时,$|x-x_0|$ 一定小于一个正数. 至于这个正数是否与 ε 有关联,完全不做要求. 据此,我们可将 $|x-x_0|\to 0$ 转换成 $|x-x_0|<$ 一个正数. 令 δ 代表一个正数. 这样 $0<|x-x_0|\to 0$ 可写成

$$0<|x-x_0|<\delta.$$

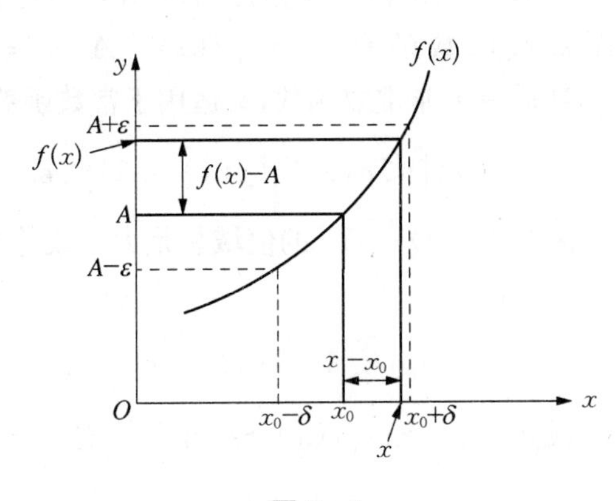

图 2-5

综上所述,非常数函数的趋向式 $x\to x_0, f(x)\to A$ 可表述为

$$0<|x-x_0|<\delta, 0<|f(x)-A|<\varepsilon.$$

注意,这里的 δ 代表一个正数,没有要求它与 ε 关联,但对非常数函数而言,这个 δ 其实是与 ε 相关联的. 图 2-5 从几何上解释了这种关联性. 我们也可从下面的例题 4、5、6 上看到这种关联性.

现在讨论如何将常数函数的趋向式"当 $0<|x-x_0|\to 0$, $|f(x)-A|=0$"转化成不

等式. 先看等式 $|f(x)-A|=0$，既然 $|f(x)-A|=0$，那么 $|f(x)-A|=0$ 就必然小于 ε，我们可将 $|f(x)-A|=0$ 重写为

$$0=|f(x)-A|<\varepsilon.$$

再看趋向式 $0<|x-x_0|\to 0$，事实上对常数函数而言，$|x-x_0|$ 的值与 $|f(x)-A|$ 的值无关，因此当 $|x-x_0|<\varepsilon$ 时，$0=|f(x)-A|<\varepsilon$ 成立；而当 $|x-x_0|<\delta$ 时，$0=|f(x)-A|<\varepsilon$ 也成立，如图 2-6 所示. 为了与非常数函数的不等式相吻合，我们选择将 $0<|x-x_0|\to 0$ 写成

$$0<|x-x_0|<\delta.（此处的 \delta 与 \varepsilon 无关联）$$

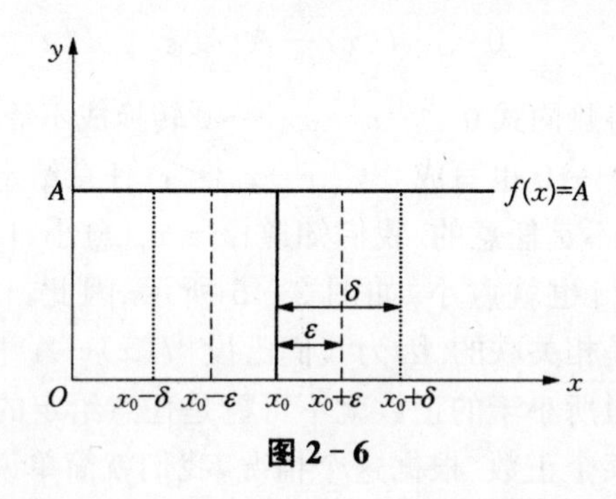

图 2-6

综上所述，常数函数的趋向式 $x\to x_0$，$f(x)=A$ 可表述为

$$0<|x-x_0|<\delta, 0=|f(x)-A|<\varepsilon.$$

现在让我们把非常数函数的不等式与常数函数的不等式合二为一，两者的第一个不等式相同，都是 $0<|x-x_0|<\delta$，可通用；两者的第二个不等式略有不相同，非常数函数的是 $0<|f(x)-A|<\varepsilon$，而常数函数的是 $0=|f(x)-A|<\varepsilon$，可将两者合为 $0\leqslant |f(x)-A|<\varepsilon$，这样就有既适用于非常数函数，又适用于常数函数的通用不等式：

$$0<|x-x_0|<\delta, 0\leqslant|f(x)-A|<\varepsilon.$$

上式中的 $0\leqslant$ 可省略，因为 $|f(x)-A|$ 的值域总是大于或等于 0. 这样通用不等式就可写为

$$0<|x-x_0|<\delta, |f(x)-A|<\varepsilon.$$

极限等式 $\lim\limits_{x\to x_0} f(x)=A$、趋向式 $x\to x_0$，$f(x)\to A$ 和不等式 $|x-x_0|\to 0$，$|f(x)-A|<\varepsilon$ 的相互转换示意图如下：

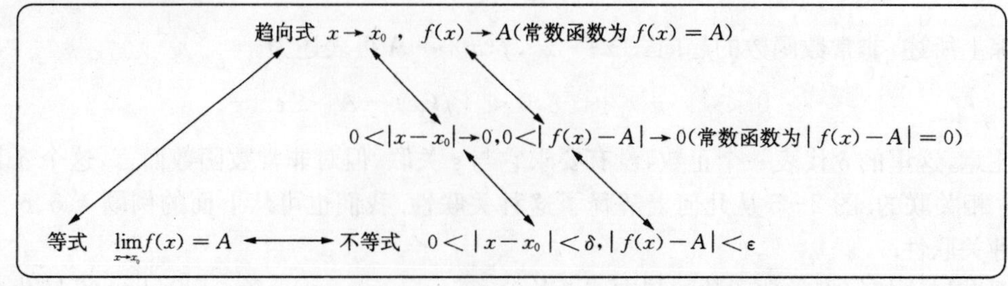

图 2-7

现在，让我们用不等式 $0<|x-x_0|<\delta$，$|f(x)-A|<\varepsilon$ 表述函数极限的定义.

当 $x\to x_0$ 时，函数极限的定义：

设函数 $f(x)$ 在点 x_0 的某个邻域内有定义（点 x_0 本身可除外），又设 A 为常数，δ 为正数，若对于任意给定的正数 ε（无论多小），总有 $0<|x-x_0|<\delta$，$|f(x)-A|<\varepsilon$，则称当 x 趋向于 x_0 时，函数 $f(x)$ 以 A 为极限，记作

$$\lim_{x\to x_0} f(x)=A.$$

在上句中，"点 x_0 本身可除外"，是因为 $x\to x_0$ 含有 $x\neq x_0$ 的概念，所以点 x_0 本身可除外."函数 $f(x)$ 在点 x_0 的某个邻域内有定义（点 x_0 本身可除外）"这句话，也可写为"函数 $f(x)$ 在点 x_0 的某个去心邻域内有定义". 另外，"任意给定的正数"可以用"$\forall\varepsilon>0$"表示，这里，符号 $\forall$ 表示"任意给定". 再用符号"$\exists$"表示"存在". 这样当 $x\to x_0$ 时，函数极限的定义又可写为：

设函数 $f(x)$ 在点 x_0 的某个去心邻域内有定义，A 为常数，若 $\forall\varepsilon>0$，$\exists\delta>0$，总有 $0<|x-x_0|<\delta$，$|f(x)-A|<\varepsilon$，则称当 x 趋向于 x_0 时，函数 $f(x)$ 以 A 为极限，记作

$$\lim_{x\to x_0} f(x)=A.$$

上述定义又称函数极限的 ε-δ 定义，借助于极限的 ε-δ 定义，我们可以对一个已知极限 $\lim\limits_{x\to x_0} f(x)=A$ 进行检验，以确定其是否正确. 做法是这样：我们先根据 $|f(x)-A|<\varepsilon$，假定了 A 就是 $f(x)$ 的极限，然后我们要求证 δ 的存在.

例 4　证明：$\lim\limits_{x\to 2}(x+9)=11$.

证　已知 $f(x)=x+9$，$x_0=2$，$A=11$. 根据极限的 ε-δ 定义，如果 11 是函数 $x+9$ 的极限，即 $|(x+9)-11|<\varepsilon$，那么 $|x-2|$ 必须小于正数 δ，求证 δ 的存在.

设
$$|(x+9)-11|<\varepsilon,$$
简化得
$$|x-2|<\varepsilon,$$
据此结果可知，如果令 $\delta=\varepsilon$，那么就有
$$0<|x-2|<\delta=\varepsilon,\ |(x+9)-11|<\varepsilon.$$
这样就证明了 δ 存在，因此有
$$\lim_{x\to 2}(x+9)=11.$$

例 5　证明：$\lim\limits_{x\to 1}(3x+1)=4$.

证　已知 $f(x)=3x+1$，$x_0=1$，$A=4$. 根据极限的 ε-δ 定义，如果 4 是函数 $3x+1$ 的极限，即 $|(3x+1)-4|<\varepsilon$，那么 $|x-1|$ 必须小于正数 δ，求证 δ 的存在.

设
$$|(3x+1)-4|<\varepsilon,$$
简化得
$$3|x-1|<\varepsilon,$$
即
$$|x-1|<\frac{\varepsilon}{3},$$

据此结果可知,如果令 $\delta=\frac{\varepsilon}{3}$,那么就有

$$当\ 0<|x-1|<\delta=\frac{\varepsilon}{3},|(3x+1)-4|<\varepsilon.$$

这样就证明了 δ 存在,因此有

$$\lim_{x\to1}(3x+1)=4.$$

例 6 证明:$\lim\limits_{x\to2}\frac{x^2-1}{x-1}=3$.

证 已知 $f(x)=\frac{x^2-1}{x-1}$,$x_0=2$,$A=3$. 根据极限的 ε - δ 定义,如果 3 是函数 $\frac{x^2-1}{x-1}$ 的极限,即 $\left|\frac{x^2-1}{x-1}-3\right|<\varepsilon$,那么 $|x-2|$ 必须小于正数 δ,求证 δ 的存在.

设

$$\left|\frac{x^2-1}{x-1}-3\right|<\varepsilon,$$

简化得

$$|x-2|<\varepsilon.$$

据此结果可知,如果令 $\delta=\varepsilon$,那么就有

$$当\ 0<|x-2|<\delta=\varepsilon,\left|\frac{x^2-1}{x-1}-3\right|<\varepsilon.$$

这样就证明了 δ 存在,因此有

$$\lim_{x\to2}\frac{x^2-1}{x-1}=3.$$

综上所述,依据函数极限的直观定义,我们可以求出极限;而运用函数极限的定义(又称 ε - δ 定义),我们可以验证极限.

二、当 $x\to\infty$ 时函数的极限

当 $x\to\infty$ 时函数 $y=f(x)$ 极限的定义与当 $x\to x_0$ 时函数极限的定义有所不同. 让我们举例说明.

设函数 $y=\frac{1}{x}$,求 $\lim\limits_{x\to1}\frac{1}{x}$. 此题的解法是求函数 $y=\frac{1}{x}$ 的左、右极限,即求当 x 以小于 1 的方式趋向于 1 时,函数 $y=\frac{1}{x}$ 的极限和当 x 以大于 1 的方式趋向于 1 时,函数 $y=\frac{1}{x}$ 的极限. 注意这里 x 都是趋向于 1. 此题的答案为 1.

如果此题改为求 $\lim\limits_{x\to\infty}\frac{1}{x}$,那么就变成了:求当 $x\to-\infty$ 时,函数 $y=\frac{1}{x}$ 的极限和求当 $x\to$

$+\infty$时,函数 $y=\frac{1}{x}$的极限.注意这里 x 是分别趋向于$-\infty$和$+\infty$.用 $\lim\limits_{x\to-\infty}\frac{1}{x}$表示当$x$ 趋向于$-\infty$时,$\frac{1}{x}$趋向于的值;用 $\lim\limits_{x\to+\infty}\frac{1}{x}$表示当$x$ 趋向于$+\infty$时,$\frac{1}{x}$趋向于的值.若这两个值相同,则函数 $y=\frac{1}{x}$就有极限.让我们用表格法来求此题的极限.

例 7 求$\lim\limits_{x\to\infty}\frac{1}{x}$.

这里,我们要找出当 $x\to-\infty$和 $x\to+\infty$时,$\frac{1}{x}$趋向于的值.当变量 x 趋向于$+\infty$时,x 可以等于 100、1 000、10 000 等等.当变量 x 趋向于$-\infty$时,x 可以等于-100、$-1\ 000$、$-10\ 000$ 等等.让我们在下面的表格中列出变量 x 的值和相对应的函数 y 的值,这样我们可看出当 x 分别趋向于$+\infty$和趋向于$-\infty$时,函数 y 会趋向于什么值.

x趋向于$+\infty$	$y=\frac{1}{x}$
x ↓ $+\infty$	当 $x=100$ $y=0.01$ 当 $x=1\ 000$ $y=0.001$ 当 $x=10\ 000$ $y=0.000\ 1$ 当 $x\to+\infty$ $y=0$ $\lim\limits_{x\to+\infty}\frac{1}{x}=0$
$-\infty$ ↑ x	$\lim\limits_{x\to-\infty}\frac{1}{x}=0$ 当 $x\to-\infty$ $y=0$ 当 $x=-10\ 000$ $y=-0.000\ 1$ 当 $x=-1\ 000$ $y=-0.001$ 当 $x=-100$ $y=-0.01$
x趋向于$-\infty$	$y=\frac{1}{x}$

从以上表格的结果得:当 $x\to-\infty$,$\frac{1}{x}\to0$,我们有 $\lim\limits_{x\to-\infty}\frac{1}{x}=0$.当 $x\to+\infty$,$\frac{1}{x}\to0$,我们有 $\lim\limits_{x\to-\infty}\frac{1}{x}=0$.因此我们有

$$\lim_{x\to\infty}\frac{1}{x}=0.$$

为了形象化地理解,让我们画出函数$\frac{1}{x}$的图形,如图 2-8 所示.从$\frac{1}{x}$的图形上可看出,当 x 分别趋向于$-\infty$和$+\infty$时,函数$\frac{1}{x}$的值均趋向于 0,即函数$\frac{1}{x}$的左极限和右极限都趋向于 0.

对常数函数 $f(x)=A$ 而言,当 $x\to\infty$时,函数 $f(x)$总是等于 A.因此我们有当 $x\to\infty$时,$f(x)=A$.

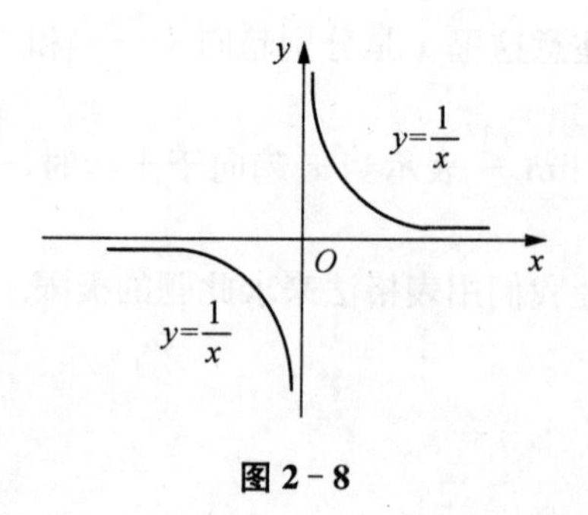

图 2-8

当 $x\to\infty$ 时，函数极限的直观定义：

当 x 的绝对值 $|x|$ 趋向无限大时，若函数 $y=f(x)$ 趋向于或等于常数 A，则称当 $x\to\infty$ 时，函数 $y=f(x)$ 以 A 为极限，记为

$$\lim_{x\to\infty} f(x)=A.$$

换句话说，我们把趋向式"当 $|x|\to\infty$，$f(x)\to A$ 或 $f(x)=A$"写成了极限等式 $\lim\limits_{x\to\infty} f(x)=A$.

根据极限的直观定义，我们可以运用上述表格方式，找到函数的极限.

由于在高等数学中，函数极限的定义通常采用不等式来表述，所以下面我们讨论怎样将趋向式"当 $|x|\to\infty$，$f(x)\to A$ 或 $f(x)=A$"转换成不等式，即用不等式表述函数极限的定义.

首先讨论如何将趋向式 $f(x)\to A$ 转换成不等式. 我们可以遵循上例，先将趋向式 $f(x)\to A$ 写成 $|f(x)-A|\to 0$，并把常数函数的 $f(x)=A$ 写成 $|f(x)-A|=0$. 然后再将 $|f(x)-A|\to 0$ 和 $|f(x)-A|=0$ 转换成不等式 $|f(x)-A|<\varepsilon$.

接着讨论如何将趋向式 $|x|\to\infty$ 转换成不等式. 对于函数 $f(x)$，$|x|$ 愈大，$f(x)$ 愈趋向 A，ε 就愈小. 反过来说，ε 愈小，$|x|$ 就必须愈大. 当 $|f(x)-A|$ 小于 ε 时，$|x|$ 必须大于一个相应的正数，因为相应就不可能是任意的. 而对常数函数，这种相应关系不存在，因为常数函数的 $|f(x)-A|$ 与 $|x|$ 无关. 为兼顾这两类函数，让我们用 M 来表示这个正数，那么 $|x|\to\infty$ 就可写成 $|x|>M$. 这样"$|x|\to\infty$，$f(x)\to A$"就可用以下不等式表示：

$$|x|>M,\ |f(x)-A|<\varepsilon.$$

现在，让我们用不等式 $|x|>M$，$|f(x)-A|<\varepsilon$ 表述当 $x\to\infty$ 时函数极限的定义.

当 $x\to\infty$ 时，函数极限的定义：

设 A 为常数，M 为正数，若对于任意给定的正数 ε（无论多小），总有 $|x|>M$，$|f(x)-A|<\varepsilon$，则称当 x 趋向于 ∞ 时，函数 $f(x)$ 以 A 为极限，记作

$$\lim_{x\to\infty} f(x)=A.$$

参照前例，我们可以使用 $\forall\varepsilon>0$ 表示法，并用符号 $\exists$ 表示"存在". 这样上述定义可表述为：

设 A 为常数，若对 $\forall\varepsilon>0$，$\exists M>0$，总有 $|x|>M$，$|f(x)-A|<\varepsilon$，则称当 x 趋向于 ∞ 时，函数 $f(x)$ 以 A 为极限，记作

$$\lim_{x\to\infty} f(x)=A.$$

极限等式$\lim\limits_{x\to\infty} f(x)=A$、趋向式$|x|\to\infty, f(x)\to A$和不等式$|x|>M, |f(x)-A|<\varepsilon$的相互转换示意图如下：

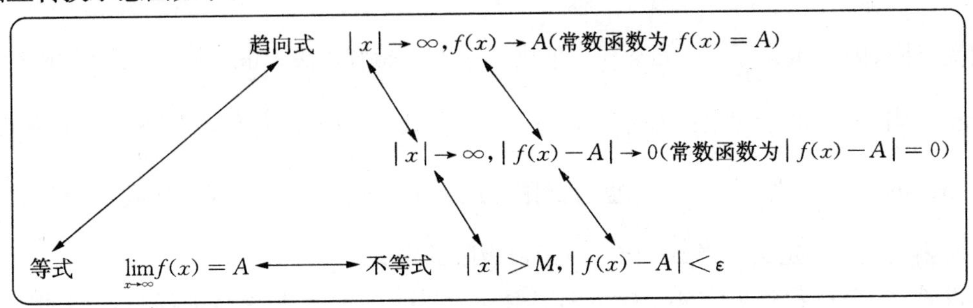

图 2-9

上述定义又称函数极限的$\varepsilon-M$定义.

借助于极限的$\varepsilon-M$定义，我们可以对一个已知极限$\lim\limits_{x\to\infty} f(x)=A$进行验证，以确定其是否正确. 过程是这样：我们先根据$|f(x)-A|<\varepsilon$，假定了A就是$f(x)$的极限，然后我们要求证正数M的存在.

例 8 证明：$\lim\limits_{x\to\infty}\dfrac{2}{x}=0$.

证明 已知$f(x)=\dfrac{2}{x}$，$A=0$. 根据极限的$\varepsilon-M$定义：如果当$x\to\infty$时，函数$\dfrac{2}{x}$的极限为0，即$\left|\dfrac{2}{x}-0\right|<\varepsilon$，那么$|x|$必须大于正数$M$，我们要求证$M$的存在.

设
$$\left|\frac{2}{x}-0\right|<\varepsilon,$$

简化得
$$\frac{2}{|x|}<\varepsilon,$$

即
$$|x|>\frac{2}{\varepsilon}.$$

据此结果可知，如果令$M=\dfrac{2}{\varepsilon}$，那么就有

$$|x|>\frac{2}{\varepsilon}, \left|\frac{2}{x}-0\right|<\varepsilon.$$

这样就证明了M存在，因此有

$$\lim_{x\to\infty}\frac{2}{x}=0.$$

综上所述，依据函数极限的直观定义，我们可以求出极限；而运用函数极限的$\varepsilon-M$定义，我们可以验证极限.

三、当 $x\to+\infty$ 时函数的极限与当 $x\to-\infty$ 时函数的极限

有些函数当 $x\to\infty$ 时无极限，但当 $x\to+\infty$ 或 $x\to-\infty$ 时函数有极限，如 $y=\frac{1}{10^x}$，当 $x\to\infty$ 时无极限，因为 $\lim\limits_{x\to-\infty}\frac{1}{10^x}\neq\lim\limits_{x\to+\infty}\frac{1}{10^x}$. 但当 $x\to+\infty$ 时有极限，$\lim\limits_{x\to+\infty}\frac{1}{10^x}=0$. 又如函数 $y=\arctan x$，当 $x\to\infty$ 时无极限，因为 $\lim\limits_{x\to-\infty}\arctan x\neq\lim\limits_{x\to+\infty}\arctan x$. 但当 $x\to+\infty$ 时有极限，$\lim\limits_{x\to+\infty}\arctan x=\frac{\pi}{2}$，当 $x\to-\infty$ 时也有极限，$\lim\limits_{x\to-\infty}\arctan x=-\frac{\pi}{2}$. 现在让我们介绍当 $x\to+\infty$ 时函数极限的定义与当 $x\to-\infty$ 时函数极限的定义.

设 A 为常数，若对 $\forall\varepsilon>0$，$\exists M>0$，总有 $x>M$，$|f(x)-A|<\varepsilon$，则称当 x 趋向于 $+\infty$ 时，函数 $f(x)$ 以 A 为极限，记作

$$\lim_{x\to+\infty}f(x)=A.$$

设 A 为常数，若对 $\forall\varepsilon>0$，$\exists M>0$，总有 $x<-M$，$|f(x)-A|<\varepsilon$，则称当 x 趋向于 $-\infty$ 时，函数 $f(x)$ 以 A 为极限，记作

$$\lim_{x\to-\infty}f(x)=A.$$

四、当 $x\to\infty$ 时数列的极限

对数列的研究可以追溯到战国时期.《庄子·天下篇》就有关于数列的论述，该文中的“一尺之棰，日取其半，万世不竭”就是对一个数列的描述. 该句的白话文为：一尺之长的棒子，每天取其长度的一半，永远不可能将其取尽. 据此意我们可得数列：

$$\frac{1}{2},\frac{1}{4},\frac{1}{8},\frac{1}{16},\cdots,\frac{1}{2^n},\cdots$$

虽然我们永远不可能将棒子取尽，但其长度却最终将趋向于 0. 换句话说这个数列的极限为 0.

先让我们讨论数列的定义和特性.

数列就是按照一定的法则排成的无穷多个数，记为 $\{x_n\}$. n 为正整数，x_n 代表数列的一般项.

数列的特性包括单调性和有界性.

单调性

是指数列单调增加或单调减少的特性. 若数列 $\{x_n\}$ 对任意自然数 n，都有 $x_n\leqslant x_{n+1}$，则称数列 $\{x_n\}$ 是单调增加的. 若数列 $\{x_n\}$ 对任意自然数 n，都有 $x_n\geqslant x_{n+1}$，则称数列 $\{x_n\}$ 是单调减少的. 数列 $x_n=1,\frac{1}{2},\frac{1}{3},\frac{1}{4},\cdots,\frac{1}{n},\cdots$ 是单调减少的，因为

$$1>\frac{1}{2}>\frac{1}{3}>\frac{1}{4}>\cdots$$

有界性

设常数 $M>0$,若数列$\{x_n\}$对任意自然数 n,都有$|x_n|\leqslant M$,则称数列$\{x_n\}$为有界的. 否则称数列$\{x_n\}$为无界的. 举几个例子.

数列 $x_n=\frac{1}{n}$:$1,\frac{1}{2},\frac{1}{3},\frac{1}{4},\cdots,\frac{1}{n},\cdots$是单调减少的. 又因为$|x_n|\leqslant 1$. 所以它又是有界的.

数列 $x_n=n$:$1,2,3,4,\cdots,n,\cdots$是单调增加的. 对该数列,我们不能找到使不等式$|x_n|\leqslant M$成立的 M,因此该数列是无界的.

数列 $x_n=(-1)^n$:$-1,1,-1,1,-1,\cdots$是非单调的数列,但它却是有界数列.

数列 $x_n=1^n$:$1,1,1,1,1,\cdots$是常数数列,是单调不增且有界的数列.

现在让我们讨论数列的极限. 注意由于数列$\{x_n\}$中的 n 只能是正整数,所以数列的极限是指当 n 趋向于$+\infty(n\to+\infty)$时的极限,是单侧极限. 极限$\lim\limits_{n\to\infty}x_n$ 代表的是当 n 趋向于$+\infty$时,数列$\{x_n\}$的单侧极限. 这与求当 $x\to\infty$时,函数 $y=f(x)$的极限有所不同.

例 9 求数列 $x_n=\frac{1}{n}$的极限.

让我们用表格法来求此题的极限.

	$x_n=\frac{1}{n}$	
$\lim\limits_{n\to\infty}\frac{1}{n}=0$	当 $n=100$ 当 $n=10\ 000$ 当 $n=1\ 000\ 000$ 当 $n\to\infty$	$x_n=0.01$ $x_n=0.000\ 1$ $x_n=0.000\ 001$ $x_n\to 0$

从以上表格的结果得:当 $n\to\infty$,$\frac{1}{x}\to 0$,我们有

$$\lim_{n\to\infty}\frac{1}{n}=0.$$

当 $n\to\infty$时,数列极限的直观定义:

若当 n 趋向于无穷大时,数列$\{x_n\}$趋向于或等于常数 A,则称当 n 趋向于无穷大时,数列$\{x_n\}$以 A 为极限,记为

$$\lim_{n\to\infty}x_n=A.$$

根据数列极限的直观定义,我们可以运用上述表格方式,找到数列的极限.

由于在高等数学中,数列极限的定义通常采用不等式来表述,所以下面我们讨论怎样将趋向式"当 $n\to\infty$,$x_n\to A$ 或 $x_n=A$"转换成不等式,即用不等式表述数列极限的定义.

首先讨论如何将趋向式 $x_n\to A$ 转换成不等式. 我们可以遵循上例,先将趋向式 $x_n\to A$ 写成$|x_n-A|\to 0$,将常数数列的 $x_n=A$ 写成$|x_n-A|=0$. 然后再将$|x_n-A|\to 0$ 和$|x_n-A|=0$ 转换成不等式$|x_n-A|<\varepsilon$.

接着讨论如何将趋向式 $n\to\infty$转换成不等式. 对于数列$\{x_n\}$,n 愈大,数列$\{x_n\}$愈趋向 A,ε 就愈小. 反过来说,ε 愈小,n 就必须愈大. 当$|x_n-A|$小于 ε 时,n 必须大于一个相应的正数,因为相应就不可能是任意的. 而对常数数列,这种相应关系不存在,因为常数数列的

$|x_n-A|$与 n 无关. 为兼顾这两类数列，我们用 N 来表示这个正数，那么 $n\to\infty$就可写成 $n>N$. 这样“$n\to\infty, x_n\to A$ 或 $x_n=A$”就可用以下不等式来表示：

$$n>N, \ |x_n-A|<\varepsilon.$$

现在，让我们用这个不等式表述当 $n\to\infty$时数列的极限的定义.

当 $n\to\infty$时，数列极限的定义：

设 A 为常数，N 为正数，若对于任意给定的正数 ε（无论多小），总有 $n>N, |x_n-A|<\varepsilon$，则称当 n 趋向于∞时，数列$\{x_n\}$以 A 为极限，记作

$$\lim_{n\to\infty}x_n=A.$$

上述定义也可写为：设 A 为常数，若对 $\forall\varepsilon>0, \exists N>0$，总有 $n>N, |x_n-A|<\varepsilon$，则称当 n 趋向于∞时，数列$\{x_n\}$以 A 为极限，记作$\lim\limits_{n\to\infty}x_n=A$.

上述数列极限的定义也称为极限的 $\varepsilon-N$ 定义.

借助于极限的 $\varepsilon-N$ 定义，我们可以对一个已知数列极限$\lim\limits_{n\to\infty}x_n=A$ 进行验证，以确定其是否正确. 过程是这样：我们先根据$|x_n-A|<\varepsilon$，假定了 A 就是数列$\{x_n\}$的极限，然后我们要求证正数 N 的存在.

极限等式$\lim\limits_{n\to\infty}x_n=A$、趋向式 $n\to\infty, x_n\to A$ 和不等式 $n>N, |x_n-A|<\varepsilon$ 的相互转换图如下：

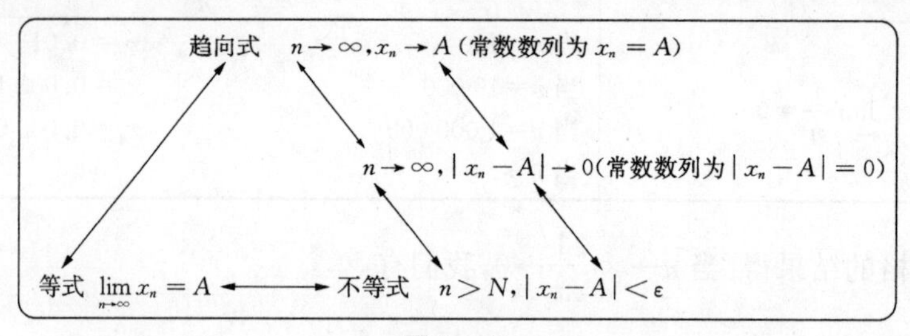

图 2-10

例 10 证明：$\lim\limits_{n\to\infty}\dfrac{10}{n}=0$.

证 已知 $x_n=\dfrac{10}{n}, A=0$. 根据极限的 $\varepsilon-N$ 定义，如果 0 是数列$\dfrac{10}{n}$的极限，即$\left|\dfrac{10}{n}-0\right|<\varepsilon$，那么 n 必须大于正数 N，我们要求证 N 的存在.

设
$$\left|\frac{10}{n}-0\right|<\varepsilon,$$

简化得
$$\frac{10}{n}<\varepsilon,$$

即
$$n>\frac{10}{\varepsilon}.$$

据此结果可知，如果令 $N=\dfrac{10}{\varepsilon}$，那么有

$$n>\frac{10}{\varepsilon}, \left|\frac{10}{n}-0\right|<\varepsilon.$$

这样就证明了 N 存在，因此有

$$\lim_{n\to\infty}\frac{10}{n}=0.$$

综上所述，依据数列极限的直观定义，我们可以求出数列的极限；而运用数列极限的 $\varepsilon-N$ 定义，我们可以验证数列的极限.

习题 2-1

1. 根据 $x\to x_0$ 时函数极限的直观定义，用列表方式，求下列极限：

(1) $\lim\limits_{x\to 2}(2x)$；

(2) $\lim\limits_{x\to 1}(x+4)$；

(3) $\lim\limits_{x\to 3}\dfrac{x^2-9}{x-3}$；

(4) $\lim\limits_{x\to 0}\dfrac{(3+x)^2-9}{x}$.

2. 运用 $x\to x_0$ 时函数极限的 $\varepsilon-\delta$ 定义，证明下列极限：

(1) $\lim\limits_{x\to 2}(9x)=18$；

(2) $\lim\limits_{x\to 4}(2x+3)=11$；

(3) $\lim\limits_{x\to 6}\dfrac{x^2-36}{x-6}=12$；

(4) $\lim\limits_{x\to 0}7=7$.

3. 根据 $x\to\infty$ 时函数极限的直观定义，用列表方式，求下列极限：

(1) $\lim\limits_{x\to\infty}\dfrac{2}{x^2}$；

(2) $\lim\limits_{x\to\infty}\dfrac{1}{x^3}$.

4. 运用 $x\to\infty$ 时函数极限的 $\varepsilon-M$ 定义，证明：$\lim\limits_{x\to\infty}\dfrac{2+x^2}{2x^2}=\dfrac{1}{2}$.

5. 根据 $n\to\infty$ 时数列极限的直观定义，用列表方式，求下列极限：

(1) $\lim\limits_{n\to\infty}\dfrac{1}{n^2}$；

(2) $\lim\limits_{n\to\infty}\left(\dfrac{1}{n^3}+2\right)$.

6. 运用 $n\to\infty$ 时数列极限的 $\varepsilon-N$ 定义，证明下列极限：

(1) $\lim\limits_{n\to\infty}\dfrac{2}{n}=0$；

(2) $\lim\limits_{n\to\infty}\dfrac{2n}{n+1}=2$；

(3) $\lim\limits_{n\to\infty}\frac{1}{n^2}=0$；

(4) $\lim\limits_{n\to\infty}\frac{2n^2}{n^2-1}=2$.

7. 对非常数函数 $y=f(x)$的极限$\lim\limits_{x\to x_0}f(x)=A$，不等式 $0<|x-x_0|<\delta$，$0<|f(x)-A|<\varepsilon$ 是否成立？

8. 对常数函数 $f(x)=A$ 的极限$\lim\limits_{x\to x_0}A=A$，不等式 $0<|x-x_0|<\varepsilon$，$|f(x)-A|<\varepsilon$ 是否成立？

第二节　极限的运算法则及求极限的方法

本节中，我们将先介绍极限的四则运算法则，然后将单独讨论常数函数的极限法则及其运用. 这是因为在解释微积分的原理时，我们需要用到常数函数的极限法则. 本节中，我们还将讨论求极限的不同方法，如通过列表求极限的方法、直接代入求极限的方法、转化后代入求极限的方法.

一、函数极限的运算法则

函数极限的四则运算法则

让 $f(x)$和 $g(x)$代表两个函数. 如果有

$$\lim f(x)=M,$$
$$\lim g(x)=N,$$

那么我们就有以下四种极限法则：

函数和的极限法则：

$\lim[f(x)+g(x)]=\lim f(x)+\lim g(x)=M+N$；

函数差的极限法则：

$\lim[f(x)-g(x)]=\lim f(x)-\lim g(x)=M-N$；

函数积的极限法则：

$\lim[f(x)\cdot g(x)]=\lim f(x)\cdot\lim g(x)=M\cdot N$；

函数商的极限法则：

$\lim\frac{f(x)}{g(x)}=\frac{\lim f(x)}{\lim g(x)}=\frac{M}{N}(N\neq 0)$.

注意：

1. 函数和、差、积的极限法则，可推广到有限个函数的情形. 如果函数的数目是无限的，这些法则就不一定适用.

2. 函数商的极限的法则 $\lim\frac{f(x)}{g(x)}=\frac{\lim f(x)}{\lim g(x)}=\frac{M}{N}$，不适用分母极限为零的分式函数，即 $\lim g(x)$不能等于 0.

常数函数的极限法则

对常数函数 $f(x)=C$，则有

$$\lim C = C.$$

根据常数函数极限法则和函数积的极限法则，分别有如下推论：

推论 1　若 c 为常数，则

$$\lim[c \cdot f(x)] = c \cdot \lim f(x).$$

推论 2　若 $\lim f(x)$ 存在，而 n 为正整数，则

$$\lim[f(x)]^n = [\lim f(x)]^n.$$

常数函数极限法则的应用

常数函数的极限法则是微积分中一个非常重要的法则. 在公式 $\lim\limits_{x\to\infty} C=C$ 和 $\lim\limits_{x\to 0} C=C$ 中，常数函数 $f(x)=C$ 与 x 无关. 换句话说，不论变量 x 取何值，常数函数总是等于 C. 因此，我们有 $\lim C=C$.

让我们讨论几个例题.

例 1　在区间 $[a,b]$ 上有一个拱形，其面积为 A，如图 2-11 所示. 让我们将该拱形区域切割成 n 多个细条，如图 2-12 所示.

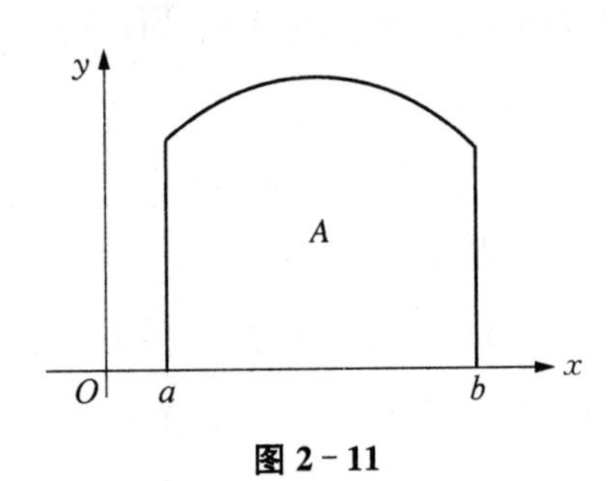

图 2-11

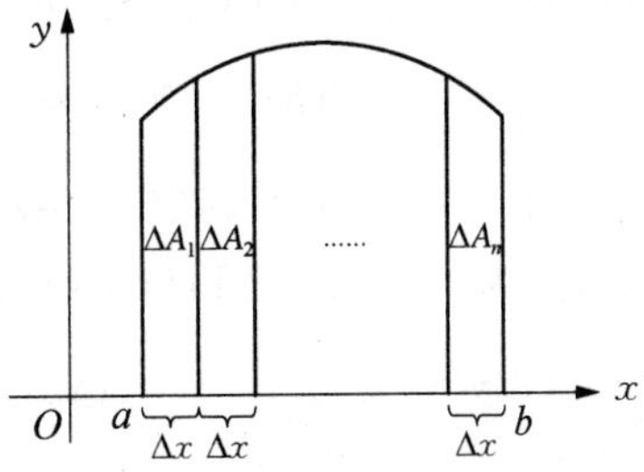

图 2-12

设每个细条的宽度为 Δx，那么 $\Delta x=\dfrac{b-a}{n}$. 让 ΔA_1、ΔA_2、…、ΔA_n 分别代表从第 1 个细条的面积到第 n 个细条的面积，如图 2-12 所示，那么就有

$$A = (\Delta A_1 + \Delta A_2 + \cdots + \Delta A_n).$$

如果我们让 n 趋向于 ∞，意味着我们让 Δx 趋向于 0，那么所有细条的面积之和仍应等于这个大的拱形的面积 A，因为所有细条的面积之和与 n 或 Δx 无关. 因此有

$$\lim_{\substack{n\to\infty \\ (\Delta x\to 0)}} (\Delta A_1 + \Delta A_2 + \cdots + \Delta A_n) = \lim_{\substack{n\to\infty \\ (\Delta x\to 0)}} A = A,$$

这里 $\Delta x=\dfrac{b-a}{n}$.

这个拱形区域可以看成是在区间 $[a,b]$ 上、曲线与 x 轴之间的区域，如图 2-12 所示. 因此上述公式表示：如果我们将区间 $[a,b]$ 上、曲线与 x 轴之间的区域切割成 n 个宽度为 Δx 的细条，那么无论 n 变得多大或 Δx 变得多小，所有细条的面积之和将始终等于这个区域的面积.

这一法则非常重要，在第五章讨论牛顿-莱布尼兹公式时，我们将要用到这一法则.

例 2　设函数 $y=F(x)$，让我们在其曲线下设立一个大的区间 $[a,b]$. 再让我们将区间

$[a,b]$分割成 n 个小区间,小区间宽度均为 Δx,那么 $\Delta x=\frac{b-a}{n}$. 令 Δy 代表函数在一个小区间上的增量. 这样我们就有 n 个 Δy,如图 2-13 所示.

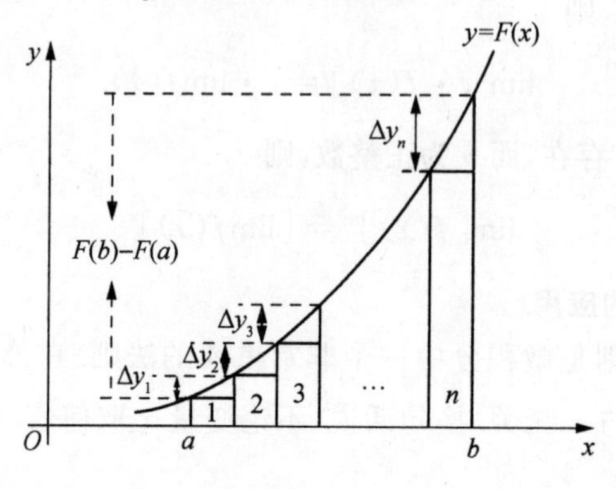

图 2-13

让 Δy_1、Δy_2、…、Δy_n分别代表在区间$[a,b]$上的第 1 个至第 n 个小区间上的 Δy,如图 2-13所示. 让我们将区间$[a,b]$上的所有 Δy 相加. 我们知道所有 Δy 之和总是等于函数 $F(x)$在区间$[a,b]$上的增量 $F(b)-F(a)$,与 n 的大小及 Δx 的大小无关. 所以有

$$F(b)-F(a)=(\Delta y_1+\Delta y_2+\cdots+\Delta y_n).$$

如果我们让 n 趋向于∞,意味着我们让 Δx 趋向于 0,那么所有 Δy 之和仍应等于 $F(b)-F(a)$,因为所有 Δy 之和与 n 或 Δx 无关. 因此我们有

$$\lim_{\substack{n\to\infty\\(\Delta x\to 0)}}(\Delta y_1+\Delta y_2+\cdots+\Delta y_n)=\lim_{\substack{n\to\infty\\(\Delta x\to 0)}}[F(b)-F(a)]=F(b)-F(a),$$

这里 $\Delta x=\frac{b-a}{n}$.

这一法则非常重要,在第五章讨论牛顿-莱布尼兹公式时,我们将要用到这一法则.

二、复合函数的极限运算法则

设函数 $y=f[g(x)]$ 是由函数 $u=g(x)$ 与函数 $y=f(u)$ 复合而成,若 $\lim\limits_{x\to x_0}g(x)=u_0$,且在点 x_0 的某去心邻域内 $g(x)\neq u_0$,又有 $\lim\limits_{u\to u_0}f(u)=A$,则

$$\lim_{x\to x_0}f[g(x)]=\lim_{u\to u_0}f(u)=A.$$

证 根据已知条件 $\lim\limits_{u\to u_0}f(u)=A$,我们只要证明 $\lim\limits_{x\to x_0}f[g(x)]=A$ 就可证明上式. 根据极限的定义,如果我们能证明:$\forall\varepsilon>0$,$\exists\delta>0$,使得

$$0<|x-x_0|<\delta,|f[g(x)]-A|<\varepsilon$$

成立,那么我们就证明了 $\lim\limits_{x\to x_0}f[g(x)]=A$.

现将已知条件 $\lim\limits_{x\to x_0}g(x)=u_0$ 写成不等式:$\forall\eta>0$,$\exists\delta>0$,使得

$$0<|x-x_0|<\delta, |g(x)-u_0|<\eta.$$

再根据已有条件“在点 x_0 的某去心邻域内 $g(x)\neq u_0$”，我们可将 $|g(x)-u_0|<\eta$ 写成

$$0<|g(x)-u_0|<\eta,$$

则上式可写成 $\quad 0<|x-x_0|<\delta, 0<|g(x)-u_0|<\eta.$

（注：在点 x_0 的某去心邻域内 $g(x)\neq u_0$，表述的是在该邻域内 $g(x)$ 不是等于 u_0 的常数函数，而非常数函数的不等式为 $0<|x-x_0|<\delta, 0<|f(x)-A|<\varepsilon$. 见上节）

因为 $u=g(x)$，故上式可写成

$$0<|x-x_0|<\delta, 0<|u-u_0|<\eta.$$

再将已知条件 $\lim\limits_{u\to u_0}f(u)=A$ 写成不等式，因为 $u=g(x)\neq u_0$，故有 $0<|u-u_0|<\eta$，我们可将该极限写为：$\forall\varepsilon>0, \exists\eta>0$，使得

$$0<|u-u_0|<\eta, |f(u)-A|<\varepsilon.$$

现在我们得到两个式子 $0<|x-x_0|<\delta, 0<|u-u_0|<\eta$ 和 $0<|u-u_0|<\eta$, $|f(u)-A|<\varepsilon$. 从这两个式子可知，当 $0<|x-x_0|<\delta$，有 $0<|u-u_0|<\eta$；而当 $0<|u-u_0|<\eta$，有 $|f(u)-A|<\varepsilon$，故有

$$0<|x-x_0|<\delta, |f(u)-A|<\varepsilon.$$

因为 $u=g(x)$，故上式可写成

$$0<|x-x_0|<\delta, |f(g(x))-A|<\varepsilon.$$

将此不等式写成极限式

$$\lim_{x\to x_0}f[g(x)]=A.$$

根据已有条件 $\lim\limits_{u\to u_0}f(u)=A$，则

$$\lim_{x\to x_0}f[g(x)]=\lim_{u\to u_0}f(u)=A.$$

证毕.

(1) 在上述定理中，把 $\lim\limits_{u\to u_0}f(u)=A$ 换成 $\lim\limits_{u\to u_0}f(u)=f(u_0)$，则可得定理

$$\lim_{x\to x_0}f[g(x)]=\lim_{u\to u_0}f(u)=f(u_0).$$

显然，这个定理是上述定理的特殊情形. 这个定理的条件还可用函数连续的定义来表述，我们将在第三章中再进行讨论.

(2) 在上述定理中，把 $\lim\limits_{x\to x_0}g(x)=u_0$ 换成 $\lim\limits_{x\to x_0}g(x)=\infty$，同时把 $\lim\limits_{u\to u_0}f(u)$ 换成 $\lim\limits_{u\to\infty}f(u)=A$，则类似可得定理

$$\lim_{x\to x_0}f[g(x)]=\lim_{u\to\infty}f(u)=A.$$

例 3 求 $\lim\limits_{x\to 8}\sqrt{\dfrac{x-8}{x^2-64}}$.

解 令 $u=\dfrac{x-8}{x^2-64}$，则 $\lim\limits_{x\to 8}u=\lim\limits_{x\to 8}\dfrac{x-8}{x^2-64}=\lim\limits_{x\to 8}\dfrac{1}{x+8}=\dfrac{1}{16}$. 于是

$$\lim_{x\to 8}\sqrt{\frac{x-8}{x^2-64}}=\lim_{u\to\frac{1}{16}}\sqrt{u}=\frac{1}{4}.$$

(以下是对复合函数运算法则的形象化讲解，此为选读内容)

此讲解有三个部分：1. 加入转化步骤的证明，2. 图示三个不等式，3. 详解条件 $g(x)\neq u_0$.

1. 加入转化步骤的证明

上面的证明过程是用不等式推导不等式，有点难懂，如在上面的证明过程中加入一个转化步骤，证明就会变得很好懂. 转化步骤是指将极限转化成趋向式，讨论如下：

将已知条件 $\lim\limits_{x\to x_0}g(x)=u_0$ 和 $g(x)\neq u_0$ 写成趋向式：$x\to x_0, g(x)\to u_0$，

即 $$x\to x_0, u\to u_0,$$

再将已知条件 $\lim\limits_{u\to u_0}f(u)=A$ 和 $g(x)\neq u_0$ 写成趋向式：$u\to u_0, f(u)\to A$，

根据上面两个趋向式，可得 $x\to x_0, f(u)\to A$，

将趋向式 $x\to x_0, f(u)\to A$ 写成 $x\to x_0, f(g(x))\to A$，再写成极限 $\lim\limits_{x\to x_0}f(g(x))=A$. 证毕.

现在我们把上面的三个趋向式转化成相应的不等式：

$x\to x_0, u\to u_0$	转化成	$0<\|x-x_0\|<\delta, 0<\|u-u_0\|<\eta$
$u\to u_0, f(u)\to A$	转化成	$0<\|u-u_0\|<\eta, \|f(u)-A\|<\varepsilon$
据上面两式可得		
$x\to x_0, f(u)\to A$	转化成	$0<\|x-x_0\|<\delta, \|f(u)-A\|<\varepsilon$

将不等式 $0<|x-x_0|<\delta$，$|f(u)-A|<\varepsilon$ 写成 $0<|x-x_0|<\delta$，$|f(g(x))-A|<\varepsilon$，再写成极限 $\lim\limits_{x\to x_0}f(g(x))=A$. 证毕.

通过趋向式的转化，上面的用不等式推导不等式的证明过程就容易懂了.

2. 图示三个不等式

另外，我们还可以图示上面的三对不等式. 在图 2-5 中，我们图示了不等式 $0<|x-x_0|<\delta, 0<|f(x)-A|<\varepsilon$. 以同样的方式我们可以图示上面的三对不等式. 讨论如下：

为了图示上面的三对不等式，我们需要建立一个由三个互相垂直的平面所组成的坐标系. 设想有三个平面，xy 平面、xu 平面和 uy 平面，如图 2-14 中左图所示. 现在我们把它们同轴相叠，形成一个共轴三平面坐标系，如图 2-14 中右图所示. 这里有 xy 平面（主平面）、xu 平面和 uy 平面. 每两个平面均有一轴为共享. 注意这不是一个空间坐标系，只是三个互相垂直的平面坐标系，它们仅是同轴共享而已. 为了与空间坐标系相区别，将这三个平面组成的坐标系称为"三平面坐标系".

现在我们要在 xu 平面内作函数 $u=g(x)$ 的曲线，在 uy 平面内作函数 $y=f(u)$ 的曲线，在 xy 平面内作复合函数 $y=f[g(x)]$ 的曲线，作法如下：

让我们在 x 轴上选一点 x_0，通过中间变量（函数）$u=g(x)$，就能在 u 轴上得到一点 u_0 ($u_0=g(x_0)$)，u_0 再通过函数 $y=f(u)$，就能在 y 轴上得到一点 y_0($y_0=f(u_0)$). 这样我

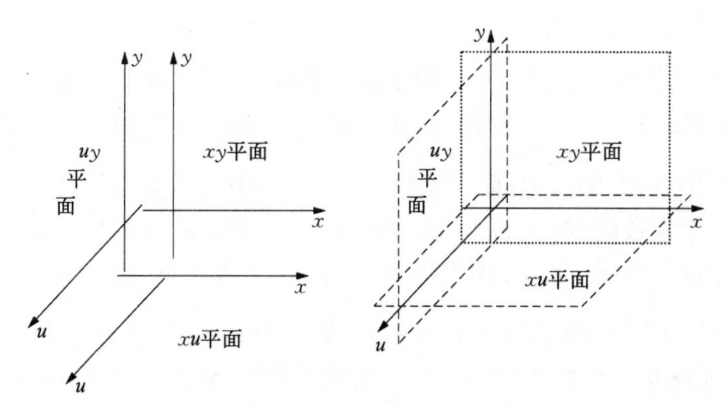

图 2 - 14

们就有 x_0, u_0, y_0. 让我们在 xu 平面内作点 (x_0, u_0)，在 uy 平面内作点 (u_0, y_0)，在 xy 平面内作点 (x_0, y_0)，如图 2 - 15 中左图所示. 据此，如果在 x 轴上选择不同的点，就可在三个平面内各得到一个不同的点. 如此重复，在三个平面内可得无数个点. 将 xu 平面内的这些点连接起来，就是函数 $u = g(x)$ 的曲线；将 uy 平面内的这些点连接起来，就是函数 $y = f(u)$ 的曲线；将 xy 平面内的这些点连接起来，就是函数 $y = f[g(x)]$ 的曲线，如图 2 - 15 中右图所示.

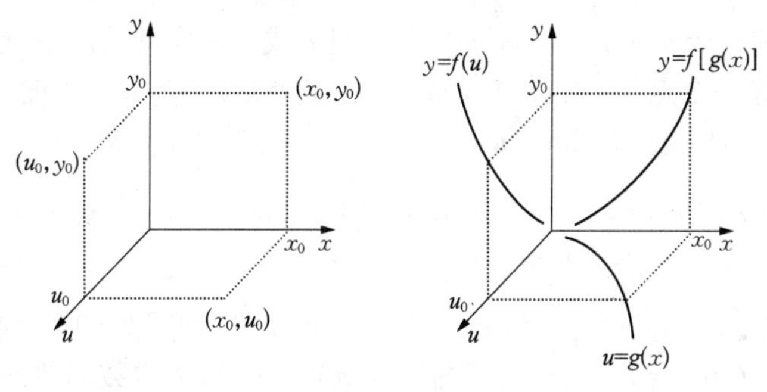

图 2 - 15

图 2 - 15 展示了函数 $y = f[g(x)]$ 的曲线与函数 $u = g(x)$ 曲线和函数 $y = f(u)$ 的曲线之间的相互关系.

现在我们可以在 xu 平面内展示不等式 $0 < |x - x_0| < \delta, 0 < |u - u_0| < \eta$, 在 uy 平面内展示不等式 $0 < |u - u_0| < \eta$, $|f(u) - A| < \varepsilon$, 如图 2 - 16 中左图所示. 再让我们在 xy 平面内展示不等式 $0 < |x - x_0| < \delta$, $|f(u) - A| < \varepsilon$, 如图 2 - 16 中右图所示. 图2 - 16 展示了三对不等式之间的相互关系.

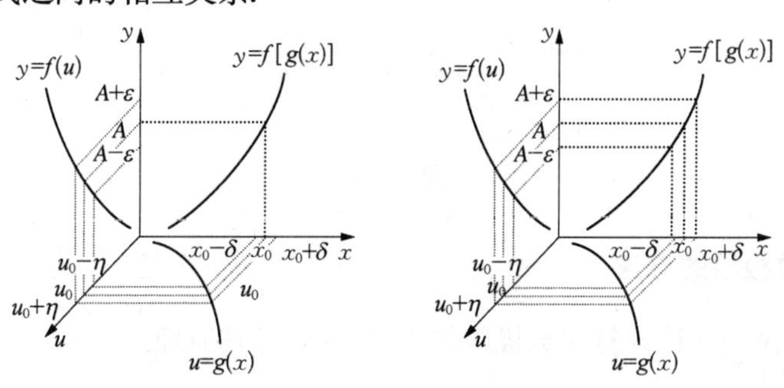

图 2 - 16

3. 详解条件 $g(x) \neq u_0$

这里详细解释为什么要有“在点 x_0 的某去心邻域内 $g(x) \neq u_0$”这一条件. 在上面的定理中,条件 $g(x) \neq u_0$ 与条件 $\lim\limits_{u \to u_0} f(u) = A$ 是相互关联的. 我们知道 u 是中间变量, u 在函数 $u = g(x)$ 中是因变量,即函数;而在函数 $y = f(u)$ 中是自变量. 如果函数 $u = g(x) = u_0$, 那么 u 就是一个常数函数 $u = u_0$. 此时的 u 是一个常数 u_0, u 的值不能变化,即 u 不再是一个变量,故 u 不能成为自变量了. 而在极限 $\lim\limits_{u \to u_0} f(u) = A$ 中,函数 $f(u)$ 的自变量 u 必须能够变值,因为只有当 u 能变值时,才能有 $u \to u_0$. 因为当 $u = g(x) = u_0$ 时, u 的值不能变化,所以就不可能有 $u \to u_0$, 因此 $\lim\limits_{u \to u_0} f(u) = A$ 也就不成立. 只有当 $g(x) \neq u_0$ 时,才能有 $u \to u_0$, $\lim\limits_{u \to u_0} f(u) = A$ 才能成立. 这就是为什么必须有 $g(x) \neq u_0$ 这个条件的原因. 而一个正常的常数函数 $f(x) = Cx^0 = C$ 或 $f(x) = C \cdot 1^x = C$ 并不存在这样的问题,因为它的自变量 x 永远是可以变值的,所以可有 $x \to x_0$, 因此可有 $\lim\limits_{x \to x_0} g(x)$.

上面描述的是公式 $\lim\limits_{x \to x_0} f[g(x)] = \lim\limits_{u \to u_0} f(u) = A$ 的情形. 如果把图 2 - 16 中的 A 换成 $f(u_0)$, 则图 2 - 16 描述的就是公式 $\lim\limits_{x \to x_0} f[g(x)] = \lim\limits_{u \to u_0} f(u) = f(u_0)$ 的情形.

现在让 $u = g(x) = u_0 \cdot 1^x = u_0$, 即中间变量 u 成为一个常数函数,这样在 uy 平面内,函数 $y = f(u)$ 只是一个点 $(u_0, f(u_0))$, 如图 2 - 17 所示. 因为 u 值不能变化, $y = f(u)$ 已失去函数的意义,同时极限 $\lim\limits_{u \to u_0} f(u)$ 也不存在. 极限 $\lim\limits_{u \to u_0} f(u)$ 不存在,不等式 $0 < |u - u_0| < \eta$, $|f(u) - A| < \varepsilon$ 也就不存在. 显然,当 $g(x) = u_0$ 时,我们可在 xu 平面内图示出极限 $\lim\limits_{x \to x_0} g(x) = u_0$ 的不等式 $0 < |x - x_0| < \delta$, $0 < |u - u_0| < \eta$, 但在 uy 平面内却没有作出不等式 $0 < |u - u_0| < \eta$, $|f(u) - A| < \varepsilon$ 的条件,如图 2 - 17 所示. 因此,要使定理 $\lim\limits_{x \to x_0} f[g(x)] = \lim\limits_{u \to u_0} f(u) = A$ 成立,必须排除 $g(x) = u_0$ 成为常数函数的情形.

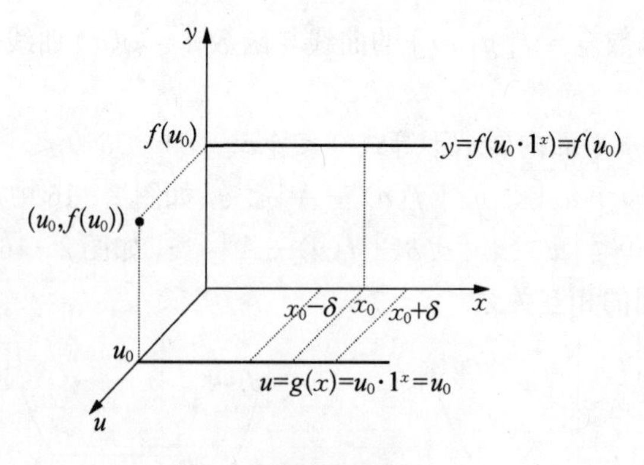

图 2 - 17

三、计算函数极限的方法

在这里,我们讨论几种计算函数极限的方法,并解释其原理.

1. *表格法*

在第一节的例题中，我们所使用的计算极限方法就是表格法. 为了便于计算函数 $y=f(x)$ 的极限，我们将表格设计成两大栏，一个大栏用于计算右极限. 另一个大栏用于计算左极限. 如果右极限与左极限相等，我们就得到了极限.

让我们做一些习题.

例 4　用表格法求极限 $\lim\limits_{x\to 7}\dfrac{x^2-6^2}{x-6}$.

解　$x\to 7$ 指 x 趋向于 7，但不等于 7. 变量 x 有两种方式趋向于 7. 一种方式是 x 以大于 7 的方式趋向于 7. 以这种方式，x 可以等于 7.01、7.001、7.000 1 等等. 另一种方式是 x 以小于 7 的方式趋向于 7. 以这种方式，x 可以等于 6.99、6.999、6.999 9 等等. 让我们在下面的表格中列出变量 x 的这些值和相对应的函数 y 的值，这样我们就可看出当 x 趋向于 7 时，函数 y 会趋向于什么值.

x 以大于 7 的方式趋向于 7	$\dfrac{x^2-6^2}{x-6}$
$x>7$ ↓ 7	当 $x=7.01$　$\dfrac{x^2-6^2}{x-6}=13.01$ 当 $x=7.001$　$\dfrac{x^2-6^2}{x-6}=13.001$ 当 $x=7.000\,1$　$\dfrac{x^2-6^2}{x-6}=13.000\,1$ 当 $x\to 7^+$　$\dfrac{x^2-6^2}{x-6}\to 13$ $\lim\limits_{x\to 7^+}\dfrac{x^2-6^2}{x-6}=13$
7 ↑ $x<7$	$\lim\limits_{x\to 7^-}\dfrac{x^2-6^2}{x-6}=13$ 当 $x\to 7^-$　$\dfrac{x^2-6^2}{x-6}\to 13$ 当 $x=6.999\,9$　$\dfrac{x^2-6^2}{x-6}=12.999\,9$ 当 $x=6.999$　$\dfrac{x^2-6^2}{x-6}=12.999$ 当 $x=6.99$　$\dfrac{x^2-6^2}{x-6}=12.99$
x 以小于 7 的方式趋向于 7	$\dfrac{x^2-6^2}{x-6}$

根据这个表格的结果，我们得到

$$\lim_{x\to 7}\frac{x^2-6^2}{x-6}=13.$$

例 5 用表格法求极限$\lim\limits_{x\to 6}\dfrac{x^2-6^2}{x-6}$.

解 $x\to 6$ 指 x 趋向于 6，但不等于 6. 变量 x 有两种方式趋向于 6. 一种方式是以大于 6 的方式趋向于 6. 以这种方式，x 可以等于 6.01、6.001、6.000 1 等等. 另一种方式是以小于 6 的方式趋向于 6. 以这种方式，x 可以等于 5.99、5.999、5.999 9 等等. 让我们在下面的表格中列出变量 x 的值和相对应的函数 y 的值，这样我们可看出当 x 趋向于 6 时，函数 y 会趋向于什么值.

x 以大于 6 的方式趋向于 6	$\dfrac{x^2-6^2}{x-6}$
$x>6$ ↓ 6	当 $x=6.01$　$\dfrac{x^2-6^2}{x-6}=12.01$ 当 $x=6.001$　$\dfrac{x^2-6^2}{x-6}=12.001$ 当 $x=6.000\,1$　$\dfrac{x^2-6^2}{x-6}=12.000\,1$ 当 $x\to 6^+$　$\dfrac{x^2-6^2}{x-6}\to 12$ $\lim\limits_{x\to 6^+}\dfrac{x^2-6^2}{x-6}=12$
6 ↑ $x<6$	$\lim\limits_{x\to 6^-}\dfrac{x^2-6^2}{x-6}=12$ 当 $x\to 6^-$　$\dfrac{x^2-6^2}{x-6}\to 12$ 当 $x=5.999\,9$　$\dfrac{x^2-6^2}{x-6}=11.999\,9$ 当 $x=5.999$　$\dfrac{x^2-6^2}{x-6}=11.999$ 当 $x=5.99$　$\dfrac{x^2-6^2}{x-6}=11.99$
x 以小于 6 的方式趋向于 6	$\dfrac{x^2-6^2}{x-6}$

根据这个表格的结果，我们得到

$$\lim_{x\to 6}\frac{x^2-6^2}{x-6}=12.$$

例 6 求$\lim\limits_{x\to 0}\dfrac{e^x-1}{x}$.

解 x 有两种方式趋向于 0. 一种方式是以大于 0 的方式趋向于 0. 以这种方式，x 可以等于 0.01、0.001、0.000 1 等等. 另一种方式是以小于 0 的方式趋向于 0. 以这种方式，x 可以等于−0.01、−0.001、−0.000 1 等等. 让我们在下面的表格中列出变量 x 的值和相对应的函数$\frac{e^x-1}{x}$的值，这样我们可看出当 x 趋向于 0 时，函数将会趋向于什么值.

x 以大于 0 的方式趋向于 0	$\frac{e^x-1}{x}$
$x>0$ ↓ 0	当 $x=0.01$ $\quad \frac{e^x-1}{x}\approx 1.005$ 当 $x=0.001$ $\quad \frac{e^x-1}{x}\approx 1.000\,5$ 当 $x=0.000\,1$ $\quad \frac{e^x-1}{x}\approx 1.000\,05$ 当 $x\to 0^+$ $\quad \frac{e^x-1}{x}\to 1$ $\lim\limits_{\Delta x\to 0^+}\frac{e^x-1}{x}=1$
0 ↑ $x<0$	$\lim\limits_{\Delta x\to 0^-}\frac{e^x-1}{x}=1$ 当 $x\to 0^-$ $\quad \frac{e^x-1}{x}\to 1$ 当 $x=-0.000\,1$ $\quad \frac{e^x-1}{x}\approx 0.999\,95$ 当 $x=-0.001$ $\quad \frac{e^x-1}{x}\approx 0.999\,5$ 当 $x=-0.01$ $\quad \frac{e^x-1}{x}\approx 0.995$
x 以小于 0 的方式趋向于 0	$\frac{e^x-1}{x}$

根据这个表格的结果，我们得到

$$\lim_{x\to 0}\frac{e^x-1}{x}=1.$$

例 7 求$\lim\limits_{x\to 0}\frac{\sin x}{x}$.

解 x 有两种方式趋向于 0. 一种方式是以大于 0 的方式趋向于 0. 以这种方式，x 可以等于 0.01、0.001、0.000 1 等等. 另一种方式是以小于 0 的方式趋向于 0. 以这种方式，x 可以等于−0.01、−0.001、−0.000 1 等等. 让我们在下面的表格中列出变量 x 的这些值和相对应的函数$\frac{\sin x}{x}$的值，这样我们可看出当 x 趋向于 0 时，函数将会趋向于什么值.

x 以大于 0 的方式趋向于 0		$\frac{\sin x}{x}$
$x>0$	当 $x=0.01$	$\frac{\sin x}{x}\approx 0.999\ 983$
↓	当 $x=0.001$	$\frac{\sin x}{x}\approx 0.999\ 999\ 83$
	当 $x=0.000\ 1$	$\frac{\sin x}{x}\approx 0.999\ 999\ 998\ 3$
0	当 $x\to 0^+$	$\frac{\sin x}{x}\to 1$
		$\lim\limits_{\Delta x\to 0^+}\frac{\sin x}{x}=1$
		$\lim\limits_{\Delta x\to 0^-}\frac{\sin x}{x}=1$
0	当 $x\to 0^-$	$\frac{\sin x}{x}\to 1$
↑	当 $x=-0.000\ 1$	$\frac{\sin x}{x}\approx 0.999\ 999\ 998\ 3$
$x<0$	当 $x=-0.001$	$\frac{\sin x}{x}\approx 0.999\ 999\ 83$
	当 $x=-0.01$	$\frac{\sin x}{x}\approx 0.999\ 983$
x 以小于 0 的方式趋向于 0		$\frac{\sin x}{x}$

根据这个表格的结果，我们得到

$$\lim_{x\to 0}\frac{\sin x}{x}=1.$$

极限 $\lim\limits_{x\to 0}\frac{e^x-1}{x}=1$ 和 $\lim\limits_{x\to 0}\frac{\sin x}{x}=1$ 还可用其他方法求得，以后我们还会讨论.

表格法虽然简单，但很费时间. 一般不用. 而常用的方法为直接代入法和其他方法. 下面让我们进行具体讨论.

2. 直接代入法

很多函数的极限，可以通过将变量 x 所趋向于的值直接代入函数中而求得. 这种方式称为直接代入法. 适用直接代入法的函数极限有：无分母的单项式和多项式函数在点 x_0 处的极限，分母极限不为零的有理分式函数在点 x_0 处的极限，等等. 这些函数有个共同特点，这就是它们都是连续函数，或者它们在变量 x 所趋向于的值处连续. 关于函数连续的定义，我们将在第三章中讨论. 直观地说，连续就是指函数的图形没有间断点.

举例，单项式和多项式函数在点 x_0 处的极限，如 $\lim\limits_{x\to 1}(x+6)$ 和 $\lim\limits_{x\to 7}(x^2+2x-14)$. 这些函数的极限可用代入法来计算.

例 8 用直接代入法求 $\lim\limits_{x\to 1}(x+6)$.

解 函数 $x+6$ 是连续函数，如图 2-18 所示. 从图上可看出，因为函数图形连续，当 $x\to 1$ 时，$(x+6)\to 7$. 因此我们可用直接代入法. 将 1 代入函数 $x+6$，我们得到

$$1+6=7.$$

那么有

$$\lim_{x\to 1}(x+6)=7.$$

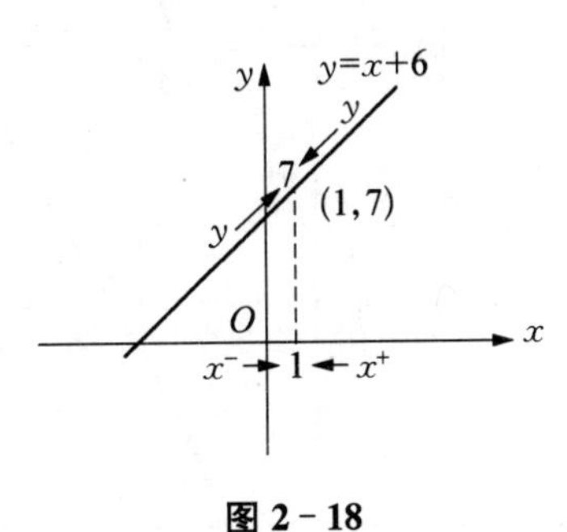

图 2-18

例 9　用直接代入法求$\lim\limits_{x\to 7}(x^2+2x-14)$.

解　函数 $x^2+2x-14$ 是连续函数，如图 2-19 所示. 从图上可看出，因为函数图形连续，当 $x\to 7$ 时，$(x^2+2x-14)\to 49$. 因此我们可用直接代入法. 将 7 代入函数 $x^2+2x-14$，我们得到

$$7^2+2\times 7-14=49.$$

那么有

$$\lim_{x\to 7}(x^2+2x-14)=49.$$

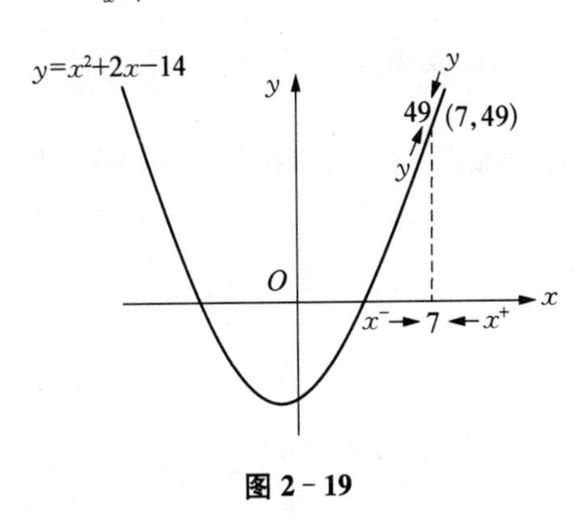

图 2-19

分母极限不为零的有理分式函数在点 x_0 处的极限，如$\lim\limits_{x\to 1}\dfrac{x^2-2}{x}$和$\lim\limits_{x\to 7}\dfrac{x^2-6^2}{x-6}$，这样的有理分式函数的极限可用直接代入法计算.

例 10　用直接代入法求$\lim\limits_{x\to 3}\dfrac{x^2-2}{x}$.

解　虽然函数 $\dfrac{x^2-2}{x}$ 不是连续函数，它在 $x=0$ 有间断点，如图 2-20 所示. 但它在变量 x 所趋向于的值 3 处连续，因此我们可用直接代入法. 将 3 代入函数$\dfrac{x^2-2}{x}$，我们得到

$$\frac{3^2-2}{3}=\frac{7}{3}.$$

那么就有

$$\lim_{x\to 3}\frac{x^2-2}{x}=\frac{7}{3}.$$

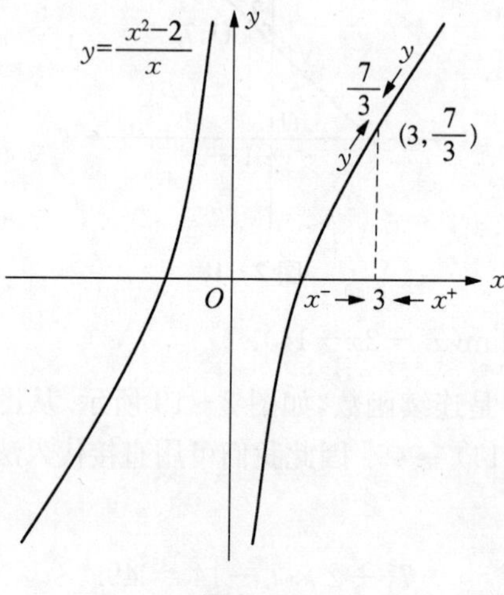

图 2-20

例 11 用直接代入法求$\lim\limits_{x\to 7}\frac{x^2-6^2}{x-6}$.

解 虽然函数 $\frac{x^2-6^2}{x-6}$ 不是连续函数,它在 $x=6$ 有间断点,如图 2-21 所示.但它在变量 x 所趋向于的值 7 处连续,因此我们可用直接代入法.将 7 代入函数$\frac{x^2-6^2}{x-6}$,我们得到

$$\frac{7^2-6^2}{7-6}=13.$$

那么就有

$$\lim_{x\to 7}\frac{x^2-6^2}{x-6}=13.$$

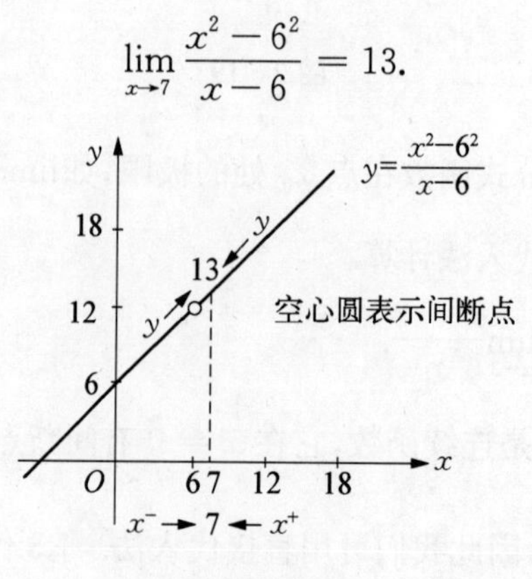

图 2-21

3. $\frac{0}{0}$ 型未定式的转化后代入法

如果我们运用直接代入法求极限$\lim\limits_{x\to 6}\frac{x^2-6^2}{x-6}$，那么计算结果将是无定义的$\frac{0}{0}$. 因此，直接代入法不适用于这个极限. 直接代入得 $\frac{0}{0}$ 的这类极限又称为“$\frac{0}{0}$ 型未定式”. 但如果我们先运用代数法则对函数$\frac{x^2-6^2}{x-6}$进行转化，那么代入法就能够适用. 这种方式称为转化后代入法. 如果对一个分式函数用直接代入法而得$\frac{0}{0}$，就需要试用此法. 在高等数学中，我们需要运用极限的方法解决切线的斜率问题，这是高等数学的一个重要的组成部分，如用直接代入法求切线的斜率均得$\frac{0}{0}$. 因此求切线斜率的极限，须要用转化后代入法.

让我们用转化后代入法来计算一些极限. 并讨论它的原理.

例 12　求$\lim\limits_{x\to 6}\frac{x^2-6^2}{x-6}$.

解　　$\lim\limits_{x\to 6}\frac{x^2-6^2}{x-6}$

转化　　$=\lim\limits_{x\to 6}\frac{(x-6)(x+6)}{x-6}$

　　　　$=\lim\limits_{x\to 6}(x+6)$

代入　　$=12.$

现在解释这个方法的原理：我们知道函数 $\frac{x^2-6^2}{x-6}$ 中的 x 是不能等于 6 的，函数 $\frac{x^2-6^2}{x-6}$ 在 $x=6$ 处有间断点，如图 2-22 中左图所示. 而函数 $x+6$ 是一个无间断点的连续函数，如图 2-22 中右图所示.

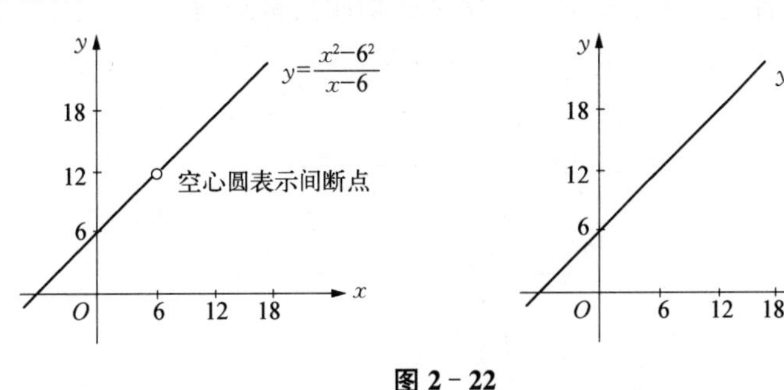

图 2-22

因此，当我们让函数 $\frac{x^2-6^2}{x-6}$ 等于函数 $x+6$ 时必须加上这个条件. 即：

$$\frac{x^2-6^2}{x-6}=x+6(x\neq 6).$$

这个公式表示：这两个函数的值除了在点 $x=6$ 之外完全一样. 也就是说，$\frac{x^2-6^2}{x-6}$ 和 $x+6$ 是除 $x=6$ 外的等值函数. 而我们计算极限 $\lim\limits_{x\to 6}\frac{x^2-6^2}{x-6}$ 的原理是通过分析函数在点

$x=6$ 附近函数值的变化，找到函数所趋向的值，并不涉及函数在点 $x=6$ 处的值. 因为函数 $\frac{x^2-6^2}{x-6}$ 和函数 $x+6$ 在点 $x=6$ 附近的值完全一样，所以这两个函数值的变化也就一样. 又因为两个函数值的变化一样，所以这两个函数所趋向的值也就必然一样(见下表). 因此，这两个函数在 $x\to 6$ 时的极限是一样的，这就是转化后代入法的原理.

x 以大于 6 的方式趋向于 6	自变量 x	函数 $\frac{x^2-6^2}{x-6}$	函数 $x+6$
$x>6$ ↓ 6	当 $x=6.01$	$\frac{x^2-6^2}{x-6}=12.01$	$x+6=12.01$
	当 $x=6.001$	$\frac{x^2-6^2}{x-6}=12.001$	$x+6=12.001$
	当 $x=6.0001$	$\frac{x^2-6^2}{x-6}=12.0001$	$x+6=12.0001$
	当 $x\to 6^+$	$\frac{x^2-6^2}{x-6}\to 12$	$x+6\to 12$
6 ↑ $x<6$	当 $x\to 6^-$	$\frac{x^2-6^2}{x-6}\to 12$	$x+6\to 12$
	当 $x=5.9999$	$\frac{x^2-6^2}{x-6}=11.9999$	$x+6=11.9999$
	当 $x=5.999$	$\frac{x^2-6^2}{x-6}=11.999$	$x+6=11.999$
	当 $x=5.99$	$\frac{x^2-6^2}{x-6}=11.99$	$x+6=11.99$
x 以小于 6 的方式趋向于 6	自变量 x	函数 $\frac{x^2-6^2}{x-6}$	函数 $x+6$

让我们运用转化后代入法求解第一节例 2 的切线斜率问题.

例 13 求 $\lim\limits_{\Delta x\to 0}\frac{(2+\Delta x)^2-2^2}{\Delta x}$.

解
$$\lim_{\Delta x\to 0}\frac{(2+\Delta x)^2-2^2}{\Delta x}$$

因式分解
$$=\lim_{\Delta x\to 0}\frac{2^2+2\cdot 2\cdot \Delta x+(\Delta x)^2-2^2}{\Delta x}$$
$$=\lim_{\Delta x\to 0}\frac{(\Delta x)^2+4\Delta x}{\Delta x}$$
$$=\lim_{\Delta x\to 0}(\Delta x+4)$$

代入
$$=4.$$

让我们解释原理：在解题中，我们将函数 $\frac{(2+\Delta x)^2-2^2}{\Delta x}$ 转化成函数 $\Delta x+4$. 我们知道函数 $\frac{(2+\Delta x)^2-2^2}{\Delta x}$ 中的 Δx 是不能等于 0 的，函数 $\frac{(2+\Delta x)^2-2^2}{\Delta x}$ 在 $\Delta x=0$ 处有间断点，如图 2-23 中左图所示. 而 $\Delta x+4$ 是一个无间断点的连续函数，如图 2-23 中右图所示.

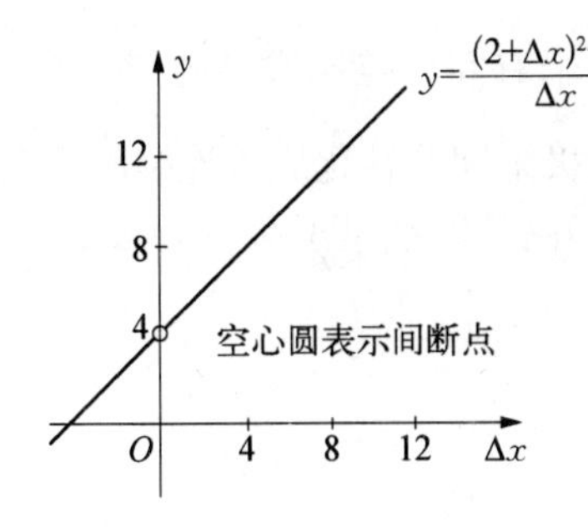

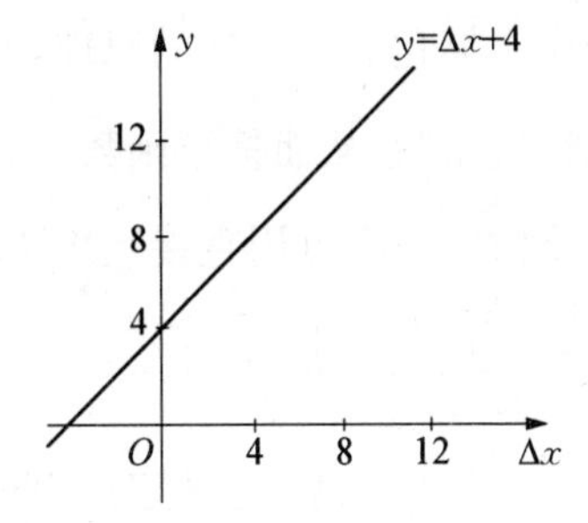

图 2-23

因此,当我们让函数 $\frac{(2+\Delta x)^2-2^2}{\Delta x}$ 等于函数 $\Delta x+4$ 时必须加上这个条件. 即:

$$\frac{(2+\Delta x)^2-2^2}{\Delta x}=\Delta x+4(\Delta x\neq 0).$$

这个公式表示:这两个函数的值除了在点 $\Delta x=0$ 处其他完全一样. 也就是说,$\frac{(2+\Delta x)^2-2^2}{\Delta x}$ 和 $\Delta x+4$ 是除 $\Delta x=0$ 外的等值函数. 而我们计算 $\lim\limits_{\Delta x\to 0}\frac{(2+\Delta x)^2-2^2}{\Delta x}$ 的原理是通过分析函数在点 $\Delta x=0$ 附近函数值的变化,找到函数所趋向的值,并不涉及函数在点 $\Delta x=0$ 处的值. 因为函数 $\frac{(2+\Delta x)^2-2^2}{\Delta x}$ 和函数 $\Delta x+4$ 在点 $\Delta x=0$ 附近的值完全一样,所以这两个函数值的变化也就一样. 又因为两个函数值的变化一样,所以这两个函数所趋向的值也就必然一样(见下表). 因此,这两个函数在 $\Delta x\to 0$ 时的极限是一样的.

Δx 以大于 0 的方式趋向于 0	自变量 Δx	函数 $\frac{(2+\Delta x)^2-2^2}{\Delta x}$	函数 $\Delta x+4$
$\Delta x>0$ ↓ 0	当 $\Delta x=0.01$	$\frac{(2+\Delta x)^2-2^2}{\Delta x}=4.01$	$\Delta x+4=4.01$
	当 $\Delta x=0.001$	$\frac{(2+\Delta x)^2-2^2}{\Delta x}=4.001$	$\Delta x+4=4.001$
	当 $\Delta x=0.000\,1$	$\frac{(2+\Delta x)^2-2^2}{\Delta x}=4.000\,1$	$\Delta x+4=4.000\,1$
	当 $\Delta x\to 0^+$	$\frac{(2+\Delta x)^2-2^2}{\Delta x}\to 4$	$\Delta x+4\to 4$
0 ↑ $\Delta x<0$	当 $\Delta x\to 0^-$	$\frac{(2+\Delta x)^2-2^2}{\Delta x}\to 4$	$\Delta x+4\to 4$
	当 $\Delta x=-0.000\,1$	$\frac{(2+\Delta x)^2-2^2}{\Delta x}=3.999\,9$	$\Delta x+4=3.999\,9$
	当 $\Delta x=-0.001$	$\frac{(2+\Delta x)^2-2^2}{\Delta x}=3.999$	$\Delta x+4=3.999$
	当 $\Delta x=-0.01$	$\frac{(2+\Delta x)^2-2^2}{\Delta x}=3.99$	$\Delta x+4=3.99$
Δx 以小于 0 的方式趋向于 0	自变量 Δx	函数 $\frac{(2+\Delta x)^2-2^2}{\Delta x}$	函数 $\Delta x+4$

$\frac{0}{0}$ 型未定式转化后代入法的原理:通过将一个有间断点函数转化成一个与其等值(间断点除外)的连续函数,从而把求函数在间断点的极限问题转化成求连续函数在该点的极限问题,而连续函数的极限可用直接代入法求解. 这就是 $\frac{0}{0}$ 型未定式转化后代入法的原理.

例 14 求$\lim\limits_{x\to 0}\frac{\cos x-1}{x}$.

解
$$\begin{aligned}\lim_{x\to 0}\frac{\cos x-1}{x}&=\lim_{x\to 0}\left(\frac{\cos x-1}{x}\cdot\frac{\cos x+1}{\cos x+1}\right)\\&=\lim_{x\to 0}\frac{\cos^2 x-1}{x(\cos x+1)}\\&=\lim_{x\to 0}\frac{-\sin^2 x}{x(\cos x+1)}\\&=\lim_{x\to 0}\frac{-\sin x}{x}\cdot\lim_{x\to 0}\frac{\sin x}{\cos x+1}\\&=0.\end{aligned}$$

例 15 求$\lim\limits_{x\to 0}\frac{\sqrt{x+9}-3}{x}$.

解
$$\begin{aligned}\lim_{x\to 0}\frac{\sqrt{x+9}-3}{x}&=\lim_{x\to 0}\left[\frac{\sqrt{x+9}-3}{x}\cdot\frac{\sqrt{x+9}+3}{\sqrt{x+9}+3}\right]\\&=\lim_{x\to 0}\frac{x}{x(\sqrt{x+9}+3)}\\&=\lim_{x\to 0}\frac{1}{\sqrt{x+9}+3}\\&=\frac{1}{\sqrt{9}+3}\\&=\frac{1}{6}.\end{aligned}$$

4. $\frac{\infty}{\infty}$ 型未定式的求解法

对 $x\to\infty$ 时分式函数的极限,如果分子、分母均为无穷大,那么先将分子、分母同除以它的最高次幂,然后再求极限. 举例.

例 16 求$\lim\limits_{x\to\infty}\frac{x^2-x+4}{5x^2+4}$.

解
$$\begin{aligned}\lim_{x\to\infty}\frac{x^2-x+4}{5x^2+4}&=\lim_{x\to\infty}\frac{\frac{x^2-x+4}{x^2}}{\frac{5x^2+4}{x^2}}\\&=\lim_{x\to\infty}\frac{1-\frac{1}{x}+\frac{4}{x^2}}{5+\frac{4}{x^2}}\end{aligned}$$

$$=\frac{\lim\limits_{x\to\infty}1-\lim\limits_{x\to\infty}\frac{1}{x}+\lim\limits_{x\to\infty}\frac{4}{x^2}}{\lim\limits_{x\to\infty}5+\lim\limits_{x\to\infty}\frac{4}{x^2}}$$

$$=\frac{1}{5}.$$

其他还有很多极限求解法,这里就不一一讨论了.

习题 2－2

1. 求下列函数的极限($x\to x_0$):

(1) $\lim\limits_{x\to 6}(x^2+x+3)$;

(2) $\lim\limits_{x\to 3}(x^3-x-9)$;

(3) $\lim\limits_{x\to 2}[(x^2-x)(x^3+x)]$;

(4) $\lim\limits_{x\to 1}[(x^4-x)(x^2+x)]$;

(5) $\lim\limits_{x\to 1}\frac{x^2-2}{x-6}$;

(6) $\lim\limits_{x\to 3}\frac{x^3-x^2}{x^2-6}$;

(7) $\lim\limits_{x\to 0}\frac{(6+x)^2-6^2}{x}$;

(8) $\lim\limits_{x\to 0}\frac{(4+x)^3-4^3}{x}$;

(9) $\lim\limits_{x\to 0}\frac{(2+x)^4-4^4}{x}$;

(10) $\lim\limits_{x\to 0}\frac{(1+x)^5-1}{x}$;

(11) $\lim\limits_{x\to 0}\frac{\sqrt{x+36}-6}{2x}$;

(12) $\lim\limits_{x\to 0}\frac{\sqrt{2x+16}-4}{8x}$.

2. 求下列函数的极限($x\to\infty$):

(1) $\lim\limits_{x\to\infty}\frac{x^2-x-6}{x^2-7}$;

(2) $\lim\limits_{x\to\infty}\frac{(x+2)^2-2}{2x^2-5}$;

(3) $\lim\limits_{x\to\infty}\frac{4x^4+(x+1)^2-3}{x^4+6}$;

(4) $\lim\limits_{x\to\infty}\dfrac{(x+1)^2-3}{x^3+2}$；

(5) $\lim\limits_{x\to\infty}\dfrac{x^4+x^2-x}{x^5+6}$；

(6) $\lim\limits_{x\to\infty}\dfrac{5x^5+7x^2-3}{(x+1)(x^4+1)}$.

第三节　极限存在准则　两个重要极限

在这一节中，我们将讨论判定极限存在的两个准则：准则Ⅰ——夹逼准则和准则Ⅱ——单调有界数列必有极限. 我们将运用准则Ⅰ和准则Ⅱ分别证明两个重要极限：

$$\lim_{x\to 0}\frac{\sin x}{x}=1 \qquad 和 \qquad \lim_{x\to\infty}\left(1+\frac{1}{x}\right)^x=\mathrm{e}.$$

在介绍表格法时，我们已经求出了$\lim\limits_{x\to 0}\dfrac{\sin x}{x}=1$. 这里我们还要以另一种方式对它求解，当然答案相同.

一、准则Ⅰ——夹逼准则

夹逼准则又包括数列的夹逼准则和函数的夹逼准则，下面分别介绍.

数列的夹逼准则　若数列$\{x_n\}$、$\{y_n\}$、$\{z_n\}$满足以下两个条件：

(1) $y_n\leqslant x_n\leqslant z_n(n=1,2,\cdots)$,

(2) $\lim\limits_{n\to\infty}y_n=a$, $\lim\limits_{n\to\infty}z_n=a$,

则数列$\{x_n\}$的极限存在，且$\lim\limits_{n\to\infty}x_n=a$.

函数的夹逼准则　若函数 $g(x)$、$f(x)$、$h(x)$满足以下两个条件：

(1) $g(x)\leqslant f(x)\leqslant h(x)$,

(2) $\lim\limits_{\substack{x\to x_0\\(x\to\infty)}}g(x)=a$, $\lim\limits_{\substack{x\to x_0\\(x\to\infty)}}h(x)=a$.

则函数 $f(x)$的极限存在，且$\lim\limits_{\substack{x\to x_0\\(x\to\infty)}}f(x)=a$.

例 1　运用夹逼准则证明：$\lim\limits_{x\to 0}\dfrac{\sin x}{x}=1$.

证　在图 2-24 中，有 Rt$\triangle AOD$、曲边三角形 AOB 和$\triangle AOB$. 显然这三个三角形的面积有如下关系：

$$S_{\triangle AOB}<S_{曲边三角形AOB}<S_{\mathrm{Rt}\triangle AOD}.$$

因为$S_{\triangle AOB}=\dfrac{\sin x}{2}$、$S_{曲边三角形AOB}=\dfrac{1^2\cdot x\cdot\pi}{2\pi}=\dfrac{x}{2}$和$S_{\mathrm{Rt}\triangle AOD}=\dfrac{\tan x\cdot 1\cdot 1}{2}=\dfrac{\tan x}{2}$，所以上式可写为

$$\frac{\sin x}{2}<\frac{x}{2}<\frac{\tan x}{2}.$$

同除$\frac{1}{2}\sin x$得

$$1<\frac{x}{\sin x}<\frac{\tan x}{\sin x}.$$

再写成

$$1<\frac{x}{\sin x}<\frac{1}{\cos x}.$$

再写成

$$\cos x<\frac{\sin x}{x}<1.$$

因为$\lim\limits_{x\to0}\cos x=1$和$\lim\limits_{x\to0}1=1$，根据夹逼准则得$\lim\limits_{x\to0}\frac{\sin x}{x}=1$.

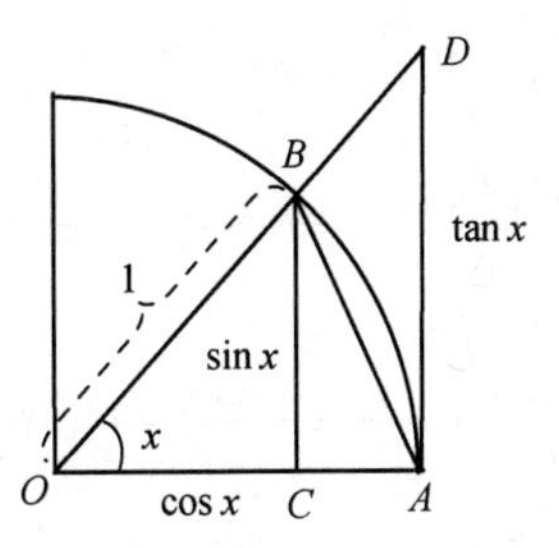

图 2-24

例 2 设 $f(x)$为连续函数，让我们在 x 轴上设立小区间$[x,x+\Delta x]$，那么函数 $f(x)$曲线下、区间$[x,x+\Delta x]$上的区域就是一个的曲边梯形(侧立状)，将这个曲边梯形分割成一个曲边直角三角形和一个矩形，如图 2-25 中左图所示. 显然这个曲边直角三角形的面积是 Δx 的函数，用$A_t(\Delta x)$表示这个曲边直角三角形面积(t 是 triangle(三角形)的第一个字母). 运用夹逼准则可证明$\lim\limits_{\Delta x\to0}\frac{A_t(\Delta x)}{\Delta x}=0$.

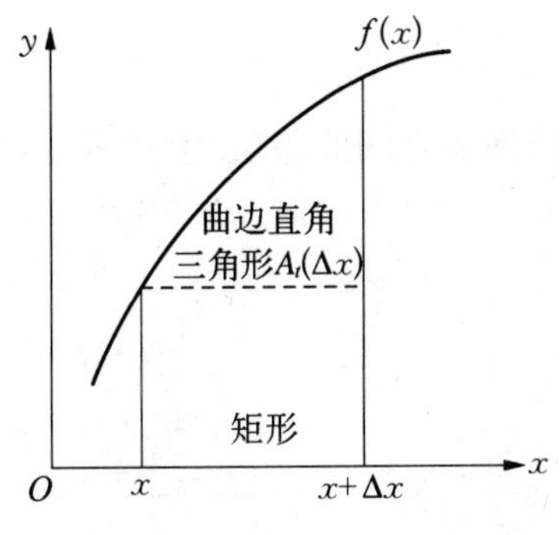

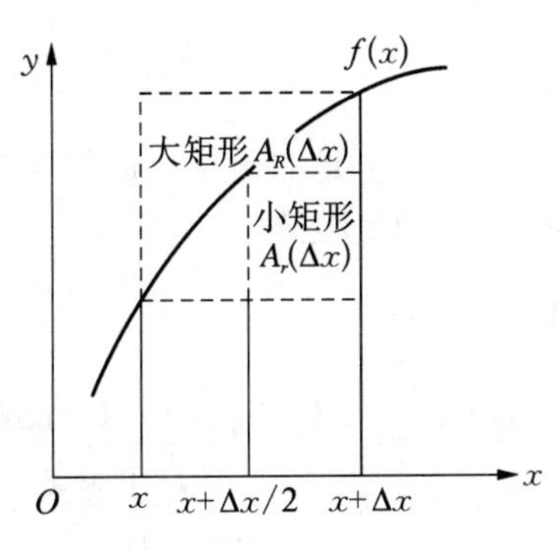

图 2-25

证 以 $f(x+\Delta x)-f(x)$ 为高、Δx 为宽作一个大矩形，如图 2－25 中右图所示. 显然这个大矩形面积是 Δx 的函数. 用 $A_R(\Delta x)$ 表示这个大矩形面积（R 是 rectangle（矩形）的第一个字母），则

$$A_R(\Delta x)=[f(x+\Delta x)-f(x)]\Delta x.$$

再以 $f\left(x+\frac{\Delta x}{2}\right)-f(x)$ 为高、$\frac{\Delta x}{2}$ 为宽作一个小矩形，如图 2－25 中右图所示. 显然这个小矩形面积是 Δx 的函数. 用 $A_r(\Delta x)$ 表示这个小矩形面积，则

$$A_r(\Delta x)=\left[f\left(x+\frac{\Delta x}{2}\right)-f(x)\right]\frac{\Delta x}{2}.$$

据上图可知：大矩形面积 $A_R(\Delta x)$、曲边直角三角形面积 $A_t(\Delta x)$、小矩形面积 $A_r(\Delta x)$ 之间的关系为

$$A_r(\Delta x)<A_t(\Delta x)<A_R(\Delta x).$$

因为 $A_R(\Delta x)$、$A_t(\Delta x)$、$A_r(\Delta x)$、Δx 均为正，故上式各边同除 Δx 得

$$\frac{A_r(\Delta x)}{\Delta x}<\frac{A_t(\Delta x)}{\Delta x}<\frac{A_R(\Delta x)}{\Delta x}.$$

可证 $\lim\limits_{\Delta x\to 0}\frac{A_r(\Delta x)}{\Delta x}=0$ 及 $\lim\limits_{\Delta x\to 0}\frac{A_R(\Delta x)}{\Delta x}=0$：

$$\lim_{\Delta x\to 0}\frac{A_R(\Delta x)}{\Delta x}=\lim_{\Delta x\to 0}\frac{[f(x+\Delta x)-f(x)]\Delta x}{\Delta x}=\lim_{\Delta x\to 0}[f(x+\Delta x)-f(x)]=0.$$

$$\lim_{\Delta x\to 0}\frac{A_r(\Delta x)}{\Delta x}=\lim_{\Delta x\to 0}\frac{\left[f\left(x+\frac{\Delta x}{2}\right)-f(x)\right]\frac{\Delta x}{2}}{\Delta x}=\frac{1}{2}\lim_{\Delta x\to 0}\left[f\left(x+\frac{\Delta x}{2}\right)-f(x)\right]=0.$$

在上面的推导中，因为已设 $f(x)$ 为连续函数，故有 $\lim\limits_{\Delta x\to 0}[f(x+\Delta x)=f(x)$.

因为 $\frac{A_r(\Delta x)}{\Delta x}<\frac{A_t(\Delta x)}{\Delta x}<\frac{A_R(\Delta x)}{\Delta x}$、$\lim\limits_{\Delta x\to 0}\frac{A_r(\Delta x)}{\Delta x}=0$、$\lim\limits_{\Delta x\to 0}\frac{A_R(\Delta x)}{\Delta x}=0$，根据夹逼准则得

$$\lim_{\Delta x\to 0}\frac{A_t(\Delta x)}{\Delta x}=0.$$

注意，$A_t(\Delta x)$ 实际上是曲边梯形面积与矩形面积之间的差值. 上式表示：当 $\Delta x\to 0$ 时，这个差值与 Δx 之比的极限等于 0.

例 3 求 $\lim\limits_{x\to 0}\frac{1-\cos x}{x^2}$.

解 $$\lim_{x\to 0}\frac{1-\cos x}{x^2}=\lim_{x\to 0}\frac{(1-\cos x)(1+\cos x)}{x^2(1+\cos x)}$$

$$=\lim_{x\to 0}\frac{1-\cos^2 x}{x^2(1+\cos x)}$$

$$=\lim_{x\to0}\frac{\sin^2 x}{x^2(1+\cos x)}$$

$$=\lim_{x\to0}\left(\frac{\sin^2 x}{x^2}\cdot\frac{1}{1+\cos x}\right)$$

$$=\lim_{x\to0}\frac{\sin^2 x}{x^2}\cdot\lim_{x\to0}\frac{1}{1+\cos x}$$

$$=\lim_{x\to0}\left(\frac{\sin x}{x}\right)^2\cdot\frac{1}{2}$$

$$=\frac{1}{2}.$$

例 4　求$\lim\limits_{x\to0}\frac{\tan x}{x}$.

解　$\lim\limits_{x\to0}\frac{\tan x}{x}=\lim\limits_{x\to0}\left(\frac{\frac{\sin x}{\cos x}}{x}\right)$

$$=\lim_{x\to0}\left(\frac{\sin x}{x}\cdot\frac{1}{\cos x}\right)$$

$$=\lim_{x\to0}\frac{\sin x}{x}\cdot\lim_{x\to0}\frac{1}{\cos x}$$

$$=1\cdot1$$

$$=1.$$

二、准则Ⅱ——单调有界数列必有极限

这个定理指出：如果数列有界且单调，那么这个数列的极限必定存在. 定理证明从略.

运用单调有界数列必有极限准则，可证明极限$\lim\limits_{n\to\infty}\left(1+\frac{1}{n}\right)^n=\mathrm{e}$. 这里我们先证明$x_n=\left(1+\frac{1}{n}\right)^n$是单调增加的，然后再证明$x_n=\left(1+\frac{1}{n}\right)^n$是有界的，这样我们就可根据准则Ⅱ，得到极限$\lim\limits_{n\to\infty}\left(1+\frac{1}{n}\right)^n=\mathrm{e}$.

先证明$x_n=\left(1+\frac{1}{n}\right)^n$是单调增加的. 我们取$n$为自然数，并且让$n$趋向于$+\infty$. 根据牛顿二项式公式得

$$x_n=\left(1+\frac{1}{n}\right)^n=1+\frac{n}{1!}\cdot\frac{1}{n}+\frac{n(n-1)}{2!}\cdot\frac{1}{n^2}+\frac{n(n-1)(n-2)}{3!}\cdot\frac{1}{n^3}+\cdots+\frac{n(n-1)\cdots(n-n+1)}{n!}\cdot\frac{1}{n^n}$$

$$=1+1+\frac{1}{2!}\left(1-\frac{1}{n}\right)+\frac{1}{3!}\left(1-\frac{1}{n}\right)\left(1-\frac{2}{n}\right)+\cdots+\frac{1}{n!}\left(1-\frac{1}{n}\right)\left(1-\frac{2}{n}\right)\cdots\left(1-\frac{n-1}{n}\right).$$

同理可得

$$x_{n+1}=1+1+\frac{1}{2!}\left(1-\frac{1}{n+1}\right)+\frac{1}{3!}\left(1-\frac{1}{n+1}\right)\left(1-\frac{2}{n+1}\right)+\cdots+$$
$$\frac{1}{n!}\left(1-\frac{1}{n+1}\right)\left(1-\frac{2}{n+1}\right)\cdots\left(1-\frac{n-1}{n+1}\right)+$$
$$\frac{1}{(n+1)!}\left(1-\frac{1}{n+1}\right)\left(1-\frac{2}{n+1}\right)\cdots\left(1-\frac{n}{n+1}\right).$$

对比 x_n 和 x_{n+1} 右边的各项，它们的前两项相等. 而其他对应项上，x_n 的每一项都小于 x_{n+1} 的对应项，而且 x_{n+1} 还多最后一项. 因此得

$$x_n<x_{n+1}.$$

据此，我们可知 x_n 是单调增加的.

再证明 $x_n=\left(1+\frac{1}{n}\right)^n$ 是有界的. 注意，x_n 的展开式各项括号内的数都小于 1，用 1 替代这些数，得

$$x_n<1+1+\frac{1}{2!}+\frac{1}{3!}+\cdots+\frac{1}{n!}<1+1+\frac{1}{2}+\frac{1}{2^2}+\cdots+\frac{1}{2^{2n-1}}.$$

又因为

$$1+1+\frac{1}{2}+\frac{1}{2^2}+\cdots+\frac{1}{2^{2n-1}}=1+\frac{1-\frac{1}{2^{2n}}}{1-\frac{1}{2}}=3-\frac{1}{2^{2n-1}}<3,$$

根据以上两式得

$$x_n<3.$$

无论 n 怎样增大，数列 $\{x_n\}$ 总是小于 3，因此 $x_n=\left(1+\frac{1}{n}\right)^n$ 是有界的. 根据单调有界数列必有极限定理得 $x_n=\left(1+\frac{1}{n}\right)^n$ 的极限是存在的. 用 e 来代表这个极限的值，则有

$$\lim_{n\to\infty}\left(1+\frac{1}{n}\right)^n=\mathrm{e},$$

其中 e=2.718 281 828 459 045….

根据这个公式，我们可以证明当 x 趋向于 $+\infty$ 和 $-\infty$ 时，$\left(1+\frac{1}{x}\right)^x$ 的极限等于 e，即有

$$\lim_{x\to\infty}\left(1+\frac{1}{x}\right)^x=\mathrm{e}.$$

证明过程从略.

运用复合函数的极限法则,可以把公式 $\lim\limits_{x\to\infty}\left(1+\dfrac{1}{x}\right)^x=\mathrm{e}$ 转化成另一种形式.若令 $u=\dfrac{1}{x}$,则 $\lim\limits_{x\to\infty}u=\lim\limits_{x\to\infty}\dfrac{1}{x}=0$. 将 $u=\dfrac{1}{x}$ 及 $\dfrac{1}{u}=x$ 代入 $\left(1+\dfrac{1}{x}\right)^x$,于是

$$\lim_{x\to\infty}\left(1+\frac{1}{x}\right)^x=\lim_{u\to0}(1+u)^{\frac{1}{u}}=\mathrm{e}.$$

例 5 求 $\lim\limits_{x\to\infty}\left(\dfrac{2x+1}{4x+1}\right)^x$.

解

$$\begin{aligned}\lim_{x\to\infty}\left(\frac{2x+1}{4x+1}\right)^x&=\lim_{x\to\infty}\left(\frac{1+\frac{1}{2x}}{1+\frac{1}{4x}}\right)^x\\&=\frac{\lim\limits_{x\to\infty}\left(1+\frac{1}{2x}\right)^x}{\lim\limits_{x\to\infty}\left(1+\frac{1}{4x}\right)^x}\\&=\frac{\lim\limits_{x\to\infty}\left[\left(1+\frac{1}{2x}\right)^{2x}\right]^{\frac{1}{2}}}{\lim\limits_{x\to\infty}\left[\left(1+\frac{1}{4x}\right)^{4x}\right]^{\frac{1}{4}}}\\&=\lim_{x\to\infty}\frac{\mathrm{e}^{\frac{1}{2}}}{\mathrm{e}^{\frac{1}{4}}}\\&=\frac{\mathrm{e}^{\frac{1}{2}}}{\mathrm{e}^{\frac{1}{4}}}\\&=\mathrm{e}^{\frac{1}{4}}.\end{aligned}$$

习题 2-3

1. 运用公式 $\lim\limits_{x\to0}\dfrac{\sin x}{x}=1$ 求下列极限.

(1) $\lim\limits_{x\to0}\dfrac{\sin 7x}{x}$;

(2) $\lim\limits_{x\to0}\dfrac{\sin 2x}{\sin 3x}$;

(3) $\lim\limits_{x\to0}\dfrac{\tan x}{x}$;

(4) $\lim\limits_{x\to0}\dfrac{\tan 2x}{x}$.

2. 运用公式$\lim\limits_{x\to\infty}\left(1+\dfrac{1}{x}\right)^{x}=\mathrm{e}$或其转化型求下列极限.

(1) $\lim\limits_{x\to\infty}\left(1+\dfrac{1}{x}\right)^{7x}$；

(2) $\lim\limits_{x\to\infty}\left(1+\dfrac{1}{x^2}\right)^{x^2}$；

(3) $\lim\limits_{x\to\infty}\left(1+\dfrac{1}{x}\right)^{\frac{x}{2}}$；

(4) $\lim\limits_{x\to\infty}\left(1-\dfrac{1}{x}\right)^{4x}$；

(5) $\lim\limits_{x\to 0}(1-x)^{\frac{1}{x}}$；

(6) $\lim\limits_{x\to 0}(1+2x)^{\frac{1}{x}}$.

第四节　无穷小与无穷大

无穷小不是指某个很小的数值;无穷大也不是指某个很大的数值.它们描述的是变量变化的趋势.我们可借用极限方法建立无穷小与无穷大的概念.

1. 无穷小

无穷小的定义:如果函数 $\lim\limits_{x\to x_0}f(x)=0$ 或 $\lim\limits_{x\to\infty}f(x)=0$，那么函数 $f(x)$ 就称为当 $x\to x_0$ 或 $x\to\infty$ 时的无穷小,简称为无穷小.

例如,因为 $\lim\limits_{x\to 6}(x-6)=0$，所以函数 $x-6$ 为当 $x\to 6$ 时的无穷小.

又如,因为 $\lim\limits_{x\to\infty}\dfrac{1}{x}=0$，所以函数 $\dfrac{1}{x}$ 为当 $x\to\infty$ 时的无穷小.

从上述定义和例子可看出,无穷小不是指某个很小的数值,因为它比任何一个你可以想象到的极小数值还要小.

例 1　自变量 x 在趋向于什么值时,函数 $\dfrac{1}{x-2}$ 为无穷小?

解　因为 $\lim\limits_{x\to\infty}\dfrac{1}{x-2}=0$，所以函数 $\dfrac{1}{x-2}$ 为当 $x\to\infty$ 时的无穷小.

例 2　自变量 x 在趋向于什么值时,函数 $\dfrac{1}{6^x}$ 为无穷小?

解　因为 $\lim\limits_{x\to\infty}\dfrac{1}{6^x}=0$，所以函数 $\dfrac{1}{6^x}$ 为当 $x\to\infty$ 时的无穷小.

例 3　自变量 x 在趋向于什么值时,函数 6^x-36 为无穷小?

解　因为 $\lim\limits_{x\to 2}(6^x-36)=0$，所以函数 6^x-36 为当 $x\to 2$ 时的无穷小.

无穷小的性质:

(1) 有限个无穷小的和、差、积仍是无穷小.

(2) 有界变量与无穷小的乘积是无穷小.

运用有界变量与无穷小的乘积是无穷小的性质,我们很容易求解极限 $\lim\limits_{x\to 0} x^4\sin\dfrac{1}{x}$. 因为 $\left|\sin\dfrac{1}{x}\right|\leqslant 1$,所以 $\sin\dfrac{1}{x}$ 是有界变量;又因为 $\lim\limits_{x\to 0} x^4=0$,所以当 $x\to 0$ 时,x^4 是无穷小. 根据有界变量与无穷小的乘积是无穷小的定理,可得

$$\lim_{x\to 0} x^4\sin\frac{1}{x}=0.$$

2. 无穷大

无穷大的定义:若当 $x\to x_0$ 或 $x\to\infty$,函数 $f(x)$ 的绝对值无限地增大,则称 $f(x)$ 为无穷大. 记为

$$\lim_{x\to x_0} f(x)=\infty \quad \text{或} \quad \lim_{x\to\infty} f(x)=\infty.$$

例如,当 $x\to 6$ 时,$\left|\dfrac{1}{x-6}\right|$ 的绝对值无限地增大,因此当 $x\to 6$ 时,$\dfrac{1}{x-6}$ 是无穷大,即

$$\lim_{x\to 6}\frac{1}{x-6}=\infty.$$

又如,当 $x\to\infty$ 时,$|x^2|$ 的绝对值无限地增大,因此当 $x\to\infty$ 时,x^2 是无穷大,即

$$\lim_{x\to\infty} x^2=\infty.$$

从上述定义和例子可看出,无穷大不是指某个很大的数值,因为它比任何一个你可以想象到的极大数值还要大.

3. 无穷小与无穷大之间的关系

在自变量 x 的变化过程中,若函数 $f(x)$ 为无穷大,则函数 $\dfrac{1}{f(x)}$ 为无穷小;反之,若函数 $f(x)$ 为无穷小,则函数 $\dfrac{1}{f(x)}$ 为无穷大.

例如,$\lim\limits_{x\to\infty} x^2=\infty$,则 $\lim\limits_{x\to\infty}\dfrac{1}{x^2}=0$.

又如,$\lim\limits_{x\to 6}\dfrac{1}{x-6}=\infty$,则 $\lim\limits_{x\to 6}(x-6)=0$.

4. 无穷小的比较

无穷小是以 0 为极限的变量. 如当 $x\to 0$ 时,x 与 x^2 都是无穷小,因为 $\lim\limits_{x\to 0} x=0$ 和 $\lim\limits_{x\to 0} x^2=0$. 但 x 和 x^2 趋向于 0 的速度却是不同的. x^2 趋向于 0 的速度快于 x 趋向于 0 的速度. 根据无穷小趋向于 0 的快慢,我们可以对无穷小进行比较.

设在自变量的变化过程中,α 与 β 都是无穷小,那么 α 与 β 有如下几种关系:

若 $\lim\dfrac{\beta}{\alpha}=0$,则称 β 是比 α 高阶的无穷小,记为 $\beta=o(\alpha)$;

若 $\lim\dfrac{\beta}{\alpha}=\infty$,则称 β 是比 α 低阶的无穷小;

若 $\lim \dfrac{\beta}{\alpha} = l \neq 0$，则称 β 与 α 为同阶的无穷小；

若 $\lim \dfrac{\beta}{\alpha^k} = l \neq 0, k > 0$，则称 β 是关于 α 的 k 阶的无穷小.

若 $\lim \dfrac{\beta}{\alpha} = 1$，则称 β 与 α 为等价的无穷小，记为 $\alpha \sim \beta$.

例如，因为 $\lim\limits_{x\to\infty} \dfrac{\frac{1}{x^2}}{\frac{1}{x}} = \lim\limits_{x\to\infty} \dfrac{1}{x} = 0$，则当 $x \to \infty$ 时，$\dfrac{1}{x^2}$ 是比 $\dfrac{1}{x}$ 高阶的无穷小，记为 $\dfrac{1}{x^2} = o\left(\dfrac{1}{x}\right)$.

因为 $\lim\limits_{x\to\infty} \dfrac{\frac{2}{x}}{\frac{1}{x^2}} = \lim\limits_{x\to\infty} 2x = \infty$，则当 $x \to \infty$ 时，$\dfrac{2}{x}$ 是比 $\dfrac{1}{x^2}$ 低阶的无穷小.

因为 $\lim\limits_{x\to\infty} \dfrac{\frac{2}{x}}{\frac{1}{x}} = 2$，则当 $x \to \infty$ 时，$\dfrac{2}{x}$ 与 $\dfrac{1}{x}$ 为同阶的无穷小.

因为 $\lim\limits_{x\to0}\dfrac{\sin x}{x}=1$，则当 $x\to0$ 时，$\sin x$ 与 x 为等价无穷小，记为 $\sin x\sim x(x\to0)$.

例 4 证明：当 $x\to0$ 时，$\sqrt[n]{1+x}-1\sim\dfrac{1}{n}x$.

证 令 $u=\sqrt[n]{1+x}-1$，则 $x=(1+u)^n-1$.

$$\lim_{x\to0}\frac{\sqrt[n]{1+x}-1}{\frac{1}{n}x}=\lim_{u\to0}\frac{u}{\frac{(1+u)^n-1}{n}}=\lim_{u\to0}\frac{nu}{(1+u)^n-1}$$

$$=\lim_{u\to0}\frac{nu}{1+nu+\frac{n(n-1)u^2}{2}+\cdots+u^n-1}=1.$$

习题 2－4

1. 自变量 x 在趋向于什么时，函数 $\dfrac{1}{x-9}$ 为无穷小？

2. 自变量 x 在趋向于什么时，函数 $\dfrac{1}{3^{x-1}}$ 为无穷小？

3. 自变量 x 在趋向于什么时，函数 6^x-36 为无穷大？

4. 当 $x\to\infty$ 时，$\dfrac{1}{x^3}$ 与 $\dfrac{1}{x^2}$ 相比，哪个是高阶的无穷小？

5. 当 $x\to\infty$ 时，$\dfrac{5}{x^2}$ 与 $\dfrac{1}{x}$ 相比，哪个是低阶的无穷小？

6. 当 $x\to\infty$ 时，$\dfrac{5}{x^2}$ 与 $\dfrac{1}{x^2}$ 相比，它们是否是同阶的无穷小？

7. 当 $x\to 0$ 时，$\sin^3 x$ 与 x^3 是否是等价无穷小？

8. 两个无穷小的商是否一定是无穷小？请举例说明.

9. 根据函数极限或无穷大定义，填写下列表格：

	$f(x)\to A$	$f(x)\to+\infty$	$f(x)\to-\infty$	$f(x)\to\infty$
$x\to x_0$	$\forall\varepsilon>0$，$\exists\delta>0$，使当 $0<\lvert x-x_0\rvert<\delta$ 时，恒有 $\lvert f(x)-A\rvert<\varepsilon$ 成立.			
$x\to x_0^+$				
$x\to x_0^-$				
$x\to\infty$				$\forall M>0$，$\exists X>0$，使当 $\lvert x\rvert>X$ 时，恒有 $\lvert f(x)\rvert>M$ 成立.
$x\to+\infty$				
$x\to-\infty$				

10. 求极限 $\lim\limits_{x\to 0} 2x^2\sin\dfrac{1}{x}$.

11. 求极限 $\lim\limits_{x\to\infty}\dfrac{\sin x}{2x^2}$.

第三章　函数的连续性

在上一章中我们学习了极限，现在我们可以运用极限的方法来讨论数学问题了. 首先让我们运用极限的方法来描述函数的连续性.

第一节　函数连续性的定义与间断点

一、函数连续性的定义

连续性是函数的一种属性. 直观地说，如果函数的图形上没有任何断裂点或间断点，那么此函数称为连续函数. 下图(图 3-1)显示了两个连续函数和一个非连续函数.

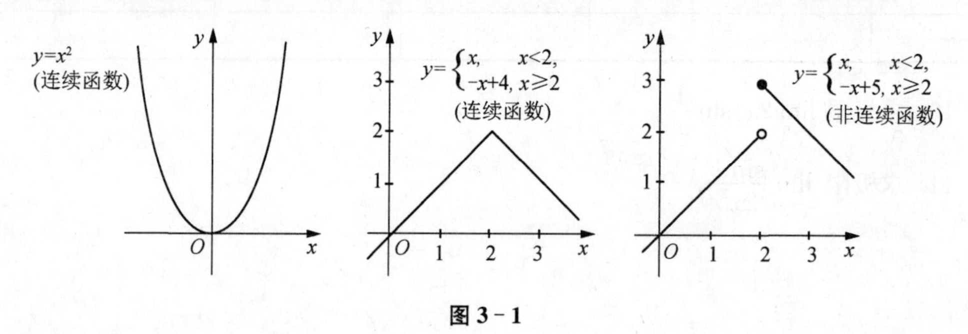

图 3-1

在图 3-1 的右图中，函数 $y=x, x<2$ 在点(2,2)处有一个空心的圆点，它表示该函数在点(2,2)处无定义. 函数 $y=-x+5, x\geqslant 2$ 在点(2,3)处有一个实心的圆点，它表示该函数在点(2,3)处有定义.

当然直观的描述在数学上是不够的，我们可以运用极限方法对函数的连续性做一个精确的定义.

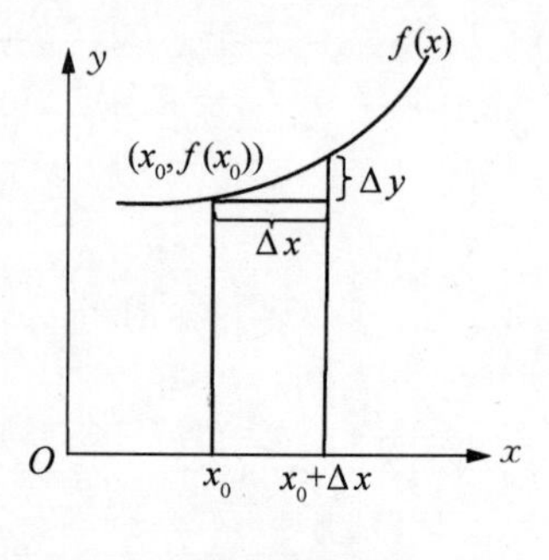

图 3-2

让我们假设函数 $y=f(x)$ 在点 x 的某一邻域内有定义，让 Δx 代表自变量 x 的一个增量，那么当自变量 x 在这个邻域内从 x_0 变到 $x_0+\Delta x$ 时，函数 $y=f(x)$ 相应地也从 $f(x_0)$ 变到 $f(x_0+\Delta x)$，从而获得一个增量，如图 3-2 所示. 让 Δy 代表函数 $y=f(x)$ 的增量，则有

$$\Delta y = f(x_0+\Delta x) - f(x_0).$$

若函数连续，则当 Δx 趋向于 0 时，Δy 就应趋向于 0(即当

$\Delta x \to 0$，$\Delta y \to 0$）．这样就有极限式$\lim\limits_{\Delta x \to 0}\Delta y = 0$．因此对连续函数有如下定义：

定义　设函数 $y=f(x)$在点 x_0 的某一邻域内有定义，若

$$\lim_{\Delta x \to 0}\Delta y = \lim_{\Delta x \to 0}[f(x_0+\Delta x)-f(x_0)] = 0,$$

则称函数 $y=f(x)$在点 x_0 处**连续**．

将上式变换一下即有

$$\lim_{\Delta x \to 0} f(x_0+\Delta x) = f(x_0)$$

对连续函数这个公式总成立，这个公式在以后的讨论中常会被用到．

连续函数定义还可用另一种表述法．如果记 $x=x_0+\Delta x$，那么有 $f(x_0+\Delta x)=f(x)$；同时由于 $x=x_0+\Delta x$，那么当 $\Delta x \to 0$ 时，则 $x \to x_0$．这样公式$\lim\limits_{\Delta x \to 0} f(x_0+\Delta x)=f(x_0)$可改写为

$$\lim_{x \to x_0} f(x) = f(x_0).$$

因此连续函数的定义又可这样表述：

设函数 $y=f(x)$在点 x_0 的某一邻域内有定义，如果

$$\lim_{x \to x_0} f(x) = f(x_0),$$

那么称函数 $y=f(x)$在点 x_0 连续．

这个公式告诉我们：连续函数的极限可用直接代入法求得．

函数 $f(x)$连续的定义还可用 δ－ε 语言表述为：$\forall \varepsilon > 0$，$\exists \delta > 0$，当$|x-x_0|<\delta$时，有$|f(x)-f(x_0)|<\varepsilon$．

注意，如果$\lim\limits_{x \to x_0} f(x)=f(x_0)$成立，那么$\lim\limits_{x \to x_0} f(x)$和 $f(x_0)$都必须存在．因此这个定义又可这样表述：如果函数同时满足以下三个条件，那么函数 $y=f(x)$在点 x_0 处连续．

1. $f(x_0)$存在；
2. $\lim\limits_{x \to x_0} f(x_0)$存在；
3. $\lim\limits_{x \to x_0} f(x)=f(x_0)$．

一般情况下，多项式函数没有连续性问题．某些三角函数、分段函数和分式函数可能会有连续性问题．让我们来看一些例子．

例 1　多项式函数 $f(x)=x^2+x$ 在点 $x=10$ 处连续吗？

解

$f(10)$存在吗？	存在． $f(10)=10^2+10=110$．
$\lim\limits_{x \to 10} f(x)$存在吗？	存在． $\lim\limits_{x \to 10}(x^2+x)=110$． 因为 $\lim\limits_{x \to 10^-}(x^2+x)=110$， $\lim\limits_{x \to 10^+}(x^2+x)=110$．
$\lim\limits_{x \to 10} f(x)=f(10)$成立吗？	成立．

多项式函数 $f(x)=x^2+x$ 在点 $x=10$ 处连续.

例 2 三角函数 $f(x)=\tan x$ 在点 $x=\frac{\pi}{4}$ 处连续吗?

解

$f\left(\frac{\pi}{4}\right)$存在吗?	存在. $f\left(\frac{\pi}{4}\right)=\tan\frac{\pi}{4}=1$.
$\lim\limits_{x\to\frac{\pi}{4}} f(x)$存在吗?	存在. $\lim\limits_{x\to\frac{\pi}{4}}\tan x=1$. 因为 $\lim\limits_{x\to\frac{\pi}{4}^-}\tan x=1$, $\lim\limits_{x\to\frac{\pi}{4}^+}\tan x=1$.
$\lim\limits_{x\to\frac{\pi}{4}} f(x)=f\left(\frac{\pi}{4}\right)$成立吗?	成立.

三角函数 $f(x)=\tan x$ 在点 $x=\frac{\pi}{4}$ 处连续.

例 3 三角函数 $f(x)=\tan x$ 在点 $x=\frac{\pi}{2}$ 处连续吗?

解

$f\left(\frac{\pi}{2}\right)$存在吗?	不存在. $f\left(\frac{\pi}{2}\right)=\tan\frac{\pi}{2}$,而 $\tan\frac{\pi}{2}$无定义.
$\lim\limits_{x\to\frac{\pi}{2}} f(x)$存在吗?	$\lim\limits_{x\to\frac{\pi}{2}}\tan x$ 不存在. 因为 $\lim\limits_{x\to\frac{\pi}{2}^-}\tan x=+\infty$, $\lim\limits_{x\to\frac{\pi}{2}^+}\tan x=-\infty$.
$\lim\limits_{x\to\frac{\pi}{2}} f(x)=f\left(\frac{\pi}{2}\right)$成立吗?	不成立.

三角函数 $f(x)=\tan x$ 在点 $x=\frac{\pi}{2}$ 处不连续.

例 4 分式函数 $f(x)=\frac{x^2-6^2}{x-6}$ 在点 $x=7$ 处连续吗?

解

$f(7)$存在吗?	存在. $f(7)=\frac{7^2-6^2}{7-6}=13$.
$\lim\limits_{x\to 7} f(x)$存在吗?	存在. $\lim\limits_{x\to 7}\frac{x^2-6^2}{x-6}=13$. 因为 $\lim\limits_{x\to 7^-}\frac{x^2-6^2}{x-6}=13$, $\lim\limits_{x\to 7^+}\frac{x^2-6^2}{x-6}=13$.
$\lim\limits_{x\to 7} f(x)=f(7)$成立吗?	成立.

分式函数 $f(x)=\frac{x^2-6^2}{x-6}$ 在点 $x=7$ 处连续.

例 5　分式函数 $f(x)=\dfrac{x^2-6^2}{x-6}$ 在点 $x=6$ 处连续吗？

解

$f(6)$存在吗？	不存在. $f(6)=\dfrac{6^2-6^2}{6-6}=\dfrac{0}{0}$（无定义）.
$\lim\limits_{x\to6}f(x)$存在吗？	存在. $\lim\limits_{x\to6}\dfrac{x^2-6^2}{x-6}=12$. 因为 $\lim\limits_{x\to6^-}\dfrac{x^2-6^2}{x-6}=12$， $\lim\limits_{x\to6^+}\dfrac{x^2-6^2}{x-6}=12$.
$\lim\limits_{x\to6}f(x)=f(6)$成立吗？	不成立.

分式函数 $f(x)=\dfrac{x^2-6^2}{x-6}$ 在点 $x=6$ 处不连续.

例 6　分段函数 $f(x)=\begin{cases}x+6, x<9,\\ x-6, x\geqslant9\end{cases}$ 在点 $x=9$ 处连续吗？

解

$f(9)$存在吗？	存在. $f(9)=9-6=3$.
$\lim\limits_{x\to9}f(x)$存在吗？	$\lim\limits_{x\to9}f(x)$不存在. 因为 $\lim\limits_{x\to9^-}f(x)=9+6=15$， $\lim\limits_{x\to9^+}f(x)=9-6=3$.
$\lim\limits_{x\to9}f(x)=f(9)$成立吗？	不成立.

分段函数 $f(x)=\begin{cases}x+6, x<9,\\ x-6, x\geqslant9\end{cases}$ 在点 $x=9$ 处不连续.

二、函数的间断点及其分类

前面我们已经用极限的方法对连续函数的必备条件进行了讨论. 现在我们要对不连续函数的间断点进行讨论，并根据在间断点处函数极限的变化情形，对间断点进行分类.

如果函数 $f(x)$ 在点 x_0 的某去心邻域有定义，并且具有下列三种特性中的任意一种：

（1）函数在点 x_0 处没有定义；

（2）函数在点 x_0 处有定义，但函数在该点处的极限 $\lim\limits_{x\to x_0}f(x)$ 不存在；

（3）函数在点 x_0 处有定义且极限 $\lim\limits_{x\to x_0}f(x)$ 存在，但 $\lim\limits_{x\to x_0}f(x)\neq f(x_0)$，

就称函数 $f(x)$ 在点 x_0 处不连续，而点 x_0 就称为函数 $f(x)$ 的不连续点或**间断点**.

根据函数在间断点上极限的变化，我们可以将间断点分成两类. 凡左、右极限都存在，不论其是否相等，均属**第一类间断点**. 第一类间断点又可再分为可去间断点和跳跃间断点. 如

左、右极限相等，就称**可去间断点**；如左、右极限不相等，就称**跳跃间断点**. 凡不属于第一类间断点的间断点均属**第二类间断点**.

现在让我们做具体讨论.

(1) 可去间断点(属第一类间断点)

如果函数在点 x_0 处极限存在即 $\lim\limits_{x\to x_0} f(x)=A$，但函数在这点没有定义，或者有定义，但 $\lim\limits_{x\to x_0} f(x)\neq f(x_0)$，就称点 x_0 为函数 $f(x)$ 的可去间断点.

例 7　函数 $f(x)=\dfrac{x^2-4}{x-2}$ 在点 $x=2$ 处无定义，但有极限，如图 3-3 所示.

点 $x=2$ 就是函数 $\dfrac{x^2-4}{x-2}$ 的可去间断点. 对这个间断点，若补充定义 $f(2)=4$，则函数 $\dfrac{x^2-4}{x-2}$ 在这个点处就变为连续.

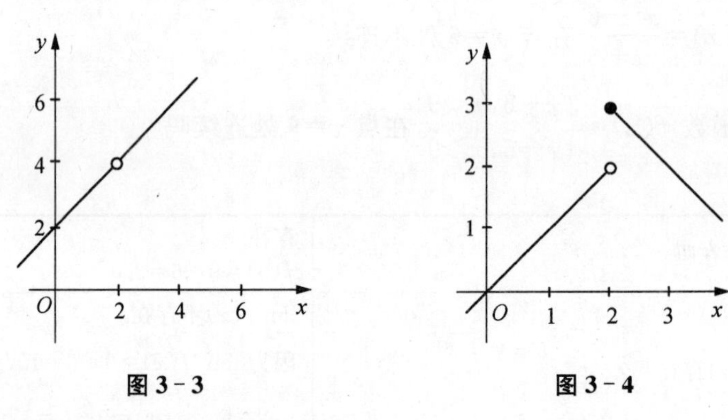

图 3-3　　**图 3-4**

(2) 跳跃间断点(属第一类间断点)

如果函数在点 x_0 处的左、右极限都存在，但 $\lim\limits_{x\to x_0^-} f(x)\neq \lim\limits_{x\to x_0^+} f(x)$，因此极限不存在，那么称点 x_0 为函数 $f(x)$ 的跳跃间断点.

例 8　函数 $f(x)=\begin{cases} x, & x<2, \\ -x+5, & x\geqslant 2 \end{cases}$ 在点 $x=2$ 处有定义，且有左、右极限，但左、右极限不相等.

$$\lim_{x\to 2^-} f(x)=\lim_{x\to 2^-} x=2,\ \lim_{x\to 2^+} f(x)=\lim_{x\to 2^+}(-x+5)=3.$$

故函数 $f(x)$ 在点 $x=2$ 处无极限，如图 3-4 所示. 点 $x=2$ 称为函数 $f(x)$ 的跳跃间断点.

例 9　三角函数 $f(x)=\tan x$ 在点 $x=\dfrac{\pi}{2}$ 处无定义，如图 3-5 所示. 又因：

$$\lim_{x\to \frac{\pi}{2}^-} \tan x=+\infty,\ \lim_{x\to \frac{\pi}{2}^+} \tan x=-\infty,$$

我们将它称为无穷间断点. 无穷间断点属第二类间断点.

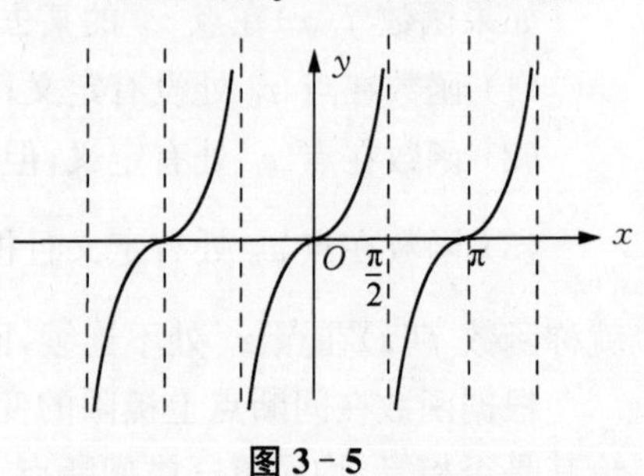

图 3-5

总结

<table>
<tr><th colspan="2"></th><th>极限情形</th><th>函数情形</th></tr>
<tr><td rowspan="2">第一类间断点</td><td>可去间断点</td><td>1. 左、右极限都存在；
2. 左、右极限相等，
即极限存在：
$\lim\limits_{x\to x_0} f(x)=A$</td><td>函数无定义；函数有定义，但函数值与极限不相等：
$\lim\limits_{x\to x_0} f(x)\neq f(x_0)$</td></tr>
<tr><td>跳跃间断点</td><td>1. 左、右极限都存在；
2. 左、右极限不相等，
即极限不存在：
$\lim\limits_{x\to x_0^-} f(x)\neq \lim\limits_{x\to x_0^+} f(x)$</td><td>无论函数在这点的函数值如何</td></tr>
<tr><td colspan="2">第二类间断点</td><td colspan="2">凡不属于第一类间断点的间断点</td></tr>
</table>

习题 3－1

1. 多项式函数 $f(x)=x^3-x^2+x$ 在点 $x=2$ 处连续吗？

2. 三角函数 $f(x)=\tan x$ 在点 $x=\pi$ 处连续吗？

3. 三角函数 $f(x)=\cot x$ 在点 $x=\pi$ 处连续吗？

4. 分数函数 $f(x)=\dfrac{x^2-6^2}{x-6}$ 在点 $x=7$ 处连续吗？

5. 分数函数 $f(x)=\dfrac{x^2-6^2}{x-6}$ 在点 $x=6$ 处连续吗？

6. 分段函数 $f(x)=\begin{cases}x+6, x<9,\\ x-6, x\geqslant 9\end{cases}$ 在点 $x=9$ 处连续吗？

7. 函数 $\dfrac{x^5-4}{x-9}$ 在点 $x=9$ 处有间断点，其所属类别是（　　）.

(A) 可去间断点.　　(B) 跳跃间断点.　　(C) 无穷间断点.

8. 函数 $\cot x$ 在点 $x=0$ 处有间断点，其所属类别是（　　）.

(A) 可去间断点.　　(B) 跳跃间断点.　　(C) 无穷间断点.

9. 函数 $\begin{cases}x+7, x<1,\\ x-2, x\geqslant 1\end{cases}$ 在点 $x=1$ 处有间断点，其所属类别是（　　）.

(A) 可去间断点.　　(B) 跳跃间断点.　　(C) 无穷间断点.

10. 试判断下列函数有无间断点. 如有，请说明理由，并给出其所属类别.

(1) $y=\dfrac{x^2-4}{x-2}$；

(2) $y=\dfrac{x^2-x+8}{x^2-9}$；

(3) $y=\dfrac{x^4+x^2-4}{x^2-3x+2}$.

第二节　连续函数的运算和初等函数的连续性

一、连续函数的和、差、积、商的连续性

根据函数连续性的定义及极限四则运算法则，我们可以得到下述定理.

定理 1　若函数 $f(x)$和 $g(x)$在点 x_0 处连续，则：

由两函数相加而生成的新函数 $f(x)+g(x)$在点 x_0 处也连续；

由两函数相减而生成的新函数 $f(x)-g(x)$在点 x_0 处也连续；

由两函数相乘而生成的新函数 $f(x)g(x)$在点 x_0 处也连续；

由两函数相除而生成的新函数$\dfrac{f(x)}{g(x)}$在点 x_0 处也连续($g(x_0)\neq 0$).

例 1　函数 $f(x)=x^2$ 和函数 $f(x)=\sin x$ 在区间$(-\infty,+\infty)$上连续，问：函数 $x^2\sin x$ 在区间$(-\infty,+\infty)$上是否连续?

解　因为函数 $f(x)=x^2$ 和函数 $f(x)=\sin x$ 在区间$(-\infty,+\infty)$上均连续，根据两连续函数相乘而生成的新函数也连续的定理，函数 $x^2\sin x$ 在区间$(-\infty,+\infty)$上也连续.

二、反函数与复合函数的连续性

1. 反函数的连续性

定理 2　若函数 $y=f(x)$在某区间上单调增加(或单调减少)且连续，则反函数 $x=f^{-1}(y)$也在相对应的区间上单调增加(或单调减少)且连续.

例如，若函数 $y=x^3$ 在区间$(-\infty,+\infty)$上单调增加且连续，则反函数 $x=\sqrt[3]{y}$在区间$(-\infty,+\infty)$上也单调增加且连续.

又如函数 $y=\cos x$ 在区间$(0,\pi)$上单调减少且连续，则反函数 $x=\arccos y$ 在区间$(-1,1)$上也单调减少且连续.

2. 复合函数的连续性

定理 3　设函数 $f[g(x)]$是由函数 $y=f(u)$和函数 $u=g(x)$复合而成的复合函数. 若 $\lim\limits_{x\to x_0}g(x)=u_0$，而且函数 $y=f(u)$在 u_0 处连续，则有

$$\lim_{x\to x_0} f[g(x)] = \lim_{u\to u_0} f(u) = f(u_0). \tag{1}$$

该公式的证明过程已经在第二章第二节的复合函数的极限运算法则中介绍过了，但这里给出的条件与前面给出的条件不同，其实条件一样，只是换了一种说法. 复合函数的极限运算法则给出的条件是：若 $\lim\limits_{x\to x_0}g(x) = u_0, g(x) \neq u_0$ 和 $\lim\limits_{u\to u_0}f(u) = f(u_0)$，则 $\lim\limits_{x\to x_0}f[g(x)]=\lim\limits_{u\to u_0}f(u)=f(u_0)$. 由于我们已讨论了函数连续的定义，故这里用“$y=f(u)$ 在 $u=u_0$ 连续”表述了条件 $g(x)\neq u_0$ 和 $\lim\limits_{u\to u_0}f(u) = f(u_0)$. 根据函数连续的定义，如果函数 $y = f(u)$ 在 $u = u_0$ 处连续，那么有 $\lim\limits_{u\to u_0}f(u) = f(u_0)$. 而在复合函数中，如果极限 $\lim\limits_{u\to u_0}f(u)$ 存在，必有 $g(x)\neq u_0$，即 $g(x)$ 不是常数函数($\lim\limits_{u\to u_0}f(u)$ 与 $g(x)\neq u_0$ 的关联性在

第二章第二节小节 2 中有详细讨论). 因此条件“$y = f(u)$ 在 $u = u_0$ 处连续”表述的就是 $\lim\limits_{u \to u_0} f(u) = f(u_0)$ 和 $g(x) \neq u_0$.

将 $\lim\limits_{x \to x_0} g(x) = u_0$ 代入上式，得

$$\lim_{x \to x_0} f[g(x)] = f[\lim_{x \to x_0} g(x)].$$

此公式表示，如果在满足定理 3 的条件之下求复合函数 $f[g(x)]$的极限，那么函数符号 f 与极限符号$\lim\limits_{x \to x_0}$可以交换次序.

注意，我们从公式(1)推导出公式 $\lim\limits_{x \to x_0} f[g(x)] = f[\lim\limits_{x \to x_0} g(x)]$，但公式(1)的条件只是该公式成立的充分条件，该公式还可在公式(1)不成立的条件 $g(x) = u_0$ 下成立. 让我们解释原因.

首先，在公式 $\lim\limits_{x \to x_0} f[g(x)] = f[\lim\limits_{x \to x_0} g(x)]$ 中并未出现与 $g(x) = u_0$ 有矛盾的极限 $\lim\limits_{u \to u_0} f(u)$，既然没有这个限制，那么我们可以检验当 $g(x) = u_0$ 时，该公式是否成立. 可以证明当 $g(x) = u_0$ 时，该公式成立.

证　当 $g(x) = u_0$ 时，$u = g(x)$ 就是常数函数. 因为 $g(x) = u_0$，则有 $f[g(x)] = f(u_0)$，这样 $f(u_0)$ 也是一个常数. 因为 $f(u_0)$ 是一个常数，则有

$$\lim_{x \to x_0} f[g(x)] = \lim_{x \to x_0} f(u_0) = f(u_0).$$

即$\lim\limits_{x \to x_0} f[g(x)] = f(u_0)$.

因为 $g(x) = u_0$ 是常数函数，必有 $\lim\limits_{x \to x_0} g(x) = u_0$，将其代入，则有

$$\lim_{x \to x_0} f[g(x)] = f[\lim_{x \to x_0} g(x)].$$

故当 $g(x) = f(u_0)$ 时，公式 $\lim\limits_{x \to x_0} f[g(x)] = f[\lim\limits_{x \to x_0} g(x)]$ 也成立. 证毕.

综上所述，公式 $\lim\limits_{x \to x_0} f[g(x)] = f[\lim\limits_{x \to x_0} g(x)]$ 在 $g(x) \neq u_0$ 和 $g(x) = u_0$ 时都成立，根据这个情况，这个公式可以作为一个定理单独立出，它的条件可以这样阐述：

定理 4　设函数 $y = f[g(x)]$ 是由函数 $y = f(u)$ 和函数 $u = g(x)$ 复合而成的复合函数，若 $\lim\limits_{x \to x_0} g(x) = u_0$ 及函数 $y = f(u)$ 在 $u = u_0$ 处连续，或 u 为常数函数 $g(x) = u_0$，则有

$$\lim_{x \to x_0} f[g(x)] = f[\lim_{x \to x_0} g(x)].$$

(以下是对公式 $\lim\limits_{x \to x_0} f[g(x)] = f[\lim\limits_{x \to x_0} g(x)]$ 的形象化讲解，此为选读内容)

当中间变量 $u = g(x) \neq u_0$ 时，公式 $\lim\limits_{x \to x_0} f[g(x)] = f[\lim\limits_{x \to x_0} g(x)]$ 的证明过程及其形象化讲解，可参见第二章第二节.

这里仅讨论当中间变量 $u = g(x) = u_0$ 时，该公式的形象化讲解. 当中间变量 $u = g(x) = u_0$ 时，复合函数 $y = f[g(x)]$ 在三平面坐标系中的图形如图 3 - 6 所示.

在此种情形下，因为 $u = u_0$，故极限 $\lim\limits_{u \to u_0} u$ 不存在，但极限 $\lim\limits_{x \to x_0} g(x) = u_0$ 和

$\lim\limits_{x\to x_0}f[g(x)]=f(u_0)$ 都存在. 让我们把极限 $\lim\limits_{x\to x_0}g(x)=u_0$ 写成 $0<|x-x_0|<\delta$, $|g(x)-u_0|<\varepsilon$, 把极限 $\lim\limits_{x\to x_0}f[g(x)]=f(u_0)$ 写成 $0<|x-x_0|<\delta$, $|f[g(x)]-f(u_0)|<\varepsilon$,那么图 3-7 描述了在极限 $\lim\limits_{u\to u_0}u$ 不存在的情况下,极限 $\lim\limits_{x\to x_0}g(x)=u_0$ 和 $\lim\limits_{x\to x_0}f[g(x)]=f(u_0)$ 都存在的几何情形.

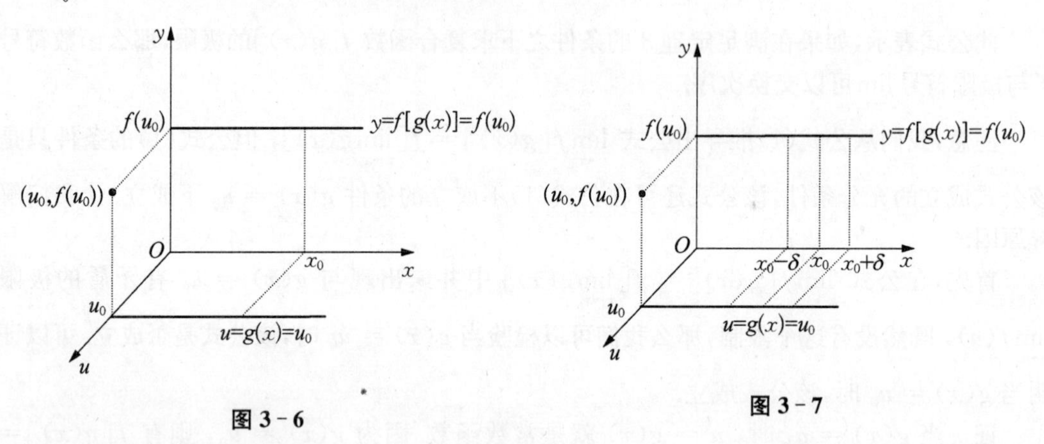

图 3-6　　　　图 3-7

例 2　求$\lim\limits_{x\to 5}\sqrt{\dfrac{x-5}{x^2-25}}$.

解　设函数 $y=\sqrt{u}$和函数$u=\dfrac{x-5}{x^2-25}$,则函数 $y=\sqrt{\dfrac{x-5}{x^2-25}}$可看成是由函数 $y=\sqrt{u}$和函数 $u=\dfrac{x-5}{x^2-25}$复合而生成的. 又因为

$$\begin{aligned}\lim_{x\to 5}\frac{x-5}{x^2-25}&=\lim_{x\to 5}\frac{x-5}{(x-5)(x+5)}\\&=\lim_{x\to 5}\frac{1}{x+5}\\&=\frac{1}{10},\end{aligned}$$

而函数 $y=\sqrt{u}$在点 $u=\dfrac{1}{10}$处连续,故可运用公式$\lim\limits_{x\to x_0}f[g(x)]=f[\lim\limits_{x\to x_0}g(x)]$,得

$$\begin{aligned}\lim_{x\to 5}\sqrt{\frac{x-5}{x^2-25}}&=\sqrt{\lim_{x\to 5}\frac{x-5}{x^2-25}}\\&=\sqrt{\frac{1}{10}}\\&=\frac{\sqrt{10}}{10}.\end{aligned}$$

定理 5　设函数 $y=f[g(x)]$是由函数 $y=f(u)$和函数 $u=g(x)$复合而成的复合函数. 若函数 $u=g(x)$在 x_0 处连续且 $u_0=g(x_0)$,而函数 $y=f(u)$在 u_0 处连续,则复合函数 $y=$

$f[g(x)]$在 x_0 处也连续.

证　在上面的定理 3 中,有$\lim\limits_{x \to x_0} g(x)=u_0$ 的条件,此时若令 $g(x_0)=u_0$,则 $g(x)$ 在 x_0 处连续,于是根据公式(1)得

$$\lim_{x \to x_0} f[g(x)]=\lim_{u \to u_0} f(u)=f[g(x_0)].$$

这样就证明了复合函数 $y=f[g(x)]$ 在点 x_0 处连续.

例 3　讨论复合函数 $y=\sin^2 x$ 的连续性.

解　设函数 $y=u^2$ 和函数 $u=\sin x$,则函数 $y=\sin^2 x$ 可看成是由函数 $y=u^2$ 和函数$u=\sin x$ 复合而生成的. 因为函数 $u=\sin x$ 在区间$(-\infty,+\infty)$上连续,又因为函数 $y=u^2$ 在区间$(-\infty,+\infty)$上连续,故由函数 $y=u^2$ 和函数 $u=\sin x$ 复合而生成的复合函数 $y=\sin^2 x$ 在区间$(-\infty,+\infty)$上也连续.

三、初等函数的连续性

定理 6　一切基本初等函数都在其定义域上连续.

基本初等函数包括常数函数、幂函数、指数函数、对数函数、三角函数、反三角函数这六种函数.

常数函数 $y=C$ 的定义域为$(-\infty,+\infty)$,常数函数 $y=C$ 在其定义域上连续.

幂函数的数学表达式为$y=x^\mu(\mu\in\mathbf{R})$. 幂函数的定义域随 μ 的数值不同而不同. 当 μ 为正整数时,幂函数$y=x^\mu$的定义域为$(-\infty,+\infty)$. 当 μ 为负整数时,幂函数$y=x^\mu$的定义域为$(-\infty,0)\cup(0,+\infty)$,等等. 但是不论 μ 为何数值,在区间$(0,+\infty)$上,幂函数$y=x^\mu$总有定义. 幂函数在其定义域上连续.

指数函数的数学表达式为$y=a^x(a>0,a\neq1)$,指数函数的定义域为$(-\infty,+\infty)$. 指数函数$y=a^x$ 在其定义域上连续.

对数函数的数学表达式为 $y=\log_a x(a>0,a\neq1)$,对数函数的定义域为$(0,+\infty)$. 对数函数 $\log_a x$ 在其定义域上连续.

三角函数包括 $\sin x,\csc x,\cos x,\sec x,\tan x,\cot x$ 均在其定义域上连续.

反三角函数包括反正弦函数 $y=\arcsin x$、反余弦函数 $y=\arccos x$、反正切函数 $y=\arctan x$ 和反余切函数 $y=\operatorname{arccot} x$ 等,均在其定义域上连续.

结论　所有初等函数均在其有定义的区间上是连续的.

根据初等函数的定义、一切基本初等函数都在其定义域上连续的定理、本节定理 1 和本节定理 4,我们可得出所有初等函数均在其有定义的区间上是连续的结论.

上述定理提供了求极限的一个方法:若 $f(x)$是初等函数,且x_0是 $f(x)$的定义区间内的点,则

$$\lim_{x \to x_0} f(x)=f(x_0).$$

也就是说,因为连续函数可用直接代入法求其极限,而初等函数是连续函数,故初等函数可用直接代入法求其极限.

例 4　求$\lim\limits_{x \to 0}\dfrac{\ln(1+x)}{x}$.

解 先将极限写成

$$\lim_{x\to 0}\frac{\ln(1+x)}{x}=\lim_{x\to 0}\left[\frac{1}{x}\ln(1+x)\right]=\lim_{x\to 0}\ln(1+x)^{\frac{1}{x}}.$$

再令 $u=(1+x)^{\frac{1}{x}}$，则函数 $y=\ln(1+x)^{\frac{1}{x}}$ 可看成是由 $y=\ln u$ 与 $u=(1+x)^{\frac{1}{x}}$ 复合而成. 因为 $\lim\limits_{x\to 0}(1+x)^{\frac{1}{x}}=\mathrm{e}$，而 $y=\ln u$ 在 $u=\mathrm{e}$ 处连续，根据定理 4，则有

$$\lim_{x\to 0}\frac{\ln(1+x)}{x}=\lim_{x\to 0}\ln(1+x)^{\frac{1}{x}}=\ln\left[\lim_{x\to 0}(1+x)^{\frac{1}{x}}\right]=\ln\mathrm{e}=1.$$

根据公式 $\lim\limits_{x\to 0}\frac{\ln(1+x)}{x}=1$，显然有 $\lim\limits_{x\to 0}\frac{x}{\ln(1+x)}=1$. 下面两例题需用此公式.

例 5 求 $\lim\limits_{x\to 0}\frac{\mathrm{e}^x-1}{x}$.

解 令 $\mathrm{e}^x-1=u$，则 $x=\ln(1+u)$. 当 $x\to 0$，有 $u\to 0$，则有

$$\lim_{x\to 0}\frac{\mathrm{e}^x-1}{x}=\lim_{u\to 0}\frac{u}{\ln(1+u)}=1.$$

例 6 求 $\lim\limits_{x\to 0}\frac{a^x-1}{x}$.

解 令 $a^x-1=u$，则 $x=\log_a(1+u)=\frac{\ln(1+u)}{\ln a}$. 当 $x\to 0$，有 $u\to 0$，则有

$$\lim_{x\to 0}\frac{a^x-1}{x}=\lim_{u\to 0}\frac{u\ln a}{\ln(1+u)}=\ln a\lim_{u\to 0}\frac{u}{\ln(1+u)}=\ln a.$$

习题 3－2

1. 求 $\lim\limits_{x\to 0}(\sin x+\sqrt{x}+2)^3$.
2. 求 $\lim\limits_{x\to 7}\sqrt{\frac{x-7}{x^2-49}}$.
3. 求 $\lim\limits_{x\to \frac{\pi}{2}}\sin^2 x$.
4. 求 $\lim\limits_{x\to 0}\sqrt{5-\frac{\sin x}{x}}$.
5. 求 $\lim\limits_{x\to 0}\frac{\ln(1+2x)}{2x}$.
6. 求 $\lim\limits_{x\to 0}\tan(\sqrt{x^2-x})$.

第三节 闭区间上连续函数的性质

在闭区间上，连续函数有几个重要的定理与今后的学习有关：一是最大值最小值定理，

它与今后要学习的微分中值定理有关;另一个是介值定理,它与今后要学习的定积分中值定理有关.

一、最大值最小值定理与有界定理

首先介绍最大值与最小值的概念.

在区间 I 上有定义的函数 $f(x)$, 如果总存在 $x_0 \in I$, 使得对于任一 $x \in I$ 都有

$$f(x) \leqslant f(x_0),$$

那么称 $f(x_0)$ 是函数 $f(x)$ 在区间 I 上的最大值.

同理,在区间 I 上有定义的函数 $f(x)$, 如果总存在 $x_0 \in I$, 使得对于任一 $x \in I$ 都有

$$f(x) \geqslant f(x_0),$$

那么称 $f(x_0)$ 是函数 $f(x)$ 在区间 I 上的最小值.

定理 1(最大值最小值定理)　如果函数 $f(x)$ 在闭区间 $[a,b]$ 上连续,那么函数 $f(x)$ 在闭区间 $[a,b]$ 上一定有最大值和最小值.

也就是在闭区间 $[a,b]$ 上,总存在 x_1 和 x_2, 对 $\forall x \in [a,b]$, 恒有 $f(x_1) \leqslant f(x) \leqslant f(x_2)$, 其中 $f(x_1)$ 为最小值, $f(x_2)$ 为最大值,如图 3 - 8 所示.

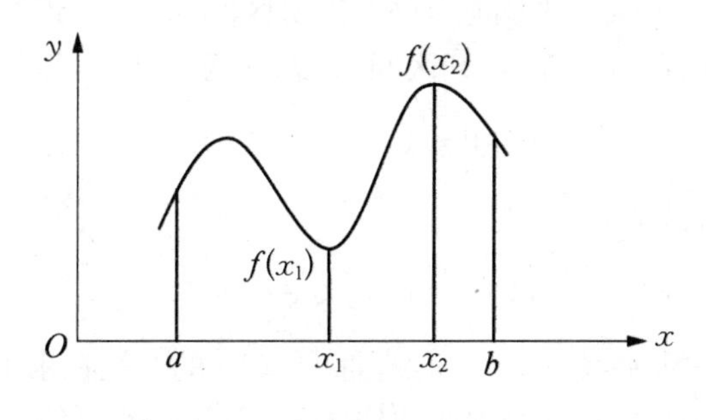

图 3 - 8

这条定理的证明从略.

在这个定理中,函数在闭区间 $[a,b]$ 上连续是该定理的充分条件,如不满足此条件,该定理不成立. 例如,函数 $\tan x$ 在开区间 $\left(-\frac{\pi}{2},\frac{\pi}{2}\right)$ 上连续的,但它在该开区间上既无最小值又无最大值,如图 3 - 5 所示.

定理 2(有界性定理)　如果函数 $f(x)$ 在闭区间 $[a,b]$ 上连续,那么函数 $f(x)$ 在闭区间 $[a,b]$ 上有界.

同样,在这个定理中,函数在闭区间 $[a,b]$ 上连续是该定理的充分条件,如不满足此条件,该定理不成立. 例如,函数 $\tan x$ 在开区间 $\left(-\frac{\pi}{2},\frac{\pi}{2}\right)$ 上连续的,但它在该开区间上却是无界的,如图 3 - 5 所示.

二、零点定理与介值定理

定理 3(零点定理)　如果函数 $f(x)$ 在闭区间 $[a,b]$ 上连续,且函数值 $f(a)$ 与 $f(b)$ 异

号,即 $f(a)f(b)<0$,那么在开区间 (a,b) 内至少有一点 ξ,使得

$$f(\xi)=0.$$

从几何上讲,如果连续曲线的一端在 x 轴的下方、另一端在 x 轴的上方,那么这个连续曲线必跨过 x 轴,故一定有 $f(\xi)=0$ 的点 ξ,如图 3-9 所示.

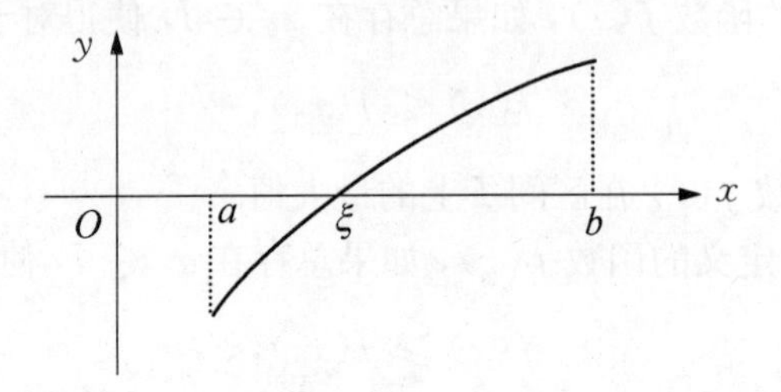

图 3-9

定理 4(介值定理) 如果函数 $f(x)$ 在闭区间$[a,b]$上连续,且 $f(a)=A$ 与 $f(b)=B$,$A\neq B$,那么对 A 与 B 之间的任意一个数 C,在开区间 (a,b) 内至少有一点 ξ,使得

$$f(\xi)=C(a<\xi<b).$$

证 设 $\varphi(x)=f(x)-C$,则函数 $\varphi(x)$ 在闭区间$[a,b]$上连续,且 $\varphi(a)=A-C$ 与 $\varphi(b)=B-C$ 异号,根据零点定理,在开区间 (a,b) 内至少有一点 ξ,使得

$$\varphi(\xi)=0(a<\xi<b).$$

因为 $\varphi(\xi)=f(\xi)-C$,故有

$$f(\xi)=C(a<\xi<b).$$

从几何上讲,如果作水平线 $y=C$,连续曲线 $f(x)$ 的一端在水平线 $y=C$ 的下方、另一端在 水平线 $y=C$ 的上方,那么这个连续曲线 $f(x)$ 必跨过 水平线 $y=C$,故一定有 $f(\xi)=C$ 的点 ξ,如图 3-10 所示.

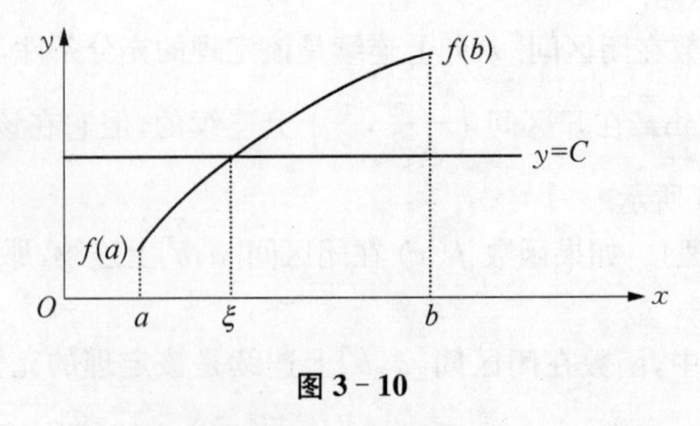

图 3-10

推论 在闭区间上连续的函数必取得介于最大值 M 与最小值 m 之间的任何值.

例 1 证明:方程 $x^3-8x+5=0$ 在区间 $(0,1)$ 内至少有一个根.

证 函数 $f(x)=x^3-8x+5$ 在闭区间 $[0,1]$ 上连续,又有

$$f(0)=5>0,f(1)=-2<0.$$

根据零点定理，在区间 $(0,1)$ 内至少有一点 ξ，使得

$$f(\xi)=0.$$

即

$$\xi^3-8\xi+5=0\quad(0<\xi<1).$$

这个等式表明方程 $x^3-8x+5=0$ 在区间 $(0,1)$ 内至少有一个根是 ξ.

三、一致连续性

在前面讨论函数连续定义时，我们用 δ-ε 语言将函数 $f(x)$连续的定义表述为：$\forall\varepsilon>0$，$\exists\delta>0$，当 $|x-x_0|<\delta$ 时，有 $|f(x)-f(x_0)|<\varepsilon$. 注意，这里的 x_0 是一个固定点，同时 δ 与 ε，x_0 有关. 如果 δ 只与 ε 有关，而与 x_0 无关，那么就关系到函数的一致连续性.

定义　设函数 $f(x)$在区间 I 上有定义，如果对于任意给定的正数 ε，总存在着正数 δ，使得对于区间 I 上的任意两点 x_1，x_2，当 $|x_1-x_2|<\delta$ 时，总有

$$|f(x_1)-f(x_2)|<\varepsilon,$$

那么称函数 $f(x)$在区间 I 上是一致连续的.

一致连续性定义中的 $|x_1-x_2|<\delta$ 指的是：在区间 I 的任何部分，只要自变量的任意两点 x_1，x_2 的数值接近到一定程度，就可使得对应的函数差值 $|f(x_1)-f(x_2)|$ 达到所要的极小程度. 同时，点 x_1 和点 x_2 在接近的过程中位置可移动. 而函数连续性定义中的 $|x-x_0|<\delta$ 指的是：当一个可移动点 x 对一个固定点 x_0 的接近到一定程度，就可使得对应的函数差值 $|f(x)-f(x_0)|$ 达到所要的极小程度. 显然这两者有所不同.

由上面的比较可知，如果函数 $f(x)$在区间 I 上一致连续，那么函数 $f(x)$在区间 I 上也是连续的. 但反过来就不一定成立，举例如下：

例 2　在区间 $(0,1]$ 上，函数 $y=\dfrac{1}{x}$ 是连续的，但不是一致连续的.

如果证明当 $|x_1-x_2|<\delta$ 时，$|f(x_1)-f(x_2)|<\varepsilon$ 不成立，就证明了 $y=\dfrac{1}{x}$ 不是一致连续的. 取 $x_1=\dfrac{1}{n}$，$x_2=\dfrac{1}{n+1}$，那么有

$$|x_1-x_2|=\left|\frac{1}{n}-\frac{1}{n+1}\right|=\frac{1}{n(n+1)},$$

当 n 取得足够大时，就可使 $|x_1-x_2|<\delta$. 但此时有

$$|f(x_1)-f(x_2)|=\left|\frac{1}{\frac{1}{n}}-\frac{1}{\frac{1}{n+1}}\right|=|n-(n+1)|=1>\varepsilon.$$

显然，当 $|x_1-x_2|<\delta$ 时，$|f(x_1)-f(x_2)|<\varepsilon$ 不成立，这就证明了 $y=\dfrac{1}{x}$ 不是一致连续的.

这个例子说明，在半开区间上一个连续的函数不一定是一致连续的. 但是有下面重要定理：

定理 5(一致连续性定理) 如果函数 $f(x)$在闭区间上连续，那么它在该区间上一致连续.

证明 略

如果把例 2 的半开区间$(0,1]$换成闭区间$[0.01,1]$，那么对于函数 $y=\frac{1}{x}$的自变量就不能取$x_1=\frac{1}{n}$，$x_2=\frac{1}{n+1}$，否则当 $n>100$ 时，就有$x_1<0.01$，出了闭区间$[0.01,1]$的范围. 如果取$x_1=0.01+\frac{1}{n}$，$x_2=0.01+\frac{1}{n+1}$，那么就 n 可以取任意大，在此情形下有

$$|x_1-x_2|=\left|\left(0.01+\frac{1}{n}\right)-\left(0.01+\frac{1}{n+1}\right)\right|=\frac{1}{n(n+1)},$$

当 n 取得足够大时，就可使$|x_1-x_2|<\delta$. 且此时有

$$|f(x_1)-f(x_2)|=\left|\frac{1}{0.01+\frac{1}{n}}-\frac{1}{0.01+\frac{1}{n+1}}\right|<\varepsilon.$$

因此在取 $x_1=0.01+\frac{1}{n}$，$x_2=0.01+\frac{1}{n+1}$ 的情形下，当 $|x_1-x_2|<\delta$ 时，$|f(x_1)-f(x_2)|<\varepsilon$ 成立.

从定义及上面的例子可知一致连续性有这样一个特点，就是x_1和x_2这两个点可以在移动中接近，即这两个点可以一边移动、一边接近. 这种情形在高数中常见，例如第二章第二节的例 1 和例 2 就属于这种情形. 我们把区间$[a,b]$分割成 n 个宽度为 Δx 的小区间，即有$\Delta x=\frac{b-a}{n}$. 当 n 增大时，每个小区间的宽度 Δx 在减小、位置也在变化. 也就是说，当 n 增大时每个小区间的两个端点一边在接近、一边在移动.

以第二章第二节的例 2 为例，让我们把第 i 个小区间的右端点记为x_{i1}，左端点记为x_{i2}，如图 3-11 所示. 那么 $F(x)$在该两点上的差值为$F(x_{i1})-F(x_{i2})$. 这样在第 i 个小区间上的Δx_i和Δy_i分别为$x_{i1}-x_{i2}=\Delta x_i$和$F(x_{i1})-F(x_{i2})=\Delta y_i$. 现在让 n 增大$\left(\Delta x=\frac{b-a}{n}\right)$，那么点$x_{i1}$和点$x_{i2}$一边接近、一边向左移动. 假设函数 $F(x)$在闭区间$[a,b]$上连续，那么根据一致连续性定理，函数 $F(x)$ 在$[a,b]$上一致连续，因此当$|x_{i1}-x_{i2}|<\delta$ 时，就一定有$|F(x_{i1})-F(x_{i2})|<\varepsilon$，即有

$$\text{当}|\Delta x_i|<\delta,\text{有}|\Delta y_i|<\varepsilon.$$

因此，当讨论的问题涉及分割闭区间$[a,b]$为 n 个小区间时，只要函数 $f(x)$在闭区间$[a,b]$上连续，那么就一定在区间$[a,b]$上一致连续，也就有当$|x_1-x_2|<\delta$ 时，一定有$|f(x_1)-f(x_2)|<\varepsilon$.

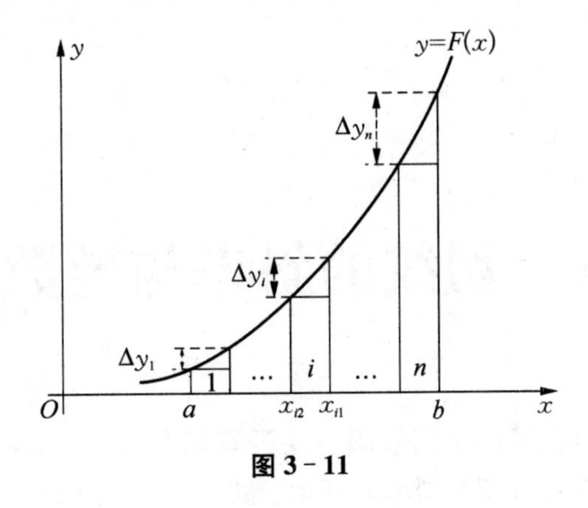

图 3 - 11

习题 3 - 3

1. 证明:方程 $x^4 - 10x + 3 = 0$ 在区间 $(0,2)$ 内至少有一个根.
2. 证明:方程 $x^3 - 12x + 10 = 0$ 在区间 $(0,1)$ 内至少有一个根.
3. 证明:方程 $x = a\sin x + b$, 其中 $a > 0, b > 0$, 至少有一个正根,并且它不超过 $a + b$.

第四章　切线的斜率与导数的概念

在第二章中，我们演示了如何用极限方法计算函数 $f(x)=x^2$ 在点 $x=2$ 处切线的斜率. 现在我们要讨论计算函数切线斜率的通用公式.

我们知道 Δx 代表一个小的变量. 让我们在 x 轴上选择一个点 x，那么$[x,x+\Delta x]$表示 x 轴上的一个小区间，如图 4 - 1 所示.

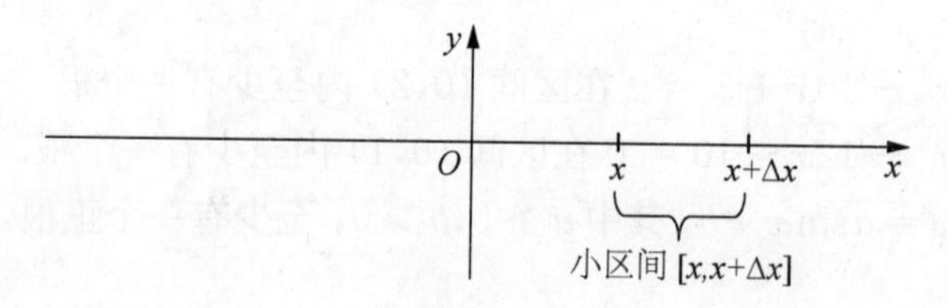

图 4 - 1

让我们作一条与函数 $y=f(x)$ 曲线在点$(x,f(x))$处和点$(x+\Delta x,f(x+\Delta x))$处相交的割线，如图 4 - 2 中的左图所示.

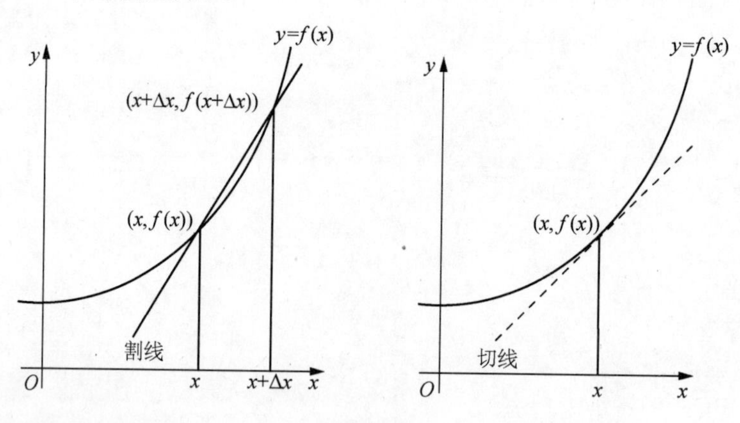

图 4 - 2

这条割线也称为函数 $y=f(x)$ 在区间$[x,x+\Delta x]$上的割线.

$$\text{割线的斜率}=\frac{f(x+\Delta x)-f(x)}{(x+\Delta x)-x}=\frac{f(x+\Delta x)-f(x)}{\Delta x}.$$

让我们作一条与函数 $y=f(x)$ 曲线在点$(x,f(x))$相切的切线，如图 4 - 2 中的右图所示. 这条切线也称为函数 $y=f(x)$ 在点 x 处的切线.

如果我们缩小 Δx，使得点$(x+\Delta x,f(x+\Delta x))$趋向于点$(x,f(x))$，那么函数 $y=f(x)$ 在区间$[x,x+\Delta x]$上的割线将趋向于函数 $y=f(x)$ 在点 x 处的切线，如图 4 - 3 所示.

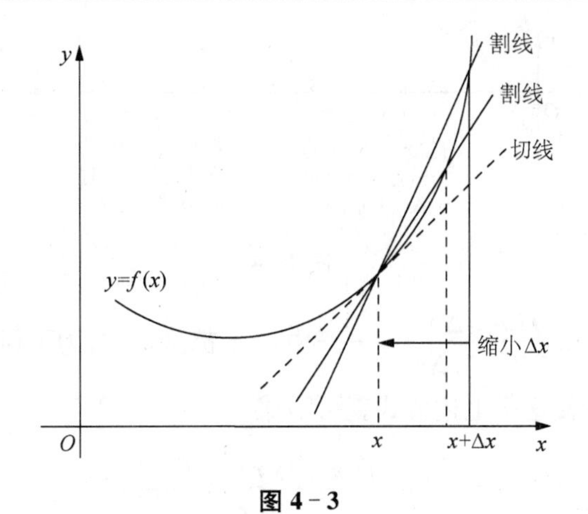

图 4-3

由于当 Δx 趋向于 0 时,割线趋向于切线,那么当 Δx 趋向于 0 时,割线的斜率也将趋向于切线的斜率. 我们有

$$当\ \Delta x \to 0,割线的斜率 \to 切线的斜率.$$

我们知道该割线的斜率等于$\dfrac{f(x+\Delta x)-f(x)}{\Delta x}$. 令 $f'(x)$代表函数 $y=f(x)$在点 x 处切线的斜率. 那么上式可写为

$$当\ \Delta x \to 0,\frac{f(x+\Delta x)-f(x)}{\Delta x} \to f'(x).$$

让我们以极限的形式表达此公式,即有

$$f'(x)=\lim_{\Delta x\to 0}\frac{f(x+\Delta x)-f(x)}{\Delta x}.$$

这就是计算函数 $y=f(x)$在点 x 处切线的斜率的通用公式.

在讨论极限$\lim\limits_{x\to x_0} f(x)=A$ 的定义时,我们要求 x 以大于 x_0 和小于 x_0 的两种不同方式趋向于 x_0,若在这两种情形下,函数 $f(x)$都趋向于常数 A 或等于常数 A,则称当 x 趋向于 x_0 时,函数 $f(x)$以 A 为极限.

对公式 $f'(x)=\lim\limits_{\Delta x\to 0}\dfrac{f(x+\Delta x)-f(x)}{\Delta x}$而言,上述讨论只是讨论了 Δx 以大于 0 的方式趋向于 0 的情形,即讨论了右极限

$$f'(x)=\lim_{\Delta x\to 0^+}\frac{f(x+\Delta x)-f(x)}{\Delta x}.$$

我们还应讨论 Δx 以小于 0 的方式趋向于 0 时的左极限,即讨论

$$f'(x)=\lim_{\Delta x\to 0^-}\frac{f(x+\Delta x)-f(x)}{\Delta x}.$$

先让我们看图 4-4,图 4-4 显示了当 Δx 以大于 0 和以小于 0 的不同方式趋向于 0 时,$x+\Delta x$在 x 轴上的变化情形.

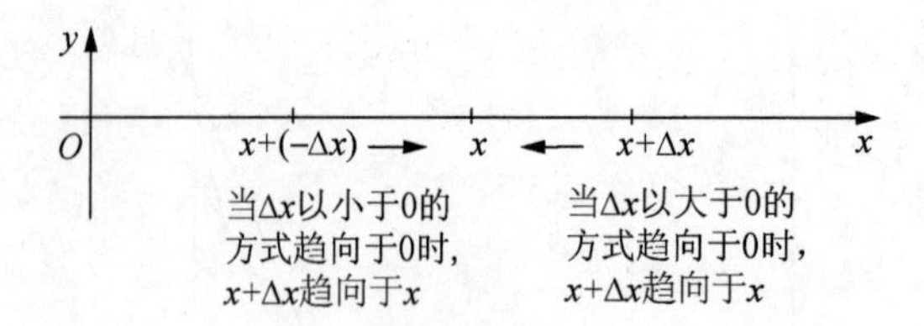

图 4-4

在公式 $f'(x)=\lim\limits_{\Delta x\to 0^-}\dfrac{f(x+\Delta x)-f(x)}{\Delta x}$ 中，Δx 都是负的，为了讨论的方便，不妨将公式中的 Δx 都写成 $(-\Delta x)$. 这样上述公式就可写成

$$
\begin{aligned}
f'(x) &= \lim_{\Delta x\to 0^-}\frac{f(x+\Delta x)-f(x)}{\Delta x}\\
&= \lim_{\Delta x\to 0}\frac{f[x+(-\Delta x)]-f(x)}{(-\Delta x)}\\
&= \lim_{\Delta x\to 0}\frac{f(x-\Delta x)-f(x)}{(x-\Delta x)-x}\\
&= \lim_{\Delta x\to 0}\frac{f(x)-f(x-\Delta x)}{\Delta x}.
\end{aligned}
$$

公式中的分式 $\dfrac{f(x-\Delta x)-f(x)}{(x-\Delta x)-x}=\dfrac{f(x)-f(x-\Delta x)}{\Delta x}$ 就是函数 $y=f(x)$ 在区间 $[x-\Delta x,x]$ 上割线的斜率. 如图 4-5 所示.

如果我们缩小 Δx，使得点 $(x-\Delta x,f(x-\Delta x))$ 趋向于点 $(x,f(x))$，那么函数 $y=f(x)$ 在区间 $[x-\Delta x,x]$ 上的割线将趋向于函数 $y=f(x)$ 在点 x 处的切线，如图 4-5 所示. 因此，当 Δx 趋向于 0 时，割线的斜率将趋向于切线的斜率. 这就是切线斜率的左极限 $f'(x)=\lim\limits_{\Delta x\to 0^-}\dfrac{f(x+\Delta x)-f(x)}{\Delta x}$ 的几何解释.

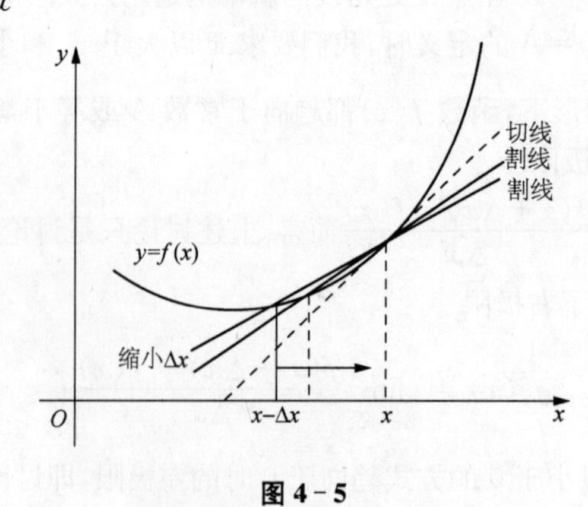

图 4-5

据上述讨论，我们可以这样解释求切线斜率的公式 $f'(x)=\lim\limits_{\Delta x\to 0}\dfrac{f(x+\Delta x)-f(x)}{\Delta x}$：为了求函数 $y=f(x)$ 在点 x 处的切线的斜率，我们需要在点 x 的两侧，分别设区间 $[x-\Delta x,x]$（称左区间）和区间 $[x,x+\Delta x]$（称右区间），在左区间 $[x-\Delta x,x]$ 上对函数 $y=$

$f(x)$作一割线，此割线称为左割线，在右区间$[x,x+\Delta x]$上对函数$y=f(x)$作一割线，此割线称为右割线，如图4-6所示．当Δx趋向于0时，左割线和右割线都趋向于同一直线时，这一直线就是函数$y=f(x)$在点x处的切线，也就是说，当左割线的斜率和右割线的斜率都趋向于同一值时，这个值就是切线的斜率．这就是切线的斜率公式$f'(x)=\lim\limits_{\Delta x\to 0}\frac{f(x+\Delta x)-f(x)}{\Delta x}$的几何解释．

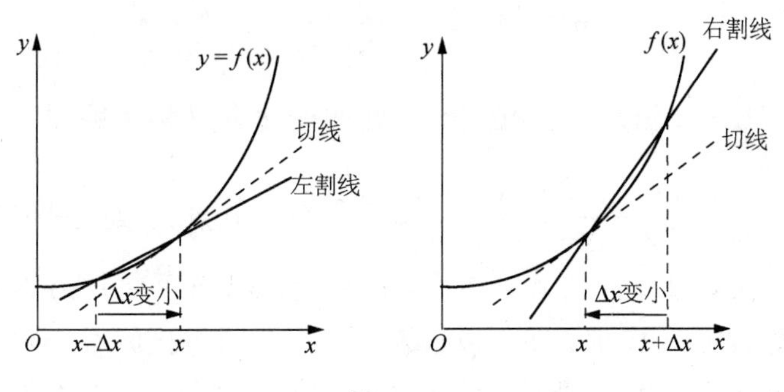

图4-6

根据上述公式，如果函数$y=f(x)$在点x处有切线，就要求函数$y=f(x)$在点x处的左割线和右割线都趋向于这一切线，即左割线和右割线的斜率都趋向于同一值，这一点很重要，在第七章讨论函数单调增加、单调减少、函数的极点等问题时都需用到此规律．

注意，如果函数$y=f(x)$在点x处的左割线和右割线分别趋向于不同的直线时，切线不存在，即如果$\lim\limits_{\Delta x\to 0}\frac{f(x+\Delta x)-f(x)}{\Delta x}\neq\lim\limits_{\Delta x\to 0}\frac{f(x)-f(x-\Delta x)}{\Delta x}$，函数$y=f(x)$在点$x$处就会有两条切线，此时称函数$y=f(x)$在点$x$处的切线不存在．

函数$y=f(x)$在点x处切线的斜率又称作函数$y=f(x)$在点x处的导数．

导数的定义

设函数$y=f(x)$在点x_0的某个邻域内有定义，当变量x在点x_0处获取增量Δx时，函数$y=f(x)$相应地获取增量Δy，Δy由下式给出：

$$\Delta y=f(x_0+\Delta x)-f(x_0).$$

若极限

$$\lim_{\Delta x\to 0}\frac{\Delta y}{\Delta x}=\lim_{\Delta x\to 0}\frac{f(x_0+\Delta x)-f(x_0)}{\Delta x}$$

存在，则称函数$y=f(x)$在点x_0处**可导**，点x_0称为函数$y=f(x)$的可导点，并称此极限的值为函数$y=f(x)$在点x_0处的**导数**，记为$f'(x_0)$，那么我们有

$$f'(x_0)=\lim_{\Delta x\to 0}\frac{f(x_0+\Delta x)-f(x_0)}{\Delta x}.$$

函数$y=f(x)$在点x_0处的导数也可记为$y'\Big|_{x=x_0}$，$\frac{\mathrm{d}y}{\mathrm{d}x}\Big|_{x=x_0}$，$\frac{\mathrm{d}f}{\mathrm{d}x}\Big|_{x=x_0}$．若此极限不存在，则称函数$y=f(x)$在点$x_0$处不可导，点$x_0$称为函数$y=f(x)$的不可导点．注意，当$\lim\limits_{\Delta x\to 0}\frac{\Delta y}{\Delta x}=\infty$

时，尽管这时导数不存在，但我们称函数 $y=f(x)$ 在点 x_0 处的导数为无穷大.

导数 $f'(x_0)$ 又称为函数 $f(x)$ 在点 x_0 处的瞬时变化率. 因为如果对函数 $f(x)$ 设置一个小区间 $[x_0,x_0+\Delta x]$，那么 $\dfrac{f(x_0+\Delta x)-f(x_0)}{\Delta x}$ 也代表函数 $f(x)$ 在这个小区间 $[x_0,x_0+\Delta x]$ 上的平均变化率. 当 Δx 趋向于 0 时，函数 $f(x)$ 在小区间 $[x_0,x_0+\Delta x]$ 上的平均变化率 $\dfrac{f(x_0+\Delta x)-f(x_0)}{\Delta x}$ 趋向于函数 $f(x)$ 在点 x_0 处的变化率 $\lim\limits_{\Delta x\to 0}\dfrac{f(x_0+\Delta x)-f(x_0)}{\Delta x}$. 函数 $f(x)$ 在点 x_0 处的变化率又称为瞬时变化率. 因此，导数 $f'(x_0)\left(f'(x_0)=\lim\limits_{\Delta x\to 0}\dfrac{f(x_0+\Delta x)-f(x_0)}{\Delta x}\right)$ 是函数 $f(x)$ 在点 x_0 处的瞬时变化率.

上面讨论的是函数 $y=f(x)$ 在一个点上可导. 如果函数 $y=f(x)$ 在一个开区间 (a,b) 内的每一点都有导数 $f'(x)$，那么我们说函数 $y=f(x)$ 在开区间 (a,b) 内可导. 这时，对于开区间 (a,b) 内的任意一点 x，都对应着函数 $f(x)$ 的一个确定的导数值 $f'(x)$，这样就形成了一个新的函数，称为原来函数 $f(x)$ 的**导函数**，简称**导数**，记为 y'，$f'(x)$，$\dfrac{\mathrm{d}y}{\mathrm{d}x}$ 或 $\dfrac{\mathrm{d}f(x)}{\mathrm{d}x}$. 即

$$f'(x)=\lim_{\Delta x\to 0}\frac{f(x+\Delta x)-f(x)}{\Delta x}.$$

一个函数如果在某点处可导，该函数必须在该点上连续. 如果函数的曲线上有间断点，那么在该点处函数的导数将不存在.

但一个连续函数也有可能是不可导的. 例如，图 4－7 中的分段函数 $y=f(x)$，在点 $x=a$ 处是连续的，但不可导，因为我们可以在点 $x=a$ 处，对函数作出两条不同的切线. 先让我们对点 $x=a$ 作左区间 $[a-\Delta x,a]$，再在左区间 $[a-\Delta x,a]$ 上对函数 $y=f(x)$ 作左割线，当 Δx 趋向于 0 时，由左割线可得到一切线，如图 4－7 所示.

再让我们对点 $x=a$ 作右区间 $[a,a+\Delta x]$，再在右区间 $[a,a+\Delta x]$ 上对函数 $y=f(x)$ 作右割线，当 Δx 趋向于 0 时，由右割线可得到一切线，如图 4－8 所示.

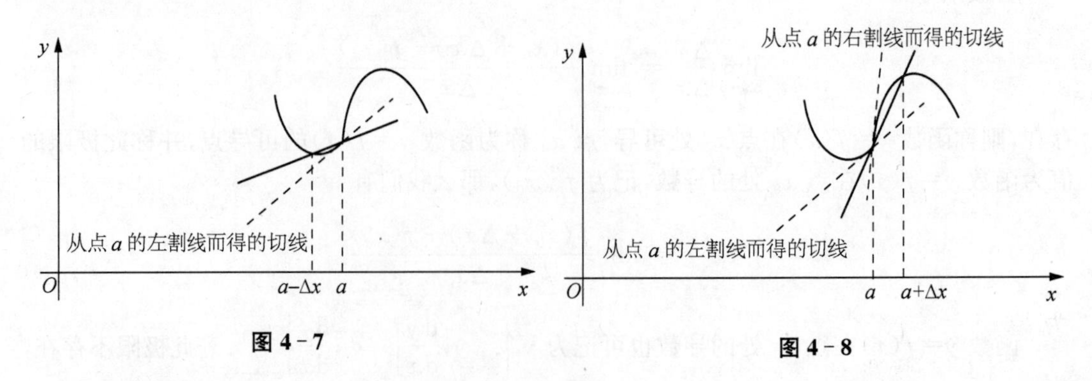

图 4－7　　**图 4－8**

显然这两条切线完全不一样，这就意味着在点 $x=a$ 处，$\lim\limits_{\Delta x\to 0^+}\dfrac{f(a+\Delta x)-f(a)}{\Delta x}\neq$

$\lim\limits_{\Delta x \to 0^-}\dfrac{f(a+\Delta x)-f(a)}{\Delta x}$. 因此，在点 $x=a$ 处函数的导数不存在，也就是说，该函数在点 $x=a$ 处是不可导的.

注意：如果函数 $f(x)$在一个点处有垂直切线，那么函数在这个点处的导数是无穷大的，即函数 $f(x)$在有垂直切线的点处是不可导的.

例 1　求函数 $f(x)=x^2$ 的导数 $f'(x)$（即导函数），及在点 $x=2$ 和 $x=4$ 处的导数 $f'(2)$ 和 $f'(4)$.

解　运用公式 $f'(x)=\lim\limits_{\Delta x \to 0}\dfrac{f(x+\Delta x)-f(x)}{\Delta x}$对该函数求导：

$$
\begin{aligned}
f'(x) &= \lim_{\Delta x \to 0}\frac{(x+\Delta x)^2-x^2}{\Delta x} \\
&= \lim_{\Delta x \to 0}\frac{x^2+2x\Delta x+(\Delta x)^2-x^2}{\Delta x} \\
&= \lim_{\Delta x \to 0}(2x+\Delta x) \\
&= 2x.
\end{aligned}
$$

求得函数 $f(x)=x^2$ 的导数(即导函数)为 $f'(x)=2x$.

在公式 $f'(x)=2x$ 中，令变量 $x=2$，那么我们有 $f'(2)=2\times 2=4$. 因此，当 $x=2$ 时，函数$f(x)=x^2$ 的导数等于 4. 换句话说，函数$f(x)=x^2$ 在点 $x=2$ 处切线的斜率等于 4.

在公式 $f'(x)=2x$ 中，令变量 $x=4$，那么我们有 $f'(4)=2\times 4=8$. 因此，当 $x=4$ 时，函数$f(x)=x^2$ 的导数等于 8. 换句话说，函数$f(x)=x^2$ 在点 $x=4$ 处切线的斜率等于 8.

例 2　求函数 $f(x)=x^3$ 的导数.

解　运用公式 $f'(x)=\lim\limits_{\Delta x \to 0}\dfrac{f(x+\Delta x)-f(x)}{\Delta x}$ 对该函数求导：

$$
\begin{aligned}
f'(x) &= \lim_{\Delta x \to 0}\frac{(x+\Delta x)^3-x^3}{\Delta x} \\
&= \lim_{\Delta x \to 0}\frac{x^3+3x^2\Delta x+3x(\Delta x)^2+(\Delta x)^3-x^3}{\Delta x} \\
&= \lim_{\Delta x \to 0}[3x^2+3x\Delta x+(\Delta x)^2] \\
&= 3x^2.
\end{aligned}
$$

我们知道函数 $f(x)$ 的导数记为 $f'(x)$，那么函数 $F(x)$ 的导数就应该记为 $F'(x)$. 在高等数学上，当函数记为 $F(x)$ 时，我们可以把它的导数 $F'(x)$ 记为 $f(x)$，则有 $F'(x)=f(x)$，即 $f(x)$是原来函数 $F(x)$的导数，相应地，我们称函数 $F(x)$ 为 $f(x)$ 的**原函数**. 例如在上面的例 1 中，我们令 $F(x)=x^2$，则有 $F'(x)=f(x)=2x$. 此时，我们称函数 $f(x)=2x$ 的原函数为 $F(x)=x^2$，或导数 $f(x)=2x$ 的原函数为 $F(x)=x^2$. 又如在上面的例 2 中，我们令 $F(x)=x^3$，则有 $F'(x)=f(x)=3x^2$. 此时，我们称函数 $f(x)=3x^2$ 的原函数为 $F(x)=x^3$.

例 3　求函数 $y=2\sqrt{x}$的导数.

解　运用公式 $y'=\lim\limits_{\Delta x \to 0}\dfrac{f(x+\Delta x)-f(x)}{\Delta x}$对该函数求导：

$$
\begin{aligned}
y' &= \lim_{\Delta x \to 0} \frac{2\sqrt{x+\Delta x} - 2\sqrt{x}}{\Delta x} \\
&= 2\lim_{\Delta x \to 0} \frac{(\sqrt{x+\Delta x}-\sqrt{x})(\sqrt{x+\Delta x}+\sqrt{x})}{\Delta x(\sqrt{x+\Delta x}+\sqrt{x})} \\
&= 2\lim_{\Delta x \to 0} \frac{(\sqrt{x+\Delta x})^2-(\sqrt{x})^2}{\Delta x(\sqrt{x+\Delta x}+\sqrt{x})} \\
&= 2\lim_{\Delta x \to 0} \frac{\Delta x}{\Delta x(\sqrt{x+\Delta x}+\sqrt{x})} \\
&= 2\lim_{\Delta x \to 0} \frac{1}{\sqrt{x+\Delta x}+\sqrt{x}} \\
&= 2 \cdot \frac{1}{2\sqrt{x}} \\
&= \frac{1}{\sqrt{x}}.
\end{aligned}
$$

例 4 求函数 $y=\frac{x^3}{3}$ 的导数.

解 运用公式 $y'=\lim\limits_{\Delta x \to 0}\frac{f(x+\Delta x)-f(x)}{\Delta x}$ 对该函数求导：

$$
\begin{aligned}
y' &= \lim_{\Delta x \to 0} \frac{\frac{1}{3}(x+\Delta x)^3 - \frac{1}{3}x^3}{\Delta x} \\
&= \frac{1}{3}\lim_{\Delta x \to 0} \frac{(x+\Delta x)^3 - x^3}{\Delta x} \\
&= \frac{1}{3} \cdot 3x^2 \\
&= x^2.
\end{aligned}
$$

在方法学上，函数平均变化率的极限 $\lim\limits_{\Delta x \to 0}\frac{f(x+\Delta x)-f(x)}{\Delta x}$（即导数）是一个重要的方法学. 运用这个极限，我们可以推导出各种函数的导数及函数的求导法则，在第六章中将对此进行讨论；还是运用这个极限，我们可以推导出微分中值定理及延伸出其他数学规律，在第七章中将对此进行讨论；而不定积分是导数的反向运算，即由导数求原函数，其做法是根据已知的原函数与导数关系，反向找出原函数，并且根据求导法则反向地制定出求原函数的法则，因此不定积分与导数相关，在第八章中我们将对此进行讨论.

习题 4

1. 判断分式函数 $f(x)=\frac{x^2-6^2}{x-6}$ 在点 $x=6$ 处是否可导.

2. 判断分式函数 $f(x)=\dfrac{x^2-x+6^2}{x^2-9}$ 在下列各点处是否可导：

(1) $x=3$；

(2) $x=-3$.

3. 判断函数 $f(x)=\arccos x$ 在点 $x=1$ 处是否可导.

4. 判断函数 $f(x)=\tan x$ 在下列各点处是否可导：

(1) $x=\dfrac{\pi}{2}$；

(2) $x=2\pi$；

(3) $x=-\pi$.

5. 判断分段函数 $y=\begin{cases}x^2, & x\geqslant 0,\\ -2x, & x<0\end{cases}$ 在下列各点处是否可导. 如可导，请给出导数值：

(1) $x=-2$；

(2) $x=0$；

(3) $x=2$；

(4) $x=9$.

6. 求下列各函数的导数：

(1) $y=\sqrt{2x}$；

(2) $y=(3x)^2$；

(3) $y=\sqrt[3]{x}$；

(4) $y=x^2+x$.

第五章　牛顿-莱布尼兹公式

牛顿-莱布尼兹公式是高等数学中最重要的定理.这个定理并不复杂,用极限方法就可将其推导出来.通过前几章的学习,我们已经具备推导牛顿-莱布尼兹公式的所需要的全部知识,现在我们可以讨论这个公式的推导了.牛顿-莱布尼兹公式有两个基础:一个基础是极限公式 $A=\lim\limits_{n\to\infty}\sum\limits_{i=1}^{n}f(x_i^*)\Delta x$,另一个基础是极限公式 $F(b)-F(a)=\lim\limits_{n\to\infty}\sum\limits_{i=1}^{n}F'(x_i^*)\Delta x$. 在本章中,我们将讨论这两个公式的证明,在此基础上,我们很容易理解牛顿-莱布尼兹公式的原理.

第一节　图示牛顿-莱布尼兹公式

设函数 $F(x)$ 在区间 $[a,b]$ 上可导,且导函数 $F'(x)$ 在区间 $[a,b]$ 上连续.让我们以 $f(x)$ 表示 $F'(x)$,即 $F'(x)=f(x)$,这样 $f(x)$ 就是 $F(x)$ 的连续导函数.现在我们有两个函数,一个是原函数 $F(x)$,另一个是导函数 $f(x)$,如图 5-1 所示.

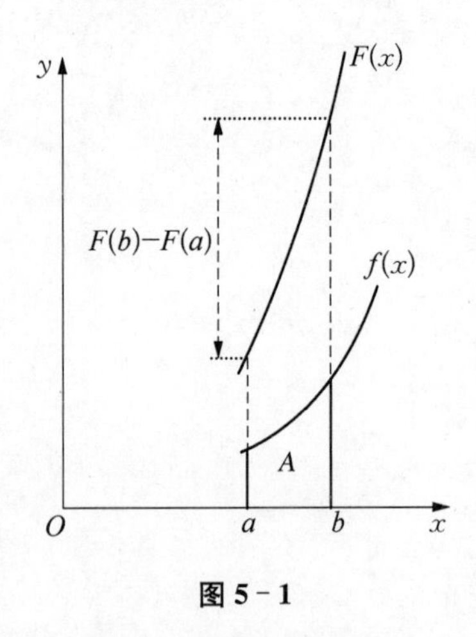

图 5-1

原函数 $F(x)$ 在区间 $[a,b]$ 上有一个增量,它等于 $F(b)-F(a)$. 在区间 $[a,b]$ 上,导函数 $f(x)$ 的曲线与 x 轴之间有一个面积,以 A 表示这个面积.牛顿-莱布尼兹公式告诉我们:在区间 $[a,b]$ 上导函数 $f(x)$ 的曲线与 x 轴之间的面积 A 总是等于原函数 $F(x)$ 在区间 $[a,b]$ 上的增量 $F(b)-F(a)$. 即

$$A=F(b)-F(a).$$

这就是牛顿-莱布尼兹公式的基本内容.为什么原函数 $F(x)$ 与导函数 $f(x)$ 之间有如此规律呢?让我们用极限的方法证明这个公式,并解释其原理.

第二节　推导公式 $\lim\limits_{n\to\infty}\sum\limits_{i=1}^{n} f(x_i^*)\Delta x = \lim\limits_{n\to\infty}\sum\limits_{i=1}^{n} F'(x_i^*)\Delta x$

一、推导公式 $f(x_i^*)\Delta x = F'(x_i^*)\Delta x$

先让我们看原函数 $F(x)$ 与导函数 $f(x)$ 之间的一种特殊关系. 让我们在区间 $[a,b]$ 内选择一个点 x，并以这个点为起始点设立一个小区间 $[x,x+\Delta x]$. 再让我们在小区间 $[x,x+\Delta x]$ 上任意选择一个点 x^*，“*”表示这个点是一个任意点. 这个任意点可以是小区间的端点 $(x \leqslant x^* \leqslant x+\Delta x)$.

先看导函数 $f(x)$ 在这个任意点上生成的矩形. 导函数 $f(x)$ 在点 x^* 上的值为 $f(x^*)$. 让我们以值 $f(x^*)$ 为高，以小区间长度 Δx 为宽作一个矩形，如图 5－2 所示. 这个矩形的面积为 $f(x^*)\Delta x$.

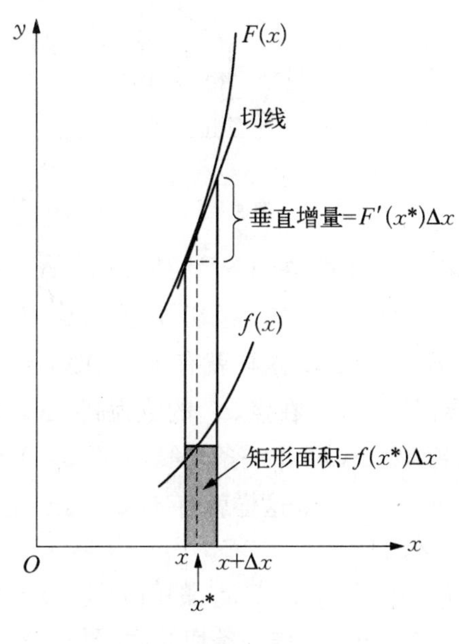

图 5－2

再看原函数 $F(x)$ 在这个任意点上的切线. 让我们在点 x^* 上，对原函数 $F(x)$ 作一条切线，如图 5－2 所示. 这条切线的斜率为 $F'(x^*)$. 这条切线在小区间 $[x,x+\Delta x]$ 上的垂直增量为 $F'(x^*)\Delta x$. 因为 $f(x)=F'(x)$，则有

$$f(x^*)\Delta x = F'(x^*)\Delta x.$$

这个公式表述的是：在小区间 $[x,x+\Delta x]$ 上，无论如何取点，导函数矩形的面积总是等于原函数切线上的垂直增量.

二、推导公式 $\lim\limits_{n\to\infty}\sum\limits_{i=1}^{n} f(x_i^*)\Delta x = \lim\limits_{n\to\infty}\sum\limits_{i=1}^{n} F'(x_i)\Delta x$

现在让我们将区间 $[a,b]$ 分割成 n 个小区间（n 代表一个大的整数），如图 5－3 所示.

每个小区间的长度为 Δx，$\Delta x=\dfrac{b-a}{n}$. 让我们在第 1 至第 n 个小区间上各任选一点，分别记为 $x_1^*,x_2^*,\cdots,x_n^*$.

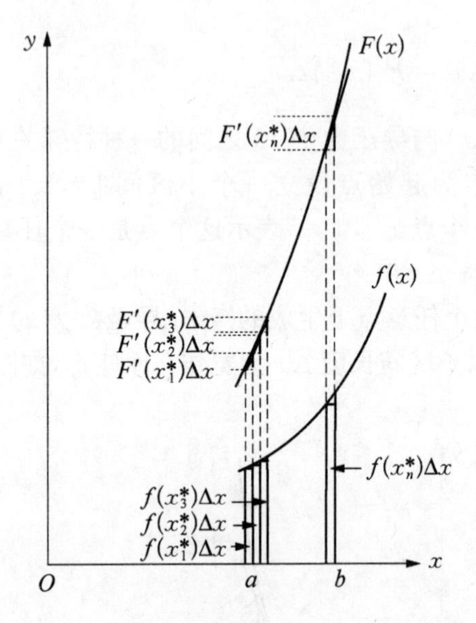

图 5-3

在第一个小区间上，以导函数 $f(x)$ 在点 x_1^* 的值为高，Δx 为宽作一个矩形，其面积为 $f(x_1^*)\Delta x$；然后在点 x_1^* 对原函数 $F(x)$ 作一条切线，如图 5-3 所示，其斜率为 $F'(x_1^*)$. 切线在小区间上的垂直增量为 $F'(x_1^*)\Delta x$. 这样就有 $f(x_1^*)\Delta x=F'(x_1^*)\Delta x$.

在第二个小区间上，以导函数 $f(x)$ 在点 x_2^* 的值为高，Δx 为宽作一个矩形，其面积为 $f(x_2^*)\Delta x$；然后在点 x_2^* 对原函数 $F(x)$ 作一条切线，如图 5-3 所示，其斜率为 $F'(x_2^*)$. 切线在小区间上的垂直增量为 $F'(x_2^*)\Delta x$. 这样就有 $f(x_2^*)\Delta x=F'(x_2^*)\Delta x$.

如此重复，直至第 n 个小区间；

在第 n 个小区间上，以导函数 $f(x)$ 在点 x_n^* 的值为高，Δx 为宽作一个矩形，其面积为 $f(x_n^*)\Delta x$；然后在点 x_n^* 对原函数 $F(x)$ 作一条切线，如图 5-3 所示，其斜率为 $F'(x_n^*)$. 切线在小区间上的垂直增量为 $F'(x_n^*)\Delta x$. 这样就有 $f(x_n^*)\Delta x=F'(x_n^*)\Delta x$.

现在有 n 个矩形面积和 n 个切线上的垂直增量，因为 $f(x_i^*)\Delta x=F'(x_i^*)\Delta x$（这里 $i=1,2,\cdots,n$），所以这 n 个矩形面积之和必然等于这 n 个切线上的垂直增量之和，故有

$$f(x_1^*)\Delta x+f(x_2^*)\Delta x+\cdots+f(x_n^*)\Delta x=F'(x_1^*)\Delta x+F'(x_2^*)\Delta x+\cdots+F'(x_n^*)\Delta x.$$

上式可用“西格玛”符号重写为

$$\sum_{i=1}^{n}f(x_i^*)\Delta x=\sum_{i=1}^{n}F'(x_i^*)\Delta x,\quad \Delta x=\frac{b-a}{n}.$$

对等号左边的和及右边的和分别取当 $n\to\infty$ 时的极限，则有

$$\lim_{n\to\infty}\sum_{i=1}^{n}f(x_i^*)\Delta x=\lim_{n\to\infty}\sum_{i=1}^{n}F'(x_i^*)\Delta x,\quad \Delta x=\frac{b-a}{n}.$$

等号左边的极限 $\lim\limits_{n\to\infty}\sum\limits_{i=1}^{n}f(x_i^*)\Delta x$ 是当 $n\to\infty$ 时导函数所有矩形面积之和的极限，其实这个极限就等于在区间 $[a,b]$ 上、导函数 $f(x)$ 的曲线与 x 轴之间的面积 A，我们将在第三节中对此进行证明.

等号右边的极限 $\lim\limits_{n\to\infty}\sum\limits_{i=1}^{n}F'(x_i^*)\Delta x$ 是当 $n\to\infty$ 时原函数所有切线上垂直增量之和的极限，其实这个极限就等于原函数在区间 $[a,b]$ 上的增量 $F(b)-F(a)$，我们将在第四节中对此进行证明.

当我们证明了 $\lim\limits_{n\to\infty}\sum\limits_{i=1}^{n}f(x_i^*)\Delta x=A$ 和 $\lim\limits_{n\to\infty}\sum\limits_{i=1}^{n}F'(x_i^*)\Delta x=F(b)-F(a)$ 之后，上式就可写成

$$A=\lim_{n\to\infty}\sum_{i=1}^{n}f(x_i^*)\Delta x=\lim_{n\to\infty}\sum_{i=1}^{n}F'(x_i^*)\Delta x=F(b)-F(a),\quad \Delta x=\frac{b-a}{n}.$$

这就是牛顿-莱布尼兹公式的原理公式.

第三节　证明公式 $A=\lim\limits_{n\to\infty}\sum\limits_{i=1}^{n}f(x_i^*)\Delta x$

在这节中，我们要推导函数 $f(x)$ 曲线下面积的计算公式 $A=\lim\limits_{n\to\infty}\sum\limits_{i=1}^{n}f(x_i^*)\Delta x$.

这个公式的原理是以矩形面积逼近曲边梯形面积. 推导方法是“辅助公式证明法”.

公式 $A=\lim\limits_{n\to\infty}\sum\limits_{i=1}^{n}f(x_i^*)\Delta x$ 表述的是：设函数 $f(x)$ 在区间 $[a,b]$ 上连续，且数值大于或等于 0，如将区间 $[a,b]$ 分割成 n 个等长小区间，在每个小区间上任意选一点，并以 $f(x)$ 在这点处的值为高作矩形，那么无论在小区间上如何选点，当 $n\to\infty$ 时，函数所有矩形面积之和的极限总是等于在区间 $[a,b]$ 上，函数 $f(x)$ 的曲线与 x 轴之间的面积 A.

证明这个公式需分四步进行.

一、推导公式 $\lim\limits_{\Delta x\to 0}\dfrac{\Delta A}{\Delta x}=f(x)$

设 $f(x)$ 是一个连续函数，让我们在 x 轴上选择一个点 x，并以这个点为起始点设立一个小区间 $[x,x+\Delta x]$. 那么在小区间上，函数 $f(x)$ 的曲线与 x 轴之间就会有一个曲边梯形的区域. 以 ΔA 表示这个曲边梯形的面积，如图 5－4 所示.

现在让我们以函数 $f(x)$ 在小区间左端点 x 的值为高，在小区间 $[x,x+\Delta x]$ 上作一矩形，如图 5－5 所示. 以 $\Delta A_{r(x)}$ 表示这个以左端点 x 函数值为高的矩形的面积（A 是 Area（面积）的第一个字母，r 是 rectangle（矩形）第一个字母），则

$$\Delta A_{r(x)}=f(x)\Delta x.$$

显然，这个左端点矩形 $\Delta A_{r(x)}$ 是在曲边梯形 ΔA 之内. 因此有

$$\Delta A_{r(x)}<\Delta A.$$

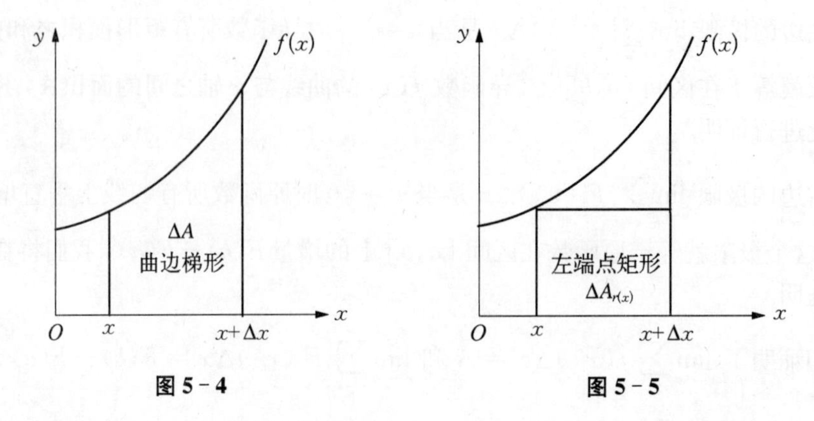

图 5-4　　　　图 5-5

现在让我们以函数 $f(x)$ 在小区间右端点 $x+\Delta x$ 的值为高，在小区间 $[x,x+\Delta x]$ 上作一矩形，如图 5-6 所示. 以 $\Delta A_{r(x+\Delta x)}$ 表示这个以右端点 $x+\Delta x$ 函数值为高的矩形的面积，则

$$\Delta A_{r(x+\Delta x)}=f(x+\Delta x)\Delta x.$$

显然，曲边梯形 ΔA 是在这个右端点矩形 $\Delta A_{r(x+\Delta x)}$ 之内. 因此有

$$\Delta A<\Delta A_{r(x+\Delta x)}.$$

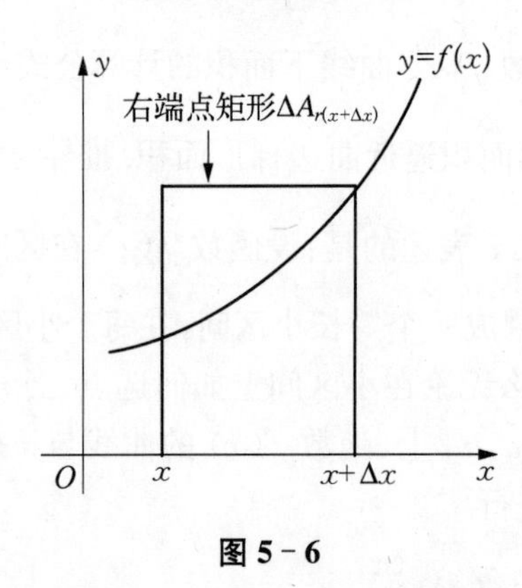

图 5-6

现在我们有三个面积，$\Delta A,\Delta A_{r(x)}$ 和 $\Delta A_{r(x+\Delta x)}$. 它们的值都随 Δx 的变化而变化，因此它们都是 Δx 的函数. 它们之间的面积关系可用下述不等式表示：

$$\Delta A_{r(x)}<\Delta A<\Delta A_{r(x+\Delta x)}.$$

将这三个函数都除以 Δx. 这里 $\Delta x,\Delta A,\Delta A_{r(x)}$ 和 $\Delta A_{r(x+\Delta x)}$ 均为正，故有不等式

$$\frac{\Delta A_{r(x)}}{\Delta x}<\frac{\Delta A}{\Delta x}<\frac{\Delta A_{r(x+\Delta x)}}{\Delta x}.$$

我们可以证明 $\lim\limits_{\Delta x\to 0}\dfrac{\Delta A_{r(x)}}{\Delta x}=f(x)$ 和 $\lim\limits_{\Delta x\to 0}\dfrac{\Delta A_{r(x+\Delta x)}}{\Delta x}=f(x)$.

$\lim\limits_{\Delta x\to 0}\dfrac{\Delta A_{r(x)}}{\Delta x}=\lim\limits_{\Delta x\to 0}\dfrac{f(x)\Delta x}{\Delta x}=f(x).$

$$\lim_{\Delta x\to 0}\frac{\Delta A_{r(x+\Delta x)}}{\Delta x}=\lim_{\Delta x\to 0}\frac{f(x+\Delta x)\Delta x}{\Delta x}=\lim_{\Delta x\to 0}f(x+\Delta x)=f(x).$$

在上述推导过程中,由于已设 $f(x)$ 是连续函数,故有 $\lim\limits_{\Delta x\to 0}f(x+\Delta x)=f(x)$.

因为 $\frac{\Delta A_{r(x)}}{\Delta x}<\frac{\Delta A}{\Delta x}<\frac{\Delta A_{r(x+\Delta x)}}{\Delta x}$, $\lim\limits_{\Delta x\to 0}\frac{\Delta A_{r(x)}}{\Delta x}=f(x)$ 和 $\lim\limits_{\Delta x\to 0}\frac{\Delta A_{r(x+\Delta x)}}{\Delta x}=f(x)$,根据夹逼准则得

$$\lim_{\Delta x\to 0}\frac{\Delta A}{\Delta x}=f(x).$$

二、推导公式 $\lim\limits_{\Delta x\to 0}\frac{\Delta A_d}{\Delta x}=0$

首先解释什么是 ΔA_d. 在上述小区间 $[x,x+\Delta x]$ 上任意选择一个点 x^*,即 x^* 为任意点. 这个点的 x 坐标可表示为: $x^*=x+p\Delta x$,这里 p 代表一个变量,它的变化范围为 $0\leqslant p\leqslant 1$. 当 $p=0$ 时,x^* 就等于 x,即小区间的左端点;当 $p=1$ 时,x^* 就等于 $x+\Delta x$,即小区间的右端点;当 $0<p<1$ 时,x^* 就是小区间内的一点. 现在让我们以函数 $f(x)$ 在这点的值为高在小区间 $[x,x+\Delta x]$ 上作一矩形,这个矩形称为任意点矩形,如图 5-7 所示. 以 ΔA_r^* 表示任意点矩形的面积,则

$$\Delta A_r^*=f(x^*)\Delta x.$$

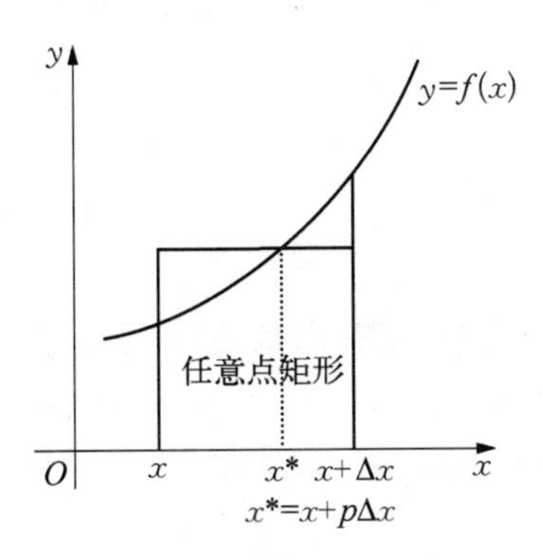

图 5-7

我们知道在小区间 $[x,x+\Delta x]$ 上的曲边梯形面积 ΔA 不等于任意点矩形面积 ΔA_r^*. 它们之间有一个差值. 我们将这个差值记为 ΔA_d (d 是 difference 的第一个字母). 我们规定

$$\Delta A_d=\Delta A-\Delta A_r^*.$$

据此则有

$$\Delta A=\Delta A_r^*+\Delta A_d. \tag{1}$$

借助于 $\lim\limits_{\Delta x\to 0}\frac{\Delta A}{\Delta x}=f(x)$,我们可证明 $\lim\limits_{\Delta x\to 0}\frac{\Delta A_d}{\Delta x}=0$.

$$\lim_{\Delta x\to 0}\frac{\Delta A_d}{\Delta x}=\lim_{\Delta x\to 0}\frac{\Delta A-\Delta A_r^*}{\Delta x}$$

$$= \lim_{\Delta x \to 0} \frac{\Delta A}{\Delta x} - \lim_{\Delta x \to 0} \frac{\Delta A_r^*}{\Delta x}$$
$$= f(x) - \lim_{\Delta x \to 0} \frac{f(x + p\Delta x)\Delta x}{\Delta x}$$
$$= f(x) - \lim_{\Delta x \to 0} f(x + p\Delta x)$$
$$= f(x) - f(x)$$
$$= 0.$$

在上述推导过程中，由于已设 $f(x)$ 是连续函数，故有 $\lim\limits_{\Delta x \to 0} f(x + p\Delta x) = f(x)$.

三、推导辅助公式 $\lim\limits_{\Delta x \to 0} \dfrac{\Delta A_{r1}^* + \Delta A_{r2}^* + \cdots + \Delta A_{rn}^*}{\Delta A_1 + \Delta A_2 + \cdots + \Delta A_n} = 1$

在推导这个辅助公式时，区间有两种设置法. 一是设置成末端可变区间$[x_0, x_0 + n\Delta x]$，另一个是设置成固定区间$[a,b]$. 先推导末端可变区间上的辅助公式.

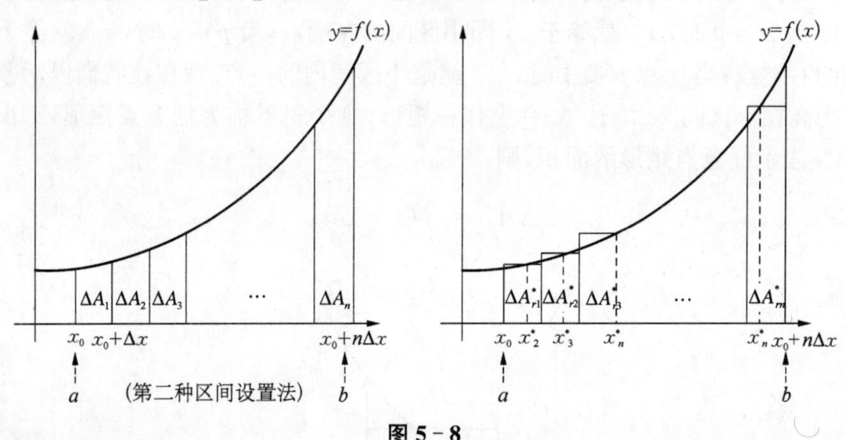

图 5－8

让我们在 x 轴上选一点，记为x_0，并以此点为起点设立 n 个宽度为 Δx 的小区间，$[x_0, x_0 + \Delta x]$，$[x_0 + \Delta x, x_0 + 2\Delta x]$，…，$[x_0 + (n-1)\Delta x, x_0 + n\Delta x]$，如图 5－8 中左图所示. 现在让我们在这每个小区间上，选择一个任意点，这样我们有 n 个任意点，如图 5－8 中右图所示.

第一个小区间上的任意点记为 x_1^*，其 x 坐标为 $x_0 + p_1\Delta x$；

第二个小区间上的任意点记为 x_2^*，其 x 坐标为 $x_0 + (1 + p_2)\Delta x$；

…

第 n 个小区间上的任意点记为 x_n^*，其 x 坐标为 $x_0 + (n - 1 + p_n)\Delta x$.

让我们以函数 $f(x)$ 在任意点的值为高，在每个小区间作任意点矩形，这样就有 n 个任意点矩形面积，依次分别记为 ΔA_1^*，ΔA_2^*，…，ΔA_n^*，如图 5－8 中右图所示，则

$$\Delta A_1^* = f(x_0 + p_1\Delta x)\Delta x;$$
$$\Delta A_2^* = f(x_0 + (1 + p_2)\Delta x)\Delta x;$$
$$\cdots$$
$$\Delta A_n^* = f(x_0 + (n - 1 + p_n)\Delta x)\Delta x.$$

相应地，在这 n 个小区间上，函数 $f(x)$ 曲线下，我们还有 n 个曲边梯形，如图 5－8 中左

图所示.这样我们有 n 个曲边梯形面积,依次分别记为 $\Delta A_1, \Delta A_2, \cdots, \Delta A_n$. 根据(1)式 $\Delta A = \Delta A_r^* + \Delta A_d$,我们可将 $\Delta A_1, \Delta A_2, \cdots, \Delta A_n$ 写成

$$\Delta A_1 = \Delta A_{r1}^* + \Delta A_{d1};$$
$$\Delta A_2 = \Delta A_{r2}^* + \Delta A_{d2};$$
$$\cdots$$
$$\Delta A_n = \Delta A_{rn}^* + \Delta A_{dn}.$$

让我们把上述这些表达式代入极限 $\lim\limits_{\Delta x\to 0}\dfrac{\Delta A_{r1}^* + \Delta A_{r2}^* + \cdots + \Delta A_{rn}^*}{\Delta A_1 + \Delta A_2 + \cdots + \Delta A_n}$,就有

$$\lim_{\Delta x\to 0}\frac{\Delta A_{r1}^* + \Delta A_{r2}^* + \cdots + \Delta A_{rn}^*}{\Delta A_1 + \Delta A_2 + \cdots + \Delta A_n}$$

$$= \lim_{\Delta x\to 0}\frac{\Delta A_{r1}^* + \Delta A_{r2}^* + \cdots + \Delta A_{rn}^*}{(\Delta A_{r1}^* + \Delta A_{r2}^* + \cdots + \Delta A_{rn}^*) + (\Delta A_{d1} + \Delta A_{d2} + \cdots + \Delta A_{dn})}$$

$$= \frac{\lim\limits_{\Delta x\to 0}\dfrac{\Delta A_{r1}^* + \Delta A_{r2}^* + \cdots + \Delta A_{rn}^*}{\Delta x}}{\lim\limits_{\Delta x\to 0}\dfrac{\Delta A_{r1}^* + \Delta A_{r2}^* + \cdots + \Delta A_{rn}^*}{\Delta x} + \lim\limits_{\Delta x\to 0}\dfrac{\Delta A_{d1}}{\Delta x} + \lim\limits_{\Delta x\to 0}\dfrac{\Delta A_{d2}}{\Delta x} + \cdots + \lim\limits_{\Delta x\to 0}\dfrac{\Delta A_{dn}}{\Delta x}}$$

(因为 $\lim\limits_{\Delta x\to 0}\dfrac{\Delta A_d}{\Delta x} = 0$,所以 $\lim\limits_{\Delta x\to 0}\dfrac{\Delta A_{d1}}{\Delta x} = 0, \lim\limits_{\Delta x\to 0}\dfrac{\Delta A_{d2}}{\Delta x} = 0, \cdots, \lim\limits_{\Delta x\to 0}\dfrac{\Delta A_{dn}}{\Delta x} = 0$)

$$= \frac{\lim\limits_{\Delta x\to 0}\dfrac{\Delta A_{r1}^* + \Delta A_{r2}^* + \cdots + \Delta A_{rn}^*}{\Delta x}}{\lim\limits_{\Delta x\to 0}\dfrac{\Delta A_{r1}^* + \Delta A_{r2}^* + \cdots + \Delta A_{rn}^*}{\Delta x}}$$

$$= \frac{\lim\limits_{\Delta x\to 0}\dfrac{f(x_0 + p_1\Delta x)\Delta x + f(x_0 + (1 + p_2)\Delta x)\Delta x + \cdots + f(x_0 + (n - 1 + p_n)\Delta x)\Delta x}{\Delta x}}{\lim\limits_{\Delta x\to 0}\dfrac{f(x_0 + p_1\Delta x)\Delta x + f(x_0 + (1 + p_2)\Delta x)\Delta x + \cdots + f(x_0 + (n - 1 + p_n)\Delta x)\Delta x}{\Delta x}}$$

$$= \frac{\lim\limits_{\Delta x\to 0}[f(x_0 + p_1\Delta x) + f(x_0 + (1 + p_2)\Delta x) + \cdots + f(x_0 + (n - 1 + p_n)\Delta x)]}{\lim\limits_{\Delta x\to 0}[f(x_0 + p_1\Delta x) + f(x_0 + (1 + p_2)\Delta x) + \cdots + f(x_0 + (n - 1 + p_n)\Delta x)]}$$

(因为 $f(x)$ 是连续函数,所以 $\lim\limits_{\Delta x\to 0} f(x_0 + (i - 1 + p_i)\Delta x) = f(x_0)$,这里 $i = 1, 2, \cdots,$ n) $= \dfrac{n \cdot f(x_0)}{n \cdot f(x_0)} = 1.$

上面讨论了在末端可变区间$[x_0, x_0 + n\Delta x]$上的辅助公式$\lim\limits_{\Delta x\to 0}\dfrac{\Delta A_{r1}^* + \Delta A_{r2}^* + \cdots + \Delta A_{rn}^*}{\Delta A_1 + \Delta A_2 + \cdots + \Delta A_n} = 1$.如果将区间$[x_0, x_0 + n\Delta x]$换成固定区间$[a, b]$,我们仍然可得这个辅助公式.

现在令$x_0 = a, x_0 + n\Delta x = b$,这样就可把区间$[x_0, x_0 + n\Delta x]$变成固定区间$[a, b]$;在区间$[a, b]$上,$\Delta x$ 与 n 的关系为 $\Delta x = \dfrac{b - a}{n}$. 每个区间上的 $\Delta A, \Delta A^*, \Delta A_d$ 的设置均与上面一样.辅助公式的证明过程也一样,只是当代入表达式后(见下面),需要再代入$x_0 = a, x_0 + n\Delta x = b$,简述如下:

$$\lim_{\Delta x\to 0}\frac{\Delta A_{r1}^{*}+\Delta A_{r2}^{*}+\cdots+\Delta A_{rn}^{*}}{\Delta A_{1}+\Delta A_{2}+\cdots+\Delta A_{n}}$$

$$\cdots$$

$$=\frac{\lim\limits_{\Delta x\to 0}[f(x_0+p_1\Delta x)+f(x_0+(1+p_2)\Delta x)+\cdots+f(x_0+(n-1+p_n)\Delta x)]}{\lim\limits_{\Delta x\to 0}[f(x_0+p_1\Delta x)+f(x_0+(1+p_2)\Delta x)+\cdots+f(x_0+(n-1+p_n)\Delta x)]}$$

$$=\frac{\lim\limits_{\Delta x\to 0}[f(x_0+p_1\Delta x)+f(x_0+(1+p_2)\Delta x)+\cdots+f(x_0+n\Delta x-\Delta x+p_n\Delta x)]}{\lim\limits_{\Delta x\to 0}[f(x_0+p_1\Delta x)+f(x_0+(1+p_2)\Delta x)+\cdots+f(x_0+n\Delta x-\Delta x+p_n\Delta x)]}$$

(代入$x_0=a,x_0+n\Delta x=b$)

$$=\frac{\lim\limits_{\Delta x\to 0}[f(a+p_1\Delta x)+f(a+(1+p_2)\Delta x)+\cdots+f(b-\Delta x+p_n\Delta x)]}{\lim\limits_{\Delta x\to 0}[f(a+p_1\Delta x)+f(a+(1+p_2)\Delta x)+\cdots+f(b-\Delta x+p_n\Delta x)]}$$

$$=\frac{f(a)+f(a)+\cdots+f(b)}{f(a)+f(a)+\cdots+f(b)}$$

$$=1.$$

辅助公式 $\lim\limits_{\Delta x\to 0}\dfrac{\Delta A_{r1}^{*}+\Delta A_{r2}^{*}+\cdots+\Delta A_{rn}^{*}}{\Delta A_{1}+\Delta A_{2}+\cdots+\Delta A_{n}}=1$ 指出：如果函数 $f(x)$ 在一个闭区间上连续，那么当 $\Delta x\to 0$，函数在该闭区间上的所有 ΔA_r^{*} 之和与所有 ΔA 之和的比的极限等于1. 这个公式表述了一个连续函数 $f(x)$ 所具有的一个重要特性. 根据连续函数的这个特性，我们很容易推导出公式 $A=\lim\limits_{n\to\infty}\sum\limits_{i=1}^{n}f(x_i^{*})\Delta x$.

四、推导公式 $A=\lim\limits_{n\to\infty}\sum\limits_{i=1}^{n}f(x_i^{*})\Delta x$

让我们在函数 $f(x)$ 曲线下设立一个大的区间 $[a,b]$. 以 A 表示在区间 $[a,b]$ 上，函数曲线与 x 轴之间的面积. 这里，我们只要求函数 $f(x)$ 在区间 $[a,b]$ 上连续. 让我们把区间 $[a,b]$ 分割成 n 个小区间(n 代表一个大的整数). 小区间宽度均为 Δx，则 $\Delta x=\dfrac{b-a}{n}$. 在这 n 个小区间上有 n 个曲边梯形，这样我们就有 n 个 ΔA，让我们把它们分别记为 ΔA_1，ΔA_2，…，ΔA_n，如图 5－9 中左图所示.

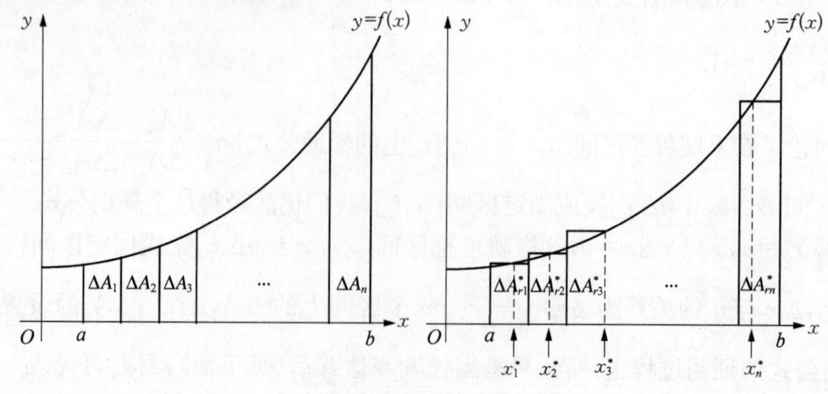

图 5－9

让我们将区间 $[a,b]$ 上的 n 个 ΔA 相加. 我们知道所有 ΔA 之和总是等于函数 $f(x)$ 曲线与 x 轴上之间、在区间 $[a,b]$ 上的面积 A，与 n 的大小及 Δx 的大小无关，故有

$$A = \Delta A_1 + \Delta A_2 + \cdots + \Delta A_n. \tag{2}$$

再让我们在这每个小区间上，任意选择一个点，这样我们有 n 个任意点 $x^*(x_1^*, x_2^*, \cdots x_n^*)$. 如图 5-9 中右图所示. 让我们以函数在任意点处的值为高，在每个小区间作任意点矩形，这样就有 n 个任意点矩形面积，分别记为 $\Delta A_{r1}^*, \Delta A_{r2}^*, \cdots, \Delta A_{rn}^*$. 它们的表达式为

$$\Delta A_{r1}^* = f(x_1^*)\Delta x; \Delta A_{r2}^* = f(x_2^*)\Delta x; \cdots; \Delta A_{rn}^* = f(x_n^*)\Delta x. \tag{3}$$

让我们将区间 $[a,b]$ 上的 n 个 ΔA_r^* 相加，即 $(\Delta A_{r1}^* + \Delta A_{r2}^* + \cdots + \Delta A_{rn}^*)$. 我们知道所有 ΔA_r^* 之和不等于所有 ΔA 之和，即

$$\frac{\Delta A_{r1}^* + \Delta A_{r2}^* + \cdots + \Delta A_{rn}^*}{\Delta A_1 + \Delta A_2 + \cdots + \Delta A_n} \neq 1.$$

但是根据辅助公式 $\lim\limits_{\Delta x \to 0} \dfrac{\Delta A_{r1}^* + \Delta A_{r2}^* + \cdots + \Delta A_{rn}^*}{\Delta A_1 + \Delta A_2 + \cdots + \Delta A_n} = 1$，如果 Δx 无限趋近于 0，那么 $\dfrac{\Delta A_{r1}^* + \Delta A_{r2}^* + \cdots + \Delta A_{rn}^*}{\Delta A_1 + \Delta A_2 + \cdots + \Delta A_n}$ 将无限趋近于 1. 在这里，因为 $\Delta x = \dfrac{b-a}{n}$，所以当 n 趋向于 ∞，Δx 将无限趋近于 0. 因此 n 趋向于 ∞ 与 Δx 趋近于 0 意义相同，故可用 $n \to \infty$ 替代 $\Delta x \to 0$，即有

$$\lim_{n \to \infty} \frac{\Delta A_{r1}^* + \Delta A_{r2}^* + \cdots + \Delta A_{rn}^*}{\Delta A_1 + \Delta A_2 + \cdots + \Delta A_n} = 1, \quad \Delta x = \frac{b-a}{n}.$$

将(2)式代入，即有

$$\lim_{n \to \infty} \frac{\Delta A_{r1}^* + \Delta A_{r2}^* + \cdots + \Delta A_{rn}^*}{A} = 1, \quad \Delta x = \frac{b-a}{n}.$$

由于 A 的值是个定值，上式可写为

$$A = \lim_{n \to \infty} (\Delta A_{r1}^* + \Delta A_{r2}^* + \cdots + \Delta A_{rn}^*), \quad \Delta x = \frac{b-a}{n}.$$

将(3)式代入，即有

$$A = \lim_{n \to \infty} [f(x_1^*)\Delta x + f(x_2^*)\Delta x + \cdots + f(x_n^*)\Delta x], \quad \Delta x = \frac{b-a}{n}.$$

上式可用“西格玛”符号重写为

$$A = \lim_{n \to \infty} \sum_{i=1}^{n} f(x_i^*)\Delta x, \Delta x = \frac{b-a}{n}.$$

公式 $A = \lim\limits_{n \to \infty} \sum\limits_{i=1}^{n} f(x_i^*)\Delta x$ 表述的是：设函数 $f(x)$ 在区间 $[a,b]$ 上连续，如将区间 $[a,b]$ 分割成 n 个等长小区间，在每个小区间上选一点，并以 $f(x)$ 在这点处的值为高作矩形，那么无论在小区间上如何选点，当 $n \to \infty$ 时，函数所有矩形面积之和的极限总是等于在

区间 $[a,b]$ 上,函数 $f(x)$ 的曲线与 x 轴之间的面积 A.

$\lim\limits_{n\to\infty}\sum\limits_{i=1}^{n}f(x_i^*)\Delta x$ 实际上是一种无穷和的极限,数学上规定当这种无穷和的极限存在时,我们就可把它写成定积分的形式 $\int_a^b f(x)\mathrm{d}x$. 在这里,$\lim\limits_{n\to\infty}\sum\limits_{i=1}^{n}f(x_i^*)\Delta x$ 的极限存在,且等于 A. 因此我们可将极限 $\lim\limits_{n\to\infty}\sum\limits_{i=1}^{n}f(x_i^*)\Delta x$ 写成定积分 $\int_a^b f(x)\mathrm{d}x$ 的形式,

$$A=\lim_{n\to\infty}\sum_{i=1}^{n}f(x_i^*)\Delta x=\int_a^b f(x)\mathrm{d}x.$$

关于定积分的定义,我们在第九章中再详细介绍.

公式 $A=\lim\limits_{n\to\infty}\sum\limits_{i=1}^{n}f(x_i^*)\Delta x$

如果函数 $f(x)$ 在区间 $[a,b]$ 上连续,那么函数 $f(x)$ 的曲线与 x 轴之间、在区间 $[a,b]$ 上的面积 A 可由下述极限公式给出:

$$A=\lim_{n\to\infty}\sum_{i=1}^{n}f(x_i^*)\Delta x=\int_a^b f(x)\mathrm{d}x.$$

这里 $\Delta x=\dfrac{b-a}{n}$.

例 1 用极限法计算函数 $f(x)=x^2$ 曲线与 x 轴之间、在区间$[a,b]$上的面积.

解 让我们将区间$[a,b]$分割成 n 个小区间. 再让我们在 n 个小区间上,对函数 $f(x)=x^2$ 设立 n 个矩形. 矩形的宽度为 $\Delta x\left(\Delta x=\dfrac{b-a}{n}\right)$. 因为 $f(x)=x^2$,我们有 $\Delta A_r=x^2\Delta x$. 如果将每个矩形底边起始点的 x 坐标值代入公式 $\Delta A_r=x^2\Delta x$,我们就能计算出每个矩形的面积.

下列表格列出了矩形底边起始点的 x 坐标值、矩形的高和矩形的面积.

	第一个矩形	第二个矩形	第三个矩形	…	第 n 个矩形
小区间起始点的 x 坐标值	a	$a+\Delta x$	$a+2\Delta x$	…	$a+(n-1)\Delta x$
矩形的高 $f(x)=x^2$	a^2	$(a+\Delta x)^2$	$(a+2\Delta x)^2$	…	$[a+(n-1)\Delta x]^2$
$\Delta A_r=f(x)\Delta x$ $=x^2\Delta x$	$a^2\Delta x$	$(a+\Delta x)^2\Delta x$	$(a+2\Delta x)^2\Delta x$	…	$[a+(n-1)\Delta x]^2\Delta x$

将上述表格中最下面一行的表达式代入公式 $A=\lim\limits_{n\to\infty}[f(a)\Delta x+f(a+\Delta x)\Delta x+\cdots+f(a+(n-1)\Delta x)\Delta x]$,得

$$A=\lim_{n\to\infty}\{a^2\Delta x+(a+\Delta x)^2\Delta x+(a+2\Delta x)^2\Delta x+\cdots+[a+(n-1)\Delta x]^2\Delta x\}.$$

这里,A 代表函数 $f(x)=x^2$ 曲线与 x 轴之间、区间$[a,b]$上的面积. 让我们分两步求解这个极限. 第一步,我们计算大括号内所有表达式之和;第二步,我们计算当 n 趋向于∞时,这个和的极限.

第一步计算大括号内所有表达式的和:

$$\begin{aligned}&\{a^2\Delta x+(a+\Delta x)^2\Delta x+(a+2\Delta x)^2\Delta x+\cdots+[a+(n-1)\Delta x]^2\Delta x\}\\=&\Delta x\{a^2+[a^2+2a\cdot\Delta x+(\Delta x)^2]+[a^2+2a\cdot 2\Delta x+2^2(\Delta x)^2]+\cdots+\\&[a^2+2a\cdot(n-1)\Delta x+(n-1)^2(\Delta x)^2]\}\\=&\Delta x\{(a^2+0+0)+[a^2+2a\cdot\Delta x+(\Delta x)^2]+[a^2+2a\cdot 2\Delta x+2^2(\Delta x)^2]+\cdots+\\&[a^2+2a\cdot(n-1)\Delta x+(n-1)^2(\Delta x)^2]\}.\end{aligned}$$

注意每一个方括号中有三项. 为了计算方便,我们先把每个方括号中的第一项相加,再把每个方括号中的第二项相加,然后把每个方括号中的第三项相加,最后把三个结果相加.

现在让我们把每个方括号中的第一项相加. 因为有 n 个方括号,所以我们有 a^2n.

再把每个方括号中的第二项相加,我们有

$$\begin{aligned}&0+2a\cdot\Delta x+2a\cdot 2\Delta x+2a\cdot 3\Delta x+\cdots+2a\cdot(n-1)\Delta x\\=&2a\Delta x[1+2+3+\cdots+(n-1)]\\=&2a\Delta x\cdot\frac{1}{2}(n^2-n)\\=&a\Delta xn^2-a\Delta xn.\end{aligned}$$

再把每个方括号中的第三项相加,我们有

$$\begin{aligned}&0+(\Delta x)^2+2^2(\Delta x)^2+3^2(\Delta x)^2+\cdots+(n-1)^2(\Delta x)^2\\=&(\Delta x)^2[1^2+2^2+3^2+\cdots+(n-1)^2]\\=&(\Delta x)^2\cdot\frac{1}{6}n(n-1)(2n-1)\\=&\frac{(\Delta x)^2}{6}(2n^3-3n^2+n)\\=&\frac{(\Delta x)^2n^3}{3}-\frac{(\Delta x)^2n^2}{2}+\frac{(\Delta x)^2n}{6}.\end{aligned}$$

把三个结果 a^2n,$a\Delta xn^2-a\Delta xn$ 和$\frac{(\Delta x)^2n^3}{3}-\frac{(\Delta x)^2n^2}{2}+\frac{(\Delta x)^2n}{6}$加在一起,得

$$a^2n+a\Delta xn^2-a\Delta xn+\frac{(\Delta x)^2n^3}{3}-\frac{(\Delta x)^2n^2}{2}+\frac{(\Delta x)^2n}{6}.$$

这样我们有

$$\begin{aligned}&\{(a^2+0+0)+[a^2+2a\cdot\Delta x+(\Delta x)^2]+[a^2+2a\cdot 2\Delta x+2^2(\Delta x)^2]+\cdots\\&+[a^2+2a\cdot(n-1)\Delta x+(n-1)^2(\Delta x)^2]\}\\=&a^2n+a\Delta xn^2-a\Delta xn+\frac{(\Delta x)^2n^3}{3}-\frac{(\Delta x)^2n^2}{2}+\frac{(\Delta x)^2n}{6}.\end{aligned}$$

回到第一步的起点，我们有

$$
\begin{aligned}
&\{a^2\Delta x+(a+\Delta x)^2\Delta x+(a+2\Delta x)^2\Delta x+\cdots+[a+(n-1)\Delta x]^2\Delta x\}\\
=&\Delta x\{(a^2+0+0)+[a^2+2a\cdot\Delta x+(\Delta x)^2]+[a^2+2a\cdot 2\Delta x+2^2(\Delta x)^2]+\cdots+\\
&[a^2+2a\cdot(n-1)\Delta x+(n-1)^2(\Delta x)^2]\}\\
=&\Delta x\left[a^2n+a\Delta xn^2-a\Delta xn+\frac{(\Delta x)^2n^3}{3}-\frac{(\Delta x)^2n^2}{2}+\frac{(\Delta x)^2n}{6}\right]\\
=&a^2\Delta xn+a(\Delta x)^2n^2-a(\Delta x)^2n+\frac{(\Delta x)^3n^3}{3}-\frac{(\Delta x)^3n^2}{2}+\frac{(\Delta x)^3n}{6}.
\end{aligned}
$$

这个多项式就是大括号内所有表达式之和.

让我们进行第二步求极限：

$$
\begin{aligned}
&\lim_{n\to\infty}\{a^2\Delta x+(a+\Delta x)^2\Delta x+(a+2\Delta x)^2\Delta x+\cdots+[a+(n-1)\Delta x]^2\Delta x\}\\
=&\lim_{n\to\infty}\left[a^2\Delta xn+a(\Delta x)^2n^2-a(\Delta x)^2n+\frac{(\Delta x)^3n^3}{3}-\frac{(\Delta x)^3n^2}{2}+\frac{(\Delta x)^3n}{6}\right].
\end{aligned}
$$

因为 $\Delta x=\dfrac{b-a}{n}$，我们可用 $\dfrac{b-a}{n}$ 置换 Δx：

$$
\begin{aligned}
\text{上式}=&\lim_{n\to\infty}\left[a^2n\left(\frac{b-a}{n}\right)+an^2\left(\frac{b-a}{n}\right)^2-an\left(\frac{b-a}{n}\right)^2+\frac{n^3}{3}\left(\frac{b-a}{n}\right)^3-\frac{n^2}{2}\left(\frac{b-a}{n}\right)^3+\frac{n}{6}\left(\frac{b-a}{n}\right)^3\right]\\
=&\lim_{n\to\infty}\left[a^2(b-a)+a(b-a)^2-\frac{a(b-a)^2}{n}+\frac{(b-a)^3}{3}-\frac{(b-a)^3}{2n}+\frac{(b-a)^3}{6n^2}\right]\\
=&a^2(b-a)+a(b-a)^2+\frac{(b-a)^3}{3}\\
=&a^2(b-a)+a(b^2-2ab+a^2)+\frac{b^3-3ab^2+3a^2b-a^3}{3}\\
=&a^2b-a^3+ab^2-2a^2b+a^3+\frac{b^3}{3}-ab^2+a^2b-\frac{a^3}{3}\\
=&\frac{b^3}{3}-\frac{a^3}{3}.
\end{aligned}
$$

上面已经介绍过，定积分 $\int_a^b f(x)\mathrm{d}x$ 通常被用来代表函数 $f(x)$ 曲线与 x 轴之间、在区间 $[a,b]$ 上的面积. 在这里，因为函数 $f(x)$ 为 x^2，$\int_a^b f(x)\mathrm{d}x$ 可被写成 $\int_a^b x^2\mathrm{d}x$. 我们可用 $\int_a^b x^2\mathrm{d}x$ 来代表函数 x^2 曲线与 x 轴之间、区间 $[a,b]$ 上的面积，即有

$$\int_a^b x^2\mathrm{d}x=\frac{b^3}{3}-\frac{a^3}{3}.$$

第四节　证明公式 $F(b)-F(a)=\lim\limits_{n\to\infty}\sum\limits_{i=1}^{n}F'(x_i^*)\Delta x$

在这节中，我们要推导函数 $F(x)$ 在区间 $[a,b]$ 上增量的极限公式 $F(b)-F(a)=$

$\lim\limits_{n\to\infty}\sum\limits_{i=1}^{n}F'(x_i^*)\Delta x$. 这个公式的原理是以函数切线上的垂直增量逼近函数在区间 $[a,b]$ 上的增量 $F(b)-F(a)$. 推导方法是“辅助公式证明法”.

公式 $F(b)-F(a)=\lim\limits_{n\to\infty}\sum\limits_{i=1}^{n}F'(x_i^*)\Delta x$ 表述的是:设函数 $F(x)$ 在区间 $[a,b]$ 上可导,且导函数 $F'(x)$ 连续,如将区间 $[a,b]$ 分割成 n 个等长小区间,在每个小区间上任选一点对 $F(x)$ 曲线作切线,再取切线在小区间上的垂直增量,那么无论在小区间上如何选点,当 $n\to\infty$ 时,所有切线上的垂直增量之和的极限总是等于函数 $F(x)$ 在区间 $[a,b]$ 上的增量 $F(b)-F(a)$.

证明这个公式需分三步进行.

一、推导公式 $\lim\limits_{\Delta x\to 0}\frac{\Delta y_d}{\Delta x}=0$

首先解释什么是 Δy_d. 设函数 $F(x)$ 在区间 $[a,b]$ 上可导,且导函数 $F'(x)$ 连续. 让我们在 x 轴上选择一个点 x,并以这个点为起始点设立一个小区间 $[x,x+\Delta x]$. 那么函数 $F(x)$ 在小区间上就有一个差值,以 Δy 表示这个差值,则

$$\Delta y=F(x+\Delta x)-F(x).$$

让我们在上述小区间 $[x,x+\Delta x]$ 上任意选择一个点 x^*,这个点的 x 坐标可表示为:$x^*=x+p\Delta x$,这里 p 代表一个变量,它的变化范围为 $0\leqslant p\leqslant 1$. 现在让我们在该点对函数 $F(x)$ 的曲线作一条切线,如图 5-10 所示. 切线的斜率为 $F'(x+p\Delta x)$. 那么切线在小区间的垂直增量就为 $F'(x^*)\Delta x=F'(x+p\Delta x)\Delta x$. 以 Δy_t^* 表示这个垂直增量(t 是 tangent(切线)的第一个字母),则

$$\Delta y_t^*=F'(x^*)\Delta x=F'(x+p\Delta x)\Delta x.$$

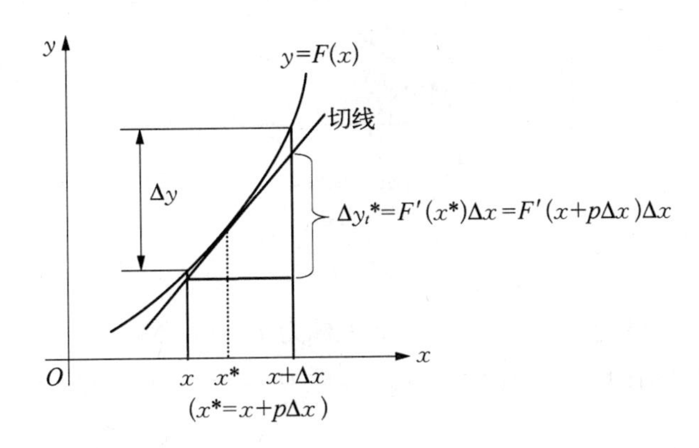

图 5-10

我们知道通常 $\Delta y_t^*\neq\Delta y$,它们之间有一个差值,以 Δy_d 表示这个差值,我们规定

$$\Delta y_d=\Delta y-\Delta y_t^*.$$

据此则有

$$\Delta y=\Delta y_t^*+\Delta y_d. \tag{1}$$

我们可以证明 $\lim\limits_{\Delta x\to 0}\dfrac{\Delta y_d}{\Delta x}=0$.

$$\begin{aligned}\lim_{\Delta x\to 0}\frac{\Delta y_d}{\Delta x}&=\lim_{\Delta x\to 0}\frac{\Delta y-\Delta y_t^*}{\Delta x}\\&=\lim_{\Delta x\to 0}\frac{F(x+\Delta x)-F(x)-F'(x+p\Delta x)\Delta x}{\Delta x}\\&=\lim_{\Delta x\to 0}\frac{F(x+\Delta x)-F(x)}{\Delta x}-\lim_{\Delta x\to 0}F'(x+p\Delta x)\\&=F'(x)-F'(x)\\&=0.\end{aligned}$$

在上述推导过程中,由于已设 $F'(x)$ 是连续函数,故有 $\lim\limits_{\Delta x\to 0}F'(x+p\Delta x)=F'(x)$.

二、推导辅助公式 $\lim\limits_{\Delta x\to 0}\dfrac{\Delta y_{t1}^*+\Delta y_{t2}^*+\cdots+\Delta y_{tn}^*}{\Delta y_1+\Delta y_2+\cdots+\Delta y_n}=1$

在推导这个辅助公式时,区间有两种设置法. 一是设置成末端可变区间 $[x_0,x_0+n\Delta x]$,另一个是设置成固定区间 $[a,b]$. 先推导末端可变区间上的辅助公式.

让我们在 x 轴上选一点,记为 x_0,并以此点为起点设立 n 个宽度为 Δx 的小区间,$[x_0,x_0+\Delta x]$,$[x_0+\Delta x,x_0+2\Delta x]$,…,$[x_0+(n-1)\Delta x,x_0+n\Delta x]$. 现在让我们在这每个小区间上,选择一个任意点,这样我们有 n 个任意点,如图 5-11 所示.

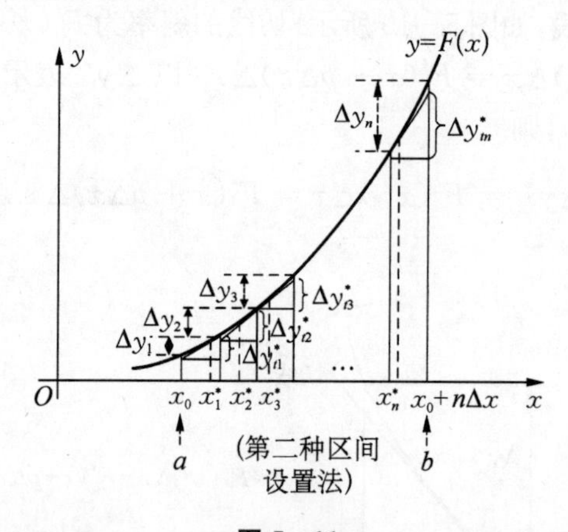

图 5-11

第一个小区间上的任意点记为 x_1^*,其 x 坐标为 $x_0+p_1\Delta x$;

第二个小区间上的任意点记为 x_2^*,其 x 坐标为 $x_0+(1+p_2)\Delta x$;

…

第 n 个小区间上的任意点记为 x_n^*,其 x 坐标为 $x_0+(n-1+p_n)\Delta x$;

让我们在每个任意点上,对函数 $F(x)$ 作一条切线,并取切线在小区间上的垂直增量,这样就有 n 个垂直增量,依次分别记为 $\Delta y_{t1}^*,\Delta y_{t2}^*,\cdots,\Delta y_{tn}^*$. 则

$$\Delta y_{t1}^*=F'(x_0+p_1\Delta x)\Delta x,$$

$$\Delta y_{t2}^{*} = F'(x_0 + (1 + p_2)\Delta x)\Delta x,$$

$$\cdots$$

$$\Delta y_{tn}^{*} = F'(x_0 + (n-1+p_n)\Delta x)\Delta x.$$

相应地,函数 $F(x)$ 在这 n 个小区间上有 n 个差值,如图 5-11 所示. 我们把这 n 个差值,依次分别记为 $\Delta y_1, \Delta y_2, \cdots, \Delta y_n$. 根据(1)式 $\Delta y = \Delta y_t^{*} + \Delta y_d$, 我们可将 $\Delta y_1, \Delta y_2, \cdots, \Delta y_n$ 写成

$$\Delta y_1 = \Delta y_{t1}^{*} + \Delta y_{d1};$$

$$\Delta y_2 = \Delta y_{t2}^{*} + \Delta y_{d2};$$

$$\cdots$$

$$\Delta y_n = \Delta y_{tn}^{*} + \Delta y_{dn}.$$

让我们把上述这些表达式代入极限 $\lim\limits_{\Delta x\to 0}\dfrac{\Delta y_{t1}^{*}+\Delta y_{t2}^{*}+\cdots+\Delta y_{tn}^{*}}{\Delta y_1+\Delta y_2+\cdots+\Delta y_n}$, 就有

$$\lim_{\Delta x\to 0}\frac{\Delta y_{t1}^{*}+\Delta y_{t2}^{*}+\cdots+\Delta y_{tn}^{*}}{\Delta y_1+\Delta y_2+\cdots+\Delta y_n}$$

$$=\lim_{\Delta x\to 0}\frac{\Delta y_{t1}^{*}+\Delta y_{t2}^{*}+\cdots+\Delta y_{tn}^{*}}{(\Delta y_{t1}^{*}+\Delta y_{d1})+(\Delta y_{t2}^{*}+\Delta y_{d2})+\cdots+(\Delta y_{tn}^{*}+\Delta y_{dn})}$$

$$=\lim_{\Delta x\to 0}\frac{\Delta y_{t1}^{*}+\Delta y_{t2}^{*}+\cdots+\Delta y_{tn}^{*}}{(\Delta y_{t1}^{*}+\Delta y_{t2}^{*}+\cdots+\Delta y_{tn}^{*})+(\Delta y_{d1}+\Delta y_{d2}+\cdots+\Delta y_{dn})}$$

$$=\lim_{\Delta x\to 0}\frac{\dfrac{\Delta y_{t1}^{*}+\Delta y_{t2}^{*}+\cdots+\Delta y_{tn}^{*}}{\Delta x}}{\dfrac{\Delta y_{t1}^{*}+\Delta y_{t2}^{*}+\cdots+\Delta y_{tn}^{*}}{\Delta x}+\dfrac{\Delta y_{d1}+\Delta y_{d2}+\cdots+\Delta y_{dn}}{\Delta x}}$$

$$=\frac{\lim\limits_{\Delta x\to 0}\dfrac{\Delta y_{t1}^{*}+\Delta y_{t2}^{*}+\cdots+\Delta y_{tn}^{*}}{\Delta x}}{\lim\limits_{\Delta x\to 0}\dfrac{\Delta y_{t1}^{*}+\Delta y_{t2}^{*}+\cdots+\Delta y_{tn}^{*}}{\Delta x}+\lim\limits_{\Delta x\to 0}\dfrac{\Delta y_{d1}}{\Delta x}+\lim\limits_{\Delta x\to 0}\dfrac{\Delta y_{d2}}{\Delta x}+\cdots+\lim\limits_{\Delta x\to 0}\dfrac{\Delta y_{dn}}{\Delta x}}$$

(因为 $\lim\limits_{\Delta x\to 0}\dfrac{\Delta y_d}{\Delta x}=0$, 所以 $\lim\limits_{\Delta x\to 0}\dfrac{\Delta y_{d1}}{\Delta x}=0, \lim\limits_{\Delta x\to 0}\dfrac{\Delta y_{d2}}{\Delta x}=0, \cdots, \lim\limits_{\Delta x\to 0}\dfrac{\Delta y_{dn}}{\Delta x}=0$)

$$=\frac{\lim\limits_{\Delta x\to 0}\dfrac{\Delta y_{t1}^{*}+\Delta y_{t2}^{*}+\cdots+\Delta y_{tn}^{*}}{\Delta x}}{\lim\limits_{\Delta x\to 0}\dfrac{\Delta y_{t1}^{*}+\Delta y_{t2}^{*}+\cdots+\Delta y_{tn}^{*}}{\Delta x}}$$

$$=\frac{\lim\limits_{\Delta x\to 0}\dfrac{F'(x_0+p_1\Delta x)\Delta x+F'(x_0+(1+p_2)\Delta x)\Delta x+\cdots+F'(x_0+(n-1+p_n)\Delta x)\Delta x}{\Delta x}}{\lim\limits_{\Delta x\to 0}\dfrac{F'(x_0+p_1\Delta x)\Delta x+F'(x_0+(1+p_2)\Delta x)\Delta x+\cdots+F'(x_0+(n-1+p_n)\Delta x)\Delta x}{\Delta x}}$$

$$=\frac{\lim\limits_{\Delta x\to 0}[F'(x_0+p_1\Delta x)+F'(x_0+(1+p_2)\Delta x)+\cdots+F'(x_0+(n-1+p_n)\Delta x)]}{\lim\limits_{\Delta x\to 0}[F'(x_0+p_1\Delta x)+F'(x_0+(1+p_2)\Delta x)+\cdots+F'(x_0+(n-1+p_n)\Delta x)]}$$

(因为 $F'(x)$ 是连续函数,所以 $\lim\limits_{\Delta x\to 0}F'(x_0+(i-1+p_i)\Delta x)=F'(x_0)$, 这里 $i=1,2,\cdots,n$)

$$=\frac{n\cdot F'(x_0)}{n\cdot F'(x_0)}$$
$$=1.$$

上面讨论了在末端可变区间$[x_0,x_0+n\Delta x]$上的辅助公式$\lim\limits_{\Delta x\to 0}\frac{\Delta y_{t1}^*+\Delta y_{t2}^*+\cdots+\Delta y_{tn}^*}{\Delta y_1+\Delta y_2+\cdots+\Delta y_n}=1$. 如果将区间$[x_0,x_0+n\Delta x]$换成固定区间$[a,b]$,我们仍然可得这个辅助公式.

现在令$x_0=a,x_0+n\Delta x=b$,这样就可把区间$[x_0,x_0+n\Delta x]$变成固定区间$[a,b]$;在区间$[a,b]$上,Δx与n的关系为$\Delta x=\frac{b-a}{n}$. 每个区间上的$\Delta y,\Delta y_t^*,\Delta y_d$的设置均与上面一样. 辅助公式的证明过程也一样,只是当代入表达式后(见下面),需要再代入$x_0=a,x_0+n\Delta x=b$,简述如下:

$$\lim_{\Delta x\to 0}\frac{\Delta y_{t1}^*+\Delta y_{t2}^*+\cdots+\Delta y_{tn}^*}{\Delta y_1+\Delta y_2+\cdots+\Delta y_n}$$

$$\cdots$$

$$=\frac{\lim\limits_{\Delta x\to 0}[F'(x_0+p_1\Delta x)+F'(x_0+(1+p_2)\Delta x)+\cdots+F'(x_0+(n-1+p_n)\Delta x)]}{\lim\limits_{\Delta x\to 0}[F'(x_0+p_1\Delta x)+F'(x_0+(1+p_2)\Delta x)+\cdots+F'(x_0+(n-1+p_n)\Delta x)]}$$

$$=\frac{\lim\limits_{\Delta x\to 0}[F'(x_0+p_1\Delta x)+F'(x_0+(1+p_2)\Delta x)+\cdots+F'(x_0+n\Delta x-\Delta x+p_n\Delta x)]}{\lim\limits_{\Delta x\to 0}[F'(x_0+p_1\Delta x)+F'(x_0+(1+p_2)\Delta x)+\cdots+F'(x_0+n\Delta x-\Delta x+p_n\Delta x)]}$$

(代入$x_0=a,x_0+n\Delta x=b$)

$$=\frac{\lim\limits_{\Delta x\to 0}[F'(a+p_1\Delta x)+F'(a+(1+p_2)\Delta x)+\cdots+F'(b-\Delta x+p_n\Delta x)]}{\lim\limits_{\Delta x\to 0}[F'(a+p_1\Delta x)+F'(a+(1+p_2)\Delta x)+\cdots+F'(b-\Delta x+p_n\Delta x)]}$$

$$=\frac{F'(a)+F'(a)+\cdots+F'(b)}{F'(a)+F'(a)+\cdots+F'(b)}$$

$$=1.$$

辅助公式$\lim\limits_{\Delta x\to 0}\frac{\Delta y_{t1}^*+\Delta y_{t2}^*+\cdots+\Delta y_{tn}^*}{\Delta y_1+\Delta y_2+\cdots+\Delta y_n}=1$指出:如果函数$F(x)$在一个闭区间上具有连续导数,那么当$\Delta x\to 0$,函数在该闭区间上的所有$\Delta y_t^*$之和与所有$\Delta y$之和的比的极限等于1. 这个辅助公式表述了一个有连续导数的原函数$F(x)$所具有的一个重要特性. 根据这个特性,我们可推导出公式$F(b)-F(a)=\lim\limits_{n\to\infty}\sum\limits_{i=1}^{n}F'(x_i^*)\Delta x$.

三、推导公式 $F(b)-F(a)=\lim\limits_{n\to\infty}\sum\limits_{i=1}^{n}F'(x_i^*)\Delta x$

让我们在函数$F(x)$曲线下设立一个大的区间$[a,b]$. 这里,我们只要求函数$F(x)$在区间$[a,b]$上可导,且其导函数连续. 让我们把区间$[a,b]$分割成n个小区间(n代表一个大的整数). 小区间宽度均为Δx,那么$\Delta x=\frac{b-a}{n}$. 这样函数$F(x)$在这n个小区间上有n个差值,如图5-12所示. 我们把这n个差值,依次分别记为$\Delta y_1,\Delta y_2,\cdots,\Delta y_n$. 我们知道

$$F(b)-F(a)=\Delta y_1+\Delta y_2+\cdots+\Delta y_n. \tag{2}$$

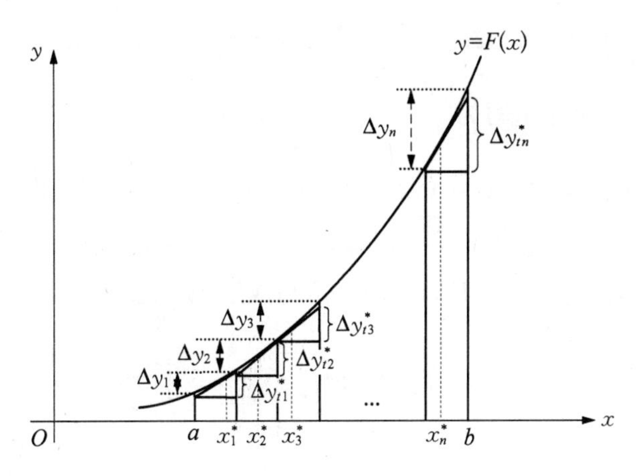

图 5－12

现在让我们在每个小区间上,任意选择一个点,这样我们有 n 个任意点. 我们把这 n 个任意点,依次分别记为 $x_1^*, x_2^*, \cdots, x_n^*$. 让我们在每个任意点上,对函数 $F(x)$ 作一条切线,并取切线在小区间上的垂直增量,这样就有 n 个垂直增量,依次分别记为 $\Delta y_{t1}^*, \Delta y_{t2}^*, \cdots, \Delta y_{tn}^*$,则

$$\Delta y_{t1}^*=F'(x_1^*)\Delta x, \Delta y_{t2}^*=F'(x_2^*)\Delta x, \cdots, \Delta y_{tn}^*=F'(x_n^*)\Delta x. \tag{3}$$

让我们将区间 $[a,b]$ 上的 n 个 Δy_t^* 相加,即 $(\Delta y_{t1}^*+\Delta y_{t2}^*+\cdots+\Delta y_{tn}^*)$. 一般说来,所有 Δy_t^* 之和不等于所有 Δy 之和,即

$$\frac{\Delta y_{t1}^*+\Delta y_{t2}^*+\cdots+\Delta y_{tn}^*}{\Delta y_1+\Delta y_2+\cdots+\Delta y_n}\neq 1.$$

但是根据辅助公式 $\lim\limits_{\Delta x\to 0}\dfrac{\Delta y_{t1}^*+\Delta y_{t2}^*+\cdots+\Delta y_{tn}^*}{\Delta y_1+\Delta y_2+\cdots+\Delta y_n}=1$, 如果 Δx 无限趋近于 0,那么 $\dfrac{\Delta y_{t1}^*+\Delta y_{t2}^*+\cdots+\Delta y_{tn}^*}{\Delta y_1+\Delta y_2+\cdots+\Delta y_n}$ 将无限趋近于 1. 在这里,因为 $\Delta x=\dfrac{b-a}{n}$, 所以当 n 趋向于 ∞, Δx 将无限趋近于 0. 因此让 n 趋向于 ∞ 与 Δx 趋近于 0 意义相同,故可用 $n\to\infty$ 替代 $\Delta x\to 0$,即有

$$\lim_{n\to\infty}\frac{\Delta y_{t1}^*+\Delta y_{t2}^*+\cdots+\Delta y_{tn}^*}{\Delta y_1+\Delta y_2+\cdots+\Delta y_n}=1, \Delta x=\frac{b-a}{n}.$$

将(2)式代入,即有

$$\lim_{n\to\infty}\frac{\Delta y_{t1}^*+\Delta y_{t2}^*+\cdots+\Delta y_{tn}^*}{F(b)-F(a)}=1, \quad \Delta x=\frac{b-a}{n}.$$

由于 $F(b)-F(a)$ 的值是个定值,上式可写为

$$\lim_{n\to\infty}(\Delta y_{t1}^*+\Delta y_{t2}^*+\cdots+\Delta y_{tn}^*)=F(b)-F(a), \quad \Delta x=\frac{b-a}{n}.$$

将(3)式代入,即有

$$F(b)-F(a)=\lim_{n\to\infty}[F'(x_1^*)\Delta x+F'(x_2^*)\Delta x+\cdots+F'(x_n^*)\Delta x],\quad \Delta x=\frac{b-a}{n}.$$

上式可用“西格玛”符号重写为

$$F(b)-F(a)=\lim_{n\to\infty}\sum_{i=1}^{n}F'(x_i^*)\Delta x,\quad \Delta x=\frac{b-a}{n}.$$

公式 $F(b)-F(a)=\lim\limits_{n\to\infty}\sum\limits_{i=1}^{n}F'(x_i^*)\Delta x$ 可写成定积分的形式

$$F(b)-F(a)=\lim_{n\to\infty}\sum_{i=1}^{n}F'(x_i^*)\Delta x=\int_a^b F'(x)\mathrm{d}x,$$

即有

$$F(b)-F(a)=\int_a^b F'(x)\mathrm{d}x.$$

公式 $F(b)-F(a)=\lim\limits_{n\to\infty}\sum\limits_{i=1}^{n}F'(x_i^*)\Delta x$

如果函数 $F(x)$ 在区间 $[a,b]$ 上具有连续导数,那么函数在区间 $[a,b]$ 上的增量可由下述极限公式给出:

$$F(b)-F(a)=\lim_{n\to\infty}\sum_{i=1}^{n}F'(x_i^*)\Delta x=\int_a^b F'(x)\mathrm{d}x.$$

这里 $\Delta x=\dfrac{b-a}{n}$

例 1 用求极限的方法计算函数 $F(x)=\dfrac{x^3}{3}$ 在区间$[a,b]$上的增量.

解 根据代数法则,函数 $F(x)=\dfrac{x^3}{3}$ 在区间$[a,b]$上的增量等于$\dfrac{b^3}{3}-\dfrac{a^3}{3}$. 如果我们用极限法来计算,应该得到相同的答案.

让我们将区间$[a,b]$切割成 n 个小区间. 小区间的宽度为 $\Delta x\left(\Delta x=\dfrac{b-a}{n}\right)$. 让我们在每个小区间的左端点上对函数 $F(x)=\dfrac{x^3}{3}$ 作切线. 因为函数 $F(x)=\dfrac{x^3}{3}$ 的导数为 $F'(x)=x^2$(参见第 3 节、例 1),所以我们有 $\Delta y_t=F'(x)\Delta x=x^2\Delta x$. 如果将每个小区间的起始点的 x 坐标的值代入公式 $\Delta y_t=x^2\Delta x$,我们就能得到每条切线上的垂直增量 Δy_t.

下列表格列出了每个小区间起始点的 x 坐标值、函数在该起始点上的导数和切线上的垂直增量 Δy_t.

	第一个切边梯形	第二个切边梯形	第三个切边梯形	…	第 n 个切边梯形
小区间起始点的 x 坐标值	a	$a+\Delta x$	$a+2\Delta x$	…	$a+(n-1)\Delta x$
导数 $F'(x)=x^2$	a^2	$(a+\Delta x)^2$	$(a+2\Delta x)^2$	…	$[a+(n-1)\Delta x]^2$
$\Delta y_t=F'(x)\Delta x$ $=x^2\Delta x$	$a^2\Delta x$	$(a+\Delta x)^2\Delta x$	$(a+2\Delta x)^2\Delta x$	…	$[a+(n-1)\Delta x]^2\Delta x$

将上述表格中最下面一行的 Δy_t 表达式代入极限 $\lim\limits_{n\to\infty}[F'(a)\Delta x+F'(a+\Delta x)\Delta x+\cdots+F'(a+(n-1)\Delta x)\Delta x]$，得

$$\begin{aligned}&\lim_{n\to\infty}[a^2\Delta x+(a+\Delta x)^2\Delta x+(a+2\Delta x)^2\Delta x+\cdots+(a+(n-1)\Delta x)^2\Delta x]\\&=\frac{b^3}{3}-\frac{a^3}{3}.\end{aligned}$$

详细的计算过程，请参照第三节的例 1.

第五节　牛顿-莱布尼兹公式

在第三节和第四节中，我们证明了公式 $A=\lim\limits_{n\to\infty}\sum\limits_{i=1}^{n}f(x_i^*)\Delta x$ 和公式 $F(b)-F(a)=\lim\limits_{n\to\infty}\sum\limits_{i=1}^{n}F'(x_i^*)\Delta x$. 这样我们就可把公式

$$\lim_{n\to\infty}\sum_{i=1}^{n}f(x_i^*)\Delta x=\lim_{n\to\infty}\sum_{i=1}^{n}F'(x_i^*)\Delta x$$

写成

$$A=\lim_{n\to\infty}\sum_{i=1}^{n}f(x_i^*)\Delta x=\lim_{n\to\infty}\sum_{i=1}^{n}F'(x_i^*)\Delta x=F(b)-F(a).$$

这就是牛顿-莱布尼兹公式的极限形式. 如果我们把 $\lim\limits_{n\to\infty}\sum\limits_{i=1}^{n}f(x_i^*)\Delta x$ 和 $\lim\limits_{n\to\infty}\sum\limits_{i=1}^{n}F'(x_i^*)\Delta x$ 写成定积分形式，那么上式就可写成

$$A=\int_a^b f(x)\mathrm{d}x=\int_a^b F'(x)\mathrm{d}x=F(b)-F(a).$$

在高等数学上，通常以 $\int_a^b f(x)\mathrm{d}x$ 表示函数 $f(x)$ 曲线与 x 轴上之间、在区间 $[a,b]$ 上的面积，这样上式就可简单地写成

$$\int_a^b f(x)\mathrm{d}x=F(b)-F(a).$$

这就是牛顿-莱布尼兹公式. 这个公式指出:如果函数 $f(x)$ 是函数 $F(x)$ 的导数,且在区间 $[a,b]$ 内连续,那么函数 $f(x)$ 曲线与 x 轴之间、在区间 $[a,b]$ 上的面积等于原函数 $F(x)$ 在同区间 $[a,b]$ 上的增量.

牛顿-莱布尼兹公式

如果函数 $f(x)$ 是函数 $F(x)$ 的导数,且在区间 $[a,b]$ 内连续,那么函数 $f(x)$ 曲线与 x 轴之间、在区间 $[a,b]$ 上的面积 (用 $\int_a^b f(x)\mathrm{d}x$ 来表示) 由下式给出:

$$\int_a^b f(x)\mathrm{d}x = F(b) - F(a).$$

这个公式使得计算函数 $f(x)$ 曲线与 x 轴之间、在区间 $[a,b]$ 上的面积变得非常简单. 现在我们不再需要通过求当 n 趋向于 ∞ 时,在区间 $[a,b]$ 上、函数 $f(x)$ 所有的 ΔA_r 之和的极限来获得曲线下面积. 我们可以通过找出函数 $f(x)$ 的原函数 $F(x)$,再通过求原函数 $F(x)$ 在该区间上的增量 $F(b)-F(a)$ 来获得函数 $f(x)$ 曲线下的面积. 求找函数 $f(x)$ 的原函数 $F(x)$ 称为不定积分,我们将在第八章中讨论.

以上我们演示了怎样运用极限的方法推导牛顿-莱布尼兹公式,这是一个新的推导方法,它是建立在“辅助公式证明法”的基础上. 这个新方法仅借助简单的极限定理,就清晰地推导出牛顿-莱布尼兹公式,具有易学易懂的特点. 而传统的牛顿-莱布尼兹公式证明法则需要涉及许多高等数学定理和特性,如定积分的中值定理、不定积分的特性等等,我们将在第九章中介绍传统的证明方法.

例 1 已知函数 $f(x)=\frac{x^2}{16}$ 的原函数为 $F(x)=\frac{x^3}{48}\left(\left(\frac{x^3}{48}\right)'=\frac{x^2}{16}\right)$, 求函数 $f(x)=\frac{x^2}{16}$ 的曲线与 x 轴之间、在区间 $[6,8]$ 上的面积.

解 我们可以运用牛顿-莱布尼兹公式求解这个面积. 已知: $f(x)=\frac{x^2}{16}$ 和 $F(x)=\frac{x^3}{48}$. 因为区间是 $[6,8]$, 据此有 $a=6$ 和 $b=8$. 将这些代入公式 $\int_a^b f(x)\mathrm{d}x = F(b)-F(a)$, 得

$$\begin{aligned}\int_6^8 \frac{x^2}{16}\mathrm{d}x &= F(8)-F(6)\\ &= \frac{8^3}{48}-\frac{6^3}{48}\\ &= \frac{37}{6}.\end{aligned}$$

函数 $f(x)=\frac{x^2}{16}$ 的曲线与 x 轴之间、在区间 $[6,8]$ 上的面积等于 $\frac{37}{6}$.

在方法学上,无穷和的极限 $\lim_{n\to\infty}\sum_{i=1}^{n} f(x_i^*)\Delta x$ (即定积分)是一个重要的方法学. 运用这个极限,我们可以推导出函数曲线下面积的计算公式、函数曲线长度的计算公式、空间曲线长度的计算公式、旋转体的体积计算公式、曲顶柱体的体积函数曲线长度计算公式、旋转曲

面的面积计算公式等，这些我们将在第十章中讨论. 关于无穷和的极限 $\lim\limits_{n\to\infty}\sum\limits_{i=1}^{n}f(x_i^*)\Delta x$（即定积分）的定义、性质等问题将在第九章中讨论.

函数平均变化率的极限 $\lim\limits_{\Delta x\to 0}\dfrac{f(x+\Delta x)-f(x)}{\Delta x}$ 和无穷和的极限 $\lim\limits_{n\to\infty}\sum\limits_{i=1}^{n}f(x_i^*)\Delta x$ 是高等数学的两个重要方法学. 用这两个极限方法可以推导出很多的数学定理和公式、解决很多的数学问题，这就是高等数学的主要内容. 也就是说，高等数学的主要内容是以这两个极限为基础发展、衍生而来的. 因此，这两个极限方法是高等数学的最根本的原理基础.

习题 5

1. 已知函数 $f(x)=x^2$ 和它的原函数 $F(x)=\dfrac{x^3}{3}$，求函数 $f(x)=x^2$ 的曲线与 x 轴之间、在区间 $[1,6]$ 上的面积.

2. 已知函数 $F(x)=x^3$，求其导数 $f(x)$；再求导数 $f(x)$ 的曲线与 x 轴之间、在区间 $[0,9]$ 上的面积.

3. 已知函数 $f(x)=\cos x$ 的原函数为 $F(x)=\sin x$，求函数 $f(x)=\cos x$ 的曲线与 x 轴之间、在区间 $\left[0,\dfrac{\pi}{2}\right]$ 上的面积.

4. 已知函数 $f(x)=2x$ 和它的原函数 $F(x)=x^2$，求函数 $f(x)=2x$ 的直线与 x 轴之间、在区间 $[5,7]$ 上的面积.

第六章　导数的运算与微分

在第四章中我们介绍了导数的概念,在本章中,我们将讨论如何运用导数的定义来推导一些常用函数的导数公式,及建立导数的运算法则. 这些公式和法则将使求导变得容易. 最后,我们还要以形象化的方式讨论函数的微分的定义、函数微分的公式、微分的运算法则. 通过对微分形象化的讨论,不仅可使我们容易理解微分的概念和运算,还可帮助我们理解导数的运算法则.

第一节　函数的导数公式

在本节中,我们将讨论如何运用公式 $f'(x)=\lim\limits_{\Delta x\to 0}\dfrac{f(x+\Delta x)-f(x)}{\Delta x}$ 求各种常用函数的导数公式.

一、几个函数导数公式的推导及公式表

1. 求常数函数 $y=C$ 的导数公式

函数 $y=C$ 的图形是一条水平线. 与水平线相切的切线的斜率等于 0. 因此,函数 $y=C$ 的导数公式为

$$C'=0.$$

例 1　设有函数 $y=9$,求函数的导数.

解　根据公式 $C'=0$,得

$$y'=(9)'=0.$$

2. 求函数 $y=x^n$ 的导数公式

运用导数的计算公式 $f'(x)=\lim\limits_{\Delta x\to 0}\dfrac{f(x+\Delta x)-f(x)}{\Delta x}$ 对函数 $y=x^n$ 求导:

$$\begin{aligned}
f'(x)&=\lim_{\Delta x\to 0}\frac{(x+\Delta x)^n-x^n}{\Delta x}\\
&=\lim_{\Delta x\to 0}\frac{x^n+nx^{n-1}\Delta x+\dfrac{n(n-1)x^{n-2}(\Delta x)^2}{1\cdot 2}+\cdots+(\Delta x)^n-x^n}{\Delta x}\\
&=\lim_{\Delta x\to 0}\frac{nx^{n-1}\Delta x+\dfrac{n(n-1)x^{n-2}(\Delta x)^2}{1\cdot 2}+\cdots+(\Delta x)^n}{\Delta x}
\end{aligned}$$

$$=\lim_{\Delta x\to 0}\left[nx^{n-1}+\frac{n(n-1)x^{n-2}\Delta x}{1\cdot 2}+\cdots+(\Delta x)^{n-1}\right]$$
$$=nx^{n-1}.$$

因此，我们有导数公式

$$(x^n)'=nx^{n-1}.$$

例 2　设函数 $y=x^8$，求函数的导数.

解　对函数 $y=x^8$ 运用公式 $(x^n)'=nx^{n-1}$，得

$$y'=(x^8)'=8x^7.$$

例 3　设函数 $y=x$，求函数的导数.

解　对函数 $y=x$ 运用公式 $(x^n)'=nx^{n-1}$，得

$$y'=(x)'=x^0=1.$$

例 4　设函数 $y=\sqrt{x}$，求函数的导数.

解　对函数 $y=\sqrt{x}$ 运用公式 $(x^n)'=nx^{n-1}$，得

$$y'=(\sqrt{x})'=(x^{\frac{1}{2}})'=\frac{1}{2}x^{-\frac{1}{2}}=\frac{1}{2\sqrt{x}}.$$

3. 求函数 $y=\mathrm{e}^x$ 的导数公式

对函数 $y=\mathrm{e}^x$ 运用导数的计算公式 $f'(x)=\lim\limits_{\Delta x\to 0}\dfrac{f(x+\Delta x)-f(x)}{\Delta x}$，得

$$\begin{aligned}f'(x)&=\lim_{\Delta x\to 0}\frac{\mathrm{e}^{(x+\Delta x)}-\mathrm{e}^x}{\Delta x}\\&=\lim_{\Delta x\to 0}\frac{\mathrm{e}^x(\mathrm{e}^{\Delta x}-1)}{\Delta x}\\&=\mathrm{e}^x\lim_{\Delta x\to 0}\frac{\mathrm{e}^{\Delta x}-1}{\Delta x}\\&=\mathrm{e}^x.\end{aligned}$$

$\left(\text{在上述运算中，根据第二章第二节中的公式}\lim\limits_{x\to 0}\dfrac{\mathrm{e}^x-1}{x}=1\text{，我们得}\lim\limits_{\Delta x\to 0}\dfrac{\mathrm{e}^{\Delta x}-1}{\Delta x}=1\right)$

因此我们有导数公式

$$(\mathrm{e}^x)'=\mathrm{e}^x.$$

4. 求函数 $y=\sin x$ 的导数公式

运用导数的计算公式 $f'(x)=\lim\limits_{\Delta x\to 0}\dfrac{f(x+\Delta x)-f(x)}{\Delta x}$ 对函数 $y=\sin x$ 求导：

$$f'(x)=\lim_{\Delta x\to 0}\frac{\sin(x+\Delta x)-\sin x}{\Delta x}$$

$$= \lim_{\Delta x\to 0}\frac{\sin x\cdot\cos\Delta x+\sin\Delta x\cdot\cos x-\sin x}{\Delta x}$$

$$= \lim_{\Delta x\to 0}\frac{\sin x(\cos\Delta x-1)+\sin\Delta x\cdot\cos x}{\Delta x}$$

$$= \sin x\cdot\lim_{\Delta x\to 0}\frac{\cos\Delta x-1}{\Delta x}+\cos x\cdot\lim_{\Delta x\to 0}\frac{\sin\Delta x}{\Delta x}$$

$$= \sin x\cdot 0+\cos x\cdot 1$$

$$= \cos x.$$

(在上述运算中,根据第二章第二节中的公式$\lim\limits_{x\to 0}\frac{\cos x-1}{x}=0$ 和$\lim\limits_{x\to 0}\frac{\sin x}{x}=1$,我们得$\lim\limits_{\Delta x\to 0}\frac{\cos\Delta x-1}{\Delta x}=0$和$\lim\limits_{\Delta x\to 0}\frac{\sin\Delta x}{\Delta x}=1$)

因此我们有

$$(\sin x)'=\cos x.$$

常用导数公式:

$y=C$	$y'=0$	$(C)'=0$
$y=x^n$	$y'=nx^{n-1}$	$(x^n)'=nx^{n-1}$
$y=a^x$	$y'=a^x\ln a$	$(a^x)'=a^x\ln a$
$y=e^x$	$y'=e^x$	$(e^x)'=e^x$
$y=\log_a x$	$y'=\frac{1}{x\ln a}$	$(\log_a x)'=\frac{1}{x\ln a}$
$y=\ln x$	$y'=\frac{1}{x}$	$(\ln x)'=\frac{1}{x}$
$y=\sin x$	$y'=\cos x$	$(\sin x)'=\cos x$
$y=\cos x$	$y'=-\sin x$	$(\cos x)'=-\sin x$
$y=\tan x$	$y'=\sec^2 x$	$(\tan x)'=\sec^2 x$
$y=\cot x$	$y'=-\csc^2 x$	$(\cot x)'=-\csc^2 x$
$y=\arcsin x$	$y'=\frac{1}{\sqrt{1-x^2}}$	$(\arcsin x)'=\frac{1}{\sqrt{1-x^2}}$
$y=\arccos x$	$y'=\frac{-1}{\sqrt{1-x^2}}$	$(\arccos x)'=\frac{-1}{\sqrt{1-x^2}}$
$y=\arctan x$	$y'=\frac{1}{1+x^2}$	$(\arctan x)'=\frac{1}{1+x^2}$
$y=\operatorname{arccot} x$	$y'=\frac{-1}{1+x^2}$	$(\operatorname{arccot} x)'=\frac{-1}{1+x^2}$

二、函数 $f(x)+C$ 与函数 $f(x)$ 的导数相同

我们知道函数 $y=f(x)$ 的导数的计算公式是

$$y'=\lim_{\Delta x\to 0}\frac{f(x+\Delta x)-f(x)}{\Delta x}.$$

如果对函数 $y=f(x)$ 加一个任意常数 C,那么我们有函数 $y=f(x)+C$. 让我们运用导

数的计算公式,对函数 $y=f(x)+C$ 求导,得

$$y'=\lim_{\Delta x\to 0}\frac{[f(x+\Delta x)+C]-[f(x)+C]}{\Delta x}=\lim_{\Delta x\to 0}\frac{f(x+\Delta x)-f(x)}{\Delta x}.$$

因此,函数 $f(x)$ 和函数 $f(x)+C$ 有相同的导数,即对函数 $f(x)$ 加一个常数 C 不会改变该函数的导数.

例如,函数 $f_1(x)=x^2$ 和函数 $f_2(x)=x^2+C$ 有相同的导数 $2x$. 因为:

$$f'_1(x)=\lim_{\Delta x\to 0}\frac{(x+\Delta x)^2-x^2}{\Delta x}=2x,$$

$$f'_2(x)=\lim_{\Delta x\to 0}\frac{[(x+\Delta x)^2+C]-(x^2+C)}{\Delta x}=\lim_{\Delta x\to 0}\frac{(x+\Delta x)^2-x^2}{\Delta x}=2x.$$

如果我们令 $x=2$,函数 $f_1(x)$ 和函数 $f_2(x)$ 的导数都等于 4. 换句话说,函数 $f_1(x)$ 在点 $x=2$ 处切线的斜率和函数 $f_2(x)$ 在点 $x=2$ 处切线的斜率相同,都等于 4,如图 6-1 所示.

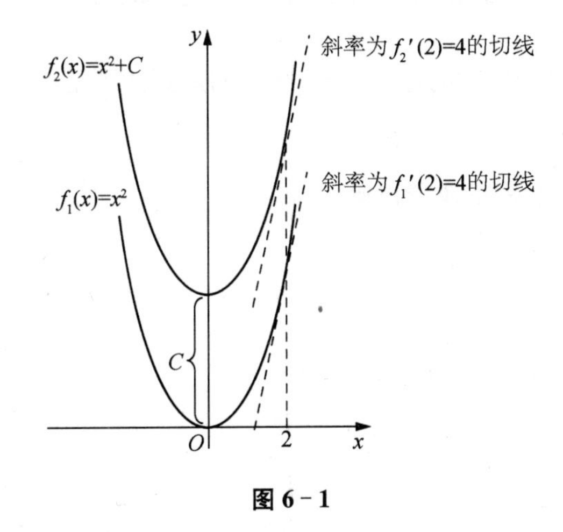

图 6-1

习题 6-1

1. 求当 $x=\pi$ 时,函数 $y=\sin x$ 的导数值.
2. 求当 $x=\frac{\pi}{2}$ 时,函数 $y=\cos x$ 的导数值.
3. 求当 $x=\frac{\pi}{4}$ 时,函数 $y=\tan x$ 的导数值.
4. 求当 $x=\frac{\pi}{4}$ 时,函数 $y=\cot x$ 的导数值.
5. 求当 $x=0$ 时,函数 $y=\arcsin x$ 的导数值.
6. 求当 $x=0$ 时,函数 $y=\arccos x$ 的导数值.
7. 求当 $x=6$ 时,函数 $y=\arctan x$ 的导数值.
8. 求当 $x=8$ 时,函数 $y=\operatorname{arccot} x$ 的导数值.

9. 求当 $x=3$ 时,函数 $y=\ln x$ 的导数值.

10. 求当 $x=1$ 时,函数 $y=x^{\frac{2}{3}}$ 的导数值.

11. 已知函数 $y=x^4$,求 $y'\Big|_{x=4}$.

12. 已知函数 $y=x^{-2}$,求 $y'\Big|_{x=-1}$.

13. 已知函数 $y=x$,求 $y'\Big|_{x=9}$.

14. 已知函数 $y=2^x$,求 $y'\Big|_{x=\mathrm{e}}$.

15. 已知函数 $y=\mathrm{e}^x$,求 $y'\Big|_{x=1}$.

16. 设函数 $y=x^4$ 和函数 $y=x^4+10$,问:两函数的导数是否相同?

第二节　导数的运算法则

在本节中,我们将讨论导数的运算法则.导数的运算法则是根据极限的运算法则推导出来的.

一、函数的和、差、积、商的求导法则

1. 函数之和的求导法则

如果　$u(x)$和 $v(x)$均可导,

那么　$[u(x)+v(x)]'=u'(x)+v'(x)$,

或　$(u+v)'=u'+v'$,

或　$\dfrac{\mathrm{d}(u+v)}{\mathrm{d}x}=\dfrac{\mathrm{d}u}{\mathrm{d}x}+\dfrac{\mathrm{d}v}{\mathrm{d}x}$.

证　对函数 $u(x)+v(x)$运用导数的定义公式 $y'=\lim\limits_{\Delta x\to 0}\dfrac{f(x+\Delta x)-f(x)}{\Delta x}$,我们得

$$
\begin{aligned}
[u(x)+v(x)]' &= \lim_{\Delta x\to 0}\frac{[u(x+\Delta x)+v(x+\Delta x)]-[u(x)+v(x)]}{\Delta x} \\
&= \lim_{\Delta x\to 0}\left[\frac{u(x+\Delta x)-u(x)}{\Delta x}+\frac{v(x+\Delta x)-v(x)}{\Delta x}\right] \\
&= \lim_{\Delta x\to 0}\frac{u(x+\Delta x)-u(x)}{\Delta x}+\lim_{\Delta x\to 0}\frac{v(x+\Delta x)-v(x)}{\Delta x} \\
&= u'(x)+v'(x).
\end{aligned}
$$

例 1　求函数 $f(x)=x^3+x^2$ 的导数.

解　运用函数之和的导数法则对这个函数进行求导:

$$
\begin{aligned}
f'(x) &= (x^3+x^2)' \\
&= (x^3)'+(x^2)'
\end{aligned}
$$

$$= 3x^2 + 2x.$$

例 2 求函数 $f(x)=x^2+\sin x$ 的导数.

解 运用系数导数法则、函数之和的导数法则对这个函数进行求导：

$$\begin{aligned} f'(x) &= (x^2 + \sin x)' \\ &= (x^2)' + (\sin x)' \\ &= 2x + \cos x. \end{aligned}$$

2. 函数之差的求导法则

如果 $u(x)$ 和 $v(x)$ 均可导，
那么 $[u(x)-v(x)]' = u'(x) - v'(x)$，
或 $(u-v)' = u' - v'$，
或 $\dfrac{\mathrm{d}(u-v)}{\mathrm{d}x} = \dfrac{\mathrm{d}u}{\mathrm{d}x} - \dfrac{\mathrm{d}v}{\mathrm{d}x}$.

证 对函数 $u(x)-v(x)$ 运用导数的定义公式 $y'=\lim\limits_{\Delta x\to 0}\dfrac{f(x+\Delta x)-f(x)}{\Delta x}$，我们得

$$\begin{aligned} [u(x)-v(x)]' &= \lim_{\Delta x\to 0}\frac{[u(x+\Delta x)-v(x+\Delta x)]-[u(x)-v(x)]}{\Delta x} \\ &= \lim_{\Delta x\to 0}\left[\frac{u(x+\Delta x)-u(x)}{\Delta x} - \frac{v(x+\Delta x)-v(x)}{\Delta x}\right] \\ &= \lim_{\Delta x\to 0}\frac{u(x+\Delta x)-u(x)}{\Delta x} - \lim_{\Delta x\to 0}\frac{v(x+\Delta x)-v(x)}{\Delta x} \\ &= u'(x) - v'(x). \end{aligned}$$

例 3 求函数 $f(x)=\sin x - x$ 的导数.

解 运用系数导数法则、函数之差的导数法则对这个函数进行求导：

$$\begin{aligned} f'(x) &= (\sin x - x)' \\ &= (\sin x)' - (x)' \\ &= \cos x - 1. \end{aligned}$$

3. 函数之积的求导法则

如果 $u(x)$ 和 $v(x)$ 均可导，
那么 $[u(x)v(x)]'=u'(x)v(x)+u(x)v'(x)$，
或 $(uv)'=u'v+uv'$，
或 $\dfrac{\mathrm{d}(uv)}{\mathrm{d}x}=v\dfrac{\mathrm{d}u}{\mathrm{d}x}+u\dfrac{\mathrm{d}v}{\mathrm{d}x}$.

证 $[u(x)v(x)]'$

$$\begin{aligned} &= \lim_{\Delta x\to 0}\frac{u(x+\Delta x)v(x+\Delta x)-u(x)v(x)}{\Delta x} \\ &= \lim_{\Delta x\to 0}\frac{u(x+\Delta x)v(x+\Delta x)-u(x)v(x)-u(x)v(x+\Delta x)+u(x)v(x+\Delta x)}{\Delta x} \end{aligned}$$

$$=\lim_{\Delta x\to 0}\left[\frac{u(x+\Delta x)-u(x)}{\Delta x}v(x+\Delta x)+u(x)\frac{v(x+\Delta x)-v(x)}{\Delta x}\right]$$

$$=u'(x)v(x)+u(x)v'(x).$$

这里因为 $v(x)$ 在点 x 处可导，所以 $v(x)$ 在点 x 处连续，因此我们有 $\lim\limits_{\Delta x\to 0}v(x+\Delta x)=v(x)$.

例 4 求函数 $f(x)=e^x\cos x$ 的导数.

解 运用函数之积的导数法则对这个函数进行求导：

$$\begin{aligned}(e^x\cos x)' &= (e^x)'\cos x+e^x(\cos x)'\\ &= e^x\cos x-e^x\sin x\\ &= e^x(\cos x-\sin x).\end{aligned}$$

例 5 求函数 $f(x)=x^6\sin x$ 的导数.

解 运用函数之积的导数法则对这个函数进行求导：

$$\begin{aligned}(x^6\sin x)' &= (x^6)'\sin x+x^6(\sin x)'\\ &= 6x^5\sin x+x^6\cos x\\ &= x^5(6\sin x+x\cos x).\end{aligned}$$

注意：当 $v=C$（C 为常数）时，则有

$$(Cu)'=Cu',$$

这个公式又称为导数的系数法则.

例 6 求函数 $y=\frac{1}{6}x^6$ 的导数.

解 运用导数系数法则，我们有

$$y'=\left(\frac{1}{6}x^6\right)'=\frac{1}{6}(x^6)'=x^5.$$

4. 函数之商的求导法则

如果 $u(x)$ 和 $v(x)$ 均可导，

那么 $\left[\frac{u(x)}{v(x)}\right]'=\frac{u'(x)v(x)-u(x)v'(x)}{v^2(x)}$,

或 $\left(\frac{u}{v}\right)'=\frac{u'\cdot v-u\cdot v'}{v^2}$,

或 $\frac{d\left(\frac{u}{v}\right)}{dx}=\frac{v\frac{du}{dx}-u\frac{dv}{dx}}{v^2}$. $(v\neq 0)$

证 $\left[\frac{u(x)}{v(x)}\right]'=\lim\limits_{\Delta x\to 0}\frac{\frac{u(x+\Delta x)}{v(x+\Delta x)}-\frac{u(x)}{v(x)}}{\Delta x}$

$$=\lim_{\Delta x\to 0}\frac{u(x+\Delta x)v(x)-u(x)v(x+\Delta x)}{v(x+\Delta x)v(x)\Delta x}$$

$$=\lim_{\Delta x\to 0}\frac{u(x+\Delta x)v(x)-u(x)v(x+\Delta x)+u(x)v(x)-u(x)v(x)}{v(x+\Delta x)v(x)\Delta x}$$

$$=\lim_{\Delta x\to 0}\frac{[u(x+\Delta x)-u(x)]v(x)-u(x)[v(x+\Delta x)-v(x)]}{v(x+\Delta x)v(x)\Delta x}$$

$$=\lim_{\Delta x\to 0}\frac{\frac{u(x+\Delta x)-u(x)}{\Delta x}v(x)-u(x)\frac{v(x+\Delta x)-v(x)}{\Delta x}}{v(x+\Delta x)v(x)}$$

$$=\frac{\lim\limits_{\Delta x\to 0}\left[\frac{u(x+\Delta x)-u(x)}{\Delta x}v(x)-u(x)\frac{v(x+\Delta x)-v(x)}{\Delta x}\right]}{\lim\limits_{\Delta x\to 0}[v(x+\Delta x)v(x)]}$$

$$=\frac{u'(x)v(x)-u(x)v'(x)}{v^2(x)}.$$

例 7　求函数 $f(x)=\frac{\sin x}{x^2}$的导数.

解　运用函数之商的导数法则对这个函数求导：

$$\begin{aligned}f'(x)&=\left(\frac{\sin x}{x^2}\right)'\\&=\frac{(\sin x)'\cdot x^2-\sin x\cdot (x^2)'}{(x^2)^2}\\&=\frac{\cos x\cdot x^2-\sin x\cdot 2x}{x^4}\\&=\frac{\cos x\cdot x-2\sin x}{x^3}.\end{aligned}$$

例 8　求函数 $f(x)=\frac{e^x+\sin x}{x}$的导数.

解　运用函数之商的导数法则对这个函数求导：

$$\begin{aligned}f'(x)&=\left(\frac{e^x+\sin x}{x}\right)'\\&=\frac{(e^x+\sin x)'\cdot x-(e^x+\sin x)\cdot x'}{x^2}\\&=\frac{xe^x+x\cos x-e^x-\sin x}{x^2}.\end{aligned}$$

二、复合函数的求导法则

我们知道复合函数可以表示为 $y=f(g(x))$. 复合函数 $y=f(g(x))$可以看成是由函数 $y=f(u)$和函数 $u=g(x)$通过复合而构成的，其中 y 为因变量，x 是自变量，而 u 称为中间变量，因为 u 又是函数 $u=g(x)$ 的因变量. 这里为了表述的方便，让我们称 $u=g(x)$ 为中间变量函数.

复合函数的求导法则如下：

若 $y=f(u)$ 和 $u=g(x)$ 均可导，则由 $y=f(u)$ 和 $u=g(x)$ 构成的复合函数 $y=f(g(x))$ 的导数为：

$$\frac{\mathrm{d}y}{\mathrm{d}x}=\frac{\mathrm{d}y}{\mathrm{d}u}\cdot\frac{\mathrm{d}u}{\mathrm{d}x},$$

或

$$\frac{\mathrm{d}y}{\mathrm{d}x}=f'(u)g'(x).$$

证 因为 $y=f(g(x))$，则

$$\begin{aligned}\frac{\mathrm{d}y}{\mathrm{d}x}&=\lim_{\Delta x\to 0}\frac{f(g(x+\Delta x))-f(g(x))}{\Delta x}\\&=\lim_{\Delta x\to 0}\frac{[f(g(x+\Delta x))-f(g(x))]\cdot[g(x+\Delta x)-g(x)]}{\Delta x\cdot[g(x+\Delta x)-g(x)]}\\&=\lim_{\Delta x\to 0}\frac{f(g(x+\Delta x))-f(g(x))}{g(x+\Delta x)-g(x)}\lim_{\Delta x\to 0}\frac{g(x+\Delta x)-g(x)}{\Delta x}\\&=\lim_{\Delta x\to 0}\frac{f(g(x+\Delta x))-f(g(x))}{g(x+\Delta x)-g(x)}\cdot g'(x).\end{aligned}\tag{1}$$

现在让我们运用复合函数的极限法则证明 $\lim\limits_{\Delta x\to 0}\frac{f(g(x+\Delta x))-f(g(x))}{g(x+\Delta x)-g(x)}=f'(u)$.

由定理条件可知 $u=g(x)$，即有

$$\Delta u=g(x+\Delta x)-g(x),\tag{2}$$

同时有

$$u+\Delta u=g(x)+[g(x+\Delta x)-g(x)]=g(x+\Delta x).\tag{3}$$

将(2)式和(3)式代入 $\frac{f(g(x+\Delta x))-f(g(x))}{g(x+\Delta x)-g(x)}$，得

$$\frac{f(g(x+\Delta x))-f(g(x))}{g(x+\Delta x)-g(x)}=\frac{f(u+\Delta u)-f(u)}{\Delta u}.$$

上式中 Δx 为自变量，Δu 为中间变量，$\frac{f(g(x+\Delta x))-f(g(x))}{g(x+\Delta x)-g(x)}$ 为复合函数，它可看作是由函数 $\frac{f(u+\Delta u)-f(u)}{\Delta u}$ 与中间变量 $\Delta u=g(x+\Delta x)-g(x)$ 复合而成.

由定理条件可知 $y=f(u)$ 可导，则有 $\lim\limits_{\Delta u\to 0}\frac{f(u+\Delta u)-f(u)}{\Delta u}=f'(u)$. 又因为 $\lim\limits_{\Delta u\to 0}\frac{f(u+\Delta u)-f(u)}{\Delta u}$ 存在，则在 0 的邻域中，$\Delta u\neq 0$（原理见第二章第二节第二小节）.

同时,我们可以证明 $\lim\limits_{\Delta x\to 0}\Delta u=0$.

$$\lim_{\Delta x\to 0}\Delta u=\lim_{\Delta x\to 0}[g(x+\Delta x)-g(x)]=0.$$

因为有 $\lim\limits_{\Delta x\to 0}\Delta u=0$,$\Delta u\neq 0$ 及 $\lim\limits_{\Delta u\to 0}\dfrac{f(u+\Delta u)-f(u)}{\Delta u}=f'(u)$,根据复合函数的极限法则 $\lim\limits_{x\to x_0}f[g(x)]=\lim\limits_{u\to u_0}f(u)=A$(见第二章第二节第二小节),则有

$$\lim_{\Delta x\to 0}\frac{f(g(x+\Delta x))-f(g(x))}{g(x+\Delta x)-g(x)}=\lim_{\Delta u\to 0}\frac{f(u+\Delta u)-f(u)}{\Delta u}=f'(u).$$

将 $\lim\limits_{\Delta x\to 0}\dfrac{f(g(x+\Delta x))-f(g(x))}{g(x+\Delta x)-g(x)}=f'(u)$ 代入(1)式,继续上面的证明,即有

$$\begin{aligned}\frac{dy}{dx}&=\lim_{\Delta x\to 0}\frac{f(g(x+\Delta x))-f(g(x))}{g(x+\Delta x)-g(x)}\cdot g'(x)\\&=f'(u)\cdot g'(x)\\&=\frac{dy}{du}\cdot\frac{du}{dx}.\end{aligned}$$

证毕.

例 9　求复合函数 $y=\sin^2 x$ 的导数.

解　对这个函数,我们可以运用公式$\dfrac{dy}{dx}=\dfrac{dy}{du}\cdot\dfrac{du}{dx}$来求导.

令 $u=\sin x$. 代入 $y=\sin^2 x$,得$y=u^2$. 我们有$\dfrac{dy}{du}=(u^2)'$.

由于 $u=\sin x$,我们有$\dfrac{du}{dx}=(\sin x)'$.

将它们代入公式$\dfrac{dy}{dx}=\dfrac{dy}{du}\cdot\dfrac{du}{dx}$,得

$$\begin{aligned}\frac{dy}{dx}&=(u^2)'\cdot(\sin x)'\\&=2u\cdot\cos x\end{aligned}$$

将 $\sin x$ 代入 u:

$$=2\sin x\cos x.$$

例 10　求复合函数 $y=\sin(x^2-x)$的导数.

解　对这个函数,我们可以运用公式$\dfrac{dy}{dx}=\dfrac{dy}{du}\cdot\dfrac{du}{dx}$来求导.

令 $u=x^2-x$. 代入 $y=\sin(x^2-x)$,得 $y=\sin u$. 我们有$\dfrac{dy}{du}=(\sin u)'$.

因为 $u=x^2-x$,我们有$\dfrac{du}{dx}=(x^2-x)'$.

将它们代入公式$\dfrac{dy}{dx}=\dfrac{dy}{du}\cdot\dfrac{du}{dx}$,得

$$\begin{aligned}\frac{\mathrm{d}y}{\mathrm{d}x}&=(\sin u)'\cdot(x^2-x)'\\&=\cos u\cdot(2x-1)\end{aligned}$$

将 x^2-x 代入 u：

$$=\cos(x^2-x)\cdot(2x-1).$$

三、反函数的求导法则

若函数 $x=f(y)$ 在区间 I_y 上既单调又可导且 $f'(y)\neq0$，则它的反函数 $y=f^{-1}(x)$ 在区间 $I_x=\{x|x=f(y),y\in I_y\}$ 上可导，其导数为

$$\frac{\mathrm{d}y}{\mathrm{d}x}=\frac{1}{\frac{\mathrm{d}x}{\mathrm{d}y}},\text{或}[f^{-1}(x)]'=\frac{1}{f'(y)}.$$

因为 $x=f(y)$ 在区间 I_y 上单调、可导（从而连续），所以 $x=f(y)$ 的反函数 $y=f^{-1}(x)$ 存在，而且在 I_x 上也单调、连续.

证　设有函数 $x=f(y)$，其导数为

$$f'(y)=\lim_{\Delta x\to0}\frac{\Delta x}{\Delta y}.$$

函数 $x=f(y)$ 的反函数为 $y=f^{-1}(x)$，若给反函数 $y=f^{-1}(x)$ 的自变量 x 一个增量 Δx，则相应的反函数 y 就会有一个增量 Δy. Δy 由下式给出：

$$\Delta y=f^{-1}(x+\Delta x)-f^{-1}(x).$$

根据导数的定义，反函数的导数为

$$\begin{aligned}[f^{-1}(x)]'&=\lim_{\Delta x\to0}\frac{\Delta y}{\Delta x}\\&=\lim_{\Delta x\to0}\frac{1}{\frac{\Delta x}{\Delta y}}\\&=\frac{1}{\lim\limits_{\Delta x\to0}\frac{\Delta x}{\Delta y}}\\&=\frac{1}{f'(y)}.\end{aligned}$$

这里函数 $x=f(y)$ 的导数可写成 $\frac{\mathrm{d}x}{\mathrm{d}y}$，反函数 $y=f^{-1}(x)$ 的导数可写成 $\frac{\mathrm{d}y}{\mathrm{d}x}$. 这样就有

$$\frac{\mathrm{d}y}{\mathrm{d}x}=\frac{1}{\frac{\mathrm{d}x}{\mathrm{d}y}}.$$

上式表示:反函数的导数等于直接函数导数的倒数.

在本章第四节中,我们将以形象化的方式讨论反函数的微分,届时我们将能形象地理解反函数的求导的原理.

若函数 $x=f(y)$在区间 I_y 上既单调又可导且 $f'(y)\neq 0$,则它的反函数 $y=f^{-1}(x)$的导数为

$$\frac{dy}{dx}=\frac{1}{\frac{dx}{dy}},$$

或

$$[f^{-1}(x)]'=\frac{1}{f'(y)}.$$

例 11　已知函数 $x=\sin y$ 在区间$\left(-\frac{\pi}{2},\frac{\pi}{2}\right)$上是单调的,求其反函数 $y=\arcsin x$ 在相对应区间$(-1,1)$上的导数.

解　因为函数 $x=\sin y$ 在区间$\left(-\frac{\pi}{2},\frac{\pi}{2}\right)$上既单调又可导且$(\sin y)'\neq 0$. 其反函数 $y=\arcsin x$ 在相对应区间$(-1,1)$上的导数可用公式$\frac{dy}{dx}=\frac{1}{\frac{dx}{dy}}$求得.

$$\begin{aligned}(\arcsin x)'&=\frac{1}{(\sin y)'}\\&=\frac{1}{\cos y}\\&=\frac{1}{\sqrt{1-\sin^2 y}}.\end{aligned}$$

因为 $\cos y$ 在区间$\left(-\frac{\pi}{2},\frac{\pi}{2}\right)$上为正,所以根号前取正号,将 $x=\sin y$ 代入,得

$$=\frac{1}{\sqrt{1-x^2}}.$$

例 12　已知在区间$(0,+\infty)$上,函数 $x=y^3$ 既单调又可导且$(y^3)'\neq 0$,求其反函数的导数.

解　因为函数 $x=y^3$ 既单调又可导且$(y^3)'\neq 0$,所以在对应区间$(0,+\infty)$上,其反函数 $y=\sqrt[3]{x}$的导数可用公式$\frac{dy}{dx}=\frac{1}{\frac{dx}{dy}}$求得.

$$y'=\frac{1}{(y^3)'}=\frac{1}{3y^2}=\frac{1}{3\sqrt[3]{x^2}}\text{ 或直接求}(\sqrt[3]{x})'.$$

$$y'=(\sqrt[3]{x})'=(x^{\frac{1}{3}})'=\frac{x^{-\frac{2}{3}}}{3}=\frac{1}{3\sqrt[3]{x^2}}.$$

注意:在上述讨论中,我们把直接函数写成 $x=f(y)$,而把反函数写成 $y=f^{-1}(x)$. 如果

我们把直接函数写成 $y=f(x)$，而把反函数写成 $x=f^{-1}(y)$，那么直接函数的导数为$\frac{\mathrm{d}y}{\mathrm{d}x}=f'(x)$，而反函数的导数为$\frac{\mathrm{d}x}{\mathrm{d}y}=\frac{1}{f'(x)}$. 在第四节的讨论中，我们将用到这种表述法.

习题 6－2

1. 求下列函数的导数：

(1) $y=x^3+x^2-6$；

(2) $y=4x^2-\mathrm{e}^x-4$；

(3) $y=4x^6-\frac{2\sin x}{5}$；

(4) $y=x^2-\frac{1}{x^6}$；

(5) $y=4\sin x\cos x$；

(6) $y=x^4\ln x$；

(7) $y=\frac{\ln x}{x^2}$；

(8) $y=x^3\cos x$；

(9) $y=\frac{\mathrm{e}^x}{x^3}$；

(10) $y=\frac{\sin x}{x^2}$.

2. 求下列复合函数的导数：

(1) $y=\sqrt{9-x^2}$；

(2) $y=\cos(3-x)$；

(3) $y=\sin^2 x$；

(4) $y=\cos^2 x$；

(5) $y=\arctan x^2$；

(6) $y=\frac{1}{\sqrt{2-x^2}}$；

(7) $y=\arccos\sqrt{x}$；

(8) $y=\ln(\tan x)$；

(9) $y=\ln(\sin x-\cos x)$；

(10) $y=\frac{1}{\sqrt{25-x^2}}$；

(11) $y=\operatorname{arccot}\frac{x+1}{x-1}$；

(12) $y=\sqrt{\ln x}$.

第三节　高阶导数

让我们先讨论函数的二阶导数. 二阶导数是导数的导数. 如果我们对一个函数 $y=f(x)$ 求导,我们将会得到导数 $y'=f'(x)$,这个导数也称为函数 $y=f(x)$的一阶导数. 一阶导数 $f'(x)$是一个函数. 如果我们再对这个一阶导数 $y'=f'(x)$求导,那么我们将得到一阶导数的导数. 一阶导数的导数称为函数 $y=f(x)$的二阶导数. 记为 y'',$f''(x)$,$\frac{\mathrm{d}^2 y}{\mathrm{d}x^2}$或$\frac{\mathrm{d}^2 f}{\mathrm{d}x^2}$. 也就是说,若函数 $y=f(x)$的一阶导数仍然是 x 的函数,而且可导,则函数的二阶导数为

$$f''(x)=\lim_{\Delta x\to 0}\frac{f'(x+\Delta x)-f'(x)}{\Delta x}.$$

例 1　求函数 $y=x^4+x^2$ 的二阶导数.

解　首先我们要求函数 $y=x^4+x^2$ 的一阶导数,得

$$\begin{aligned} y' &= (x^4+x^2)' \\ &= 4x^3+2x. \end{aligned}$$

然后,我们对函数的一阶导数 $y'=4x^3+2x$ 求导,得

$$\begin{aligned} y'' &= (4x^3+2x)' \\ &= 12x^2+2. \end{aligned}$$

函数 $y=x^4+x^2$ 的二阶导数为$12x^2+2$.

例 2　求函数 $y=\sin x$ 的二阶导数.

解　首先我们要求函数 $y=\sin x$ 的一阶导数,得

$$\begin{aligned} y' &= (\sin x)' \\ &= \cos x. \end{aligned}$$

然后,我们对函数的一阶导数 $y'=\cos x$ 求导,得

$$\begin{aligned} y'' &= (\cos x)' \\ &= -\sin x. \end{aligned}$$

函数 $y=\sin x$ 的二阶导数为$-\sin x$.

例 3　求函数 $y=\mathrm{e}^x$ 的二阶导数.

解　首先我们要求函数 $y=\mathrm{e}^x$ 的一阶导数,得

$$\begin{aligned} y' &= (\mathrm{e}^x)' \\ &= \mathrm{e}^x. \end{aligned}$$

然后,我们对函数的一阶导数 $y'=\mathrm{e}^x$ 求导,得

$$\begin{aligned} y'' &= (\mathrm{e}^x)' \\ &= \mathrm{e}^x. \end{aligned}$$

函数 $y=\mathrm{e}^x$ 的二阶导数为 e^x.

若函数 $y=f(x)$的二阶导数仍然是 x 的函数，而且继续可导，则我们可求出函数 $y=f(x)$的三阶导数；以此类推我们可求出函数的 n 阶导数. 函数的二阶及二阶以上的导数统称为高阶导数. 函数 $y=f(x)$的 n 阶导数记为 $y^{(n)}$ 或 $f^{(n)}(x)$，$\dfrac{\mathrm{d}^n y}{\mathrm{d}x^n}$或$\dfrac{\mathrm{d}^n f}{\mathrm{d}x^n}$.

例 4 求函数 $y=x^6+x^3$ 的四阶导数.

解 首先我们对函数 $y=x^6+x^3$ 求导，得一阶导数

$$\begin{aligned} y' &= (x^6+x^3)' \\ &= 6x^5+3x^2. \end{aligned}$$

然后，我们对函数的一阶导数 $y'=6x^5+3x^2$ 求导，得二阶导数

$$\begin{aligned} y'' &= (6x^5+3x^2)' \\ &= 30x^4+6x. \end{aligned}$$

然后，我们对函数的二阶导数 $y''=30x^4+6x$ 求导，得三阶导数

$$\begin{aligned} y''' &= (30x^4+6x)' \\ &= 120x^3+6. \end{aligned}$$

然后，我们对函数的三阶导数 $y'''=120x^3+6$ 求导，得四阶导数

$$\begin{aligned} y^{(4)} &= (120x^3+6)' \\ &= 360x^2. \end{aligned}$$

函数 $y=x^6+x^3$ 的四阶导数为$360x^2$.

例 5 求函数 $y=\ln(2+x)$的三阶导数.

解 首先我们对函数 $y=\ln(2+x)$求导，得一阶导数

$$\begin{aligned} y' &= [\ln(2+x)]' \\ &= \frac{1}{2+x}. \end{aligned}$$

然后，我们对函数的一阶导数 $y'=\dfrac{1}{2+x}$求导，得二阶导数

$$\begin{aligned} y'' &= \left(\frac{1}{2+x}\right)' \\ &= -\frac{1}{(2+x)^2}. \end{aligned}$$

然后，我们对函数的二阶导数 $y''=-\dfrac{1}{(2+x)^2}$求导，得三阶导数

$$y''' = \left(-\frac{1}{(2+x)^2}\right)'$$

$$=\frac{2}{(2+x)^3}.$$

函数 $y=\ln(2+x)$ 的三阶导数为 $y'''=\frac{2}{(2+x)^3}$.

(下面的讨论仅供您参考)

求函数二阶导数的算式还有另外一种简便写法. 让我们来用下面的例子演示这种写法.

例 6　求函数 $y=x^4$ 的二阶导数.

解

$$\begin{aligned} y'' &= (x^4)'' \\ &= [(x^4)']' \\ &= (4x^3)' \\ &= 12x^2. \end{aligned}$$

函数 $y=x^4$ 的二阶导数为 $12x^2$.

习题 6－3

1. 求下列函数的二阶导数：

(1) $y=\sqrt{1+x^2}$；

(2) $y=\cos(1-x)$；

(3) $y=\sin x$；

(4) $y=\tan x$.

2. 求下列函数的三阶导数：

(1) $y=\sin x$；

(2) $y=\cos(x+1)$；

(3) $y=xe^x$；

(4) $y=\cos^2 x$.

3. 求下列函数的四阶导数：

(1) $y=x^5$；

(2) $y=\cos x$；

(3) $y=\sin x^2$；

(4) $y=(1-x)^5$.

第四节　隐函数及由参数方程所确定的函数的导数

一、隐函数的导数

在此之前,我们所讨论的函数,都有这样的一个特点:等号左边是一个因变量 y, 右边是一长串自变量 x 的表达式,如 $y=x^4+x^2+\sin x+1$, 我们用 $y=f(x)$ 表示这种模式的函数,这种模式的函数又称为**显函数**.

然而表示因变量 y 与自变量 x 对应关系的方式有很多种. 我们可以用方程 $F(x,y)=0$ 来表示因变量 y 与自变量 x 的对应关系，如 $yx^4+x^2+\sin y+1=0$. 用这种模式表示的函数称为隐函数. 一般地说，如果方程 $F(x,y)=0$ 能确定因变量 y 是自变量 x 的函数，那么称用这种方式表示的函数为**隐函数**.

有些隐函数可以化成显函数 $y=f(x)$，如隐函数 $y^5-\sin x-x^2=0$，就可写为

$$y=\sqrt[5]{\sin x+x^2}.$$

但是隐函数 $yx^4+x^2+\sin y+1=0$ 就无法化成显函数 $y=f(x)$.

运用现有的求导法则，我们可以求出隐函数的导数. 让我们举例说明.

例 1 求由方程 $e^y+xy+e=0$ 所确定的隐函数的导数.

解 我们把方程两边对 x 求导. 这里的 y 是 x 的函数，即 $y=f(x)$. 对 x 求导得

$$\frac{d}{dx}(e^y+xy+e=0)=\frac{d(0)}{dx},$$

则

$$\frac{d(e^y)}{dx}+\frac{d(xy)}{dx}+\frac{d(e)}{dx}=0.$$

我们知道

$$\frac{d(e^y)}{dx}=(e^y)'\frac{dy}{dx},$$
$$\frac{d(xy)}{dx}=\frac{d(x)y}{dx}+\frac{d(y)x}{dx}=y+x\frac{dy}{dx}$$
$$\frac{d(e)}{dx}=0.$$

将其代入

$$(e^y)'\frac{dy}{dx}+y+x\frac{dy}{dx}=0.$$

则

$$\frac{dy}{dx}=-\frac{y}{x+e^y}.$$

例 2 设由圆方程 $\frac{x^2}{25}+\frac{y^2}{25}=1$ 所确定的隐函数，如图 6-2 所示，求其在点 (3,4) 及点 (3,-4) 处的导数.

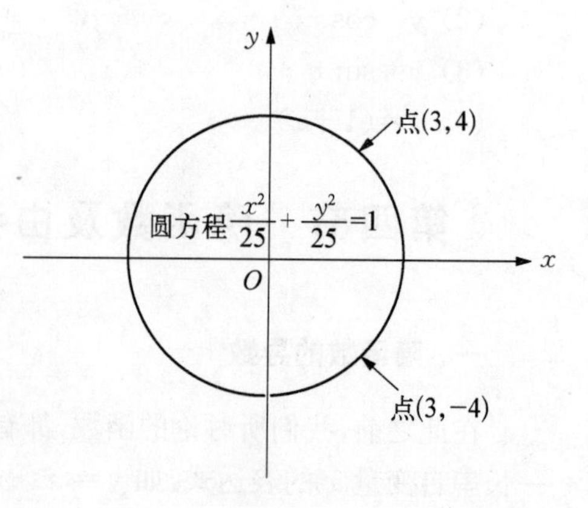

图 6-2

解 我们把方程两边对 x 求导. 这里的 y 是 x 的函数，即 $y=f(x)$. 对 x 求导得

$$\frac{d}{dx}\left(\frac{x^2}{25}+\frac{y^2}{25}\right)=\frac{d(1)}{dx},$$

则

$$\frac{2x}{25}+\frac{2y}{25}\frac{\mathrm{d}y}{\mathrm{d}x}=0.$$

即有

$$\frac{\mathrm{d}y}{\mathrm{d}x}=-\frac{x}{y}.$$

对于点(3,4)，有$x=3,y=4$，代入得

$$\frac{\mathrm{d}y}{\mathrm{d}x}=-\frac{3}{4}.$$

对于点(3，−4)，有$x=3,y=-4$，代入得

$$\frac{\mathrm{d}y}{\mathrm{d}x}=-\frac{3}{-4}=\frac{3}{4}.$$

二、参数方程所确定的函数的导数

参数方程是常用的数学方程，它可被用来描述变量之间的相互关系，在物理学上也非常实用.通常参数方程写为

$$\begin{cases}x=\varphi(t),\\ y=\psi(t).\end{cases}$$

一般地，若y与x间的函数关系，由参数方程$\begin{cases}x=\varphi(t),\\ y=\psi(t)\end{cases}$所确定，则称此函数为参数方程所确定的函数.

下面讨论如何对参数方程所确定的函数求导，即如何求参数方程所确定的函数曲线上切线的斜率.

设参数方程所确定的函数$\begin{cases}x=\varphi(t),\\ y=\psi(t),\end{cases}$若$\varphi(t)$和$\psi(t)$均可导，且函数$x=\varphi(t)$具有单调的反函数$t=\varphi^{-1}(x)$，以及$\varphi'(t)\neq0$，同时反函数能与$y=\psi(t)$构成复合函数，则有

$$\frac{\mathrm{d}y}{\mathrm{d}x}=\frac{\psi'(t)}{\varphi'(t)},\text{或}\frac{\mathrm{d}y}{\mathrm{d}x}=\frac{\frac{\mathrm{d}y}{\mathrm{d}t}}{\frac{\mathrm{d}x}{\mathrm{d}t}}.$$

证　因为函数$x=\varphi(t)$具有单调的反函数$t=\varphi^{-1}(x)$；又因为$x=\varphi(t)$可导且$\varphi'(t)\neq0$，反函数$t=\varphi^{-1}(x)$的导数为

$$\frac{\mathrm{d}t}{\mathrm{d}x}=\frac{1}{\varphi'(t)}=\frac{1}{\frac{\mathrm{d}x}{\mathrm{d}t}}.$$

已假设反函数$t=\varphi^{-1}(x)$能与$y=\psi(t)$构成复合函数，我们可把$t=\varphi^{-1}(x)$当作中间变量函数代入$y=\psi(t)$，就有复合函数$y=\psi[\varphi^{-1}(x)]$.复合函数$y=\psi[\varphi^{-1}(x)]$的导数为

$$\frac{dy}{dx}=\frac{dy}{dt}\cdot\frac{dt}{dx}.$$

因为$\frac{dt}{dx}=\frac{1}{\frac{dx}{dt}}$,将其代入,得

$$\frac{dy}{dx}=\frac{dy}{dt}\cdot\frac{1}{\frac{dx}{dt}}=\frac{\frac{dy}{dt}}{\frac{dx}{dt}}=\frac{\psi'(t)}{\varphi'(t)}.$$

设有参数方程所确定的函数$\begin{cases}x=\varphi(t),\\y=\psi(t),\end{cases}$若$\varphi(t)$和$\psi(t)$均可导,且$\varphi'(t)\neq 0$,则有

$$\frac{dy}{dx}=\frac{\psi'(t)}{\varphi'(t)}.$$

例 3 已知椭圆的参数方程为

$$\begin{cases}x=2\cos t,\\y=3\sin t.\end{cases}$$

求当$t=\frac{\pi}{4}$时,椭圆上切线的斜率.

解 先让我们求出导数$\frac{dx}{dt}$和导数$\frac{dy}{dt}$,据此再求出导数$\frac{dy}{dx}=f(t)$. 然后将$t=\frac{\pi}{4}$代入$\frac{dy}{dx}=f(t)$,就可得到当$t=\frac{\pi}{4}$时,椭圆上切线的斜率.

$$\frac{dx}{dt}=(2\cos t)'=-2\sin t,$$

$$\frac{dy}{dt}=(3\sin t)'=3\cos t.$$

将上述两式代入$\frac{dy}{dx}=\frac{\frac{dy}{dt}}{\frac{dx}{dt}}$,得

$$\frac{dy}{dx}=\frac{3\cos t}{-2\sin t}=-\frac{3}{2}\cot t.$$

将$t=\frac{\pi}{4}$代入$\frac{dy}{dx}=-\frac{3}{2}\cot t$,得

$$\frac{dy}{dx}=-\frac{3}{2}\cot\frac{\pi}{4}=-\frac{3}{2}.$$

例 4　已知摆线是由参数方程$\begin{cases} x=2(t-\sin t), \\ y=2(1-\cos t) \end{cases}$所确定的函数,求导数$\dfrac{dy}{dx}$.

解　先让我们求出导数$\dfrac{dx}{dt}$和导数$\dfrac{dy}{dt}$,据此再求出导数$\dfrac{dy}{dx}$.

$$\frac{dx}{dt}=[2(t-\sin t)]'=2(1-\cos t),$$

$$\frac{dy}{dt}=[2(1-\cos t)]'=2\sin t.$$

将上述两式代入$\dfrac{dy}{dx}=\dfrac{\frac{dy}{dt}}{\frac{dx}{dt}}$,得

$$\begin{aligned}\frac{dy}{dx}&=\frac{2\sin t}{2(1-\cos t)}\\&=\frac{\sin t}{1-\cos t}\\&=\cot\frac{t}{2}.\end{aligned}$$

习题 6－4

1. 求下列隐函数的导数$\dfrac{dy}{dx}$:

(1) $x+y-e^{xy}=2$;

(2) $x+y-4\sin y=0$;

(3) $x^2+y^2+e^{xy}=7$;

(4) $xy-e^{x+y}=2$.

2. 求下列参数方程所确定的函数的导数$\dfrac{dy}{dx}$:

(1) $\begin{cases} x=\cos t, \\ y=\sin 2t; \end{cases}$

(2) $\begin{cases} x=2t^2, \\ y=1-2t; \end{cases}$

(3) $\begin{cases} x=e^{-t}, \\ y=4e^{2t}; \end{cases}$

(4) $\begin{cases} x=\ln(2-t^2), \\ y=4t. \end{cases}$

第五节　微分 dy

一、微分 dy 的概念

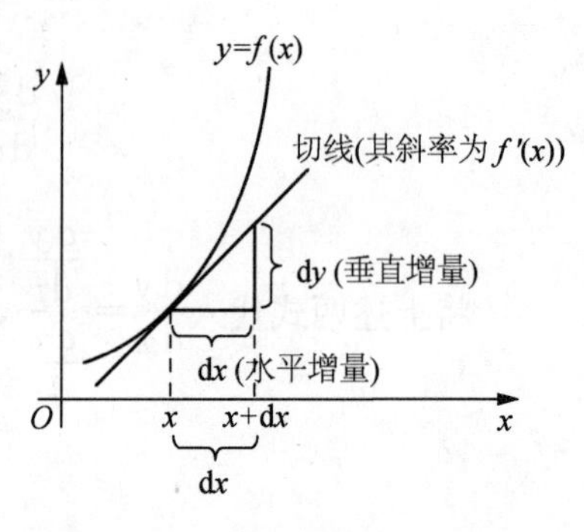

图 6－3

让我们在点 x 处对可导函数 $y=f(x)$ 的曲线作一条切线，那么这条切线的斜率就是 $f'(x)$，如图 6－3 所示. 让我们以点 x 作为起始点设立一个极小区间 $[x,x+\mathrm{d}x]$. 这里 $\mathrm{d}x$ 代表一个极小的量. 这个极小区间称为微区间. 切线在微区间上的水平增量为 $\mathrm{d}x$. 切线在微区间上的垂直增量等于 $f'(x)\mathrm{d}x$，如图 6－3 所示. 让我们用 $\mathrm{d}y$ 代表切线在微区间上的垂直增量. 我们有

$$\mathrm{d}y=f'(x)\mathrm{d}x.$$

$\mathrm{d}y$ 称为函数 y 的**微分**. $\mathrm{d}y$ 也被记为 $\mathrm{d}f(x)$.

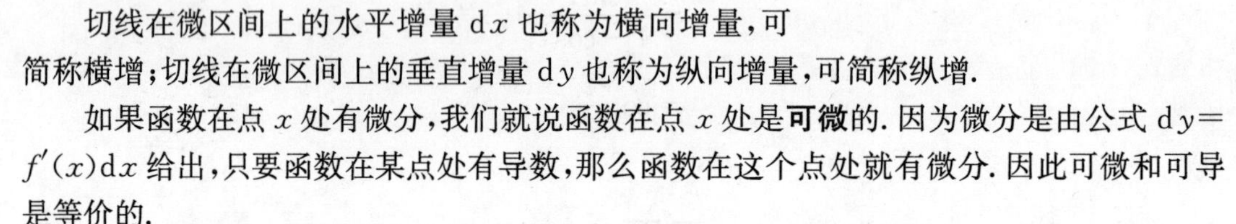

切线在微区间上的水平增量 $\mathrm{d}x$ 也称为横向增量，可简称横增；切线在微区间上的垂直增量 $\mathrm{d}y$ 也称为纵向增量，可简称纵增.

如果函数在点 x 处有微分，我们就说函数在点 x 处是**可微**的. 因为微分是由公式 $\mathrm{d}y=f'(x)\mathrm{d}x$ 给出，只要函数在某点处有导数，那么函数在这个点处就有微分. 因此可微和可导是等价的.

例 1　求函数 $y=x^2$ 在点 $x=1$ 处的微分 $\mathrm{d}y$，并在 x 轴上标出 $\mathrm{d}x$，在 y 轴上标出 $\mathrm{d}y$.

解　$\mathrm{d}y=(x^2)'\mathrm{d}x=2x\mathrm{d}x$.

将 $x=1$ 代入 $\mathrm{d}y=2x\mathrm{d}x$，得

$$\mathrm{d}y=2x\mathrm{d}x=2\mathrm{d}x.$$

$\mathrm{d}y$ 与 $\mathrm{d}x$ 的关系如图 6－4 所示.

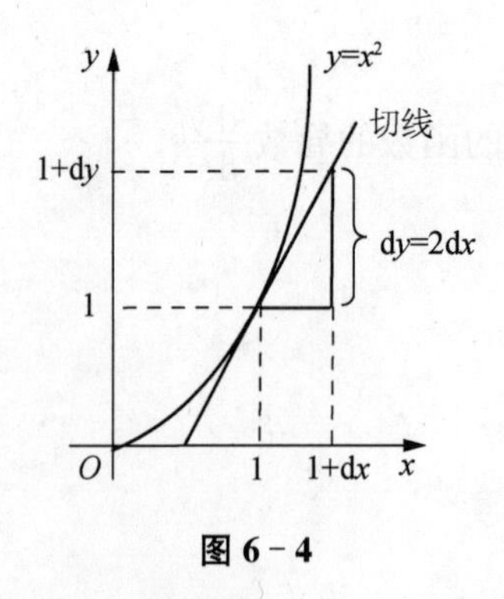

图 6－4

二、微分 dy 与函数微增量 Δy 之间的关系

我们知道，微分 $\mathrm{d}y$ 是函数的切线在区间 $[x,x+\mathrm{d}x]$ 上的垂直增量，而函数增量 Δy 是函数的曲线在区间 $[x,x+\Delta x]$ 上的垂直增量. 为了讨论它们之间的关系，我们需要把

dx 与 Δx 等同起来，即有 $dx = \Delta x$，这样区间 $[x, x+dx]$ 就是区间 $[x, x+\Delta x]$. 其实 dx 与 Δx 在本质是相同的，都表示在 x 轴上的一个小增量. 只是我们在讨论极限时，习惯用 Δx；在讨论切线斜率时，习惯用 dx.

设有可导函数 $y = f(x)$，让我们设立区间 $[x, x+\Delta x]$，即区间 $[x, x+dx]$，这里 $(dx = \Delta x)$，那么微分 dy 是函数的切线在该区间上的纵向增量，它等于 $dy = f'(x)dx$；而函数增量 Δy 是函数的曲线在该区间上的垂直增量，它等于 $f(x+\Delta x) - f(x)$，如图6－5所示.

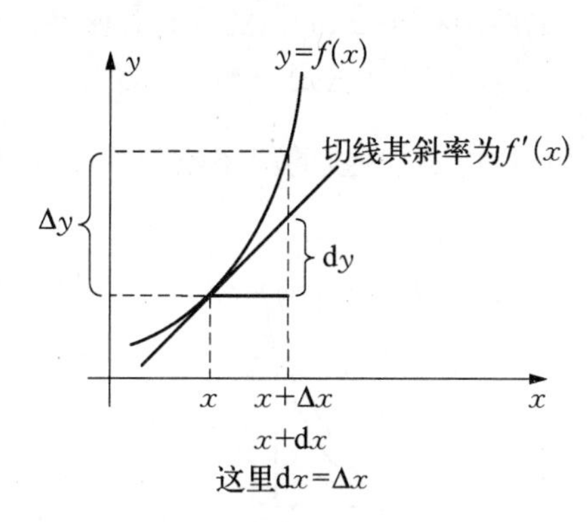

图 6－5

函数的微分 $dy = f'(x)dx$ 与函数的增量 $\Delta y = f(x+\Delta x) - f(x)$ 是不相等的，但我们可以证明 $\lim\limits_{\Delta x \to 0} \dfrac{\Delta y}{dy} = 1$.

$$\lim_{\Delta x \to 0} \frac{\Delta y}{dy} = \lim_{\Delta x \to 0} \frac{f(x+\Delta x) - f(x)}{f'(x)dx} = \lim_{\Delta x \to 0} \frac{\dfrac{f(x+\Delta x) - f(x)}{\Delta x}}{\dfrac{f'(x)dx}{\Delta x}}$$

$$= \frac{1}{f'(x)} \lim_{\Delta x \to 0} \frac{f(x+\Delta x) - f(x)}{\Delta x} = \frac{f'(x)}{f'(x)} = 1.$$

上式中，因为已设 $dx = \Delta x$，故有 $\dfrac{f'(x)dx}{\Delta x} = f'(x)$.

公式 $\lim\limits_{\Delta x \to 0} \dfrac{\Delta y}{dy} = \lim\limits_{\Delta x \to 0} \dfrac{f(x+dx) - f(x)}{f'(x)dx} = 1$ 表述的是：当 Δx（或 dx）趋向于 0 时，$\dfrac{f(x+dx) - f(x)}{f'(x)dx}$ 趋向于 1. 即当 Δx（或 dx）愈小时，$f(x+\Delta x) - f(x)$ 与 $f'(x)dx$ 的值就愈接近. 根据这一原理，可用 $f'(x)dx$ 来估算 $f(x+\Delta x) - f(x)$ 的值. 例如，在例 1 中，设立微区间 $[3, 3.01]$，即 $dx = \Delta x = 3.01 - 3 = 0.01$，这样函数 $y = x^2$ 在该区间的增量为

$$\Delta y = f(x+\Delta x) - f(x) = 3.01^2 - 3^2 = 0.060\,1.$$

现在计算函数在该区间的微分 dy. 函数 $y = x^2$ 在 $x = 3$ 处的导数为 $y' = 2x = 2 \cdot 3 = 6$，则

$$dy = f'(x)dx = 6 \cdot 0.01 = 0.06.$$

两者很接近，我们可用 dy 估算 Δy. 但现今计算机已普及，函数的差值可用计算机直接

计算，因此用 $\mathrm{d}y$ 估算 Δy 的实际应用应该是越来越少，因此，这里就不做更多的讨论了.

三、$\frac{\mathrm{d}y}{\mathrm{d}x}$可解释为切线的纵增、横增之比

我们知道一条直线的斜率等于直线的纵向增量与横向增量之比，也就是等于直线的纵增与横增之比，如图 6-6 中的左图所示. 因为斜率等于纵增、横增之比，所以我们也可将斜率称为纵增、横增之比. 纵增、横增之比是斜率的一种形象化表示法. 例如割线的斜率就可用纵增、横增之比来表示. 让我们在小区间$[x,x+\Delta x]$上对函数 $f(x)$ 作一割线，那么割线的横增为 Δx，割线的纵增为 $\Delta y(\Delta y=f(x+\Delta x)-f(x))$，如图 6-6 中的中图所示. 割线的斜率等于$\frac{\Delta y(纵增)}{\Delta x(横增)}$. 因此，$\frac{\Delta y}{\Delta x}$可以称为是割线的斜率或割线的纵增、横增之比.

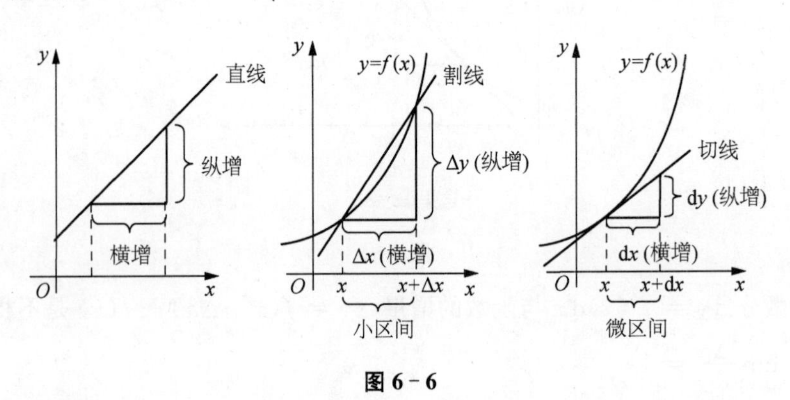

图 6-6

同理，切线的斜率也可以用纵增、横增之比的模式来表述. 让我们在点 x 处对函数 $y=f(x)$作一切线，那么切线的斜率为 $f'(x)$，如图 6-6 中的右图所示. 让我们以点 x 为起始点来设立一个微区间$[x,x+\mathrm{d}x]$，那么切线在这个微区间的横增是 $\mathrm{d}x$，纵增是 $\mathrm{d}y$ $(\mathrm{d}y=f'(x)\mathrm{d}x)$，如图 6-6 中的右图所示. 因此，$\frac{\mathrm{d}y}{\mathrm{d}x}$可以称为是切线的斜率或切线的纵增、横增之比$\left(\frac{\mathrm{d}y(纵增)}{\mathrm{d}x(横增)}\right)$.

需注意的是：虽然斜率等于纵增、横增之比，但割线的斜率是由割线的纵增、横增之比$\frac{\Delta y}{\Delta x}$给出；而切线的纵增、横增之比$\frac{\mathrm{d}y}{\mathrm{d}x}$却是由切线的斜率给出. 对切线，我们必须先通过公式$\lim\limits_{\Delta x\to 0}\frac{f(x+\Delta x)-f(x)}{\Delta x}$计算出切线的斜率，再经公式 $\mathrm{d}y=f'(x)\mathrm{d}x$ 得到切线的纵增 $\mathrm{d}y$. 然后才得到纵增、横增之比$\frac{\mathrm{d}y}{\mathrm{d}x}$.

从第四章导数定义的讨论中，我们知道导数 $\frac{\mathrm{d}y}{\mathrm{d}x}$ 代表函数在一个点处的瞬时变化率，而上面的讨论中又将导数 $\frac{\mathrm{d}y}{\mathrm{d}x}$ 解释为函数切线的纵增、横增之比. 其实这就是一个事物的两个方面. 如果你从函数变化率的角度去看 $\frac{\mathrm{d}y}{\mathrm{d}x}$，它表示函数在一个点处的瞬时变化率，此时的

$\frac{dy}{dx}$是符号，与符号 y' 的性质相同；如果你从函数切线的角度去看 $\frac{dy}{dx}$，它代表函数切线的纵增、横增之比，此时的 $\frac{dy}{dx}$ 是分数. 既然函数在一个点处的瞬时变化率等于在该点处函数切线的纵增、横增之比，那么函数在一个点处的瞬时变化率就可以用在该点处函数切线的纵增、横增之比来表示，因此在高数上，我们总是可以把 $\frac{dy}{dx}$ 当作分数进行各种运算.

将$\frac{dy}{dx}$称为函数曲线上切线的纵增、横增之比，使我们可以形象化地理解$\frac{dy}{dx}$. 现在，对于求函数 $y=f(x)$的导数$\frac{dy}{dx}$这样的问题，我们可以形象化地将其解读为求函数曲线上切线的纵增、横增之比. 而对于求函数 $y=f(x)$的微分 dy 这样的问题，我们可以形象化地解读为：求当横增为 dx 时，函数曲线切线上的纵增.

例如，函数 $y=x^2$ 在点 $x=1$ 处的导数 $\frac{dy}{dx}$ 等于 2，我们可以形象化地将其解读为：函数 $y=x^2$ 曲线在点 $x=1$ 处切线的纵增、横增之比 $\frac{dy}{dx}$ 等于 2. 又如，函数 $y=x^2$ 在点 $x=1$ 处的微分 dy 等于 $2\,dx$，我们可以形象化地将其解读为：当横增为 dx 时，在函数曲线该点处的切线的纵增等于 $2dx$，如图 6－7 中的左图所示.

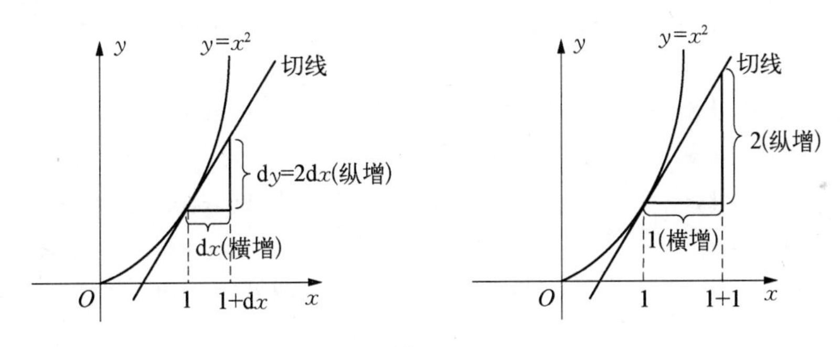

图 6－7

其实 y' 亦具有纵增、横增之比的特性. 让我们将 y' 写成 $y'=\frac{y'}{1}$，$\frac{y'}{1}$ 就表现出切线纵增、横增之比的特性，此时，分母上的 1 为切线上的横增，分子上的 y' 的数值为切线上的纵增. 例如在上述例子中，函数 $y=x^2$ 在点 $x=1$ 处的导数等于 2，即 $y'=2$，则有

$$y'=2=\frac{2}{1}=\frac{2(\text{纵增})}{1(\text{横增})}.$$

图 6－7 中的右图显示了 $y'=\frac{2(\text{纵增})}{1(\text{横增})}$ 的纵增、横增之比的特性. 同理，$f'(x)$ 亦具有纵增、横增之比的特性. 将 $f'(x)$ 写成 $f'(x)=\frac{f'(x)}{1}$，那么 $\frac{f'(x)}{1}$ 就表现出切线纵增、横增之比的特性.

注意，虽然 $\frac{dy}{dx}$ 与 $\frac{y'}{1}$ 都具有切线纵增、横增之比的特性，但特点不同. $\frac{dy}{dx}$ 表示的是在横

增为 $\mathrm{d}x$ 情形下的切线纵增、横增之比；而 $\frac{y'}{1}$ 表示的是在横增为 1 情形下的切线纵增、横增之比.

四、函数的微分公式与微分的四则运算法则

因为微分的表达式为 $\mathrm{d}y=f'(x)\mathrm{d}x$，所以只要将函数的导数乘以 $\mathrm{d}x$ 就可得到函数的微分. 这样参照函数的导数公式，我们就能直接得到函数的微分公式.

微分的基本公式

$y=C$	$\mathrm{d}y=0$	或 $\mathrm{d}(C)=0$
$y=x^n$	$\mathrm{d}y=nx^{n-1}\mathrm{d}x$	或 $\mathrm{d}(x^n)=nx^{n-1}\mathrm{d}x$
$y=a^x$	$\mathrm{d}y=a^x\ln a\mathrm{d}x$	或 $\mathrm{d}(a^x)=a^x\ln a\mathrm{d}x$
$y=\mathrm{e}^x$	$\mathrm{d}y=\mathrm{e}^x\mathrm{d}x$	或 $\mathrm{d}(\mathrm{e}^x)=\mathrm{e}^x\mathrm{d}x$
$y=\ln x$	$\mathrm{d}y=\frac{1}{x}\mathrm{d}x$	或 $\mathrm{d}(\ln x)=\frac{1}{x}\mathrm{d}x$
$y=\log_a x$	$\mathrm{d}y=\frac{1}{x\ln a}\mathrm{d}x$	或 $\mathrm{d}(\log_a x)=\frac{1}{x\ln a}\mathrm{d}x$
$y=\sin x$	$\mathrm{d}y=\cos x\mathrm{d}x$	或 $\mathrm{d}(\sin x)=\cos x\mathrm{d}x$
$y=\cos x$	$\mathrm{d}y=-\sin x\mathrm{d}x$	或 $\mathrm{d}(\cos x)=-\sin x\mathrm{d}x$
$y=\arcsin x$	$\mathrm{d}y=\frac{1}{\sqrt{1-x^2}}\mathrm{d}x$	或 $\mathrm{d}(\arcsin x)=\frac{1}{\sqrt{1-x^2}}\mathrm{d}x$
$y=\arccos x$	$\mathrm{d}y=\frac{-1}{\sqrt{1-x^2}}\mathrm{d}x$	或 $\mathrm{d}(\arccos x)=\frac{-1}{\sqrt{1-x^2}}\mathrm{d}x$
$y=\arctan x$	$\mathrm{d}y=\frac{1}{1+x^2}\mathrm{d}x$	或 $\mathrm{d}(\arctan x)=\frac{1}{1+x^2}\mathrm{d}x$
$y=\mathrm{arccot}\, x$	$\mathrm{d}y=\frac{-1}{1+x^2}\mathrm{d}x$	或 $\mathrm{d}(\mathrm{arccot}\, x)=\frac{-1}{1+x^2}\mathrm{d}x$

微分运算的四则法则

若函数 $u=f(x)$ 和 $v=g(x)$，则：

$$\mathrm{d}(u+v)=\mathrm{d}u+\mathrm{d}v$$
$$\mathrm{d}(u-v)=\mathrm{d}u-\mathrm{d}v$$
$$\mathrm{d}(uv)=u\mathrm{d}v+v\mathrm{d}u$$
$$\mathrm{d}\left(\frac{u}{v}\right)=\frac{v\mathrm{d}u-u\mathrm{d}v}{v^2}\ (v\neq 0)$$

微分的系数法则

$$\mathrm{d}(Cu)=C\mathrm{d}u\ (C\text{ 为常数}).$$

例 2 已知函数 $y=x^2-\cos x$，求函数的微分 $\mathrm{d}y$.

解
$$\mathrm{d}y=\mathrm{d}(x^2-\cos x)$$
$$=\mathrm{d}(x^2)-\mathrm{d}(\cos x)$$

$$=2x\mathrm{d}x-(-\sin x)\mathrm{d}x$$
$$=(2x+\sin x)\mathrm{d}x.$$

例 3　已知函数 $y=x\sin x$，求函数的微分 $\mathrm{d}y$.

解
$$\begin{aligned}\mathrm{d}y&=\mathrm{d}(x\sin x)\\&=\sin x\mathrm{d}(x)+x\mathrm{d}(\sin x)\\&=\sin x(x)'\mathrm{d}x+x(\sin x)'\mathrm{d}x\\&=\sin x\mathrm{d}x+x\cos x\mathrm{d}x\\&=(\sin x+x\cos x)\mathrm{d}x.\end{aligned}$$

例 4　已知函数 $y=\dfrac{\mathrm{e}^x}{x}$，求函数的微分 $\mathrm{d}y$.

解
$$\begin{aligned}\mathrm{d}y&=\mathrm{d}\left(\frac{\mathrm{e}^x}{x}\right)\\&=\frac{x\mathrm{d}(\mathrm{e}^x)-\mathrm{e}^x\mathrm{d}(x)}{x^2}\\&=\frac{x\mathrm{e}^x\mathrm{d}x-\mathrm{e}^x\mathrm{d}x}{x^2}\\&=\frac{\mathrm{e}^x(x-1)\mathrm{d}x}{x^2}.\end{aligned}$$

下面我们用一个例子来图解微分之和定律.

例 5　已知三个函数 $f(x)=\dfrac{x^3}{4}+x^2$，$g(x)=\dfrac{x^3}{4}$ 和 $h(x)=x^2$，其中 $f(x)=g(x)+h(x)$，求这三个函数在点 $x=2$ 处的微分 $\mathrm{d}y$；并请在同一个直角坐标系 xOy 中，将这三个 $\mathrm{d}y$ 表示出来.

解　对这三个函数求微分，我们得到 $\mathrm{d}f(x)=\left(\dfrac{3x^2}{4}+2x\right)\mathrm{d}x$，$\mathrm{d}g(x)=\dfrac{3x^2}{4}\mathrm{d}x$ 和 $\mathrm{d}h(x)=2x\mathrm{d}x$. 将 $x=2$代入以上三式，得 $\mathrm{d}f(2)=7\mathrm{d}x$，$\mathrm{d}g(2)=3\mathrm{d}x$ 和 $\mathrm{d}h(2)=4\mathrm{d}x$.

在直角坐标系 xOy 中，作这三个函数的曲线. 然后在 x 轴上选择点 $x=2$，并设立一个微区间$[2,2+\mathrm{d}x]$. 让我们在点 $x=2$ 处，对这三个函数分别作切线，如图 6-8所示. 这三条切线在微区间$[2,2+\mathrm{d}x]$上的垂直增量就是这三个函数在点 $x=2$ 处的 $\mathrm{d}y$，如图 6-8 所示.

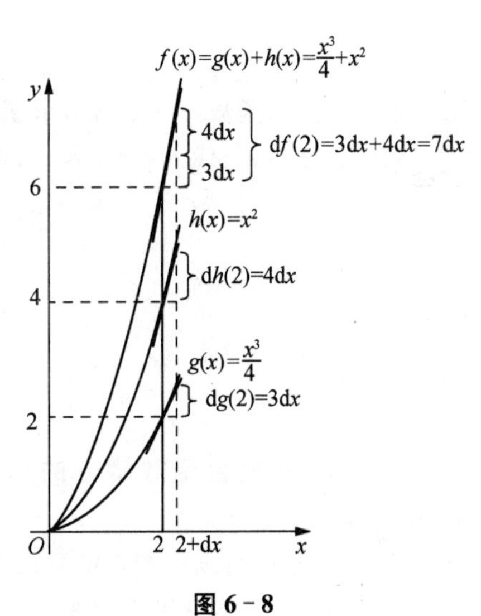

图 6-8

五、复合函数的微分法则与微分不变性

我们知道由 $y=f(u)$和 $u=g(x)$构成的复合函数 $y=f[g(x)]$的导数为

$$\frac{\mathrm{d}y}{\mathrm{d}x}=f'(u)g'(x).$$

根据微分的定义 $\mathrm{d}y=y'\mathrm{d}x$，复合函数 $y=f[g(x)]$的微分 $\mathrm{d}y$ 应为

$$\mathrm{d}y=f'(u)g'(x)\mathrm{d}x.$$

上式就是复合函数 $y=f[g(x)]$的微分公式.

在函数 $y=f(u)$中，如果我们不把 u 当作中间变量函数 $u=g(x)$，而仅把 u 当作自变量，那么 $y=f(u)$就是一个简单函数，它的微分就是

$$\mathrm{d}y=f'(u)\mathrm{d}u.$$

如果我们把 u 当作中间变量函数 $u=g(x)$，那么此时，$y=f(u)$变成复合函数，而 $\mathrm{d}u$ 则变成中间变量函数 $u=g(x)$的微分，即 $\mathrm{d}u=g'(x)\mathrm{d}x$. 将此中间变量函数的微分 $\mathrm{d}u=g'(x)\mathrm{d}x$代入上式，得到复合函数的微分

$$\mathrm{d}y=f'(u)g'(x)\mathrm{d}x.$$

这就是微分的不变性.

例 6 已知函数 $y=\sin^2 x$，求函数的微分 $\mathrm{d}y$.

解 设 $u=\sin x$，代入 $y=\sin^2 x$，得 $y=u^2$. 求 $y=u^2$ 的微分.

$$\begin{aligned}\mathrm{d}y&=(u^2)'\mathrm{d}u\\&=2u\mathrm{d}u\\&=2\sin x\mathrm{d}(\sin x)\\&=2\sin x(\sin x)'\mathrm{d}x\\&=2\sin x\cos x\mathrm{d}x.\end{aligned}$$

例 7 已知函数 $y=\cos x^2$，求函数的微分 $\mathrm{d}y$.

解 设 $u=x^2$，代入 $y=\cos x^2$，得 $y=\cos u$. 求 $y=\cos u$ 的微分.

$$\begin{aligned}\mathrm{d}y&=(\cos u)'\mathrm{d}u\\&=-\sin u\mathrm{d}u\\&=-\sin x^2\mathrm{d}(x^2)\\&=-\sin x^2\,(x^2)'\mathrm{d}x\\&=-2x\sin x^2\mathrm{d}x.\end{aligned}$$

（以下是对复合函数微分的形象化讲解，此为选读内容）

下面让我们用纵增、横增模式来图解复合函数的微分. 首先让我们建立三平面坐标系，如图 6－9 所示. 这里有 xy 平面（主平面）、xu 平面和 uy 平面. 注意这不是一个空间坐标系，它是共轴的三个垂直平面.

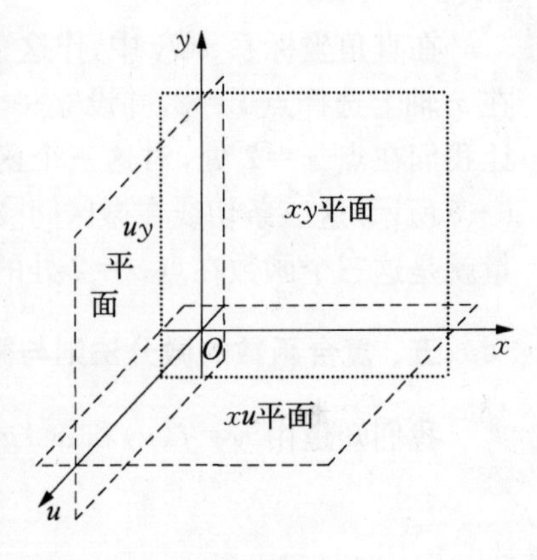

图 6－9

让我们在 xu 平面上作函数 $u=g(x)$ 的曲线；在 uy 平面上作函数 $y=f(u)$ 的曲线；在 xy 平面上作复合函数 $y=f[g(x)]$ 的曲线，如图 6－10 所示. 让我们在 x 轴上选一点 x_0，通过在 xu 平面上的曲线 $u=g(x)$，就能在 u 轴

上得到一点 u_0，再通过在 uy 平面上的曲线 $y=f(u)$，就能在 y 轴上得到一点 y_0. 如图 6-10所示.

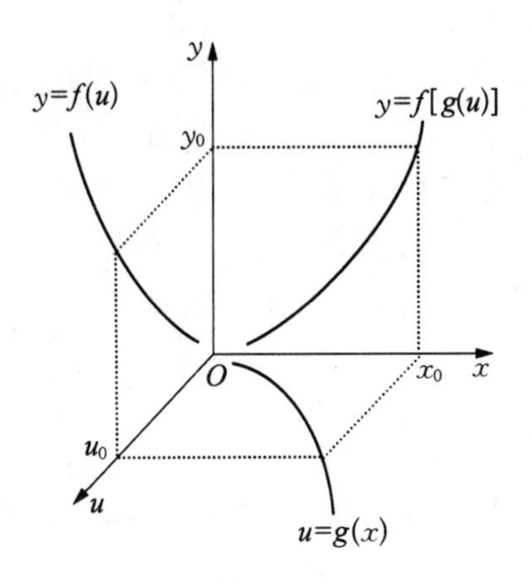

图 6-10

让我们在点 x_0 处，对函数 $u=g(x)$ 作切线，切线斜率为 $g'(x_0)$；再在点 u_0 处对函数 $y=f(u)$ 作切线，切线斜率为 $f'(u_0)$；然后再在点 x_0 处对函数 $y=f[g(x)]$ 作切线，切线斜率为 $f'(u_0)g'(x_0)$，如图 6-11 中左图所示.

让我们给点 x_0 一个微增量 $\mathrm{d}x$，那么对函数 $u=g(x)$ 在点 x_0 处的切线而言，$\mathrm{d}x$ 就是一个横增，这个横增就会在该切线上生成一个相应的纵增 $\mathrm{d}u$，$\mathrm{d}u=g'(x_0)\mathrm{d}x$，如图 6-11 中左图所示.

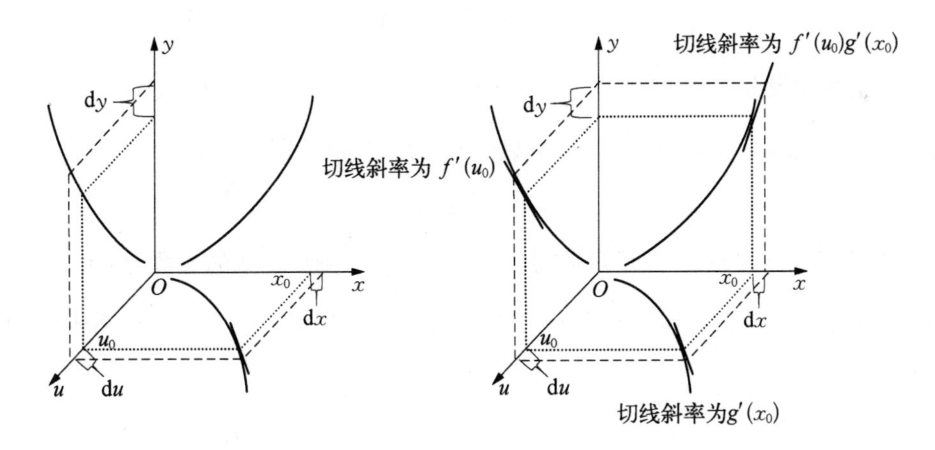

图 6-11

让我们把这个纵增 $\mathrm{d}u$ 标记在 u 轴上. 也就是相当于给点 u_0 一个微增量 $\mathrm{d}u$，那么对函数 $y=f(u)$ 在点 u_0 处的切线而言，$\mathrm{d}u$ 就是一个横增，这个横增 $\mathrm{d}u$ 就会在该切线上生成一个相应的纵增 $\mathrm{d}y$，$\mathrm{d}y=f'(u_0)\mathrm{d}u$，如图 6-11 中右图所示. 这样我们就通过函数 $u=g(x)$ 的切线和函数 $y=f(u)$ 的切线，生成了与 $\mathrm{d}x$ 相对应的 $\mathrm{d}y$，这一对 $\mathrm{d}x$，$\mathrm{d}y$ 就是复合函数 $y=f[g(x)]$ 在点 x_0 处的切线上的 $\mathrm{d}x$ 与 $\mathrm{d}y$，即横增与纵增，如图 6-11 中右图所示.

从上面的讨论，我们可看出：对复合函数而言，横增 $\mathrm{d}x$ 是通过两次切线转换生成纵增 $\mathrm{d}y$. 而中间变量型函数的微分 $\mathrm{d}u$ 担当着双重角色，对函数 $u=g(x)$，$\mathrm{d}u$ 是纵增；对函数 $y=$

$f(u)$,du 是横增.

注意,上面我们实际上图示了当 $g'(x)\geqslant 0$ 时,即 $du\geqslant 0$ 时,dy 生成的情形.下面我们要说明当 $g'(x)\leqslant 0$ 时,即 $du\leqslant 0$ 时,dy 生成的情形.

我们知道在 u 轴上的点 u_0 有两侧,一侧为增值侧,即此侧的 u 值都大于 u_0;另一侧为减值侧,即此侧的 u 值都小于 u_0.当 $du>0$ 时,du 就在点 u_0 的增值侧;当 $du<0$ 时,du 就在点 u_0 的减值侧,如图 6-12 中左图所示.在点 u_0 的减值侧的 du 也一样能作为横增,通过函数 $y=f(u)$ 在点 u_0 处的切线生成 dy,如图 6-12 中右图所示.这里我们只是讨论横增与纵增几何上的对应关系,不论横增在哪一侧,并不影响这种几何对应关系,也就是不会影响结果的正确性.

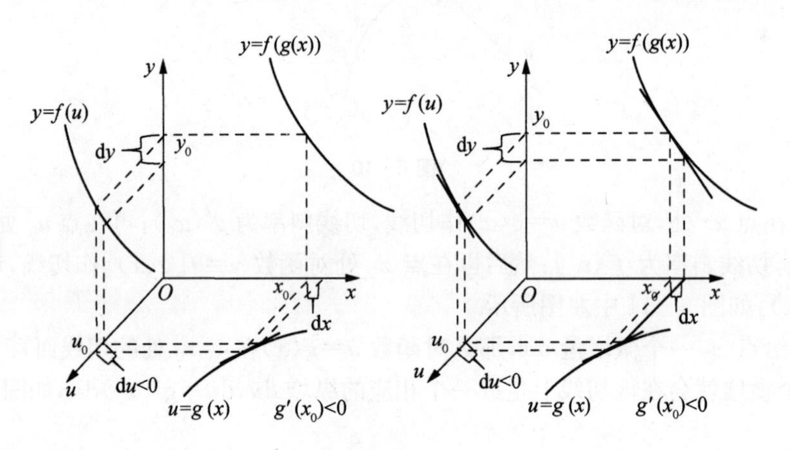

图 6-12

六、反函数的微分

设有直接函数 $y=f(x)$,那么直接函数 $y=f(x)$ 的微分 dy 为

$$dy=f'(x)dx.$$

若将直接函数 $y=f(x)$ 的反函数写成 $x=f^{-1}(y)$,则反函数的导数为 $[f^{-1}(y)]'$.例如,将直接函数 $y=x^3$ 的反函数写成 $x=\sqrt[3]{y}$,则 $[f^{-1}(y)]'=x'=\dfrac{1}{3\sqrt[3]{y^2}}$.根据微分的定义,反函数 $x=f^{-1}(y)$ 的微分 dx 为

$$dx=[f^{-1}(y)]'dy=\frac{1}{f'(x)}dy.$$

让我们对反函数 $x=f^{-1}(y)$ 的微分 dx 作形象化的几何解释。

因为我们将直接函数 $y=f(x)$ 的反函数写成 $x=f^{-1}(y)$,所以直接函数 $y=f(x)$ 的图形与反函数的图形完全一样,如图 6-13 所示.因此,它们的切线也完全一样.也就是说,如果我们在函数的曲线上取一点,对函数的曲线作一条切线,如图 6-13 所示,那么它既是直接函数 $y=f(x)$ 曲线在该点的切线,又是反函数 $x=f^{-1}(y)$ 曲线在该点的切线.这种现象称为切线不变现象.

对这条切线而言,它有两个相互关联的增量 dx 和 dy,这两个相互关联的增量 dx 和

$\mathrm{d}y$ 的关系遵守等式 $\mathrm{d}y=f'(x)\mathrm{d}x$，也可把等式写成 $\mathrm{d}x=\dfrac{1}{f'(x)}\mathrm{d}y$. 如果我们给这条切线一个增量 $\mathrm{d}x$，就会在该切线上生成一个相应的增量 $\mathrm{d}y$. 反过来，如果我们给这条切线一个增量 $\mathrm{d}y$，就会在该切线上生成一个相应的增量 $\mathrm{d}x$.

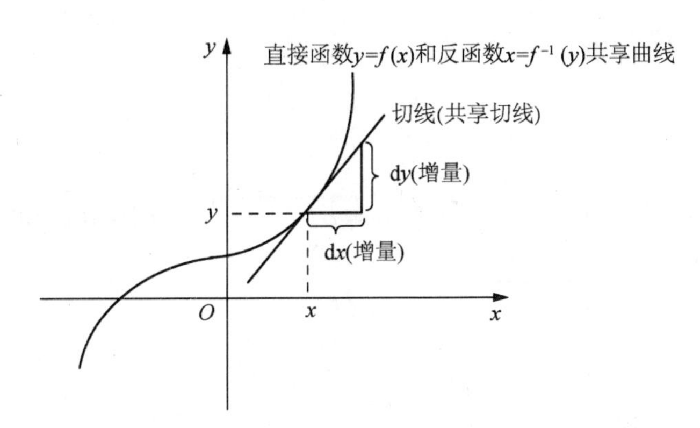

图 6－13

对直接函数 $y=f(x)$ 而言，我们给这条切线一个增量 $\mathrm{d}x$（横增），让它在该切线上生成一个相应的增量 $\mathrm{d}y$（纵增）（也可说成把切线上的增量 $\mathrm{d}x$ 当横增，把增量 $\mathrm{d}y$ 当纵增），我们称 $\mathrm{d}y$（纵增）为直接函数 $y=f(x)$ 的微分. 切线上的 $\mathrm{d}x$ 和 $\mathrm{d}y$ 遵守等式 $\mathrm{d}y=f'(x)\mathrm{d}x$，故微分 $\mathrm{d}y$ 为 $\mathrm{d}y=f'(x)\mathrm{d}x$. 我们知道纵增、横增之比为斜率，而斜率又等于导数，故直接函数 $y=f(x)$ 切线的纵增、横增之比为 $\dfrac{\mathrm{d}y}{\mathrm{d}x}$，导数为 $f'(x)=\dfrac{\mathrm{d}y}{\mathrm{d}x}$.

对反函数 $x=f^{-1}(y)$ 而言，我们给这条切线一个增量 $\mathrm{d}y$（横增），让它在该切线上生成一个相应的增量 $\mathrm{d}x$（纵增）（也可说成把切线上的增量 $\mathrm{d}y$ 当横增，把增量 $\mathrm{d}x$ 当纵增），我们称 $\mathrm{d}x$（纵增）为反函数 $x=f^{-1}(y)$ 的微分. 切线上的 $\mathrm{d}x$ 和 $\mathrm{d}y$ 遵守等式 $\mathrm{d}y=f'(x)\mathrm{d}x$，故微分 $\mathrm{d}x$ 为 $\mathrm{d}x=\dfrac{1}{f'(x)}\mathrm{d}y$. 我们知道纵增、横增之比为斜率，而斜率又等于导数，故反函数 $x=f^{-1}(y)$ 切线的纵增、横增之比为 $\dfrac{\mathrm{d}x}{\mathrm{d}y}$，导数为 $[f^{-1}(y)]'=\dfrac{\mathrm{d}x}{\mathrm{d}y}=\dfrac{1}{f'(x)}$.

	导数	纵增、横增之比
直接函数 $y=f(x)$	$f'(y),\dfrac{\mathrm{d}y}{\mathrm{d}x}$	$\dfrac{\mathrm{d}y}{\mathrm{d}x}$
反函数 $x=f^{-1}(y)$	$[f^{-1}(y)]',\dfrac{\mathrm{d}x}{\mathrm{d}y}$	$\dfrac{\mathrm{d}x}{\mathrm{d}y}$

（根据导数符号的书写规则，我们可以将反函数 $x=f^{-1}(y)$ 的导数写为 $\dfrac{\mathrm{d}x}{\mathrm{d}y}$）

综上所述，直接函数 $y=f(x)$ 与反函数 $x=f^{-1}(y)$ 共享同一切线，直接函数 $y=f(x)$ 切线的纵增、横增之比为 $\dfrac{\mathrm{d}y}{\mathrm{d}x}$；反函数 $x=f^{-1}(y)$ 切线的纵增、横增之比为 $\dfrac{\mathrm{d}x}{\mathrm{d}y}$.

以上讨论是基于将直接函数 $y=f(x)$ 的反函数写成 $x=f^{-1}(y)$ 的前提. 在高数的讨论中，我们将始终遵守这一写法.

七、由参数方程所确定的函数的微分法则

我们知道在参数方程$\begin{cases}x=\varphi(t),\\ y=\psi(t)\end{cases}$中，如果$\varphi(t)$和$\psi(t)$均可导，且$\varphi'(t)\neq 0$，那么由参数方程所确定的函数的导数为

$$\frac{\mathrm{d}y}{\mathrm{d}x}=\frac{\psi'(t)}{\varphi'(t)}.$$

根据函数微分的定义$\mathrm{d}y=y'\mathrm{d}x$，参数方程$\begin{cases}x=\varphi(t),\\ y=\psi(t)\end{cases}$所确定的函数的微分$\mathrm{d}y$应为

$$\mathrm{d}y=\frac{\psi'(t)}{\varphi'(t)}\mathrm{d}x.$$

例 8 设有参数方程$\begin{cases}x=\varphi(t)=8(t-\sin t),\\ y=\psi(t)=8(1-\cos t)\end{cases}$所确定的函数的曲线，求函数的微分$\mathrm{d}y$.

解 首先求$\frac{\mathrm{d}x}{\mathrm{d}t}$与$\frac{\mathrm{d}y}{\mathrm{d}t}$.

$$\frac{\mathrm{d}x}{\mathrm{d}t}=\varphi'(t)=8(t-\sin t)'=8(1-\cos t),$$

$$\frac{\mathrm{d}y}{\mathrm{d}t}=\psi'(t)=8(1-\cos t)'=8\sin t.$$

代入公式$\mathrm{d}y=\frac{\psi'(t)}{\varphi'(t)}\mathrm{d}x$，得

$$\mathrm{d}y=\frac{8\sin t}{8(1-\cos t)}\mathrm{d}x=\frac{\sin t}{(1-\cos t)}\mathrm{d}x.$$

（以下是对参数方程所确定函数的微分的形象化讲解，此为选读内容）

下面让我们用纵增、横增模式来图解由参数方程所确定的函数的微分. 这将使参数方程所确定的函数的微分变得容易理解. 对参数方程所确定的函数的微分可用两种不同的方式图解，下面分别介绍.

图解法 Ⅰ

首先我们要建立一个共轴三平面坐标系，如图 6-14 所示. 这里有 xy 平面（主平面）、tx 平面和 ty 平面. 每两个平面均有一轴共享. 注意这不是一个空间坐标系，只是三个同轴共享的平面.

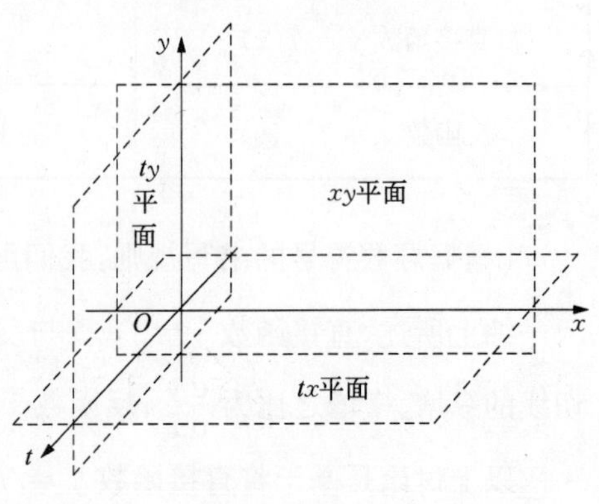

图 6-14

让我们在 tx 平面内作函数 $x=\varphi(t)$ 的曲线；在 ty 平面内作函数 $y=\psi(t)$ 的曲线；在 xy 平面内作参数方程$\begin{cases}x=\varphi(t),\\ y=\psi(t)\end{cases}$所确定的函数的曲线，如图 6-15 中左图所示.

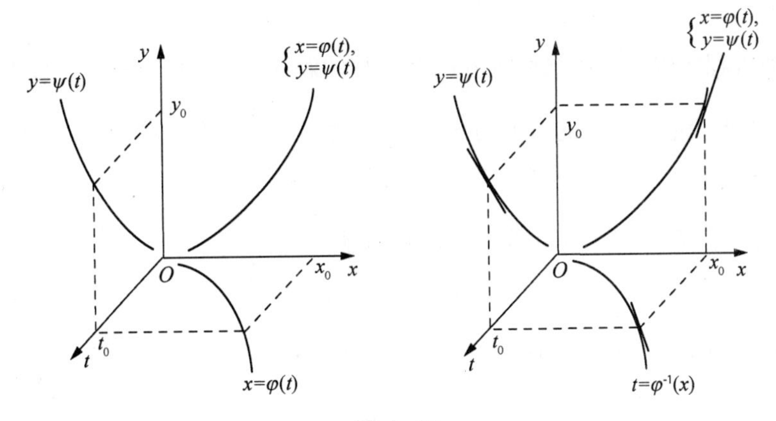

图 6-15

现在我们可以用复合函数的方式来图解参数方程函数的微分. 先让我们把函数 $x=\varphi(t)$写成反函数$t=\varphi^{-1}(x)$，注意，由于我们将 $x=\varphi(t)$的反函数写成$t=\varphi^{-1}(x)$，所以 $x=\varphi(t)$的图形与反函数$t=\varphi^{-1}(x)$的图形相同，切线图形也相同，如图 6-15 中右图所示. 再把$t=\varphi^{-1}(x)$当作中间变量函数代入 $y=\psi(t)$，就有复合函数 $y=\psi[\varphi^{-1}(x)]$. 这样我们就可以复合函数的方式来解释微分 $\mathrm{d}y$ 的生成.

让我们在 x 轴上选一点 x_0，代入函数$t=\varphi^{-1}(x)$，在 t 轴上得点 t_0，在该点对函数 $t=\varphi^{-1}(x)$作切线，如图 6-15 中右图所示. 再将 t_0 代入函数 $y=\psi(t)$，在 y 轴上得点 y_0. 在该点对函数 $y=\psi(t)$作切线，如图 6-15 中右图所示. 再在点 x_0，对复合函数 $y=\psi[\varphi^{-1}(x)]$作切线，如图 6-15 中右图所示.

让我们给点 x_0 一个微增量 $\mathrm{d}x$，那么对函数$t=\varphi^{-1}(x)$在点 x_0 处的切线而言，$\mathrm{d}x$ 就是一个横增，这个横增就会在该切线上生成一个相应的纵增 $\mathrm{d}t$，如图 6-16 中左图所示.

让我们把这个纵增 $\mathrm{d}t$ 标记在 t 轴上. 也就是相当于给点 t_0 一个微增量 $\mathrm{d}t$，那么对函数 $y=\psi(t)$在点 t_0 处的切线而言，$\mathrm{d}t$ 就是一个横增，这个横增 $\mathrm{d}t$ 就会在该切线上生成一个相应的纵增 $\mathrm{d}y$，如图 6-16 中左图所示. 这样我们就通过函数$t=\varphi^{-1}(x)$的切线和函数 $y=\psi(t)$的切线，生成了与 $\mathrm{d}x$ 相对应的 $\mathrm{d}y$，这一对 $\mathrm{d}x,\mathrm{d}y$ 就是参数方程$\begin{cases}x=\varphi(t),\\y=\psi(t)\end{cases}$所确定的函数在点 x_0 处的切线上的 $\mathrm{d}x$ 与 $\mathrm{d}y$，即横增与纵增，如图 6-16 中右图所示.

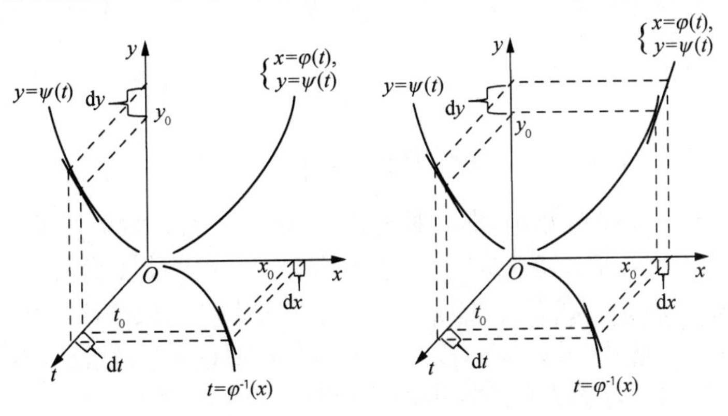

图 6-16

图解法Ⅱ

对由参数方程所确定的函数的微分还有一种图解法.这种方法可以更直观地反映参数方程$\begin{cases}x=\varphi(t),\\y=\psi(t)\end{cases}$所确定的函数的微分与$x=\varphi(t)$的微分及$y=\psi(t)$的微分之间的相互关系.我们知道:

函数$x=\varphi(t)$曲线上切线的横增为$\mathrm{d}t$,纵增为$\mathrm{d}x$.

$$\mathrm{d}x=\varphi'(t)\mathrm{d}t.$$

函数$y=\psi(t)$曲线上切线的横增为$\mathrm{d}t$,纵增为$\mathrm{d}y$.

$$\mathrm{d}y=\psi'(t)\mathrm{d}t.$$

参数方程$\begin{cases}x=\varphi(t),\\y=\psi(t)\end{cases}$所确定的函数曲线上切线的纵增、横增之比为$\frac{\mathrm{d}y}{\mathrm{d}x}=\frac{\psi'(t)}{\varphi'(t)}$,将分子、分母同乘$\mathrm{d}t$,那么参数方程$\begin{cases}x=\varphi(t),\\y=\psi(t)\end{cases}$所确定的函数曲线上切线的纵增、横增之比为

$$\frac{\mathrm{d}y}{\mathrm{d}x}=\frac{\psi'(t)\mathrm{d}t}{\varphi'(t)\mathrm{d}t}.$$

从这个公式上可以看出参数方程$\begin{cases}x=\varphi(t),\\y=\psi(t)\end{cases}$所确定的函数曲线上切线的纵增$\mathrm{d}y$,就是函数$y=\psi(t)$曲线上切线的纵增$\mathrm{d}y$.而参数方程$\begin{cases}x=\varphi(t),\\y=\psi(t)\end{cases}$所确定的函数曲线上切线的横增$\mathrm{d}x$,就是函数$x=\varphi(t)$曲线上切线的纵增$\mathrm{d}x$.现在让我们图示这一原理.

让我们在t轴上选一点t_0,从这点出发,通过在tx平面内的曲线$x=\varphi(t)$,就能在x轴上得到一点x_0,再从点t_0出发,通过在ty平面内的曲线$y=\psi(t)$,就能在y轴上得到一点y_0.如图6-17中左图所示.这样t_0就生成了一对x_0和y_0,这一对x_0和y_0就是xy平面内的一个点.我们可以通过这种方式在xy平面内,找到无数多的点.将这些点连接起来,就是由参数方程$\begin{cases}x=\varphi(t),\\y=\psi(t)\end{cases}$所确定的函数的曲线.

让我们在点t_0处对函数$x=\varphi(t)$作切线,切线斜率为$\varphi'(t_0)$;在点t_0处对函数$y=\psi(t)$作切线,切线斜率为$\psi'(t_0)$;再在参数方程$\begin{cases}x=\varphi(t),\\y=\psi(t)\end{cases}$所确定的函数曲线上的点$(x_0,y_0)$上作切线,切线斜率为$\frac{\psi'(t)}{\varphi'(t)}$,如图6-17中右图所示.

让我们给点t_0一个微增量$\mathrm{d}t$,那么对函数$x=\varphi(t)$在点t_0处的切线而言,$\mathrm{d}t$就是一个横增,这个横增就会在该切线上生成一个相应的纵增$\mathrm{d}x$,$\mathrm{d}x=\varphi'(t_0)\mathrm{d}t$;如图6-17中右图所示.同样,对函数$y=\psi(t)$在点$t_0$处的切线而言,$\mathrm{d}t$也是一个横增,这个横增就会在该切线上生成一个相应的纵增$\mathrm{d}y$,$\mathrm{d}y=\psi'(t_0)\mathrm{d}t$;这样我们就通过一个微增量$\mathrm{d}t$,生成了一对$\mathrm{d}x$,$\mathrm{d}y$.这一对$\mathrm{d}x$,$\mathrm{d}y$就是参数方程函数曲线上的点$(x_0,y_0)$处的切线的$\mathrm{d}x$与$\mathrm{d}y$,即横增与纵增,如图6-17中右图所示.

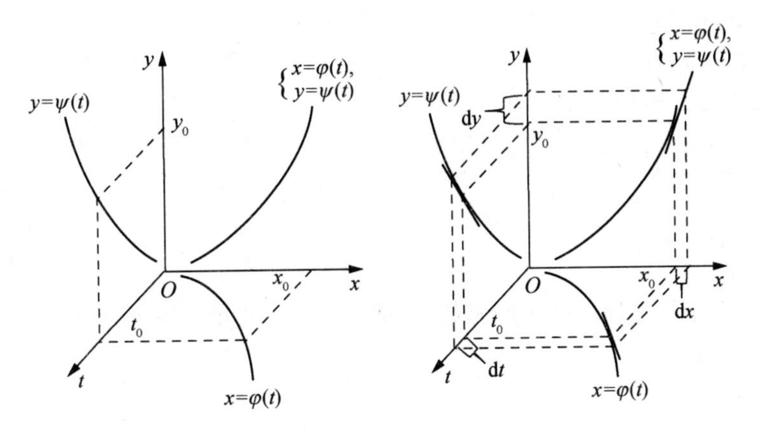

图 6-17

换句话说,参数方程函数曲线上切线的 dx(横增),就是函数 $x=\varphi(t)$ 切线上的纵增 dx;参数方程函数曲线上切线的 dy(纵增),就是函数 $y=\psi(t)$ 切线上的纵增 dy. 因此,一个微增量 dt 就会生成一对 dx,dy.

在第十章中,我们将讨论参数方程曲线长度的计算,运用图解法Ⅱ的思路. 我们可以比较容易地理解参数方程曲线长度计算的原理.

习题 6-5

1. 将适当的表达式填入下列括号内,使等式成立:

(1) $d(\qquad)=e^x dx$;

(2) $d(\qquad)=\sin x dx$;

(3) $d(\qquad)=6dx$;

(4) $d(\qquad)=\sec^2 x dx$;

(5) $d(\qquad)=-\csc x\cot x dx$;

(6) $d(\qquad)=\dfrac{-6}{1+x^2}dx$;

(7) $d(\qquad)=\dfrac{3}{1+x^2}dx$;

(8) $d(\qquad)=\dfrac{2}{x}dx$;

(9) $d(\qquad)=x^3 dx$;

(10) $d(\qquad)=2^x\ln 2dx$.

2. 求下列函数的微分:

(1) $y=\ln(\tan x)$;

(2) $y=\ln(\sin x+\cos x)$;

(3) $y=\dfrac{1}{\sqrt{36-x^2}}$;

(4) $y=\arctan(x+1)$;

(5) $y=x^3\sin x$;

(6) $y=x(\sin x+\cos x)$;

(7) $y=\dfrac{x}{\sqrt{1-x^2}}$;

(8) $y=\dfrac{\cos x}{x}$.

3. 根据下列参数方程所确定的函数,将适当的表达式填入下列括号内,使等式成立:

(1) $\begin{cases} x=\cos t, \\ y=\sin t. \end{cases}$

a. $\mathrm{d}y=(\quad)\mathrm{d}t$; b. $\mathrm{d}x=(\quad)\mathrm{d}t$; c. $\dfrac{\mathrm{d}y}{\mathrm{d}x}=(\quad)$.

(2) $\begin{cases} x=t^2, \\ y=2t. \end{cases}$

a. $\mathrm{d}y=(\quad)\mathrm{d}t$; b. $\mathrm{d}x=(\quad)\mathrm{d}t$; c. $\dfrac{\mathrm{d}y}{\mathrm{d}x}=(\quad)$.

(3) $\begin{cases} x=7\mathrm{e}^{-t}, \\ y=\mathrm{e}^t. \end{cases}$

a. $\mathrm{d}y=(\quad)\mathrm{d}t$; b. $\mathrm{d}x=(\quad)\mathrm{d}t$; c. $\dfrac{\mathrm{d}y}{\mathrm{d}x}=(\quad)$.

(4) $\begin{cases} x=\ln t^2, \\ y=4t. \end{cases}$

a. $\mathrm{d}y=(\quad)\mathrm{d}t$; b. $\mathrm{d}x=(\quad)\mathrm{d}t$; c. $\dfrac{\mathrm{d}y}{\mathrm{d}x}=(\quad)$.

第七章 微分中值定理与导数的应用

在本章中，我们首先讨论微分中值定理和洛必达法则，然后讨论如何用导数来描述一个运动物体的速度和加速度，以及借助导数来求函数的最大值和最小值. 最后我们还将讨论泰勒级数及曲率.

第一节 微分中值定理

一、罗尔定理

若函数 $f(x)$同时满足以下三个条件：

(1) 函数 $f(x)$在闭区间$[a,b]$上连续；

(2) 在开区间(a,b)上可导；

(3) $f(a)=f(b)$，

则在开区间(a,b)上必定存在一点 $\xi(a<\xi<b)$，使得函数在这点处的导数 $f'(\xi)$为 0，即 $f'(\xi)=0$.

罗尔定理的几何意义：如果在区间$[a,b]$上函数割线的斜率为零，那么总能在区间$[a,b]$上，找到一条其斜率为零的函数切线. 也就是说，如果函数在区间$[a,b]$两端点 A,B 有相同的纵坐标，那么曲线在 A,B 之间至少存在一点$c(\xi,f(\xi))$，曲线在点 c 处的切线为水平切线，如图 7－1 所示.

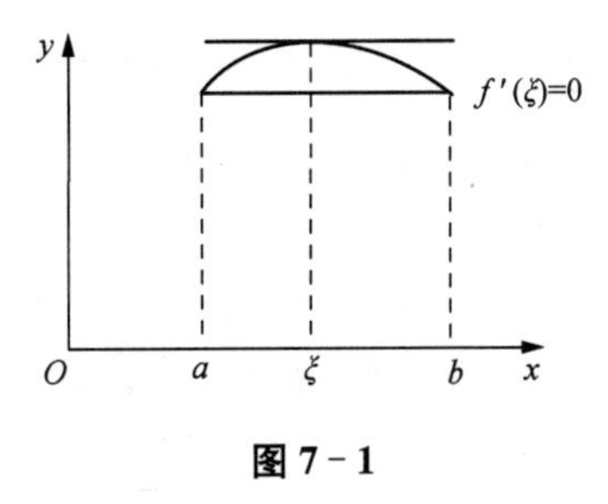

图 7－1

现在让我们证明罗尔定理.

证 因为函数 $f(x)$ 在区间$[a,b]$上连续，那么根据最大值和最小值定理(见第三章第三节)，函数 $f(x)$ 在区间$[a,b]$上必有最大值 M 和最小值 m. 考虑到函数图形可以是水平直线，也可以是曲线，故分两种情形来证明.

1. 函数 $f(x)$是一条水平直线，那么函数 $f(x)$在闭区间$[a,b]$上的最大值 M 与最小值 m 相等，即 $M=m$. 水平线上的切线都是水平线，因此函数 $f(x)$在开区间(a,b)上的任意一

点上的导数 $f'(x)$均为 0.

2. 函数 $f(x)$是一条曲线,那么函数 $f(x)$在闭区间$[a,b]$上有最大值 M 和最小值 m,$M>m$. 因为 $f(a)=f(b)$,所以最大值 M 和最小值 m 至少有一个不在端点. 不妨设 $M\neq f(a)$,又因为 $f(a)=f(b)$,所以 $M\neq f(b)$. 这样在开区间(a,b)上至少存在一点 ξ 使得 $f(\xi)=M$,下面证明 $f'(\xi)=0$.

由于 $f(\xi)=M$,是 $f(x)$在闭区间$[a,b]$上的最大值,所以不论 Δx 为正或负,$f(\xi+\Delta x)-f(\xi)$均为非正,即 $f(\xi+\Delta x)-f(\xi)\leqslant 0$.

当 $\Delta x>0$ 时,因为 $f(\xi+\Delta x)-f(\xi)\leqslant 0$,所以有

$$\frac{f(\xi+\Delta x)-f(\xi)}{\Delta x}\leqslant 0;$$

当 $\Delta x<0$ 时,因为 $f(\xi+\Delta x)-f(\xi)\leqslant 0$,所以有

$$\frac{f(\xi+\Delta x)-f(\xi)}{\Delta x}\geqslant 0.$$

根据函数极限定义,当 $\Delta x>0$ 时,我们可得

$$\lim_{\Delta x\to 0^+}\frac{f(\xi+\Delta x)-f(\xi)}{\Delta x}\leqslant 0.$$

当 $\Delta x<0$ 时,我们可得

$$\lim_{\Delta x\to 0^-}\frac{f(\xi+\Delta x)-f(\xi)}{\Delta x}\geqslant 0.$$

根据函数极限定义,只有当 $\lim\limits_{\Delta x\to 0^+}\frac{f(\xi+\Delta x)-f(\xi)}{\Delta x}=\lim\limits_{\Delta x\to 0^-}\frac{f(\xi+\Delta x)-f(\xi)}{\Delta x}$时,我们才可得 $f'(\xi)=\lim\limits_{\Delta x\to 0}\frac{f(\xi+\Delta x)-f(\xi)}{\Delta x}$. 这里要使左、右两个极限相等,只有让它们都等于 0. 因此,我们有

$$f'(\xi)=0.$$

注意,本定理仅指出使得 $f'(\xi)=0$ 成立的点 ξ 是存在的,但本定理并不给出点 ξ 的具体位置. 本定理在微积分中意义重大.

本定理的三个条件,缺少任何一个,本定理的结论就可能不成立. 图 7-2 中的两个情形,都不能全部满足本定理的三个条件,因此都不存在能使函数 $f(x)$的导数等于 0 的点.

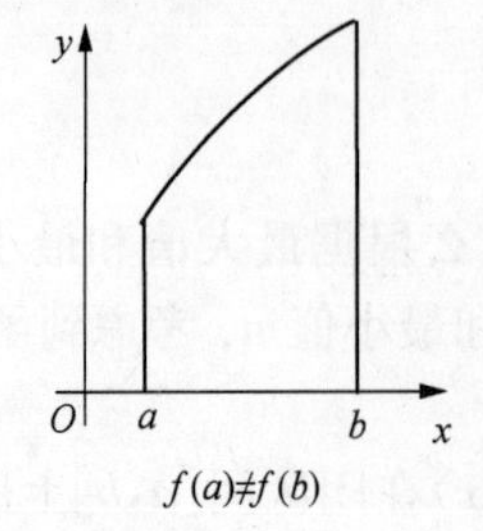

$f(a)\neq f(b)$

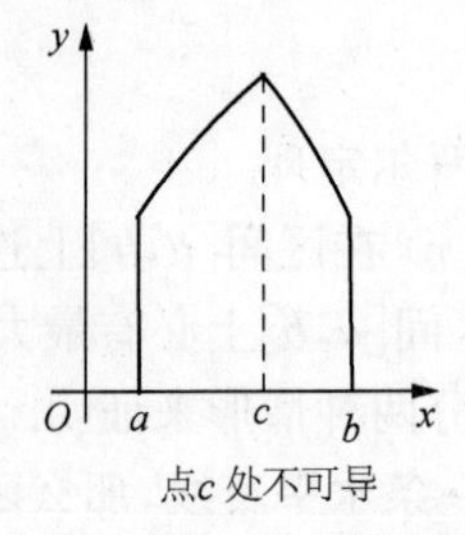

点c 处不可导

图 7-2

二、拉格朗日中值定理

若函数 $f(x)$同时满足以下两个条件：
(1) 函数 $f(x)$在闭区间$[a,b]$上连续；
(2) 在开区间(a,b)上可导，
则在开区间(a,b)上必定存在一点 $\xi(a<\xi<b)$，使得

$$f'(\xi)=\frac{f(b)-f(a)}{b-a}.$$

拉格朗日中值定理的几何意义：如果在区间$[a,b]$上作一条函数的割线，那么总能在区间$[a,b]$上某点上，作出一条斜率与割线斜率相等的函数切线，如图 7－3 所示.

若对拉格朗日中值定理增设条件 $f(a)=f(b)$，则拉格朗日中值定理就成为罗尔定理. 显然罗尔定理是拉格朗日中值定理的特殊情形.

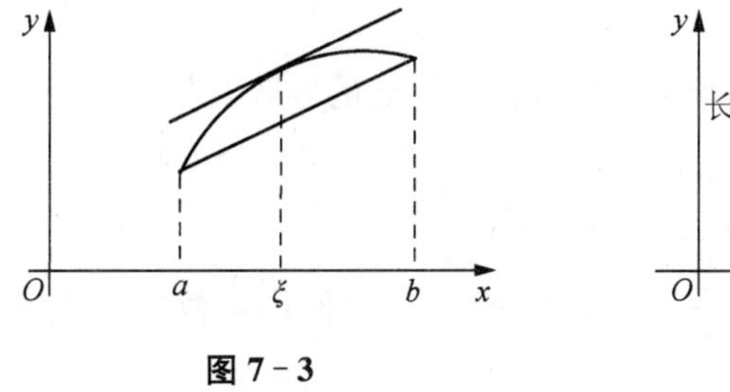

图 7－3

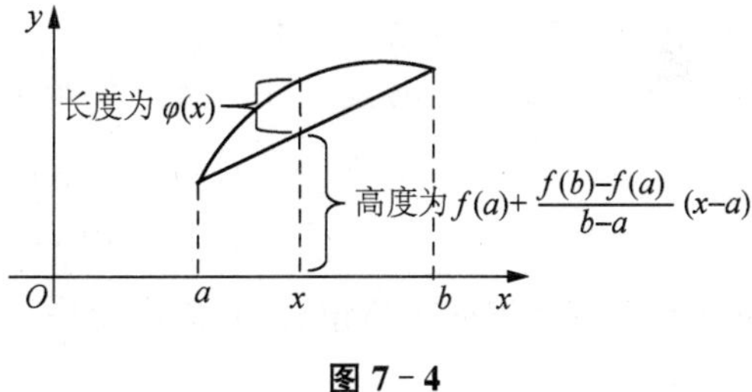

图 7－4

证　为了证明拉格朗日中值定理，我们需要作一个辅助函数. 让我们用函数 $\varphi(x)$来描述弧的纵坐标与弦的纵坐标之差，如图 7－4 所示. 我们有

$$\varphi(x)=f(x)-\left[f(a)+\frac{f(b)-f(a)}{b-a}(x-a)\right].$$

这个函数就是辅助函数. 很容易证明此函数在该区间上满足条件：
(1) 函数 $\varphi(x)$在闭区间$[a,b]$上连续；
(2) 函数 $\varphi(x)$在开区间(a,b)上可导；
(3) $\varphi(a)=\varphi(b)$.

因此，根据罗尔定理，在开区间(a,b)上必定存在一点 $\xi(a<\xi<b)$，使得函数在这点上的导数 $\varphi'(\xi)$等于 0，即 $\varphi'(\xi)=0$. 先让我们写出函数 $\varphi(x)$的导数表达式：

$$\begin{aligned}\varphi'(x)&=\left(f(x)-\left[f(a)+\frac{f(b)-f(a)}{b-a}(x-a)\right]\right)'\\&=f'(x)-\left[f(a)+\frac{f(b)-f(a)}{b-a}(x-a)\right]'\\&=f'(x)-\frac{f(b)-f(a)}{b-a}.\end{aligned}$$

因为 $\varphi'(\xi)=0$，即有

$$\varphi'(\xi)=f'(\xi)-\frac{f(b)-f(a)}{b-a}=0.$$

据此得

$$f'(\xi)=\frac{f(b)-f(a)}{b-a}.$$

注意，本定理仅指出使得 $f'(\xi)=\dfrac{f(b)-f(a)}{b-a}$ 成立的点 ξ 是存在的，但本定理并不给出点 ξ 的具体位置. 拉格朗日中值定理在微积分中意义重大.

三、柯西中值定理

若两个函数 $f(x)$ 和 $g(x)$ 在同一个闭区间 $[a,b]$ 上同时满足下面的三个条件：

(1) 函数 $f(x)$ 和 $g(x)$ 在闭区间 $[a,b]$ 上连续；

(2) 函数 $f(x)$ 和 $g(x)$ 在开区间 (a,b) 上可导；

(3) 在开区间 (a,b) 上 $g'(x)\neq 0$，

则在开区间 (a,b) 上必定存在一点 ξ，使得两个函数在这点处的导数满足

$$\frac{f(b)-f(a)}{g(b)-g(a)}=\frac{f'(\xi)}{g'(\xi)}.$$

证 为了证明柯西中值定理，我们需要作一个辅助函数. 让我们用函数 $\varphi(x)$ 来代表这个辅助函数.

$$\varphi(x)=f(x)-\left[f(a)+\frac{f(b)-f(a)}{g(b)-g(a)}(g(x)-g(a))\right].$$

很容易证明此函数在该区间上满足条件：

(1) 函数 $\varphi(x)$ 在闭区间 $[a,b]$ 上连续；

(2) 函数 $\varphi(x)$ 在开区间 (a,b) 上可导；

(3) $\varphi(a)=\varphi(b)=0$.

因此，根据罗尔定理，则在开区间 (a,b) 上必定存在一点 $\xi(a<\xi<b)$，使得函数在这点上的导数 $\varphi'(x)$ 为 0，即 $\varphi'(x)=0$. 先让我们写出函数 $\varphi(x)$ 的导数表达式：

$$\begin{aligned}\varphi'(x)&=\left(f(x)-\left[f(a)+\frac{f(b)-f(a)}{g(b)-g(a)}(g(x)-g(a))\right]\right)'\\&=f'(x)-\left[f(a)+\frac{f(b)-f(a)}{g(b)-g(a)}(g(x)-g(a))\right]'\\&=f'(x)-\frac{f(b)-f(a)}{g(b)-g(a)}g'(x).\end{aligned}$$

因为 $\varphi'(\xi)=0$，即有

$$\varphi'(\xi)=f'(\xi)-\frac{f(b)-f(a)}{g(b)-g(a)}g'(\xi)=0.$$

由此得

$$\frac{f(b)-f(a)}{g(b)-g(a)}=\frac{f'(\xi)}{g'(\xi)}.$$

此即柯西中值定理.

(以下是对柯西中值定理的形象化讲解,此为选读内容)

柯西中值定理的几何意义:将公式等号右边的分子、分母同乘以 $(b-a)$,得

$$\frac{f(b)-f(a)}{g(b)-g(a)}=\frac{f'(\xi)(b-a)}{g'(\xi)(b-a)}.$$

此公式可解释为如果在区间$[a,b]$上对函数 $f(x)$ 和 $g(x)$ 各作一条割线,那么 $\frac{f(b)-f(a)}{g(b)-g(a)}$ 是这两条割线在区间$[a,b]$上的纵增之比;这时你总能在区间$[a,b]$内找到某点 ξ,在该点上对函数 $f(x)$ 和 $g(x)$ 各作一条切线,使得这两条切线在区间$[a,b]$上的纵增之比 $\frac{f'(\xi)(b-a)}{g'(\xi)(b-a)}$,与上述割线的纵增之比相等,如图 7-5 所示. 公式 $\frac{f(b)-f(a)}{g(b)-g(a)}=\frac{f'(\xi)(b-a)}{g'(\xi)(b-a)}$ 可写为

$$\frac{f(x)\text{ 在}[a,b]\text{上割线的纵增}}{g(x)\text{ 在}[a,b]\text{上割线的纵增}}=\frac{\text{斜率为 }f'(\xi)\text{ 的切线在}[a,b]\text{上的纵增}}{\text{斜率为 }g'(\xi)\text{ 的切线在}[a,b]\text{上的纵增}}.$$

柯西中值定理的几何解释是:两割线的纵增之比等于某点的两切线的纵增之比.

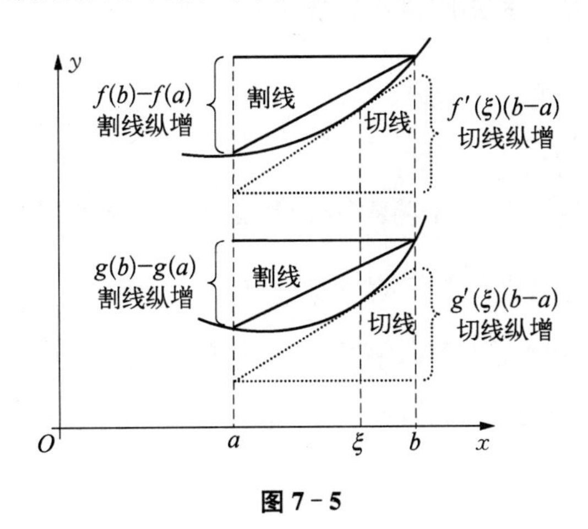

图 7-5

(选读内容结束)

若对柯西中值定理增设条件 $g(x)=x$,则$g'(x)=1$,$g(a)=a$ 和 $g(b)=b$. 这样柯西中值定理就成为拉格朗日中值定理. 显然拉格朗日中值定理是柯西中值定理的特殊情形.

$$f'(\xi)=\frac{f(b)-f(a)}{b-a}.$$

若设 $f(a)=0$ 和 $g(a)=0$,则柯西中值定理将写成

$$\frac{f(b)}{g(b)}=\frac{f'(\xi)}{g'(\xi)}.$$

习题 7－1

1. 验证罗尔定理对函数 $y=\sin x$ 在区间$[0,\pi]$上的正确性.
2. 验证拉格朗日中值定理对函数 $y=x^2$ 在区间$[0,1]$上的正确性.
3. 验证柯西中值定理对函数 $f(x)=x^2$ 和函数 $g(x)=x^3$ 在区间$[0,1]$上的正确性.

第二节　洛必达法则

当 x 趋向于定值 a 或趋向于无穷大时,两个函数 $f(x)$和 $F(x)$都趋向于零或都趋向于无穷大,那么极限 $\lim\limits_{\substack{x\to a\\(x\to\infty)}}\dfrac{f(x)}{F(x)}$有可能存在,也有可能不存在.这种形式的极限称为未定式,未定式可分为$\dfrac{0}{0}$型和$\dfrac{\infty}{\infty}$型.对于这类极限,我们不能运用“商的极限等于极限的商”这一法则来求解.要求解这类极限,我们就需要借助于一个称为洛必达法则的新定理,洛必达法则是根据柯西中值定理的原理推导出来的.下面我们讨论洛必达法则的推导,以及怎样用洛必达法则来求解$\dfrac{0}{0}$型和$\dfrac{\infty}{\infty}$型这类未定式的极限问题.

一、$\dfrac{0}{0}$型未定式的洛必达法则(洛必达法则Ⅰ)

对$\dfrac{0}{0}$型的未定式我们有以下定理:

定理　若函数 $f(x)$和 $g(x)$满足:

(1) 当 x 趋向于定值 a 时,两个函数 $f(x)$和 $g(x)$都趋向于零,即有

$$\lim_{x\to a}f(x)=0 \quad 和 \quad \lim_{x\to a}g(x)=0;$$

(2) 在点 a 的某个去心邻域内,$f'(x)$和 $g'(x)$都存在,且 $g'(x)\neq 0$;

(3) $\lim\limits_{x\to a}\dfrac{f'(x)}{g'(x)}$存在(或为无穷大),

则有

$$\lim_{x\to a}\frac{f(x)}{g(x)}=\lim_{x\to a}\frac{f'(x)}{g'(x)}.$$

证　因为$\lim\limits_{x\to a}\dfrac{f(x)}{g(x)}$与函数值 $f(a)$,$g(a)$无关,根据第一条件:当 x 趋向于定值 a 时,两个函数 $f(x)$和 $g(x)$都趋向于零,我们可以设:

$$f(a)=g(a)=0.$$

由这一假设及条件(1)、(2)可知,$f(x)$和 $g(x)$在点 a 的某一邻域内是连续的.设 x 是该邻域内的一点,那么在以 x 及 a 为端点的区间上,柯西中值定理的条件全部满足,所以有

$$\frac{f(x)-f(a)}{g(x)-g(a)}=\frac{f'(\xi)}{g'(\xi)}.$$

因为 $f(a)=g(a)=0$,所以有

$$\frac{f(x)}{g(x)}=\frac{f'(\xi)}{g'(\xi)},$$

(ξ 在 x 与 a 之间)

对上式两端取 $x\to a$ 时的极限,得

$$\lim_{x\to a}\frac{f(x)}{g(x)}=\lim_{x\to a}\frac{f'(\xi)}{g'(\xi)}.$$

(ξ 在 x 与 a 之间)

因为 ξ 在 x 与 a 之间,故当 $x\to a$ 时 $\xi\to a$,再依据条件(3),可得

$$\lim_{x\to a}\frac{f'(\xi)}{g'(\xi)}=\lim_{x\to a}\frac{f'(x)}{g'(x)},$$

根据以上两式,即得

$$\lim_{x\to a}\frac{f(x)}{g(x)}=\lim_{x\to a}\frac{f'(x)}{g'(x)}.$$

证毕.

关于使用该定理有三点说明.

(1) 把 $x\to a$ 改成 $x\to\infty$ 时,公式

$$\lim_{x\to\infty}\frac{f(x)}{g(x)}=\lim_{x\to\infty}\frac{f'(x)}{g'(x)}$$

成立,只要相应地将条件(2)改写为:当 $|x|>N$ 时,$f'(x)$ 和 $g'(x)$ 都存在,而且 $g'(x)\neq 0$. 另外,当 $x\to+\infty$ 或 $x\to-\infty$ 时,该法则亦成立.

(2) 在运用洛必达法则之后,如所得极限 $\lim\limits_{x\to a}\frac{f'(x)}{g'(x)}$ 仍是 $\frac{0}{0}$ 型,而 $f'(x)$ 和 $g'(x)$ 又满足洛必达法则的条件,则可以再次使用洛必达法则. 即:

$$\lim_{x\to a}\frac{f(x)}{g(x)}=\lim_{x\to a}\frac{f'(x)}{g'(x)}=\lim_{x\to a}\frac{f''(x)}{g''(x)}.$$

(3) 如果 $\lim\limits_{x\to a}\frac{f'(x)}{g'(x)}$ 不存在,不能断言极限 $\lim\limits_{x\to a}\frac{f(x)}{g(x)}$ 不存在,只能说明该极限可能不适合用洛必达法则来求解,可改用其他方法求此极限.

例 1　求极限 $\lim\limits_{x\to 0}\frac{e^x-1}{x}$.

解　$\lim\limits_{x\to 0}\frac{e^x-1}{x}=\lim\limits_{x\to 0}\frac{e^x}{1}$

$=e^0$

$=1.$

例 2 求极限$\lim\limits_{x\to0}\dfrac{1-\cos x}{x^2}$.

解 $\lim\limits_{x\to0}\dfrac{1-\cos x}{x^2}=\lim\limits_{x\to0}\dfrac{\sin x}{2x}$

$=\dfrac{1}{2}\lim\limits_{x\to0}\dfrac{\sin x}{x}$

$=\dfrac{1}{2}.$

例 3 求极限$\lim\limits_{x\to1}\dfrac{x^4-4x+3}{3x^4-4x^3+1}$.

解 $\lim\limits_{x\to1}\dfrac{x^4-4x+3}{3x^4-4x^3+1}=\lim\limits_{x\to1}\dfrac{4x^3-4}{12x^3-12x^2}$

$=\lim\limits_{x\to1}\dfrac{12x^2}{36x^2-24x}$

$=1.$

例 4 求极限$\lim\limits_{x\to\infty}\dfrac{\dfrac{\pi}{2}-\arctan x}{\dfrac{6}{x}}$.

解 $\lim\limits_{x\to\infty}\dfrac{\dfrac{\pi}{2}-\arctan x}{\dfrac{6}{x}}=\lim\limits_{x\to\infty}\dfrac{\dfrac{-1}{1+x^2}}{-\dfrac{6}{x^2}}$

$=\lim\limits_{x\to\infty}\dfrac{x^2}{6(1+x^2)}$

$=\dfrac{1}{6}\lim\limits_{x\to\infty}\dfrac{x^2}{1+x^2}$

$=\dfrac{1}{6}\lim\limits_{x\to\infty}\dfrac{1}{1+\dfrac{1}{x^2}}$

$=\dfrac{1}{6}.$

二、$\dfrac{\infty}{\infty}$型未定式的洛必达法则(洛必达法则Ⅱ)

对$\dfrac{\infty}{\infty}$型的未定式,我们有类似的定理.

定理:若函数 $f(x)$和 $g(x)$满足:

(1) 当 x 趋向于定值 a 时,两个函数 $f(x)$和 $g(x)$都趋向于无穷大,即

$$\lim_{x\to a}f(x)=\infty \quad 和 \quad \lim_{x\to a}g(x)=\infty;$$

(2) 在点 a 的某个去心邻域内，$f'(x)$和 $g'(x)$都存在，且 $g'(x)\neq 0$；

(3) $\lim\limits_{x\to a}\dfrac{f'(x)}{g'(x)}$存在(或为无穷大)，

则有

$$\lim_{x\to a}\frac{f(x)}{g(x)}=\lim_{x\to a}\frac{f'(x)}{g'(x)}.$$

证明从略.

注意，当 $x\to+\infty$，$x\to-\infty$或 $x\to\infty$时，该法则仍然成立.

例 5　求极限 $\lim\limits_{x\to+\infty}\dfrac{\ln x}{2x^2}$.

解　$$\lim_{x\to+\infty}\frac{\ln x}{2x^2}=\lim_{x\to+\infty}\frac{\frac{1}{x}}{4x}=\lim_{x\to+\infty}\frac{1}{4x^2}=0.$$

例 6　求极限 $\lim\limits_{x\to+\infty}\dfrac{x^4}{24\mathrm{e}^x}$.

解　$$\lim_{x\to+\infty}\frac{x^4}{24\mathrm{e}^x}=\lim_{x\to+\infty}\frac{x^3}{6\mathrm{e}^x}=\lim_{x\to+\infty}\frac{x^2}{2\mathrm{e}^x}=\lim_{x\to+\infty}\frac{x}{\mathrm{e}^x}=\lim_{x\to+\infty}\frac{1}{\mathrm{e}^x}=0.$$

注意：在使用洛必达法则Ⅰ求极限时，要特别注意验证所求极限是否为$\dfrac{0}{0}$型未定式. 在使用洛必达法则Ⅱ求极限时，要特别注意验证所求极限是否为$\dfrac{\infty}{\infty}$型未定式. 如果不是，就不能直接用洛必达法则.

习题 7－2

用洛必达法则求下列极限：

1. $\lim\limits_{x\to a}\dfrac{\cos x-\cos a}{x-a}$.

2. $\lim\limits_{x\to 0}\dfrac{\ln(\tan 8x)}{\ln(\tan 4x)}$.

3. $\lim\limits_{x\to1}\dfrac{1-x^3}{x-1}$.

4. $\lim\limits_{x\to0}\dfrac{\tan 2x}{x}$.

5. $\lim\limits_{x\to\infty}\dfrac{\ln\left(1+\dfrac{4}{x}\right)}{\dfrac{1}{x}}$.

6. $\lim\limits_{x\to0}\dfrac{x^3}{\sin x}$.

第三节　用导数描述物理量

许多物理量都可用导数来描述或定义. 这里我们仅讨论如何用导数来描述一个做变速运动物体的速度和加速度.

速度

让我们先讨论平均速度. 让函数 $s=f(t)$ 表示一个做变速运动物体在时间 t 的位置，其中 s 代表物体所移动的路程，t 代表时间，$s=f(t)$ 称为路程函数. 让我们选择时间 t_0，并以它作为初始时间在 t 轴上设置一个时间区间 $[t_0, t_0+\Delta t]$，如图 7 - 6 中的左图所示. 如果我们在时间区间 $[t_0, t_0+\Delta t]$ 上，对函数作一割线，那么割线在这个区间的垂直增量 Δs 由公式 $\Delta s=f(t_0+\Delta t)-f(t_0)$ 给出. 而 $\dfrac{\Delta s}{\Delta t}$ 就是割线的斜率. 让我们在时间点 t_0 处，对函数 $s=f(t)$ 作一切线，如图 7 - 6 中的右图所示，那么 $\dfrac{\mathrm{d}s}{\mathrm{d}t}$ 是切线的斜率. 在数学上，当 Δt 趋向于 0 时. 割线的斜率 $\dfrac{\Delta s}{\Delta t}$ 将趋向于切线的斜率 $\dfrac{\mathrm{d}s}{\mathrm{d}t}$.

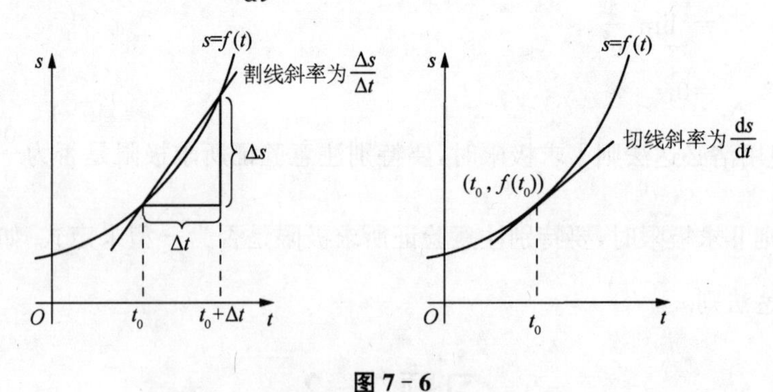

图 7 - 6

$$\lim_{\Delta t\to0}\frac{\Delta s}{\Delta t}=\frac{\mathrm{d}s}{\mathrm{d}t}.$$

在物理上，$\Delta s(\Delta s=f(t_0+\Delta t)-f(t_0))$ 代表在时间区间 Δt 中物体的位移. 因此 $\dfrac{\Delta s}{\Delta t}$ 代表物体在时间区间 Δt 中的平均速度. 当 Δt 趋向于 0 时，$\dfrac{\Delta s}{\Delta t}$ 将趋向于运动物体在时间点 t_0

时的速度$\frac{\mathrm{d}s}{\mathrm{d}t}$. 物体在时间点 t_0 时的速度$\frac{\mathrm{d}s}{\mathrm{d}t}$称为物体的瞬时速度. 物体在时间点 t_0 时的瞬时速度也可用 v 来代表.

$$\lim_{\Delta t\to 0}\frac{\Delta s}{\Delta t}=\frac{\mathrm{d}s}{\mathrm{d}t}=v.$$

总结

	$\frac{\Delta s}{\Delta t}$	$\frac{\mathrm{d}s}{\mathrm{d}t}$或 v
数学上	割线的斜率	切线的斜率
物理上	平均速度	瞬时速度

加速度

让函数 $v=g(t)$表示一个做变速运动的物体在时间 t 时的速度. 让我们选择时间 t_0，并以它作为初始时间在 t 轴上设置一个时间区间$[t_0, t_0+\Delta t]$，如图 7－7 中的左图所示. 如果我们在时间区间$[t_0, t_0+\Delta t]$上，对函数 $v=g(t)$作一割线，那么割线在这区间上的垂直增量 Δv 由公式 $\Delta v=g(t_0+\Delta t)-g(t_0)$给出. 而$\frac{\Delta v}{\Delta t}$就是割线的斜率. 让我们在时间 t_0 处，对函数 $v=g(t)$作一切线，那么$\frac{\mathrm{d}v}{\mathrm{d}t}$是切线的斜率，如图 7－7 中的右图所示. 当 Δt 趋向于 0 时. 割线的斜率$\frac{\Delta v}{\Delta t}$将趋向于切线的斜率$\frac{\mathrm{d}v}{\mathrm{d}t}$.

$$\lim_{\Delta t\to 0}\frac{\Delta v}{\Delta t}=\frac{\mathrm{d}v}{\mathrm{d}t}.$$

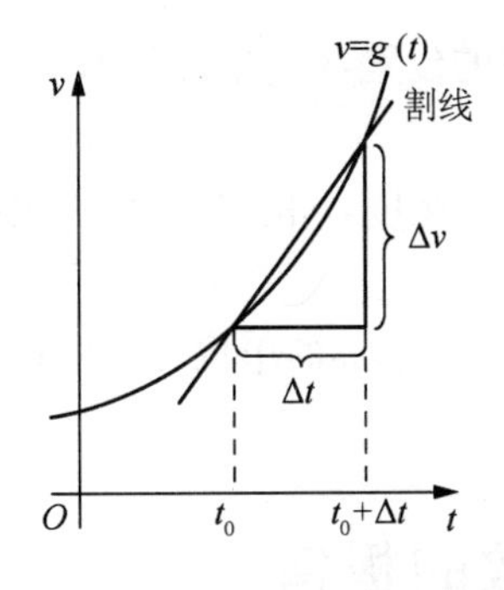

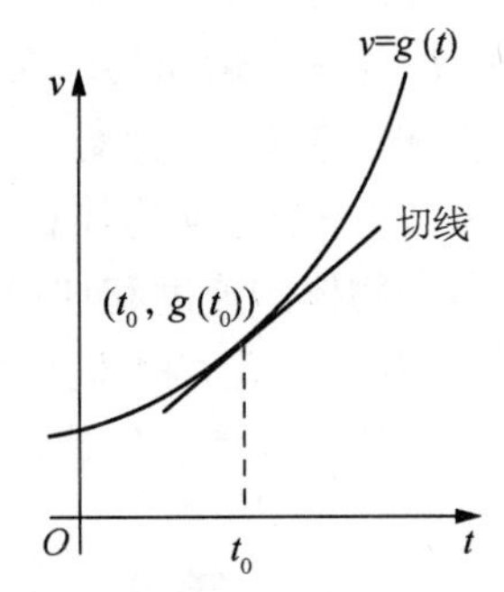

图 7－7

在物理上，$\Delta v=g(t_0+\Delta t)-g(t_0)$代表在时间区间 Δt 中，物体速度的变化量. 因此，$\frac{\Delta v}{\Delta t}$代表物体在时间区间 Δt 中的平均加速度. 当 Δt 趋向于 0 时，$\frac{\Delta v}{\Delta t}$将趋向于运动物体在时间点 t_0 时的加速度$\frac{\mathrm{d}s}{\mathrm{d}t}$. 物体在时间点 t_0 时的加速度$\frac{\mathrm{d}s}{\mathrm{d}t}$称为瞬时加速度. 物体在时间点 t_0 时的瞬时加速度也可用 a 来代表.

$$\lim_{\Delta t \to 0} \frac{\Delta v}{\Delta t} = \frac{dv}{dt} = a.$$

总结

	$\frac{\Delta v}{\Delta t}$	$\frac{dv}{dt}$或a
数学上	割线的斜率	切线的斜率
物理上	平均加速度	瞬时加速度

从上面的讨论我们知道,如果我们对路程函数 $s=f(t)$求导,我们将得到一个速度函数 $v=f'(t)$. 如果我们再对速度函数 $v=f'(t)$求导,我们将得到一个加速度函数 $a=f''(t)$. 因此,路程函数 $s=f(t)$的一阶导数 $f'(t)$是物体的速度,路程函数 $s=f(t)$的二阶导数 $f''(t)$是物体的加速度. 速度函数 $v=g(t)$的一阶导数亦是加速度.

例如,设函数 $s=t^3$ 代表一个运动物体在时间 t 时的位置,那么函数 $s=t^3$ 的一阶导数代表物体在时间 t 时的速度,物体的速度由下式给出:

$$s' = v = 3t^2.$$

函数 $s=t^3$ 的二阶导数代表物体在时间 t 时的加速度. 物体的加速度由下式给出:

$$s'' = a = 6t.$$

习题 7-3

1. 设函数 $s=t^2$ 为一个运动物体在时间 t 时的位置, s 的单位为米, t 的单位为秒. 求在第 6 秒时,该运动物体的速度、加速度.

2. 设函数 $s=2t^3$ 为一个运动物体在时间 t 时的位置, s 的单位为米, t 的单位为秒. 求在第 1 秒时,该运动物体的速度、加速度.

3. 设函数 $v=t^2$ 为一个运动物体在时间 t 时的速度, v 的单位为米/秒, t 的单位为秒. 求在第 9 秒时,该运动物体的速度和加速度.

4. 设函数 $v=e^t$ 为一个运动物体在时间 t 时的速度, v 的单位为米/秒, t 的单位为秒. 求在第 4 秒时,该运动物体的速度和加速度.

第四节　函数的极值

首先,我们讨论一阶导数与函数单调性的关系,及与函数极值的关系,然后讨论二阶导数与函数曲线凹凸性的关系,最后讨论函数的极值.

一、函数的单调性与一阶导数的关系

先让我们复习一下函数单调性的定义:设函数 $y=f(x)$在区间(a,b)上有定义,若我们在区间(a,b)上任意取两点 x_1 和 x_2,且 $x_1<x_2$ 时,总有 $f(x_1)<f(x_2)$,则称函数在区间

(a,b)上单调增加. 同理,若我们在区间(a,b)上任意取两点 x_1 和 x_2,且 $x_1<x_2$ 时,总有 $f(x_1)>f(x_2)$,则称函数在区间(a,b)上单调减少.

我们可用函数的一阶导数来判断函数的单调性.

定理　假设函数 $y=f(x)$在闭区间$[a,b]$上连续,在开区间(a,b)上可导.

此时若在开区间(a,b)上,函数的一阶导数 $f'(x)>0$,则函数 $y=f(x)$在区间$[a,b]$上单调增加;

此时若在开区间(a,b)上,函数的一阶导数 $f'(x)<0$,则函数 $y=f(x)$在区间$[a,b]$上单调减少.

证　先证单调增加:在区间$[a,b]$内任意取两点x_1和x_2,同时设定$x_1<x_2$,应用拉格朗日中值定理得

$$f(x_2)-f(x_1)=f'(\xi)(x_2-x_1)\quad(x_1<\xi<x_2).$$

根据定理条件可知$f'(\xi)>0$,以及$x_2>x_1$,因此等号右边的$f'(\xi)(x_2-x_1)$为正值,这样等号左边也应为正值,于是有 $f(x_2)>f(x_1)$,也就是说函数 $f(x)$在区间$[a,b]$上单调增加.

同理可证单调减少.

(以下是对单调增加和单调减少定理的形象化讲解,此为选读内容)

为什么当函数的一阶导数 $f'(x)>0$ 时,函数是单调增加呢? 我们可以从一阶导数的定义上找到答案.

$$f'(x)=\lim_{\Delta x\to 0}\frac{f(x+\Delta x)-f(x)}{\Delta x}.$$

$f'(x)>0$ 就是极限 $\lim\limits_{\Delta x\to 0}\dfrac{f(x+\Delta x)-f(x)}{\Delta x}>0$. 根据极限的定义,如果极限 $\lim\limits_{\Delta x\to 0}\dfrac{f(x+\Delta x)-f(x)}{\Delta x}>0$,那么就有 $\lim\limits_{\Delta x\to 0^+}\dfrac{f(x+\Delta x)-f(x)}{\Delta x}>0$ 和 $\lim\limits_{\Delta x\to 0^-}\dfrac{f(x+\Delta x)-f(x)}{\Delta x}>0$. 先讨论右极限 $\lim\limits_{\Delta x\to 0^+}\dfrac{f(x+\Delta x)-f(x)}{\Delta x}$大于 0 时,函数 $f(x)$的情形.

在第三章中,我们讨论了右极限 $\lim\limits_{\Delta x\to 0^+}\dfrac{f(x+\Delta x)-f(x)}{\Delta x}$的几何意义,如图 7 - 8 中右图所示. 当右极限 $\lim\limits_{\Delta x\to 0^+}\dfrac{f(x+\Delta x)-f(x)}{\Delta x}>0$ 时,$f(x+\Delta x)-f(x)$必须大于 0. 这是因为Δx是正的,所以当$\dfrac{f(x+\Delta x)-f(x)}{\Delta x}$大于 0 时,$f(x+\Delta x)-f(x)$必须大于 0,即有 $f(x)<f(x+\Delta x)$. 因此,函数在右区间$[x,x+\Delta x]$上是单调增加的. 据此可知,如果右极限 $\lim\limits_{\Delta x\to 0^+}\dfrac{f(x+\Delta x)-f(x)}{\Delta x}>0$,那么函数 $f(x)$在右区间$[x,x+\Delta x]$上是单调增加的.

再讨论左极限 $\lim\limits_{\Delta x\to 0^-}\dfrac{f(x+\Delta x)-f(x)}{\Delta x}$大于 0 时的情形. 在第三章中,我们讨论了如何将左极限 $\lim\limits_{\Delta x\to 0^-}\dfrac{f(x+\Delta x)-f(x)}{\Delta x}$ 改写为极限 $\lim\limits_{\Delta x\to 0}\dfrac{f(x)-f(x-\Delta x)}{\Delta x}$;也讨论了极限

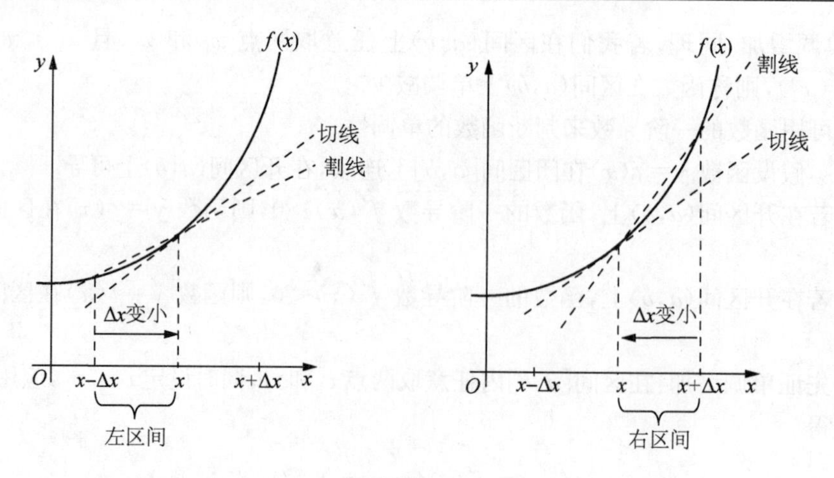

图 7-8

$\lim\limits_{\Delta x\to 0}\dfrac{f(x)-f(x-\Delta x)}{\Delta x}\left(\text{即左极限}\lim\limits_{\Delta x\to 0^-}\dfrac{f(x+\Delta x)-f(x)}{\Delta x}\right)$的几何意义,如图 7-8 中左图所示.如有左极限 $\lim\limits_{\Delta x\to 0^-}\dfrac{f(x+\Delta x)-f(x)}{\Delta x}>0$,即有极限 $\lim\limits_{\Delta x\to 0}\dfrac{f(x)-f(x-\Delta x)}{\Delta x}>0$. 因此,$f(x)-f(x-\Delta x)$必须大于 0. 这是因为在 $\dfrac{f(x)-f(x-\Delta x)}{\Delta x}$ 中,Δx 是正的,所以 $f(x)-f(x-\Delta x)$ 必须大于 0,即有 $f(x-\Delta x)<f(x)$. 因此,函数 $f(x)$在左区间$[x-\Delta x,x]$上是单调增加的. 据此可知,如果极限 $\lim\limits_{\Delta x\to 0}\dfrac{f(x)-f(x-\Delta x)}{\Delta x}>0$,即左极限 $\lim\limits_{\Delta x\to 0^-}\dfrac{f(x+\Delta x)-f(x)}{\Delta x}>0$,那么函数 $f(x)$在左区间$[x-\Delta x,x]$上就是单调增加的.

综上所述,当函数的导数 $f'(x)>0$ 时,就有 $f(x-\Delta x)<f(x)<f(x+\Delta x)$. 因此函数必是单调增加的.

用同样的方法我们可以解释,当函数的导数 $f'(x)<0$ 时,就有 $f(x-\Delta x)>f(x)>f(x+\Delta x)$. 因此当函数的导数 $f'(x)<0$ 时,函数必是单调减少的.

例 1 判定函数 $y=x^2+\sin x$ 在区间$[0,\pi]$上的单调性.

解 对函数 $y=x^2+\sin x$ 求导,得

$$y'=2x+\cos x.$$

因为在区间$(0,\pi)$上,

$$y'=2x+\cos x>0.$$

根据定理,函数 $y=x^2+\sin x$ 在区间$[0,\pi]$上是单调增加的.

例 2 讨论函数 $y=x^2$ 的单调性.

解 对函数 $y=x^2$ 求导,得

$$y'=2x.$$

函数 $y=x^2$ 的定义域为$(-\infty,+\infty)$. 因为在$(-\infty,0)$上,$y'<0$,所以函数 $y=x^2$ 在$(-\infty,0)$上单调减少;因为在$(0,+\infty)$上,$y'>0$,所以函数 $y=x^2$ 在$(0,+\infty)$上单调增加.

二、函数的极值与一阶导数的关系

设函数在某点的邻域内有定义，如果函数在这个邻域内所有点的函数值总是小于或等于函数在这点处的函数值，那么这点就是函数在这个邻域内的**极大值点**，函数在这点处的函数值就是函数在这个邻域内的**极大值**.

同理，如果函数在这个邻域内所有点的函数值总是大于或等于函数在这点的函数值，那么这点就是函数在这个邻域内的**极小值点**，函数在这点处的函数值就是函数在这个邻域内的**极小值**.

函数的极大值和极小值都称为函数的**极值**. 函数的极大值点和极小值点都称为函数的**极值点**，如图 7-9 所示.

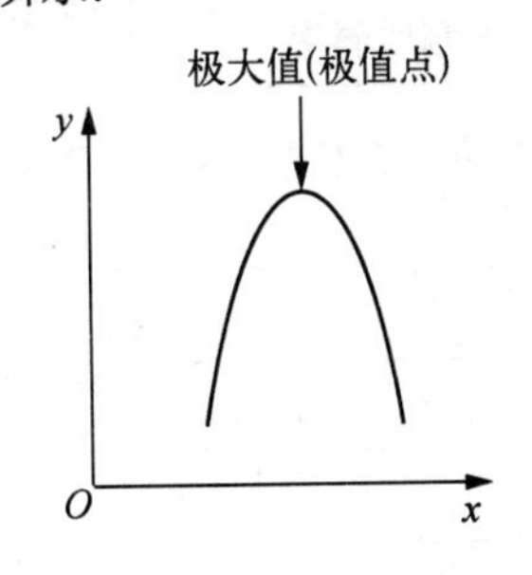

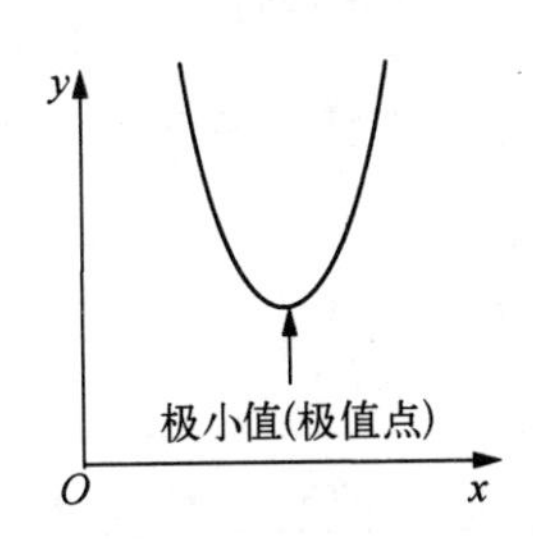

图 7-9

函数的极值点可用一阶导数来判断.

定理(函数极值的必要条件)　若函数 $f(x)$在点 x_0 处可导且有极值，则 $f'(x_0)=0$.

也就是说，若函数 $f(x)$在点 x_0 处有极值，且函数 $f(x)$在点 x_0 处有切线，则切线的斜率 $f'(x_0)=0$，如图 7-10 所示.

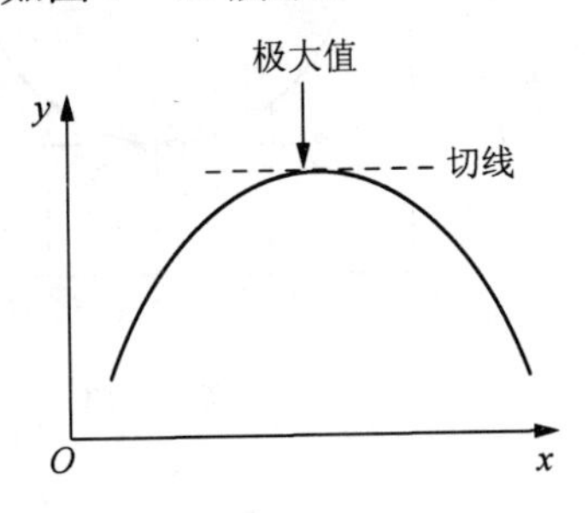

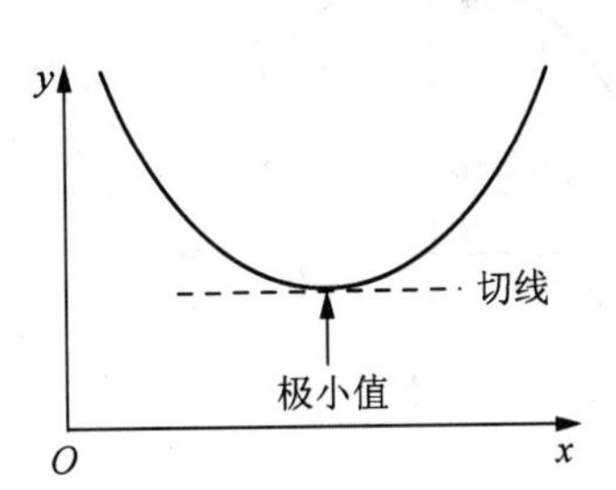

图 7-10

注意极值点上的导数等于 0. 但是反过来，导数等于 0 的点并不完全是极值点. 例如图 7-11所示的函数，函数在点 c 处导数等于 0，但点 c 不是极值点. 我们把导数等于 0 的点统称为**驻点**. 极值点隶属驻点.

下面讨论函数曲线出现驻点的四种情形，根据导数的定义，当函数 $f(x)$在点 x 处的切线的斜率 $\lim\limits_{\Delta x\to 0}\dfrac{f(x+\Delta x)-f(x)}{\Delta x}=0$ 时，函数在该点的右割线斜率$\dfrac{f(x+\Delta x)-f(x)}{\Delta x}$和左割线斜率$\dfrac{f(x)-f(x-\Delta x)}{\Delta x}$都必须趋向于 0，这时左、右割线斜率可以是大于 0，也可以是小于 0，据此共会出现四种情形，见下表：

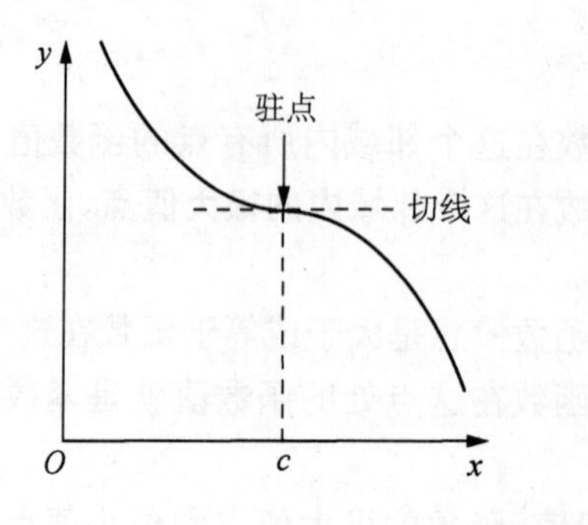

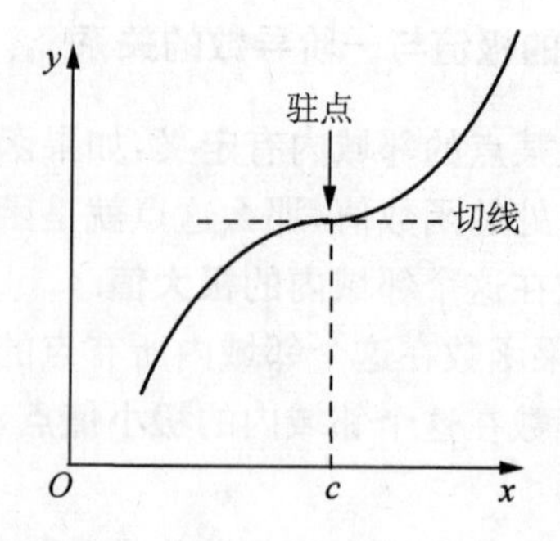

图 7-11

情形	左割线斜率	右割线斜率	图示
1	$\dfrac{f(x)-f(x-\Delta x)}{\Delta x}>0$	$\dfrac{f(x+\Delta x)-f(x)}{\Delta x}<0$	图 7-12 所示
2	$\dfrac{f(x)-f(x-\Delta x)}{\Delta x}<0$	$\dfrac{f(x+\Delta x)-f(x)}{\Delta x}>0$	图 7-13 所示
3	$\dfrac{f(x)-f(x-\Delta x)}{\Delta x}<0$	$\dfrac{f(x+\Delta x)-f(x)}{\Delta x}<0$	图 7-14 所示
4	$\dfrac{f(x)-f(x-\Delta x)}{\Delta x}>0$	$\dfrac{f(x+\Delta x)-f(x)}{\Delta x}>0$	图 7-15 所示

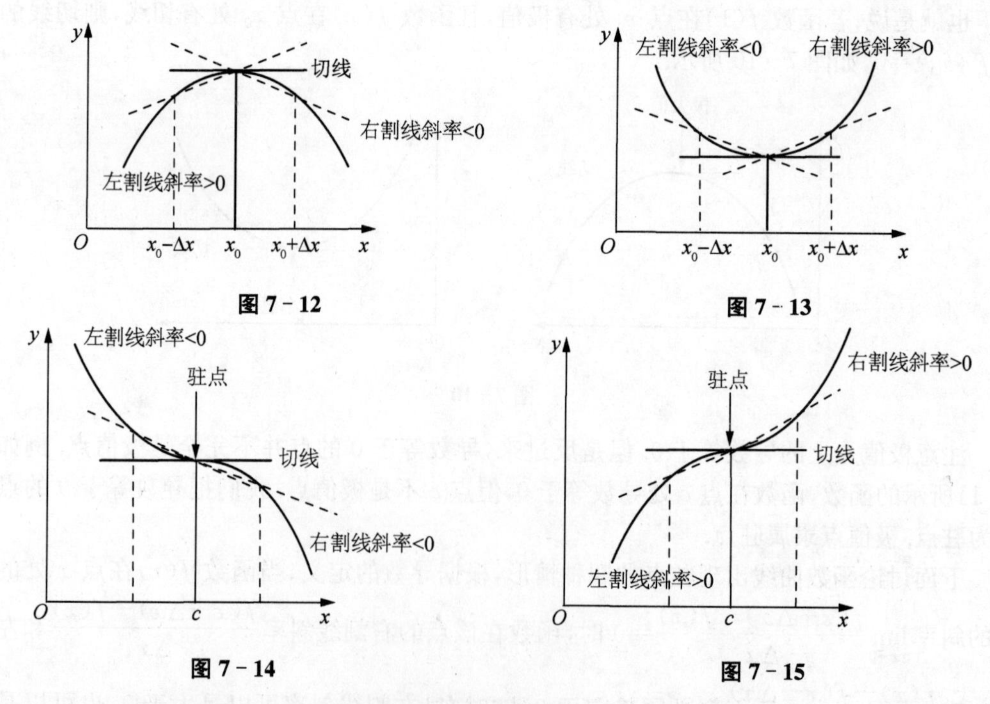

图 7-12 **图 7-13**

图 7-14 **图 7-15**

从上述图表中我们可看出，函数曲线的形状决定了左、右割线斜率是大于 0 还是小于 0，因此，有驻点的函数的曲线会出现上述四种图形.

三、函数曲线的凸凹性与二阶导数的关系

函数的曲线有凹凸两种情形. 让我们在曲线上取两点作一割线，如曲线在割线之上，曲线就是凸型的，如图 7－16 中左图所示；如曲线在割线之下，曲线就是**凹型**的，如图 7－16 中右图所示.

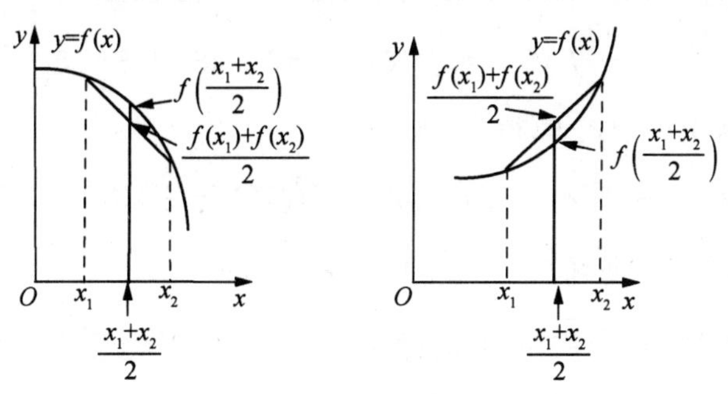

图 7－16

函数曲线的凹凸性可定义如下：

假设函数 $f(x)$在区间 I 上连续，x_1 和 x_2 是区间 I 内的任意两点，如果总有

$$f\left(\frac{x_1+x_2}{2}\right)<\frac{f(x_1)+f(x_2)}{2},$$

那么函数 $f(x)$的曲线是**凹型**的；如果总有

$$f\left(\frac{x_1+x_2}{2}\right)>\frac{f(x_1)+f(x_2)}{2},$$

那么函数 $f(x)$的曲线是**凸型**的.

我们可用函数的二阶导数来判断函数的凹凸性.

定理　假设函数 $y=f(x)$在闭区间$[a,b]$上连续，在开区间(a,b)上有一阶和二阶导数，此时：

(1) 若在开区间(a,b)上，函数的二阶导数 $f''(x)>0$，则在区间$[a,b]$上函数 $y=f(x)$的曲线是凹型的；

(2) 若在开区间(a,b)上，函数的二阶导数 $f''(x)<0$，则在区间$[a,b]$上函数 $y=f(x)$的曲线是凸型的.

先证定理(1).

证　设 x_1 和 x_2 为$[a,b]$内任意两点，且 $x_1<x_2$，令 $x_0=\dfrac{x_1+x_2}{2}$，则区间 $[x_1,x_2]$ 被分成两个长度相等的区间 $[x_1,x_0]$ 和 $[x_0,x_2]$，即有 $x_0-x_1=x_2-x_0$. 在区间 $[x_1,x_0]$ 上，对 $f(x)$ 运用格朗日中值定理得

$$f(x_0)-f(x_1)=f'(\xi_1)(x_0-x_1)\quad(x_1<\xi_1<x_0),$$

在区间 $[x_0,x_2]$ 上，对 $f(x)$ 运用格朗日中值定理得

$$f(x_2)-f(x_0)=f'(\xi_2)(x_2-x_0)\quad(x_0<\xi_2<x_2),$$

将上两式相减得

$$[f(x_2)-f(x_0)]-[f(x_0)-f(x_1)]=f'(\xi_2)(x_2-x_0)-f'(\xi_1)(x_0-x_1),$$

即有 $$f(x_1)+f(x_2)-2f(x_0)=[f'(\xi_2)-f'(\xi_1)](x_2-x_0),$$

再在区间 $[\xi_1,\xi_2]$ 上,对导函数 $f'(x)$ 运用格朗日中值定理得

$$f'(\xi_2)-f'(\xi_1)=f''(\xi)(\xi_2-\xi_1)\ (\xi_1<\xi<\xi_2),$$

将这个式子代入上一个式子,得

$$f(x_1)+f(x_2)-2f(x_0)=f''(\xi)(\xi_2-\xi_1)(x_2-x_0),$$

根据假设 $f''(\xi)>0$,则有

$$f(x_1)+f(x_2)-2f(x_0)=f''(\xi)(\xi_2-\xi_1)(x_2-x_0)>0,$$

即 $$f(x_1)+f(x_2)-2f(x_0)>0,$$

代入 $x_0=\dfrac{x_1+x_2}{2}$,得

$$\frac{f(x_1)+f(x_2)}{2}>f\left(\frac{x_1+x_2}{2}\right).$$

因此,在区间 $[a,b]$ 上 $f(x)$ 曲线是凹的.

同理可证定理(2).

(以下是对该定理的形象化讲解,此为选读内容)

现在让我们用极限方法对定理的原理作形象化的说明. 为什么当函数的二阶导数 $f''(x)>0$ 时,函数的曲线是凹型的呢? 又为什么当函数的二阶导数 $f''(x)<0$ 时,函数的曲线是凸型的呢? 我们可以从二阶导数的定义 $f''(x)=\lim\limits_{\Delta x\to 0}\dfrac{f'(x+\Delta x)-f'(x)}{\Delta x}$ 上找到答案.

为了讨论这个问题,我们要做点准备工作,即我们要规定切线与 x 轴之间夹角 α 的描述法,这里所指的切线都是指斜率有定义的切线. 切线与 x 轴之间夹角 α 如小于 90°,则用正角表示,如图 7-17 中左图所示. 如大于 90°,则用负角表示. 例如当角 α 为 135°时,用 −45°来表示,如图 7-17 中右图所示. 这样切线与 x 轴之间夹角 α 就可在开区间(−90°,90°)上以连续方式变动,而切线的斜率 $\tan\alpha$ 也在开区间(−90°,90°)上连续且单调增加. 也就是说当有 $-60°<-30°<0°<30°$,则总有 $\tan(-60°)<\tan(-30°)<\tan 0°<\tan 30°$. 注意,当切线与 x 轴之间夹角 α 等于 90°时,切线的斜率无定义,故不在此讨论范围内.

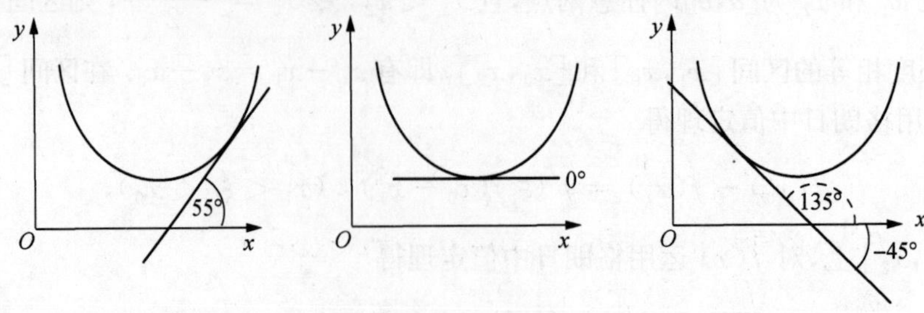

图 7-17

首先让我们来看凹型曲线的一个几何特性. 设有一个具有凹型曲线的函数 $y=f(x)$，如图 7－18 所示. 让我们在 x 轴上任选两点 x_1 和 x_2，在点 x_1 处对凹型曲线作切线得角 α_1，在点 x_2 处对凹型曲线作切线得角 α_2（这里 $\alpha_1\neq 90°$，$\alpha_2\neq 90°$）. 如果 $x_1<x_2$，那么总有 $\alpha_1<\alpha_2$，如图 7－18 所示. 这就是凹型曲线切线的几何特性. 又因为 $\tan\alpha$ 在开区间$(-90°,90°)$上连续且单调增加，所以总有 $\tan\alpha_1<\tan\alpha_2$. 又因为 $f'(x)=\tan\alpha$，那么总有 $f'(x_1)<f'(x_2)$. 也就是说，对一个具有凹型曲线的函数 $y=f(x)$，若 $x_1<x_2$，且函数在这两点处可导，则总有 $f'(x_1)<f'(x_2)$. 反之也成立，即：当 $x_1<x_2$ 时，如果函数 $f(x)$ 总有 $f'(x_1)<f'(x_2)$（也就是当 $x_1<x_2$，总有 $\alpha_1<\alpha_2$），那么该函数的曲线就是凹型的.

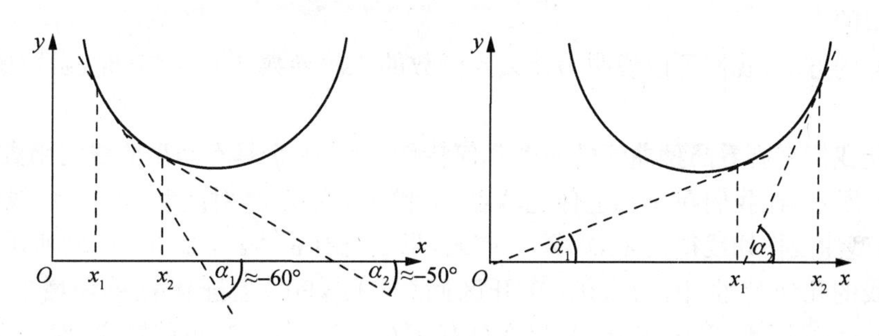

图 7－18

根据上述规律，如果函数 $f(x)$ 的曲线是凹型的，那么我们就总有 $f'(x-\Delta x)<f'(x)<f'(x+\Delta x)$，因为$(x-\Delta x)<x<(x+\Delta x)$，如图 7－19 所示. 反之也成立，即：如果函数 $y=f(x)$ 总有 $f'(x-\Delta x)<f'(x)<f'(x+\Delta x)$，那么函数 $y=f(x)$ 的曲线就是凹型的.

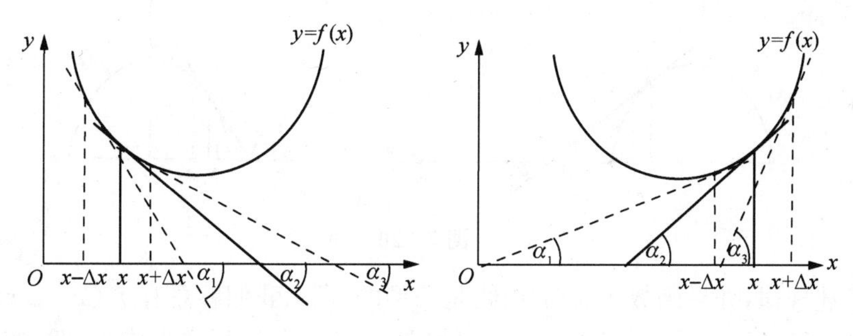

图 7－19

我们可以证明当函数 $f(x)$ 的二阶导数 $f''(x)>0$，函数 $f(x)$ 总有 $f'(x-\Delta x)<f'(x)<f'(x+\Delta x)$. 根据二阶导数的定义，当函数的二阶导数 $f''(x)>0$ 时，那么就必须有

$$\lim_{\Delta x\to 0^+}\frac{f'(x+\Delta x)-f'(x)}{\Delta x}>0 \text{和} \lim_{\Delta x\to 0^-}\frac{f'(x+\Delta x)-f'(x)}{\Delta x}>0.$$

当右极限 $\lim\limits_{\Delta x\to 0^+}\dfrac{f'(x+\Delta x)-f'(x)}{\Delta x}>0$ 时，$f'(x+\Delta x)-f'(x)$ 必须大于 0. 这是因为在右极限 $\lim\limits_{\Delta x\to 0^+}\dfrac{f'(x+\Delta x)-f'(x)}{\Delta x}$ 中，Δx 是正的. 因此，当 $\dfrac{f'(x+\Delta x)-f'(x)}{\Delta x}$ 大于 0 时，$f'(x+\Delta x)-f'(x)$ 必须大于 0. 即有 $f'(x)<f'(x+\Delta x)$.

再讨论左极限 $\lim\limits_{\Delta x\to 0^-}\dfrac{f'(x+\Delta x)-f'(x)}{\Delta x}>0$. 将左极限改写为

$$\lim_{\Delta x\to 0^-}\frac{f'(x+\Delta x)-f'(x)}{\Delta x}=\lim_{\Delta x\to 0}\frac{f'(x+(-\Delta x))-f'(x)}{-\Delta x}=\lim_{\Delta x\to 0}\frac{f'(x)-f'(x-\Delta x)}{\Delta x},$$

因此有$\lim\limits_{\Delta x\to 0}\dfrac{f'(x)-f'(x-\Delta x)}{\Delta x}>0$. 据此必有 $f'(x)-f'(x-\Delta x)>0$. 这是因为在极限 $\lim\limits_{\Delta x\to 0}\dfrac{f'(x)-f'(x-\Delta x)}{\Delta x}$中，$\Delta x$ 是正的. 因此，当$\dfrac{f'(x)-f'(x-\Delta x)}{\Delta x}>0$ 时，$f'(x)-f'(x-\Delta x)$必须大于 0. 即有 $f'(x-\Delta x)<f'(x)$.

综上所述，当二阶导数 $f''(x)>0$ 时，就有 $f'(x-\Delta x)<f'(x)<f'(x+\Delta x)$. 因此函数曲线是凹型的.

用同样的方法，我们可以说明为什么当函数的二阶导数 $f''(x)<0$ 时，函数的曲线是凸型的.

首先让我们来看看凸型曲线的一个几何特性. 设有一个具有凸型曲线的函数 $y=f(x)$，如图 7－20 所示. 让我们在 x 轴上任选两点 x_1 和 x_2，在点 x_1 对凸型曲线作切线得角 α_1，在点 x_2 对凸型曲线作切线得角 α_2，如果 $x_1<x_2$，那么总有 $\alpha_1>\alpha_2$，如图 7－20 所示. 这就是凸型曲线切线的几何特性. 因为 $\tan\alpha$ 在开区间$(-90°, 90°)$上连续且单调增加，所以总有 $\tan\alpha_1>\tan\alpha_2$. 又因为 $f'(x)=\tan\alpha$，那么总有 $f'(x_1)>f'(x_2)$. 也就是说，对一个具有凸型曲线的函数 $y=f(x)$，若 $x_1<x_2$，则总有 $f'(x_1)>f'(x_2)$. 反之也成立，即：当 $x_1<x_2$ 时，如果函数 $f(x)$总有 $f'(x_1)>f'(x_2)$(也就是当 $x_1<x_2$，总有 $\alpha_1>\alpha_2$)，那么该函数的曲线就是凸型的.

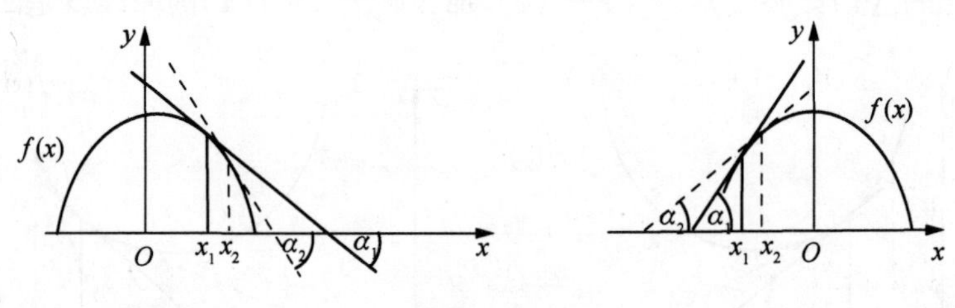

图 7－20

根据上述规律，如果函数 $f(x)$的曲线是凸型的，那么我们就总有 $f'(x-\Delta x)>f'(x)>f'(x+\Delta x)$，因为$(x-\Delta x)<x<(x+\Delta x)$，如图 7－21 所示. 反之也成立，即：如果函数 $y=f(x)$总有 $f'(x-\Delta x)>f'(x)>f'(x+\Delta x)$，那么函数 $y=f(x)$的曲线就是凸型的.

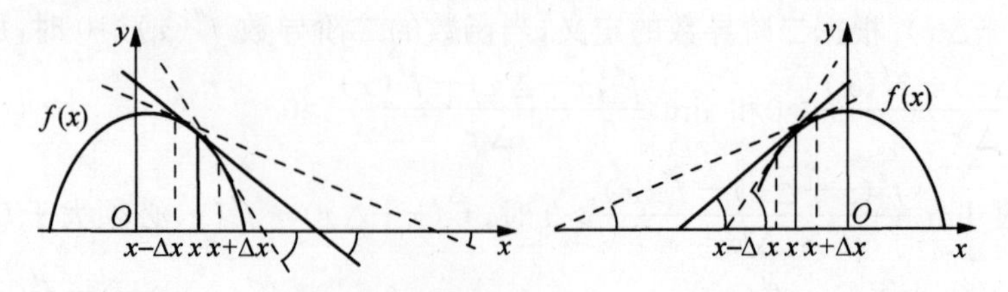

图 7－21

我们可以证明当函数 $f(x)$的二阶导数 $f''(x)<0$，函数 $f(x)$总有 $f'(x-\Delta x)>f'(x)>f'(x+\Delta x)$. 根据二阶导数的定义，当函数的二阶导数 $f''(x)<0$ 时，那么就必须有

$\lim\limits_{\Delta x\to 0^+}\dfrac{f'(x+\Delta x)-f'(x)}{\Delta x}<0$和$\lim\limits_{\Delta x\to 0^-}\dfrac{f'(x+\Delta x)-f'(x)}{\Delta x}<0$.

当右极限$\lim\limits_{\Delta x\to 0^+}\dfrac{f'(x+\Delta x)-f'(x)}{\Delta x}<0$时，$f'(x+\Delta x)-f'(x)$必须小于0. 这是因为在右极限$\lim\limits_{\Delta x\to 0^+}\dfrac{f'(x+\Delta x)-f'(x)}{\Delta x}$中，$\Delta x$是正的. 因此，当$\dfrac{f'(x+\Delta x)-f'(x)}{\Delta x}$小于0时，$f'(x+\Delta x)-f'(x)$必须小于0，即有$f'(x)>f'(x+\Delta x)$.

再讨论左极限$\lim\limits_{\Delta x\to 0^-}\dfrac{f'(x+\Delta x)-f'(x)}{\Delta x}<0$，即$\lim\limits_{\Delta x\to 0}\dfrac{f'(x)-f'(x-\Delta x)}{\Delta x}<0$. 据此得$f'(x)-f'(x-\Delta x)<0$. 这是因为在极限$\lim\limits_{\Delta x\to 0}\dfrac{f'(x)-f'(x-\Delta x)}{\Delta x}$中，$\Delta x$是正的. 因此，当$\dfrac{f'(x)-f'(x-\Delta x)}{\Delta x}<0$时，$f'(x)-f'(x-\Delta x)$必须小于0，即有$f'(x-\Delta x)>f'(x)$.

综上所述，当二阶导数$f''(x)<0$时，就有$f'(x-\Delta x)>f'(x)>f'(x+\Delta x)$. 因此函数曲线是凸型的.

(选读内容结束)

例 3　判定函数$y=3x^3$曲线的凹凸性.

解　对函数$y=3x^3$求导，得

$$y'=9x^2.$$

再求导，得

$$y''=18x.$$

因此，当$x<0$时，$y''<0$，所以函数$y=3x^3$曲线在区间$(-\infty,0)$上为凸型的；当$x>0$时，$y''>0$，所以函数$y=3x^3$曲线在区间$(0,+\infty)$上是凹型的.

最后介绍拐点，如果函数$f(x)$的曲线通过点$(x,f(x))$时，曲线的凹凸性改变了(由凸变凹或由凹变凸)，这个点就称为曲线$f(x)$的**拐点**，如图 7 - 22 所示.

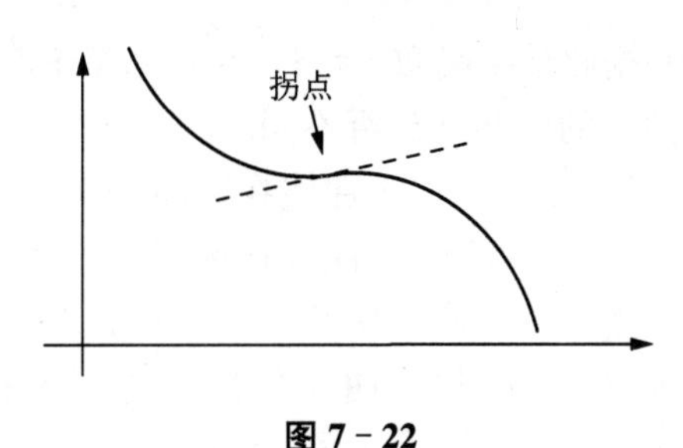

图 7 - 22

让我们通过二阶导数的定义，解释为什么函数在拐点处的二阶导数等于0，即$f''(x)=0$.

设函数$f(x)$曲线在点x处有拐点，让我们在对点x设立左区间$[x-\Delta x,x]$和右区间$[x,x+\Delta x]$，如拐点左边曲线是凹型的，右边曲线是凸型的，如图 7 - 23 所示. 那么函数$f(x)$在左区间有$f'(x-\Delta x)<f'(x)$，即有$\dfrac{f'(x)-f'(x-\Delta x)}{\Delta x}>0$；而在右区间就有$f'(x)>$

$f'(x+\Delta x)$，即有$\dfrac{f'(x+\Delta x)-f'(x)}{\Delta x}<0$. 函数 $f(x)$在拐点 x 处的二阶导数的右极限为

$\lim\limits_{\Delta x\to 0^+}\dfrac{f'(x+\Delta x)-f'(x)}{\Delta x}$，左极限 $\lim\limits_{\Delta x\to 0^-}\dfrac{f'(x+\Delta x)-f'(x)}{\Delta x}$可写为$\lim\limits_{\Delta x\to 0}\dfrac{f'(x)-f'(x-\Delta x)}{\Delta x}$.

因此在$\dfrac{f'(x)-f'(x-\Delta x)}{\Delta x}>0$ 和$\dfrac{f'(x+\Delta x)-f'(x)}{\Delta x}<0$ 的情形下，要使左、右极限相等，

只有左、右极限均等于 0，即有$\lim\limits_{\Delta x\to 0}\dfrac{f'(x+\Delta x)-f'(x)}{\Delta x}=0$.

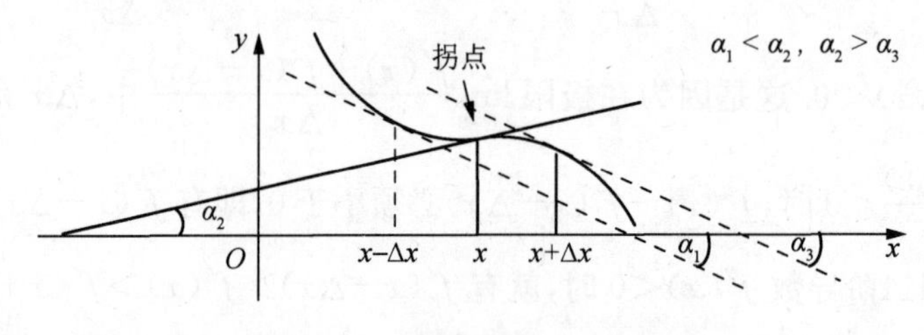

图 7 - 23

用同样方法，我们可解释当拐点在左边曲线是凸型的，右边曲线是凹型的情形，函数在拐点处的二阶导数也等于 0.

注意，函数在拐点处的二阶导数等于 0，但函数二阶导数等于 0 的点并非都是拐点. 判定拐点一定要根据点两侧的函数曲线的凹凸性是否不同，若点两侧的函数曲线的凹凸性不同，则为拐点；若相同，则不是拐点.

例 4　求函数 $y=x^3+2x$ 曲线的拐点.

解　对函数 $y=x^3+2x$ 求导，得

$$y'=3x^2+2.$$

再求导，得

$$y''=6x.$$

因此，当 $x=0$ 时，$y''=0$. 据此结果函数 $y=x^3+2x$ 曲线在点 $x=0$ 处可能有拐点，但要检查在点 $x=0$ 两侧的函数曲线的凹凸性是否不同.

当 $x<0$ 时，$y''<0$，所以函数 $y=x^3+2x$ 曲线在区间$(-\infty,0)$上为凸型；

当 $x>0$ 时，$y''>0$，所以函数 $y=x^3+2x$ 曲线在区间$(0,+\infty)$上为凹型.

综上，当 $x=0$ 时，$y''=0$；当 $x<0$，$y''<0$；当 $x>0$ 时，$y''>0$，因此，在点 $x=0$ 两侧的函数曲线的凹凸性是不同的，函数 $y=x^3+2x$ 曲线在点 $x=0$ 处有拐点.

四、函数极大值和极小值的判定

通过上述讨论我们知道，如果函数在一个点具有极小值或极大值，函数在这个点处的一阶导数一定等于 0. 例如，在图 7 - 24 中有两个函数. 函数 $f(x)$和 $g(x)$在点 $x=c$ 处的导数都等于 0. 不过函数 $f(x)$在点 $x=c$ 处具有极小值，而函数 $g(x)$在点 $x=c$ 处具有极大值.

函数的极值点的一阶导数等于 0，那么如何判断函数的极值是极大值或极小值呢？从几何上说，如果函数在一个点处具有极小值，那么该函数的图形在这个点所在的区间上必须

是凹型的. 由于当函数的图形是凹型时,函数的二阶导数为正. 因此,如果函数 $y=f(x)$ 在一个点同时具有 $y'=0$ 和 $y''>0$,那么函数在这个点处具有极小值.

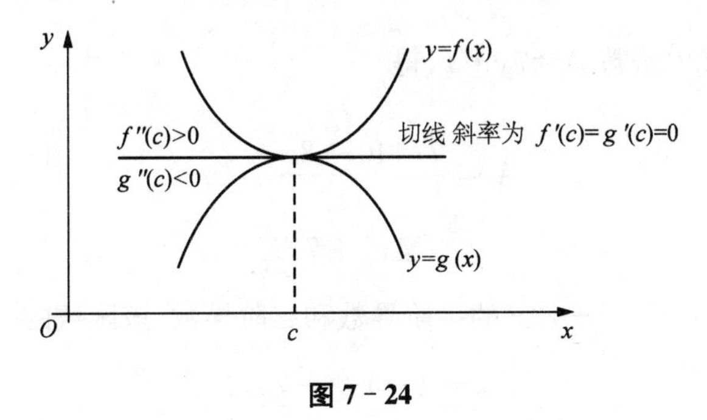

图 7-24

让我们来看图 7-24 中的函数 $f(x)$. 函数 $f(x)$ 的图形是凹型的,函数 $f(x)$ 在 $x=c$ 处的二阶导数是正的. 函数 $f(x)$ 在点 $x=c$ 处同时具有 $f'(c)=0$ 和 $f''(c)>0$,故函数 $f(x)$ 在 $x=c$ 点处具有极小值.

同样,在几何上,如果函数在一个点处具有极大值,那么该函数的图形在这个点所在的区间上必须是凸型的. 由于当函数的图形是凸型时,函数的二阶导数为负. 因此,如果函数 $y=f(x)$ 在一个点处同时具有 $y'=0$ 和 $y''<0$,那么函数在这个点处具有极大值.

让我们来看图 7-24 中的函数 $g(x)$. 函数 $g(x)$ 的图形是凸型的,函数 $g(x)$ 在点 $x=c$ 处的二阶导数是负的. 函数 $g(x)$ 在点 $x=c$ 处同时具 $g'(c)=0$ 和 $g''(c)<0$,故函数 $g(x)$ 在 $x=c$ 点处具有极大值.

定理　设函数 $f(x)$ 在 x_0 处,一阶导数 $f'(x_0)=0$,二阶导数存在且 $f''(x_0)\neq 0$,那么:

(1) 当 $f''(x_0)<0$ 时,函数 $f(x)$ 在 x_0 处取得极大值;

(2) 当 $f''(x_0)>0$ 时,函数 $f(x)$ 在 x_0 处取得极小值.

简单地说,如果函数 $y=f(x)$ 在点 x_0 处有 $y'=0$ 和 $y''>0$,那么函数 y 在该点处具有极小值. 如果函数 $y=f(x)$ 在点 x_0 处有 $y'=0$ 和 $y''<0$,那么函数 y 在该点处具有极大值.

例 5　有一个农民要建七个大小相同的矩形围栏. 围栏的排列方式如图 7-25 所示. 如果农民拥有 140 米长的栏栅,什么样的围栏尺寸才能使这七个矩形围栏的面积最大?

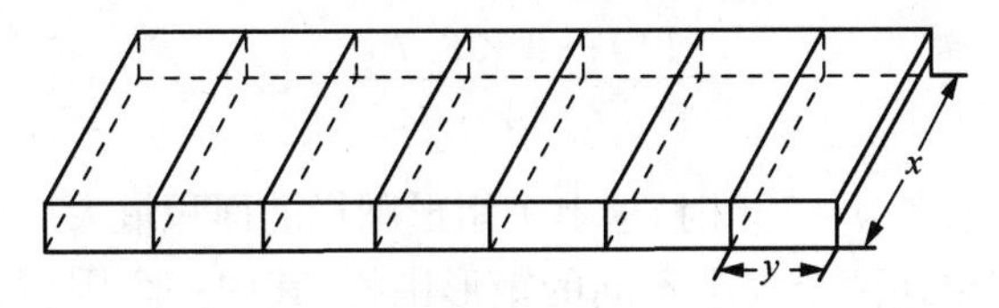

图 7-25

让 x 和 y 分别表示每个矩形的长度和宽度,如图 7-25 所示. 让 A 代表七个矩形围栏的总面积. 那么 A 由下式给出:

$$A = 7y \cdot x.$$

因为用于建造这七个矩形围栏的栏栅有 140 米长,所以我们有等式:

$$14y + 8x = 140.$$

改写为

$$y=\frac{140-8x}{14}.$$

将 $y=\dfrac{140-8x}{14}$ 代入函数 $A=7y\cdot x$，得

$$\begin{aligned}A&=\frac{7(140-8x)}{14}\cdot x\\&=-4x^2+70x.\end{aligned}$$

让我们求函数 $A=-4x^2+70x$ 的一阶导数和二阶导数.该函数的一阶导数为

$$\begin{aligned}A'&=(-4x^2+70x)'\\&=-8x+70.\end{aligned}$$

由于函数的一阶导数等于 $-8x+70$，所以函数的二阶导数为

$$\begin{aligned}A''&=(-8x+70)'\\&=-8.\end{aligned}$$

我们知道，如果函数 $A=-4x^2+70x$ 在某点处有极值(此极值可以是极小值或极大值)，那么函数 $A=-4x^2+70x$ 在此点处的一阶导数应等于 0.令 $A'=0$，那么我们有

$$0=-8x+70,$$

解得

$$x=8.75.$$

当 $x=8.75$ 时，函数 $A=-4x^2+70x$ 有极值.为了分辨该极值是函数的极小值还是极大值，我们需要计算函数在 $x=8.75$ 处的二阶导数.因为 $A''=-8$，所以该函数在 $x=8.75$ 处的二阶导数为负.因此当 $x=8.75$ 时，函数 $A=-4x^2+70x$ 有极大值.

将 $x=8.75$ 代入方程 $y=\dfrac{140-8x}{14}$，得

$$y=\frac{140-8\times 8.75}{14}=5.$$

因此，当 $x=8.75$ 米和 $y=5$ 米时，这七个矩形围栏的面积最大.

例 6 有一个农民要建两个大小不同的矩形围栏.其中一个围栏的面积是另一个的两倍，围栏的排列方式如图 7-26 所示.如果农民有 300 米长的栏栅，什么样的围栏尺寸才能使这两个矩形围栏的面积最大?

解 让 x 和 y 分别表示大矩形的宽度和长度，如图 7-26 所示.那么小矩形的长度应等于 x，宽度应等于 $\dfrac{y}{2}$，如图 7-26 所示.让 A 代表两个矩形围栏的总面积，那么 A 由下式给出：

$$A=1.5y\cdot x.$$

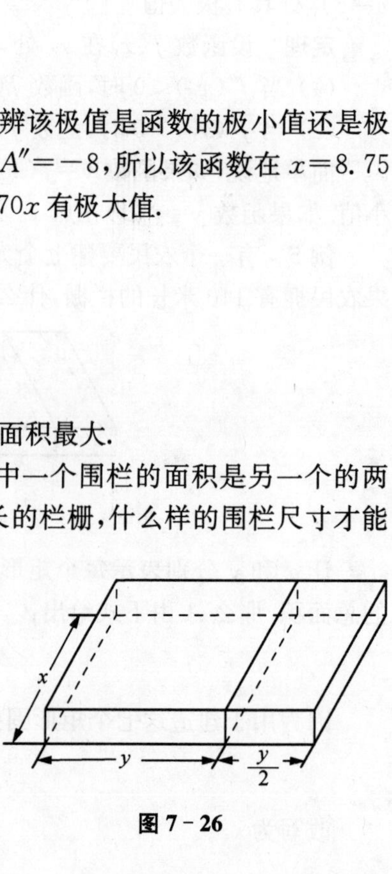

图 7-26

因为用于建造这两个矩形围栏的栏栅有 300 米长，所以我们有

$$3y+3x=300.$$

改写为

$$y=-x+100.$$

将 $y=-x+100$ 代入函数 $A=1.5y\cdot x$，得

$$\begin{aligned}A&=1.5(-x+100)x\\&=-1.5x^2+150x.\end{aligned}$$

让我们求函数 $A=-1.5x^2+150x$ 的一阶导数和二阶导数. 函数的一阶导数为

$$\begin{aligned}A'&=(-1.5x^2+150x)'\\&=-3x+150.\end{aligned}$$

由于函数的一阶导数等于 $-3x+150$，所以函数的二阶导数为

$$\begin{aligned}A''&=(-3x+150)'\\&=-3.\end{aligned}$$

我们知道，如果函数 $A=-1.5x^2+150x$ 在某点处有极值（此极值可以是极小值或极大值），那么该函数 $A=-1.5x^2+150x$ 在该点处的一阶导数应等于 0. 令 $A'=0$，那么我们有

$$0=-3x+150,$$

解得

$$x=50.$$

当 $x=50$ 时，函数 $A=-1.5x^2+150x$ 有极值. 为了分辨该极值是函数的极小值还是极大值，我们需要计算函数在 $x=50$ 处的二阶导数. 因为 $A''=-3$，所以该函数在 $x=50$ 处的二阶导数为负. 因此函数 $A=-1.5x^2+150x$ 在 $x=50$ 处有极大值.

将 $x=50$ 代入方程 $y=-x+100$，得

$$y=-50+100=50.$$

因此，当 $x=50$ 米和 $y=50$ 米时，这两个矩形围栏的面积最大.

习题 7－4

1. 讨论下列函数的单调性：

(1) $y=x^2+10$；

(2) $y=-x^2+2x+10$；

(3) $y=x+\arctan x$；

(4) $y=\operatorname{arccot} x-x$.

2. 判定下列函数曲线的凹凸性：

(1) $y=x^3+x+10$；

(2) $y=-x^3-3x^2+2x+10$；

(3) $y=-3x^2$；

(4) $y=2x\arctan x$.

3. 求下列函数曲线的极值点：

(1) 求 $y=x^3-27x+10$ 在区间$[-5,5]$上的极值点；

(2) 求 $y=2x^2+10$ 的极值点；

(3) 求 $y=-5x^2+10x$ 的极值点；

(4) 求 $y=x^2+2x$ 的极值点.

4. 有一个农民要靠墙建矩形围栏. 如图 7－27 所示. 如果农民有 60 米长的栏栅，当 x 和 y 各为何值时，这个矩形围栏的面积最大？

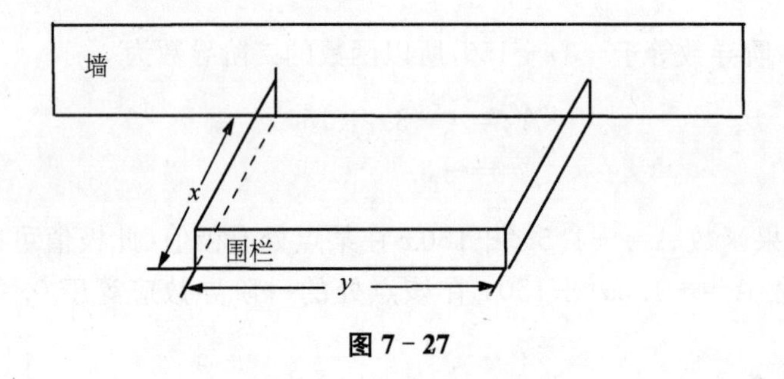

图 7－27

第五节　泰勒公式

通过上节的讨论，我们知道函数曲线的形状与函数的导数是相关的. 假设有两个函数 $f(x)$ 和函数 $g(x)$，如果它们在点 x_0 处的值相等 $f(x_0)=g(x_0)$，并且它们在点 x_0 的一阶导数相等均为 1，即 $f'(x_0)=g'(x_0)=1$，那么这两函数的图形可以是一个在切线上，一个在切线下，如图 7－28 中左图所示. 但如果我们再规定这两个函数的二阶导数相等均为 3，即 $f''(x_0)=g''(x_0)=3$，那么这两个函数 $f(x)$ 和 $g(x)$ 曲线的形状均必定为凹型，且在切线上方，如图 7－28 中右图所示. 这样两个函数的图形很接近.

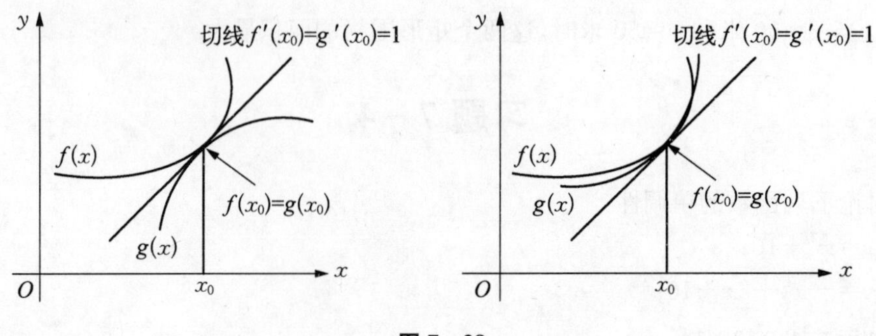

图 7－28

据此我们可设想：如果有两个函数，它们在某点处的函数值相同、一阶导数值相同、二阶导数值相同、三阶导数值相同、…、n 阶导数值相同，那么这两个函数的图形就应该非常接近. 如果两个函数的图形非常接近，那么两个函数的值就应该非常接近. 既然是这样，我们就可用这两个函数中的一个去近似表达另一个. 这是用一个函数去近似表达另一个函数的新思路. 换句话说，如果我们要近似表达一个已知的函数 $f(x)$，我们可以建立一个新函数 $g(x)$，使其在某点的函数值、一阶导数值、二阶导数值、…、n 阶导数值都与已知函数 $f(x)$ 的相同，这样我们就可以用这个新建的函数 $g(x)$ 去近似表达这个已知的函数 $f(x)$. 更进一步，我们还可以给出这两个函数之间的误差.

如何建立一个具有 n 阶导数的函数 $g(x)$，并使得函数 $g(x)$ 在某点的函数值、一阶导数值、二阶导数值、…、n 阶导数值都与这个已知的函数 $f(x)$ 相同呢？要解决这个问题，我们就需要用到 n 次多项式，因为 n 次多项式在某点处的函数值、一阶导数值、二阶导数值、…、n 阶导数值是可以任意设定的. 利用这个特点，我们可设立一个与函数 $f(x)$ 在点 x_0 处的函数值，及一阶至 n 阶导数值均相同的 n 次多项式 $P_n(x)$. 那么误差又是如何给出的呢？通过柯西中值定理我们可以计算出误差. 以上就是泰勒公式的思路. 简单地说，泰勒公式就是用一个多项式来近似表达一个复杂函数，并给出误差.

例如，对具有无穷阶导数的函数 e^x，我们可用以下的这个 n 次多项式去近似表达函数 e^x，并给出误差：

$$e^x = 1 + x + \frac{x^2}{2!} + \frac{x^3}{3!} + \cdots + \frac{x^n}{n!} + R_n(x).$$

式中的 $R_n(x)$ 表示误差. 那么如何设置多项式 $P_n(x)$，又如何计算设置误差 $R_n(x)$ 呢？我们下面分别讨论.

1. **多项式 $P_n(x)$ 的设立**

首先解释为什么多项式的各阶导数可以任意设立. 我们知道幂函数具有这样一个特征：$\frac{x^n}{n!}$ 或 $\frac{(x-x_0)^n}{n!}$ 的 n 次导数等于 1.

$$\left(\frac{x^n}{n!}\right)^{(n)} = 1 \quad 或 \quad \left[\frac{(x-x_0)^n}{n!}\right]^{(n)} = 1.$$

如果想让幂函数 $\frac{(x-x_0)^3}{3!}$ 的三阶导数等于 $f'''(x_0)$，那么我们就设立幂函数 $f'''(x_0)\frac{(x-x_0)^3}{3!}$，则

$$\left[f'''(x_0)\frac{(x-x_0)^3}{3!}\right]''' = f'''(x_0)\left[\frac{(x-x_0)^3}{3!}\right]''' = f'''(x_0)\cdot 1 = f'''(x_0).$$

此时，如果你求该幂函数的四阶导数在 x_0 处的值，你会发现它等于 0.

$$\left[f'''(x_0)\frac{(x-x_0)^3}{3!}\right]^{(4)} = 0.$$

向上求更高阶的导数，结果都为 0. 那么向下求低阶导数呢会怎样呢？

如果你求该幂函数 $f'''(x_0)\dfrac{(x-x_0)^3}{3!}$ 的二阶导数在 x_0 处的值,你会发现它等于0.让我们先求出二阶导数,再代入 $x=x_0$:

$$\left[f'''(x_0)\frac{(x-x_0)^3}{3!}\right]''=f'''(x_0)\frac{3\cdot 2\cdot(x-x_0)}{3!}=f'''(x_0)(x-x_0),$$

代入 $x=x_0$,则

$$f'''(x_0)(x_0-x_0)=0.$$

如果你求该幂函数 $f'''(x_0)\dfrac{(x-x_0)^3}{3!}$ 的一阶导数在 x_0 处的值,你会发现它也等于0.

$$\left[f'''(x_0)\frac{(x-x_0)^3}{3!}\right]'=f'''(x_0)\frac{3\cdot(x-x_0)^2}{3!}=f'''(x_0)\frac{(x-x_0)^2}{2},$$

代入 $x=x_0$,则

$$f'''(x_0)\frac{(x_0-x_0)^2}{2}=0.$$

此时,如果求该幂函数 $f'''(x_0)\dfrac{(x-x_0)^3}{3!}$ 在 x_0 处的值,你会发现它也等于0.

总结:$f'''(x_0)\dfrac{(x-x_0)^3}{3!}$ 的高于3阶的高阶导数均为0;而低于3阶的一阶导数和二阶导数虽然存在,但代入 x_0 后,它们的值均为0;该幂函数在 $x=x_0$ 时的函数值也等于0.只有3阶导数存在并等于 $f'''(x_0)$.

幂函数 $f'(x_0)(x-x_0)$,$f''(x_0)\dfrac{(x-x_0)^2}{2!}$,$f'''(x_0)\dfrac{(x-x_0)^3}{3!}$,$f^{(4)}(x_0)\dfrac{(x-x_0)^4}{4!}$ 和 $f^{(5)}(x_0)\dfrac{(x-x_0)^5}{5!}$ 在 x_0 处的函数值及各阶导数值见下表.

幂函数	x_0 处的函数值	1阶导数在 x_0 处的值	2阶导数在 x_0 处的值	3阶导数在 x_0 处的值	4阶导数在 x_0 处的值	5阶导数在 x_0 处的值
$f'(x_0)(x-x_0)$	0	$f'(x_0)$	0	0	0	0
$f''(x_0)\dfrac{(x-x_0)^2}{2!}$	0	0	$f''(x_0)$	0	0	0
$f'''(x_0)\dfrac{(x-x_0)^3}{3!}$	0	0	0	$f'''(x_0)$	0	0
$f^{(4)}(x_0)\dfrac{(x-x_0)^4}{4!}$	0	0	0	0	$f^{(4)}(x_0)$	0
$f^{(5)}(x_0)\dfrac{(x-x_0)^5}{5!}$	0	0	0	0	0	$f^{(5)}(x_0)$

如果把这些幂函数在一起,再加上 $f(x_0)$,那么有多项式 $P_5(x)$

$$P_5(x)=f(x_0)+f'(x_0)(x-x_0)+f''(x_0)\frac{(x-x_0)^2}{2!}+f'''(x_0)\frac{(x-x_0)^3}{3!}$$
$$+f^{(4)}(x_0)\frac{(x-x_0)^4}{4!}+f^{(5)}(x_0)\frac{(x-x_0)^5}{5!}.$$

多项式 $P_5(x)$ 在 x_0 处的函数值及各阶导数值见下表.

多项式	x_0 处的函数值	1 阶导数在 x_0 处的值	2 阶导数在 x_0 处的值	3 阶导数在 x_0 处的值	4 阶导数在 x_0 处的值	5 阶导数在 x_0 处的值
$P_5(x)$	$f(x_0)$	$f'(x_0)$	$f''(x_0)$	$f'''(x_0)$	$f^{(4)}(x_0)$	$f^{(5)}(x_0)$

现在让我们运用这个原理去设立一个 n 次多项式 $P_n(x)$ 对函数 $f(x)$ 作近似表达.

设函数 $f(x)$ 可导，且有 $(n+1)$ 阶导数，那么在 $x=x_0$ 处 $f(x)$ 的各阶导数值为 $f'(x_0),f''(x_0),\cdots,f^{(n)}(x_0),f^{(n+1)}(x_0)$. 那么我们可以设立一个 n 次的多项式 $P_n(x)$ 对函数 $f(x)$ 作近似表达，方法如下：

以 $f'(x_0)$ 乘以 $(x-x_0)$ 得 $f'(x_0)(x-x_0)$；以 $f''(x_0)$ 乘以 $\frac{(x-x_0)^2}{2!}$ 得 $f''(x_0)\cdot\frac{(x-x_0)^2}{2!}$；　以 $f'''(x_0)$ 乘以 $\frac{(x-x_0)^3}{3!}$ 得 $f'''(x_0)\frac{(x-x_0)^3}{3!}$；…；以 $f^{(n)}(x_0)$ 乘以 $\frac{(x-x_0)^n}{n!}$ 得 $f^{(n)}(x_0)\frac{(x-x_0)^n}{n!}$. 然后取所有这些乘积之和，再加上 $f(x_0)$，这就是我们要设立的 n 次多项式 $P_n(x)$.

$$P_n(x)=f(x_0)+f'(x_0)(x-x_0)+f''(x_0)\frac{(x-x_0)^2}{2!}+f'''(x_0)\frac{(x-x_0)^3}{3!}+\cdots+f^{(n)}(x_0)\frac{(x-x_0)^n}{n!}.$$

按数学表述的习惯重写为

$$P_n(x)=f(x_0)+f'(x_0)(x-x_0)+\frac{f''(x_0)}{2!}(x-x_0)^2+\cdots+\frac{f^{(n)}(x_0)}{n!}(x-x_0)^n.$$

下表显示了 $f(x)$ 与 $P_n(x)$ 在 x_0 处的函数值及各阶导数值：

	$f(x)$	$P_n(x)$
函数在 $x=x_0$ 处的值	$f(x_0)$	$P_n(x_0)=f(x_0)$
一阶导数在 x_0 处的值	$f'(x_0)$	$P_n'(x_0)=f'(x_0)$
二阶导数在 x_0 处的值	$f''(x_0)$	$P_n''(x_0)=f''(x_0)$
…	…	…
n 阶导数在 x_0 处的值	$f^{(n)}(x_0)$	$P_n^{(n)}(x_0)=f^{(n)}(x_0)$
$(n+1)$ 阶导数在 x_0 处的值	$f^{(n+1)}(x_0)$	$P_n^{(n+1)}(x_0)=0$

注意，因为 P_n 的最高方次为 n，故 P_n 的 $(n+1)$ 次导数等于 0，即有

$$P_n^{(n+1)}(x)=0. \tag{1}$$

2. 误差 $R_n(x)$ 的确定

在上面我们已经设立一个可近似表达具有 $(n+1)$ 阶导数的函数 $f(x)$ 的多项式 $P_n(x)$. 当 $x=x_0$ 时，$P_n(x_0)=f(x_0)$，它们的值完全相等. 但当 $x\neq x_0$，显然这时 $P_n(x)\approx f(x)$，它们的值只是相近，但并不完全相等，有一定的误差. 我们以 $R_n(x)$ 表示 $P_n(x)$ 与 $f(x)$ 之间的误差，我们规定

$$R_n(x)=f(x)-P_n(x). \tag{2}$$

据此有

$$\begin{aligned}f(x)&=P_n(x)+R_n(x)\\&=f(x_0)+f'(x_0)(x-x_0)+\frac{f''(x_0)}{2!}(x-x_0)^2+\cdots\\&\quad+\frac{f^{(n)}(x_0)}{n!}(x-x_0)^n+R_n(x).\end{aligned}$$

我们知道当 $x=x_0$ 时，$P_n(x_0)=f(x_0)$，于是 $R_n(x)=0$. 那么当 $x\neq x_0$ 时，误差 $R_n(x)$ 是多大呢？泰勒中值定理给出了答案.

泰勒中值定理 若函数 $f(x)$ 在含有 x_0 的某个开区间 (a,b) 内具有直到 $(n+1)$ 阶导数，则对任意 $x\in(a,b)$ 有

$$f(x)=f(x_0)+f'(x_0)(x-x_0)+\frac{f''(x_0)}{2!}(x-x_0)^2+\cdots+\frac{f^{(n)}(x_0)}{n!}(x-x_0)^n+R_n(x),$$

其中

$$R_n(x)=\frac{f^{(n+1)}(\xi)}{(n+1)!}(x-x_0)^{n+1},$$

这里 ξ 是 x_0 与 x 之间的某个值.

泰勒中值定理给出了误差 $R_n(x)$ 的计算公式，显然当 $x=x_0$ 时，根据公式有 $R_n(x_0)=0$，即

$$R_n(x_0)=\frac{f^{(n+1)}(\xi)}{(n+1)!}(x_0-x_0)^{n+1}=\frac{f^{(n+1)}(\xi)}{(n+1)!}(0)^{n+1}=0.$$

现在让我们证明 $R_n(x)=\dfrac{f^{(n+1)}(\xi)}{(n+1)!}(x-x_0)^{n+1}$.

证 为了证明 $R_n(x)=\dfrac{f^{(n+1)}(\xi)}{(n+1)!}(x-x_0)^{n+1}$，我们需要设立函数 $G_n(x)=(x-x_0)^{n+1}$. 现在我们有两个函数 $R_n(x)$ 和函数 $G_n(x)=(x-x_0)^{n+1}$. 这两个函数有如下性质：

对于函数 $R_n(x)$，根据(2)式，有 $R_n{}^{(i)}(x)=f^{(i)}(x)-P_n{}^{(i)}(x)$，这里 $i=1,2,\cdots,(n+1)$. 根据上表，当 $i=1,2,\cdots,n$ 时，总有 $f^{(i)}(x_0)=P_n{}^{(i)}(x_0)$，据此有 $R_n{}^{(i)}(x_0)=f^{(i)}(x_0)-P_n{}^{(i)}(x_0)=0$，故有

$$R_n(x_0)=R'_n(x_0)=R''_n(x_0)=\cdots=R_n^{(n)}(x_0)=0. \tag{3}$$

当 $i=n+1$ 时,根据(1)式 $P_n^{(n+1)}(x)=0$, 则

$$R_n^{(n+1)}(x)=f^{(n+1)}(x)-P_n^{(n+1)}(x)=f^{(n+1)}(x)-0=f^{(n+1)}(x). \tag{4}$$

因此 $R_n(x)$ 在开区间 (a,b) 内具有直到 $(n+1)$ 阶导数;

对于函数 $G_n(x)=(x-x_0)^{n+1}$, 有

$$G_n(x_0)=G'_n(x_0)=G''_n(x_0)=\cdots=G_n^{(n)}(x_0)=0, \tag{5}$$

和

$$G_n^{(n+1)}(x)=(n+1)!. \tag{6}$$

第一次施用柯西中值定理:让我们设立以 x_0 为起点、x 为末端点的区间,显然在此区间上,函数 $R_n(x)$ 和函数 $G_n(x)$ 满足柯西中值定理的条件. 对这两个函数施用柯西中值定理,得

$$\frac{R_n(x)-R_n(x_0)}{G_n(x)-G_n(x_0)}=\frac{R'_n(\xi_1)}{G'_n(\xi_1)}.$$

这里 ξ_1 是 x_0 与 x 之间的某个值. 根据(3)式和(5)式,上式可写为

$$\frac{R_n(x)}{G_n(x)}=\frac{R'_n(\xi_1)}{G'_n(\xi_1)}. \tag{7}$$

第二次施用柯西中值定理:现在我们又有两个新函数 $R'_n(x)$ 和 $G'_n(x)$. 让我们设立以 x_0 为起点、ξ_1 为末端点的区间,并对这两个新函数施用柯西中值定理,得

$$\frac{R'_n(\xi_1)-R'_n(x_0)}{G'_n(\xi_1)-G'_n(x_0)}=\frac{R''_n(\xi_2)}{G''_n(\xi_2)}.$$

这里 ξ_2 是 x_0 与 ξ_1 之间的某个值. 根据(3)式和(5)式,上式可写为

$$\frac{R'_n(\xi_1)}{G'_n(\xi_1)}=\frac{R''_n(\xi_2)}{G''_n(\xi_2)}.$$

根据 (7) 式,上式可写为

$$\frac{R_n(x)}{G_n(x)}=\frac{R''_n(\xi_2)}{G''_n(\xi_2)}.$$

以此方法继续做下去,当第 n 次施用柯西中值定理后,我们必然会得到两个新函数 $R_n^{(n)}(x)$ 和 $G_n^{(n)}(x)$ 及公式

$$\frac{R_n(x)}{G_n(x)}=\frac{R_n^{(n)}(\xi_n)}{G_n^{(n)}(\xi_n)}. \tag{8}$$

第 $(n+1)$ 次施用柯西中值定理:现在我们又有两个新函数 $R_n^{(n)}(x)$ 和 $G_n^{(n)}(x)$. 让我们设立以 x_0 为起点、ξ_n 为末端点的区间,并对这两个新函数施用柯西中值定理,得

$$\frac{R_n^{(n)}(\xi_n)-R_n^{(n)}(x_0)}{G_n^{(n)}(\xi_n)-G_n^{(n)}(x_0)}=\frac{R_n^{(n+1)}(\xi)}{G_n^{(n+1)}(\xi)}.$$

这里ξ是x_0与ξ_n之间的某个值，当然也是x_0与x之间的某个值. 根据(3)式和(5)式，上式可写为

$$\frac{R_n^{(n)}(\xi_n)}{G_n^{(n)}(\xi_n)}=\frac{R_n^{(n+1)}(\xi)}{G_n^{(n+1)}(\xi)}.$$

根据 (8) 式，上式可写为

$$\frac{R_n(x)}{G_n(x)}=\frac{R_n^{(n+1)}(\xi)}{G_n^{(n+1)}(\xi)}.$$

将$G_n(x)=(x-x_0)^{n+1}$ 代入上式：

$$R_n(x)=\frac{R_n^{(n+1)}(\xi)}{G_n^{(n+1)}(\xi)}(x-x_0)^{n+1}.$$

代入(4)式：

$$R_n(x)=\frac{f^{(n+1)}(\xi)}{G_n^{(n+1)}(\xi)}(x-x_0)^{n+1}.$$

代入(6)式：

$$R_n(x)=\frac{f^{(n+1)}(\xi)}{(n+1)!}(x-x_0)^{n+1}.$$

证毕.

多项式 $P_n(x)$ 称为 $f(x)$ 按 $(x-x_0)$ 的幂展开的 n 次泰勒多项式. 公式 $f(x)=P_n(x)+R_n(x)$ 称为 $f(x)$ 按 $(x-x_0)$ 的幂展开的带有拉格朗日型余项的 n 阶泰勒公式. $R_n(x)=\frac{f^{(n+1)}(\xi)}{(n+1)!}(x-x_0)^{n+1}$ 称为拉格朗日型余项.

泰勒公式有下列几种变化：

(1) 当 $n=0$，泰勒公式变成拉格朗日中值定理.

$$f(x)=f(x_0)+f'(\xi)(x-x_0).$$

泰勒中值定理是拉格朗日中值定理的推广.

(2) 在不需要余项精确表达式时，n 阶泰勒公式可写成

$$f(x)=f(x_0)+f'(x_0)(x-x_0)+\cdots+\frac{f^{(n)}(x_0)}{n!}(x-x_0)^n+o[(x-x_0)^n],$$

$R_n(x)=o[(x-x_0)^n]$ 称为佩亚诺余项. 上式称为 $f(x)$ 按 $(x-x_0)$ 的幂展开的带有佩亚诺余项的 n 阶泰勒公式.

(3) 在公式 $f(x)=f(x_0)+f'(x_0)(x-x_0)+\frac{f''(x_0)}{2!}(x-x_0)^2+\cdots+\frac{f^{(n)}(x_0)}{n!}\cdot(x-x_0)^n+R_n(x)$ 中，若取 $x_0=0$，则ξ是 0 与 x 之间的某个值. 因此可令 $\xi=\theta x$ ($0<\theta<$

1)，从而泰勒公式就变成比较简单的形式：

$$f(x)=f(0)+f'(0)x+\frac{f''(0)}{2!}x^2+\cdots+\frac{f^{(n)}(0)}{n!}x^n+\frac{f^{(n+1)}(\theta x)}{(n+1)!}x^{n+1},$$

上式称为带有拉格朗日型余项的麦克劳林公式.

(4) 在公式 $f(x)=f(x_0)+f'(x_0)(x-x_0)+\cdots+\frac{f^{(n)}(x_0)}{n!}(x-x_0)^n+o[(x-x_0)^n]$ 中,若取 $x_0=0$，则有

$$f(x)=f(0)+f'(0)x+\frac{f''(0)}{2!}x^2+\cdots+\frac{f^{(n)}(0)}{n!}x^n+o(x^n),$$

上式称为带有佩亚诺余项的麦克劳林公式.

例 1　将 $f(x)=\mathrm{e}^x$ 展开成带有拉格朗日型余项的麦克劳林公式.

解　因为 $f(x)=f'(x)=f''(x)=\cdots=f^{(n)}(x)=\mathrm{e}^x$，所以 $f(0)=f'(0)=f''(0)=\cdots=f^{(n)}(0)=1$. 则有

$$\mathrm{e}^x=1+x+\frac{x^2}{2!}+\frac{x^3}{3!}+\cdots+\frac{x^n}{n!}+\frac{\mathrm{e}^{\theta x}}{(n+1)!}x^{n+1}(0<\theta<1).$$

例 2　将 $f(x)=\sin x$ 展开成带有拉格朗日型余项的麦克劳林公式.

解　因为 $f'(x)=\cos x, f''(x)=-\sin x, f'''(x)=-\cos x, f^{(4)}(x)=\sin x$，等等,它们按顺序循环取 4 个数字:1,0,−1,0. 根据公式

$$f(x)=f(0)+f'(0)x+\frac{f''(0)}{2!}x^2+\cdots+\frac{f^{(n)}(0)}{n!}x^n+\frac{f^{(n+1)}(\theta x)}{(n+1)!}x^{n+1},$$

则有(令 $n=2m$)

$$\sin x=x-\frac{x^3}{3!}+\frac{x^5}{5!}-\cdots+(-1)^{m-1}+\frac{x^{2m-1}}{(2m-1)!}+R_{2m}.$$

其中

$$R_{2m}=\frac{\sin\left[\theta x+(2m+1)\frac{\pi}{2}\right]}{(2m+1)!}x^{2m+1}=(-1)^m\frac{\cos\theta x}{(2m+1)!}x^{2m+1}(0<\theta<1).$$

例 3　运用带有佩亚诺余项的麦克劳林公式求 $\lim\limits_{x\to0}\frac{\sin x-x\cos x}{\sin^3 x}$.

解　因为分式的分母 $\sin^3 x\sim x^3(x\to0)$，我们只需要将分子中的 $\sin^3 x$ 和 $x\cos x$ 分别用带有佩亚诺余项的三阶麦克劳林公式表示，即

$$\sin x=x-\frac{x^3}{3!}+o(x^3),$$

$$x\cos x=x-\frac{x^3}{2!}+o(x^3).$$

于是有

$$\sin x-x\cos x=x-\frac{x^3}{3!}+o(x^3)-x+\frac{x^3}{2!}-o(x^3)=\frac{x^3}{3}-o(x^3).$$

在上式的运算中,我们把两个比x^3高阶的无穷小的代数和仍记为$o(x^3)$.将上式代入所求极限:

$$\lim_{x\to 0}\frac{\sin x-x\cos x}{\sin^3 x}=\lim_{x\to 0}\frac{\frac{x^3}{3}-o(x^3)}{x^3}=\frac{1}{3}.$$

习题 7-5

1. 求函数 $f(x)=2x^3+x^2+4x+8$ 按 $(x-1)$ 的幂形式展开的泰勒公式.
2. 求函数 $f(x)=6x^4+2x^2+x+1$ 的麦克劳林公式.
3. 求函数 $f(x)=\sqrt{x}$ 按 $(x-4)$ 的幂形式展开的,并带有拉格朗日型余项的 3 阶泰勒公式.
4. 求函数 $f(x)=\tan x$ 的带有佩亚诺余项的 3 阶麦克劳林公式.
5. 求函数 $f(x)=x\,\mathrm{e}^x$ 的带有佩亚诺余项的 n 阶麦克劳林公式.
6. 应用三阶泰勒公式求下列各数的近似值:

(1) $\sin\frac{\pi}{20}$; (2) $\sin\frac{\pi}{5}$.

7. 应用泰勒公式求下列极限:

(1) $\lim\limits_{x\to\infty}\left(\sqrt[3]{(2x)^3+24x^2}-\sqrt[4]{(2x)^4+32x^3}\right)$; (2) $\lim\limits_{x\to 0}\frac{\cos x-\mathrm{e}^{-\frac{x^2}{2}}}{x^2[x+\ln(1-x)]}$.

第六节 平面曲线的曲率

一、弧微分

首先解释什么是 Δs. 设有函数 $f(x)$. 让我们在 x 轴上选择一个点 x_0,并以这个点为起始点设立一个小区间 $[x,x+\Delta x]$. 那么函数 $f(x)$ 的曲线在这小区间上就有一段弧长,以 Δs 表示这段弧长,如图 7-29 所示.

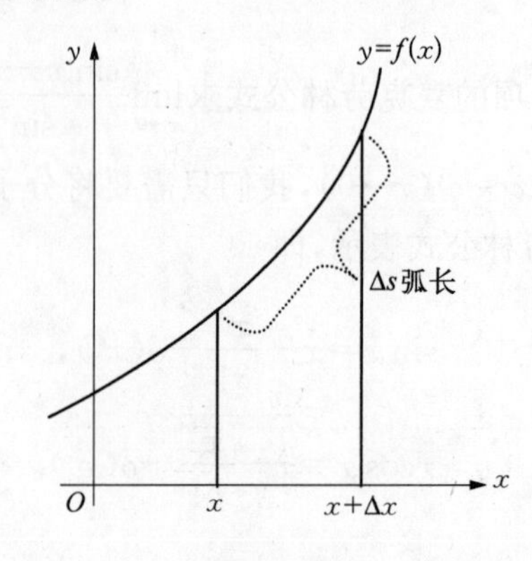

图 7-29

让我们在小区间 $[x,x+\Delta x]$ 上对弧 Δs 作一条割线，如图 7－30 所示. 以 Δs_s 表示割线在小区间上的长度(Δs_s 右下角的小 s 是 secant 的第一个字母)，则 Δs_s 由下式给出：

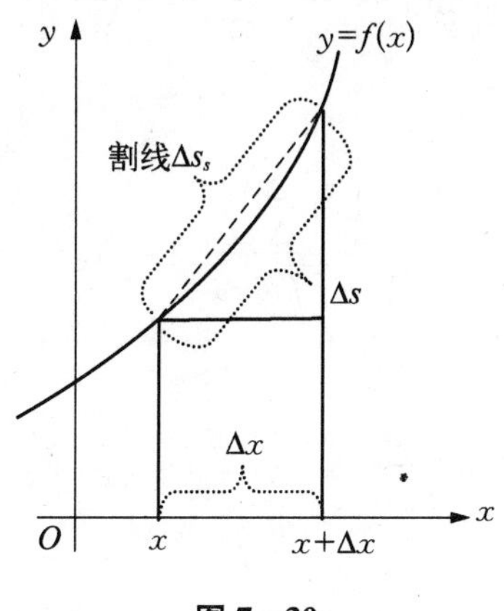

图 7－30

$$\Delta s_s=\sqrt{\Delta x^2+[f(x+\Delta x)-f(x)]^2}=\sqrt{1+\left[\frac{f(x+\Delta x)-f(x)}{\Delta x}\right]^2}\Delta x.$$

我们可以证明，当 $\Delta x\to 0$ 时，弧长 Δs 与割线长度 Δs_s 之比 $\frac{\Delta s}{\Delta s_s}\to 1$，即有

$$\lim_{\Delta x\to 0}\frac{\Delta s}{\Delta s_s}=1.$$

这个极限的证明我们将在第十章第四节中给出，这里就不讨论了. 将上式分子、分母同时除以 Δx，则

$$\lim_{\Delta x\to 0}\frac{\frac{\Delta s}{\Delta x}}{\frac{\Delta s_s}{\Delta x}}=1.$$

代入 $\Delta s_s=\sqrt{1+\left[\frac{f(x+\Delta x)-f(x)}{\Delta x}\right]^2}\Delta x$：

$$\lim_{\Delta x\to 0}\frac{\frac{\Delta s}{\Delta x}}{\sqrt{1+\left[\frac{f(x+\Delta x)-f(x)}{\Delta x}\right]^2}}=1.$$

上式可写为

$$\frac{\lim\limits_{\Delta x\to 0}\frac{\Delta s}{\Delta x}}{\sqrt{1+\lim\limits_{\Delta x\to 0}\left[\frac{f(x+\Delta x)-f(x)}{\Delta x}\right]^2}}=1.$$

再将上式写为

$$\frac{\lim\limits_{\Delta x\to 0}\frac{\Delta s}{\Delta x}}{\sqrt{1+\left[\lim\limits_{\Delta x\to 0}\frac{f(x+\Delta x)-f(x)}{\Delta x}\right]^2}}=1.$$

根据导数定义上式可写为

$$\frac{\lim\limits_{\Delta x\to 0}\frac{\Delta s}{\Delta x}}{\sqrt{1+[f'(x)]^2}}=1.$$

即有

$$\lim_{\Delta x\to 0}\frac{\Delta s}{\Delta x}=\sqrt{1+[f'(x)]^2}.$$

因为 $\lim\limits_{\Delta x\to 0}\frac{\Delta s}{\Delta x}=\frac{\mathrm{d}s}{\mathrm{d}x}$，则

$$\frac{\mathrm{d}s}{\mathrm{d}x}=\sqrt{1+[f'(x)]^2}.$$

即有

$$\mathrm{d}s=\sqrt{1+[f'(x)]^2}\,\mathrm{d}x=\sqrt{1+(y')^2}\,\mathrm{d}x.$$

$\mathrm{d}s$ 就称为**弧微分**.

弧微分 $\mathrm{d}s$ 的几何解释就是：在点 x 处对函数曲线 $y=f(x)$ 作切线，该切线在微区间 $[x,x+\mathrm{d}x]$ 上的长度就是弧微分 $\mathrm{d}s$，如图 7－31 所示.

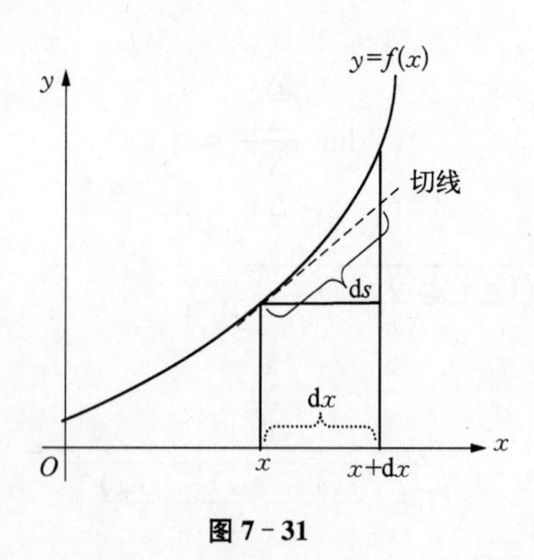

图 7－31

二、曲率及其计算公式

首先让我们介绍切线的倾角的概念. 我们把切线与轴之间的夹角称为切线倾角，记为 α，如图 7－32 所示. 我们知道切线的斜率为 $\tan\alpha$，即

$$y'=\tan\alpha.$$

因此切线倾角 α 可以表示为

$$\alpha = \arctan y'.$$

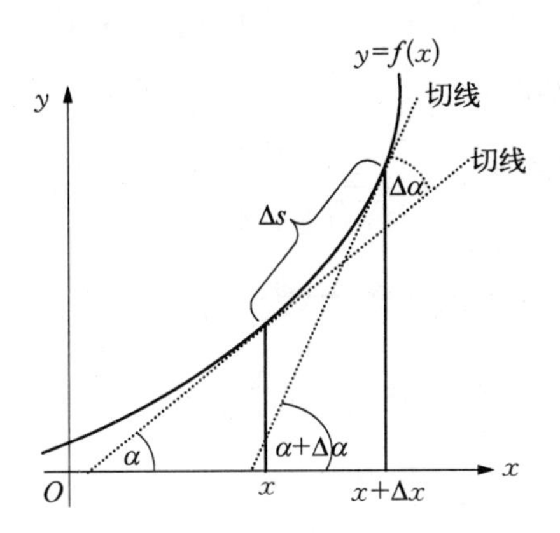

图 7 - 32

让我们在 x 轴上选择一个点 x，并以这个点为起始点设立一个小区间 $[x, x+\Delta x]$. 将函数 $f(x)$ 在小区间起始点 x 处的切线的倾角记为 α，将函数 $f(x)$ 在小区间末端点 $x+\Delta x$ 的切线的倾角记为 $\alpha+\Delta\alpha$. 两切线倾角在小区间 $[x, x+\Delta x]$ 上的差值为 $\Delta\alpha$，如图 7 - 32 所示. 也就是说，当 x 的增量为 Δx 时，切线倾角的增量为 $\Delta\alpha$. 那么切线倾角的增量 $\Delta\alpha$ 与 Δx 的比 $\frac{\Delta\alpha}{\Delta x}$ 就反映了切线倾角增量对 x 增量的变化率. 让我们求当 $\Delta x \to 0$ 时，$\frac{\Delta\alpha}{\Delta x}$ 的极限：

$$\lim_{\Delta x \to 0} \frac{\Delta\alpha}{\Delta x} = \frac{\mathrm{d}\alpha}{\mathrm{d}x}.$$

因为 y' 是 x 的函数，所以 $\alpha = \arctan y'$ 是复合函数，运用复合函数求导法则，得

$$\lim_{\Delta x \to 0} \frac{\Delta\alpha}{\Delta x} = \frac{\mathrm{d}\alpha}{\mathrm{d}x} = \frac{\mathrm{d}(\arctan y')}{\mathrm{d}x} = \frac{\mathrm{d}(\arctan y')}{\mathrm{d}(y')} \cdot \frac{\mathrm{d}(y')}{\mathrm{d}x} = \frac{1}{1+(y')^2} \cdot y'' = \frac{y''}{1+(y')^2}.$$

据此有

$$\mathrm{d}\alpha = \frac{y''}{1+(y')^2}\mathrm{d}x.$$

显然，$\frac{\mathrm{d}\alpha}{\mathrm{d}x}$ 表示的是切线倾角增量对 x 增量的变化率. $\mathrm{d}\alpha$ 可称为**倾角微分**.

现在我们讨论曲率. 在小区间 $[x, x+\Delta x]$ 上，函数 $f(x)$ 曲线切线倾角的增量为 $\Delta\alpha$，而函数 $f(x)$ 曲线在这小区间上的弧长为 Δs. 那么两者之比 $\frac{\Delta\alpha}{\Delta s}$ 就反映了切线倾角对弧长的变化率. 让我们求当 $\Delta s \to 0$ 时，$\left|\frac{\Delta\alpha}{\Delta s}\right|$ 的极限：

$$\lim_{\Delta s \to 0} \left|\frac{\Delta\alpha}{\Delta s}\right| = \left|\frac{\mathrm{d}\alpha}{\mathrm{d}s}\right|.$$

这个极限就是曲率，将曲率记为 K，则

$$K=\lim_{\Delta s\to 0}\left|\frac{\Delta\alpha}{\Delta s}\right|=\left|\frac{d\alpha}{ds}\right|.$$

因为 $d\alpha=\frac{y''}{1+(y')^2}dx$ 及 $ds=\sqrt{1+[f'(x)]^2}dx$，则

$$K=\left|\frac{d\alpha}{ds}\right|=\left|\frac{\frac{y''}{1+(y')^2}dx}{\sqrt{1+(y')^2}dx}\right|=\frac{|y''|}{[1+(y')^2]^{3/2}}.$$

即函数 $y=f(x)$ 的曲率 K 的计算公式为

$$K=\frac{|y''|}{[1+(y')^2]^{3/2}}.$$

简单地说，曲率是倾角微分与弧微分之比的绝对值. 显然在弧微分相等的情况下，倾角微分越大的曲线，弯曲度必然越大，根据上述曲率公式，倾角微分越大，曲率就越大，因此曲率越大，弧的弯曲度就越大.

（以下是曲率公式的另一个推导方法，此为选读内容）

上面的曲率公式的推导有点抽象. 让我们再换一个推导方法，也许有帮助. 根据图 7 - 32，我们知道 $\Delta\alpha$ 和 Δs 都随着 Δx 变化而变化，故 $\Delta\alpha$ 和 Δs 都是 Δx 的函数. 我们可以证明 $\lim\limits_{\Delta x\to 0}\left|\frac{\Delta\alpha}{\Delta s}\right|=\frac{|y''|}{[1+(y')^2]^{3/2}}$，注意，这里是 $\lim\limits_{\Delta x\to 0}$，不是 $\lim\limits_{\Delta s\to 0}$.

$$\lim_{\Delta x\to 0}\left|\frac{\Delta\alpha}{\Delta s}\right|=\lim_{\Delta x\to 0}\left|\frac{\frac{\Delta\alpha}{\Delta x}}{\frac{\Delta s}{\Delta x}}\right|=\left|\frac{\lim\limits_{\Delta x\to 0}\frac{\Delta\alpha}{\Delta x}}{\lim\limits_{\Delta x\to 0}\frac{\Delta s}{\Delta x}}\right|.$$

根据上面的讨论，我们知道 $\lim\limits_{\Delta x\to 0}\frac{\Delta\alpha}{\Delta x}=\frac{y''}{1+(y')^2}$ 及 $\lim\limits_{\Delta x\to 0}\frac{\Delta s}{\Delta x}=\sqrt{1+[f'(x)]^2}$，据此则有

$$\left|\frac{\lim\limits_{\Delta x\to 0}\frac{\Delta\alpha}{\Delta x}}{\lim\limits_{\Delta x\to 0}\frac{\Delta s}{\Delta x}}\right|=\left|\frac{\frac{y''}{1+(y')^2}}{\sqrt{1+[f'(x)]^2}}\right|=\frac{|y''|}{[1+(y')^2]^{3/2}}.\tag{1}$$

同时可证明 $\left|\frac{\lim\limits_{\Delta x\to 0}\frac{\Delta\alpha}{\Delta x}}{\lim\limits_{\Delta x\to 0}\frac{\Delta s}{\Delta x}}\right|=\left|\frac{d\alpha}{ds}\right|$：

$$\left|\frac{\lim\limits_{\Delta x\to 0}\frac{\Delta\alpha}{\Delta x}}{\lim\limits_{\Delta x\to 0}\frac{\Delta s}{\Delta x}}\right|=\left|\frac{\frac{d\alpha}{dx}}{\frac{ds}{dx}}\right|=\left|\frac{d\alpha}{ds}\right|.\tag{2}$$

据(1)式和(2)式，得

$$\left|\frac{\mathrm{d}\alpha}{\mathrm{d}s}\right| = \frac{|y''|}{[1+(y')^2]^{3/2}}.$$

而 $\left|\frac{\mathrm{d}\alpha}{\mathrm{d}s}\right|$ 就是 $\lim\limits_{\Delta s \to 0}\left|\frac{\Delta\alpha}{\Delta s}\right|$，据此则有

$$K = \lim_{\Delta s \to 0}\left|\frac{\Delta\alpha}{\Delta s}\right| = \frac{|y''|}{[1+(y')^2]^{3/2}}.$$

证毕.

从上述推导可知 $\lim\limits_{\Delta x \to 0}\left|\frac{\Delta\alpha}{\Delta s}\right| = \lim\limits_{\Delta s \to 0}\left|\frac{\Delta\alpha}{\Delta s}\right|$. 这点不难理解. 因为当 $\Delta x \to 0$ 时，Δs 和 $\Delta\alpha$ 同时趋向于 0；而当 $\Delta s \to 0$ 时，必有 $\Delta\alpha \to 0$，也是 Δs 和 $\Delta\alpha$ 同时趋向于 0. 因此，对 $\left|\frac{\Delta\alpha}{\Delta s}\right|$ 而言，$\Delta x \to 0$ 与 $\Delta s \to 0$ 意义一样，故有 $\lim\limits_{\Delta x \to 0}\left|\frac{\Delta\alpha}{\Delta s}\right| = \lim\limits_{\Delta s \to 0}\left|\frac{\Delta\alpha}{\Delta s}\right|$.

(选读内容结束)

三、曲率圆与曲率半径

设有曲线 $y = f(x)$，其在点 M 处的曲率为 $K(K \neq 0)$，记 K 的倒数为 $\rho\left(\rho = \frac{1}{K}\right)$，让我们在点 M 处对曲线作切线，并在切线的曲线侧、过点 M 作一个半径为 $\rho = \frac{1}{K}$ 的圆，并使圆在点 M 的切线与曲线 $y = f(x)$ 在该点的切线完全相同，如图 7 - 33 所示. 我们把这个圆称作曲线在点 M 处的**曲率圆**. 把曲率圆的半径 $\rho = \frac{1}{K}$ 称为曲线 $y = f(x)$ 在点 M 处的**曲率半径**. 把曲率圆的圆心称为曲线在点 M 处的**曲率中心**.

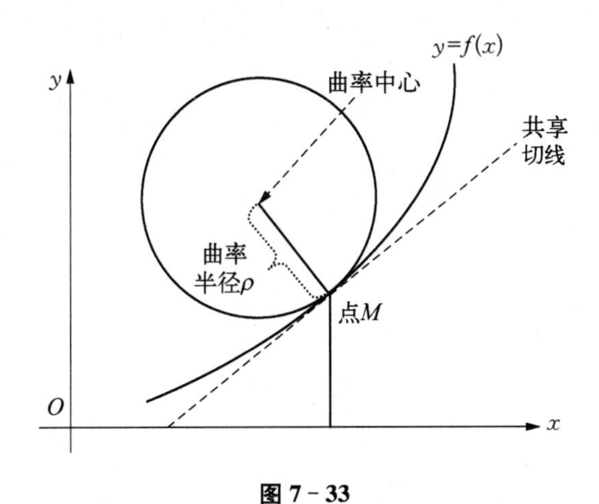

图 7 - 33

例 1　求函数 $y = x^4 + 6$ 在点 (1,7) 处的曲率 K 及曲率圆的半径 ρ.

解　先求函数 y 的 y' 和 y''.

$$y' = 4x^3.$$
$$y'' = 12x^2.$$

因此函数的曲率 K 的计算公式为

$$K=\frac{|y''|}{[1+(y')^2]^{3/2}}=\frac{|12x^2|}{[1+(4x^3)^2]^{3/2}}=\frac{12x^2}{(1+16x^6)^{3/2}}.$$

函数在 $x=1$ 处的曲率 K 为

$$K=\frac{12x^2}{(1+16x^6)^{3/2}}=\frac{12\cdot 1^2}{(1+16\cdot 1^6)^{3/2}}=\frac{12}{17^{3/2}}\approx 0.171.$$

函数在点 (1,7) 处的曲率圆的半径 ρ 为

$$\rho=\frac{1}{K}=\frac{1}{0.171}=5.85.$$

习题 7－6

1. 求椭圆函数 $x^2+\frac{y^2}{16}=1$ 在点 (0,4) 处的曲率 K 及曲率圆的半径 ρ.
2. 求函数 $y=x^4+6x^2$ 在点 $x=0$ 处的曲率 K 及曲率圆的半径 ρ.
3. 函数曲线 $y=x^2+2x+6$ 上哪一点的曲率最大?
4. 求函数曲线 $y=\ln x$ 在 $x=1$ 处的曲率 K.

第八章　不定积分

如果我们想运用公式 $\int_a^b f(x)\mathrm{d}x = F(b) - F(a)$ 去计算函数 $f(x)$曲线与 x 轴之间，在区间$[a,b]$上的面积，那么我们就需要知道怎样求函数 $f(x)$的原函数 $F(x)$. 求原函数问题是积分学的基本问题之一.

注意，在求原函数 $F(x)$ 的导数 $f(x)$ 时，我们有“求导公式”，我们可以直接将原函数 $F(x)$ 代入求导公式 $f(x) = F'(x) = \lim\limits_{\Delta x \to 0} \dfrac{F(x+\Delta x) - F(x)}{\Delta x}$ 而计算出导数$f(x)$. 但是当我们求导数 $f(x)$ 的原函数 $F(x)$ 时，却没有这样一个类似的“求原公式”，即没有一个将导数代入就能计算出原函数的实用公式. 因此我们需要根据已知的原函数与导数关系，反向找出原函数，并且根据求导法则反向地制定出求原函数的法则. 这些都是本章要讨论的内容.

第一节　不定积分的概念与性质

一、原函数与不定积分的概念

在介绍不定积分的概念之前，先让我们描述原函数的定义.

定义 1　如果在区间 I 上，可导函数 $F(x)$的导函数为 $f(x)$，即对任意 $x \in I$，都有

$$F'(x) = f(x) \text{ 或 } \mathrm{d}F(x) = f(x)\mathrm{d}x,$$

那么函数 $F(x)$就称为 $f(x)$或 $f(x)\mathrm{d}x$ 在区间 I 上的一个**原函数**.

例如：

因为$(x^2)'=2x$，所以 x^2 是导函数 $2x$ 的一个原函数.

因为$\mathrm{d}(x^2)=2x\mathrm{d}x$，所以 x^2 也是微分 $2x\mathrm{d}x$ 的一个原函数.

对原函数 x^2 加一个常数 6，就有 x^2+6，因为$(x^2+6)'=2x$，所以 x^2+6 也是导函数 $2x$ 的一个原函数. x^2 与 x^2+6 都是 $2x$ 的原函数. 我们可以称 x^2+6 为函数 $2x$ 的带有常数项的原函数，而称 x^2 为函数 $2x$ 常数项为零的原函数.

定义 2　在区间 I 上，函数 $f(x)$的带有任意常数项的原函数，就称为 $f(x)$或 $f(x)\mathrm{d}x$ 在区间 I 上的**不定积分**，记作

$$\int f(x)\mathrm{d}x.$$

令 C 为任意常数，那么函数 $f(x)$ 带有任意常数项 C 的原函数就是 $F(x)+C$，即 $f(x)$ 的不定积分等于 $F(x)+C$. 我们有

$$\int f(x)\mathrm{d}x = F(x) + C.$$

因此不定积分 $\int f(x)\mathrm{d}x$ 可以代表函数 $f(x)$ 的任意一个原函数.

在不定积分 $\int f(x)\mathrm{d}x$ 中，符号 $\int$ 称为**积分号**，$f(x)$ 称为**被积函数**，$f(x)\mathrm{d}x$ 称为**被积表达式**，x 称为**积分变量**.

简言之，如果有 $F'(x)=f(x)$ 或 $\mathrm{d}F(x)=f(x)\mathrm{d}x$，那么 $f(x)$ 的不定积分（即带有任意常数项的原函数）为

$$\int f(x)\mathrm{d}x = F(x) + C.$$

原函数存在定理　如果函数 $f(x)$ 在区间 I 上连续，那么在区间 I 上存在可导函数 $F(x)$，对任意 $x\in I$，都有

$$F'(x) = f(x).$$

也就是说，连续函数都有原函数.

证　如果函数 $f(x)$ 在区间 I 上连续，那么在区间 I 上，函数曲线与 x 轴之间就一定有面积. 让我们在区间 I 内设立一个末端可变区间 $[a,x]$，即区间的起始点 a 固定，而区间的末端点 x 可变，如图 8－1 所示. 那么在末端可变区间 $[a,x]$ 上，函数曲线与 x 轴之间就有面积. 由于区间 $[a,x]$ 的末端点 x 可变，那么这个面积也是可变的且是 x 的函数. 令函数 $\Phi(x)$ 代表在末端可变区间 $[a,x]$ 上，函数曲线与 x 轴之间的面积. 如果我们能证明面积函数 $\Phi(x)$ 就是 $f(x)$ 的一个原函数，即证明 $\Phi'(x)=f(x)$，那么就证明了连续函数有原函数.

让我们给末端可变区间 $[a,x]$ 一个增量 Δx，使该区间扩大成 $[a,x+\Delta x]$，如图 8－1 所示，那么面积函数 $\Phi(x)$ 的增量为 $\Phi(x+\Delta x)-\Phi(x)$. 面积函数 $\Phi(x)$ 的导数为

$$\Phi'(x) = \lim_{\Delta x\to 0}\frac{\Phi(x+\Delta x)-\Phi(x)}{\Delta x}.$$

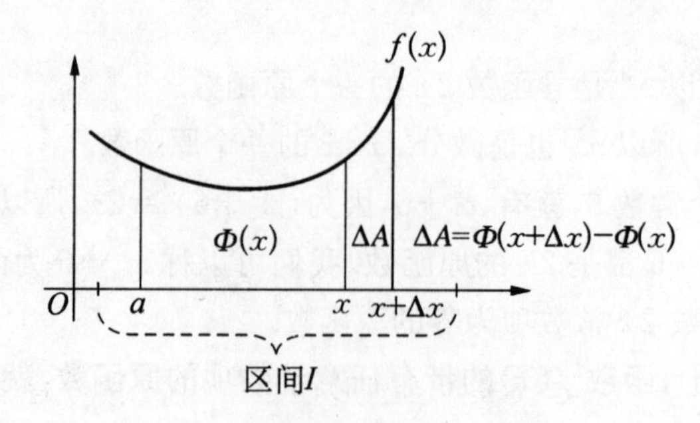

图 8－1

$\Phi(x+\Delta x)-\Phi(x)$ 是小区间 $[x,x+\Delta x]$ 上，函数 $f(x)$ 曲线与 x 轴之间的面积，即函数

$f(x)$的ΔA,如图 8-1 所示. 因此有 $\Phi(x+\Delta x)-\Phi(x)=\Delta A$, 这样上式可写成

$$\Phi'(x)=\lim_{\Delta x\to 0}\frac{\Phi(x+\Delta x)-\Phi(x)}{\Delta x}=\lim_{\Delta x\to 0}\frac{\Delta A}{\Delta x}.$$

在第五章第三节中,我们已证明了函数 $f(x)$曲线下的面积 ΔA 与 Δx 之比的极限等于 $f(x)$. 即

$$\lim_{\Delta x\to 0}\frac{\Delta A}{\Delta x}=f(x).$$

因此有

$$\Phi'(x)=\lim_{\Delta x\to 0}\frac{\Phi(x+\Delta x)-\Phi(x)}{\Delta x}=\lim_{\Delta x\to 0}\frac{\Delta A}{\Delta x}=f(x).$$

这就证明了连续函数有原函数.

不定积分运算与微分运算的逆向关系

设 $F(x)$是函数 $f(x)$及微分 $f(x)\mathrm{d}x$ 的原函数,如果我们求微分 $f(x)\mathrm{d}x$ 的不定积分,就有

$$\int f(x)\mathrm{d}x=F(x)+C.$$

如果再对不定积分求微分,就又得 $f(x)\mathrm{d}x$.

$$\mathrm{d}\left[\int f(x)\mathrm{d}x\right]=\left[\int f(x)\mathrm{d}x\right]'\mathrm{d}x=[F(x)+C]'\mathrm{d}x=f(x)\mathrm{d}x,$$

即有

$$\mathrm{d}\left[\int f(x)\mathrm{d}x\right]=f(x)\mathrm{d}x.$$

因此不定积分运算与微分运算为互逆运算. 同理,求不定积分与求导也是互逆运算. 如果我们求函数 $f(x)$的不定积分,就有

$$\int f(x)\mathrm{d}x=F(x)+C.$$

如果再对不定积分求导,就又得函数 $f(x)$.

$$\left[\int f(x)\mathrm{d}x\right]'=[F(x)+C]'=F'(x)=f(x).$$

因此,在求解不定积分得到原函数之后,我们可对原函数求导或求微分,以检查答案的正确性.

上面讨论的是先积分后微分或求导的情形,下面讨论先微分后积分的情形.

因为 $F(x)$是 $F'(x)$的原函数,所以有

$$\int F'(x)\mathrm{d}x=F(x)+C.$$

又因为 $F'(x)\mathrm{d}x=\mathrm{d}F(x)$，上式也可记为

$$\int \mathrm{d}F(x) = F(x) + C.$$

又因为 $\mathrm{d}[F(x)+C]=\mathrm{d}F(x)$，上式也可记为

$$\int \mathrm{d}[F(x) + C] = F(x) + C.$$

由此可知，对函数 $F(x)$ 而言，如果先对其微分，然后再积分，将获 $F(x)+C$. 对函数 $F(x)+C$ 而言，如果先对其微分，然后再积分，仍获 $F(x)+C$.

例 1 求 $\int x^3\mathrm{d}x$.

解 因为 $\left(\frac{x^4}{4}\right)'=x^3$，所以 $\frac{x^4}{4}$ 是函数 x^3 的一个原函数. 因此，函数 x^3 的不定积分，即带有任意常数项的原函数为

$$\int x^3\mathrm{d}x = \frac{x^4}{4} + C.$$

例 2 求 $\int \cos x\mathrm{d}x$.

解 因为 $(\sin x)'=\cos x$，所以 $\sin x$ 是函数 $\cos x$ 的一个原函数. 因此，函数 $\cos x$ 的不定积分，即带有任意常数项的原函数为

$$\int \cos x\mathrm{d}x = \sin x + C.$$

例 3 设有函数 $f(x)$，已知其曲线经过点 $(0,2)$，其导数为 $f'(x)=2x$，求函数 $f(x)$ 的方程式.

解 函数 $f(x)$ 的方程是导函数 $f'(x)=2x$ 的一个原函数. 让我们求导函数 $f'(x)=2x$ 的带有任意常数项的原函数，即导函数 $f'(x)=2x$ 的 不定积分 $\int 2x\mathrm{d}x$. 我们有

$$\int 2x\mathrm{d}x = x^2 + C.$$

据此，函数曲线方程应是 $f(x)=x^2+C$. 让我们来确定任意常数项 C 的值. 因为曲线经过点 $(0,2)$，故有当 $x=0$ 时，$f(x)=2$. 代入得：

$$0^2 + C = 2,$$

得

$$C = 2.$$

因此函数 $f(x)$ 的方程式为

$$f(x) = x^2 + 2.$$

让我们对这个原函数求导,以检查答案的正确性.

$$(x^2+2)'=(x^2)'=2x.$$

答案正确.

不定积分的图形特点

我们知道函数 $F(x)$ 与函数 $F(x)+C$ 的导函数 $f(x)$ 完全一样,微分 $f(x)\mathrm{d}x$ 完全一样,图形形状也完全一样,高度相差 C,如图 8-2 所示. 因此不定积分是这一簇形状相同、高度相差 C 的曲线,这就是不定积分的图形特点.

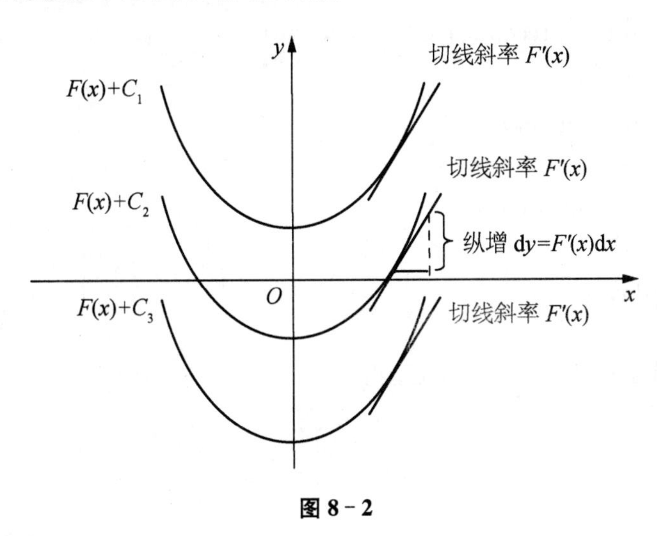

图 8-2

二、基本积分表

由于不定积分是将导数转换成原函数,所以我们可以将导数公式转换成不定积分公式. 下面是常用的不定积分的基本公式:

1. $\int \mathrm{d}x = x + C.$

2. $\int x^{\mu}\mathrm{d}x = \dfrac{x^{\mu+1}}{\mu+1}+C(\mu\neq -1).$

3. $\int \dfrac{1}{x}\mathrm{d}x = \ln|x|+C.$

4. $\int \mathrm{e}^x\mathrm{d}x = \mathrm{e}^x + C.$

5. $\int a^x\mathrm{d}x = \dfrac{a^x}{\ln a}+C.$

6. $\int \sin x\mathrm{d}x = -\cos x + C.$

7. $\int \cos x\mathrm{d}x = \sin x + C.$

8. $\int \sec^2 x\mathrm{d}x = \tan x + C.$

9. $\int \csc^2 x \mathrm{d}x = -\cot x + C$.

10. $\int \sec x \tan x \mathrm{d}x = \sec x + C$.

11. $\int \csc x \cot x \mathrm{d}x = -\csc x + C$.

12. $\int \frac{1}{\sqrt{1-x^2}} \mathrm{d}x = \arcsin x + C$.

13. $\int \frac{-1}{\sqrt{1-x^2}} \mathrm{d}x = \arccos x + C$.

14. $\int \frac{1}{1+x^2} \mathrm{d}x = \arctan x + C$.

15. $\int \frac{-1}{1+x^2} \mathrm{d}x = \operatorname{arccot} x + C$.

例 4 求$\int \frac{1}{x^4} \mathrm{d}x$.

解 运用公式$\int x^n \mathrm{d}x = \frac{x^{n+1}}{n+1} + C$，得

$$\begin{aligned}\int \frac{1}{x^4} \mathrm{d}x &= \int x^{-4} \mathrm{d}x \\ &= \frac{x^{-4+1}}{-4+1} + C \\ &= \frac{x^{-3}}{-3} + C \\ &= -\frac{1}{3x^3} + C.\end{aligned}$$

例 5 求$\int x \sqrt[3]{x} \mathrm{d}x$.

解 运用公式$\int x^n \mathrm{d}x = \frac{x^{n+1}}{n+1} + C$，得

$$\begin{aligned}\int x \sqrt[3]{x} \mathrm{d}x &= \int x^{\frac{4}{3}} \mathrm{d}x \\ &= \frac{x^{\frac{4}{3}+1}}{\frac{4}{3}+1} + C \\ &= \frac{3}{7} x^{\frac{7}{3}} + C \\ &= \frac{3x^2 \cdot \sqrt[3]{x}}{7} + C.\end{aligned}$$

例 6　求$\int \frac{1}{1-\cos^2 x}\mathrm{d}x$.

解　$$\int \frac{1}{1-\cos^2 x}\mathrm{d}x = \int \frac{1}{\sin^2 x}\mathrm{d}x = \int \csc^2 x\mathrm{d}x = -\cot x + C.$$

例 7　求$\int 2^x \mathrm{d}x$.

解　$$\int 2^x \mathrm{d}x = \frac{2^x}{\ln 2} + C.$$

三、不定积分的基本性质

由于不定积分是将导数转换成原函数，所以我们可以将求导法则转换成不定积分法则. 我们可以将导数的系数法则，转换成不定积分的系数法则；将导数的和与差运算法则，转换成不定积分的和与差的运算法则. 不定积分的系数法则、和与差运算法则又称为不定积分的性质.

另外，我们可以根据复合函数的换元求导法，推导出不定积分的换元积分法，这将在第二节中讨论. 我们还可以根据导数之积的求导法则，推导出不定积分的分部积分法，这将在第三节中讨论.

1. 系数法则

如果 k 是一个常数，那么

$$\int kf(x)\mathrm{d}x = k\int f(x)\mathrm{d}x.$$

例 8　求$\int \frac{7}{1+x^2}\mathrm{d}x$.

解　运用不定积分的系数法则，得

$$\int \frac{7}{1+x^2}\mathrm{d}x = 7\int \frac{1}{1+x^2}\mathrm{d}x = 7\arctan x + C.$$

例 9　求$\int \frac{\sqrt{x}}{3}\mathrm{d}x$.

解　运用不定积分的系数法则，得

$$\int \frac{\sqrt{x}}{3}\mathrm{d}x = \frac{1}{3}\int x^{\frac{1}{2}}\mathrm{d}x = \frac{1}{3}\cdot\frac{x^{\frac{1}{2}+1}}{\frac{1}{2}+1} + C$$

$$= \frac{2x^{\frac{3}{2}}}{9} + C$$

$$= \frac{2x\sqrt{x}}{9} + C.$$

2. 和与差法则

$$\int [f(x)+g(x)]\mathrm{d}x = \int f(x)\mathrm{d}x + \int g(x)\mathrm{d}x.$$

$$\int [f(x)-g(x)]\mathrm{d}x = \int f(x)\mathrm{d}x - \int g(x)\mathrm{d}x.$$

例 10 求$\int \frac{(x+1)^3}{x}\mathrm{d}x$.

解
$$\int \frac{(x+1)^3}{x}\mathrm{d}x = \int \frac{x^3+3x^2+3x+1}{x}\mathrm{d}x$$
$$= \int \left(x^2+3x+3+\frac{1}{x}\right)\mathrm{d}x$$
$$= \int x^2\mathrm{d}x + \int 3x\mathrm{d}x + 3\int \mathrm{d}x + \int \frac{1}{x}\mathrm{d}x$$
$$= \frac{x^3}{3} + \frac{3x^2}{2} + 3x + \ln|x| + C.$$

例 11 求$\int \frac{\tan^2 x}{7}\mathrm{d}x$.

解
$$\int \frac{\tan^2 x}{7}\mathrm{d}x = \int \frac{\sec^2 x - 1}{7}\mathrm{d}x$$
$$= \int \frac{\sec^2 x}{7}\mathrm{d}x - \int \frac{1}{7}\mathrm{d}x$$
$$= \frac{1}{7}\int \sec^2 x\mathrm{d}x - \frac{1}{7}\int \mathrm{d}x$$
$$= \frac{\tan x}{7} - \frac{x}{7} + C$$
$$= \frac{\tan x - x}{7} + C.$$

例 12 求$\int \frac{1+2x^2}{x^2(1+x^2)}\mathrm{d}x$.

解
$$\int \frac{1+2x^2}{x^2(1+x^2)}\mathrm{d}x = \int \frac{(1+x^2)+x^2}{x^2(1+x^2)}\mathrm{d}x$$
$$= \int \left[\frac{(1+x^2)}{x^2(1+x^2)} + \frac{x^2}{x^2(1+x^2)}\right]\mathrm{d}x$$
$$= \int \left(\frac{1}{x^2} + \frac{1}{1+x^2}\right)\mathrm{d}x$$

$$=\int x^{-2}\mathrm{d}x+\int\frac{1}{1+x^2}\mathrm{d}x$$
$$=-x^{-1}+\arctan x+C$$
$$=\arctan x-\frac{1}{x}+C.$$

例 13　求 $\int\left(\sin^2\frac{x}{2}+\sin x\right)\mathrm{d}x$.

解　$$\int\left(\sin^2\frac{x}{2}+\sin x\right)\mathrm{d}x=\int\sin^2\frac{x}{2}\mathrm{d}x+\int\sin x\mathrm{d}x$$
$$=\int\frac{1}{2}(1-\cos x)\mathrm{d}x+\int\sin x\mathrm{d}x$$
$$=\frac{1}{2}\int\mathrm{d}x-\frac{1}{2}\int\cos x\mathrm{d}x+\int\sin x\mathrm{d}x$$
$$=\frac{x}{2}-\frac{\sin x}{2}-\cos x+C.$$

例 14　求 $\int\frac{1+x^2\sqrt{1-x^2}}{\sqrt{1-x^2}}\mathrm{d}x$.

解　$$\int\frac{1+x^2\sqrt{1-x^2}}{\sqrt{1-x^2}}\mathrm{d}x=\int\left(\frac{1}{\sqrt{1-x^2}}+\frac{x^2\sqrt{1-x^2}}{\sqrt{1-x^2}}\right)\mathrm{d}x$$
$$=\int\left(\frac{1}{\sqrt{1-x^2}}+x^2\right)\mathrm{d}x$$
$$=\int\frac{1}{\sqrt{1-x^2}}\mathrm{d}x+\int x^2\mathrm{d}x$$
$$=\arcsin x+\frac{x^3}{3}+C.$$

习题 8－1

1. 借助于导数基本公式或微分基本公式，求下列不定积分：

(1) $\int x^3\mathrm{d}x$.

(2) $\int\sec^2x\mathrm{d}x$.

(3) $\int\cos x\mathrm{d}x$.

(4) $\int\mathrm{e}^x\mathrm{d}x$.

(5) $\int\frac{1}{\sqrt{1-x^2}}\mathrm{d}x$.

(6) $\int\csc^2x\mathrm{d}x$.

(7) $\int 8\mathrm{d}x$.

(8) $\int \frac{1}{1+x^2}\mathrm{d}x$.

2. 求下列不定积分：

(1) $\int \frac{5}{x^3}\mathrm{d}x$.

(2) $\int \frac{1}{x\sqrt{x}}\mathrm{d}x$.

(3) $\int x^3\sqrt{x}\mathrm{d}x$.

(4) $\int x\sqrt[3]{x}\mathrm{d}x$.

(5) $\int \frac{1}{x^2\sqrt{x}}\mathrm{d}x$.

(6) $\int (x^3+3x^2-10)\mathrm{d}x$.

(7) $\int (x^3+\sin x)\mathrm{d}x$.

(8) $\int (x-4)^2\mathrm{d}x$.

(9) $\int (x+1)^3\mathrm{d}x$.

(10) $\int \frac{3}{\sqrt{1-x^2}}\mathrm{d}x$.

(11) $\int \frac{1}{\sqrt{36-x^2}}\mathrm{d}x$.

(12) $\int \frac{2}{1+x^2}\mathrm{d}x$.

(13) $\int \frac{1}{36+x^2}\mathrm{d}x$.

(14) $\int \frac{4+x^2\sqrt{4-x^2}}{\sqrt{4-x^2}}\mathrm{d}x$.

(15) $\int \frac{1+2x^2}{x^2(1+x^2)}\mathrm{d}x$.

(16) $\int \frac{7+x^2\sqrt{9-x^2}}{\sqrt{9-x^2}}\mathrm{d}x$.

(17) $\int \frac{5x+x^2\sqrt{4-x^2}}{x\sqrt{4-x^2}}\mathrm{d}x$.

(18) $\int \frac{x^2+2}{x^2+1}\mathrm{d}x$.

(19) $\int \frac{1-x^2}{\sqrt{x}}dx$.

(20) $\int \frac{2x^2}{1+x^2}dx$.

(21) $\int \frac{(1-x)^2}{\sqrt{x}}dx$.

(22) $\int 9^x e^x dx$.

(23) $\int \frac{e^x}{4^x}dx$.

(24) $\int \left(x+\cos^2\frac{x}{2}\right)dx$.

(25) $\int \left(\sin\frac{x}{2}-\sqrt{x}\right)\left(\sin\frac{x}{2}+\sqrt{x}\right)dx$.

(26) $\int \frac{\sin 2x}{2\cos x}dx$.

第二节　换元积分法

在讨论复合函数的微分时，我们运用了换元的方法. 例如，当我们求复合函数 $\sin^2 x$ 的导数时，我们令 $\sin x = u$，则有

$$d(\sin^2 x) = d(u^2) = 2u du = 2\sin x d\sin x = 2\sin x\cos x dx.$$

那么，现在的问题是怎样才能求得导函数 $2\sin x\cos x$ 的原函数呢？即我们如何求解不定积分 $\int 2\sin x\cos x dx$ 呢？

显然，运用已学的不定积分的公式和法则，是不能解决这个问题的. 但是如果我们令 $u=\sin x$，我们就有 $du=\cos x dx$. 将其代入上述不定积分，得

$$\int 2\sin x\cos x dx = \int 2u du.$$

运用我们已学的不定积分的公式和法则，就可求解这个不定积分，得

$$\int 2u du = u^2 + C.$$

再把 $u=\sin x$ 代入，得

$$u^2 + C = \sin^2 x + C.$$

这样我们就成功地求解了这个不定积分，得到了原函数. 上述求解法就称为换元积分法，简称换元法. 换元积分法一般分成两类，分别称为第一类换元法和第二类换元法. 先介绍第一类换元法.

一、第一类换元法

定理 1　设函数 $f(u)$具有原函数，函数 $u=\varphi(x)$（又称中间变量函数）可导，则有换元公式

$$\int f[\varphi(x)]\varphi'(x)\mathrm{d}x=\left[\int f(u)\mathrm{d}u\right]_{u=\varphi(x)}.$$

证　设函数 $f(u)$具有原函数 $F(u)$，即

$$F'(u)=f(u).$$

根据不定积分定义，就有

$$\int f(u)\mathrm{d}u=F(u)+C.$$

如果 u 是中间变量，就有中间变量函数 $u=\varphi(x)$，设 $\varphi(x)$可微，那么根据复合函数微分法，就有

$$\begin{aligned}\mathrm{d}F[\varphi(x)]&=\mathrm{d}F(u)\\&=F'(u)\mathrm{d}u\\&=f(u)\mathrm{d}u\\&=f[\varphi(x)]\varphi'(x)\mathrm{d}x.\end{aligned}$$

根据不定积分定义，如果有 $F'(x)=f(x)$ 或 $\mathrm{d}F(x)=f(x)\mathrm{d}x$，那么 $f(x)$ 的不定积分（即带有任意常数项的原函数）为$\int f(x)\mathrm{d}x=F(x)+C$，因此有

$$\int f[\varphi(x)]\varphi'(x)\mathrm{d}x=F[\varphi(x)]+C=\left[\int f(u)\mathrm{d}u\right]_{u=\varphi(x)}.$$

要想成功地运用第一类换元法，就必须找到合适的中间变量函数 $u=\varphi(x)$，用它将被积表达式 $f[\varphi(x)]\varphi'(x)\mathrm{d}x$ 转换成 $f(u)\mathrm{d}u$. 让我们做一些例题.

例 1　求$\int 2x\,(x^2-8)^2\mathrm{d}x$.

解　令$u=x^2-8$，则 $\mathrm{d}u=2x\mathrm{d}x$. 将它们代入该不定积分，得

$$\begin{aligned}\int 2x(x^2-8)^2\mathrm{d}x&=\int u^2\mathrm{d}u\\&=\frac{u^3}{3}+C.\end{aligned}$$

将$u=x^2-8$ 代入，

$$\text{上式}=\frac{(x^2-8)^3}{3}+C.$$

例 2　求$\int\cos(x-7)\mathrm{d}x$.

解　令 $u=x-7$，则 $\mathrm{d}u=\mathrm{d}x$. 代入该不定积分，得

$$\int \cos(x-7)\mathrm{d}x = \int \cos u \mathrm{d}u$$
$$= \sin u + C.$$

将 $u=x-7$ 代入，

$$上式 = \sin(x-7)+C.$$

运用第一类换元法要注意以下三点：一是找到合适的 $u=\varphi(x)$；二是换元后的不定积分应只含有 u 和 $\mathrm{d}u$，而无 x 和 $\mathrm{d}x$；三是在求出 $F(u)+C$ 之后，必须将 $u=\varphi(x)$ 再代入 $F(u)+C$，生成函数 $F[\varphi(x)]+C$.

在我们熟练运用这个方法之后，中间变量代换这一步可以省略，这样也省略了将 $u=\varphi(x)$ 代回这一步.

例 3 求 $\int \frac{x}{\sqrt{x^2-2}}\mathrm{d}x$.

解
$$\int \frac{x}{\sqrt{x^2-2}}\mathrm{d}x = \int \frac{1}{\sqrt{x^2-2}} \cdot \frac{1}{2}\mathrm{d}(x^2-2)$$
$$= \frac{1}{2}\int (x^2-2)^{-\frac{1}{2}}\mathrm{d}(x^2-2)$$
$$= \frac{1}{2} \cdot 2(x^2-2)^{\frac{1}{2}} + C$$
$$= \sqrt{(x^2-2)} + C.$$

例 4 求 $\int \frac{\cos^3 x}{6}\mathrm{d}x$.

解
$$\int \frac{\cos^3 x}{6}\mathrm{d}x = \frac{1}{6}\int \cos^2 x \cos x \mathrm{d}x$$
$$= \frac{1}{6}\int (1-\sin^2 x)\mathrm{d}(\sin x)$$
$$= \frac{1}{6}\left(\sin x - \frac{\sin^3 x}{3}\right) + C$$
$$= -\frac{\sin^3 x}{18} + \frac{\sin x}{6} + C.$$

从以上例子可知，当所求不定积分与积分公式中的不定积分形式不同，而不能套用公式时，我们就需要用微分公式对其进行转换，将其“凑成”基本积分公式中已有的形式，然后套用公式求解. 为了准确、方便地进行这种转换，我们需要熟记下面的微分公式：

1. $\mathrm{d}x = \mathrm{d}(x+C)$.
2. $x^n \mathrm{d}x = \frac{1}{n+1}\mathrm{d}(x^{n+1})\ (n \neq -1)$.
3. $\frac{1}{x}\mathrm{d}x = \mathrm{d}(\ln|x|)$.
4. $\frac{1}{\sqrt{x}}\mathrm{d}x = 2\mathrm{d}(\sqrt{x})$.
5. $\sin x \mathrm{d}x = -\mathrm{d}(\cos x)$.

6. $\cos x\mathrm{d}x=\mathrm{d}(\sin x)$.

7. $\csc^2 x\mathrm{d}x=-\mathrm{d}(\cot x)$.

8. $\sec^2 x\mathrm{d}x=\mathrm{d}(\tan x)$.

9. $\csc x\cot x\mathrm{d}x=-\mathrm{d}(\csc x)$.

10. $\sec x\tan x\,\mathrm{d}x=\mathrm{d}(\sec x)$.

11. $\mathrm{d}(\mathrm{e}^x)=\mathrm{d}(\mathrm{e}^x)$.

12. $\frac{1}{\sqrt{1-x^2}}\mathrm{d}x=\mathrm{d}(\arcsin x)$.

13. $\frac{1}{1+x^2}\mathrm{d}x=\mathrm{d}(\arctan x)$.

14. $\frac{x}{\sqrt{1+x^2}}\mathrm{d}x=\mathrm{d}(\sqrt{1+x^2})$.

15. $\frac{x}{\sqrt{1-x^2}}\mathrm{d}x=\mathrm{d}(\sqrt{1-x^2})$.

例 5 求 $\int\frac{\cos^4 x}{1-\sin^2 x}\mathrm{d}x$.

解

$$\begin{aligned}\int\frac{\cos^4 x}{1-\sin^2 x}\mathrm{d}x&=\int\frac{\cos^4 x}{\cos^2 x}\mathrm{d}x\\&=\int\cos^2 x\mathrm{d}x\\&=\int\frac{1+\cos 2x}{2}\mathrm{d}x\\&=\frac{1}{2}\int\mathrm{d}x+\frac{1}{2}\int\cos 2x\mathrm{d}x\\&=\frac{1}{2}\int\mathrm{d}x+\frac{1}{4}\int\cos 2x\mathrm{d}(2x)\\&=\frac{x}{2}+\frac{\sin 2x}{4}+C.\end{aligned}$$

例 6 求 $\int\frac{1}{x(2-\ln x)^2}\mathrm{d}x$.

解

$$\begin{aligned}\int\frac{1}{x(2-\ln x)^2}\mathrm{d}x&=\int\frac{1}{(2-\ln x)^2}\mathrm{d}(\ln x)\\&=-\int(2-\ln x)^{-2}\mathrm{d}(2-\ln x)\\&=(2-\ln x)^{-1}+C\\&=\frac{1}{2-\ln x}+C.\end{aligned}$$

例 7 求 $\int\sin x\cos^5 x\mathrm{d}x$.

解

$$\int\sin x\cos^5 x\mathrm{d}x=-\int\cos^5 x\mathrm{d}(\cos x)$$

$$=-\frac{\cos^6 x}{6}+C.$$

例 8　求$\int(2\sin x)^2\mathrm{d}x$.

解　$$\int(2\sin x)^2\mathrm{d}x=4\int\sin^2 x\mathrm{d}x$$
$$=4\int\frac{1-\cos 2x}{2}\mathrm{d}x$$
$$=2\left(\int\mathrm{d}x-\int\cos 2x\mathrm{d}x\right)$$
$$=2\int\mathrm{d}x-\int\cos 2x\mathrm{d}(2x)$$
$$=2x-\sin 2x+C.$$

例 9　求$\int\sin^2 x\cos^4 x\mathrm{d}x$.

解　$$\int\sin^2 x\cos^4 x\mathrm{d}x=\frac{1}{8}\int(1-\cos 2x)(1+\cos 2x)^2\mathrm{d}x$$
$$=\frac{1}{8}\int(1+\cos 2x-\cos^2 2x-\cos^3 2x)\mathrm{d}x$$
$$=\frac{1}{8}\int(\cos 2x-\cos^3 2x)\mathrm{d}x+\frac{1}{8}\int(1-\cos^2 2x)\mathrm{d}x$$
$$=\frac{1}{8}\int\sin^2 2x\cdot\frac{1}{2}\mathrm{d}(\sin 2x)+\frac{1}{8}\int\frac{1}{2}(1-\cos 4x)\mathrm{d}x$$
$$=\frac{1}{48}\sin^3 2x+\frac{x}{16}+\frac{1}{64}\sin 4x+C.$$

一般地，如果所求不定积分为$\int\sin^m x\cos^n x\mathrm{d}x$，且其中的$m$和$n$都为正整数，那么运用公式$\sin^2 x=\frac{1-\cos 2x}{2}$和$\cos^2 x=\frac{1+\cos 2x}{2}$将其化成$\cos 2x$的多项式，即对其降幂，然后再积分.

例 10　求$\int\sec^6 x\mathrm{d}x$.

解　$$\int\sec^6 x\mathrm{d}x=\int\sec^4 x\sec^2 x\mathrm{d}x$$
$$=\int(1+\tan^2 x)^2\mathrm{d}(\tan x)$$
$$=\int(1+2\tan^2 x+\tan^4 x)\mathrm{d}(\tan x)$$
$$=\tan x+\frac{2}{3}\tan^3 x+\frac{1}{5}\tan^5 x+C.$$

例 11　求$\int\csc x\mathrm{d}x$.

解　$$\int\csc x\mathrm{d}x=\int\frac{1}{\sin x}\mathrm{d}x$$

$$=\int \frac{1}{2\sin\frac{x}{2}\cos\frac{x}{2}}\mathrm{d}x$$

$$=\int \frac{1}{2\tan\frac{x}{2}\cos^2\frac{x}{2}}\mathrm{d}x$$

$$=\int \frac{1}{\tan\frac{x}{2}}\mathrm{d}\left(\tan\frac{x}{2}\right)$$

$$=\ln\left|\tan\frac{x}{2}\right|+C.$$

因为

$$\tan\frac{x}{2}=\frac{\sin\frac{x}{2}}{\cos\frac{x}{2}}=\frac{2\sin^2\frac{x}{2}}{\sin x}=\frac{1-\cos x}{\sin x}=\csc x-\cot x,$$

所以上述不定积分可表示为

$$\int\csc x\mathrm{d}x=\ln|\csc x-\cot x|+C.$$

例 12 求$\int\sec x\mathrm{d}x$.

解 运用上例的结果,则有

$$\begin{aligned}\int\sec x\mathrm{d}x&=\int\csc\left(x+\frac{\pi}{2}\right)\mathrm{d}\left(x+\frac{\pi}{2}\right)\\&=\ln\left|\csc\left(x+\frac{\pi}{2}\right)-\cot\left(x+\frac{\pi}{2}\right)\right|+C\\&=\ln|\sec x+\tan x|+C.\end{aligned}$$

二、第二类换元法

第一类换元法是用一个新的中间变量 u 替代被积函数中的可微函数 $\varphi(x)$,使其简单化. 而第二类换元法是将被积函数中的自变量 x 转换成中间变量函数 $x=\psi(t)$. 看似将被积函数复杂化,其实不然. 因为某些看似简单的不定积分其实难解,而通过这个转换,不定积分反而变得易解. 例如,不定积分 $\int\frac{\sin\sqrt{x}}{2\sqrt{x}}\mathrm{d}x$ 看似简单,其实解起来比较复杂. 如果我们令 $x=t^2$,就有 $\mathrm{d}x=2t\mathrm{d}t$. 代入 $\int\frac{\sin\sqrt{x}}{2\sqrt{x}}\mathrm{d}x$ 得

$$\int\frac{\sin\sqrt{x}}{2\sqrt{x}}\mathrm{d}x=\int\frac{\sin t}{2t}\cdot 2t\mathrm{d}t=\int\sin t\mathrm{d}t.$$

这样就把一个看似简单,其实解起来比较复杂的不定积分,转换成了易解的不定积分. 简化了求解过程.

定理 2　设函数 $x=\psi(t)$ 单调、可导，则有 $\mathrm{d}x=\psi'(t)\mathrm{d}t$，此处再设 $\psi'(t)\neq 0$，又设 $f[\psi(t)]\psi'(t)\mathrm{d}t$ 具有原函数，则有换元公式

$$\int f(x)\mathrm{d}x=\left[\int f[\psi(t)]\psi'(t)\mathrm{d}t\right]_{t=\psi^{-1}(x)}.$$

其中 $t=\psi^{-1}(x)$ 是 $x=\psi(t)$ 的反函数.

证　设 $f[\psi(t)]\psi'(t)$ 的原函数为 $\Phi(t)$，记 $\Phi[\psi^{-1}(x)]=F(x)$，运用复合函数和反函数的求导法则，得

$$F'(x)=\frac{\mathrm{d}\Phi}{\mathrm{d}t}\cdot\frac{\mathrm{d}t}{\mathrm{d}x}=f[\psi(t)]\psi'(t)\cdot\frac{1}{\psi'(t)}=f[\psi(t)]=f(x).$$

这就证明了 $F(x)$ 是 $f(x)$ 的原函数，据此有

$$\int f(x)\mathrm{d}x=F(x)+C=\Phi[\psi^{-1}(x)]+C=\left[\int f[\psi(t)]\psi'(t)\mathrm{d}t\right]_{t=\psi^{-1}(x)}.$$

证毕.

注意：$x=\psi(t)$ 必须单调，这样才能有反函数 $t=\psi^{-1}(x)$，有了反函数，我们才可以在最后一步中，把 x 代入原函数. 为了让 $x=\psi(t)$ 单调，我们有时需对 $x=\psi(t)$ 设立定义域. 当然，$x=\psi(t)$ 也必须可导，且 $\psi'(t)\neq 0$，这样才能保证有 $\mathrm{d}x=\psi'(t)\mathrm{d}t$.

第二类换元法主要用于被积函数中含有简单根式的不定积分，即主要用途是消去根式. 在上面的例子中，当被积函数中含有 $\sqrt{x}$ 时，我们用了 $\sqrt{x}=t$ 作代换. 更一般地，当被积函数中含有 $\sqrt[n]{ax+b}$ 时，我们可用 $\sqrt[n]{ax+b}=t$ 作代换. 这种代换的形式相当常用.

例 13　求 $\int\frac{\sin\sqrt{x}}{2\sqrt{x}}\mathrm{d}x$.

解　令 $x=t^2$，则 $\mathrm{d}x=2t\mathrm{d}t, t=\sqrt{x}(0<t<+\infty, 0<x<+\infty)$.

$$\begin{aligned}\int\frac{\sin\sqrt{x}}{2\sqrt{x}}\mathrm{d}x&=\int\frac{\sin t}{2t}\cdot 2t\mathrm{d}t\\&=\int\sin t\mathrm{d}t\\&=-\cos t+C\\&=-\cos\sqrt{x}+C.\end{aligned}$$

例 14　求 $\int\frac{1}{6(\sqrt{x}+\sqrt[3]{x})}\mathrm{d}x$.

解　令 $t=\sqrt[6]{x}$（这样可同时化去这两个根式），则 $x=t^6$，$\mathrm{d}x=6t^5\mathrm{d}t$. 代入得

$$\begin{aligned}\int\frac{1}{6\sqrt{x}+6\sqrt[3]{x}}\mathrm{d}x&=\frac{1}{6}\int\frac{6t^5}{t^3+t^2}\mathrm{d}t\\&=\int\frac{t^3}{t+1}\mathrm{d}t\end{aligned}$$

$$= \int \frac{t^3+1-1}{t+1}\mathrm{d}t$$

$$= \int \frac{(t+1)(t^2-t+1)-1}{t+1}\mathrm{d}t$$

$$= \int \left(t^2-t+1-\frac{1}{t+1}\right)\mathrm{d}t$$

$$= \frac{1}{3}t^3-\frac{1}{2}t^2+t-\ln|t+1|+C$$

$$= \frac{1}{3}\sqrt{x}-\frac{1}{2}\sqrt[3]{x}+\sqrt[6]{x}-\ln|\sqrt[6]{x}+1|+C.$$

例 15 求 $\int \sqrt{\mathrm{e}^x-1}\mathrm{d}x$.

解 令 $t=\sqrt{\mathrm{e}^x-1}$，则 $x=\ln|1+t^2|$，$\mathrm{d}x=\frac{2t}{1+t^2}\mathrm{d}t$. 代入得，

$$\int \sqrt{\mathrm{e}^x-1}\mathrm{d}x = \int t\cdot\frac{2t}{1+t^2}\mathrm{d}t$$

$$= 2\int \frac{t^2}{1+t^2}\mathrm{d}t$$

$$= 2\int \frac{t^2+1-1}{1+t^2}\mathrm{d}t$$

$$= 2\int \left(1-\frac{1}{1+t^2}\right)\mathrm{d}t$$

$$= 2(t-\arctan t)+C$$

$$= 2\sqrt{\mathrm{e}^x-1}-2\arctan\sqrt{\mathrm{e}^x-1}+C.$$

另外，当根号内的表达式含用平方和或者平方差时，我们可采用“三角代换”法来消去根式. 例如：当被积函数中含有 $\sqrt{a^2-x^2}$ 时，我们令 $x=a\sin t$，则

$$\sqrt{a^2-x^2}=\sqrt{a^2-(a\sin t)^2}=a\sqrt{1-\sin^2 t}=a\sqrt{\cos^2 t}=a\cos t;$$

当被积函数中含有 $\sqrt{a^2+x^2}$ 时，我们令 $x=a\tan t$，则

$$\sqrt{a^2+x^2}=\sqrt{a^2+(a\tan t)^2}=a\sqrt{1+\tan^2 t}=a\sqrt{\sec^2 t}=a\sec t;$$

当被积函数中含有 $\sqrt{x^2-a^2}$ 时，我们令 $x=a\sec t$，则

$$\sqrt{x^2-a^2}=\sqrt{(a\sec t)^2-a^2}=a\sqrt{\sec^2 t-1}=a\sqrt{\tan^2 t}=a\tan t.$$

例 16 求 $\int \sqrt{a^2-x^2}\mathrm{d}x(a>0)$.

解 由于被积函数中有根式，我们需要运用三角公式 $\sin^2 t+\cos^2 t=1$ 化去根式. 令 $x=a\sin t\left(-\frac{\pi}{2}\leqslant t\leqslant\frac{\pi}{2}\right)$，则有

$$\sqrt{a^2-x^2}=\sqrt{a^2-a^2\sin^2 t}=a\sqrt{1-\sin^2 t}=a\sqrt{\cos^2 t}=a\cos t,$$

$$\mathrm{d}x = a\cos t\mathrm{d}t.$$

因为函数 $x=a\sin t$ 在定义域$\left(-\frac{\pi}{2}\leqslant t\leqslant\frac{\pi}{2}\right)$内单调,故有反函数 $t=\arcsin\frac{x}{a}$.

将$\sqrt{a^2-x^2}=a\cos t$ 和 $\mathrm{d}x=a\cos t\mathrm{d}t$ 代入不定积分,得

$$\begin{aligned}\int\sqrt{a^2-x^2}\mathrm{d}x &= \int a\cos t\cdot a\cos t\mathrm{d}t\\ &= a^2\int\cos t\cos t\mathrm{d}t\\ &= a^2\int\frac{1}{2}(1+\cos 2t)\mathrm{d}t\\ &= \frac{a^2}{2}\left(\int\mathrm{d}t+\int\frac{1}{2}\cos 2t\mathrm{d}(2t)\right)\\ &= \frac{a^2}{2}\left(t+\frac{\sin 2t}{2}\right)+C\\ &= \frac{a^2}{2}(t+\sin t\cos t)+C.\end{aligned}$$

现在将原变量代回,根据 $x=a\sin t$ 作直角三角形,如图 8-3 所示. 据此得 $\cos t=\frac{\sqrt{a^2-x^2}}{a}$. $x=a\sin t$ 可写成 $\sin t=\frac{x}{a}$. 将 $\cos t=\frac{\sqrt{a^2-x^2}}{a}$, $\sin t=\frac{x}{a}$ 及反函数 $t=\arcsin\frac{x}{a}$ 代入,

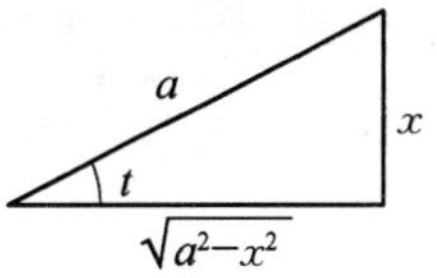

图 8-3

$$\begin{aligned}\text{上式} &= \frac{a^2}{2}\left(\arcsin\frac{x}{a}+\frac{x}{a}\cdot\frac{\sqrt{a^2-x^2}}{a}\right)+C\\ &= \frac{x}{2}\sqrt{a^2-x^2}+\frac{a^2}{2}\arcsin\frac{x}{a}+C.\end{aligned}$$

例 17　求$\int\frac{1}{\sqrt{a^2+x^2}}\mathrm{d}x(a>0)$.

解　运用三角公式 $\tan^2 t+\sec^2 t=1$ 消去根式. 令 $x=a\tan t$, 这里 $-\frac{\pi}{2}<t<\frac{\pi}{2}$, 则 $\mathrm{d}x=a\sec^2 t\mathrm{d}t$,

$$\begin{aligned}\int\frac{1}{\sqrt{a^2+x^2}}\mathrm{d}x &= \int\frac{a\sec^2 t}{\sqrt{a^2+(a\tan t)^2}}\mathrm{d}t\\ &= \int\frac{a\sec^2 t}{a\sqrt{1+\tan^2 t}}\mathrm{d}t\\ &= \int\frac{\sec^2 t}{\sqrt{\sec^2 t}}\mathrm{d}t\\ &= \int\sec t\mathrm{d}t.\end{aligned}$$

由例 12 可知$\int\sec t\mathrm{d}t=\ln|\tan t+\sec t|+C_1$,

$$
\begin{aligned}
\text{上式} &= \ln|\tan t+\sec t|+C_1 \\
&= \ln\left|\frac{x}{a}+\frac{\sqrt{a^2+x^2}}{a}\right|+C_1 \\
&= \ln(x+\sqrt{a^2+x^2})+C.
\end{aligned}
$$

这里 $C=C_1-\ln a$. 在上式中,我们作了辅助直角三角形,如图 8-4所示,参照该图将原变量代回.

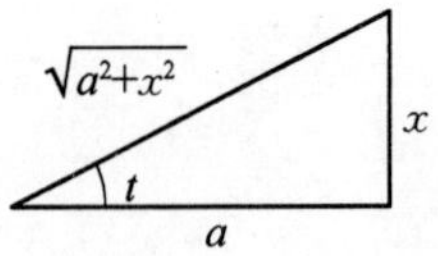

图 8-4

例 18 求 $\int\frac{1}{\sqrt{x^2-a^2}}\mathrm{d}x(a>0)$.

解 运用三角公式 $\tan^2t+1=\sec^2t$ 消去根式. 这里需要分两种情形讨论: $x>a$ 与 $x<-a$.

(1) 当 $x>a$, 令 $x=a\sec t$, 这里 $0<t<\frac{\pi}{2}$, 则有 $\sqrt{x^2-a^2}=\sqrt{a^2\sec^2t-a^2}=a\sqrt{\sec^2t-1}$, $\mathrm{d}x=a\sec t\tan t\mathrm{d}t$. 代入得

$$
\int\frac{1}{\sqrt{x^2-a^2}}\mathrm{d}x=\int\frac{a\sec t\tan t}{a\tan t}\mathrm{d}t=\int\sec t\mathrm{d}t=\ln|\tan t+\sec t|+C.
$$

让我们作辅助直角三角形,如图 8-5 所示,根据该图可得 $\tan t=\frac{\sqrt{x^2-a^2}}{a}$. 因此有

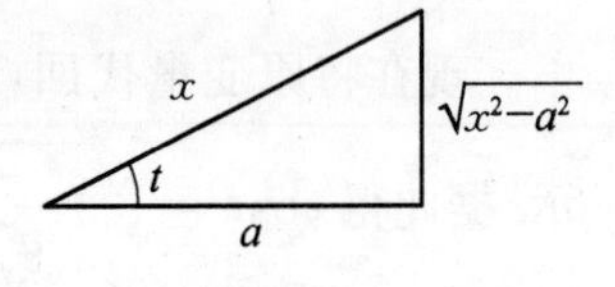

图 8-5

$$
\int\frac{1}{\sqrt{x^2-a^2}}\mathrm{d}x=\ln\left(\frac{x}{a}+\frac{\sqrt{x^2-a^2}}{a}\right)+C_1=\ln(x+\sqrt{x^2-a^2})+C.
$$

这里 $C=C_1-\ln a$.

(2) 当 $x<-a$, 令 $x=-u$, 根据上面的结果有

$$
\begin{aligned}
\int\frac{1}{\sqrt{x^2-a^2}}\mathrm{d}x &= -\int\frac{1}{\sqrt{u^2-a^2}}\mathrm{d}u \\
&= -\ln(u+\sqrt{u^2-a^2})+C_2 \\
&= -\ln(-x+\sqrt{x^2-a^2})+C_2 \\
&= \ln\left(\frac{-x-\sqrt{x^2-a^2}}{a^2}\right)+C_2 \\
&= \ln(-x-\sqrt{x^2-a^2})+C.
\end{aligned}
$$

这里 $C=C_2-2\ln a$.

把(1)和(2)的结果合起来,就有

$$
\int\frac{1}{\sqrt{x^2-a^2}}\mathrm{d}x=\ln\left|x+\sqrt{x^2-a^2}\right|+C.
$$

最后再介绍一种 $x=\frac{1}{t}$ 形式的代换.

例 19　求$\int \frac{1}{x^2(x^2+1)}dx$.

解　令$x=\frac{1}{t}$，则有$dx=-\frac{1}{t^2}dt$. 代入，

$$\begin{aligned}\int \frac{1}{x^2(x^2+1)}dx &= \int \frac{-\frac{1}{t^2}}{\frac{1}{t^2}\left(\frac{1}{t^2}+1\right)}dt \\ &= -\int \frac{1}{\frac{1}{t^2}(1+t^2)}dt \\ &= -\int \frac{t^2}{t^2+1}dt \\ &= -\int \frac{t^2+1-1}{t^2+1}dt \\ &= -\int \left(1-\frac{1}{t^2+1}\right)dt \\ &= -t+\arctan t+C \\ &= -\frac{1}{x}+\arctan \frac{1}{x}+C.\end{aligned}$$

例 20　求$\int \frac{-1}{x^2\sqrt{x^2+1}}dx$.

解　令$x=\frac{1}{t}$，则有$dx=-\frac{1}{t^2}dt$. 代入，

$$\begin{aligned}\int \frac{-1}{x^2\sqrt{x^2+1}}dx &= \int \frac{\frac{1}{t^2}}{\frac{1}{t^2}\sqrt{\frac{1}{t^2}+1}}dt \\ &= \int \frac{1}{\left|\frac{1}{t}\right|\sqrt{1+t^2}}dt \\ &= \int \frac{|t|}{\sqrt{1+t^2}}dt.\end{aligned}$$

(1) 当$x>0$时，则$|t|=t$，代入

$$\begin{aligned}\int \frac{-1}{x^2\sqrt{x^2+1}}dx &= \int \frac{|t|}{\sqrt{1+t^2}}dt \\ &= \int \frac{t}{\sqrt{1+t^2}}dt \\ &= \sqrt{1+t^2}+C \\ &= \sqrt{1+\frac{1}{x^2}}+C\end{aligned}$$

$$= \frac{\sqrt{1+x^2}}{x} + C.$$

(2) 当 $x<0$ 时,结果一样. 即有

$$\int \frac{-1}{x^2\sqrt{x^2+1}}\mathrm{d}x = \frac{\sqrt{1+x^2}}{x} + C.$$

例 21 求 $\int \frac{1}{\sqrt{2+x-x^2}}\mathrm{d}x$.

解

$$\int \frac{1}{\sqrt{2+x-x^2}}\mathrm{d}x = \int \frac{1}{\sqrt{2+\frac{1}{4}-\left(-x+x^2+\frac{1}{4}\right)}}\mathrm{d}x$$

$$= \int \frac{1}{\sqrt{\left(\frac{3}{2}\right)^2-\left(x-\frac{1}{2}\right)^2}}\mathrm{d}\left(x-\frac{1}{2}\right)$$

$$= \arcsin\frac{x-\frac{1}{2}}{\frac{3}{2}} + C.$$

$$= \arcsin\frac{2x-1}{3} + C.$$

下面再列出一些较常用的积分公式:

1. $\int \tan x\mathrm{d}x = -\ln|\cos x| + C.$

2. $\int \cot x\mathrm{d}x = \ln|\sin x| + C.$

3. $\int \sec x\mathrm{d}x = \ln|\sec x + \tan x| + C.$

4. $\int \csc x\mathrm{d}x = \ln|\csc x - \cot x| + C.$

5. $\int \frac{1}{a^2+x^2}\mathrm{d}x = \frac{1}{a}\arcsin\frac{x}{a} + C.$

6. $\int \frac{1}{a^2-x^2}\mathrm{d}x = \frac{1}{2a}\ln\left|\frac{x-a}{x+a}\right| + C.$

7. $\int \frac{1}{\sqrt{a^2-x^2}}\mathrm{d}x = \arcsin\frac{x}{a} + C.$

8. $\int \frac{1}{\sqrt{x^2+a^2}}\mathrm{d}x = \ln\left(x+\sqrt{x^2+a^2}\right) + C.$

9. $\int \frac{1}{\sqrt{x^2-a^2}}\mathrm{d}x = \ln\left(x+\sqrt{x^2-a^2}\right) + C.$

习题 8－2

1. 在下列各式的空白处填入系数或表达式,使等式成立：

(1) $\mathrm{d}x=(\quad)\mathrm{d}(3x)$；

(2) $\mathrm{d}x=(\quad)\mathrm{d}(1-x)$；

(3) $\mathrm{d}x=(\quad)\mathrm{d}\left(\frac{2}{5}x\right)$；

(4) $\mathrm{d}x=(\quad)\mathrm{d}(x^2-5)$；

(5) $\mathrm{d}x=(\quad)\mathrm{d}(\cos x)$；

(6) $\mathrm{d}x=(\quad)\mathrm{d}(\mathrm{e}^x)$；

(7) $x\mathrm{d}x=(\quad)\mathrm{d}(3x)$；

(8) $x^4\mathrm{d}x=(\quad)\mathrm{d}(x^5-2)$.

2. 用第一类换元法求下列不定积分：

(1) $\int 9(x^3+3)^2x^2\mathrm{d}x$；

(2) $\int 15(x^5+3)^2x^4\mathrm{d}x$；

(3) $\int 3\sqrt{x^2+3}x\mathrm{d}x$；

(4) $\int \sin(x+4)\mathrm{d}x$；

(5) $\int \cos(x-7)\mathrm{d}x$；

(6) $\int \frac{x}{\sqrt{x^2+12}}\mathrm{d}x$；

(7) $\int \frac{2x}{\sqrt{x^2-6}}\mathrm{d}x$；

(8) $\int \frac{x^2}{\sqrt{x^3+6}}\mathrm{d}x$；

(9) $\int \frac{x^5}{\sqrt{x^6+6}}\mathrm{d}x$；

(10) $\int \frac{\cos^4 x}{1-\sin^2 x}\mathrm{d}x$；

(11) $\int \frac{1}{x(2-\ln x)^2}\mathrm{d}x$；

(12) $\int \sin x\cos^5 x\mathrm{d}x$；

(13) $\int 6(x^2+3)^2x\mathrm{d}x$；

(14) $\int (x+1)^2\mathrm{d}x$.

3. 用第二类换元法求下列不定积分：

(1) $\int \sqrt{4-x^2}\,dx$；

(2) $\int \frac{1}{\sqrt{x^2+5^2}}dx$；

(3) $\int \frac{1}{\sqrt{x^2-6^2}}dx$；

(4) $\int \frac{1}{\sqrt{16x^2+8^2}}dx$；

(5) $\int \frac{x^2}{\sqrt{7^2-x^2}}dx$；

(6) $\int \frac{\sqrt{1-x^2}}{x^4}dx$；

(7) $\int \frac{1}{1+4\sqrt{x}}dx$；

(8) $\int \frac{\sqrt{x^2-5^2}}{x}dx$.

(9) $\int \frac{\sqrt{x+1}-2}{\sqrt{x+1}+1}dx$；

(10) $\int \frac{4}{\sqrt{4-x^2}}dx$.

(11) $\int \frac{1}{1+\sqrt{1-x^2}}dx$；

(12) $\int \frac{1}{\sqrt{1+x-x^2}}dx$.

第三节　分部积分法

分部积分法是根据导数之积的求导法则推导出来的，运用分部积分法，我们可以对许多难解的不定积分进行求解.

设函数 $u(x)$和 $v(x)$具有连续导数，那么两个函数乘积的导数公式为

$$[u(x)v(x)]' = u(x)v'(x) + v(x)u'(x).$$

移项重写为

$$u(x)v'(x) = [u(x)v(x)]' - v(x)u'(x).$$

对等式两边求不定积分，得

$$\int u(x)v'(x)dx = u(x)v(x) - \int v(x)u'(x)dx. \tag{1}$$

这个公式就称为分部积分公式. 分部积分公式也可写为

$$\int u(x)\mathrm{d}v(x)=u(x)v(x)-\int v(x)\mathrm{d}u(x).$$

也可简写为

$$\int uv'\mathrm{d}x=uv-\int vu'\mathrm{d}x$$

或

$$\int u\mathrm{d}v=uv-\int v\mathrm{d}u.$$

如果不定积分$\int u(x)v'(x)\mathrm{d}x$比较难求,而不定积分$\int v(x)u'(x)\mathrm{d}x$易求,就可利用这个公式进行求解.

例 1　求$\int(x+6)\mathrm{e}^x\mathrm{d}x$.

解　让我们运用公式$\int u(x)v'(x)\mathrm{d}x=u(x)v(x)-\int v(x)u'(x)\mathrm{d}x$对该不定积分求解. 令$u(x)=(x+6)$,则有$u'(x)=1$. 令$v'(x)=\mathrm{e}^x$,则有$v(x)=\mathrm{e}^x$. 代入公式:

$$\begin{aligned}\int(x+6)\mathrm{e}^x\mathrm{d}x&=(x+6)\mathrm{e}^x-\int\mathrm{e}^x(1)\mathrm{d}x\\&=(x+6)\mathrm{e}^x-\mathrm{e}^x+C\\&=\mathrm{e}^x(x+5)+C.\end{aligned}$$

在上式中,如果令$u(x)=\mathrm{e}^x$,$v'(x)=x+6$,那么据此生成下面的不定积分,反而更复杂难解.

$$\int\mathrm{e}^x(x+6)\mathrm{d}x=\mathrm{e}^x\left(\frac{x^2}{2}+6x\right)-\int\left(\frac{x^2}{2}+6x\right)\mathrm{e}^x\mathrm{d}x.$$

因此,正确地选择$u(x)$和$v'(x)$是运用分部积分法的关键.

例 2　求$\int(x+6)\sin x\mathrm{d}x$.

解　让我们运用公式$\int u(x)v'(x)\mathrm{d}x=u(x)v(x)-\int v(x)u'(x)\mathrm{d}x$对该不定积分求解.
令$u(x)=x+6$,则$u'(x)=1$.
令$v'(x)=\sin x$,则$v(x)=-\cos x$.
代入公式,得

$$\begin{aligned}\int(x+6)\sin x\mathrm{d}x&=(x+6)(-\cos x)-\int-\cos x(1)\mathrm{d}x\\&=-(x+6)\cos x-(-\sin x)+C\\&=\sin x-(x+6)\cos x+C.\end{aligned}$$

例 3　求$\int x^3\mathrm{e}^x\mathrm{d}x$.

解 令 $u(x)=x^3$,则$u'(x)=3x^2$.

令$v'(x)=\mathrm{e}^x$,则 $v(x)=\mathrm{e}^x$.

$$\int x^3\mathrm{e}^x\mathrm{d}x = x^3\mathrm{e}^x - \int \mathrm{e}^x 3x^2\mathrm{d}x$$

$$= x^3\mathrm{e}^x - 3\int x^2\mathrm{e}^x\mathrm{d}x$$

再次用分部积分法
$$= x^3\mathrm{e}^x - 3(x^2\mathrm{e}^x - \int \mathrm{e}^x 2x\mathrm{d}x)$$

$$= x^3\mathrm{e}^x - 3x^2\mathrm{e}^x + 6\int x\mathrm{e}^x\mathrm{d}x$$

再次用分部法
$$= x^3\mathrm{e}^x - 3x^2\mathrm{e}^x + 6(x\mathrm{e}^x - \int \mathrm{e}^x\cdot 1\cdot \mathrm{d}x)$$

$$= x^3\mathrm{e}^x - 3x^2\mathrm{e}^x + 6x\mathrm{e}^x - 6\int \mathrm{e}^x\mathrm{d}x$$

$$= x^3\mathrm{e}^x - 3x^2\mathrm{e}^x + 6x\mathrm{e}^x - 6\mathrm{e}^x + C.$$

(以下是形象化讲解,此为选读内容)

让我们图释公式$\int u(x)v'(x)\mathrm{d}x = u(x)v(x) - \int v(x)u'(x)\mathrm{d}x$ 的代入过程. 以上面例 2 为例,它的公式代入过程可用下图简洁地表示:

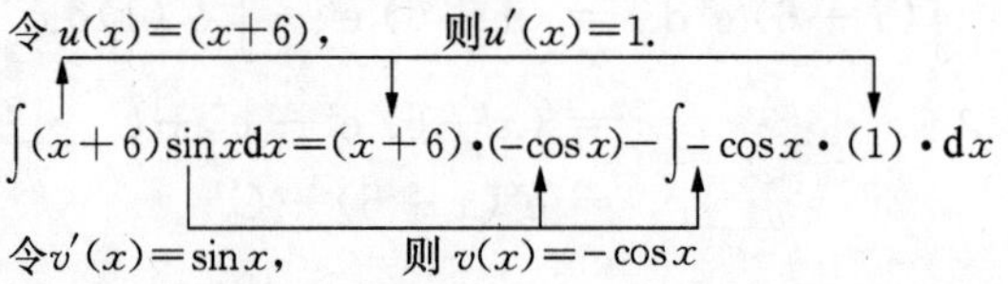

令 $u(x)=(x+6)$,　　则$u'(x)=1$.

$$\int (x+6)\sin x\mathrm{d}x = (x+6)\cdot(-\cos x) - \int -\cos x\cdot(1)\cdot\mathrm{d}x$$

令$v'(x)=\sin x$,　　则 $v(x)=-\cos x$

还有一种更直接的解释法:如果将等式$\int(x+6)\sin x\mathrm{d}x=(x+6)(-\cos x)-\int -\cos x(1)\mathrm{d}x$ 左边的 $(x+6)\sin x$ 看成两个函数 $(x+6)$ 和 $\sin x$,那么等式右边的 $(x+6)$,$-\cos x$,$-\cos x$,(1)按顺序就可看成是:函数 $(x+6)$,$\sin x$ 的原函数,$\sin x$ 的原函数,$(x+6)$ 的导数,见下图.

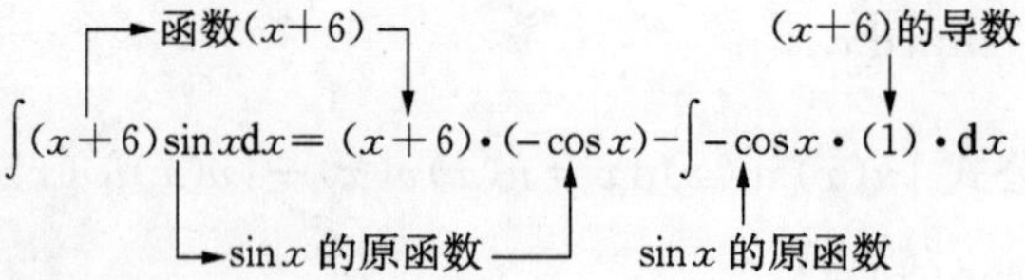

函数$(x+6)$　　$(x+6)$的导数

$$\int (x+6)\sin x\mathrm{d}x = (x+6)\cdot(-\cos x) - \int -\cos x\cdot(1)\cdot\mathrm{d}x$$

$\sin x$ 的原函数　　$\sin x$ 的原函数

为了方便记忆,可简称为“函原原导”.

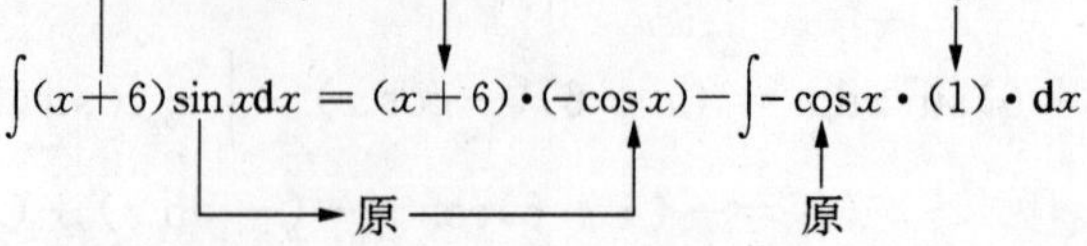

函　　导

$$\int (x+6)\sin x\mathrm{d}x = (x+6)\cdot(-\cos x) - \int -\cos x\cdot(1)\cdot\mathrm{d}x$$

原　　原

(选读内容结束)

习题 8－3

1. 求 $\int(x^2-2)e^x dx$.

2. 求 $\int(x+6)\cos x dx$.

3. 求 $\int x^3 e^x dx$.

4. 求 $\int 4e^{2x}\sin(2x)dx$.

5. 求 $\int \frac{x\sin^3 x}{1-\cos^2 x}dx$.

6. 求 $\int \frac{8x\sin^4 x}{1-\cos^2 x}dx$.

7. 求 $\int 4x\cos x dx$.

8. 求 $\int 12x\sin 2x dx$.

9. 求 $\int 3(\ln x)^2 dx$.

10. 求 $\int \frac{x^2\cos x}{2}dx$.

11. 求 $\int 4xe^{-2x}dx$.

12. 求 $\int \frac{1}{2}x\cos\frac{x}{2}dx$.

第四节　有理函数积分法

设有两个多项式 $P(x)$ 和 $Q(x)$，那么两个多项式的商 $\frac{P(x)}{Q(x)}$ 就称为有理函数. 我们假定分子多项式 $P(x)$ 和分母多项式 $Q(x)$ 之间没有公因子，当分子多项式 $P(x)$ 的次数小于分母多项式的次数时，称此有理函数为真分式，如 $\frac{x^2+1}{x^3+x^2-2}$.

当分子多项式 $P(x)$ 的次数大于或等于分母多项式的次数时，称此有理函数为假分式，如 $\frac{x^4+x^2+x+1}{x^2+1}$. 我们可以通过多项式的除法，把一个假分式化成一个多项式与一个真分式之和，例如：

$$\frac{x^4+x^2+x+1}{x^2+1}=x^2+\frac{x+1}{x^2+1}.$$

这样假分式 $\frac{x^4+x^2+x+1}{x^2+1}$ 就被化分成多项式 x^2 与真分式 $\frac{x+1}{x^2+1}$ 之和. 显然多项式

的不定积分是容易求得的,因此我们的重点是研究真分式的不定积分.

如果真分式 $\dfrac{P(x)}{Q(x)}$ 的分母 $Q(x)$ 能拆解成两个多项式的乘积

$$Q(x)=Q_1(x)\,Q_2(x),$$

而且多项式 $Q_1(x)$ 与多项式 $Q_2(x)$ 之间没有公因式,那么真分式 $\dfrac{P(x)}{Q(x)}$ 可以分解成两个真分式之和:

$$\frac{P(x)}{Q(x)}=\frac{P_1(x)}{Q_1(x)}+\frac{P_2(x)}{Q_2(x)},$$

通过这种分解法,我们把真分式分解成部分分式之和.如果 $Q_1(x)$ 和 $Q_2(x)$ 还能再分解成两个没有公因式的多项式的乘积,那么就可分拆成更简单的部分分式.最后,有理函数的分解式中只出现多项式,$\dfrac{P_1(x)}{(x-a)^k}$,$\dfrac{P_2(x)}{(x^2+px+q)^l}$ 等三类函数.在 $\dfrac{P_1(x)}{(x-a)^k}$ 中,$P_1(x)$ 为小于 k 次的多项式;在 $\dfrac{P_2(x)}{(x^2+px+q)^l}$ 中,$P_2(x)$ 为小于 $2l$ 次的多项式,另外 p^2-4q 须小于 0,即 $p^2-4q<0$).这个数学规律的原理如下:

设真分式 $\dfrac{P(x)}{Q(x)}$ 为

$$\frac{P(x)}{Q(x)}=\frac{a_0x^n+a_1x^{n-1}+\cdots+a_{n-1}x+a_n}{b_0x^m+b_1x^{m-1}+\cdots+b_{m-1}x+b_m},$$

这里 $m>0$ 为正整数,$n\geqslant 0$ 为非负整数.因为 $\dfrac{P(x)}{Q(x)}$ 为真分式,所以 $m>n$.

根据代数理论,在实数范围内,我们总可以把一个实系数多项式分解成若干个实系数一次因子与二次因子之乘积,因此可设

$$\begin{aligned}Q(x)&=b_0x^m+b_1x^{m-1}+\cdots+b_{m-1}x+b_m\\&=b_0(x-a)^k\cdots(x-b)^t(x^2+px+q)^i\cdots(x^2+rx+s)^h,\end{aligned}$$

这里 $p^2-4q<0,\cdots,r^2-4s<0$;$a,\cdots,b,p,\cdots,q,\cdots,r,\cdots,s$ 均为实数,这样分式 $\dfrac{P(x)}{Q(x)}$ 可以分解成如下形式的部分分式之和:

$$\begin{aligned}\frac{P(x)}{Q(x)}=&\frac{A_1}{x-a}+\frac{A_2}{(x-a)^2}+\cdots+\frac{A_k}{(x-a)^k}+\cdots+\frac{B_1}{x-b}+\frac{B_2}{(x-b)^2}+\cdots+\frac{B_t}{(x-b)^t}+\\&\frac{C_1x+D_1}{x^2+px+q}+\frac{C_2x+D_2}{(x^2+px+q)^2}+\cdots+\frac{C_ix+D_i}{(x^2+px+q)^i}+\cdots+\\&\frac{E_1x+F_1}{x^2+rx+s}+\frac{E_2x+F_2}{(x^2+rx+s)^2}+\cdots+\frac{E_hx+F_h}{(x^2+rx+s)^h},\end{aligned}$$

这里 A_k,B_t,C_i,D_i,E_h,F_h 均为常数.

根据这个公式,如果在真分式 $\dfrac{P(x)}{Q(x)}$ 中,$Q(x)=(x-a)^3$,那么对应的部分分式为

$$\frac{P(x)}{Q(x)}=\frac{A_1}{x-a}+\frac{A_2}{(x-a)^2}+\frac{A_3}{(x-a)^3};$$

如果在真分式 $\frac{P(x)}{Q(x)}$ 中，$Q(x)=(x^2-px+q)^3$，那么对应的部分分式为

$$\frac{P(x)}{Q(x)}=\frac{B_1x+C_1}{x^2-px+q}+\frac{B_2x+C_2}{(x^2-px+q)^2}+\frac{B_3x+C_3}{(x^2-px+q)^3};$$

如果在真分式 $\frac{P(x)}{Q(x)}$ 中，$Q(x)=(x-a)^3(x^2-px+q)^3$，那么对应的部分分式为

$$\frac{P(x)}{Q(x)}=\frac{A_1}{x-a}+\frac{A_2}{(x-a)^2}+\frac{A_3}{(x-a)^3}+\frac{B_1x+C_1}{x^2-px+q}+\frac{B_2x+C_2}{(x^2-px+q)^2}+\frac{B_3x+C_3}{(x^2-px+q)^3}.$$

据此，我们可将真分式 $\frac{x^2-1}{x(x-1)^2}$ 及真分式 $\frac{x^2-1}{x(x^2-2x+6)^2}$ 分别分解为

$$\frac{x^2-1}{x(x-1)^2}=\frac{A_1}{x}+\frac{A_2}{x-1}+\frac{A_3}{(x-1)^2}$$

(式中 A_1，A_2 和A_3 系数待定).

$$\frac{x^2-1}{x(x^2-2x+6)^2}=\frac{A_1}{x}=\frac{B_1x+C_1}{x^2-2x+6}+\frac{B_2x+C_2}{(x^2-2x+6)^2}$$

(式中 A_1，B_1，C_1，B_2 和C_2 系数待定).

确定系数的方法有两种：

(1) 先通分，去除分母后得等式，比较同次项系数，建立线性方程组，解方程求出特定系数；

(2) 先通分，去除分母后得等式，以适当的 x 值代入等式，也得出方程组，解方程求出特定系数.

让我们做例题.

例 1　求 $\int\frac{x-4}{x^2-5x+6}\mathrm{d}x$.

解　被积函数的分母 x^2-5x+6 可分解成 $(x-3)$ 和 $(x-2)$，因此可设

$$\frac{x-4}{x^2-5x+6}=\frac{x-4}{(x-3)(x-2)}=\frac{A}{x-3}+\frac{B}{x-2}.$$

式子中的 A，B 为待定系数. 对上式右边通分，然后等号两边去分母，得

$$x-4=A(x-2)+B(x-3)$$

即

$$x-4=(A+B)x-2A-3B,$$

比较上式两侧同次幂的系数，得

$$\begin{aligned}A+B&=1\\4&=2A+3B,\end{aligned}$$

解得 $A=-1,B=2$. 代入 $\frac{x-4}{x^2-5x+6}=\frac{A}{x-3}+\frac{B}{x-2}$,

$$\frac{x-4}{x^2-5x+6}=\frac{-1}{x-3}+\frac{2}{x-2}.$$

则

$$\begin{aligned}\int\frac{x-4}{x^2-5x+6}\mathrm{d}x&=\int\left(\frac{-1}{x-3}+\frac{2}{x-2}\right)\mathrm{d}x\\&=-\ln|x-3|+2\ln|x-2|+C.\end{aligned}$$

例 2 求 $\int\frac{x^2+3}{x(x-1)^2}\mathrm{d}x$.

解 被积函数 $\frac{x^2+3}{x(x-1)^2}$ 分解为

$$\frac{x^2+3}{x(x-1)^2}=\frac{A}{x}+\frac{B}{x-1}+\frac{C}{(x-1)^2}.$$

式子中的 A,B 和 C 为待定系数. 对上式右边通分，然后等号两边去分母，得

$$x^2+3=A(x-1)^2+Bx(x-1)+Cx.$$

令 $x=0$, 得 $A=3$;
令 $x=1$, 得 $C=4$;
令 $x=2$, 得 $7=3+2B+8$, 解得 $B=-2$.
代入即有

$$\frac{x^2+3}{x(x-1)^2}=\frac{3}{x}-\frac{2}{x-1}+\frac{4}{(x-1)^2},$$

则

$$\begin{aligned}\int\frac{x^2+3}{x(x-1)^2}\mathrm{d}x&=\int\left[\frac{3}{x}-\frac{2}{x-1}+\frac{4}{(x-1)^2}\right]\mathrm{d}x\\&=3\ln|x|-2\ln|x-1|-\frac{4}{x-1}+C.\end{aligned}$$

例 3 求 $\int\frac{x^2+2}{x(x^2-2x+1)}\mathrm{d}x$.

解 被积函数 $\frac{x^2+2}{x(x^2-2x+1)}$ 分解为

$$\frac{x^2+2}{x(x^2-2x+1)}=\frac{A}{x}+\frac{Bx+C}{x^2-2x+1}.$$

式子中的 A,B 和 C 为待定系数. 对上式右边通分，然后等号两边去分母，得

$$x^2+2=A(x^2-2x+1)+x(Bx+C).$$

即

$$x^2+2=(A+B)x^2+(C-2A)x+A.$$

比较上式两侧同次幂的系数,得

$$A+B=1,$$
$$C-2A=0,$$
$$A=2,$$

解得 $A=2, B=-1, C=4$. 代入得

$$\frac{x^2+2}{x(x^2-2x+1)}=\frac{A}{x}+\frac{Bx+C}{x^2-2x+1}=\frac{2}{x}+\frac{-x+4}{x^2-2x+1}.$$

则

$$\begin{aligned}\int\frac{x^2+2}{x(x^2-2x+1)}\mathrm{d}x&=\int\left(\frac{2}{x}+\frac{-x+4}{x^2-2x+1}\right)\mathrm{d}x\\&=\int\left[\frac{2}{x}-\frac{x-1-3}{(x-1)^2}\right]\mathrm{d}x\\&=\int\left(\frac{2}{x}-\left[\frac{1}{x-1}-\frac{3}{(x-1)^2}\right]\right)\mathrm{d}x\\&=\int\frac{2}{x}\mathrm{d}x-\int\frac{1}{x-1}\mathrm{d}x+\int\frac{3}{(x-1)^2}\mathrm{d}x\\&=2\ln|x|-\ln|x-1|-\frac{3}{x-1}+C.\end{aligned}$$

习题 8－4

1. 求 $\int\frac{x^3}{x+4}\mathrm{d}x$.

2. 求 $\int\frac{x}{(x+1)(x+2)(x+3)}\mathrm{d}x$.

3. 求 $\int\frac{3x^2+8x-12}{x(x^2+4x-12)}\mathrm{d}x$.

4. 求 $\int\frac{2x^4+7x^3+x^2+7x-8}{x^3+7x^2-8x}\mathrm{d}x$.

5. 求 $\int\frac{4}{x(x^2+4)}\mathrm{d}x$.

6. 求 $\int\frac{3x^2-10x-24}{x^3-5x^2-24x}\mathrm{d}x$.

7. 求 $\int\frac{2x-6}{(2x-2)(x^2-1)}\mathrm{d}x$.

8. 求 $\int\frac{1}{(x^2+1)(x^2+x)}\mathrm{d}x$.

第九章　定积分

在这一章中,我们首先介绍定积分的定义,并用“辅助公式证明法”证明连续函数可积定理;接着我们要证明原函数存在定理,并以传统方法证明牛顿-莱布尼兹公式;然后我们还要讨论定积分的计算方法;最后要介绍反常积分.

第一节　定积分的概念与性质

在第五章中,我们已经介绍了定积分的符号,在这里我们要讨论定积分的完整定义,然后证明连续函数是可积的这一定理,最后讨论定积分的一些性质.

一、定积分的定义

在第五章第三节中,我们给出了公式

$$A=\lim_{n\to\infty}\sum_{i=1}^{n}f(x_i^*)\Delta x=\int_a^b f(x)\mathrm{d}x.$$

式中的 $\Delta x\left(\Delta x=\dfrac{b-a}{n}\right)$ 代表矩形的底边长度,公式的原理是:用 n 个底边长度都相等的矩形逼近曲边梯形的面积 A. 但如果用 n 个底边长度不等的矩形逼近曲边梯形的面积,那么情形又会怎样呢? 事实上尽管底边长度不相等,但当每个矩形底边长度都趋向于 0 时,所有矩形面积之和的极限也等于曲边梯形的面积 A. 因为这种表述法更具广泛性,所以定积分定义是用这种形式表述的. 在讨论定义前,让我们先讨论两个相关问题.

1. 曲边梯形面积与变速直线运动的路程

(1) 用底边长度不等的矩形逼近曲边梯形的面积

假设函数 $y=f(x)$ 在区间 $[a,b]$ 上连续,且函数值大于或等于 0,那么由 x 轴、函数 $f(x)$ 曲线、直线 $x=a$ 和 $x=b$ 所围成的图形称为曲边梯形,如图 9-1 所示. 记曲边梯形面积为 I.

现在我们在区间 $[a,b]$ 中任意插入 $(n-1)$ 个点 $x_1,x_2,\cdots,x_{n-1}$,再令 $a=x_0,b=x_n$,则有

$$x_0<x_1<x_2<\cdots<x_{n-1}<x_n,$$

这 $(n-1)$ 个点把区间 $[a,b]$ 分成 n 个小区间,

$$[x_0,x_1],[x_1,x_2],\cdots,[x_{n-1},x_n].$$

由于这些点是任意插入的,各小区间长度可不等,如图 9-1 所示. 将第 i 个小区间的长

度记为 Δx_i，则 $\Delta x_i = x_i - x_{i-1}$. 将最长小区间的长度记为 λ，这样当 $\lambda \to 0$ 时，其他所有小区间的长度都将趋向于 0.

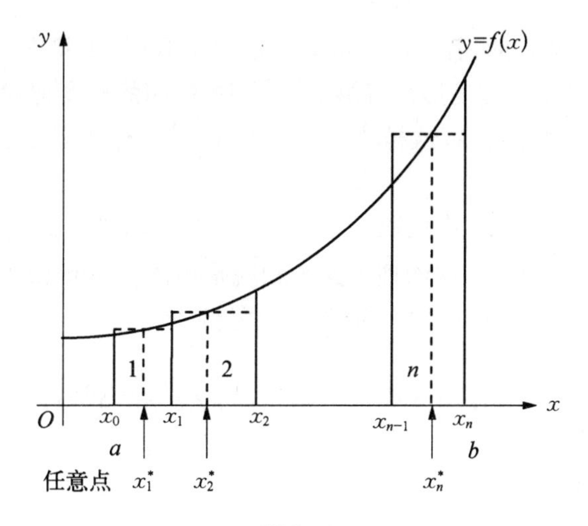

图 9-1

在每个小区间 $[x_{i-1}, x_i]$ 中任取一点，x_i^* $(i=1,2,\cdots,n)(x_{i-1} \leqslant x_i^* \leqslant x_i)$，再以 $f(x_i^*)$ 为高、Δx_i 为底作矩形，这样我们就有 n 个矩形；取所有矩形面积之和，即

$$f(x_1^*)\Delta x_i + f(x_2^*)\Delta x_2 + \cdots + f(x_n^*)\Delta x_n = \sum_{i=1}^{n} f(x_i^*)\Delta x_i.$$

我们知道

$$I \approx \sum_{i=1}^{n} f(x_i^*)\Delta x_i.$$

我们可以证明(证明稍后讨论)：当 $\lambda \to 0$ 时，$\sum\limits_{i=1}^{n} f(x_i^*)\Delta x_i$ 的极限存在，并且等于曲边梯形的面积 I，即

$$I = \lim_{\lambda \to 0} \sum_{i=1}^{n} f(x_i^*)\Delta x_i.$$

(2) 用等速运动路程逼近变速运动路程

设有一个做变速直线运动的物体，其速度函数为 $v=v(t)$ ($v(t)$ 为连续函数). 求在时间 $t=a$ 至时间 $t=b$ 的时间段中物体所移动的距离，即在时间区间 $[a,b]$ 中物体所移动的路程. 让我们以 s 代表这个路程. 我们知道在物理上，做等速运动的物体所移动的路程为：路程＝速度×时间. 但由于该物体做变速运动，用此公式不能得到准确的路程 s. 但是，如果用无穷个等速运动路程无限逼近这个变速运动路程，就可获得准确的路程 s，方法如下：

让我们在时间区间 $[a,b]$ 中任意插入 $(n-1)$ 个时间点 $t_1, t_2, \cdots, t_{n-1}$，再令 $a=t_0, b=t_n$，则有

$$t_0 < t_1 < t_2 < \cdots < t_{n-1} < t_n,$$

这$(n-1)$个点把时间区间$[a,b]$分成n个时间小区间，

$$[t_0,t_1],[t_1,t_2],\cdots,[t_{n-1},t_n].$$

由于这些点是任意插入的，各时间小区间长度可不等（如果将图 9 - 1 中的x看成t，y和f看成v，那么图中所示为此情形）. 将第i个时间小区间的长度记为Δt_i，则$\Delta t_i=t_i-t_{i-1}$. 将最长时间小区间的长度记为λ，这样当$\lambda\to 0$时，其他所有时间小区间的长度都将趋向于0.

在每个时间小区间$[t_{i-1},t_i]$中任取一点t_i^* $(i=1,2,\cdots,n)(t_{i-1}\leqslant t_i^*\leqslant t_i)$，再以$v(t_i^*)$的值乘以$\Delta t_i$的值，得积$v(t_i^*)\Delta t_i$. 在物理上这个积就是物体在时间$\Delta t_i$内、以$v(t_i^*)$做等速运动所移动的路程. 这样我们就有$n$个积；取所有积之和，即

$$v(t_1^*)\Delta t_i+v(t_2^*)\Delta t_2+\cdots+v(t_n^*)\Delta t_n=\sum_{i=1}^{n}v(t_i^*)\Delta t_i.$$

我们知道这个和近似等于路程s

$$s\approx\sum_{i=1}^{n}v(t_i^*)\Delta t_i.$$

我们可以证明当$\lambda\to 0$时，$\sum\limits_{i=1}^{n}v(t_i^*)\Delta t_i$的极限存在. 显然这个极限就等于路程$s$，即

$$s=\lim_{\lambda\to 0}\sum_{i=1}^{n}v(t_i^*)\Delta t_i.$$

上面两个极限都是关于求在区间$[a,b]$上，无穷个表达式$f(x_i^*)\Delta x_i$之和的极限问题，这种类型的极限在高数上非常有用，可以用来解决许多数学、物理问题，因此我们需要给它下一个定义. 简单地说，如果极限$\lim\limits_{\lambda\to 0}\sum\limits_{i=1}^{n}f(x_i^*)\Delta x_i$等于一个定值，即极限存在，我们就称这个极限为定积分. 下面给出定积分的完整定义.

2. 定积分的定义

定义 设函数$f(x)$在区间$[a,b]$上有界，我们在区间$[a,b]$中任意插入$(n-1)$个点$x_1,x_2,\cdots,x_{n-1}$，再令$a=x_0,b=x_n$，则有

$$x_0<x_1<x_2<\cdots<x_{n-1}<x_n,$$

这$(n-1)$个点把区间$[a,b]$分成n个小区间，

$$[x_0,x_1],[x_1,x_2],\cdots,[x_{n-1},x_n].$$

由于点是任意插入，各小区间长度可不等. 将第i个小区间记为$[x_{i-1},x_i]$，将第i个小区间的长度记为Δx_i，则$\Delta x_i=x_i-x_{i-1}$；将最长小区间的长度记为λ，即$\lambda=\max\{\Delta x_1,\Delta x_2,\cdots,\Delta x_n\}$.

在每个小区间上任取一点x^*，将第i个小区间的任意点记为x_i^*，则有$x_{i-1}\leqslant x_i^*\leqslant x_i$，作函数值$f(x_i^*)$与小区间的长度$\Delta x_i$的乘积$f(x_i^*)\Delta x_i$ $(i=1,2,\cdots,n)$，并作和

$$\sum_{i=1}^{n} f(x_i^*)\,\Delta x_i.$$

如果不论如何分割区间 $[a,b]$，也不论如何在小区间上取点 x_i^*，只要当 $\lambda \to 0$ 时，和 $\sum\limits_{i=1}^{n} f(x_i^*)\,\Delta x_i$ 总是趋向于一个固定的值 I，即有

$$I = \lim_{\lambda \to 0}\sum_{i=1}^{n} f(x_i^*)\,\Delta x_i,$$

那么称这个极限 I 为函数 $f(x)$ 在区间 $[a,b]$ 上的定积分，记作 $\int_a^b f(x)\mathrm{d}x$，即

$$\int_a^b f(x)\mathrm{d}x = I = \lim_{\lambda \to 0}\sum_{i=1}^{n} f(x_i^*)\,\Delta x_i,$$

其中 $f(x)$ 称作**被积函数**，$f(x)\mathrm{d}x$ 称作**被积表达式**，x 称作**积分变量**，a 称作**积分下限**，b 称作**积分上限**，$[a,b]$ 称作**积分区间**.

如果函数 $f(x)$ 在区间 $[a,b]$ 上的定积分存在，那么就称函数 $f(x)$ 在区间 $[a,b]$ 上**可积**.

二、连续函数可积定理

那么函数 $f(x)$ 需要满足什么样的条件，才能在区间 $[a,b]$ 上可积呢（即极限 $\lim\limits_{\lambda \to 0}\sum\limits_{i=1}^{n} f(x_i^*)\,\Delta x_i$ 存在）？事实上只要函数 $f(x)$ 在区间 $[a,b]$ 上连续，函数 $f(x)$ 在区间 $[a,b]$ 上就可积，即极限 $\lim\limits_{\lambda \to 0}\sum\limits_{i=1}^{n} f(x_i^*)\,\Delta x_i$ 就存在. 函数可积定理，表述如下：

定理　设函数 $f(x)$ 在区间 $[a,b]$ 上连续，则函数 $f(x)$ 在区间 $[a,b]$ 上可积.

让我们证明这个定理. 假设函数 $y = f(x)$ 在区间 $[a,b]$ 上连续，将区间 $[a,b]$ 上，函数 $f(x)$ 曲线与 x 轴之间的面积记为 I. 将区间 $[a,b]$ 分割成 n 个大小不等的小区间，如图 9-1 所示，将这 n 个小区间的长度分别记为 $\Delta x_1, \Delta x_2, \cdots, \Delta x_n$. 如果将最长小区间的长度记为 λ，再用 q 表示一个定值，其值的范围为 $0 < q \leqslant 1$. 这样就可把各小区间的长度表述为

$$\Delta x_1 = x_1 - x_0 = q_1 \cdot \lambda,$$
$$\Delta x_2 = x_2 - x_1 = q_2 \cdot \lambda,$$
$$\cdots$$
$$\Delta x_n = x_n - x_{n-1} = q_n \cdot \lambda.$$

因此当 $\lambda \to 0$ 时，所有 Δx_i 都趋于 0. 我们知道所有 Δx 之和等于 $b - a$，即

$$\sum_{i=1}^{n} \Delta x_i = \sum_{i=1}^{n} q_i \cdot \lambda = b - a.$$

在每个小区间上任取一点 x^*，将第 i 个小区间的任意点记为 x_i^*，作函数值 $f(x_i^*)$ 与小区间的长度 Δx_i 的乘积 $f(x_i^*)\,\Delta x_i$（$i = 1, 2, \cdots, n$），并作和

$$\sum_{i=1}^{n} f(x_i^*)\,\Delta x_i.$$

我们可以证明只要函数在区间 $[a,b]$ 上连续，就有

$$I=\lim_{\lambda\to 0}\sum_{i=1}^{n} f(x_i^*)\,\Delta x_i.$$

证明分四步. 其证明过程与第五章第三节的公式 $A=\lim\limits_{n\to\infty}\sum\limits_{i=1}^{n} f(x_i^*)\Delta x$ 的证明过程相似.

1. 推导 $\lim\limits_{\lambda\to 0}\dfrac{\Delta A}{q\lambda}=f(x)$

让我们设置一个小区间 $[x,x+q\lambda]$，小区间的宽度为 $q\lambda$. 这里 q 为定值，λ 为变量. 当 $\lambda\to 0$，小区间的宽度 $q\lambda\to 0$. 在小区间上、曲线下有一小曲边梯形，将其面积记为 ΔA，如图 9-2 中左图所示.

让我们以函数 $f(x)$ 在小区间左端点 x 的值为高，在小区间 $[x,x+q\lambda]$ 上作一矩形，如图 9-2 中的中间图所示. 这个矩形面积小于 ΔA，将这个以左端点 x 上函数值为高的矩形面积记为 $\Delta A_{r(x)}$，则有

$$\Delta A_{r(x)}=f(x)q\lambda$$

及

$$\Delta A_{r(x)}<\Delta A.$$

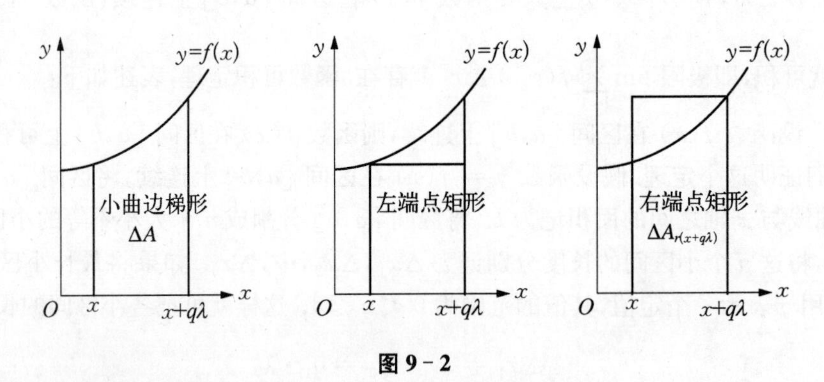

图 9-2

再让我们以函数 $f(x)$ 在小区间右端点 $x+q\lambda$ 的值为高，在小区间 $[x,x+q\lambda]$ 上作一矩形，如图 9-2 中右图所示. 这个矩形面积大于 ΔA，将这个以右端点 $x+q\lambda$ 上函数值为高的矩形面积记为 $\Delta A_{r(x+q\lambda)}$，则有

$$\Delta A_{r(x+q\lambda)}=f(x+q\lambda)q\lambda$$

及

$$\Delta A<\Delta A_{r(x+q\lambda)}.$$

现在我们有三个面积，$\Delta A,\Delta A_{r(x)}$ 和 $\Delta A_{r(x+q\lambda)}$，它们的值随 λ 变化而变化，因此它们都

是 λ 的函数. 这三个面积之间的关系为

$$\Delta A_{r(x)} < \Delta A < \Delta A_{r(x+q\lambda)}.$$

将这三个函数都除以 $q\lambda$. 这里 ΔA, $\Delta A_{r(x)}$, $\Delta A_{r(x+q\lambda)}$ 和 $q\lambda$ 均为正,如图 9－2 所示,故有不等式

$$\frac{\Delta A_{r(x)}}{q\lambda} < \frac{\Delta A}{q\lambda} < \frac{\Delta A_{r(x+q\lambda)}}{q\lambda}.$$

我们可以证明 $\lim\limits_{\lambda\to 0}\frac{\Delta A_{r(x)}}{q\lambda} = f(x)$ 和 $\lim\limits_{\lambda\to 0}\frac{\Delta A_{r(x+q\lambda)}}{q\lambda} = f(x)$,

$$\lim_{\lambda\to 0}\frac{\Delta A_{r(x)}}{q\lambda} = \lim_{\lambda\to 0}\frac{f(x)q\lambda}{q\lambda} = f(x),$$

$$\lim_{\lambda\to 0}\frac{\Delta A_{r(x+q\lambda)}}{q\lambda} = \lim_{\lambda\to 0}\frac{f(x+q\lambda)q\lambda}{q\lambda} = \lim_{\lambda\to 0}f(x+q\lambda) = f(x).$$

(上式中,由于 $f(x)$ 是连续函数,故有 $\lim\limits_{\lambda\to 0}f(x+q\lambda) = f(x)$)

因为 $\lim\limits_{\lambda\to 0}\frac{\Delta A_{r(x)}}{q\lambda} = f(x)$, $\lim\limits_{\lambda\to 0}\frac{\Delta A_{r(x+q\lambda)}}{q\lambda} = f(x)$ 和 $\frac{\Delta A_{r(x)}}{q\lambda} < \frac{\Delta A}{q\lambda} < \frac{\Delta A_{r(x+q\lambda)}}{q\lambda}$, 根据夹逼准则得

$$\lim_{\lambda\to 0}\frac{\Delta A}{q\lambda} = f(x).$$

2. 推导 $\lim\limits_{\Delta x\to 0}\frac{\Delta A_d}{\Delta x} = 0$

首先解释什么是 ΔA_d. 在上述小区间 $[x, x+q\lambda]$ 上任意选择一个点 x^*, 即 x^* 为任意点. 这个点的 x 坐标可表示为 $x^* = x+pq\lambda$, 这里 p 代表一个变量,它的变化范围为 $0\leqslant p\leqslant 1$. 当 $p=0$ 时, x^* 就等于 x, 即小区间的左端点;当 $p=1$ 时, x^* 就等于 $x+q\lambda$, 即小区间的右端点;当 $0<p<1$ 时, x^* 就是小区间内的一点. 现在让我们以函数在该点的值 $f(x^*)$ 为高在小区间 $[x, x+q\lambda]$ 上作一矩形,这个矩形称为任意点矩形,如图 9－3 所示. 以 ΔA_r^* 表示任意点矩形的面积,则

$$\Delta A_r^* = f(x^*)q\lambda = f(x+pq\lambda)q\lambda.$$

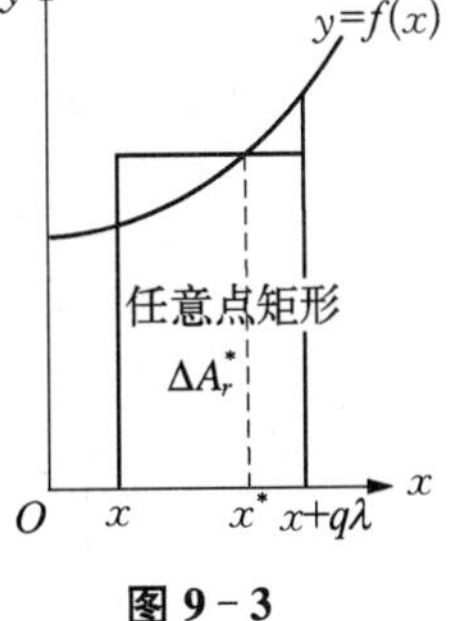

图 9－3

我们知道在小区间 $[x, x+q\lambda]$ 上的曲边梯形面积 ΔA 不等于任意点矩形面积 ΔA_r^*. 它们之间有一个差值. 我们将这个差值记为 ΔA_d. 我们规定

$$\Delta A_d = \Delta A - \Delta A_r^*.$$

据此则有

$$\Delta A = \Delta A_r^* + \Delta A_d. \tag{1}$$

借助于 $\lim\limits_{\lambda\to 0}\dfrac{\Delta A}{q\lambda}=f(x)$，我们可证明 $\lim\limits_{\lambda\to 0}\dfrac{\Delta A_d}{\lambda}=0$.

$$\begin{aligned}\lim_{\lambda\to 0}\frac{\Delta A_d}{\lambda}&=\lim_{\lambda\to 0}\frac{\Delta A-\Delta A_r^*}{\lambda}\\&=\lim_{\lambda\to 0}\frac{\Delta A}{\lambda}-\lim_{\lambda\to 0}\frac{\Delta A_r^*}{\lambda}\\&=q\lim_{\lambda\to 0}\frac{\Delta A}{q\lambda}-q\lim_{\lambda\to 0}\frac{\Delta A_r^*}{q\lambda}\\&=qf(x)-q\lim_{\lambda\to 0}\frac{f(x+pq\lambda)q\lambda}{q\lambda}\\&=qf(x)-q\lim_{\lambda\to 0}f(x+pq\lambda)\\&=qf(x)-qf(x)\\&=0.\end{aligned}$$

3. **推导辅助公式** $\lim\limits_{\Delta x\to 0}\dfrac{\Delta A_{r1}^*+\Delta A_{r2}^*+\cdots+\Delta A_{rn}^*}{\Delta A_1+\Delta A_2+\cdots+\Delta A_n}=1$

让我们在 x 轴上选一点记为 x_0，并以此点为起点设立 n 个底边不等宽度的小区间 $[x_0,x_0+q_1\lambda],[x_0+q_1\lambda,x_0+(q_1+q_2)\lambda],\cdots,\left[x_0+\sum\limits_{i=1}^{n-1}q_i\lambda,x_0+\sum\limits_{i=1}^{n}q_i\lambda\right]$ 的小区间. 现在让我们在这每个小区间上，选择一个任意点，这样我们有 n 个任意点，如图 9-4 所示.

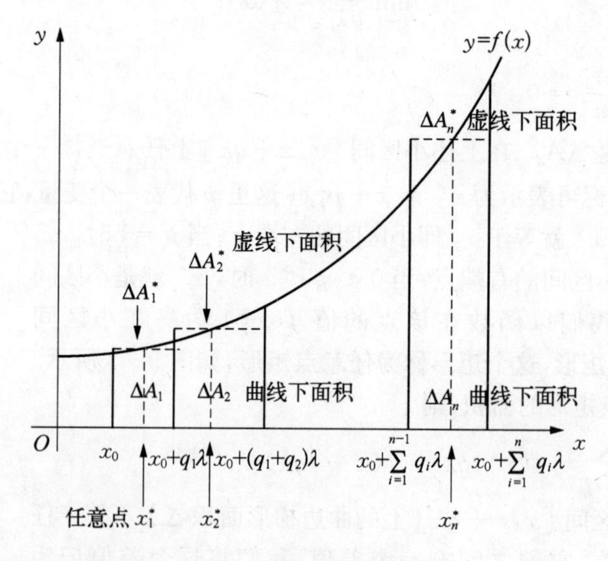

图 9-4

第一个小区间上的任意点记为 x_1^*，其 x 坐标为 $x_0+p_1\,q_1\lambda$；

第二个小区间上的任意点记为 x_2^*，其 x 坐标为 $x_0+q_1\lambda+p_2\,q_2\lambda$；

第三个小区间上的任意点记为 x_3^*，其 x 坐标为 $x_0+(q_1\lambda+q_2\lambda)+p_3\,q_3\lambda=x_0+\sum\limits_{i=1}^{2}q_i\lambda+p_3\,q_3\lambda$；

……

第 n 个小区间上的任意点记为 x_n^*，其 x 坐标为 $x_0+\sum_{i=1}^{n-1} q_i\lambda+p_n q_n\lambda$；

让我们以函数 $f(x)$ 在任意点的值为高，在每个小区间作任意点矩形，这样就有 n 个任意点矩形面积，依次分别记为 $\Delta A_{r1}^*,\Delta A_{r2}^*,\cdots,\Delta A_{rn}^*$，如图 9－4 所示，则

$$\Delta A_{r1}^* = f(x_0+p_1 q_1\lambda)\,q_1\lambda;$$

$$\Delta A_{r2}^* = f(x_0+q_1\lambda+p_2 q_2\lambda)\,q_2\lambda;$$

$$\Delta A_{r3}^* = f(x_0+q_1\lambda+q_2\lambda+p_3 q_3\lambda)\,q_3\lambda = f\left(x_0+\sum_{i=1}^{2} q_i\lambda+p_3 q_3\lambda\right) q_3\lambda;$$

……

$$\Delta A_{rn}^* = f\left(x_0+\sum_{i=1}^{n-1} q_i\lambda+p_n q_n\lambda\right) q_n\lambda.$$

相应地，在这 n 个小区间上，函数 $f(x)$ 曲线下，我们还有 n 个曲边梯形，如图 9－5 所示. 这样我们有 n 个小曲边梯形面积，依次分别记为 $\Delta A_1,\Delta A_2,\cdots,\Delta A_n$. 根据(1)式 $\Delta A=\Delta A_r^*+\Delta A_d$，我们可将 $\Delta A_1,\Delta A_2,\cdots,\Delta A_n$ 写成

$$\Delta A_1 = \Delta A_{r1}^* + \Delta A_{d1};$$

$$\Delta A_2 = \Delta A_{r2}^* + \Delta A_{d2};$$

…

$$\Delta A_n = \Delta A_{rn}^* + \Delta A_{dn}.$$

让我们把上述这些表达式代入极限 $\lim\limits_{\lambda\to 0}\dfrac{\Delta A_{r1}^*+\Delta A_{r2}^*+\cdots+\Delta A_{rn}^*}{\Delta A_1+\Delta A_2+\cdots+\Delta A_n}$，就有

$$\lim_{\lambda\to 0}\frac{\Delta A_{r1}^*+\Delta A_{r2}^*+\cdots+\Delta A_{rn}^*}{\Delta A_1+\Delta A_2+\cdots+\Delta A_n}$$

$$=\lim_{\lambda\to 0}\frac{\Delta A_{r1}^*+\Delta A_{r2}^*+\cdots+\Delta A_{rn}^*}{(\Delta A_{r1}^*+\Delta A_{r2}^*+\cdots+\Delta A_{rn}^*)+(\Delta A_{d1}+\Delta A_{d2}+\cdots+\Delta A_{dn})}$$

$$=\frac{\lim\limits_{\lambda\to 0}\dfrac{\Delta A_{r1}^*+\Delta A_{r2}^*+\cdots+\Delta A_{rn}^*}{\lambda}}{\lim\limits_{\lambda\to 0}\dfrac{\Delta A_{r1}^*+\Delta A_{r2}^*+\cdots+\Delta A_{rn}^*}{\lambda}+\lim\limits_{\lambda\to 0}\dfrac{\Delta A_{d1}}{\lambda}+\lim\limits_{\lambda\to 0}\dfrac{\Delta A_{d2}}{\lambda}+\cdots+\lim\limits_{\lambda\to 0}\dfrac{\Delta A_{dn}}{\lambda}}$$

$\left(\text{因为}\ \lim\limits_{\lambda\to 0}\dfrac{\Delta A_d}{\lambda}=0\text{，所以}\ \lim\limits_{\lambda\to 0}\dfrac{\Delta A_{d1}}{\lambda}=0,\lim\limits_{\lambda\to 0}\dfrac{\Delta A_{d2}}{\lambda}=0,\cdots,\lim\limits_{\lambda\to 0}\dfrac{\Delta A_{dn}}{\lambda}=0\right)$

$$=\frac{\lim\limits_{\lambda\to 0}\dfrac{\Delta A_{r1}^*+\Delta A_{r2}^*+\cdots+\Delta A_{rn}^*}{\lambda}}{\lim\limits_{\lambda\to 0}\dfrac{\Delta A_{r1}^*+\Delta A_{r2}^*+\cdots+\Delta A_{rn}^*}{\lambda}}$$

$$=\frac{\lim\limits_{\lambda\to 0}\dfrac{f(x_0+p_1\cdot q_1\lambda)\,q_1\lambda+f(x_0+q_1\lambda+p_2\cdot q_2\lambda)\,q_2\lambda+\cdots+f\left(x_0+\sum_{i=1}^{n-1} q_i\lambda+p_n\cdot q_n\lambda\right) q_n\lambda}{\lambda}}{\lim\limits_{\lambda\to 0}\dfrac{f(x_0+p_1\cdot q_1\lambda)\,q_1\lambda+f(x_0+q_1\lambda+p_2\cdot q_2\lambda)\,q_2\lambda+\cdots+f\left(x_0+\sum_{i=1}^{n-1} q_i\lambda+p_n\cdot q_n\lambda\right) q_n\lambda}{\lambda}}$$

$$=\frac{\lim\limits_{\lambda\to0}\left[f(x_0+p_1\cdot q_1\lambda)\,q_1+f(x_0+q_1\lambda+p_2\cdot q_2\lambda)\,q_2+\cdots+f\left(x_0+\sum_{i=1}^{n-1}q_i\lambda+p_n\cdot q_n\lambda\right)q_n\right]}{\lim\limits_{\lambda\to0}\left[f(x_0+p_1\cdot q_1\lambda)\,q_1+f(x_0+q_1\lambda+p_2\cdot q_2\lambda)\,q_2+\cdots+f\left(x_0+\sum_{i=1}^{n-1}q_i\lambda+p_n\cdot q_n\lambda\right)q_n\right]}$$

(因为 $f(x)$ 是连续函数,所以有 $\lim\limits_{\lambda\to0}f(x_0+p_1\cdot q_1\lambda)\,q_1=f(x_0)$,$\lim\limits_{\lambda\to0}f(x_0+q_1\lambda+p_2\cdot q_2\lambda)=f(x_0)$,$\cdots$,$\lim\limits_{\lambda\to0}f(x_0+\sum\limits_{i=1}^{n-1}q_i\lambda+p_n\cdot q_n\lambda)=f(x_0)$)

$$=\frac{f(x_0)\,q_1+f(x_0)\,q_2+\cdots+f(x_0)\,q_n}{f(x_0)\,q_1+f(x_0)\,q_2+\cdots+f(x_0)\,q_n}$$

$=1.$

上面讨论了在末端可变区间$[x_0,x_0+n\Delta x]$上的辅助公式 $\lim\limits_{\Delta x\to0}\dfrac{\Delta A_{r1}^*+\Delta A_{r2}^*+\cdots+\Delta A_{rn}^*}{\Delta A_1+\Delta A_2+\cdots+\Delta A_n}=1$.如果将区间$\left[x_0,x_0+\sum\limits_{i=1}^{n}q_i\lambda\right]$换成固定区间$[a,b]$,我们仍然可得这个辅助公式.

现在令 $x_0=a$,$x_0+\sum\limits_{i=1}^{n}q_i\lambda=b$,这样就可把区间$\left[x_0,x_0+\sum\limits_{i=1}^{n}q_i\lambda\right]$变成固定区间$[a,b]$;在区间$[a,b]$上,$b-a$ 与λ 的关系为$\sum\limits_{i=1}^{n}q_i=\dfrac{b-a}{\lambda}$. 每个区间上的 ΔA,ΔA^*,ΔA_d 的设置均与上面一样.辅助公式的证明过程也一样,只是当代入表达式后(见下面),需要再代入 $x_0=a$,$x_0+\sum\limits_{i=1}^{n}q_i\lambda=b$,简述如下:

$$\lim_{\Delta x\to0}\frac{\Delta A_{r1}^*+\Delta A_{r2}^*+\cdots+\Delta A_{rn}^*}{\Delta A_1+\Delta A_2+\cdots+\Delta A_n}$$

$\cdots$

$$=\frac{\lim\limits_{\lambda\to0}[f(x_0+p_1\cdot q_1\lambda)\,q_1+f(x_0+q_1\lambda+p_2\cdot q_2\lambda)\,q_2+\cdots+f(x_0+\sum_{i=1}^{n-1}q_i\lambda+p_n\cdot q_n\lambda)\,q_n]}{\lim\limits_{\lambda\to0}[f(x_0+p_1\cdot q_1\lambda)\,q_1+f(x_0+q_1\lambda+p_2\cdot q_2\lambda)\,q_2+\cdots+f(x_0+\sum_{i=1}^{n-1}q_i\lambda+p_n\cdot q_n\lambda)\,q_n]}$$

$$=\frac{\lim\limits_{\lambda\to0}[f(x_0+p_1\cdot q_1\lambda)\,q_1+f(x_0+q_1\lambda+p_2\cdot q_2\lambda)\,q_2+\cdots+f(x_0+\sum_{i=1}^{n}q_i\lambda-q_n\lambda+p_n\cdot q_n\lambda)\,q_n]}{\lim\limits_{\lambda\to0}[f(x_0+p_1\cdot q_1\lambda)\,q_1+f(x_0+q_1\lambda+p_2\cdot q_2\lambda)\,q_2+\cdots+f(x_0+\sum_{i=1}^{n}q_i\lambda-q_n\lambda+p_n\cdot q_n\lambda)\,q_n]}$$

(代入$x_0=a$,$x_0+\sum\limits_{i=1}^{n}q_i\lambda=b$)

$$=\frac{\lim\limits_{\lambda\to0}[f(a+p_1\cdot q_1\lambda)\,q_1+f(a+q_1\lambda+p_2\cdot q_2\lambda)\,q_2+\cdots+f(b-q_n\lambda+p_n\cdot q_n\lambda)\,q_n]}{\lim\limits_{\lambda\to0}[f(a+p_1\cdot q_1\lambda)\,q_1+f(a+q_1\lambda+p_2\cdot q_2\lambda)\,q_2+\cdots+f(b-q_n\lambda+p_n\cdot q_n\lambda)\,q_n]}$$

$$=\frac{f(a)\,q_1+f(a)\,q_2+\cdots+f(b)\,q_n}{f(a)\,q_1+f(a)\,q_2+\cdots+f(b)\,q_n}$$

$=1.$

辅助公式 $\lim\limits_{\lambda\to 0}\dfrac{\Delta A_{r1}^{*}+\Delta A_{r2}^{*}+\cdots+\Delta A_{rn}^{*}}{\Delta A_{1}+\Delta A_{2}+\cdots+\Delta A_{n}}=1$ 指出：如果函数 $f(x)$ 在一个闭区间上连续，那么当 $\lambda\to 0$，函数在该闭区间上的所有 ΔA_{r}^{*} 之和与所有 ΔA 之和的比的极限等于 1. 这个公式表述了一个连续函数 $f(x)$ 所具有的一个重要特性. 根据连续函数的这个特性，我们很容易推导出公式 $I=\lim\limits_{n\to\infty}\sum\limits_{i=1}^{n}f(x_{i}^{*})\Delta x_{i}$.

4. **推导公式 $I=\lim\limits_{n\to\infty}\sum\limits_{i=1}^{n}f(x_{i}^{*})\Delta x_{i}$**

我们前面设定函数 $f(x)$ 在区间 $[a,b]$ 上连续，如图 9－5 所示. 这里的 $f(x)$ 曲线是在 x 轴之上. 让我们把区间 $[a,b]$ 上，函数 $f(x)$ 与 x 轴之间的面积记为 I. 让我们把区间 $[a,b]$ 分成 n 个长度不等的小区间，如图 9－5 所示，再把这 n 个小区间的长度分别记为 $\Delta x_{1},\Delta x_{2},\cdots,\Delta x_{n}$，则有 $\Delta x_{1}=q_{1}\lambda,\Delta x_{2}=q_{2}\lambda,\cdots,\Delta x_{n}=q_{n}\lambda$，取其和则有

$$\sum_{i=1}^{n}\Delta x_{i}=\sum_{i=1}^{n}q_{i}\lambda=b-a.$$

将上式写为

$$\sum_{i=1}^{n}q_{i}=\frac{b-a}{\lambda}.$$

因为 $q_{i}>0$，则总有

$$\sum_{i=1}^{n}q_{i}>\sum_{i=1}^{n-1}q_{i}.$$

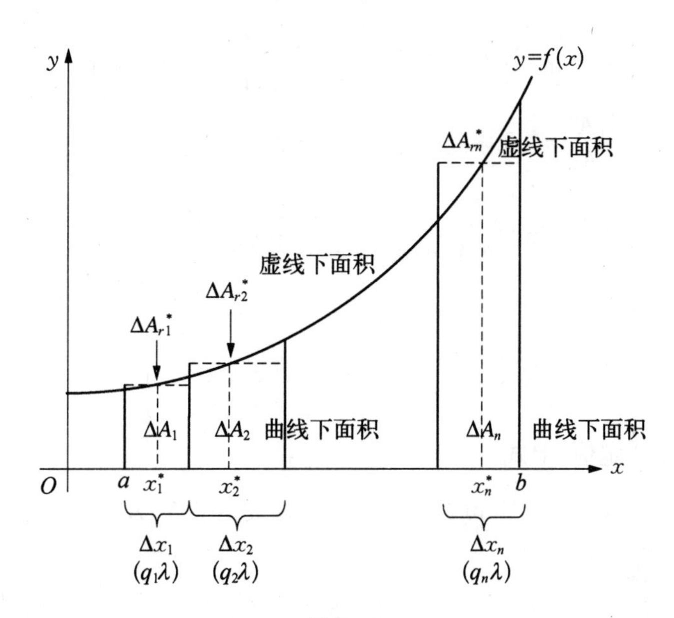

图 9－5

因此根据上面两个公式，当 λ 减小时，n 必增大. 因此当 $\lambda\to 0$ 时，必有 $n\to\infty$. 但反之

“当 $n\to\infty$ 时，必有 $\lambda\to 0$”不成立，因为当 $n\to\infty$ 时，$\sum_{i=1}^{n}0.1^i$ 不会大于 0.12. 这就是 n 与 λ 的关系.

在函数 $f(x)$ 曲线下、在 n 个小区间上，有 n 个小曲边梯形. 让我们把这 n 个小曲边梯形的面积分别记为 $\Delta A_1,\Delta A_2,\cdots,\Delta A_n$. 显然，这 n 个小曲边梯形的面积之和就等于区间 $[a,b]$ 上的大曲边梯形面积 I，即

$$I=\Delta A_1+\Delta A_2+\cdots+\Delta A_n. \tag{2}$$

再让我们在这每个小区间上，任意选择一个点，这样我们有 n 个任意点 $x^*(x_1^*,x_2^*,\cdots,x_n^*)$，如图 9-5 所示. 让我们以函数在任意点的值为高，以小区间底边长度为宽，在每个小区间作任意点矩形，这样就有 n 个任意点矩形面积，分别记为 $\Delta A_{r1}^*,\Delta A_{r2}^*,\cdots,\Delta A_{rn}^*$. 则

$$\begin{aligned}&\Delta A_{r1}^*=f(x_1^*)\Delta x_1;\\&\Delta A_{r2}^*=f(x_2^*)\Delta x_2;\\&\cdots\\&\Delta A_{rn}^*=f(x_n^*)\Delta x_n.\end{aligned} \tag{3}$$

让我们将区间 $[a,b]$ 上的 n 个 ΔA_r^* 相加，即 $(\Delta A_{r1}^*+\Delta A_{r2}^*+\cdots+\Delta A_{rn}^*)$. 我们知道所有 ΔA_r^* 之和不等于所有 ΔA 之和，即

$$\frac{\Delta A_{r1}^*+\Delta A_{r2}^*+\cdots+\Delta A_{rn}^*}{\Delta A_1+\Delta A_2+\cdots+\Delta A_n}\neq 1.$$

但是根据辅助公式 $\lim\limits_{\lambda\to 0}\dfrac{\Delta A_{r1}^*+\Delta A_{r2}^*+\cdots+\Delta A_{rn}^*}{\Delta A_1+\Delta A_2+\cdots+\Delta A_n}=1$，如果 λ 无限趋近于 0，那么 $\dfrac{\Delta A_{r1}^*+\Delta A_{r2}^*+\cdots+\Delta A_{rn}^*}{\Delta A_1+\Delta A_2+\cdots+\Delta A_n}$ 将无限趋近于 1. 因此我们有

$$\lim_{\lambda\to 0}\frac{\Delta A_{r1}^*+\Delta A_{r2}^*+\cdots+\Delta A_{rn}^*}{\Delta A_1+\Delta A_2+\cdots+\Delta A_n}=1.$$

将(2)式代入，即有

$$\lim_{\lambda\to 0}\frac{\Delta A_{r1}^*+\Delta A_{r2}^*+\cdots+\Delta A_{rn}^*}{I}=1.$$

由于 I 的值是个定值，上式可写为

$$I=\lim_{\lambda\to 0}(\Delta A_{r1}^*+\Delta A_{r2}^*+\cdots+\Delta A_{rn}^*).$$

将(3)式代入，即有

$$I=\lim_{\lambda\to 0}[f(x_1^*)\Delta x_1+f(x_2^*)\Delta x_2+\cdots+f(x_n^*)\Delta x_n].$$

上式可用“西格玛”符号重写为

$$I=\lim_{\lambda\to 0}\sum_{i=1}^{n}f(x_i^*)\Delta x_i.$$

因为 $I=\lim\limits_{\lambda\to 0}\sum\limits_{i=1}^{n}f(x_i^*)\Delta x_i$，即极限存在，根据定积分的定义，上式可写为

$$\int_a^b f(x)\mathrm{d}x=I=\lim_{\lambda\to 0}\sum_{i=1}^{n}f(x_i^*)\Delta x_i.$$

在上述证明中，我们只使用了函数连续这个条件，就推导出这个公式. 因此只要函数 $f(x)$ 在区间 $[a,b]$ 上连续，不论如何分割小区间 Δx_i，不论如何在小区间上取点 x_i^*，当 $\lambda\to 0$ 时，所有 $f(x_i^*)\Delta x_i$ 之和的极限都等于 A，即函数可积. 因此只要函数在区间 $[a,b]$ 上连续，上述公式就存在，也就是说只要函数在区间 $[a,b]$ 上连续，函数就可积.

证毕.

既然连续函数可积，即极限 $\lim\limits_{\lambda\to 0}\sum\limits_{i=1}^{n}f(x_i^*)\Delta x_i$ 的存在与 Δx_i 的大小无关，那么为今后讨论的方便，在讨论这类极限时，我们规定所有 Δx 的值均相等，即将区间 $[a,b]$ 分割成 n 个等长小区间，即有 $\Delta x=\dfrac{b-a}{n}$. 在此情形下，当 $\Delta x\to 0$，有 $n\to\infty$；反之当 $n\to\infty$，有 $\Delta x\to 0$. 据此可将 $I=\lim\limits_{\lambda\to 0}\sum\limits_{i=1}^{n}f(x_i^*)\Delta x_i$ 重写为

$$\int_a^b f(x)\mathrm{d}x=\lim_{n\to\infty}\sum_{i=1}^{n}f(x_i^*)\Delta x,\quad \text{这里 }\Delta x=\frac{b-a}{n}.$$

在以后的讨论中，我们将定积分 $\int_a^b f(x)\mathrm{d}x$ 的极限形式都写成 $\lim\limits_{n\to\infty}\sum\limits_{i=1}^{n}f(x_i^*)\Delta x$ 这种形式. 这种形式的优点是：当 $\Delta x\to 0$，必有 $n\to\infty$；而当 $n\to\infty$，必有 $\Delta x\to 0$. 但在 $\lim\limits_{\lambda\to 0}\sum\limits_{i=1}^{n}f(x_i^*)\Delta x_i$ 形式中，当 $\lambda\to 0$，必有 $n\to\infty$；而当 $n\to\infty$，必有 $\lambda\to 0$ 并不成立. 鉴于此，有很多国外教材开始用 $\int_a^b f(x)\mathrm{d}x=\lim\limits_{n\to\infty}\sum\limits_{i=1}^{n}f(x_i^*)\Delta x$ 表述定积分的定义.

另外让我们对极限表达式 $\lim\limits_{n\to\infty}\sum\limits_{i=1}^{n}f(x_i^*)\Delta x$ 中的 $f(x_i^*)\Delta x$ 与定积分表达式 $\int_a^b f(x)\mathrm{d}x$ 中的 $f(x)\mathrm{d}x$ 进行比较，$f(x_i^*)\Delta x$ 与 $f(x)\mathrm{d}x$ 都是表示矩形面积. 极限表达式中的 Δx 代表一个很小的量，而定积分表达式中的 $\mathrm{d}x$ 代表一个极小的量，但本质上没有太大区别，我们可以让 $\mathrm{d}x=\Delta x$. 由于 $[x,+\mathrm{d}x]$ 称为微区间，我们可将 $f(x)\mathrm{d}x$ 称为微矩形的面积. 但注意：$f(x_i^*)\Delta x$ 代表的是任意点矩形的面积，如图 9-6 中左图所示；而 $f(x)\mathrm{d}x$ 通常代表的是左端点矩形的面积，如图 9-6 中右图所示. 广义上讲，$f(x)\mathrm{d}x$ 也应该具有任意点矩形的含义. 不过连续函数可积定理指出，不论在小区间上如何取点 x_i^*，极限不变. 既然是这样，用左端点矩形面积作为一个代表，也是一种合理的简捷表示法.

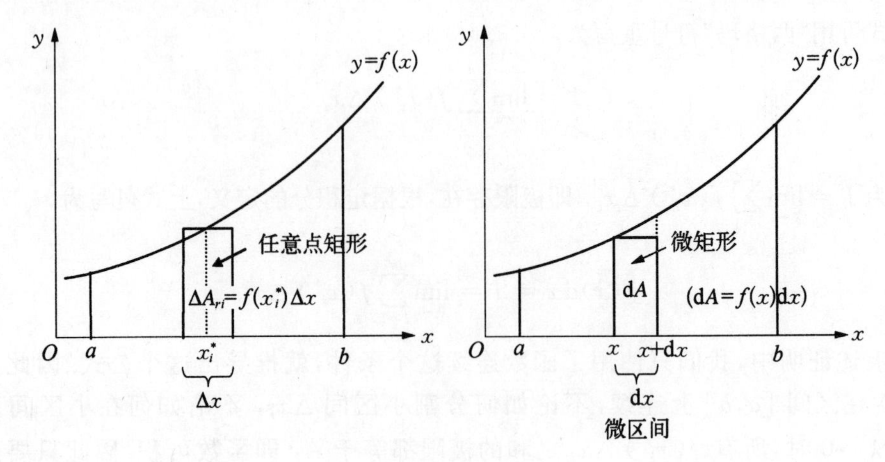

图 9-6

三、定积分的性质

现在我们讨论定积分的性质. 定积分的这些性质对求解定积分非常有用. 我们已学习了牛顿-莱布尼兹公式,我们可以运用该公式对定积分的某些性质加以证明,而这样的证明简单易懂.

性质 1 若将不定积分的上限与下限互换,则

$$\int_a^b f(x)\mathrm{d}x = -\int_b^a f(x)\mathrm{d}x.$$

证 根据牛顿-莱布尼兹公式,我们有

$$\int_a^b f(x)\mathrm{d}x = F(b) - F(a) \text{ 及} \int_b^a f(x)\mathrm{d}x = F(a) - F(b).$$

将 $\int_a^b f(x)\mathrm{d}x = F(b) - F(a)$ 写成

$$\int_a^b f(x)\mathrm{d}x = F(b) - F(a) = -[F(a) - F(b)],$$

将 $\int_b^a f(x)\mathrm{d}x = F(a) - F(b)$ 代入上式,得

$$\int_a^b f(x)\mathrm{d}x = -[F(a) - F(b)] = -\int_b^a f(x)\mathrm{d}x.$$

即得:

$$\int_a^b f(x)\mathrm{d}x = -\int_b^a f(x)\mathrm{d}x.$$

性质 2 若不定积分的上限与下限相同,则

$$\int_a^a f(x)\mathrm{d}x = 0.$$

证　根据牛顿-莱布尼兹公式,我们有

$$\int_a^a f(x)\mathrm{d}x = F(a) - F(a) = 0.$$

性质 3　如果 $a < c < b$, 那么点 $x = c$ 就是区间 $[a,b]$ 中的一个点,则

$$\int_a^b f(x)\mathrm{d}x = \int_c^b f(x)\mathrm{d}x + \int_a^c f(x)\mathrm{d}x.$$

证　根据牛顿-莱布尼兹公式,我们有

$$\int_a^b f(x)\mathrm{d}x = F(b) - F(a), \int_c^b f(x)\mathrm{d}x = F(b) - F(c) \text{ 及} \int_a^c f(x)\mathrm{d}x = F(c) - F(a).$$

据此则有

$$\int_c^b f(x)\mathrm{d}x + \int_a^c f(x)\mathrm{d}x = F(b) - F(c) + F(c) - F(a) = F(b) - F(a).$$

将 $\int_a^b f(x)\mathrm{d}x = F(b) - F(a)$ 代入上式,得

$$\int_a^b f(x)\mathrm{d}x = \int_c^b f(x)\mathrm{d}x + \int_a^c f(x)\mathrm{d}x.$$

更一般地,当 $c < a < b$ 或 $a < b < c$ 时,上式也成立.
当 $c < a < b$ 时,有

$$F(b) - F(a) = [F(b) - F(c)] - [F(a) - F(c)].$$

将其写成定积分形式

$$\int_a^b f(x)\mathrm{d}x = \int_c^b f(x)\mathrm{d}x - \int_c^a f(x)\mathrm{d}x = \int_c^b f(x)\mathrm{d}x - \left[-\int_a^c f(x)\mathrm{d}x\right].$$

即得

$$\int_a^b f(x)\mathrm{d}x = \int_c^b f(x)\mathrm{d}x + \int_a^c f(x)\mathrm{d}x.$$

当 $a < b < c$ 时,有

$$F(b) - F(a) = [F(c) - F(a)] - [F(c) - F(b)].$$

将其写成定积分形式

$$\int_a^b f(x)\mathrm{d}x = \int_a^c f(x)\mathrm{d}x - \int_b^c f(x)\mathrm{d}x = \int_a^c f(x)\mathrm{d}x - \left[-\int_c^b f(x)\mathrm{d}x\right].$$

即得

$$\int_a^b f(x)\mathrm{d}x = \int_c^b f(x)\mathrm{d}x + \int_a^c f(x)\mathrm{d}x.$$

性质 4　若在区间 $[a,b]$ 上, $f(x) = 1$, 则

$$\int_a^b 1\mathrm{d}x = b-a.$$

证 将$\int_a^b 1\mathrm{d}x$写成极限形式,则有

$$\int_a^b 1\mathrm{d}x = \lim_{\lambda\to 0}\sum_{i=1}^n 1\,\Delta x_i = b-a.$$

性质 5 若k是一个常数,则

$$\int_a^b kf(x)\mathrm{d}x = k\int_a^b f(x)\mathrm{d}x.$$

证 将$\int_a^b kf(x)\mathrm{d}x$写成极限形式,则有

$$\int_a^b kf(x)\mathrm{d}x = \lim_{\lambda\to 0}\sum_{i=1}^n kf(x_i^*)\,\Delta x_i = k\lim_{\lambda\to 0}\sum_{i=1}^n f(x_i^*)\,\Delta x_i = k\int_a^b f(x)\mathrm{d}x.$$

例 1 求$\int_2^4 \frac{x^3}{4}\mathrm{d}x$.

解 运用不定积分系数法则,得

$$\begin{aligned}\int_2^4 \frac{x^3}{4}\mathrm{d}x &= \frac{1}{4}\int_2^4 x^3\mathrm{d}x\\ &= \frac{1}{4}\left[\frac{x^4}{4}\right]_2^4\\ &= \left[\frac{x^4}{16}\right]_2^4\\ &= \frac{4^4}{16}-\frac{2^4}{16}\\ &= 15.\end{aligned}$$

性质 6

$$\int_a^b [f(x)+g(x)]\mathrm{d}x = \int_a^b f(x)\mathrm{d}x + \int_a^b g(x)\mathrm{d}x.$$

$$\int_a^b [f(x)-g(x)]\mathrm{d}x = \int_a^b f(x)\mathrm{d}x - \int_a^b g(x)\mathrm{d}x.$$

证 将$\int_a^b [f(x)\pm g(x)]\mathrm{d}x$写成极限形式,则有

$$\begin{aligned}\int_a^b [f(x)\pm g(x)]\mathrm{d}x &= \lim_{\lambda\to 0}\sum_{i=1}^n [f(x_i^*)\pm g(x_i^*)]\Delta x_i\\ &= \lim_{\lambda\to 0}\sum_{i=1}^n f(x_i^*)\,\Delta x_i \pm \lim_{\lambda\to 0}\sum_{i=1}^n g(x_i^*)\,\Delta x_i\\ &= \int_a^b f(x)\mathrm{d}x \pm \int_a^b g(x)\mathrm{d}x.\end{aligned}$$

例 2　求$\int_1^3 (x-2)^2 \mathrm{d}x$.

解　$$\begin{aligned}\int_1^3 (x-2)^2 \mathrm{d}x &= \int_1^3 (x^2-4x+4)\mathrm{d}x \\ &= \int_1^3 x^2 \mathrm{d}x - 4\int_1^3 x\mathrm{d}x + 4\int_1^3 \mathrm{d}x \\ &= \left[\frac{x^3}{3}\right]_1^3 - 4\left[\frac{x^2}{2}\right]_1^3 + 4\left[x\right]_1^3 \\ &= \frac{26}{3} - 16 + 8 \\ &= \frac{2}{3}.\end{aligned}$$

性质 7　若在区间 $[a,b]$ 上，$f(x) \geqslant 0$，则

$$\int_a^b f(x)\mathrm{d}x \geqslant 0.$$

证　对于定积分 $\lim\limits_{\lambda\to 0}\sum\limits_{i=1}^{n} f(x_i^*)\Delta x_i$ 而言，如果在区间 $[a,b]$ 上 $f(x) \geqslant 0$，那么 $f(x_i^*)\Delta x_i \geqslant 0$，即所有小矩形面积都大于或等于 0，如图 9 - 7 所示. 因此有

$$\lim_{\lambda\to 0}\sum_{i=1}^{n} f(x_i^*)\Delta x_i \geqslant 0.$$

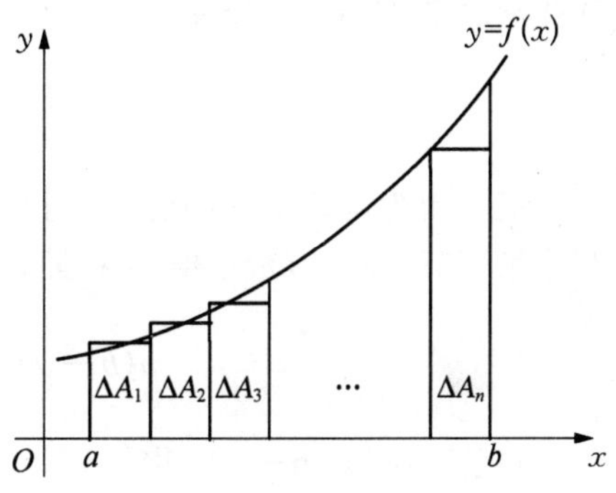

图 9 - 7

反之，如果在区间 $[a,b]$ 上，$f(x) \leqslant 0$，那么 $f(x_i^*)\Delta x_i \leqslant 0$，即所有小矩形面积都小于或等于 0，如图 9 - 8 所示. 因此有

$$\lim_{\lambda\to 0}\sum_{i=1}^{n} f(x_i^*)\Delta x_i \leqslant 0.$$

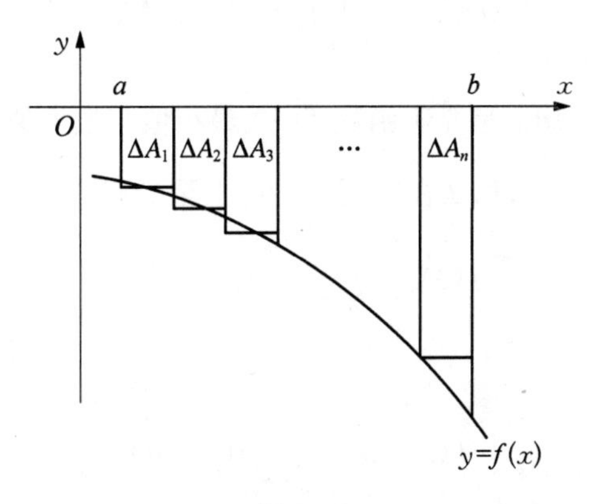

图 9 - 8

推论 1　若在区间 $[a,b]$ 上，$f(x) \leqslant g(x)$，则

$$\int_a^b f(x)\mathrm{d}x \leqslant \int_a^b g(x)\mathrm{d}x (a < b).$$

推论 2

$$\left|\int_a^b f(x)\mathrm{d}x\right| \leqslant \int_a^b |f(x)|\mathrm{d}x (a < b).$$

性质 8 设 M 及 m 分别是函数 $f(x)$ 在区间 $[a,b]$ 上的最大值及最小值，则

$$m(b-a) \leqslant \int_a^b f(x)\mathrm{d}x \leqslant M(b-a)(a < b).$$

证 因为 $m \leqslant f(x) \leqslant M$，根据性质 7 的推论 1，得

$$\int_a^b m\mathrm{d}x \leqslant \int_a^b f(x)\mathrm{d}x \leqslant \int_a^b M\mathrm{d}x.$$

所以

$$m(b-a) \leqslant \int_a^b f(x)\mathrm{d}x \leqslant M(b-a).$$

性质 9(定积分中值定理) 若函数 $f(x)$ 在闭区间 $[a,b]$ 连续，则在这个闭区间上至少存在一点 ξ，使得下式成立：

$$\int_a^b f(x)\mathrm{d}x = f(\xi)(b-a)(a \leqslant \xi \leqslant b).$$

证 因为函数 $f(x)$ 在闭区间 $[a,b]$ 连续，根据连续函数的最小值和最大值定理(见第三章第三节)所以有最小值 m 和最大值 M，又根据上述性质 8 得

$$m(b-a) \leqslant \int_a^b f(x)\mathrm{d}x \leqslant M(b-a),$$

将各项除以 $(b-a)$，得

$$m \leqslant \frac{1}{b-a}\int_a^b f(x)\mathrm{d}x \leqslant M.$$

由此可知，$\frac{1}{b-a}\int_a^b f(x)\mathrm{d}x$ 是介于函数 $f(x)$ 最小值与最大值之间的数，根据连续函数的介值定理(见第三章第三节)，那么在区间 $[a,b]$ 上至少有一点 ξ，使得

$$f(\xi) = \frac{1}{b-a}\int_a^b f(x)\mathrm{d}x.$$

即有

$$\int_a^b f(x)\mathrm{d}x = f(\xi)(b-a).$$

其中 $\frac{1}{b-a}\int_a^b f(x)\mathrm{d}x$ 称为函数 $f(x)$ 在区间 $[a,b]$ 上的平均值.

定积分中值定理的几何解释：我们知道如果 $f(x) \geqslant 0$，那么 $\int_a^b f(x)\mathrm{d}x$ 表示的是在区间

$[a,b]$ 上，曲线 $f(x)$ 与 x 轴之间的曲边梯形面积；而 $f(\xi)(b-a)$ 表示的是以曲线某点 $f(\xi)$ 为高、$b-a$ 为底的矩形面积，如图 9－9 所示. 该公式指出：曲边梯形的面积等于以曲线某点为高的矩形面积.

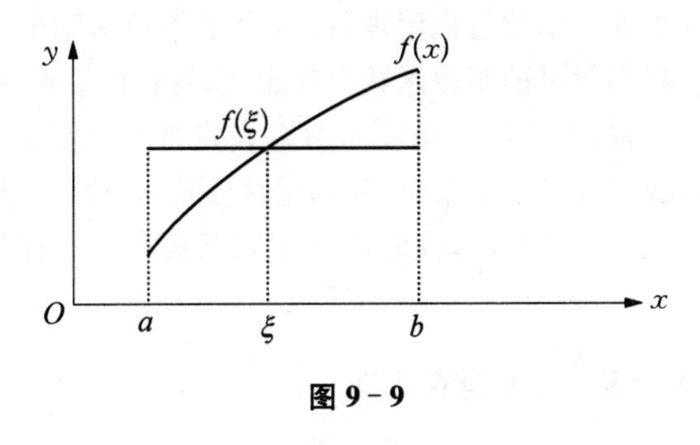

图 9－9

习题 9－1

1. 求下列定积分.

(1) $\int_1^2 6x^2 \mathrm{d}x$；

(2) $\int_0^3 4x^3 \mathrm{d}x$；

(3) $\int_4^5 (x+10)\mathrm{d}x$；

(4) $\int_1^4 (x^2-x+4)\mathrm{d}x$；

(5) $\int_1^3 (x^3-x+3)\mathrm{d}x$；

(6) $\int_2^5 (x^4-x)\mathrm{d}x$；

(7) $\int_0^{\pi} \sin x\mathrm{d}x$；

(8) $\int_0^{\frac{\pi}{4}} \cos x\mathrm{d}x$.

2. 根据定积分的性质，说明下列各对定积分哪一个值大：

(1) $\int_0^1 x^2\mathrm{d}x$ 还是 $\int_0^1 x^4\mathrm{d}x$；

(2) $\int_1^2 x^2\mathrm{d}x$ 还是 $\int_1^2 x^4\mathrm{d}x$；

(3) $\int_0^1 x\mathrm{d}x$ 还是 $\int_0^1 \ln(1+x)\mathrm{d}x$；

(4) $\int_0^{\frac{\pi}{6}} \cos x\mathrm{d}x$ 还是 $\int_0^{\frac{\pi}{6}} \sin x\mathrm{d}x$.

第二节　微积分基本定理

在上节中，我们讨论了连续函数可积定理，在这个定理的基础上，如果运用定积分中值定理及极限的夹逼准则，我们就可证明原函数存在定理，这样的证明方法其实是原函数存在定理的传统证明方法. 另外，如果我们运用原函数存在定理及原函数加上常数 C 仍为原函数这一不定积分的性质，我们就可证明牛顿-莱布尼兹公式，这样的证明方法其实是牛顿-莱布尼兹公式的传统证明方法. 在这节里，我们要介绍原函数存在定理和牛顿-莱布尼兹公式的传统证明法.

一、积分上限函数可导及原函数存在定理

设函数 $f(x)$ 在区间 $[a,b]$ 上连续，再设 x 为区间 $[a,b]$ 中的一个点 $(a\leqslant x\leqslant b)$，那么在分区间 $[a,x]$ 上、函数 $f(x)$ 曲线下的面积就可表述为

$$\int_a^x f(x)\mathrm{d}x.$$

这里，x 既表示积分变量，又表示积分上限. 为了避免混淆，我们将积分变量改用其他符号，传统做法上，改用 t 表示积分变量，这样上式就可改写成

$$\int_a^x f(t)\mathrm{d}t.$$

如果上限 x 在区间 $[a,b]$ 上变动，对于每一个取定的 x 值，$\int_a^x f(x)\mathrm{d}x$ 都有一个对应的值. 因此定积分 $\int_a^x f(t)\mathrm{d}t$ 是 x 的函数. 我们将 $\int_a^x f(t)\mathrm{d}t$ 称作积分上限的函数，记为 $\Phi(x)$，则

$$\Phi(x)=\int_a^x f(t)\mathrm{d}t\quad(a\leqslant x\leqslant b).$$

积分上限的函数有如下定理：

定理 1　设函数 $f(x)$ 在区间 $[a,b]$ 上连续，如果 x 为区间 $[a,b]$ 中的一个点 $(a\leqslant x\leqslant b)$，那么积分上限的函数 $\Phi(x)=\int_a^x f(t)\mathrm{d}t$ 在区间 $[a,b]$ 上可导，其导数为

$$\Phi'(x)=\frac{\mathrm{d}}{\mathrm{d}x}\int_a^x f(t)\mathrm{d}t=f(x)(a\leqslant x\leqslant b).$$

证　让我们设立小区间 $[a,x]$，以函数 $\Phi(x)$ 代表在小区间 $[a,x]$ 上，曲线 $f(x)$ 与 x 轴之间的面积，如图 9-10 所示. 让我们给小区间 $[a,x]$ 一个增量 Δx，小区间扩大成 $[a,x+\Delta x]$，那么函数 $\Phi(x)$ 的增量为 $\Phi(x+\Delta x)-\Phi(x)$. 函数 $\Phi(x)$ 的导数为

$$\Phi'(x)=\lim_{\Delta x\to 0}\frac{\Phi(x+\Delta x)-\Phi(x)}{\Delta x}.$$

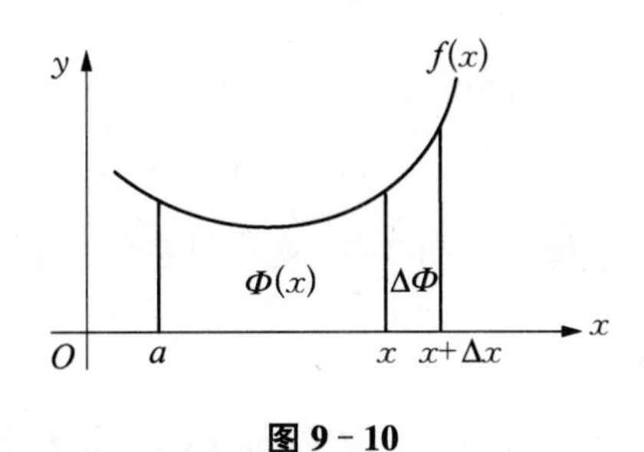

图 9-10

根据公式 $\Phi(x)=\int_a^x f(t)\mathrm{d}t$，$\Phi(x+\Delta x)$ 可表示为

$$\Phi(x+\Delta x)=\int_a^{x+\Delta x} f(t)\mathrm{d}t.$$

由图 9-10 可知，$\Phi(x)=\int_a^x f(t)\mathrm{d}t$ 是在区间 $[a,x]$ 上，函数 $f(x)$ 曲线下的面积. 而 $\Phi(x+\Delta x)=\int_a^{x+\Delta x} f(t)\mathrm{d}t$ 是在区间 $[a,x+\Delta x]$ 上，函数 $f(x)$ 曲线下的面积. 以 $\Delta\Phi$ 表示当 x 的增量为 Δx 时，函数 Φ 的增量，则

$$\begin{aligned}\Delta\Phi=\Phi(x+\Delta x)-\Phi(x)&=\int_a^{x+\Delta x} f(t)\mathrm{d}t-\int_a^x f(t)\mathrm{d}t\\&=\int_a^x f(t)\mathrm{d}t+\int_x^{x+\Delta x} f(t)\mathrm{d}t-\int_a^x f(t)\mathrm{d}t=\int_x^{x+\Delta x} f(t)\mathrm{d}t.\end{aligned}$$

根据定积分中值定理，$\Delta\Phi$ 可表示为 $\Delta\Phi=f(\xi)\Delta x$，其中 ξ 在 x 与 $x+\Delta x$ 之间，据此有

$$\Phi'(x)=\lim_{\Delta x\to 0}\frac{\Phi(x+\Delta x)-\Phi(x)}{\Delta x}=\lim_{\Delta x\to 0}\frac{\Delta\Phi}{\Delta x}=\lim_{\Delta x\to 0}\frac{f(\xi)\Delta x}{\Delta x}=\lim_{\Delta x\to 0}f(\xi).$$

因为函数 $f(x)$ 在区间 $[a,b]$ 上连续，所以当 $\Delta x\to 0$，$\xi\to x$. 因此有

$$\lim_{\Delta x\to 0}f(\xi)=f(x).$$

据此上式可写为

$$\Phi'(x)=\lim_{\Delta x\to 0}\frac{\Phi(x+\Delta x)-\Phi(x)}{\Delta x}=\lim_{\Delta x\to 0}\frac{\Delta\Phi}{\Delta x}=\lim_{\Delta x\to 0}\frac{f(\xi)\Delta x}{\Delta x}=\lim_{\Delta x\to 0}f(\xi)=f(x).$$

从而得到

$$\Phi'(x)=\frac{\mathrm{d}}{\mathrm{d}x}\int_a^x f(t)\mathrm{d}t=f(x)(a\leqslant x\leqslant b).$$

这就证明了积分上限的函数 $\Phi(x)$ 可导，且导数等于 $f(x)$.

因为积分上限的函数 $\Phi(x)=\int_a^x f(t)\mathrm{d}t$ 的导数就是被积函数 $f(x)$，所以积分上限的函数 $\Phi(x)=\int_a^x f(t)\mathrm{d}t$ 就是 $f(x)$ 的一个原函数. 从这个定理，我们很容易得出如下定理：

定理 2　设函数 $f(x)$ 在区间 $[a,b]$ 上连续，则积分上限的函数

$$\Phi(x)=\int_a^x f(t)\mathrm{d}t$$

就是 $f(x)$ 的一个原函数.

从这个定理出发,我们也能够推导出牛顿-莱布尼兹公式.

二、牛顿-莱布尼兹公式

定理 3 设函数 $f(x)$ 在区间 $[a,b]$ 上连续,而 $F(x)$ 是 $f(x)$ 在区间 $[a,b]$ 上的一个原函数,则

$$\int_a^b f(x)\mathrm{d}x=F(b)-F(a).$$

证 已知设函数 $F(x)$ 是连续 $f(x)$ 的一个原函数,根据定理 2,积分上限的函数 $\Phi(x)=\int_a^x f(t)\mathrm{d}t$ 也是 $f(x)$ 的一个原函数,那么根据不定积分的原函数加常数 C 仍然是原函数的原理,就有

$$\Phi(x)=F(x)+C.$$

即原函数 $\Phi(x)$ 与原函数 $F(x)$ 相差 C. 因为 $\Phi(x)=\int_a^x f(t)\mathrm{d}t$, 则

$$\int_a^x f(t)\mathrm{d}t=F(x)+C.$$

在上式中令 $x=a$, 根据定积分的性质公式 $\int_a^a f(x)\mathrm{d}x=0$, 则有

$$\int_a^a f(t)\mathrm{d}t=F(a)+C=0.$$

据此得 $-F(a)=C$. 代入 $\int_a^x f(t)\mathrm{d}t=F(x)+C$, 得

$$\int_a^x f(t)\mathrm{d}t=F(x)-F(a).$$

再令 $x=b$, 并将积分变量 t 改回 x, 得

$$\int_a^b f(x)\mathrm{d}x=F(b)-F(a).$$

证毕.

为了方便起见,我们将 $F(b)-F(a)$ 写成 $[F(x)]_a^b$, 则上式可写为

$$\int_a^b f(x)\mathrm{d}x=[F(x)]_a^b.$$

至此,我们已经介绍了牛顿-莱布尼兹公式的新证明法和传统证明法. 学习两种不同的证明法有利于我们理解和掌握牛顿-莱布尼兹公式的原理. 下面让我们做一些习题.

例 1 求 $\int_0^1 x^3\mathrm{d}x$.

解　由于 x^3 的原函数为 $\frac{1}{4}x^4$，根据牛顿-莱布尼兹公式，有

$$\int_0^1 x^3\mathrm{d}x=\left[\frac{1}{4}x^4\right]_0^1=\frac{1}{4}-0=\frac{1}{4}.$$

例 2　求 $\int_{-1}^{\sqrt{3}}\frac{12}{1+x^2}\mathrm{d}x$.

解　由于 $\frac{12}{1+x^2}$ 的原函数为 12arctan x，根据牛顿-莱布尼兹公式，有

$$\begin{aligned}\int_{-1}^{\sqrt{3}}\frac{12}{1+x^2}\mathrm{d}x&=[12\arctan x]_{-1}^{\sqrt{3}}\\&=12\arctan\sqrt{3}-12\arctan(-1)\\&=12\times\frac{\pi}{3}-\left(-12\times\frac{\pi}{4}\right)=7\pi.\end{aligned}$$

例 3　求 $\frac{\mathrm{d}}{\mathrm{d}x}\int_0^{x^2}3\sqrt{1+t^2}t\mathrm{d}t$.

解　由于 $3\sqrt{1+t^2}t\mathrm{d}t$ 的原函数为 $(1+t^2)^{\frac{3}{2}}$，根据牛顿-莱布尼兹公式有

$$\int_0^{x^2}3\sqrt{1+t^2}t\mathrm{d}t=[(1+t^2)^{\frac{3}{2}}]_0^{x^2}=(1+x^4)^{\frac{3}{2}}-(1+0^2)^{\frac{3}{2}}=(1+x^4)^{\frac{3}{2}}-1.$$

据此则有

$$\frac{\mathrm{d}}{\mathrm{d}x}\int_0^{x^2}3\sqrt{1+t^2}t\mathrm{d}t=\frac{\mathrm{d}}{\mathrm{d}x}[(1+x^4)^{\frac{3}{2}}-1]=6x^3\sqrt{1+x^4}.$$

例 4　求 $\lim\limits_{x\to 0}\frac{\int_0^{x^2}\sin 6t\mathrm{d}t}{3x^4}$.

解　这是一个 $\frac{0}{0}$ 型的未定式，我们可用洛必达法则来计算. 先求分子上的积分上限函数 $\int_0^{x^2}\sin 6t\mathrm{d}t$，得

$$\int_0^{x^2}\sin 6t\mathrm{d}t=\left[-\frac{\cos 6t}{6}\right]_0^{x^2}=-\frac{\cos 6x^2}{6}-\left(-\frac{1}{6}\right)=-\frac{\cos 6x^2}{6}+\frac{1}{6}.$$

代入极限，并运用洛必达法则，得

$$\lim_{x\to 0}\frac{\int_0^{x^2}\sin 6t\mathrm{d}t}{3x^4}=\lim_{x\to 0}\frac{-\frac{\cos 6x^2}{6}+\frac{1}{6}}{3x^4}=\lim_{x\to 0}\frac{2x\sin 6x^2}{12x^3}=\lim_{x\to 0}\frac{\sin 6x^2}{6x^2}=1.$$

习题 9－2

1. 求下列定积分的值.

(1) $\int_{2}^{6}\frac{1}{x^3}\mathrm{d}x$；

(2) $\int_{1}^{3}\frac{2}{x\sqrt{x}}\mathrm{d}x$；

(3) $\int_{2}^{3}5x^3\sqrt{x}\mathrm{d}x$；

(4) $\int_{0}^{9}x\sqrt[2]{x}\mathrm{d}x$；

(5) $\int_{1}^{6}\frac{1}{x^2\sqrt{x}}\mathrm{d}x$；

(6) $\int_{2}^{5}\frac{30}{x^4}\mathrm{d}x$；

(7) $\int_{2}^{5}x\sqrt[3]{x}\mathrm{d}x$；

(8) $\int_{3}^{9}x^3\sqrt[3]{x}\mathrm{d}x$；

(9) $\int_{1}^{8}\frac{\sqrt[3]{x}}{x}\mathrm{d}x$；

(10) $\int_{0}^{1}(x^3+4x^2+10)\mathrm{d}x$；

(11) $\int_{3}^{8}x^3\mathrm{d}x$；

(12) $\int_{3}^{4}(x-4)^2\mathrm{d}x$.

2. 求下列极限.

(1) $\lim\limits_{x\to 0}\frac{\int_{0}^{x}\sin^2 t\mathrm{d}t}{x^3}$；

(2) $\lim\limits_{x\to 0}\frac{\int_{\cos x}^{1}\mathrm{e}^{-t^2}\mathrm{d}t}{x^2}$.

第三节　定积分的换元法和分部积分法

在讨论求解不定积分时，我们介绍了不定积分的换元法和分部积分法，而定积分也有相应的换元法和分部积分法. 使用这些方法能让我们更加方便地直接求解定积分.

一、定积分的换元积分法

定理　设函数 $f(x)$ 在区间$[a,b]$上连续，如果中间变量函数 $x=\varphi(t)$ 同时满足以下条件：

(1) $\varphi(\alpha)=a,\varphi(\beta)=b;a\leqslant\varphi(t)\leqslant b$,

(2) $\varphi(t)$ 在区间 $[\alpha,\beta]$（或 $[\beta,\alpha]$）上具有连续导数，

那么有

$$\int_{a}^{b}f(x)\mathrm{d}x=\int_{\alpha}^{\beta}f[\varphi(t)]\varphi'(t)\mathrm{d}t.$$

证　因为上式两边的被积函数都是连续的，所以它们的原函数都存在. 设 $F(x)$是 $f(x)$的一个原函数，根据牛顿-莱布尼兹公式，则有

$$\int_a^b f(x)\mathrm{d}x = F(b) - F(a). \tag{1}$$

另一方面，记 $F[\varphi(t)]$为 $F(x)$与 $x=\varphi(t)$的复合函数，对其求导得

$$\frac{\mathrm{d}F[\varphi(t)]}{\mathrm{d}t} = F'[\varphi(t)]\varphi'(t) = f[\varphi(t)]\varphi'(t).$$

由此可见 $F[\varphi(t)]$也是 $f[\varphi(t)]\varphi'(t)$的一个原函数，因此有

$$\int_\alpha^\beta f[\varphi(t)]\varphi'(t) = F[\varphi(\beta)] - F[\varphi(\alpha)].$$

由于 $\varphi(\alpha)=a$ 及 $\varphi(\beta)=b$，代入得

$$\int_\alpha^\beta f[\varphi(t)]\varphi'(t) = F[\varphi(\beta)] - F[\varphi(\alpha)] = F(b) - F(a). \tag{2}$$

由(1)式和(2)式得

$$\int_a^b f(x)\mathrm{d}x = \int_\alpha^\beta f[\varphi(t)]\varphi'(t).$$

两个注意点：(1) 在定积分的换元积分法中，当把变量 x 换成新变量 t 时，我们需要同时把变量 x 的积分上、下限换成新变量 t 的积分上、下限. (2) 在求出原函数 $F[\varphi(t)]$后，我们将新变量 t 的上限与下限值直接代入原函数，即可求出该定积分的值，而不必像不定积分那样做再把变量回代.

例 1　求 $\int_0^1 \sqrt{1-x^2}\mathrm{d}x$

解　由于被积函数中有根式，我们要运用三角公式 $\sin^2 t + \cos^2 t = 1$ 化去根式. 令 $x = \sin t$，则有

$$\sqrt{1-x^2} = \sqrt{1-\sin^2 t} = \sqrt{\cos^2 t} = \cos t,$$
$$\mathrm{d}x = \cos t\mathrm{d}t.$$

当 $x = 0$，取 $t = 0$；当 $x = 1$，取 $t = \frac{\pi}{2}$.

将 $\sqrt{1-x^2} = \cos t$ 和 $\mathrm{d}x = \cos t\mathrm{d}t$ 代入定积分，得

$$\begin{aligned}\int_0^1 \sqrt{1-x^2}\mathrm{d}x &= \int_0^{\frac{\pi}{2}} \cos t\cos t\mathrm{d}t \\ &= \int_0^{\frac{\pi}{2}} \frac{1}{2}(1+\cos 2t)\mathrm{d}t \\ &= \frac{1}{2}\int_0^{\frac{\pi}{2}} \mathrm{d}t + \frac{1}{2}\int_0^{\frac{\pi}{2}} \cos 2t\mathrm{d}t \\ &= \frac{1}{2}\int_0^{\frac{\pi}{2}} \mathrm{d}t + \frac{1}{4}\int_0^{\frac{\pi}{2}} \cos 2t\mathrm{d}(2t)\end{aligned}$$

$$
\begin{aligned}
&= \frac{1}{2}\left[x\right]_0^{\frac{\pi}{2}} + \frac{1}{4}\left[\sin 2t\right]_0^{\frac{\pi}{2}} \\
&= \frac{\pi}{4} + \frac{\sin\pi - \sin 0}{4} \\
&= \frac{\pi}{4}.
\end{aligned}
$$

例 2 求 $\int_0^{\frac{\pi}{2}} \cos^2 x \sin x \mathrm{d}x$.

解 令 $t = \cos x$, 则 $\mathrm{d}t = -\sin x \mathrm{d}x$.

当 $x = 0$, 取 $t = 1$; 当 $x = \frac{\pi}{2}$, 取 $t = 0$.

$$
\begin{aligned}
\int_0^{\frac{\pi}{2}} \cos^2 x \sin x \mathrm{d}x &= -\int_1^0 t^2 \mathrm{d}t \\
&= \int_0^1 t^2 \mathrm{d}t \\
&= \left[\frac{t^3}{2}\right]_0^1 \\
&= \frac{1}{2}.
\end{aligned}
$$

例 3 求 $\int_1^2 \frac{x^2}{x-1} \mathrm{d}x$.

解 令 $t = x - 1$, 即 $x = t + 1$, 则 $\mathrm{d}x = \mathrm{d}t$.

当 $x = 2$, 取 $t = 1$; 当 $x = 4$, 取 $t = 3$.

$$
\begin{aligned}
\int_2^4 \frac{x^2}{x-1} &= \int_1^3 \frac{(t+1)^2}{t} \mathrm{d}t \\
&= \int_1^3 \frac{t^2 + 2t + 1}{t} \mathrm{d}t \\
&= \int_1^3 t \mathrm{d}t + \int_1^3 2 \mathrm{d}t + \int_1^3 \frac{1}{t} \mathrm{d}t \\
&= \left[\frac{t^2}{2}\right]_1^3 + \left[2t\right]_1^3 + \left[\ln t\right]_1^3 \\
&= \frac{9}{2} - \frac{1}{2} + 6 - 2 + \ln 3 - 0 \\
&= 8 + \ln 3.
\end{aligned}
$$

在定积分的换元积分法中，我们必须严格遵守定理中对中间变量函数 $x = \varphi(t)$ 的要求: $a \leqslant \varphi(t) \leqslant b$. 不然就会出错. 举例:

$$
\int_{-1}^0 x^2 \mathrm{d}x = \left[\frac{x^3}{3}\right]_{-1}^0 = 0 + \frac{1}{3} = \frac{1}{3}.
$$

错误做法: 让我们令 $x^2 = t$, 则当 $x = -1$ 时, $t = 1$; 当 $x = 0$ 时, $t = 0$. 因为 $x^2 = t$, 有 $\mathrm{d}t = 2x\mathrm{d}x$ 和 $x = \sqrt{t}$, 代入得

$$\int_{-1}^{0} x^2 dx = \int_{-1}^{0} \frac{x \cdot 2x dx}{2} = \int_{1}^{0} \frac{\sqrt{t}}{2} dt = \int_{1}^{0} \frac{t^{\frac{1}{2}}}{2} dt = \left[\frac{2t^{\frac{3}{2}}}{6}\right]_{1}^{0} = 0 - \frac{1}{3} = -\frac{1}{3}.$$

错在哪里？按要求，我们需给出 $x = \varphi(t)$，这里我们令 $x = \sqrt{t}$，那么当 $x = -1$ 时，$t \neq 1$，t 无解. 即不遵守条件 $-1 \leqslant \varphi(t) \leqslant 0$. 故有上述之错.

正确做法：让我们令 $x = -\sqrt{t}$，则当 $x = -1$ 时，$t = 1$；当 $x = 0$ 时，$t = 0$. 这样就严格遵守了条件 $-1 \leqslant \varphi(t) \leqslant 0$. 因为 $x = -\sqrt{t}$，则有 $dx = (-\sqrt{t})' dt = \frac{-1}{2\sqrt{t}} dt$ 和 $x^2 = t$，代入得

$$\int_{-1}^{0} x^2 dx = \int_{-1}^{0} t \cdot \frac{-1}{2\sqrt{t}} dt = -\int_{1}^{0} \frac{t^{\frac{1}{2}}}{2} dt = \left[\frac{-2t^{\frac{3}{2}}}{6}\right]_{1}^{0} = 0 + \frac{1}{3} = \frac{1}{3}.$$

因此，在定积分的换元运算中，我们必须严格遵守 $a \leqslant \varphi(t) \leqslant b$ 的要求.

例 4　设 $f(x)$ 在区间 $[a,b]$ 上连续，证明：

(1) 若 $f(x)$ 在区间 $[a,b]$ 上为偶函数，则

$$\int_{-a}^{a} f(x) dx = 2\int_{0}^{a} f(x) dx.$$

(2) 若 $f(x)$ 在区间 $[a,b]$ 上为奇函数，则

$$\int_{-a}^{a} f(x) dx = 0.$$

证　因为

$$\int_{-a}^{a} f(x) dx = \int_{-a}^{0} f(x) dx + \int_{0}^{a} f(x) dx,$$

对定积分 $\int_{-a}^{0} f(x) dx$ 作代换 $x = -t$，则得

$$\int_{-a}^{0} f(x) dx = -\int_{a}^{0} f(-t) dt = \int_{0}^{a} f(-t) dt = \int_{0}^{a} f(-x) dx.$$

据此则有

$$\int_{-a}^{a} f(x) dx = \int_{0}^{a} f(-x) dx + \int_{0}^{a} f(x) dx,$$

(1) 若 $f(x)$ 为偶函数，则

$$f(x) + f(-x) = 2f(x),$$

从而得

$$\int_{-a}^{a} f(x) dx = \int_{0}^{a} f(-x) dx + \int_{0}^{a} f(x) dx = \int_{0}^{a} [f(-x) + f(x)] dx = 2\int_{0}^{a} f(x) dx.$$

(2) 若 $f(x)$ 为奇函数，则

$$f(x) + f(-x) = 0,$$

从而得

$$\int_{-a}^{a} f(x)\mathrm{d}x = \int_{0}^{a} f(-x)\mathrm{d}x + \int_{0}^{a} f(x)\mathrm{d}x = \int_{0}^{a} [f(-x)+f(x)]\mathrm{d}x = 0.$$

运用偶函数和奇函数在定积分上的这两个特点,我们可简化偶函数和奇函数在对称区间 $[-a,a]$ 上的定积分计算,如

$$\int_{-a}^{a} x^3 \mathrm{d}x = 0.$$

又如

$$\int_{-\frac{\pi}{2}}^{\frac{\pi}{2}} \sin x \mathrm{d}x = 0.$$

例 5 证明:$\int_{0}^{\frac{\pi}{2}} f(\sin x)\mathrm{d}x = \int_{0}^{\frac{\pi}{2}} f(\cos x)\mathrm{d}x$.

证 对定积分 $\int_{0}^{\frac{\pi}{2}} f(\sin x)\mathrm{d}x$ 作代换 $x=\frac{\pi}{2}-t$,则得 $\mathrm{d}x=-\mathrm{d}t, \sin x=\sin\left(\frac{\pi}{2}-t\right)$.

当 $x=0$ 时,$t=\frac{\pi}{2}$;当 $x=\frac{\pi}{2}$ 时,$t=0$. 因此有

$$\int_{0}^{\frac{\pi}{2}} f(\sin x)\mathrm{d}x = \int_{\frac{\pi}{2}}^{0} f(\cos t)(-\mathrm{d}t) = \int_{0}^{\frac{\pi}{2}} f(\cos t)\mathrm{d}t = \int_{0}^{\frac{\pi}{2}} f(\cos x)\mathrm{d}x.$$

二、定积分的分部积分法

定积分的分部积分的公式为

$$\int_{a}^{b} u(x)v'(x)\mathrm{d}x = [u(x)v(x)]_a^b - \int_{a}^{b} v(x)u'(x)\mathrm{d}x.$$

证 将 $\int_{a}^{b} u(x)v'(x)\mathrm{d}x$ 写为 $\left[\int u(x)v'(x)\mathrm{d}x\right]_a^b$,根据不定积分分部法可得

$$\begin{aligned}\int_{a}^{b} u(x)v'(x)\mathrm{d}x &= \left[\int u(x)v'(x)\mathrm{d}x\right]_a^b \\ &= \left[u(x)v(x) - \int v(x)u'(x)\mathrm{d}x\right]_a^b \\ &= [u(x)v(x)]_a^b - \left[\int v(x)u'(x)\mathrm{d}x\right]_a^b \\ &= [u(x)v(x)]_a^b - \int_{a}^{b} v(x)u'(x)\mathrm{d}x,\end{aligned}$$

上式可简记为

$$\int_{a}^{b} uv'\mathrm{d}x = [uv]_a^b - \int_{a}^{b} vu'\mathrm{d}x, \text{或} \int_{a}^{b} u\mathrm{d}v = [uv]_a^b - \int_{a}^{b} v\mathrm{d}u.$$

例 6 求 $\int_{1}^{2} x\mathrm{e}^x \mathrm{d}x$.

解　令 $u(x)=x$，则 $u'(x)=1$，
$v'(x)=\mathrm{e}^x$，则 $v(x)=\mathrm{e}^x$.

$$\begin{aligned}\int_1^2 x\,\mathrm{e}^x\mathrm{d}x &= [x\mathrm{e}^x]_1^2-\int_1^2 \mathrm{e}^x\cdot 1\cdot \mathrm{d}x\\ &= [x\mathrm{e}^x]_1^2-[\mathrm{e}^x]_1^2\\ &= (2\mathrm{e}^2-\mathrm{e})-(\mathrm{e}^2-\mathrm{e})\\ &= \mathrm{e}^2.\end{aligned}$$

例 7　求 $\int_0^\pi x\sin x\mathrm{d}x$.

解　令 $u(x)=x$，则 $u'(x)=1$，
$v'(x)=\sin x$，则 $v(x)=-\cos x$.

$$\begin{aligned}\int_0^\pi x\sin x\mathrm{d}x &= [-x\cos x]_0^\pi-\int_0^\pi(-\cos x)\cdot 1\cdot \mathrm{d}x\\ &= [-x\cos x]_0^\pi-[-\sin x]_0^\pi\\ &= [\sin x]_0^\pi-[x\cos x]_0^\pi\\ &= \sin\pi-\sin 0-\pi\cos\pi+0\cos 0\\ &= \pi.\end{aligned}$$

现在我们已经介绍定积分的性质及换元法和分步积分法，运用这些方法，我们可以直接定积分求解.但求解定积分还有另一条途径，这就是运用不定积分的性质与定理，求解相应的不定积分，即找出原函数 $F(x)$，再求得 $F(b)-F(a)$. 让我具体说明这个求解法.我们知道

$$\int_a^b f(x)\mathrm{d}x=[F(x)]_a^b.$$

注意，这里的 $[F(x)]_a^b$ 可写为 $[F(x)]_a^b=[F(x)+C]_a^b$，而 $F(x)+C$ 又可写为 $\int f(x)\mathrm{d}x=F(x)+C$，这样就有

$$\left[\int f(x)\mathrm{d}x\right]_a^b=[F(x)+C]_a^b=[F(x)]_a^b.$$

据此，$\int_a^b f(x)\mathrm{d}x=[F(x)]_a^b$ 就可写为

$$\int_a^b f(x)\mathrm{d}x=[F(x)]_a^b=\left[\int f(x)\mathrm{d}x\right]_a^b.$$

即有

$$\int_a^b f(x)\mathrm{d}x=\left[\int f(x)\mathrm{d}x\right]_a^b.$$

根据这个公式，当求解定积分 $\int_a^b f(x)\mathrm{d}x$ 时，我们可以通过求解相应的不定积分

$\int f(x)\,dx$，而求得 $F(b)-F(a)$. 例如上面的例 7 可以这样求解：

求 $\int_0^{\pi} x\sin x dx$.

解 先求解相应的不定积分 $\int x\sin x dx$. 令 $u(x)=x$，则 $u'(x)=1$；令 $v'(x)=\sin x$，则 $v(x)=-\cos x$. 于是有

$$\begin{aligned}\int x\sin x dx &= -x\cos x-\int -(\cos x)\cdot 1\cdot dx \\ &= -x\cos x-(-\sin x) \\ &= -x\cos x+\sin x,\end{aligned}$$

根据公式 $\int_a^b f(x)dx=\left[\int f(x)dx\right]_a^b$，则有

$$\begin{aligned}\int_0^{\pi} x\sin x dx &= \left[\int x\sin x dx\right]_0^{\pi} \\ &= [-x\cos x+\sin x]_0^{\pi} \\ &= (-\pi\cos\pi+\sin\pi)-(-0\cos 0+\sin 0) \\ &= \pi.\end{aligned}$$

综上所述，求解定积分有两条途径，一条途径是直接运用定积分的运算法则求解定积分；另一条途径是运用不定积分的运算法则求解相应的不定积分，再求得 $F(b)-F(a)$.

习题 9－3

1. 计算下列定积分：

(1) $\int_3^{12}\frac{1}{(6+x)^3}dx$;

(2) $\int_0^{\sqrt{3}}\sqrt{3-x^2}dx$;

(3) $\int_0^{\frac{\pi}{2}}\sin\left(x+\frac{\pi}{2}\right)dx$;

(4) $\int_0^{2\pi}(1-\sin^3 x)dx$;

(5) $\int_{-\sqrt{3}}^{\sqrt{3}}\sqrt{8-2x^2}dx$;

(6) $\int_0^{\sqrt{6}}\frac{1}{x^2\sqrt{1+x^2}}dx$;

(7) $\int_7^{10}\frac{1}{\sqrt{36+x^2}}dx$;

(8) $\int_{2}^{7}\frac{4}{1+x^{2}}dx$;

(9) $\int_{6}^{7}\frac{50}{36+x^{2}}dx$;

(10) $\int_{4}^{5}(x^{5}+3)^{2}x^{4}dx$;

(11) $\int_{1}^{3}\sqrt{x^{2}+3}xdx$;

(12) $\int_{0}^{1}\frac{x}{\sqrt{x^{2}+12}}dx$;

(13) $\int_{2}^{10}\frac{3x^{2}}{\sqrt{x^{3}+6}}dx$;

(14) $\int_{4}^{5}(x^{2}-2)e^{x}dx$;

(15) $\int_{0}^{\frac{\pi}{2}}x\cos x dx$;

(16) $\int_{1}^{2}x^{3}e^{x}dx$.

2. 如果 $f(x)$ 在区间 $[0,1]$ 上连续,证明:

$$\int_{0}^{\pi}xf(\cos x)dx=\frac{\pi}{2}\int_{0}^{\pi}f(\sin x)dx.$$

提示:对定积分 $\int_{0}^{\pi}xf(\cos x)dx$ 作代换 $x=\pi-t$.

3. 如果 $f(x)$ 在区间 $[-a,a]$ 上连续,证明:

$$\int_{-a}^{a}f(x^{4})dx=2\int_{0}^{a}f(x^{4})dx.$$

4. 如果 $f(x)$ 在区间 $[a,b]$ 上连续,证明:

$$\int_{a}^{b}f(x)dx=\int_{a}^{b}f(a+b-x)dx.$$

提示:对定积分 $\int_{a}^{b}f(x)dx$ 作代换 $x=a+b-u$.

第四节　反常积分

我们知道定积分 $\int_{a}^{b}f(x)dx$ 的积分区间是闭区间 $[a,b]$. 但在数学上,我们会碰到积分区间为无穷区间或半开区间的问题,如积分区间为 $[a,+\infty)$ 或 $(a,b]$. 这种积分不属于定积分的范畴,我们称它为**反常积分**.

一、无穷限的反常积分

无穷限的反常积分是指积分区间为无穷区间的反常积分,无穷区间可以是 $[a,+\infty)$,

$(-\infty,b]$ 或 $(-\infty,+\infty)$. 如无穷区间是 $[a,+\infty)$，相应的反常积分就是 $\int_a^{+\infty} f(x)\mathrm{d}x$；如无穷区间是 $(-\infty,b]$，相应的反常积分就是 $\int_{-\infty}^{b} f(x)\mathrm{d}x$；如无穷区间是 $(-\infty,+\infty)$，相应的反常积分就是 $\int_{-\infty}^{+\infty} f(x)\mathrm{d}x$.

定义 1 （根据三种不同区间，分别进行定义）

1. 设函数 $f(x)$ 在无穷区间 $[a,+\infty)$ 上连续，当 $t>a$ 时，如果极限 $\lim\limits_{t\to+\infty}\int_a^t f(x)\mathrm{d}x$ 存在（等于一个定值），那么称这个极限为函数 $f(x)$ 在无穷区间 $[a,+\infty)$ 上的反常积分，记为 $\int_a^{+\infty} f(x)\mathrm{d}x$，即

$$\int_a^{+\infty} f(x)\mathrm{d}x=\lim_{t\to+\infty}\int_a^t f(x)\mathrm{d}x.$$

这时称反常积分 $\int_a^{+\infty} f(x)\mathrm{d}x$ **收敛**.

但如果这个极限 $\lim\limits_{t\to+\infty}\int_a^t f(x)\mathrm{d}x$ 不存在，即极限 $\lim\limits_{t\to+\infty}\int_a^t f(x)\mathrm{d}x$ 不再表示数值了，那么这个极限没意义，习惯上称反常积分 $\int_a^{+\infty} f(x)\mathrm{d}x$ **发散**.

2. 设函数 $f(x)$ 在无穷区间 $(-\infty,b]$ 上连续，当 $t<b$ 时，如果极限 $\lim\limits_{t\to-\infty}\int_t^b f(x)\mathrm{d}x$ 存在（等于一个定值），那么称这个极限为函数 $f(x)$ 在无穷区间 $(-\infty,b]$ 上的反常积分，记为 $\int_{-\infty}^{b} f(x)\mathrm{d}x$，即

$$\int_{-\infty}^{b} f(x)\mathrm{d}x=\lim_{t\to-\infty}\int_t^b f(x)\mathrm{d}x.$$

这时称反常积分 $\int_{-\infty}^{b} f(x)\mathrm{d}x$ **收敛**.

但如果这个极限 $\lim\limits_{t\to-\infty}\int_t^b f(x)\mathrm{d}x$ 不存在，即极限 $\lim\limits_{t\to-\infty}\int_t^b f(x)\mathrm{d}x$ 不再表示数值了，那么这个极限没意义，习惯上称反常积分 $\int_{-\infty}^{b} f(x)\mathrm{d}x$ **发散**.

3. 设函数 $f(x)$ 在无穷区间 $(-\infty,+\infty)$ 上连续，如果反常积分 $\int_{-\infty}^{0} f(x)\mathrm{d}x$ 和 $\int_0^{+\infty} f(x)\mathrm{d}x$ 都收敛，那么称上述两个反常积分之和为函数 $f(x)$ 在无穷区间 $(-\infty,+\infty)$ 上的反常积分，记为 $\int_{-\infty}^{+\infty} f(x)\mathrm{d}x$，即

$$\int_{-\infty}^{+\infty} f(x)\mathrm{d}x=\int_{-\infty}^{0} f(x)\mathrm{d}x+\int_0^{+\infty} f(x)\mathrm{d}x=\lim_{t\to-\infty}\int_t^0 f(x)\mathrm{d}x+\lim_{t\to+\infty}\int_0^t f(x)\mathrm{d}x.$$

这时称反常积分 $\int_a^{+\infty} f(x)\mathrm{d}x$ **收敛**.

但如果两个极限 $\lim\limits_{t\to-\infty}\int_t^0 f(x)\mathrm{d}x$ 和 $\lim\limits_{t\to+\infty}\int_0^t f(x)\mathrm{d}x$ 中有一个不存在，即这两个极限之和不再表示数值，那么此极限没意义，习惯上称反常积分 $\int_{-\infty}^{+\infty} f(x)\mathrm{d}x$ **发散**.

对上述三种反常积分运用示牛顿-莱布尼兹公式，可得如下结果.

1. 设函数 $F(x)$ 为 $f(x)$ 在无穷区间 $[a,+\infty)$ 上的一个原函数，如果极限 $\lim\limits_{x\to+\infty}F(x)$ 存在(等于一个定值)，那么

$$\int_a^{+\infty} f(x)\mathrm{d}x = \lim_{x\to+\infty}F(x) - F(a).$$

在极限 $\lim\limits_{x\to+\infty}F(x)$ 存在的情况下，如果记 $F(+\infty)=\lim\limits_{x\to+\infty}F(x)$，这样就有

$$\int_a^{+\infty} f(x)\mathrm{d}x = F(+\infty) - F(a) = [F(x)]_a^{+\infty}.$$

当 $F(+\infty)$ 不存在时，反常积分 $\int_a^{+\infty} f(x)\mathrm{d}x$ 发散.

2. 设函数 $F(x)$ 为 $f(x)$ 在无穷区间 $(-\infty,b]$ 上的一个原函数，如果极限 $\lim\limits_{x\to-\infty}F(x)$ 存在(等于一个定值)，那么

$$\int_{+\infty}^{b} f(x)\mathrm{d}x = F(b) - \lim_{x\to-\infty}F(x).$$

在极限 $\lim\limits_{x\to-\infty}F(x)$ 存在的情况下，如果记 $F(-\infty)=\lim\limits_{x\to-\infty}F(x)$，这样就有

$$\int_{-\infty}^{b} f(x)\mathrm{d}x = F(b) - F(-\infty) = [F(x)]_{-\infty}^{b}.$$

当 $F(-\infty)$ 不存在时，反常积分 $\int_{+\infty}^{b} f(x)\mathrm{d}x$ 发散.

3. 设函数 $F(x)$ 为 $f(x)$ 在无穷区间 $(-\infty,+\infty)$ 上的一个原函数，如果极限 $\lim\limits_{x\to+\infty}F(x)$ 和 $\lim\limits_{x\to-\infty}F(x)$ 都存在，那么

$$\int_{-\infty}^{+\infty} f(x)\mathrm{d}x = \lim_{x\to+\infty}F(x) - \lim_{x\to-\infty}F(x).$$

在这两个极限都存在的情况下，如果记 $F(+\infty)=\lim\limits_{x\to+\infty}F(x)$ 和 $F(-\infty)=\lim\limits_{x\to-\infty}F(x)$，就有

$$\int_{-\infty}^{+\infty} f(x)\mathrm{d}x = F(+\infty) - F(-\infty) = [F(x)]_{-\infty}^{+\infty}.$$

当 $F(+\infty)$ 和 $F(-\infty)$ 有一个不存在时，反常积分 $\int_{-\infty}^{+\infty} f(x)\mathrm{d}x$ 发散.

例 1　计算反常积分 $\int_0^{+\infty}\frac{1}{1+x^2}\mathrm{d}x$.

解　$\int_0^{+\infty}\frac{1}{1+x^2}\mathrm{d}x = [\arctan x]_0^{+\infty} = \lim\limits_{x\to+\infty}\arctan x - \arctan 0 = \frac{\pi}{2}.$

反常积分$\int_0^{+\infty}\frac{1}{1+x^2}\mathrm{d}x$的几何意义是曲线$\frac{1}{1+x^2}$下、无穷区间$(0,+\infty)$上的面积，如图 9-11 所示.

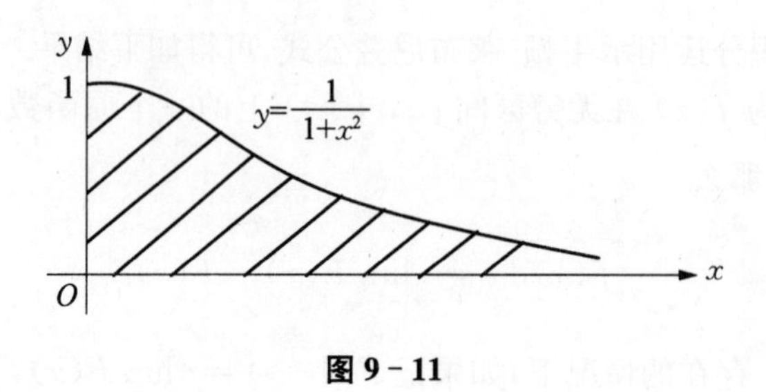

图 9-11

例 2 计算反常积分$\int_2^{+\infty}\frac{2}{x^2}\mathrm{d}x$.

解 $\int_2^{+\infty}\frac{2}{x^2}\mathrm{d}x=\left[-\frac{2}{x}\right]_2^{+\infty}=\lim\limits_{x\to+\infty}\left(-\frac{2}{x}\right)-\left(-\frac{2}{2}\right)=0+1=1.$

二、无界函数的反常积分

如果函数$f(x)$在区间$(a,b]$上连续，当$x\to a$时，$f(x)\to\infty$，那么称点$x=a$为函数$f(x)$的瑕点. 瑕点也可是区间$[a,b)$上的点b，还可是区间$[a,b]$中的点c，$a<c<b$.

定义 2 （根据三种不同区间，分别进行定义）

1. 设函数$f(x)$在区间$(a,b]$上连续，点$x=a$为函数$f(x)$的瑕点，当$t>a$时，如果极限$\lim\limits_{t\to a^+}\int_t^b f(x)\mathrm{d}x$存在（等于一个定值），那么称这个极限为函数$f(x)$在区间$(a,b]$上的反常积分，记为$\int_a^b f(x)\mathrm{d}x$，即

$$\int_a^b f(x)\mathrm{d}x=\lim_{t\to a^+}\int_t^b f(x)\mathrm{d}x.$$

这时称反常积分$\int_a^b f(x)\mathrm{d}x$**收敛**.

但如果这个极限$\lim\limits_{t\to a^+}\int_t^b f(x)\mathrm{d}x$不存在，即极限$\lim\limits_{t\to a^+}\int_t^b f(x)\mathrm{d}x$不再表示数值了，那么这个极限没意义，习惯上称反常积分$\int_a^b f(x)\mathrm{d}x$**发散**.

2. 设函数$f(x)$在区间$[a,b)$上连续，点$x=b$为函数$f(x)$的瑕点，当$t<b$时，如果极限$\lim\limits_{t\to b^-}\int_a^t f(x)\mathrm{d}x$存在（等于一个定值），那么称这个极限为函数$f(x)$在区间$[a,b)$上的反常积分，记为$\int_a^b f(x)\mathrm{d}x$，即

$$\int_a^b f(x)\mathrm{d}x=\lim_{t\to b^-}\int_a^t f(x)\mathrm{d}x.$$

这时称反常积分$\int_a^b f(x)\mathrm{d}x$**收敛**.

但如果这个极限 $\lim\limits_{t\to b^-}\int_a^t f(x)\mathrm{d}x$ 不存在，即极限 $\lim\limits_{t\to b^-}\int_a^t f(x)\mathrm{d}x$ 不再表示数值了，那么这个极限没意义，习惯上称反常积分 $\int_a^b f(x)\mathrm{d}x$ **发散**.

3. 设函数 $f(x)$ 在区间 $[a,b]$ 上除点 $c(a<c<b)$ 外连续，点 $x=c$ 为函数 $f(x)$ 的瑕点，如果反常积分 $\int_a^c f(x)\mathrm{d}x$ 和 $\int_c^b f(x)\mathrm{d}x$ 都收敛，那么称上述两个反常积分之和为函数 $f(x)$ 在区间 $[a,b]$ 上除点 $c(a<c<b)$ 外的反常积分，记为 $\int_a^b f(x)\mathrm{d}x$，即

$$\int_a^b f(x)\mathrm{d}x=\int_a^c f(x)\mathrm{d}x+\int_c^b f(x)\mathrm{d}x=\lim_{t\to c^-}\int_a^t f(x)\mathrm{d}x+\lim_{t\to c^+}\int_t^b f(x)\mathrm{d}x.$$

这时称反常积分 $\int_a^b f(x)\mathrm{d}x$ **收敛**.

但如果两个极限 $\lim\limits_{t\to c^-}\int_a^t f(x)\mathrm{d}x$ 和 $\lim\limits_{t\to c^+}\int_t^b f(x)\mathrm{d}x$ 中有一个不存在，即这两个极限之和不再表示数值，那么此极限没意义，习惯上称反常积分 $\int_a^b f(x)\mathrm{d}x$ **发散**.

对上述反常积分运用牛顿-莱布尼兹公式，可得如下结果.

1. 设点 $x=a$ 为函数 $f(x)$ 的瑕点，函数 $F(x)$ 为 $f(x)$ 在区间 $(a,b]$ 上的一个原函数，如果极限 $\lim\limits_{x\to a^+}F(x)$ 存在(等于一个定值)，那么反常积分

$$\int_a^b f(x)\mathrm{d}x=F(b)-\lim_{x\to a^+}F(x).$$

在极限 $\lim\limits_{x\to a^+}F(x)$ 存在的情况下，如果记 $F(a^+)=\lim\limits_{x\to a^+}F(x)$，这样就有

$$\int_a^b f(x)\mathrm{d}x=F(b)-F(a^+)=[F(x)]_{a^+}^{b}.$$

当 $F(a^+)$ 不存在时，反常积分 $\int_a^{+\infty} f(x)\mathrm{d}x$ 发散.

2. 设点 $x=b$ 为函数 $f(x)$ 的瑕点，函数 $F(x)$ 为 $f(x)$ 在区间 $[a,b)$ 上的一个原函数，如果极限 $\lim\limits_{x\to b^-}F(x)$ 存在(等于一个定值)，那么反常积分

$$\int_a^b f(x)\mathrm{d}x=\lim_{x\to b^-}F(x)-F(a).$$

在极限 $\lim\limits_{x\to b^-}F(x)$ 存在的情况下，如果记 $F(b^-)=\lim\limits_{x\to b^-}F(x)$，这样就有

$$\int_a^b f(x)\mathrm{d}x=F(b^-)-F(a)=[F(x)]_a^{b^-}.$$

当 $F(b^-)$ 不存在时，反常积分 $\int_a^b f(x)\mathrm{d}x$ 发散.

对于点 $x=c$ 为函数 $f(x)$ 的瑕点、函数 $f(x)$ 在区间 $[a,b]$ 上除点 $c(a<c<b)$ 外连

续这种情况,也有相应的计算公式,这里就不讨论了.

例 3 计算反常积分$\int_0^1 \frac{1}{\sqrt{1-x^2}}\mathrm{d}x$.

解 因为$x=1$是函数$\frac{1}{\sqrt{1-x^2}}$的瑕点,所以有

$$\int_0^1 \frac{1}{\sqrt{1-x^2}}\mathrm{d}x=[\arcsin x]_0^{1^-}=\lim_{x\to1^-}\arcsin x-0=\frac{\pi}{2}.$$

反常积分$\int_0^1 \frac{1}{\sqrt{1-x^2}}\mathrm{d}x$的几何意义是曲线$\frac{1}{\sqrt{1-x^2}}$下、区间$[0,1)$上的面积,如图9-12所示.

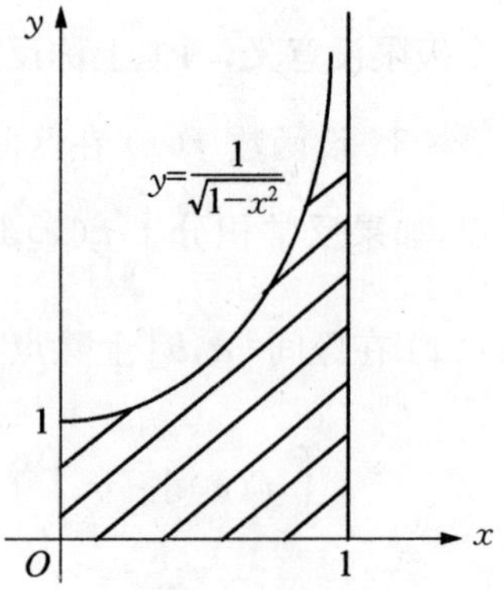

图 9-12

例 4 判断反常积分$\int_0^2 \frac{2}{x^2}\mathrm{d}x$是否发散.

解 因为$x=0$是函数$\frac{2}{x^2}$的瑕点,所以有

$$\int_0^2 \frac{2}{x^2}\mathrm{d}x=\left[-\frac{2}{x}\right]_{0^+}^2=\left(-\frac{2}{2}\right)-\lim_{x\to0^+}\left(-\frac{2}{x}\right)=+\infty.$$

因此反常积分$\int_0^2 \frac{2}{x^2}\mathrm{d}x$发散.

习题 9-4

计算下列反常积分:

1. $\int_0^{+\infty} \frac{1}{\mathrm{e}^{-x}}\mathrm{d}x$.

2. $\int_0^{+\infty} \frac{x}{1+x^4}\mathrm{d}x$.

3. $\int_{-\infty}^{+\infty} \frac{1}{1+x^2}\mathrm{d}x$.

4. $\int_0^1 \frac{x}{\sqrt{1-x^2}}\mathrm{d}x$.

5. $\int_0^{\frac{1}{2}} \ln x\mathrm{d}x$.

6. $\int_1^2 \frac{x}{\sqrt{x-1}}\mathrm{d}x$.

第十章　定积分的应用

从前面的讨论中,我们知道定积分 $\int_a^b f(x)\mathrm{d}x$ 的本质是无穷和的极限 $\lim\limits_{n\to\infty}\sum\limits_{i=1}^{n}f(x_i^*)\Delta x$,其原理是逼近,是以无穷和为方式的逼近.例如,在第四章中,我们以矩形面积之和逼近曲线下面积,从而推导出曲线下面积公式 $A=\int_a^b f(x)\mathrm{d}x$;又如,我们以切线的纵增之和逼近曲线的垂直增量,从而推导出公式 $\int_a^b F'(x)\mathrm{d}x=F(b)-F(a)$.在这一章中,我们将以无穷和逼近的方式,借助"辅助公式证明法"推导极坐标情形下的面积公式、旋转体的体积公式、函数 $f(x)$ 的弧长公式、参数方程的弧长公式、旋转体的面积公式、空间曲线的弧长公式及曲顶体积公式."辅助公式证明法"将让我们透彻理解这些公式的原理,充分领略定积分的"逼近"之奥秘.最后我们还要用元素法讲解定积分在物理上的应用.

第一节　函数 $f(x)$ 曲线下面积

在第五章第三节中,我们已经对曲线下的面积公式进行了推导,这里就不再讨论了.但这里我们要对曲线下的面积公式作一个准确的表述.根据第九章第一节中的定积分性质7,我们知道:如果在区间 $[a,b]$ 上,$f(x)\geqslant 0$,那么 $\int_a^b f(x)\mathrm{d}x\geqslant 0$;如果在区间 $[a,b]$ 上,$f(x)\leqslant 0$,那么 $\int_a^b f(x)\mathrm{d}x\leqslant 0$.考虑到这一性质,我们将曲线下的面积公式表述如下:

如果函数 $f(x)$ 在区间 $[a,b]$ 上连续,且 $f(x)\geqslant 0$,那么在区间 $[a,b]$ 上,函数 $f(x)$ 曲线与 x 轴之间的面积 A 由下式给出:

$$A=\lim_{n\to\infty}\sum_{i=1}^{n}f(x_i^*)\Delta x=\int_a^b f(x)\mathrm{d}x.$$

下面我们要讨论如何运用这个公式求解函数 $f(x)$ 曲线下的面积,即做一些例题.为了解题的方便,我们先在图上对函数 $f(x)$ 的曲线设立一个微矩形,如图10-1所示,然后写出这个微矩形面积的表达式 $\mathrm{d}A=f(x)\mathrm{d}x$,再将 $f(x)\mathrm{d}x$ 及区间$[a,b]$的 a,b 值代入定积分 $\int_a^b f(x)\mathrm{d}x$,这个定积分就是所求的曲线下面积,最后运用牛顿-莱布尼兹公式 $\int_a^b f(x)\mathrm{d}x=F(b)-F(a)$ 求解这个定积分,得到这个面积的数值.

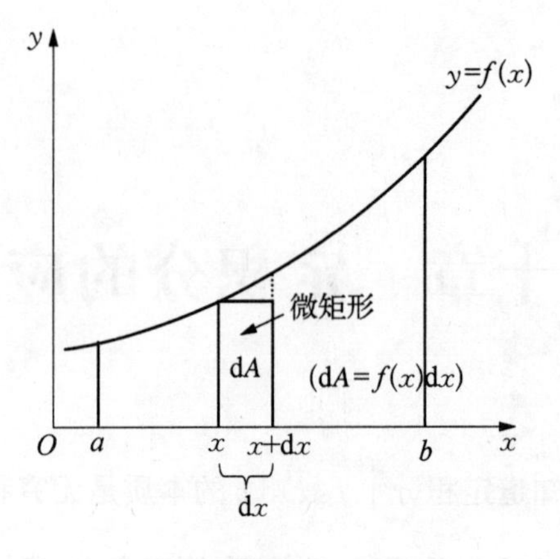

图 10-1

例 1 已知函数 $y=\sin x$，求在区间$[0,\pi]$上，函数 $y=\sin x$ 的曲线与 x 轴之间的面积.

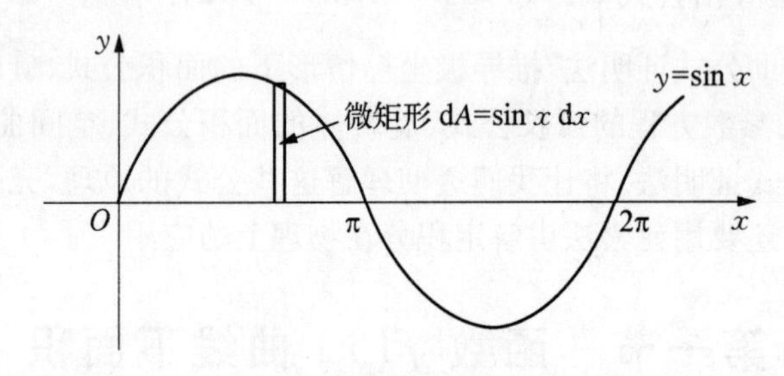

图 10-2

解 让我们对函数 $y=\sin x$ 设立一个微矩形，如图 10-2 所示，那么微矩形的面积 $\mathrm{d}A$ 为

$$\mathrm{d}A=f(x)\mathrm{d}x=\sin x\mathrm{d}x.$$

因为所求面积在区间$[0,\pi]$上，我们有 $a=0$ 和 $b=\pi$. 将 $f(x)\mathrm{d}x=\sin x\mathrm{d}x$，$a=0$ 和 $b=\pi$ 代入定积分 $\int_a^b f(x)\mathrm{d}x$，则所求面积 A 为

$$A=\int_a^b f(x)\mathrm{d}x=\int_0^\pi \sin x\mathrm{d}x.$$

求定积分 $\int_0^\pi \sin x\mathrm{d}x$：

$$A=\int_0^\pi \sin x\mathrm{d}x=[-\cos x]_0^\pi=(-\cos\pi)-(-\cos 0)=1-(-1)=2.$$

在区间$[0,\pi]$上，函数 $\sin x$ 的曲线与 x 轴之间的面积等于 2.

例 2 已知函数 $y=x^2$ 和 $y=\dfrac{x^2}{2}$，求在区间$[1,2]$上，函数 $y=x^2$ 的曲线与函数 $y=\dfrac{x^2}{2}$ 的曲线之间的面积.

解　我们需要设立一个位于函数 $y=x^2$ 曲线与函数 $y=\frac{x^2}{2}$ 曲线之间的微矩形，并找到它的面积表达式.

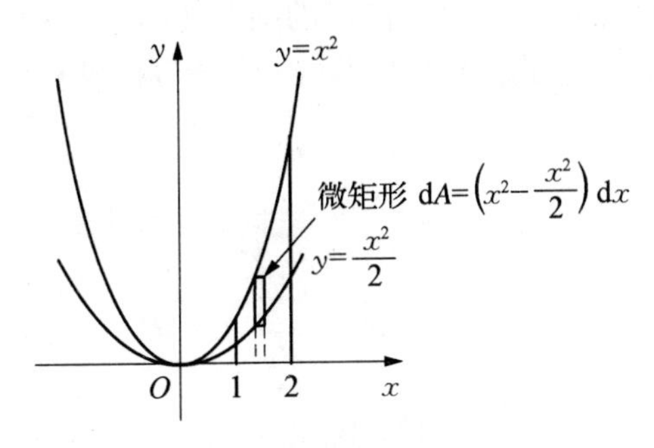

图 10－3

让我们在 x 轴上设立一个微区间. 再以这个微区间作为共同底边，对函数 $y=x^2$ 曲线以及函数 $y=\frac{x^2}{2}$ 曲线各设立一个微矩形，如图 10－3 所示. 这两个微矩形的面积之差就是我们需要设立的微矩形$\left(\text{即位于函数 } y=x^2 \text{ 曲线与函数 } y=\frac{x^2}{2} \text{ 曲线之间的微矩形}\right)$，这个微矩形的面积 $\mathrm{d}A$ 等于 $\left(x^2-\frac{x^2}{2}\right)\mathrm{d}x$. 我们有

$$\mathrm{d}A=f(x)\mathrm{d}x=\left(x^2-\frac{x^2}{2}\right)\mathrm{d}x=\frac{x^2}{2}\mathrm{d}x.$$

因为所求面积在区间[1,2]上，我们有 $a=1$ 和 $b=2$. 将 $f(x)\mathrm{d}x=\frac{x^2}{2}\mathrm{d}x$，$a=1$ 和 $b=2$ 代入定积分 $\int_a^b f(x)\mathrm{d}x$，则所求面积 A 为

$$A=\int_a^b f(x)\mathrm{d}x=\int_1^2 \frac{x^2}{2}\mathrm{d}x.$$

求定积分 $\int_1^2 \frac{x^2}{2}\mathrm{d}x$：

$$A=\int_1^2 \frac{x^2}{2}\mathrm{d}x=\left[\frac{1}{6}x^3\right]_1^2=\left(\frac{2^3}{6}-\frac{1^3}{6}\right)=\frac{7}{6}.$$

在区间[1,2]上，函数 x^2 曲线与函数 $\frac{x^2}{2}$ 曲线之间的面积等于 $\frac{7}{6}$.

其实还有一种解法. 显然，在区间[1,2]上，两曲线之间的面积等于在该区间上曲线 x^2 与 x 轴之间的面积 $\int_1^2 x^2\mathrm{d}x$ 减去曲线 $\frac{x^2}{2}$ 与 x 轴之间的面积 $\int_1^2 \frac{x^2}{2}\mathrm{d}x$，即

$$\int_1^2 x^2\mathrm{d}x-\int_1^2 \frac{x^2}{2}\mathrm{d}x=\int_1^2\left(x^2-\frac{x^2}{2}\right)\mathrm{d}x=\int_1^2 \frac{x^2}{2}\mathrm{d}x=\left[\frac{1}{6}x^3\right]_1^2=\frac{7}{6}.$$

显然，上式中的 $\left(x^2-\frac{x^2}{2}\right)\mathrm{d}x$ 就是第一种解法中的微矩形的面积.

例 3 求曲线 $y^2=x$ 与直线 $y=x-2$ 所围成的图形面积.

解 曲线 $y^2=x$ 与直线 $y=x-2$ 所围成的图形如图 10-4 所示. 首先我们需要知道所围成的图形在 y 轴上的区间，让我们求出曲线 $y^2=x$ 与直线 $y=x-2$ 相交的两点. 解方程组

$$\begin{cases} y^2=x, \\ y=x-2, \end{cases}$$

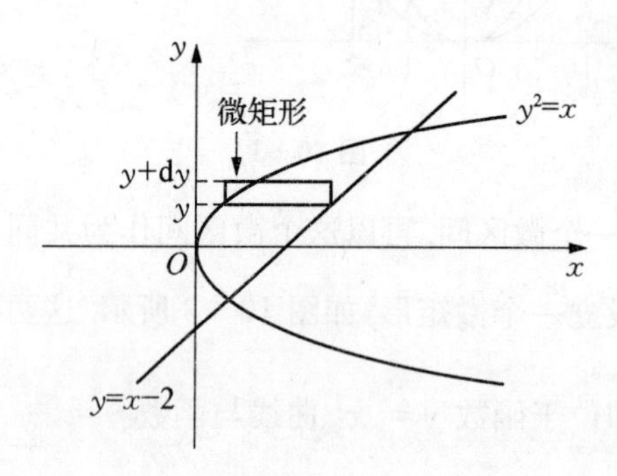

图 10-4

得 $y=-1, x=1$ 与 $y=2, x=4$，则相交的两点为 $(1,-1)$ 和 $(4,2)$. 据此可知图形位于 y 轴的区间 $[-1,2]$ 上. 为了计算的方便，取纵坐标 y 为积分变量；在区间 $[-1,2]$ 上设立一个位于曲线 $y^2=x$ 与直线 $y=x-2$ 之间的微矩形，如图 10-4 所示. 将 $y=x-2$ 写成 $y+2=x$，则有

$$\mathrm{d}A=(y+2-y^2)\mathrm{d}y.$$

因为所求面积在区间 $[-1,2]$ 上，及有 $\mathrm{d}A=(y+2-y^2)\mathrm{d}y$，故所求面积 A 为

$$A=\int_{-1}^{2}(y+2-y^2)\mathrm{d}y=\left[\frac{y^2}{2}+2y-\frac{y^3}{3}\right]_{-1}^{2}=\frac{9}{2}.$$

例 4 求椭圆 $\frac{x^2}{a^2}+\frac{y^2}{b^2}=1$ 的面积.

解 由图 10-5 可知，椭圆的面积 A 等于它在第一象限内图形面积 A_1 的 4 倍，即有

$$A=4A_1.$$

对面积 A_1 而言，其所在区间为$[0,a]$，其微矩形面积为 $\mathrm{d}A=y\mathrm{d}x$，则

$$A_1=\int_0^a y\mathrm{d}x.$$

代入 $A=4A_1$，得

$$A=4A_1=4\int_0^a y\mathrm{d}x.$$

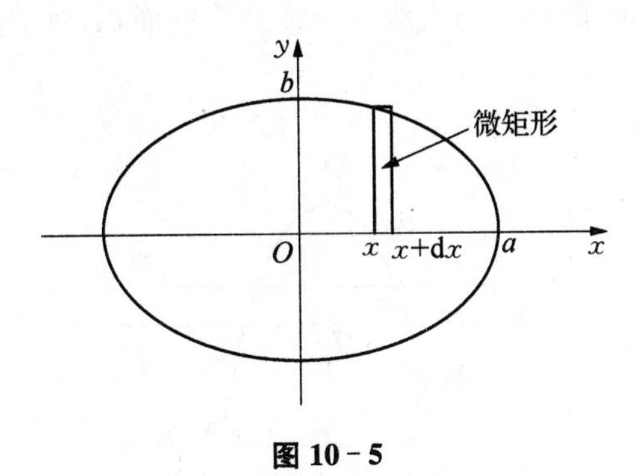

图 10-5

为了求解这个定积分，我们需要将椭圆公式 $\frac{x^2}{a^2}+\frac{y^2}{b^2}=1$ 转换成椭圆的参数方程形式. 我们知道椭圆的参数方程为

$$\begin{cases}x=a\cos t,\\ y=b\sin t,\end{cases}$$

应用定积分换元法，令 $x=a\cos t$，则

$$y=b\sin t, \mathrm{d}x=-a\sin t\mathrm{d}t.$$

当 x 由 0 变到 a 时，t 由 $\frac{\pi}{2}$ 变到 0，因此有

$$A=4\int_0^a y\mathrm{d}x=4\int_{\frac{\pi}{2}}^0 b\sin t(-a\sin t)\mathrm{d}t=-4ab\int_{\frac{\pi}{2}}^0 \sin^2 t\mathrm{d}t$$
$$=4ab\int_0^{\frac{\pi}{2}} \sin^2 t\mathrm{d}t=4ab\cdot\frac{1}{2}\cdot\frac{\pi}{2}=\pi ab.$$

习题 10-1

1. 已知在区间 $[1,x]$ 上，函数 $y=x^2$ 的曲线与 x 轴之间的面积 A 为 $\frac{7}{3}$，如图 10-6 所示. 求区间 $[1,x]$ 右端点 x 的值.

2. 求函数 $y=9-x^2$ 的曲线与 x 轴之间的面积，函数的图形如图 10-7 所示.

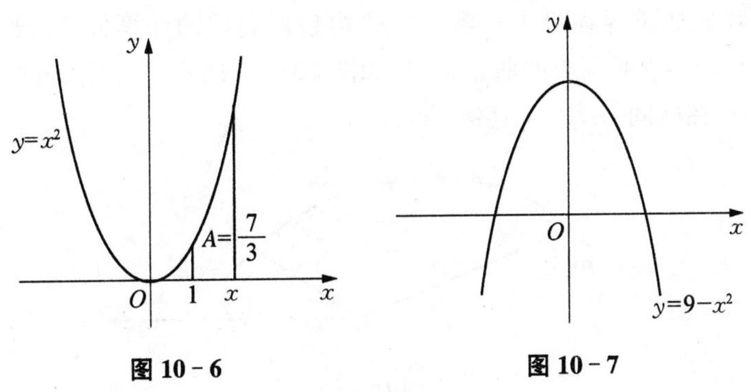

图 10-6　　图 10-7

3. 求函数 $y=6-x^2$ 的曲线与直线 $y=2$ 所围的面积，所围的面积的图形如图 10 - 8 所示.

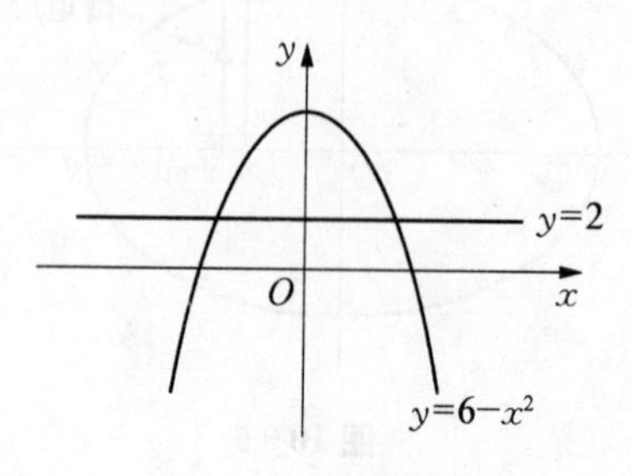

图 10 - 8

4. 求函数 $y=8-x^2$ 的曲线与函数 $y=x^2$ 的曲线所围的面积，所围的面积的图形如图 10 - 9 所示.

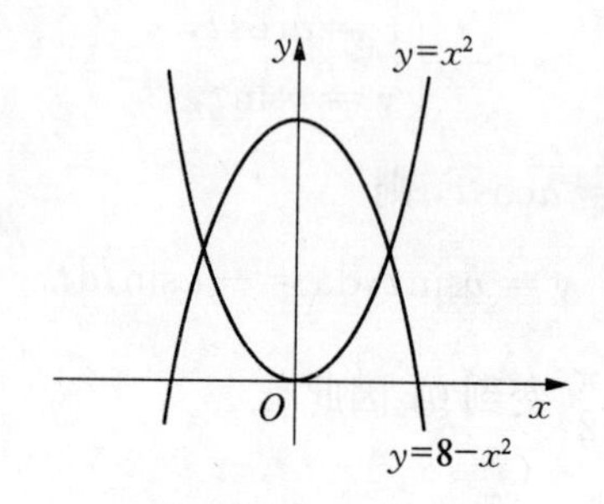

图 10 - 9

5. 求在区间 $\left[0,\frac{\pi}{2}\right]$ 上，函数 $y=\cos x$ 曲线与函数 $y=-\cos x$ 曲线之间的面积.

6. 求曲线 $y=\frac{1}{x}$ 与直线 $y=x$ 和 $x=2$ 所围成的面积.

7. 求抛物线 $y=-x^2-4x-3$ 与 x 轴所围成的面积.

8. 计算抛物线 $y=-x^2+4x-3$ 与在点(0,−3)和点(3,0)处的切线所围成的面积.

第二节　极坐标系中函数 $\rho(\theta)$ 曲线下面积

在这节中，我们要推导在极坐标系中的曲边扇形面积的计算公式. 设有曲线函数 $\rho(\theta)$ 及两条射线 $\theta=\alpha,\theta=\beta$ 所围成的曲边扇形，如图 10 - 10 所示. 令 A 代表这个曲边扇形的面积，如果函数 $\rho(\theta)$ 在区间 $[\alpha,\beta]$ 上连续，那么

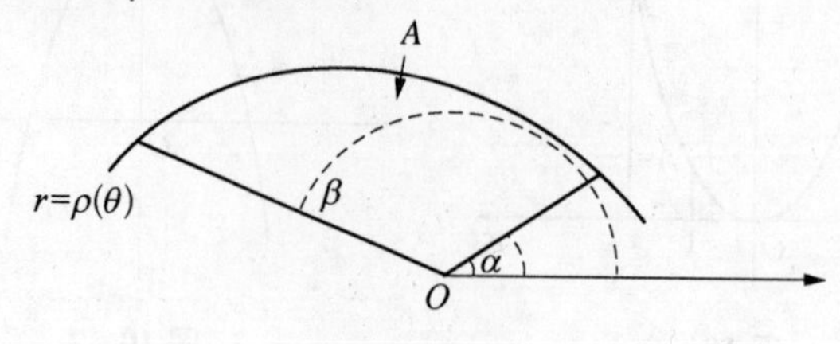

图 10 - 10

$$A=\lim_{n\to\infty}\sum_{i=1}^{n}\frac{1}{2}\left[\rho(\theta_i^*)\right]^2\Delta\theta,\text{这里 }\Delta\theta=\frac{\beta-\alpha}{n}.$$

公式 $\Delta\theta=\frac{\beta-\alpha}{n}$ 中的 $\beta-\alpha$ 是这个曲边扇形的内夹角. 为了讨论的方便,我们可把区间 $[\alpha,\beta]$ 称为极角区间 $[\alpha,\beta]$, 这样 A 就代表函数 $\rho(\theta)$ 曲线下、在极角区间 $[\alpha,\beta]$ 上的面积.

这个公式的原理是以圆扇形面积逼近曲边扇形面积. 推导方法为"辅助公式证明法". 推导分四步进行.

1. 推导公式 $\lim\limits_{\Delta\theta\to 0}\frac{\Delta A}{\Delta\theta}=\frac{1}{2}\left[\rho(\theta_0)\right]^2$

设 $\rho(\theta)$ 是一个连续函数,让我们选择一个极角 θ_0, 并以这个极角为起始点设立一个小极角区间 $[\theta_0,\theta_0+\Delta\theta]$, 那么由曲线 $\rho(\theta)$ 及两条射线 $\theta=\theta_0$ 和 $\theta_0+\Delta\theta$ 所围成的小曲边扇形的面积就记为 ΔA, ΔA 的内夹角为 $\Delta\theta$, 如图 10-11 所示.

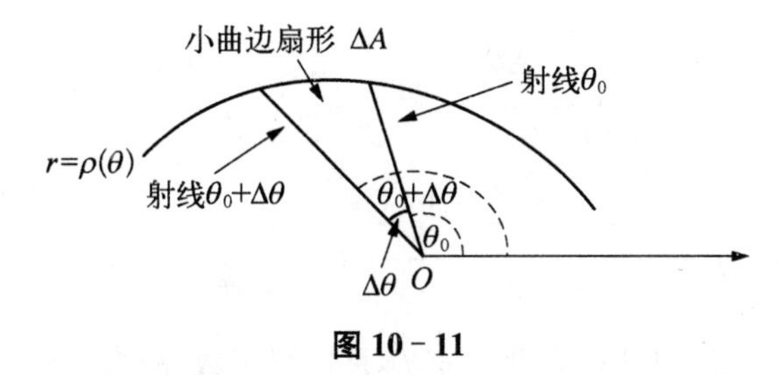

图 10-11

现在让我们以 $\rho(\theta_0)$ 为极径、以 $\Delta\theta$ 为内夹角、在小极角区间 $[\theta_0,\theta_0+\Delta\theta]$ 上作一个圆扇形, 如图 10-12 所示. 令 $\Delta A_{s(\theta_0)}$ 代表这个圆扇形的面积(s 是 sector(扇形)的第一个字母),则

$$\Delta A_{s(\theta_0)}=\frac{1}{2}\left[\rho(\theta_0)\right]^2\Delta\theta.$$

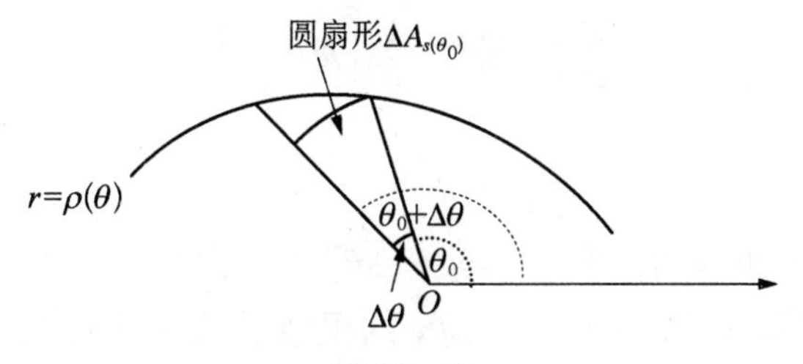

图 10-12

再让我们以 $\rho(\theta_0+\Delta\theta)$ 为极径、以 $\Delta\theta$ 为内夹角、在小极角区间 $[\theta_0,\theta_0+\Delta\theta]$ 上作一个圆扇形,如图 10-13 所示. 令 $\Delta A_{s(\theta_0+\Delta\theta)}$ 代表这个圆扇形的面积,则

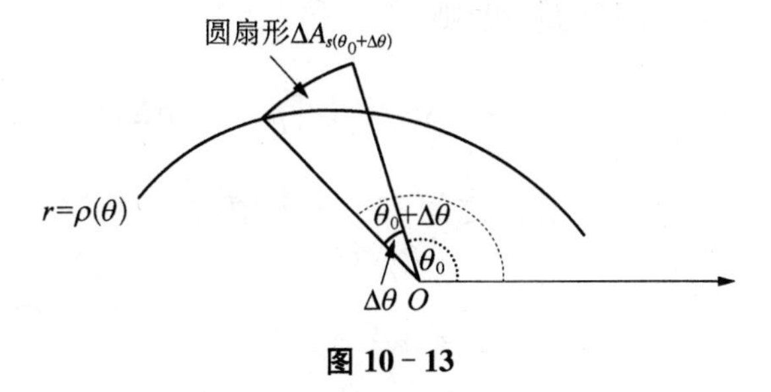

图 10-13

$$\Delta A_{s(\theta_0+\Delta\theta)} = \frac{1}{2}\left[\rho(\theta_0+\Delta\theta)\right]^2\Delta\theta.$$

现在我们有三个扇形面积 $\Delta A, \Delta A_{s(\theta_0)}$ 和 $\Delta A_{s(\theta_0+\Delta\theta)}$. 它们的值都随 $\Delta\theta$ 的变化而变化，因此它们都是 $\Delta\theta$ 的函数. 它们之间的面积关系可用下述不等式表示：

$$\Delta A_{s(\theta_0)} < \Delta A < \Delta A_{s(\theta_0+\Delta\theta)}.$$

将这三个函数都除以 $\Delta\theta$. 这里 $\Delta\theta, \Delta A, \Delta A_{s(\theta_0)}$ 和 $\Delta A_{s(\theta_0+\Delta\theta)}$ 均为正，故有不等式

$$\frac{\Delta A_{s(\theta_0)}}{\Delta\theta} < \frac{\Delta A}{\Delta\theta} < \frac{\Delta A_{s(\theta_0+\Delta\theta)}}{\Delta\theta}.$$

我们可以证明 $\lim\limits_{\Delta\theta\to 0}\dfrac{\Delta A_{s(\theta_0)}}{\Delta\theta} = \dfrac{1}{2}\left[\rho(\theta_0)\right]^2$ 和 $\lim\limits_{\Delta\theta\to 0}\dfrac{\Delta A_{s(\theta_0+\Delta\theta)}}{\Delta\theta} = \dfrac{1}{2}\left[\rho(\theta_0)\right]^2$.

$$\lim_{\Delta\theta\to 0}\frac{\Delta A_{s(\theta_0)}}{\Delta\theta} = \lim_{\Delta\theta\to 0}\frac{\frac{1}{2}\left[\rho(\theta_0)\right]^2\Delta\theta}{\Delta\theta} = \frac{1}{2}\left[\rho(\theta_0)\right]^2.$$

$$\lim_{\Delta\theta\to 0}\frac{\Delta A_{s(\theta_0+\Delta\theta)}}{\Delta\theta} = \lim_{\Delta\theta\to 0}\frac{\frac{1}{2}\left[\rho(\theta_0+\Delta\theta)\right]^2\Delta\theta}{\Delta\theta} = \frac{1}{2}\lim_{\Delta\theta\to 0}\left[\rho(\theta_0+\Delta\theta)\right]^2 = \frac{1}{2}\left[\rho(\theta_0)\right]^2.$$

在上述证明中，因为我们已经假设了 $\rho(\theta)$ 是连续函数，故有 $\lim\limits_{\Delta\theta\to 0}\rho(\theta_0+\Delta\theta) = \rho(\theta_0)$.

因为 $\dfrac{\Delta A_{s(\theta_0)}}{\Delta\theta} < \dfrac{\Delta A}{\Delta\theta} < \dfrac{\Delta A_{s(\theta_0+\Delta\theta)}}{\Delta\theta}$，$\lim\limits_{\Delta\theta\to 0}\dfrac{\Delta A_{s(\theta_0)}}{\Delta\theta} = \dfrac{1}{2}\left[\rho(\theta_0)\right]^2$ 和 $\lim\limits_{\Delta\theta\to 0}\dfrac{\Delta A_{s(\theta_0+\Delta\theta)}}{\Delta\theta} = \dfrac{1}{2}\left[\rho(\theta_0)\right]^2$，根据夹逼准则得

$$\lim_{\Delta\theta\to 0}\frac{\Delta A}{\Delta\theta} = \frac{1}{2}\left[\rho(\theta_0)\right]^2.$$

2. 推导公式 $\lim\limits_{\Delta\theta\to 0}\dfrac{\Delta A_d}{\Delta\theta} = 0$

现在让我们在这个小极角区间 $[\theta_0, \theta_0+\Delta\theta]$ 上任意作一个极角 θ^*，即 θ^* 为任意极角. 这个任意极角可表示为 $\theta^* = \theta_0 + p\Delta\theta$，这里 p 代表一个变量，它的变化范围为 $0 \leqslant p \leqslant 1$. 当 $p=0$ 时，θ^* 就等于极角 θ_0；当 $p=1$ 时，θ^* 就等于极角 $\theta_0+\Delta\theta$；当 $0<p<1$ 时，θ^* 就介于极角 θ_0 于极角 $\theta_0+\Delta\theta$ 之间. 现在让我们以 $\rho(\theta^*)$ 为极径、以 $\Delta\theta$ 为内夹角、在小极角区间 $[\theta_0, \theta_0+\Delta\theta]$ 上作一个圆扇形，如图 10-14 所示. 让我们称它为任意点圆扇形. 令 ΔA_s^* 代表这个任意点圆扇形的面积，则

$$\Delta A_s^* = \frac{1}{2}\left[\rho(\theta^*)\right]^2\Delta\theta = \frac{1}{2}\left[\rho(\theta_0+p\Delta\theta)\right]^2\Delta\theta.$$

我们知道 ΔA 不等于 ΔA_s^*. 它们之间有一个差值. 我们将这个差值记为 ΔA_d. 我们规定

$$\Delta A_d = \Delta A - \Delta A_s^*.$$

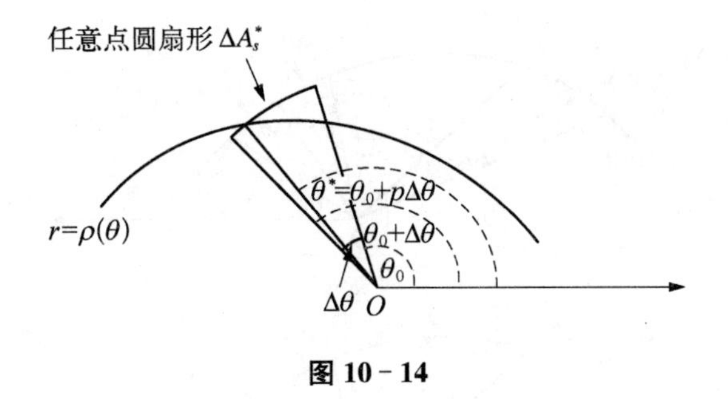

图 10 - 14

则

$$\Delta A=\Delta A_s^*+\Delta A_d. \tag{1}$$

借助于 $\lim\limits_{\Delta\theta\to 0}\dfrac{\Delta A}{\Delta\theta}=\dfrac{1}{2}[\rho(\theta_0)]^2$，我们可证明 $\lim\limits_{\Delta\theta\to 0}\dfrac{\Delta A_d}{\Delta\theta}=0$.

$$\begin{aligned}\lim_{\Delta\theta\to 0}\frac{\Delta A_d}{\Delta\theta}&=\lim_{\Delta\theta\to 0}\frac{\Delta A-\Delta A_s^*}{\Delta\theta}\\&=\lim_{\Delta\theta\to 0}\frac{\Delta A}{\Delta\theta}-\lim_{\Delta\theta\to 0}\frac{\Delta A_s^*}{\Delta\theta}\\&=\frac{1}{2}[\rho(\theta_0)]^2-\lim_{\Delta\theta\to 0}\frac{\frac{1}{2}[\rho(\theta_0+p\Delta\theta)]^2\Delta\theta}{\Delta\theta}\\&=\frac{1}{2}[\rho(\theta_0)]^2-\frac{1}{2}\lim_{\Delta\theta\to 0}[\rho(\theta_0+p\Delta\theta)]^2\\&=\frac{1}{2}[\rho(\theta_0)]^2-\frac{1}{2}[\rho(\theta_0)]^2\\&=0.\end{aligned}$$

在上述证明中，因为我们已经假设了 $\rho(\theta)$ 是连续函数，故有 $\lim\limits_{\Delta\theta\to 0}\rho(\theta_0+\Delta\theta)=\rho(\theta_0)$.

3. 推导辅助公式 $\lim\limits_{\Delta\theta\to 0}\dfrac{\Delta A_{s1}^*+\Delta A_{s2}^*+\cdots+\Delta A_{sn}^*}{\Delta A_1+\Delta A_2+\cdots+\Delta A_n}=1$

让我们选择一个极角，记为 θ_0，并以 θ_0 为起点设立 n 个小极角区间：$[\theta_0,\theta_0+\Delta\theta]$，$[\theta_0+\Delta\theta,\theta_0+2\Delta\theta]$，…，$[\theta_0+(n-1)\Delta\theta,\theta_0+n\Delta\theta]$，如图 10 - 15 所示. 在这 n 个小极角区间上，我们有 n 个曲边扇形，让我们把这 n 个曲边扇形的面积，依次记为 ΔA_1，ΔA_2，…，ΔA_n，如图 10 - 15 中上图所示.

现在让我们在每个小极角区间上，选择一个任意极角，这样我们有 n 个任意极角 θ^*，如图 10 - 15 中下图所示. 让我们把它分别记为 θ_1^*，θ_2^*，…，θ_n^*，则

$$\begin{aligned}\theta_1^*&=\theta_0+p_1\Delta\theta,\\\theta_2^*&=\theta_0+(1+p_2)\Delta\theta,\\&\cdots\\\theta_n^*&=\theta_0+(n-1+p_n)\Delta\theta.\end{aligned}$$

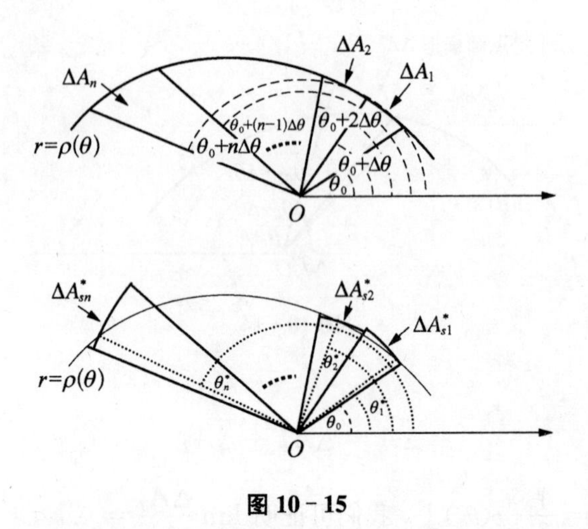

图 10-15

让我们根据这 n 个任意极角 $\theta_1^*,\theta_2^*,\cdots,\theta_n^*$，在这 n 个小极角区间上设置 n 个任意点圆扇形，如图 10-15 中下图所示，这样我们就有 n 个 ΔA_s^*. 让我们把这 n 个 ΔA_s^* 分别记为 $\Delta A_{s1}^*,\Delta A_{s2}^*,\cdots,\Delta A_{sn}^*$，则

$$\Delta A_{s1}^*=\frac{1}{2}\left[\rho(\theta_0+p_1\Delta\theta)\right]^2\Delta\theta;$$

$$\Delta A_{s2}^*=\frac{1}{2}\left[\rho(\theta_0+(1+p_2)\Delta\theta)\right]^2\Delta\theta;$$

$$\cdots$$

$$\Delta A_{sn}^*=\frac{1}{2}\left[\rho(\theta_0+(n-1+p_n)\Delta\theta)\right]^2\Delta\theta.$$

这样在 n 个小极角区间上就有 n 个 ΔA 和 n 个 ΔA_s^*. 根据(1)式 $\Delta A=\Delta A_s^*+\Delta A_d$，它们之间的关系可表述如下：

$$\Delta A_1=\Delta A_{s1}^*+\Delta A_{d1};$$

$$\Delta A_2=\Delta A_{s2}^*+\Delta A_{d2};$$

$$\cdots$$

$$\Delta A_n=\Delta A_{sn}^*+\Delta A_{dn}.$$

让我们把上述这些表达式代入极限 $\lim\limits_{\Delta\theta\to0}\dfrac{\Delta A_{s1}^*+\Delta A_{s2}^*+\cdots+\Delta A_{sn}^*}{\Delta A_1+\Delta A_2+\cdots+\Delta A_n}$，就有

$$\lim_{\Delta\theta\to0}\frac{\Delta A_{s1}^*+\Delta A_{s2}^*+\cdots+\Delta A_{sn}^*}{\Delta A_1+\Delta A_2+\cdots+\Delta A_n}$$

$$=\lim_{\Delta\theta\to0}\frac{\Delta A_{s1}^*+\Delta A_{s2}^*+\cdots+\Delta A_{sn}^*}{(\Delta A_{s1}^*+\Delta A_{s2}^*+\cdots+\Delta A_{sn}^*)+(\Delta A_{d1}+\Delta A_{d2}+\cdots+\Delta A_{dn})}$$

$$=\frac{\lim\limits_{\Delta\theta\to0}\dfrac{\Delta A_{s1}^*+\Delta A_{s2}^*+\cdots+\Delta A_{sn}^*}{\Delta\theta}}{\lim\limits_{\Delta\theta\to0}\dfrac{\Delta A_{s1}^*+\Delta A_{s2}^*+\cdots+\Delta A_{sn}^*}{\Delta\theta}+\lim\limits_{\Delta\theta\to0}\dfrac{\Delta A_{d1}}{\Delta\theta}+\lim\limits_{\Delta\theta\to0}\dfrac{\Delta A_{d2}}{\Delta\theta}+\cdots+\lim\limits_{\Delta\theta\to0}\dfrac{\Delta A_{dn}}{\Delta\theta}}$$

$\left(\text{因为}\lim\limits_{\Delta\theta\to 0}\dfrac{\Delta A_d}{\Delta\theta}=0\text{，所以}\lim\limits_{\Delta\theta\to 0}\dfrac{\Delta A_{d1}}{\Delta\theta}=0,\lim\limits_{\Delta\theta\to 0}\dfrac{\Delta A_{d2}}{\Delta\theta}=0,\cdots,\lim\limits_{\Delta\theta\to 0}\dfrac{\Delta A_{dn}}{\Delta\theta}=0\right)$

$$=\frac{\lim\limits_{\Delta\theta\to 0}\dfrac{\Delta A_{s1}^*+\Delta A_{s2}^*+\cdots+\Delta A_{sn}^*}{\Delta\theta}}{\lim\limits_{\Delta\theta\to 0}\dfrac{\Delta A_{s1}^*+\Delta A_{s2}^*+\cdots+\Delta A_{sn}^*}{\Delta\theta}}$$

$$=\frac{\lim\limits_{\Delta\theta\to 0}\dfrac{\frac{1}{2}[\rho(\theta_0+p_1\Delta\theta)]^2\Delta\theta+\frac{1}{2}[\rho(\theta_0+(1+p_2)\Delta\theta)]^2\Delta\theta+\cdots+\frac{1}{2}[\rho(\theta_0+(n-1+p_n)\Delta\theta)]^2\Delta\theta}{\Delta\theta}}{\lim\limits_{\Delta\theta\to 0}\dfrac{\frac{1}{2}[\rho(\theta_0+p_1\Delta\theta)]^2\Delta\theta+\frac{1}{2}[\rho(\theta_0+(1+p_2)\Delta\theta)]^2\Delta\theta+\cdots+\frac{1}{2}[\rho(\theta_0+(n-1+p_n)\Delta\theta)]^2\Delta\theta}{\Delta\theta}}$$

$$=\frac{\frac{1}{2}\lim\limits_{\Delta\theta\to 0}\{[\rho(\theta_0+p_1\Delta\theta)]^2+[\rho(\theta_0+(1+p_2)\Delta\theta)]^2+\cdots+[\rho(\theta_0+(n-1+p_n)\Delta\theta)]^2\}}{\frac{1}{2}\lim\limits_{\Delta\theta\to 0}\{[\rho(\theta_0+p_1\Delta\theta)]^2+[\rho(\theta_0+(1+p_2)\Delta\theta)]^2+\cdots+[\rho(\theta_0+(n-1+p_n)\Delta\theta)]^2\}}$$

(因为我们已经设 $\rho(\theta)$ 为连续函数，故有 $\lim\limits_{\Delta\theta\to 0}\rho(\theta_0+(i-1+p_i)\Delta\theta=\rho(\theta_0)$，这里 $i=1,2,\cdots,n$)

$$=\frac{n\cdot[\rho(\theta_0)]^2}{n\cdot[\rho(\theta_0)]^2}=1.$$

上面讨论了在末端可变极角区间 $[\theta_0,\theta_0+n\Delta\theta]$ 上的辅助公式 $\lim\limits_{\Delta\theta\to 0}\dfrac{\Delta A_{r1}^*+\Delta A_{r2}^*+\cdots+\Delta A_{rn}^*}{\Delta A_1+\Delta A_2+\cdots+\Delta A_n}=1$. 如果将区间 $[\theta_0,\theta_0+n\Delta\theta]$ 换成固定极角区间 $[\alpha,\beta]$，我们仍然可得这个辅助公式.

现在令 $\theta_0=\alpha,\theta_0+n\Delta\theta=\beta$，这样就可把末端可变极角区间 $[\theta_0,\theta_0+n\Delta\theta]$ 变成固定极角区间 $[\alpha,\beta]$；在区间 $[\alpha,\beta]$ 上，$\Delta\theta$ 与 n 的关系为 $\Delta\theta=\dfrac{\beta-\alpha}{n}$. 每个区间上的 $\Delta A,\Delta A_s^*,\Delta A_d$ 的设置均与上面一样. 辅助公式的证明过程也一样，只是当代入表达式后（见下面），需要再代入 $\theta_0=\alpha,\theta_0+n\Delta\theta=\beta$，简述如下：

$$\lim_{\Delta\theta\to 0}\frac{\Delta A_{s1}^*+\Delta A_{s2}^*+\cdots+\Delta A_{sn}^*}{\Delta A_1+\Delta A_2+\cdots+\Delta A_n}$$

…

$$=\frac{\frac{1}{2}\lim\limits_{\Delta\theta\to 0}\{[\rho(\theta_0+p_1\Delta\theta)]^2+[\rho(\theta_0+(1+p_2)\Delta\theta)]^2+\cdots+[\rho(\theta_0+(n-1+p_n)\Delta\theta)]^2\}}{\frac{1}{2}\lim\limits_{\Delta\theta\to 0}\{[\rho(\theta_0+p_1\Delta\theta)]^2+[\rho(\theta_0+(1+p_2)\Delta\theta)]^2+\cdots+[\rho(\theta_0+(n-1+p_n)\Delta\theta)]^2\}}$$

$$=\frac{\frac{1}{2}\lim\limits_{\Delta\theta\to0}\{[\rho(\theta_0+p_1\Delta\theta)]^2+[\rho(\theta_0+(1+p_2)\Delta\theta)]^2+\cdots+[\rho(\theta_0+n\Delta\theta-\Delta\theta+p_n\Delta\theta)]^2\}}{\frac{1}{2}\lim\limits_{\Delta\theta\to0}\{[\rho(\theta_0+p_1\Delta\theta)]^2+[\rho(\theta_0+(1+p_2)\Delta\theta)]^2+\cdots+[\rho(\theta_0+n\Delta\theta-\Delta\theta+p_n\Delta\theta]^2\}}$$

(代入$\theta_0=\alpha,\theta_0+n\Delta\theta=\beta$)

$$=\frac{\frac{1}{2}\lim\limits_{\Delta\theta\to0}\{[\rho(\alpha+p_1\Delta\theta)]^2+[\rho(\alpha+(1+p_2)\Delta\theta)]^2+\cdots+[\rho(\beta-\Delta\theta+p_n\Delta\theta)]^2\}}{\frac{1}{2}\lim\limits_{\Delta\theta\to0}\{[\rho(\alpha+p_1\Delta\theta)]^2+[\rho(\alpha+(1+p_2)\Delta\theta)]^2+\cdots+[\rho(\beta-\Delta\theta+p_n\Delta\theta)]^2\}}$$

$$=\frac{[\rho(\alpha)]^2+[\rho(\alpha)]^2+\cdots+[\rho(\beta)]^2}{[\rho(\alpha)]^2+[\rho(\alpha)]^2+\cdots+[\rho(\beta)]^2}.$$

$=1.$

辅助公式 $\lim\limits_{\Delta\theta\to0}\dfrac{\Delta A_{s1}^*+\Delta A_{s2}^*+\cdots+\Delta A_{sn}^*}{\Delta A_1+\Delta A_2+\cdots+\Delta A_n}=1$ 指出:如果函数 $\rho(\theta)$ 在一个闭区间上连续,那么当 $\Delta\theta\to0$ 时,在此闭区间上的所有任意点圆扇形的面积之和与所有小曲边扇形之和之比的极限等于 1. 这是一个连续函数 $\rho(\theta)$ 所具有的一个重要特性.

4. 推导公式 $A=\lim\limits_{n\to\infty}\sum\limits_{i=1}^{n}\dfrac{1}{2}[\rho(\theta_i^*)]^2\Delta\theta$

现在让我们把极角区间 $[\alpha,\beta]$ 分割成 n 个角度相等的小极角区间(n 代表一个大的整数). 每个小极角区间的角度均为 $\Delta\theta$, 那么 $\Delta\theta=\dfrac{\beta-\alpha}{n}$. 因为极角区间 $[\alpha,\beta]$ 被分割成 n 个小极角区间,那么在极角区间 $[\alpha,\beta]$ 上函数 $\rho(\theta)$ 的曲边扇形面积就被分割成 n 个小曲边扇形,每个小极角区间上有一个小曲边扇形. 让我们把这 n 个小极角区间上的 n 个小曲边扇形面积依次记为 $\Delta A_1,\Delta A_2,\cdots,\Delta A_n$, 如图 10-16 中上图所示. 显然,如果我们把 $\Delta A_1,\Delta A_2,\cdots,\Delta A_n$ 相加,那么这个和必然等于曲线函数 $\rho(\theta)$ 在极角区间 $[\alpha,\beta]$ 上的面积 A. 我们有

$$A=\Delta A_1+\Delta A_2+\cdots+\Delta A_n. \tag{2}$$

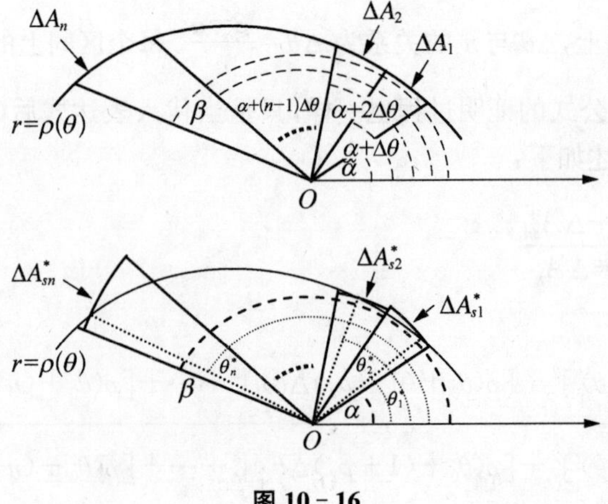

图 10-16

现在让我们在这每个小极角区间上，任意选择一个极角，这样我们有 n 个任意极角 θ^*，如图 10－16 中下图所示. 让我们把它分别记为 $\theta_1^*,\theta_2^*,\cdots,\theta_n^*$. 让我们根据这 n 个任意极角，在这 n 个小极角区间上设置 n 个圆扇形，这样我们就有 n 个 ΔA_s^*. 让我们把它分别记为 $\Delta A_{s1}^*,\Delta A_{s2}^*,\cdots,\Delta A_{sn}^*$，则

$$\begin{aligned}\Delta A_{s1}^* &= \frac{1}{2}\left[\rho(\theta_1^*)\right]^2\Delta\theta;\\ \Delta A_{s2}^* &= \frac{1}{2}\left[\rho(\theta_2^*)\right]^2\Delta\theta;\\ &\cdots\\ \Delta A_{sn}^* &= \frac{1}{2}\left[\rho(\theta_n^*)\right]^2\Delta\theta.\end{aligned}\tag{3}$$

让我们将极角区间 $[\alpha,\beta]$ 上的 n 个 ΔA_s^* 相加，即有和 $(\Delta A_{s1}^*+\Delta A_{s2}^*+\cdots+\Delta A_{sn}^*)$. 我们知道所有 ΔA_s^* 之和是不等于所有 ΔA 之和，即

$$\frac{\Delta A_{s1}^*+\Delta A_{s2}^*+\cdots+\Delta A_{sn}^*}{\Delta A_1+\Delta A_2+\cdots+\Delta A_n}\neq 1.$$

但是根据辅助公式 $\lim\limits_{\Delta\theta\to 0}\dfrac{\Delta A_{s1}^*+\Delta A_{s2}^*+\cdots+\Delta A_{sn}^*}{\Delta A_1+\Delta A_2+\cdots+\Delta A_n}=1$，如果 $\Delta\theta$ 无限趋近于 0，那么 $\dfrac{\Delta A_{s1}^*+\Delta A_{s2}^*+\cdots+\Delta A_{sn}^*}{\Delta A_1+\Delta A_2+\cdots+\Delta A_n}$ 将无限趋近于 1. 在这里，因为 $\Delta\theta=\dfrac{\beta-\alpha}{n}$，所以当 n 趋向于 ∞，$\Delta\theta$ 将无限趋近于 0. 因此 n 趋向于 ∞ 与 $\Delta\theta$ 将趋近于 0 意义相同，故可用 $n\to\infty$ 替代 $\Delta\theta\to 0$，即有

$$\lim_{n\to\infty}\frac{\Delta A_{s1}^*+\Delta A_{s2}^*+\cdots+\Delta A_{sn}^*}{\Delta A_1+\Delta A_2+\cdots+\Delta A_n}=1,\Delta\theta=\frac{\beta-\alpha}{n}.$$

将(2)式代入，即有

$$\lim_{n\to\infty}\frac{\Delta A_{s1}^*+\Delta A_{s2}^*+\cdots+\Delta A_{sn}^*}{A}=1,\Delta\theta=\frac{\beta-\alpha}{n}.$$

由于 A 的值是个定值，上式可写为

$$\lim_{n\to\infty}(\Delta A_{s1}^*+\Delta A_{s2}^*+\cdots+\Delta A_{sn}^*)=A,\Delta\theta=\frac{\beta-\alpha}{n}.$$

将(3)式代入，即有

$$A=\lim_{n\to\infty}\left[\frac{1}{2}\left[\rho(\theta_1^*)\right]^2\Delta\theta+\frac{1}{2}\left[\rho(\theta_2^*)\right]^2\Delta\theta+\cdots+\frac{1}{2}\left[\rho(\theta_n^*)\right]^2\Delta\theta\right],\Delta\theta=\frac{\beta-\alpha}{n}.$$

上式可用“西格玛”符号重写为

$$A=\lim_{n\to\infty}\sum_{i=1}^{n}\frac{1}{2}\left[\rho(\theta_i^*)\right]^2\Delta\theta,\Delta\theta=\frac{\beta-\alpha}{n}.$$

将这个公式写成定积分的形式

$$A=\int_{\alpha}^{\beta}\frac{1}{2}\left[\rho(\theta)\right]^2\mathrm{d}\theta.$$

证毕.

定积分中的 $\frac{1}{2}\left[\rho(\theta)\right]^2\mathrm{d}\theta$ 代表在微区间$[\theta+\mathrm{d}\theta]$上的微圆扇形的面积，令 $\mathrm{d}A$ 表示微圆扇形面积. 则有

$$\mathrm{d}A=\frac{1}{2}\left[\rho(\theta)\right]^2\mathrm{d}\theta \text{ 及 } A=\int_{\alpha}^{\beta}\mathrm{d}A=\int_{\alpha}^{\beta}\frac{1}{2}\left[\rho(\theta)\right]^2\mathrm{d}\theta.$$

例 1 设有阿基米德螺线 $\rho=2\theta$，如图 10－17 所示，求在 0 至 π 的极角区间上，此阿基米德螺线下的面积.

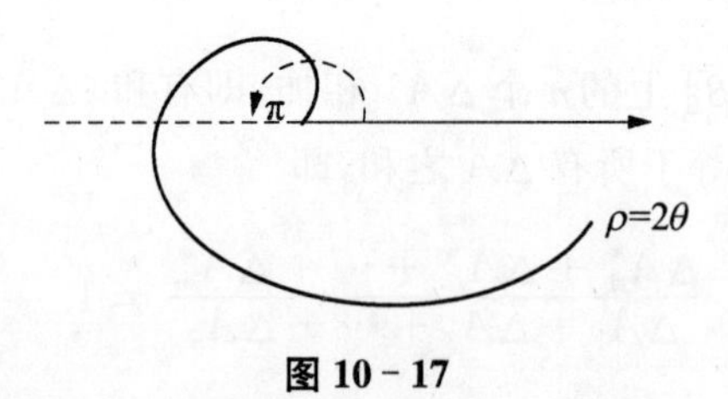

图 10－17

解 先写出微圆扇形的面积 $\mathrm{d}A$ 的表达式.

$$\mathrm{d}A=\frac{1}{2}(2\theta)^2\mathrm{d}\theta=2\,\theta^2\mathrm{d}\theta.$$

那么 0 至 π 的极角区间上的曲线下面积为

$$A=\int_{0}^{\pi}\frac{1}{2}\left[\rho(\theta)\right]^2\mathrm{d}\theta=\int_{0}^{\pi}2\,\theta^2\mathrm{d}\theta=\left[\frac{2}{3}\,\theta^3\right]_{0}^{\pi}=\frac{2}{3}\pi^3.$$

习题 10－2

1. 设有心线 $\rho=1+\cos\theta$，如图 10－18 所示，求在 0 至 2π 的极角区间上，此心线 ρ 所围的面积.

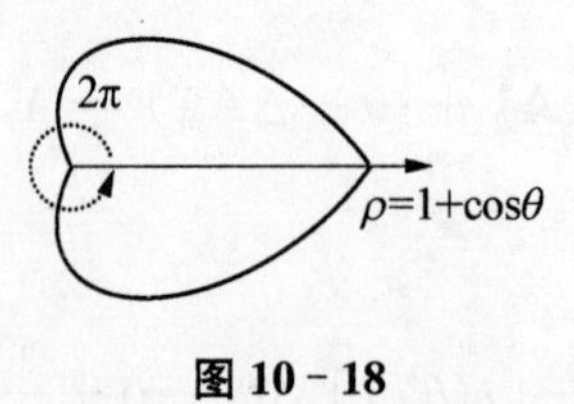

图 10－18

2. 设有函数 $\rho=2\sin\theta$，求在 0 至 $\frac{\pi}{3}$ 的极角区间上，函数曲线所围的面积.

3. 设有函数 $\rho=2\cos\theta$，求在 0 至 $\frac{\pi}{3}$ 的极角区间上，函数曲线所围的面积.

4. 求曲线 $\rho=\sqrt{2}\sin\theta$ 的图形与曲线 $\rho^2=\cos 2\theta$ 的图形相互重叠部分的面积.

第三节　旋转体的体积及横截面为 $A(x)$ 的立体体积

旋转体的体积是横截面为 $A(x)$ 的立体体积中的一种，我们由浅入深，先讨论旋转体的体积，再讨论横截面为 $A(x)$ 的立体体积.

一、旋转体的体积

旋转体是指由一个平面图形围绕该平面内的一条直线旋转一周所形成的立体，这条直线称为旋转轴. 例如，圆柱体可看成是由矩形围绕它的一条边旋转一周形成的旋转体；圆锥体可看成是由直角三角形围绕它的一条直角边旋转一周形成的旋转体，等等.

一般地，旋转体可看成是由连续函数 $y=f(x)\geqslant 0$，直线 $x=a$ 和 $x=b$，及 x 轴所围成的曲边梯形，围绕 x 轴旋转一周形成的立体，如图 10 - 19 所示. 令 V 代表这个旋转体的体积，我们可以证明

$$V=\lim_{n\to\infty}\sum_{i=1}^{n}\pi[f(x_i^*)]^2\Delta x(x_i^* \text{ 代表任意点}).$$

上式可写为

$$V=\int_a^b \pi f^2(x)\mathrm{d}x.$$

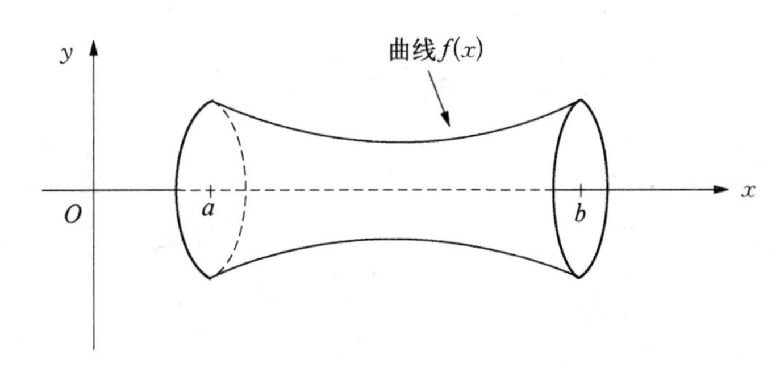

图 10 - 19

推导公式 $V=\lim\limits_{n\to\infty}\sum\limits_{i=1}^{n}\pi[f(x_i^*)]^2\Delta x$ 的原理是用圆柱体薄片逼进旋转体，方法是“辅助公式证明法”. 证明分四步：

1. 推导公式 $\lim\limits_{\Delta x\to 0}\dfrac{\Delta V}{\Delta x}=\pi[f(x)]^2$

让我们在 x 轴上设置一个小区间 $[x,x+\Delta x]$，如图 10 - 20 所示. 让我们分别在小区间的两个端点 x 和 $x+\Delta x$ 处垂直切割这个旋转体，我们将得到两个圆形横截面，在点 x 处的圆形横截面的半径为 $f(x)$，面积为 $\pi[f(x)]^2$. 在点 $x+\Delta x$ 处的圆形横截面的半径为 $f(x+\Delta x)$，面积是 $\pi[f(x+\Delta x)]^2$. 两个圆形横截面之间是一个圆形薄片，它的厚度为 Δx，如图 10 - 20 所示. 令 ΔV 代表这个旋转体薄片的体积. 运用夹逼准则我们可以证明

$$\lim_{\Delta x \to 0} \frac{\Delta V}{\Delta x} = \pi[f(x)]^2.$$

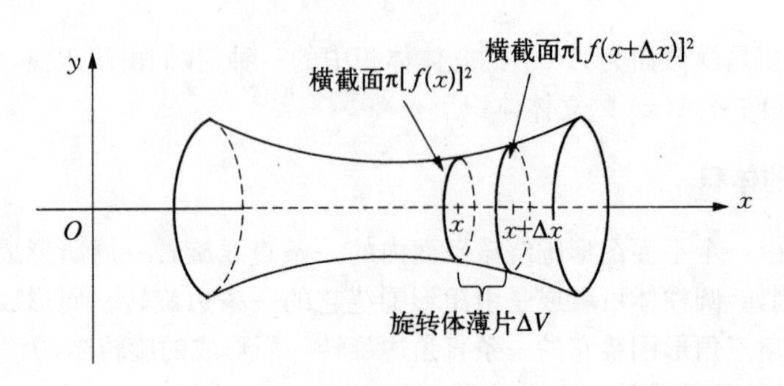

图 10 - 20

为了证明这个公式,我们让在点 x 处的圆形横截面向右延伸到点 $x+\Delta x$ 处,这样我们就得到一个圆柱体薄片,它的半径为 $f(x)$,厚度为 Δx,如图 10 - 21 所示. 令 $\Delta V_{c(x)}$ 代表这个圆柱体薄片的体积(c 是 cylinde(圆柱)的第一个字母),则

$$\Delta V_{c(x)} = \pi[f(x)]^2 \Delta x.$$

我们再让点 $x+\Delta x$ 处的圆形横截面向左延伸到点 x 处,这样我们就得到另一个圆柱体薄片,它的半径为 $f(x+\Delta x)$,厚度为 Δx,如图 10 - 22 所示. 令 $\Delta V_{c(x+\Delta x)}$ 代表这个圆形薄片的体积,则

$$\Delta V_{c(x+\Delta x)} = \pi[f(x+\Delta x)]^2 \Delta x.$$

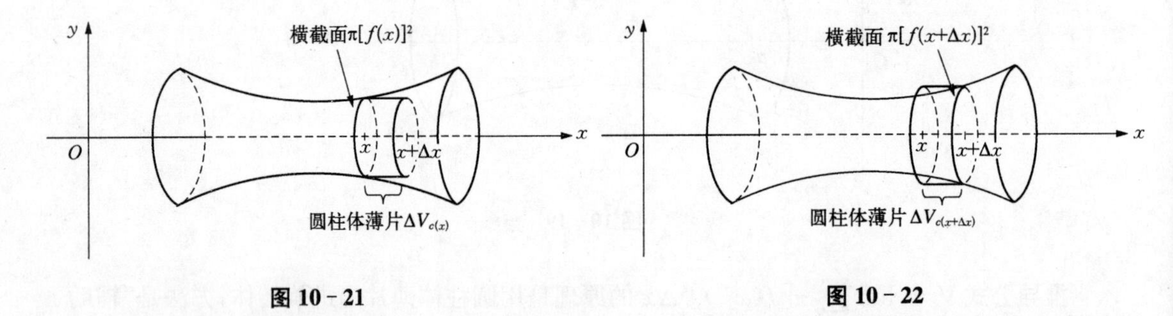

图 10 - 21　　　　图 10 - 22

现在我们有三个薄片 $\Delta V, \Delta V_{c(x)}$ 和 $\Delta V_{c(x+\Delta x)}$. 它们的值都随 Δx 的变化而变化,因此它们都是 Δx 的函数. 由于 Δx 可以被设定得很小,这就确保了 $f(x)$ 在区间 $[x, x+\Delta x]$ 呈单调性变化. 在这个例子中, $\Delta V, \Delta V_{c(x)}$ 和 $\Delta V_{c(x+\Delta x)}$ 之间的体积关系可用下述不等式表示:

$$\Delta V_{c(x)} < \Delta V < \Delta V_{c(x+\Delta x)}.$$

将这三个函数都除以 Δx. 这里 $\Delta x, \Delta V_{c(x)}, \Delta V$ 和 $\Delta V_{(x+\Delta x)}$ 均为正,故有不等式

$$\frac{\Delta V_{c(x)}}{\Delta x} < \frac{\Delta V}{\Delta x} < \frac{\Delta V_{c(x+\Delta x)}}{\Delta x}.$$

让我们证明 $\lim\limits_{\Delta x\to 0}\dfrac{\Delta V_{c(x)}}{\Delta x}=\pi[f(x)]^2$ 和 $\lim\limits_{\Delta x\to 0}\dfrac{\Delta V_{c(x+\Delta x)}}{\Delta x}=\pi[f(x)]^2$.

$$\lim_{\Delta x\to 0}\frac{\Delta V_{c(x)}}{\Delta x}=\lim_{\Delta x\to 0}\frac{\pi[f(x)]^2\Delta x}{\Delta x}=\lim_{\Delta x\to 0}\pi[f(x)]^2=\pi[f(x)]^2.$$

$$\lim_{\Delta x\to 0}\frac{\Delta V_{c(x+\Delta x)}}{\Delta x}=\lim_{\Delta x\to 0}\frac{\pi[f(x+\Delta x)]^2\Delta x}{\Delta x}=\pi\cdot\lim_{\Delta x\to 0}[f(x+\Delta x)]^2=\pi[f(x)]^2.$$

在上述证明中，因为我们已经假定了 $f(x)$ 是连续函数，故有 $\lim\limits_{\Delta x\to 0}f(x+\Delta x)=f(x)$.

因为 $\lim\limits_{\Delta x\to 0}\dfrac{\Delta V_{c(x)}}{\Delta x}=\pi[f(x)]^2$ 和 $\lim\limits_{\Delta x\to 0}\dfrac{\Delta V_{c(x+\Delta x)}}{\Delta x}=\pi[f(x)]^2$，及 $\dfrac{\Delta V_{c(x)}}{\Delta x}<\dfrac{\Delta V}{\Delta x}<\dfrac{\Delta V_{c(x+\Delta x)}}{\Delta x}$，根据夹逼准则得

$$\lim_{\Delta x\to 0}\frac{\Delta V}{\Delta x}=\pi[f(x)]^2.$$

2. 推导公式 $\lim\limits_{\Delta x\to 0}\dfrac{\Delta V_d}{\Delta x}=0$

让我们在小区间 $[x,x+\Delta x]$ 上任意选择一个点 x^*，即 x^* 为任意点. 任意点 x^* 的坐标可表示为 $x^*=x+p\Delta x$，这里 p 代表一个变量，它的变化范围为 $0\leqslant p\leqslant 1$.

让我们在任意点 x^* 处垂直切割这个旋转体，则得到一个圆形横截面，称之为任意点圆形横截面，它的半径为 $f(x^*)$，面积为 $\pi[f(x^*)]^2$. 现在让这个任意点圆形横截面处向左延伸到点 x 处，再向右延伸到点 $x+\Delta x$ 处，这样我们就得到一个很薄的圆柱体薄片，它的面积为 $\pi[f(x^*)]^2$、厚度为 Δx，如图 10－23 所示. 让我们称它任意点圆柱体薄片. 令 ΔV_c^* 代表这个任意点圆柱体薄片的体积，则

$$\Delta V_c^*=\pi[f(x^*)]^2\Delta x=\pi[f(x+p\Delta x)]^2\Delta x.$$

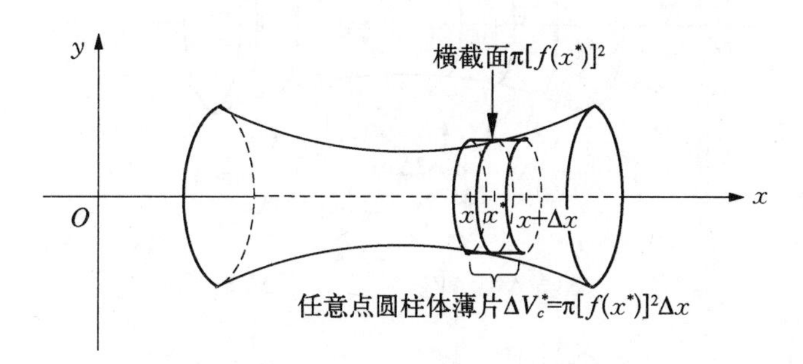

图 10－23

我们知道 ΔV 不等于 ΔV_c^*. 它们之间有一个差值. 我们将这个差值记为 ΔV_d. 我们规定

$$\Delta V_d=\Delta V-\Delta V_c^*.$$

据此则有

$$\Delta V=\Delta V_c^*+\Delta V_d. \tag{1}$$

借助于 $\lim\limits_{\Delta x\to 0}\dfrac{\Delta V}{\Delta x}=\pi[f(x)]^2$，我们可证明 $\lim\limits_{\Delta x\to 0}\dfrac{\Delta V_d}{\Delta x}=0$.

$$\begin{aligned}\lim_{\Delta x\to 0}\frac{\Delta V_d}{\Delta x}&=\lim_{\Delta x\to 0}\frac{\Delta V-\Delta V_c^*}{\Delta x}\\&=\lim_{\Delta x\to 0}\frac{\Delta V}{\Delta x}-\lim_{\Delta x\to 0}\frac{\Delta V_c^*}{\Delta x}\\&=\pi[f(x)]^2-\lim_{\Delta x\to 0}\frac{\pi[f(x+p\Delta x)]^2\Delta x}{\Delta x}\\&=\pi[f(x)]^2-\pi\lim_{\Delta x\to 0}[f(x+p\Delta x)]^2\\&=\pi[f(x^*)]^2-\pi[f(x^*)]^2=0.\end{aligned}$$

在上述证明中，因为我们已经假定了 $f(x)$ 是连续函数，故有 $\lim\limits_{\Delta x\to 0}f(x+p\Delta x)=f(x)$.

3. 推导辅助公式 $\lim\limits_{\Delta x\to 0}\dfrac{\Delta V_{c1}^*+\Delta V_{c2}^*+\cdots+\Delta V_{cn}^*}{\Delta V_1+\Delta V_2+\cdots+\Delta V_n}=1$

让我们在 x 轴上选一点，记为 x_0，并以此点为起点设立 n 个宽度为 Δx 的小区间：$[x_0,x_0+\Delta x]$，$[x_0+\Delta x,x_0+2\Delta x]$，…，$[x_0+(n-1)\Delta x,x_0+n\Delta x]$. 在这 n 个小区间的端点，我们对旋转体进行切割，就有 n 个圆形的旋转体薄片，这样我们就有 n 个 ΔV. 让我们把它分别记为 $\Delta V_1,\Delta V_2,\cdots,\Delta V_n$，如图 10-24 中上图所示.

现在让我们在每个小区间上，选择一个任意点，这样我们有 n 个任意点 x^*，如图 10-24中下图所示. 让我们把它分别记为 $x_1^*,x_2^*,\cdots,x_n^*$，则

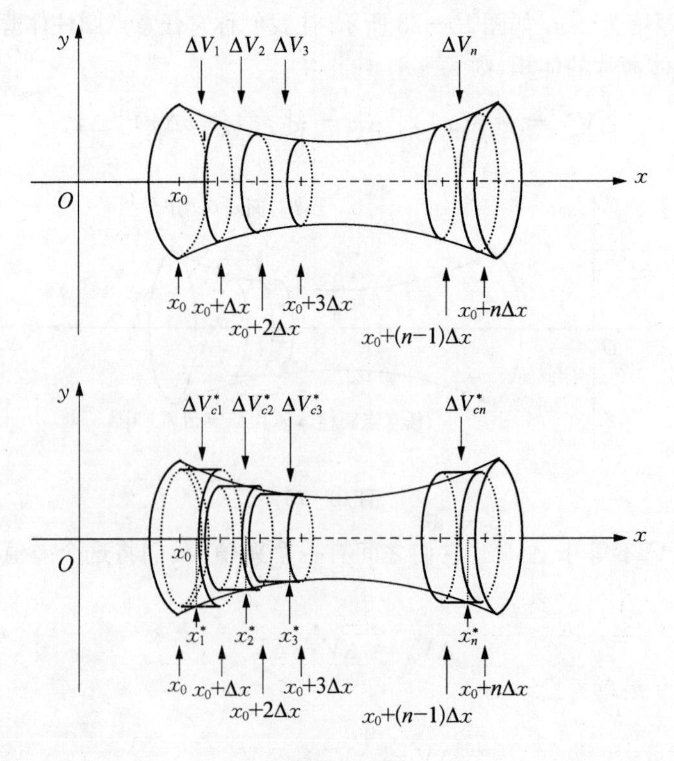

图 10-24

$$x_1^* = x_0 + p_1\Delta x, x_2^* = x_0 + (1+p_2)\Delta x, \cdots, x_n^* = x_0 + (n-1+p_n)\Delta x.$$

让我们根据这 n 个任意点，在这 n 个小区间上设置 n 个任意点圆柱体薄片，这样我们就有 n 个 ΔV_c^*，如图 10-24 中下图所示. 让我们把它分别记为 $\Delta V_{c1}^*, \Delta V_{c2}^*, \cdots, \Delta V_{cn}^*$，则

$$\Delta V_{c1}^* = \pi[f(x_0 + p_1\Delta x)]^2\Delta x;$$
$$\Delta V_{c2}^* = \pi[f(x_0 + (1+p_2)\Delta x)]^2\Delta x;$$
$$\cdots$$
$$\Delta V_{cn}^* = \pi[f(x_0 + (n-1+p_n)\Delta x)]^2\Delta x.$$

这样在 n 个小区间上，就有 n 个 ΔV 和 n 个 ΔV_c^*. 根据(1)式 $\Delta V = \Delta V_c^* + \Delta V_d$，它们之间的关系可表述如下：

$$\Delta V_1 = \Delta V_{c1}^* + \Delta V_{d1},$$
$$\Delta V_2 = \Delta V_{c2}^* + \Delta V_{d2},$$
$$\cdots$$
$$\Delta V_n = \Delta V_{cn}^* + \Delta V_{dn}.$$

让我们把上述这些表达式代入极限 $\lim\limits_{\Delta x\to 0}\dfrac{\Delta V_{c1}^* + \Delta V_{c2}^* + \cdots + \Delta V_{cn}^*}{\Delta V_1 + \Delta V_2 + \cdots + \Delta V_n}$，就有

$$\begin{aligned}
&\lim_{\Delta x\to 0}\frac{\Delta V_{c1}^* + \Delta V_{c2}^* + \cdots + \Delta V_{cn}^*}{\Delta V_1 + \Delta V_2 + \cdots + \Delta V_n} \\
&= \lim_{\Delta x\to 0}\frac{\Delta V_{c1}^* + \Delta V_{c2}^* + \cdots + \Delta V_{cn}^*}{(\Delta V_{c1}^* + \Delta V_{d1}) + (\Delta V_{c2}^* + \Delta V_{d2}) + \cdots + (\Delta V_{cn}^* + \Delta V_{dn})} \\
&= \lim_{\Delta x\to 0}\frac{\Delta V_{c1}^* + \Delta V_{c2}^* + \cdots + \Delta V_{cn}^*}{(\Delta V_{c1}^* + \Delta V_{c2}^* + \cdots + \Delta V_{cn}^*) + (\Delta V_{d1} + \Delta V_{d2} + \cdots + \Delta V_{dn})} \\
&= \lim_{\Delta x\to 0}\frac{\dfrac{\Delta V_{c1}^* + \Delta V_{c2}^* + \cdots + \Delta V_{cn}^*}{\Delta x}}{\dfrac{\Delta V_{c1}^* + \Delta V_{c2}^* + \cdots + \Delta V_{cn}^*}{\Delta x} + \dfrac{\Delta V_{d1} + \Delta V_{d2} + \cdots + \Delta V_{dn}}{\Delta x}} \\
&= \frac{\lim\limits_{\Delta x\to 0}\dfrac{\Delta V_{c1}^* + \Delta V_{c2}^* + \cdots + \Delta V_{cn}^*}{\Delta x}}{\lim\limits_{\Delta x\to 0}\dfrac{\Delta V_{c1}^* + \Delta V_{c2}^* + \cdots + \Delta V_{cn}^*}{\Delta x} + \lim\limits_{\Delta x\to 0}\dfrac{\Delta V_{d1}}{\Delta x} + \lim\limits_{\Delta x\to 0}\dfrac{\Delta V_{d2}}{\Delta x} + \cdots + \lim\limits_{\Delta x\to 0}\dfrac{\Delta V_{dn}}{\Delta x}} \\
&= \frac{\lim\limits_{\Delta x\to 0}\dfrac{\Delta V_{c1}^* + \Delta V_{c2}^* + \cdots + \Delta V_{cn}^*}{\Delta x}}{\lim\limits_{\Delta x\to 0}\dfrac{\Delta V_{c1}^* + \Delta V_{c2}^* + \cdots + \Delta V_{cn}^*}{\Delta x}} \\
&= \frac{\lim\limits_{\Delta x\to 0}\dfrac{\pi[f(x_0 + p_1\Delta x)]^2\Delta x + \pi[f(x_0 + (1+p_2)\Delta x)]^2\Delta x + \cdots + \pi[f(x_0 + (n-1+p_n)\Delta x)]^2\Delta x}{\Delta x}}{\lim\limits_{\Delta x\to 0}\dfrac{\pi[f(x_0 + p_1\Delta x)]^2\Delta x + \pi[f(x_0 + (1+p_2)\Delta x)]^2\Delta x + \cdots + \pi[f(x_0 + (n-1+p_n)\Delta x)]^2\Delta x}{\Delta x}}
\end{aligned}$$

$$=\frac{\lim\limits_{\Delta x\to 0}\{\pi[f(x_0+p\Delta x)]^2+\pi[f(x_0+(1+p_2)\Delta x)]^2+\cdots+\pi[f(x_0+(n-1+p_n)\Delta x)]^2\}}{\lim\limits_{\Delta x\to 0}\{\pi[f(x_0+p\Delta x)]^2+\pi[f(x_0+(1+p_2)\Delta x)]^2+\cdots+\pi[f(x_0+(n-1+p_n)\Delta x)]^2\}}$$

(因为我们已经假设了 $f(x)$ 是连续函数,所以函数 $\pi[f(x_0+(i-1+p_i)\Delta x)]^2$ 也是连续的. 因此 $\lim\limits_{\Delta x\to 0}\pi[f(x_0+(i-1+p_i)\Delta x)]^2=\pi[f(x_0)]^2$, 这里 $i=1,2,\cdots,n$)

$$=\frac{n\cdot\pi[f(x_0)]^2}{n\cdot\pi[f(x_0)]^2}=1.$$

上面讨论了在末端可变区间$[x_0,x_0+n\Delta x]$上的辅助公式$\lim\limits_{\Delta x\to 0}\frac{\Delta V_{c1}^*+\Delta V_{c2}^*+\cdots+\Delta V_{cn}^*}{\Delta V_1+\Delta V_2+\cdots+\Delta V_n}=1$. 如果将区间$[x_0,x_0+n\Delta x]$换成固定区间$[a,b]$,我们仍然可得这个辅助公式.

现在令$x_0=a$,$x_0+n\Delta x=b$,这样就可把区间$[x_0,x_0+n\Delta x]$变成固定区间$[a,b]$;在区间$[a,b]$上,Δx 与 n 的关系为 $\Delta x=\frac{b-a}{n}$. 每个区间上的 ΔV,ΔV_c^*,ΔV_d 的设置均与上面一样. 辅助公式的证明过程也一样,只是当代入表达式后(见下面),需要再代入$x_0=a$,$x_0+n\Delta x=b$,简述如下:

$$\lim_{\Delta x\to 0}\frac{\Delta V_{c1}^*+\Delta V_{c2}^*+\cdots+\Delta V_{cn}^*}{\Delta V_1+\Delta V_2+\cdots+\Delta V_n}$$

$\cdots$

$$=\frac{\lim\limits_{\Delta x\to 0}\{\pi[f(x_0+p\Delta x)]^2+\pi[f(x_0+(1+p_2)\Delta x)]^2+\cdots+\pi[f(x_0+(n-1+p_n)\Delta x)]^2\}}{\lim\limits_{\Delta x\to 0}\{\pi[f(x_0+p\Delta x)]^2+\pi[f(x_0+(1+p_2)\Delta x)]^2+\cdots+\pi[f(x_0+(n-1+p_n)\Delta x)]^2\}}$$

$$=\frac{\lim\limits_{\Delta x\to 0}\{\pi[f(x_0+p\Delta x)]^2+\pi[f(x_0+(1+p_2)\Delta x)]^2+\cdots+\pi[f(x_0+n\Delta x-\Delta x+p_n\Delta x)]^2\}}{\lim\limits_{\Delta x\to 0}\{\pi[f(x_0+p\Delta x)]^2+\pi[f(x_0+(1+p_2)\Delta x)]^2+\cdots+\pi[f(x_0+n\Delta x-\Delta x+p_n\Delta x)]^2\}}$$

(代入$x_0=a$,$x_0+n\Delta x=b$)

$$=\frac{\lim\limits_{\Delta x\to 0}\{\pi[f(a+p\Delta x)]^2+\pi[f(a+(1+p_2)\Delta x)]^2+\cdots+\pi[f(b-\Delta x+p_n\Delta x)]^2\}}{\lim\limits_{\Delta x\to 0}\{\pi[f(a+p\Delta x)]^2+\pi[f(a+(1+p_2)\Delta x)]^2+\cdots+\pi[f(b-\Delta x+p_n\Delta x)]^2\}}$$

$$=\frac{\pi[f(a)]^2+\pi[f(a)]^2+\cdots+\pi[f(b)]^2}{\pi[f(a)]^2+\pi[f(a)]^2+\cdots+\pi[f(b)]^2}$$

$=1.$

4. 推导公式 $V=\lim\limits_{n\to\infty}\sum\limits_{i=1}^{n}\pi[f(x_i^*)]^2\Delta x$

现在让我们把旋转体所在的区间 $[a,b]$, 分割成 n 个小区间(n 代表一个大的整数). 小区间宽度均为 Δx, 那么 $\Delta x=\frac{b-a}{n}$. 因为区间 $[a,b]$ 被分割成 n 个小区间,那么在区间 $[a,b]$ 上的旋转体就被分割成 n 个旋转体薄片,每个小区间上有一个旋转体薄片. 让我们把这 n 个小区间上的 n 个旋转体薄片的体积依次记为 $\Delta V_1,\Delta V_2,\cdots,\Delta V_n$, 如图 10 - 25 中上图所示. 显然,如果我们把 $\Delta V_1,\Delta V_2,\cdots,\Delta V_n$ 相加,那么 n 个 ΔV 相加之和必然等于旋转体

在区间 $[a,b]$ 上的体积 V,我们有

$$V=\Delta V_1+\Delta V_2+\cdots+\Delta V_n. \tag{2}$$

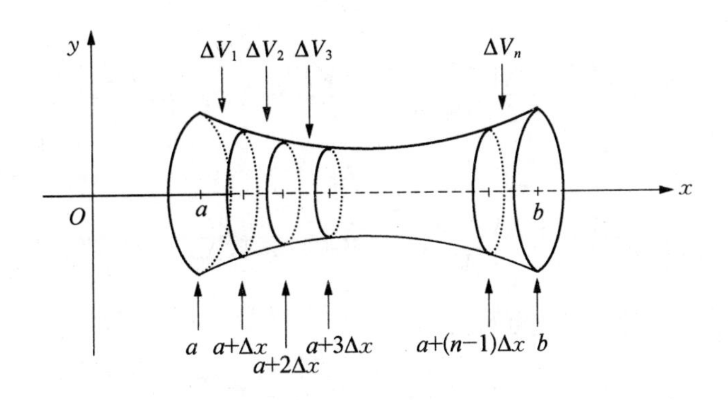

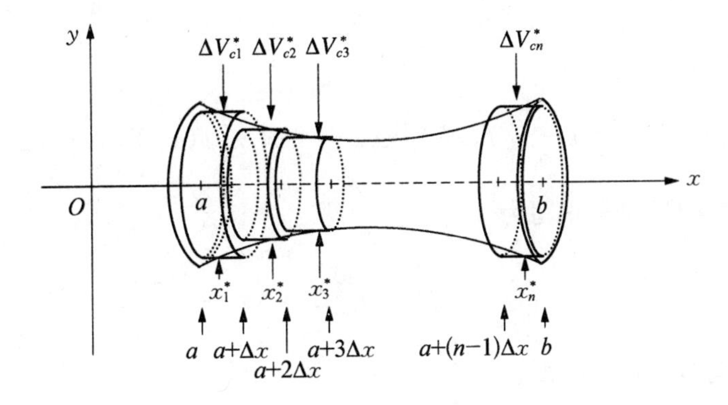

图 10－25

现在让我们在这每个小区间上,选择一个任意点,这样我们有 n 个任意点 x^*,如图 10－25中下图所示.让我们把它分别记为 $x_1^*, x_2^*, \cdots, x_n^*$.让我们根据这 n 个任意点,在这 n 个小区间上设置 n 个任意点圆柱体薄片,这样我们就有 n 个 ΔV_c^*,如图 10－25 中下图所示.让我们把它们分别记为 $\Delta V_{c1}^*, \Delta V_{c2}^*, \cdots, \Delta V_{cn}^*$,则

$$\begin{aligned}
\Delta V_{c1}^* &= \pi[f(x_1^*)]^2\Delta x;\\
\Delta V_{c2}^* &= \pi[f(x_2^*)]^2\Delta x;\\
&\cdots\\
\Delta V_{cn}^* &= \pi[f(x_n^*)]^2\Delta x.
\end{aligned} \tag{3}$$

将区间 $[a,b]$ 上的 n 个 ΔV_c^* 相加,即有和 $(\Delta V_{c1}^*+\Delta V_{c2}^*+\cdots+\Delta V_{cn}^*)$.我们知道所有 ΔV_c^* 之和不等于所有 ΔV 之和,即

$$\frac{\Delta V_{c1}^*+\Delta V_{c2}^*+\cdots+\Delta V_{cn}^*}{\Delta V_1+\Delta V_2+\cdots+\Delta V_n}\neq 1.$$

但是根据辅助公式 $\lim\limits_{\Delta x\to 0}\dfrac{\Delta V_{c1}^*+\Delta V_{c2}^*+\cdots+\Delta V_{cn}^*}{\Delta V_1+\Delta V_2+\cdots+\Delta V_n}=1$,如果 Δx 无限趋近于 0,那么

$\dfrac{\Delta V_{c1}^* + \Delta V_{c2}^* + \cdots + \Delta V_{cn}^*}{\Delta V_1 + \Delta V_2 + \cdots + \Delta V_n}$ 将无限趋近于1. 在这里,因为 $\Delta x = \dfrac{b-a}{n}$,所以当 n 趋向于 ∞,Δx 将无限趋近于0. 因此 n 趋向于 ∞ 与 Δx 趋近于0意义相同,故可用 $n \to \infty$ 替代 $\Delta x \to 0$,即有

$$\lim_{n\to\infty} \frac{\Delta V_{c1}^* + \Delta V_{c2}^* + \cdots + \Delta V_{cn}^*}{\Delta V_1 + \Delta V_2 + \cdots + \Delta V_n} = 1, \Delta x = \frac{b-a}{n}.$$

将(2)式代入,即有

$$\lim_{n\to\infty} \frac{\Delta V_{c1}^* + \Delta V_{c2}^* + \cdots + \Delta V_{cn}^*}{V} = 1, \Delta x = \frac{b-a}{n}.$$

由于 V 的值是个定值,上式可写为

$$\lim_{n\to\infty} (\Delta V_{c1}^* + \Delta V_{c2}^* + \cdots + \Delta V_{cn}^*) = V, \Delta x = \frac{b-a}{n}.$$

将(3)式代入,即有

$$V = \lim_{n\to\infty} [\pi[f(x_1^*)]^2 \Delta x + \pi[f(x_2^*)]^2 \Delta x + \cdots + \pi[f(x_n^*)]^2 \Delta x], \Delta x = \frac{b-a}{n}.$$

上式可用"西格玛"符号重写为

$$V = \lim_{n\to\infty} \sum_{i=1}^{n} \pi[f(x_i^*)]^2 \Delta x, \Delta x = \frac{b-a}{n}.$$

将这个公式写成定积分的形式:

$$V = \int_a^b \pi[f(x)]^2 \mathrm{d}x.$$

证毕.

式中的 $\pi[f(x)]^2 \mathrm{d}x$ 代表在微区间 $[x, x+\mathrm{d}x]$ 上的微圆柱体体积. 令 $\mathrm{d}V$ 代表微圆柱体体积,则

$$\mathrm{d}V = \pi[f(x)]^2 \mathrm{d}x.$$

这样上式可写为

$$V = \int_a^b \mathrm{d}V = \int_a^b \pi[f(x)]^2 \mathrm{d}x.$$

例 1 求在区间 $[1,5]$ 上,由函数 $y = x^2$ 曲线围绕 x 轴旋转一周所形成的旋转体的体积.

解 先写出微圆柱体体积 $\mathrm{d}V$ 的表达式,

$$\mathrm{d}V = \pi[x^2]^2 \mathrm{d}x = \pi x^4 \mathrm{d}x.$$

因为所求旋转体的体积是位于区间 $[1,5]$,故 $a=1, b=5$,代入 $V = \int_a^b \pi[f(x)]^2 \mathrm{d}x$,得

$$V=\int_1^5 \pi x^4 \mathrm{d}x=\left[\frac{\pi}{5}x^5\right]_1^5=625\pi-\frac{\pi}{5}=\frac{3124\pi}{5}.$$

二、横截面为 $A(x)$ 的立体体积

设在区间 $[a,b]$ 上有一个立体 D，其与 x 轴垂直的横截面面积为函数 $A(x)$，且函数 $A(x)$ 在区间 $[a,b]$ 上连续，如图 10－26 所示. 如果令 V 代表立体 D 在区间 $[a,b]$ 上的体积，那么

$$V=\lim_{n\to\infty}\sum_{i=1}^{n}A(x_i^*)\Delta x=\int_a^b A(x)\mathrm{d}x.$$

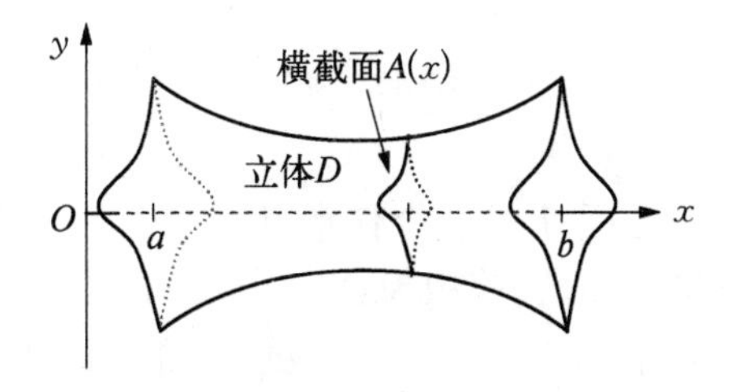

图 10－26

显然，旋转体的体积属于横截面为 $A(x)$ 的立体体积中的一种.

横截面为 $A(x)$ 的立体体积公式 $V=\lim\limits_{n\to\infty}\sum\limits_{i=1}^{n}A(x_i^*)\Delta x$ 的证明步骤与旋转体体积公式 $V=\lim\limits_{n\to\infty}\sum\limits_{i=1}^{n}\pi[f(x_i^*)]^2\Delta x$ 的证明步骤完全一样，也分四步，简述如下：

1. 推导公式 $\lim\limits_{\Delta x\to 0}\dfrac{\Delta V}{\Delta x}=A(x)$

设置小区间 $[x,x+\Delta x]$，在小区间的两个端点 x 和 $x+\Delta x$ 处分别垂直切割立体 D，得到两个横截面，而两个横截面之间的薄片就是 ΔV，如图 10－27 中左图所示. 现在让在点 x 处的横截面 $A(x)$ 向右延伸到点 $x+\Delta x$ 处，这样我们就得到一个等面薄片(两边侧面积相等)，如图 10－27 中右图所示. 令 $\Delta V_{e(x)}$ 代表这个等面薄片的体积(e 是 equal(相等)的第一个字母，意指两边侧面积相等)，则

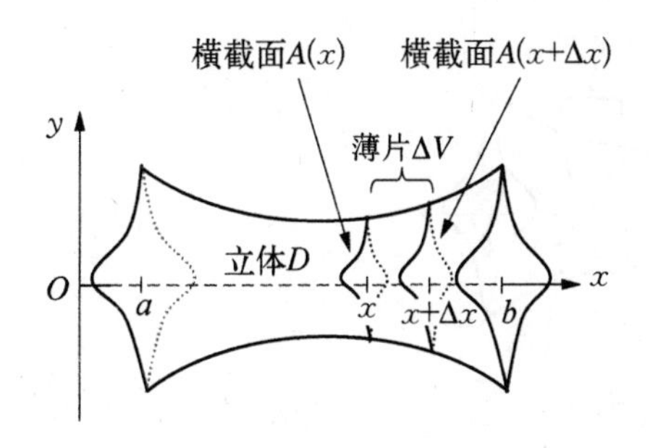

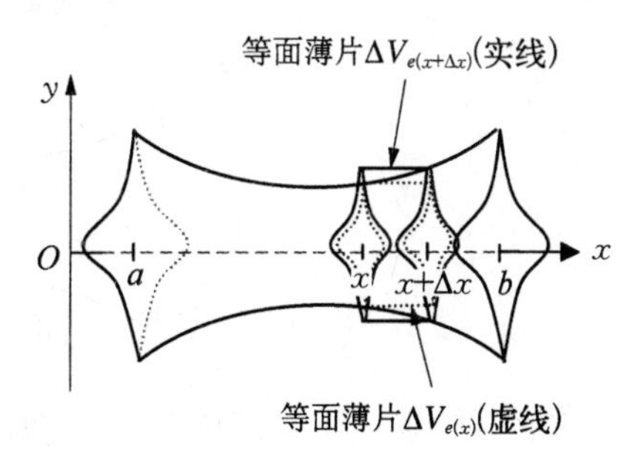

图 10－27

$$\Delta V_{e(x)} = A(x)\Delta x.$$

同样我们让在点 $x+\Delta x$ 处的横截面 $A(x+\Delta x)$ 向左延伸到点 x 处，这样我们就得到一个等面薄片，如图 10－27 中右图所示. 令 $\Delta V_{e(x+\Delta x)}$ 代表这个等面薄片的体积，则

$$\Delta V_{e(x+\Delta x)} = A(x+\Delta x)\Delta x.$$

显然有 $\Delta V_{e(x)} < \Delta V < \Delta V_{e(x+\Delta x)}$，据此有 $\dfrac{\Delta V_{e(x)}}{\Delta x} < \dfrac{\Delta V}{\Delta x} < \dfrac{\Delta V_{e(x+\Delta x)}}{\Delta x}$. 我们可证 $\lim\limits_{\Delta x\to 0}\dfrac{\Delta V_{e(x)}}{\Delta x} = A(x)$ 和 $\lim\limits_{\Delta x\to 0}\dfrac{\Delta V_{e(x+\Delta x)}}{\Delta x} = A(x)$. 有了这些条件，根据夹逼准则可得

$$\lim_{\Delta x\to 0}\frac{\Delta V}{\Delta x} = A(x).$$

2. 推导公式 $\lim\limits_{\Delta x\to 0}\dfrac{\Delta V_d}{\Delta x} = 0$

让我们在小区间 $[x,x+\Delta x]$ 上选一个任意点 $x^* = x+p\Delta x$，然后在任意点 x^* 处垂直切割立体 D，得到任意点横截面，其面积为 $A(x^*) = A(x+p\Delta x)$，再让这个任意点横截面处向左延伸到点 x 处，再向右延伸到点 $x+\Delta x$ 处，这样我们就得到一个任意点等面薄片，如图 10－28 所示. 以 ΔV_e^* 代表任意点等面薄片的体积，则 $\Delta V_e^* = A(x^*)\Delta x = A(x+p\Delta x)\Delta x$. 我们知道 ΔV 不等于 ΔV_e^*. 它们之间有一个差值. 我们将这个差值记为 ΔV_d. 我们规定

$$\Delta V_d = \Delta V - \Delta V_e^*.$$

据此则有

$$\Delta V = \Delta V_e^* + \Delta V_d. \tag{4}$$

借助于 $\lim\limits_{\Delta x\to 0}\dfrac{\Delta V}{\Delta x} = A(x)$，我们可证明 $\lim\limits_{\Delta x\to 0}\dfrac{\Delta V_d}{\Delta x} = 0$.

$$\begin{aligned}\lim_{\Delta x\to 0}\frac{\Delta V_d}{\Delta x} &= \lim_{\Delta x\to 0}\frac{\Delta V-\Delta V_e^*}{\Delta x} = \lim_{\Delta x\to 0}\frac{\Delta V}{\Delta x} - \lim_{\Delta x\to 0}\frac{\Delta V_e^*}{\Delta x}\\ &= A(x) - \lim_{\Delta x\to 0}\frac{A(x+p\Delta x)\Delta x}{\Delta x} = A(x)-A(x) = 0.\end{aligned}$$

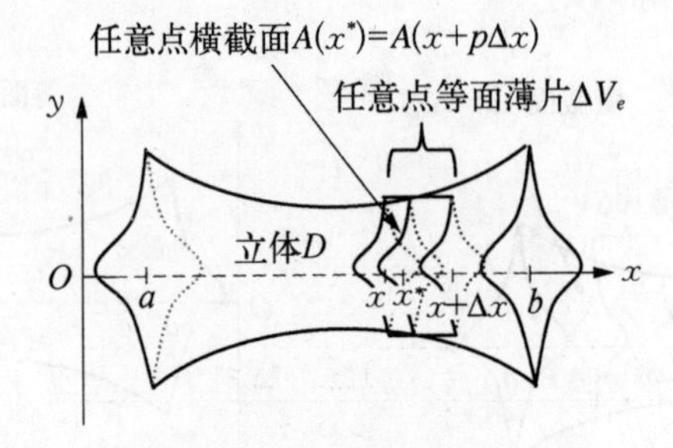

图 10－28

3. 推导辅助公式 $\lim\limits_{\Delta x\to 0}\dfrac{\Delta V_{e1}^{*}+\Delta V_{e2}^{*}+\cdots+\Delta V_{en}^{*}}{\Delta V_{1}+\Delta V_{2}+\cdots+\Delta V_{n}}=1$

在 x 轴上选点 x_0，并以此点为起点设立 n 个宽度为 Δx 的小区间：$[x_0,x_0+\Delta x]$，$[x_0+\Delta x,x_0+2\Delta x]$，…，$[x_0+(n-1)\Delta x,x_0+n\Delta x]$. 在这 n 个小区间的端点，垂直切割立体 D，这样我们就有 n 个 ΔV. 让我们把它分别记为 $\Delta V_1,\Delta V_2,\cdots,\Delta V_n$，如图 10－29 中左图所示. 再在每个小区间上，选择一个任意点，这样我们有 n 个任意点 x^*，它们可记为 $x_1^*=x_0+p_1\Delta x,x_2^*=x_0+(1+p_2)\Delta x,\cdots,x_n^*=x_0+(n-1+p_n)\Delta x$.

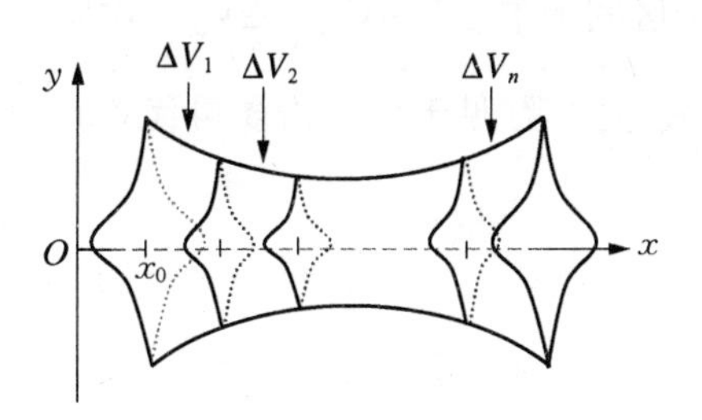

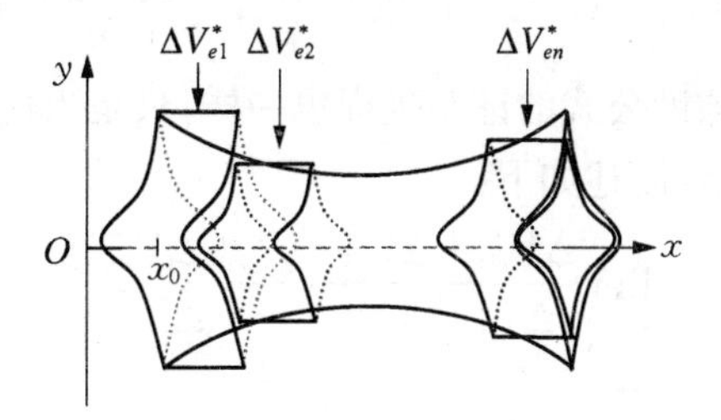

图 10－29

根据这 n 个任意点，可设置 n 个任意点等面薄片，这样我们就有 n 个 ΔV_e^*，如图10－29中右图所示. 把它们依次分别记为 $\Delta V_{e1}^*=A(x_0+p_1\Delta x)\Delta x$；$\Delta V_{e2}^*=A(x_0+(1+p_2)\Delta x)\cdot\Delta x,\cdots,\Delta V_{en}^*=A(x_0+(n-1+p_n)\Delta x)\Delta x$.

这样在每个小区间上都有一个 ΔV 和一个 ΔV_e，根据(4)式 $\Delta V=\Delta V_e^*+\Delta V_d$，则有 $\Delta V_1=\Delta V_{e1}^*+\Delta A_{d1},\Delta V_2=\Delta V_{e2}^*+\Delta A_{d2},\cdots,\Delta V_n=\Delta V_{en}^*+\Delta V_{dn}$.

让我们把上述这些表达式代入极限 $\lim\limits_{\Delta x\to 0}\dfrac{\Delta V_{e1}^{*}+\Delta V_{e2}^{*}+\cdots+\Delta V_{en}^{*}}{\Delta V_{1}+\Delta V_{2}+\cdots+\Delta V_{n}}$，则有

$$
\begin{aligned}
&\lim_{\Delta x\to 0}\frac{\Delta V_{e1}^{*}+\Delta V_{e2}^{*}+\cdots+\Delta V_{en}^{*}}{\Delta V_{1}+\Delta V_{2}+\cdots+\Delta V_{n}}\\
&=\lim_{\Delta x\to 0}\frac{\Delta V_{e1}^{*}+\Delta V_{e2}^{*}+\cdots+\Delta V_{en}^{*}}{(\Delta V_{e1}^{*}+\Delta V_{e2}^{*}+\cdots+\Delta V_{en}^{*})+(\Delta V_{d1}+\Delta V_{d2}+\cdots+\Delta V_{dn})}\\
&=\lim_{\Delta x\to 0}\frac{\dfrac{\Delta V_{e1}^{*}+\Delta V_{e2}^{*}+\cdots+\Delta V_{en}^{*}}{\Delta x}}{\dfrac{\Delta V_{e1}^{*}+\Delta V_{e2}^{*}+\cdots+\Delta V_{en}^{*}}{\Delta x}+\dfrac{\Delta V_{d1}+\Delta V_{d2}+\cdots+\Delta V_{dn}}{\Delta x}}\\
&=\frac{\lim\limits_{\Delta x\to 0}\dfrac{\Delta V_{e1}^{*}+\Delta V_{e2}^{*}+\cdots+\Delta V_{en}^{*}}{\Delta x}}{\lim\limits_{\Delta x\to 0}\dfrac{\Delta V_{e1}^{*}+\Delta V_{e2}^{*}+\cdots+\Delta V_{en}^{*}}{\Delta x}}\\
&=\frac{\lim\limits_{\Delta x\to 0}\dfrac{A(x_0+p_1\Delta x)\Delta x+A(x_0+(1+p_2)\Delta x)\Delta x+\cdots+A(x_0+(n-1+p_n)\Delta x)\Delta x}{\Delta x}}{\lim\limits_{\Delta x\to 0}\dfrac{A(x_0+p_1\Delta x)\Delta x+A(x_0+(1+p_2)\Delta x)\Delta x+\cdots+A(x_0+(n-1+p_n)\Delta x)\Delta x}{\Delta x}}\\
&=\frac{\lim\limits_{\Delta x\to 0}[A(x_0+p_1\Delta x)+A(x_0+(1+p_2)\Delta x)+\cdots+A(x_0+(n-1+p_n)\Delta x)]}{\lim\limits_{\Delta x\to 0}[A(x_0+p_1\Delta x)+A(x_0+(1+p_2)\Delta x)+\cdots+A(x_0+(n-1+p_n)\Delta x)]}
\end{aligned}
$$

$$=\frac{n\cdot A(x_0)}{n\cdot A(x_0)}=1.$$

上面讨论了在末端可变区间$[x_0,x_0+n\Delta x]$上的辅助公式$\lim\limits_{\Delta x\to 0}\dfrac{\Delta V_{e1}^*+\Delta V_{e2}^*+\cdots+\Delta V_{en}^*}{\Delta V_1+\Delta V_2+\cdots+\Delta V_n}=1$. 如果将区间$[x_0,x_0+n\Delta x]$换成固定区间$[a,b]$,我们仍然可得这个辅助公式.

现在令$x_0=a,x_0+n\Delta x=b$,这样就可把区间$[x_0,x_0+n\Delta x]$变成固定区间$[a,b]$;在区间$[a,b]$上,Δx与n的关系为$\Delta x=\dfrac{b-a}{n}$. 每个区间上的$\Delta V,\Delta V_e^*,\Delta V_d$的设置均与上面一样. 辅助公式的证明过程也一样,只是当代入表达式后(见下面),需要再代入$x_0=a,x_0+n\Delta x=b$,简述如下:

$$\lim_{\Delta x\to 0}\frac{\Delta V_{e1}^*+\Delta V_{e2}^*+\cdots+\Delta V_{en}^*}{\Delta V_1+\Delta V_2+\cdots+\Delta V_n}$$

$\cdots$

$$=\frac{\lim\limits_{\Delta x\to 0}[A(x_0+p_1\Delta x)+A(x_0+(1+p_2)\Delta x)+\cdots+A(x_0+(n-1+p_n)\Delta x)]}{\lim\limits_{\Delta x\to 0}[A(x_0+p_1\Delta x)+A(x_0+(1+p_2)\Delta x)+\cdots+A(x_0+(n-1+p_n)\Delta x)]}$$

$$=\frac{\lim\limits_{\Delta x\to 0}[A(x_0+p_1\Delta x)+A(x_0+(1+p_2)\Delta x)+\cdots+A(x_0+n\Delta x-\Delta x+p_n\Delta x)]}{\lim\limits_{\Delta x\to 0}[A(x_0+p_1\Delta x)+A(x_0+(1+p_2)\Delta x)+\cdots+A(x_0+n\Delta x-\Delta x+p_n\Delta x)]}$$

(代入$x_0=a$、$x_0+n\Delta x=b$)

$$=\frac{\lim\limits_{\Delta x\to 0}[A(a+p_1\Delta x)+A(a+(1+p_2)\Delta x)+\cdots+A(b-\Delta x+p_n\Delta x)]}{\lim\limits_{\Delta x\to 0}[A(a+p_1\Delta x)+A(a+(1+p_2)\Delta x)+\cdots+A(b-\Delta x+p_n\Delta x)]}$$

$$=\frac{A(a)+A(a)+\cdots+A(b)}{A(a)+A(a)+\cdots+A(b)}$$

$$=1.$$

公式$\lim\limits_{\Delta x\to 0}\dfrac{\Delta V_{e1}^*+\Delta V_{e2}^*+\cdots+\Delta V_{en}^*}{\Delta V_1+\Delta V_2+\cdots+\Delta V_n}=1$指出:如果面积函数$A(x)$在一个闭区间上连续,那么当$\Delta x\to 0$时,在此闭区间上的所有任意点等面薄片体积之和与所有薄片体积之和的比的极限等于1. 这是一个连续的面积函数$A(x)$所具有的一个重要特性.

4. **推导公式$V=\lim\limits_{n\to\infty}\sum\limits_{i=1}^{n}A(x_i^*)\Delta x$**

把立体D所在的区间$[a,b]$分割成n个小区间. 这样可把立体D分割成n个薄片,它们的体积依次记为$\Delta V_1,\Delta V_2,\cdots,\Delta V_n$,如图10-30中左图所示. 显然,这$n$个$\Delta V$相加之和必然等于在区间$[a,b]$上横截面为$A(x)$的立体体积,即有

$$V=\Delta V_1+\Delta V_2+\cdots+\Delta V_n. \tag{5}$$

再在每个小区间上选择一个任意点,把它们依次记为$x_1^*,x_2^*,\cdots,x_n^*$. 根据这n个任意点,设置n个任意点等面薄片,这样我们就有n个ΔV_e^*,如图10-30中右图所示. 把它们依次分别记为$\Delta V_{e1}^*,\Delta V_{e2}^*,\cdots,\Delta V_{en}^*$,则有

$$\Delta V_{e1}^{*}=A(x_{1}^{*})\Delta x;$$
$$\Delta V_{e2}^{*}=A(x_{2}^{*})\Delta x; \quad (6)$$
$$\cdots$$
$$\Delta V_{en}^{*}=A(x_{n}^{*})\Delta x.$$

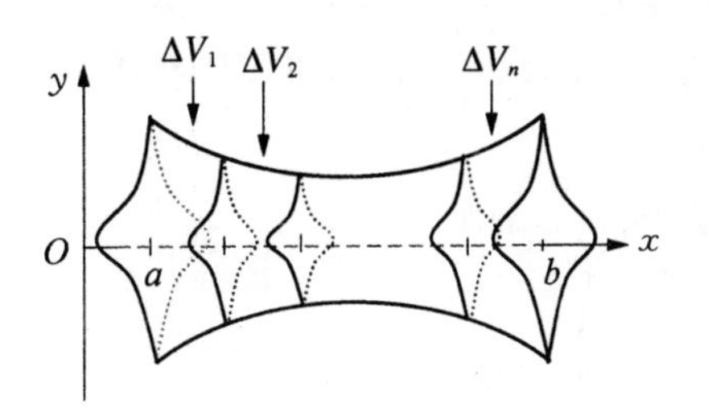

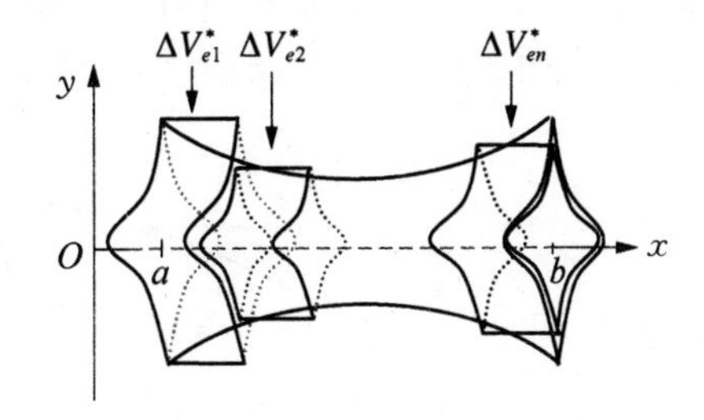

图 10 - 30

将区间 $[a,b]$ 上的 n 个 ΔV_{e}^{*} 相加，即有和 $(\Delta V_{e1}^{*}+\Delta V_{e2}^{*}+\cdots+\Delta V_{en}^{*})$. 我们知道所有 ΔV_{e}^{*} 之和不等于所有 ΔV 之和，即

$$\frac{\Delta V_{e1}^{*}+\Delta V_{e2}^{*}+\cdots+\Delta V_{en}^{*}}{\Delta V_{1}+\Delta V_{2}+\cdots+\Delta V_{n}}\neq 1.$$

但根据辅助公式 $\lim\limits_{\Delta x\to 0}\dfrac{\Delta V_{e1}^{*}+\Delta V_{e2}^{*}+\cdots+\Delta V_{en}^{*}}{\Delta V_{1}+\Delta V_{2}+\cdots+\Delta V_{n}}=1$，如果 Δx 无限趋近于 0，那么 $\dfrac{\Delta V_{e1}^{*}+\Delta V_{e2}^{*}+\cdots+\Delta V_{en}^{*}}{\Delta V_{1}+\Delta V_{2}+\cdots+\Delta V_{n}}$ 将无限趋近于 1. 在这里，因为 $\Delta x=\dfrac{b-a}{n}$，那么当 n 趋向于 ∞，Δx 将无限趋近于 0. 因此 n 趋向于 ∞ 与 Δx 趋近于 0 意义相同，故可用 $n\to\infty$ 替代 $\Delta x\to 0$，即有

$$\lim_{n\to\infty}\frac{\Delta V_{e1}^{*}+\Delta V_{e2}^{*}+\cdots+\Delta V_{en}^{*}}{\Delta V_{1}+\Delta V_{2}+\cdots+\Delta V_{n}}=1,\Delta x=\frac{b-a}{n}.$$

将(5)式代入，即有

$$\lim_{n\to\infty}(\Delta V_{e1}^{*}+\Delta V_{e2}^{*}+\cdots+\Delta V_{en}^{*})=V,\Delta x=\frac{b-a}{n}.$$

将(6)式代入，即有

$$V=\lim_{n\to\infty}[A(x_{1}^{*})\Delta x+A(x_{2}^{*})\Delta x+\cdots+A(x_{n}^{*})\Delta x],\Delta x=\frac{b-a}{n}.$$

上式可用“西格玛”符号重写为

$$V=\lim_{n\to\infty}\sum_{i=1}^{n}A(x_{i}^{*})\Delta x,\Delta x=\frac{b-a}{n}.$$

将这个公式写成定积分的形式：

$$V=\int_{a}^{b}A(x)\mathrm{d}x.$$

上式中的$A(x)\mathrm{d}x$代表微区间$[x,x+\mathrm{d}x]$上的微等面薄片体积. 令$\mathrm{d}V=A(x)\mathrm{d}x$，则$\mathrm{d}V$代表微等面薄片体积，这样上式可写成

$$V=\int_a^b \mathrm{d}V=\int_a^b A(x)\mathrm{d}x.$$

例 2　有一个半径为R的圆柱体，其底面方程为$x^2+y^2=R^2$. 现有一斜面过圆柱体底面中心，并与底面成夹角α，如图 10－31 所示. 求此斜面截圆柱体所得立体的体积.

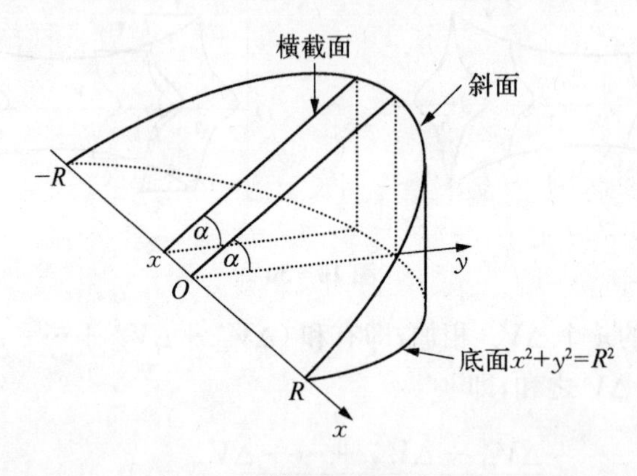

图 10－31

解　用一个垂直于x轴、平行y轴的平面将此立体切开，其横截面为直角三角形，如图 10－31 所示. 它的一条直角边为$y=\sqrt{R^2-x^2}$，它的另一条直角边为$y\tan\alpha=\sqrt{R^2-x^2}\tan\alpha$，故直角三角形面积(即横截面面积) $A(x)$为

$$A(x)=\frac{1}{2}\sqrt{R^2-x^2}\cdot\sqrt{R^2-x^2}\tan\alpha=\frac{1}{2}(R^2-x^2)\tan\alpha.$$

据此，微等面薄片体积$\mathrm{d}V$为

$$\mathrm{d}V=A(x)\mathrm{d}x=\frac{1}{2}(R^2-x^2)\tan\alpha\mathrm{d}x.$$

因为所求立体的体积是位于区间$[-R,R]$，则有

$$V=\int_{-R}^{R}\frac{1}{2}(R^2-x^2)\tan\alpha\mathrm{d}x=\frac{\tan\alpha}{2}\left[R^2x-\frac{1}{3}x^3\right]_{-R}^{R}=\frac{2}{3}R^3\tan\alpha.$$

习题 10－3

1. 求在区间$[1,8]$上，由曲线$y=x^3$围绕x轴旋转一周所形成的旋转体的体积.

2. 求在区间$[0,\pi]$上，由函数$y=\sin x$曲线围绕x轴旋转一周所形成的旋转体的体积.

3. 求在区间$[0,\pi]$上，由函数$y=\cos x$曲线围绕x轴旋转一周所形成的旋转体的体积.

4. 求在区间$[1,3]$上，由函数$y=x^3+x$曲线围绕x轴旋转一周所形成的旋转体的

体积.

5. 有一立体,其与 x 轴垂直的横截面为矩形,矩形的面积为函数 $A(x)=x^2+x$,求其在区间 $[1,4]$ 上的体积.

6. 有一立体,其与 x 轴垂直的横截面为心形,心形的面积为函数 $A(x)=\frac{3}{2}\pi x^2$,求其在区间 $[1,2]$ 上的体积.

第四节　函数 $y=f(x)$ 的弧长

我们知道,在初等几何中,计算圆的周长是采用正多边形周长逼近法,即折线逼近法,如图 10-32 所示.当折线愈多时,正多边形周长就愈接近圆的周长.但在高等数学中,情况则完全不同,折线逼近法不再被采用,取而代之的是采用切线逼近法,而且切线的切点是任意点,即切点可以任意选择.任意点是定积分定义所规范及要求的.我们知道在一小段弧上,只能作一条割线,但却可以作无数条任意点切线,如图 10-33 所示.因此,用任意点切线逼近法推导出的弧长公式更具有数学普遍性.采用任意点切线逼近弧长的做法体现了高等数学对自然事物的认知更加深刻和透彻.

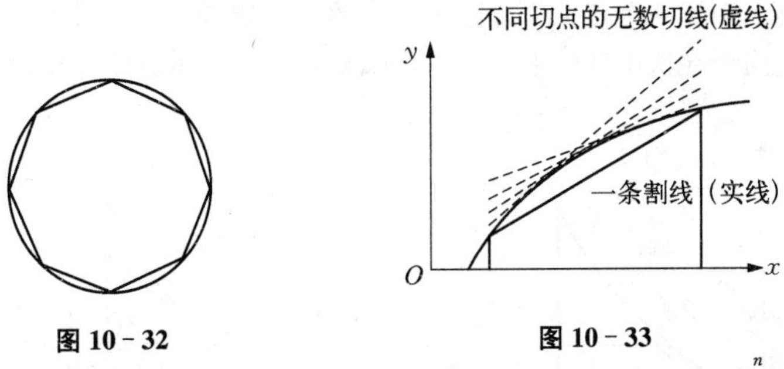

图 10-32　　图 10-33

在第五章第四节中,我们了讨论如何推导公式 $F(b)-F(a)=\lim\limits_{n\to\infty}\sum\limits_{i=1}^{n}F'(x_i^*)\Delta x$. 我们在 n 个小区间上,对函数作了 n 条任意点切线,如图 10-34 所示.然后将这 n 条切线上的垂直增量相加,再取极限;我们证明了所有切线垂直增量之和的极限就等于 $F(b)-F(a)$. 现在,如果我们把这 n 条任意点切线的长度相加,再取极限,那么我们可以证明所有任意点切线长度之和的极限就等于函数 $F(x)$ 曲线在区间 $[a,b]$ 上的长度,即函数 $F(x)$ 弧长公式为 $s=\lim\limits_{n\to\infty}\sum\limits_{i=1}^{n}\sqrt{1+[F'(x_i^*)]^2}\Delta x$. 式中的 $\sqrt{1+[F'(x_i^*)]^2}\Delta x$ 为第 i 小区间上的任意点切线长度.在讨论弧长公式时,我们习惯用 $f(x)$ 表示函数.让我们开始讨论.

设函数 $f(x)$ 在区间 $[a,b]$ 上可导,且导函数 $f'(x)$ 连续,如将区间 $[a,b]$ 分割成 n 个等长小区间,在每个小区间上任选一点 x_i^* 对 $f(x)$ 曲线作切线,切线在小区间上的长度为 $\sqrt{1+[f'(x_i^*)]^2}\Delta x$, 那么当 $n\to\infty$ 时,所有切线长度之和的极限就等于函数 $f(x)$ 曲线在区间 $[a,b]$ 上的弧长 s, 即

$$s=\lim_{n\to\infty}\sum_{i=1}^{n}\sqrt{1+[f'(x_i^*)]^2}\Delta x,\Delta x=\frac{b-a}{n}.$$

证明分五步.

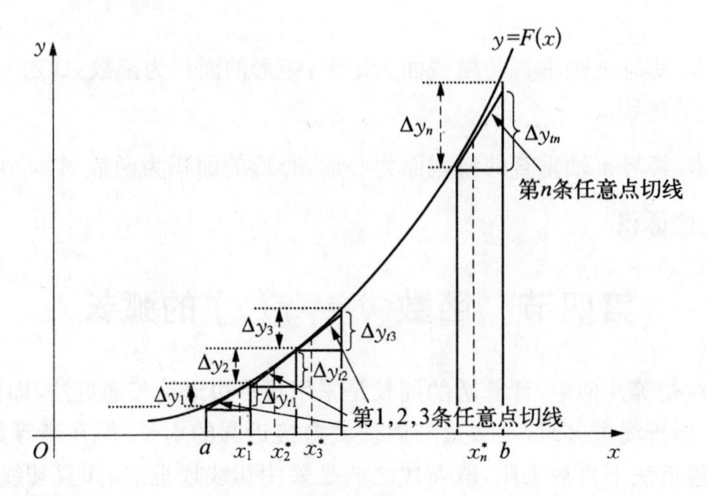

图 10-34

1. 推导公式 $\lim\limits_{\Delta x\to 0}\dfrac{\Delta s_s}{\Delta s_t}=1$

首先解释什么是 Δs,Δs_t 及 Δs_s. 设函数 $f(x)$ 在区间 $[a,b]$ 上可导,且导函数 $f'(x)$ 连续. 让我们在 x 轴上选择一个点 x_0,并以这个点为起始点设立一个小区间 $[x_0,x_0+\Delta x]$. 那么函数 $f(x)$ 的曲线在这小区间上就有一段弧长,以 Δs 表示这段弧长,如图 10-35 所示.

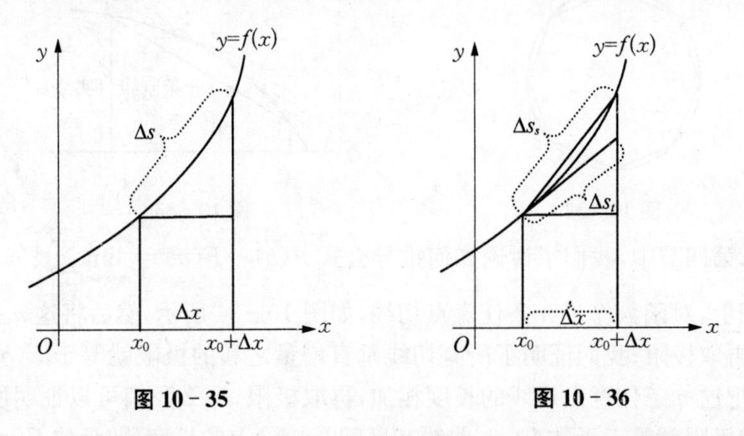

图 10-35　　　　**图 10-36**

让我们在点 x_0 对函数 $f(x)$ 的曲线作一条切线,那么的这条切线斜率就是 $f'(x_0)$,如图 10-36 所示. 以 Δs_t 表示这条切线在小区间上的长度(t 是 tangent(切线)的第一个字母),则

$$\Delta s_t=\sqrt{1+[f'(x_0)]^2}\,\Delta x.$$

让我们再对小区间上的曲线作一条割线,如图 10-36 所示. 以 Δs_s 表示这条割线在小区间上的长度(右下角的 s 是 secant(割线)的第一个字母),则

$$\Delta s_s=\sqrt{\Delta x^2+[f(x_0+\Delta x)-f(x_0)]^2}=\sqrt{1+\left[\frac{f(x_0+\Delta x)-f(x_0)}{\Delta x}\right]^2}\,\Delta x.$$

当 Δx 趋向于 0 时,割线将无限接近切线. 我们可证明 $\lim\limits_{\Delta x\to 0}\dfrac{\Delta s_s}{\Delta s_t}=1$.

$$\lim_{\Delta x\to 0}\frac{\Delta s_s}{\Delta s_t}=\lim_{\Delta x\to 0}\frac{\sqrt{1+\left[\frac{f(x_0+\Delta x)-f(x_0)}{\Delta x}\right]^2}\Delta x}{\sqrt{1+[f'(x_0)]^2}\Delta x}$$

$$=\lim_{\Delta x\to 0}\frac{\sqrt{1+\left[\frac{f(x_0+\Delta x)-f(x_0)}{\Delta x}\right]^2}}{\sqrt{1+[f'(x_0)]^2}}$$

$$=\frac{1}{\sqrt{1+[f'(x_0)]^2}}\lim_{\Delta x\to 0}\sqrt{1+\left[\frac{f(x_0+\Delta x)-f(x_0)}{\Delta x}\right]^2}.$$

(现在我们要对极限 $\lim_{\Delta x\to 0}\sqrt{1+\left[\frac{f(x_0+\Delta x)-f(x_0)}{\Delta x}\right]^2}$ 运用定理 $\lim_{x\to a}f(g(x))=f(\lim_{x\to a}g(x))$. 首先我们要验证这个定理是否适用于这个极限. 令 $u=1+\left[\frac{f(x_0+\Delta x)-f(x_0)}{\Delta x}\right]^2$，则 $\sqrt{1+\left[\frac{f(x_0+\Delta x)-f(x_0)}{\Delta x}\right]^2}$ 可看作由函数 $\sqrt{u}$ 与函数 $u=1+\left[\frac{f(x_0+\Delta x)-f(x_0)}{\Delta x}\right]^2$ 复合而成. 先求解 $\lim_{\Delta x\to 0}u$.

$$\lim_{\Delta x\to 0}u=\lim_{\Delta x\to 0}\left(1+\left[\frac{f(x_0+\Delta x)-f(x_0)}{\Delta x}\right]^2\right)=1+\lim_{\Delta x\to 0}\left[\frac{f(x_0+\Delta x)-f(x_0)}{\Delta x}\right]^2$$

$$=1+\lim_{\Delta x\to 0}\frac{f(x_0+\Delta x)-f(x_0)}{\Delta x}\lim_{\Delta x\to 0}\frac{f(x_0+\Delta x)-f(x_0)}{\Delta x}=1+[f'(x_0)]^2.$$

又因已设导函数 $f'(x)$ 连续，故而函数 $\sqrt{u}$ 在点 $u=1+[f'(x_0)]^2$ 连续. 据此，定理 $\lim_{x\to a}f(g(x))=f(\lim_{x\to a}g(x))$ 适用于这个极限.

$$=\frac{1}{\sqrt{1+[f'(x_0)]^2}}\cdot\sqrt{\lim_{\Delta x\to 0}\left(1+\left[\frac{f(x_0+\Delta x)-f(x_0)}{\Delta x}\right]^2\right)}$$

$$=\frac{1}{\sqrt{1+[f'(x_0)]^2}}\cdot\sqrt{1+[f'(x_0)]^2}$$

$$=1.$$

2. 推导公式 $\lim_{\Delta x\to 0}\frac{\Delta s}{\Delta s_s}=1$

首先，让我们讨论小区间 $[x_0,x_0+\Delta x]$ 上曲线、割线及切线三者之间的关系. 先看三个事实：

(1) 割线与曲线共享它们的两个端点，如图 10-37 所示；

(2) 曲线始终位于割线和切线之间，也就是说，曲线总是比切线更靠近割线. 在第四章中，我们讨论过当 Δx 趋向于 0 时，割线将无限逼近切线，那么当割线无限逼近切线时，割线也必将无限逼近曲线，而且割线对曲线的逼近程度更甚于对切线的逼近程度. 据此可知当 $\Delta x\to 0$ 时，割线将无限地逼近曲线.

(3) 当 Δx 趋向于 0 时，割线和切线之间的间隙将变得越来越窄，这时间隙内的曲线将变得越来越平直. 让我解释一下原因. 将割线和切线之间的夹角记为 α，让我们以割线为斜

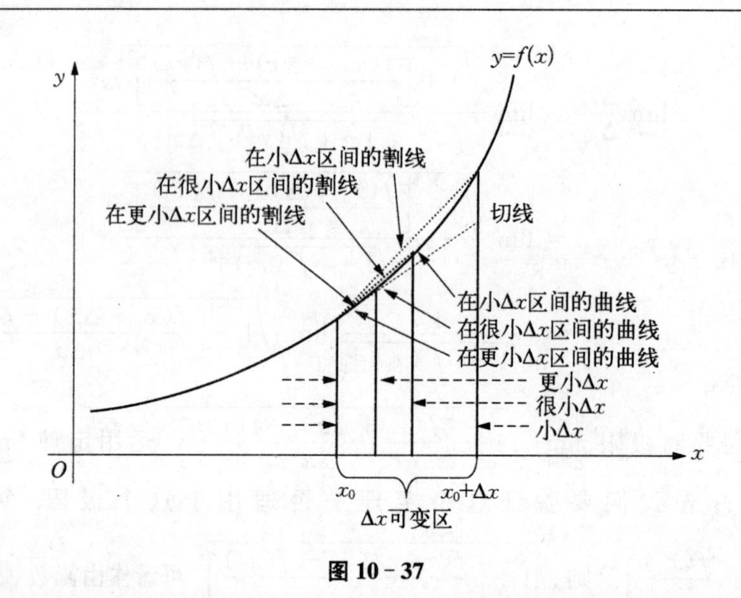

图 10-37

边、切线为邻边作一个直角三角形，如图 10-38 所示. 我们可将这个直角三角形视为割线和切线之间的间隙，曲线位于其中. 直角三角形的扁平度可用对边与邻边之比$\left(\dfrac{\text{对边}}{\text{邻边}}\right)$来表示. 显然比值$\dfrac{\text{对边}}{\text{邻边}}$越小，直角三角形就越扁平，其中的曲线也越平直. 由于α是斜边与邻边间的夹角，则有$\dfrac{\text{对边}}{\text{邻边}}=\tan\alpha$. 我们知道当$\Delta x\to 0$时，割线无限逼近切线；当割线无限逼近切线时，$\alpha\to 0$；当$\alpha\to 0$，$\tan\alpha\to 0$；当$\tan\alpha\to 0$，$\dfrac{\text{对边}}{\text{邻边}}\to 0$. 因此有当$\Delta x\to 0$时，$\dfrac{\text{对边}}{\text{邻边}}\to 0$. 也就是说，当$\Delta x\to 0$时，可有$\dfrac{\text{对边}}{\text{邻边}}<\dfrac{1\text{ 纳米}}{1\text{ 光年}}$. 当$\dfrac{\text{对边}}{\text{邻边}}<\dfrac{1\text{ 纳米}}{1\text{ 光年}}$时，直角三角形变得极端扁平，其中的曲线无限趋向于平直. 据此可知当$\Delta x\to 0$时，曲线无限趋向于平直.

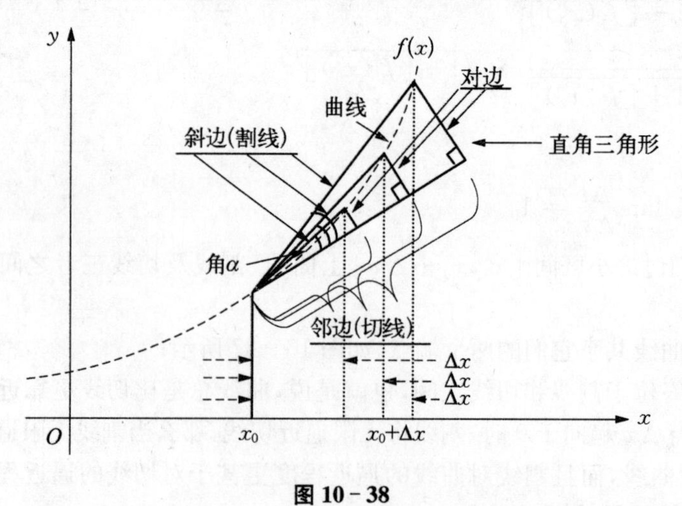

图 10-38

根据以上三点，我们可得出这样一个结论：由于割线与曲线共享它们的两个端点，又由于当$\Delta x\to 0$时，不但割线无限趋向于曲线，而且曲线无限趋向于平直，因此当$\Delta x\to 0$时，曲线的长度将无限趋向于割线的长度，也就是说，当 $\Delta x \to 0$ 时，曲线的长度与割线的长度之比趋向于 1，即 $\Delta x \to 0, \dfrac{\Delta s}{\Delta s_s} \to 1.$

另外公式 $\lim\limits_{\Delta x \to 0} \dfrac{\Delta s_s}{\Delta s_t} = 1$ 指出，当 $\Delta x \to 0$ 时，割线无限趋向于切线，以至于割线长度与切线长度无限趋向于等长，那么夹在这两线中间的、无限趋向于平直的，且与割线共享端点的曲线，其长度也必然与割线长度无限趋向于等长，因此有 $\Delta x \to 0, \dfrac{\Delta s}{\Delta s_s} \to 1$. 让我们把趋向式 $\Delta x \to 0, \dfrac{\Delta s}{\Delta s_s} \to 1$ 写成极限

$$\lim_{\Delta x \to 0} \frac{\Delta s}{\Delta s_s} = 1.$$

3. **推导公式** $\lim\limits_{\Delta x \to 0} \dfrac{\Delta s_d}{\Delta x} = 0$

首先解释什么是 Δs_d. 让我们在小区间 $[x_0, x_0 + \Delta x]$ 上任意选择一个点 x^*，这个点的 x 坐标可表示为 $x^* = x_0 + p\Delta x$，这里 p 代表一个变量，它的变化范围为 $0 \leqslant p \leqslant 1$. 现在让我们在该点处对函数 $f(x)$ 的曲线作一条切线，如图 10－39 所示. 切线的斜率为 $f'(x_0 + p\Delta x)$，将这小段切线称为任意点切线，以 Δs_t^* 表示这条切线的长度，则

$$\Delta s_t^* = \sqrt{1 + [f'(x_0 + p\Delta x)]^2}\Delta x.$$

当 $p = 0$，$\sqrt{1 + [f'(x_0 + p\Delta x)]^2}\Delta x$ 等于 $\sqrt{1 + [f'(x_0)]^2}\Delta x$. 此时，$\Delta s_t^*$ 就变成 Δs_t. 因此 Δs_t 是 Δs_t^* 的特殊形式.

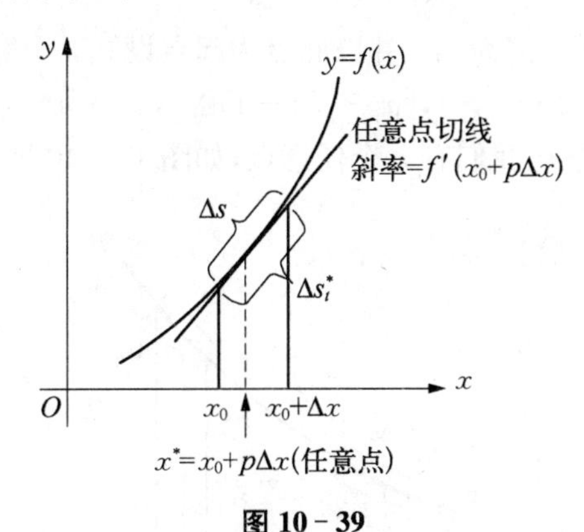

图 10－39

我们知道 Δs 不等于 Δs_t^*，以 Δs_d 表示 Δs 与 Δs_t^* 之间的差值，我们规定

$$\Delta s_d = \Delta s - \Delta s_t^*.$$

据此有

$$\Delta s = \Delta s_t^* + \Delta s_d. \tag{1}$$

我们可以证明 $\lim\limits_{\Delta x \to 0} \dfrac{\Delta s_d^*}{\Delta x} = 0.$

$$\lim_{\Delta x\to 0}\frac{\Delta s_d}{\Delta x}=\lim_{\Delta x\to 0}\frac{\Delta s-\Delta s_t^*}{\Delta x}$$

$$=\lim_{\Delta x\to 0}\frac{\Delta s}{\Delta x}-\lim_{\Delta x\to 0}\frac{\Delta s_t^*}{\Delta x}$$

$$=\lim_{\Delta x\to 0}\frac{\Delta s\cdot\Delta s_s}{\Delta x\cdot\Delta s_s}-\lim_{\Delta x\to 0}\frac{\Delta s_t^*}{\Delta x}$$

$$=\lim_{\Delta x\to 0}\frac{\Delta s_s}{\Delta x}\cdot\lim_{\Delta x\to 0}\frac{\Delta s}{\Delta s_s}-\lim_{\Delta x\to 0}\frac{\Delta s_t^*}{\Delta x}$$

$$=\lim_{\Delta x\to 0}\frac{\Delta s_s}{\Delta x}\cdot 1-\lim_{\Delta x\to 0}\frac{\Delta s_t^*}{\Delta x}$$

$$=\lim_{\Delta x\to 0}\frac{\sqrt{1+\left[\frac{f(x_0+\Delta x)-f(x_0)}{\Delta x}\right]^2}\Delta x}{\Delta x}-\lim_{\Delta x\to 0}\frac{\sqrt{1+[f'(x_0+p\Delta x)]^2}\Delta x}{\Delta x}$$

$$=\lim_{\Delta x\to 0}\sqrt{1+\left[\frac{f(x_0+\Delta x)-f(x_0)}{\Delta x}\right]^2}-\lim_{\Delta x\to 0}\sqrt{1+[f'(x_0+p\Delta x)]^2}$$

(因为 $f'(x)$ 是连续函数,所以 $\lim\limits_{\Delta x\to 0}\sqrt{1+[f'(x_0+p\Delta x)]^2}=\sqrt{1+[f'(x_0)]^2}$)

$$=\sqrt{1+\lim_{\Delta x\to 0}\left[\frac{f(x_0+\Delta x)-f(x_0)}{\Delta x}\right]^2}-\sqrt{1+[f'(x_0)]^2}$$

$$=\sqrt{1+[f'(x_0)]^2}-\sqrt{1+[f'(x_0)]^2}$$

$$=0.$$

4. **推导辅助公式** $\lim\limits_{\Delta x\to 0}\dfrac{\Delta s_{t1}^*+\Delta s_{t2}^*+\cdots+\Delta s_{tn}^*}{\Delta s_1+\Delta s_2+\cdots+\Delta s_n}=1$

让我们在 x 轴上选一点,记为 x_0,并以此点为起点设立 n 个宽度为 Δx 的小区间:$[x_0,x_0+\Delta x]$,$[x_0+\Delta x,x_0+2\Delta x]$,…,$[x_0+(n-1)\Delta x,x_0+n\Delta x]$. 现在让我们在这每个小区间上,选择一个任意点,这样我们有 n 个任意点,如图 10-40 所示.

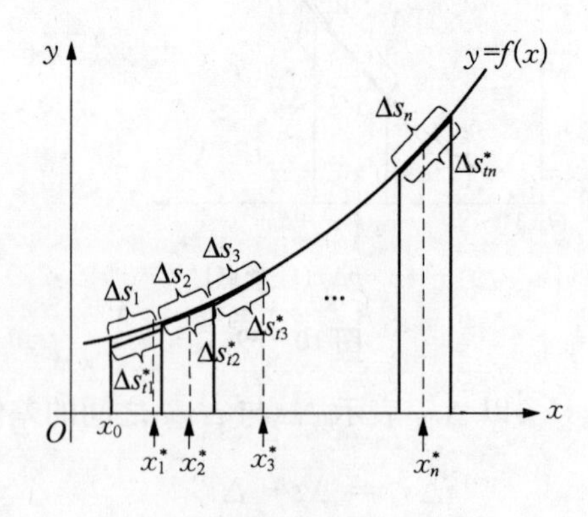

图 10-40

第一个小区间上的任意点记为 x_1^*,其 x 坐标为 $x_0+p_1\Delta x$;

第二个小区间上的任意点记为 x_2^*,其 x 坐标为 $x_0+(1+p_2)\Delta x$;

…;

第 n 个小区间上的任意点记为 x_n^*，其 x 坐标为 $x_0+(n-1+p_n)\Delta x$；

让我们在各个任意点对函数 $f(x)$ 作任意点切线，切线，这样，在 n 个小区间就有 n 条任意点切线，将这 n 条任意点切线的长度依次分别记为 Δs_{t1}^*，Δs_{t2}^*，…，Δs_{tn}^*，如图 10 - 40 所示. 则

$$\Delta s_{t1}^* = \sqrt{1+[f'(x_0+p_1\Delta x)]^2}\Delta x;$$
$$\Delta s_{t2}^* = \sqrt{1+[f'(x_0+(1+p_2)\Delta x)]^2}\Delta x;$$
$$\cdots$$
$$\Delta s_{tn}^* = \sqrt{1+[f'(x_0+(n-1+p_n)\Delta x)]^2}\Delta x.$$

相应地，在这 n 个小区间上，有 n 段小曲线，将这 n 段小曲线的长度依次分别记为 Δs_1，Δs_2，…，Δs_n，如图 10 - 40 所示. 根据(1)式 $\Delta s=\Delta s_t^*+\Delta s_d$，我们可将 Δs_1，Δs_2，…，Δs_n 写成

$$\Delta s_1 = \Delta s_{t1}^* + \Delta s_{d1};$$
$$\Delta s_2 = \Delta s_{t2}^* + \Delta s_{d2};$$
$$\cdots$$
$$\Delta s_n = \Delta s_{tn}^* + \Delta s_{dn}.$$

让我们把 Δs_{t1}^*，Δs_{t2}^*，…，Δs_{tn}^* 和 Δs_1，Δs_2，…，Δs_n 的表达式代入极限 $\lim\limits_{\Delta x\to 0}\dfrac{\Delta s_{t1}^*+\Delta s_{t2}^*+\cdots+\Delta s_{tn}^*}{\Delta s_1+\Delta s_2+\cdots+\Delta s_n}$，则有

$$\lim_{\Delta x\to 0}\frac{\Delta s_{t1}^*+\Delta s_{t2}^*+\cdots+\Delta s_{tn}^*}{\Delta s_1+\Delta s_2+\cdots+\Delta s_n}$$
$$=\lim_{\Delta x\to 0}\frac{\Delta s_{t1}^*+\Delta s_{t2}^*+\cdots+\Delta s_{tn}^*}{(\Delta s_{t1}^*+\Delta s_{d1})+(\Delta s_{t2}^*+\Delta s_{d2})+\cdots+(\Delta s_{tn}^*+\Delta s_{dn})}$$
$$=\frac{\lim\limits_{\Delta x\to 0}\dfrac{\Delta s_{t1}^*+\Delta s_{t2}^*+\cdots+\Delta s_{tn}^*}{\Delta x}}{\lim\limits_{\Delta x\to 0}\dfrac{\Delta s_{t1}^*+\Delta s_{t2}^*+\cdots+\Delta s_{tn}^*}{\Delta x}+\lim\limits_{\Delta x\to 0}\dfrac{\Delta s_{d1}}{\Delta x}+\lim\limits_{\Delta x\to 0}\dfrac{\Delta s_{d2}}{\Delta x}+\cdots+\lim\limits_{\Delta x\to 0}\dfrac{\Delta s_{dn}}{\Delta x}}$$
$$=\frac{\lim\limits_{\Delta x\to 0}\dfrac{\Delta s_{t1}^*+\Delta s_{t2}^*+\cdots+\Delta s_{tn}^*}{\Delta x}}{\lim\limits_{\Delta x\to 0}\dfrac{\Delta s_{t1}^*+\Delta s_{t2}^*+\cdots+\Delta s_{tn}^*}{\Delta x}}$$
$$=\frac{\lim\limits_{\Delta x\to 0}\sqrt{1+[f'(x_0+p_1\Delta x)]^2}+\cdots+\lim\limits_{\Delta x\to 0}\sqrt{1+[f'(x_0+(n-1+p_n)\Delta x)]^2}}{\lim\limits_{\Delta x\to 0}\sqrt{1+[f'(x_0+p_1\Delta x)]^2}+\cdots+\lim\limits_{\Delta x\to 0}\sqrt{1+[f'(x_0+(n-1+p_n)\Delta x)]^2}}$$

(因为 $f'(x)$ 是连续函数，所以函数 $\sqrt{1+[f'(x_0+(i-1+p_i)\Delta x)]^2}$ 也是连续的，这里 $i=1,2,\cdots,n$. 因此 $\lim\limits_{\Delta x\to 0}\sqrt{1+[f'(x_0+(i-1+p_i)\Delta x)]^2}=\sqrt{1+[f'(x_0)]^2}$)

$$=\frac{n\sqrt{1+[f'(x_0)]^2}}{n\sqrt{1+[f'(x_0)]^2}}$$
$$=1.$$

上面讨论了在末端可变区间$[x_0,x_0+n\Delta x]$上的辅助公式$\lim\limits_{\Delta x\to 0}\dfrac{\Delta s_{t1}^*+\Delta s_{t2}^*+\cdots+\Delta s_{tn}^*}{\Delta s_1+\Delta s_2+\cdots+\Delta s_n}=1$. 如果将区间$[x_0,x_0+n\Delta x]$换成固定区间$[a,b]$,我们仍然可得这个辅助公式.

现在令$x_0=a,x_0+n\Delta x=b$,这样就可把区间$[x_0,x_0+n\Delta x]$变成固定区间$[a,b]$;在区间$[a,b]$上,Δx与n的关系为$\Delta x=\dfrac{b-a}{n}$. 每个区间上的$\Delta s,\Delta s_t^*,\Delta s_d$的设置均与上面一样. 辅助公式的证明过程也一样,只是当代入表达式后(见下面),需要再代入$x_0=a,x_0+n\Delta x=b$,简述如下:

$$\lim_{\Delta x\to 0}\frac{\Delta s_{t1}^*+\Delta s_{t2}^*+\cdots+\Delta s_{tn}^*}{\Delta s_1+\Delta s_2+\cdots+\Delta s_n}$$

…

$$=\frac{\lim\limits_{\Delta x\to 0}\{\sqrt{1+[f'(x_0+p_1\Delta x)]^2}+\cdots+\sqrt{1+[f'(x_0+(n-1+p_n)\Delta x)]^2}\}}{\lim\limits_{\Delta x\to 0}\{\sqrt{1+[f'(x_0+p_1\Delta x)]^2}+\cdots+\sqrt{1+[f'(x_0+(n-1+p_n)\Delta x)]^2}\}}$$

$$=\frac{\lim\limits_{\Delta x\to 0}\{\sqrt{1+[f'(x_0+p_1\Delta x)]^2}+\cdots+\sqrt{1+[f'(x_0+n\Delta x-\Delta x+p_n\Delta x)]^2}\}}{\lim\limits_{\Delta x\to 0}\{\sqrt{1+[f'(x_0+p_1\Delta x)]^2}+\cdots+\sqrt{1+[f'(x_0+n\Delta x-\Delta x+p_n\Delta x)]^2}\}}$$

(代入$x_0=a,x_0+n\Delta x=b$)

$$=\frac{\lim\limits_{\Delta x\to 0}\{\sqrt{1+[f'(a+p_1\Delta x)]^2}+\cdots+\lim\limits_{\Delta x\to 0}\sqrt{1+[f'(b-\Delta x+p_n\Delta x)]^2}\}}{\lim\limits_{\Delta x\to 0}\{\sqrt{1+[f'(a+p_1\Delta x)]^2}+\cdots+\lim\limits_{\Delta x\to 0}\sqrt{1+[f'(b-\Delta x+p_n\Delta x)]^2}\}}$$

$$=\frac{\sqrt{1+[f'(a)]^2}+\sqrt{1+[f'(a)]^2}+\cdots+\sqrt{1+[f'(b)]^2}}{\sqrt{1+[f'(a)]^2}+\sqrt{1+[f'(a)]^2}+\cdots+\sqrt{1+[f'(b)]^2}}$$

$$=1.$$

公式$\lim\limits_{\Delta x\to 0}\dfrac{\Delta s_{t1}^*+\Delta s_{t2}^*+\cdots+\Delta s_{tn}^*}{\Delta s_1+\Delta s_2+\cdots+\Delta s_n}=1$指出:如果函数$f(x)$在一个闭区间上可导且其导函数连续,那么当$\Delta x\to 0$时,在此闭区间上的所有任意点切线长度之和与所有小曲线长度之和的比的极限等于1. 这是一个可导且其导数连续的函数所具有的一个重要特性.

5. 推导$s=\lim\limits_{n\to\infty}\sum\limits_{i=1}^{n}\sqrt{1+[f'(x_i^*)]^2}\Delta x$

让我们在函数$f(x)$曲线下设立一个大的区间$[a,b]$,以s表示曲线在区间$[a,b]$上的长度,如图 10 - 41 所示.

这里,我们只要求函数$f(x)$在区间$[a,b]$上可导且其导函数连续. 让我们把区间$[a,b]$分割成n个小区间(n代表一个大的

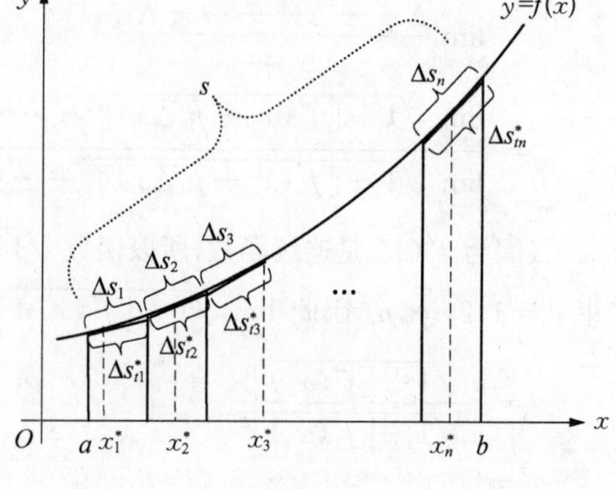

图 10 - 41

整数). 小区间宽度均为 Δx, 那么 $\Delta x=\dfrac{b-a}{n}$. 这样函数 $f(x)$ 在这 n 个小区间上有 n 段曲线,将这 n 段曲线的长度依次分别记为 $\Delta s_1,\Delta s_2,\cdots,\Delta s_n$, 如图 10 - 41 所示. 我们知道

$$s=\Delta s_1+\Delta s_2+\cdots+\Delta s_n. \tag{2}$$

现在让我们在这每个小区间上,任意选择一个点,这样我们有 n 个任意点. 我们把这 n 个任意点,依次分别记为 $x_1^*\ x_2^*,\cdots,x_n^*$. 让我们在每个任意点上,对函数 $F(x)$ 作一条切线,这样就有 n 条切线,我们将这 n 条切线的长度依次分别记为 $\Delta s_{t1}^*,\Delta s_{t2}^*,\cdots\Delta s_{tn}^*$, 如图 10 - 41 所示,则

$$\begin{aligned}\Delta s_{t1}^* &= \sqrt{1+[f'(x_1^*)]^2}\Delta x,\\ \Delta s_{t2}^* &= \sqrt{1+[f'(x_2^*)]^2}\Delta x,\\ &\cdots\\ \Delta s_{tn}^* &= \sqrt{1+[f'(x_n^*)]^2}\Delta x.\end{aligned} \tag{3}$$

让我们将区间 $[a,b]$ 上的 n 个 Δs_t^* 相加,即 $(\Delta s_{t1}^*+\Delta s_{t2}^*+\cdots+\Delta s_{tn}^*)$. 我们知道所有 Δs_t^* 之和不等于所有 Δs 之和,即

$$\frac{\Delta s_{t1}^*+\Delta s_{t2}^*+\cdots+\Delta s_{tn}^*}{\Delta s_1+\Delta s_2+\cdots+\Delta s_n}\neq 1.$$

但是根据辅助公式 $\lim\limits_{\Delta x\to 0}\dfrac{\Delta s_{t1}^*+\Delta s_{t2}^*+\cdots+\Delta s_{tn}^*}{\Delta s_1+\Delta s_2+\cdots+\Delta s_n}=1$, 如果 Δx 无限趋近于 0,那么 $\dfrac{\Delta s_{t1}^*+\Delta s_{t2}^*+\cdots+\Delta s_{tn}^*}{\Delta s_1+\Delta s_2+\cdots+\Delta s_n}$ 将无限趋近于 1. 在这里,因为 $\Delta x=\dfrac{b-a}{n}$, 那么当 n 趋向于 ∞, Δx 将无限趋近于 0. 因此 n 趋向于 ∞ 与 Δx 趋近于 0 意义相同,故可用 $n\to\infty$ 替代 $\Delta x\to 0$, 即有

$$\lim_{n\to\infty}\frac{\Delta s_{t1}^*+\Delta s_{t2}^*+\cdots+\Delta s_{tn}^*}{\Delta s_1+\Delta s_2+\cdots+\Delta s_n}=1,\quad \Delta x=\frac{b-a}{n}.$$

将(2)式代入,即有

$$\lim_{n\to\infty}\frac{\Delta s_{t1}^*+\Delta s_{t2}^*+\cdots+\Delta s_{tn}^*}{s}=1,\quad \Delta x=\frac{b-a}{n}.$$

由于 s 的值是个定值,上式可写为

$$\lim_{n\to\infty}(\Delta s_{t1}^*+\Delta s_{t2}^*+\cdots+\Delta s_{tn}^*)=s,\Delta x=\frac{b-a}{n}.$$

将(3)式代入,即有

$$s=\lim_{n\to\infty}\left[\sqrt{1+[f'(x_1^*)]^2}\Delta x+\cdots+\sqrt{1+[f'(x_n^*)]^2}\Delta x\right],\Delta x=\frac{b-a}{n}.$$

上式可用“西格玛”符号重写为

$$s=\lim_{n\to\infty}\sum_{i=1}^{n}\sqrt{1+[f'(x_i^*)]^2}\Delta x,\Delta x=\frac{b-a}{n}.$$

公式 $s=\lim\limits_{n\to\infty}\sum\limits_{i=1}^{n}\sqrt{1+[f'(x_i^*)]^2}\Delta x$ 可写成定积分的形式

$$s=\lim_{n\to\infty}\sum_{i=1}^{n}\sqrt{1+[f'(x_i^*)]^2}\Delta x=\int_a^b\sqrt{1+[f'(x)]^2}\mathrm{d}x,$$

即有

$$s=\int_a^b\sqrt{1+[f'(x)]^2}\mathrm{d}x.$$

这就是弧长公式，而用任意点切线逼近弧长是这个公式的原理，也是这个公式所要表述的内容.

> **函数 $y=f(x)$ 的弧长公式**
>
> 如果函数 $f(x)$ 在区间$[a,b]$上具有一阶连续导数，那么函数 $f(x)$ 曲线在区间$[a,b]$上的长度 s，由下式给出：
>
> $$s=\lim_{n\to\infty}\sum_{i=1}^{n}\sqrt{1+[f'(x_i^*)]^2}\Delta x=\int_a^b\sqrt{1+[f'(x)]^2}\mathrm{d}x,$$
>
> 这里 $n=\dfrac{b-a}{\Delta x}$.

在公式 $s=\int_a^b\sqrt{1+[f'(x)]^2}\mathrm{d}x$ 中的表达式 $\sqrt{1+[f'(x)]^2}\mathrm{d}x$ 代表在微区间$[x,x+\mathrm{d}x]$上的微切线长度. 令$\mathrm{d}s$代表微切线长度，则

$$\mathrm{d}s=\sqrt{1+[f'(x)]^2}\mathrm{d}x.$$

这样上式可写为

$$s=\int_a^b\mathrm{d}s=\int_a^b\sqrt{1+[f'(x)]^2}\mathrm{d}x$$

例 1 设有函数 $y=x^{\frac{3}{2}}+0.5$，它的图形是一条曲线，如图 10-42 所示. 求函数曲线在区间 $[1,2]$ 上的长度.

解 因为 $y=x^{\frac{3}{2}}+0.5$，所以我们有 $y'=\frac{3}{2}x^{\frac{1}{2}}$. 让我们对函数 $y=x^{\frac{3}{2}}+0.5$ 设立一个微区间，如图 10-42 所示. 再在微区间左端点对函数曲线作切线，这个切线在微区间的长度 $\mathrm{d}s$ 为

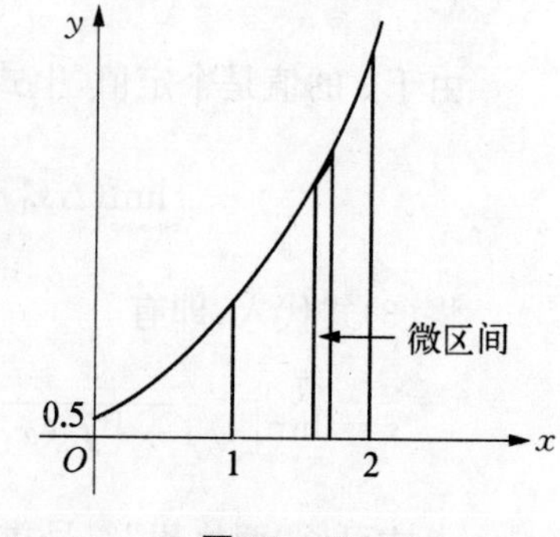

图 10-42

$$\mathrm{d}s=\sqrt{1+f'(x)^2}\mathrm{d}x=\sqrt{1+\left(\frac{3}{2}x^{\frac{1}{2}}\right)^2}\mathrm{d}x.$$

因为所求曲线在区间[1,2]内，我们有 $a=1$ 和 $b=2$. 将 $a=1,b=2$ 和 $\mathrm{d}s=\sqrt{1+\left(\frac{3}{2}x^{\frac{1}{2}}\right)^2}\mathrm{d}x$ 代入定积分 $s=\int_a^b \mathrm{d}s$，得

$$s=\int_a^b \mathrm{d}s=\int_1^2\sqrt{1+\left(\frac{3}{2}x^{\frac{1}{2}}\right)^2}\mathrm{d}x.$$

让我们先求解相应的不定积分 $\int\sqrt{1+\left(\frac{3}{2}x^{\frac{1}{2}}\right)^2}\mathrm{d}x$：

$$\int\sqrt{1+\left(\frac{3}{2}x^{\frac{1}{2}}\right)^2}\mathrm{d}x=\int\sqrt{1+\frac{9}{4}x}\mathrm{d}x=\int\frac{1}{2}\sqrt{9x+4}\mathrm{d}x.$$

令 $u=9x+4$，那么 $\mathrm{d}u=9\mathrm{d}x$. 因为 $\mathrm{d}u=9\mathrm{d}x$，我们有 $\frac{\mathrm{d}u}{9}=\mathrm{d}x$. 将 $u=9x+4$ 和 $\frac{\mathrm{d}u}{9}=\mathrm{d}x$ 代入不定积分 $\int\frac{1}{2}\sqrt{9x+4}\mathrm{d}x$，得：

$$\begin{aligned}\int\frac{1}{2}\sqrt{9x+4}\mathrm{d}x&=\int\frac{1}{2}\sqrt{u}\cdot\frac{\mathrm{d}u}{9}\\&=\int\frac{1}{18}\sqrt{u}\mathrm{d}u\\&=\frac{1}{27}(u)^{\frac{3}{2}}\\ \text{(将 } u=9x+4 \text{ 代入)}\quad&=\frac{(9x+4)^{\frac{3}{2}}}{27},\end{aligned}$$

求得不定积分 $\int\sqrt{1+\left(\frac{3}{2}x^{\frac{1}{2}}\right)^2}\mathrm{d}x=\frac{(9x+4)^{\frac{3}{2}}}{27}$. 现在我们可以求解定积分 $s=\int_1^2\sqrt{1+\left(\frac{3}{2}x^{\frac{1}{2}}\right)^2}\mathrm{d}x$：

$$s=\int_1^2\sqrt{1+\left(\frac{3}{2}x^{\frac{1}{2}}\right)^2}\mathrm{d}x=\left[\frac{(9x+4)^{\frac{3}{2}}}{27}\right]_1^2=\frac{(9\cdot2+4)^{\frac{3}{2}}}{27}-\frac{(9\cdot1+4)^{\frac{3}{2}}}{27}\approx2.086.$$

函数 $y=x^{\frac{3}{2}}+0.5$ 的曲线在区间[1,2]上的长度为 2.086.

习题 10－4

1. 设函数 $y=x\sqrt{x}+4$，求函数曲线在区间[0,5]上的长度.

2. 设函数 $y=-\frac{x\sqrt{x}}{6}+2\sqrt{x}+5$，求函数曲线在区间[0,4]上的长度.

3. 设函数 $y=\frac{\sqrt{x}}{6}(3-4x)$，求函数曲线在区间[0,4]上的长度.

4. 设函数 $y=\sqrt{\frac{2}{3}(x-1)^3}$，求函数曲线在区间[1,2]上的长度.

第五节　参数方程 $x=\varphi(t), y=\psi(t)$ 的弧长

在推导出函数 $f(x)$ 的弧长公式 $s=\int_a^b \sqrt{1+[f'(x)]^2}\,\mathrm{d}x$ 的基础上，我们可以比较容易地推导出参数方程 $x=\varphi(t), y=\psi(t)$ 的弧长公式

$$s=\lim_{n\to\infty}\sum_{i=1}^{n}\sqrt{[\varphi'(t_i^*)]^2+[\psi'(t_i^*)]^2}\,\Delta t=\int_\alpha^\beta \sqrt{[\varphi'(t)]^2+[\psi'(t)]^2}\,\mathrm{d}t.$$

推导方法有两种，一是将函数 $f(x)$ 的弧长公式 $s=\int_a^b \sqrt{1+[f'(x)]^2}\,\mathrm{d}x$ 简单地转换成参数方程的弧长公式

$$s=\int_\alpha^\beta \sqrt{[\varphi'(t)]^2+[\psi'(t)]^2}\,\mathrm{d}t,$$

另一个方法是用逼近法直接推导出参数方程的弧长极限公式

$$s=\lim_{n\to\infty}\sum_{i=1}^{n}\sqrt{[\varphi'(t_i^*)]^2+[\psi'(t_i^*)]^2}\,\Delta t,\Delta t=\frac{\beta-\alpha}{n}.$$

我们分别介绍.

一、转换法

设曲线 L 由参数方程 $x=\varphi(t), y=\psi(t)$ 给出，如图 10-43 所示. 再设函数 $x=\varphi(t)$ 的导数 $\varphi'(t)$ 和函数 $y=\psi(t)$ 的导数 $\psi'(t)$ 在区间 $[\alpha,\beta]$ 上连续，且不同时为 0. 现在令 $t=\alpha$，则 $x_\alpha=\varphi(\alpha)$；令 $t=\beta$，则 $x_\beta=\varphi(\beta)$. 这样在 x 轴上就有区间 $[x_\alpha,x_\beta]$，如图 10-43 所示. 显然，区间 $[x_\alpha,x_\beta]$ 是对应于 t 区间 $[\alpha,\beta]$ 的. 以 s 表示曲线 L 在区间 $[x_\alpha,x_\beta]$ 上的弧长，则 s 由下式给出：

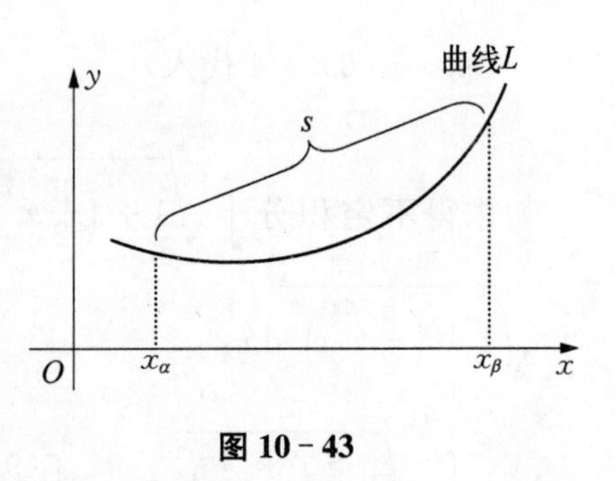

图 10-43

$$s=\int_\alpha^\beta \sqrt{[\varphi'(t)]^2+[\psi'(t)]^2}\,\mathrm{d}t.$$

为了推导这个公式，我们需要将参数方程写成复合函数形式. 将 t 当成中间变量，把$x=\varphi(t)$写成 $t=\varphi^{-1}(x)$，这样就可把参数方程 $x=\varphi(t)$，$y=\psi(t)$写成复合函数

$$y=\psi(t)=\psi[\varphi^{-1}(x)]=f(x).$$

这个复合函数 $y=f(x)$的导数为(见第六章第四节第二小节)

$$f'(x)=\frac{\mathrm{d}y}{\mathrm{d}x}=\frac{\psi'(t)}{\varphi'(t)}.$$

中间变量函数 $t=\varphi^{-1}(x)$的导数为(见第六章第四节第二小节)

$$\frac{\mathrm{d}t}{\mathrm{d}x}=\frac{1}{\varphi'(t)}.$$

即有

$$\mathrm{d}x=\varphi'(t)\mathrm{d}t.$$

我们知道复合函数 $y=f(x)$ 在区间 $[x_\alpha,x_\beta]$ 上的弧长公式为

$$s=\int_{x_\alpha}^{x_\beta}\sqrt{1+f'(x)^2}\mathrm{d}x.$$

将上面的 $f'(x)=\dfrac{\psi'(t)}{\varphi'(t)}$ 和 $\mathrm{d}x=\varphi'(t)\mathrm{d}t$ 代入上式中的 $\sqrt{1+f'(x)^2}\mathrm{d}x$，得

$$\sqrt{1+f'(x)^2}\mathrm{d}x=\sqrt{1+\left[\frac{\psi'(t)}{\varphi'(t)}\right]^2}\varphi'(t)\mathrm{d}t=\sqrt{\varphi'^2(t)+\psi'^2(t)}\mathrm{d}t.$$

现在我们要将上式 $\sqrt{1+f'(x)^2}\mathrm{d}x=\sqrt{\varphi'^2(t)+\psi'^2(t)}\mathrm{d}t$ 代入定积分 $s=\int_{x_\alpha}^{x_\beta}\sqrt{1+f'(x)^2}\mathrm{d}x$. 注意，因为复合函数 $y=f(x)$ 的曲线在区间 $[x_\alpha,x_\beta]$ 上，而区间 $[x_\alpha,x_\beta]$ 是与参数方程 $x=\varphi(t)$，$y=\psi(t)$ 变量 t 的区间 $[\alpha,\beta]$ 相对应的. 因此当作代入时，需同时以积分区间 $[\alpha,\beta]$ 代替积分区间 $[x_\alpha,x_\beta]$，则有

$$s=\int_{x_\alpha}^{x_\beta}\sqrt{1+f'(x)^2}\mathrm{d}x=\int_\alpha^\beta\sqrt{\varphi'^2(t)+\psi'^2(t)}\mathrm{d}t.$$

即得

$$s=\int_\alpha^\beta\sqrt{[\varphi'(t)]^2+[\psi'(t)]^2}\mathrm{d}t.$$

这就是参数方程的弧长公式.

二、逼近法

逼近法的推导过程有点长，但不难懂. 这个方法的优点是它不但能让你透彻地理解参数方程弧长公式的原理，而且对理解空间曲线弧长公式的原理有很大帮助，如果你想学习第八节的空间曲线弧长公式，这小节必读.

设曲线 L 由参数方程 $x=\varphi(t)$，$y=\psi(t)$ 给出，条件同上，则 L 的弧长公式为

$$s=\lim_{n\to\infty}\sum_{i=1}^{n}\sqrt{[\varphi'(t_i^*)]^2+[\psi'(t_i^*)]^2}\Delta t,\Delta t=\frac{\beta-\alpha}{n}.$$

参数方程 $x=\varphi(t)$，$y=\psi(t)$ 的弧长公式的推导与函数 $y=f(x)$ 弧长公式的推导基本相似. 为了形象化展示变量 t 及相关的区间 $[\alpha,\beta]$ 和任意点 t_i^*，我们需要建立一个共轴三平面坐标系，如图 10－44 所示. 这里有 xy 平面（主平面）、tx 平面和 ty 平面. 每两个平面均有一轴共享. 注意这不是一个空间坐标系，只是三个同轴共享的平面.

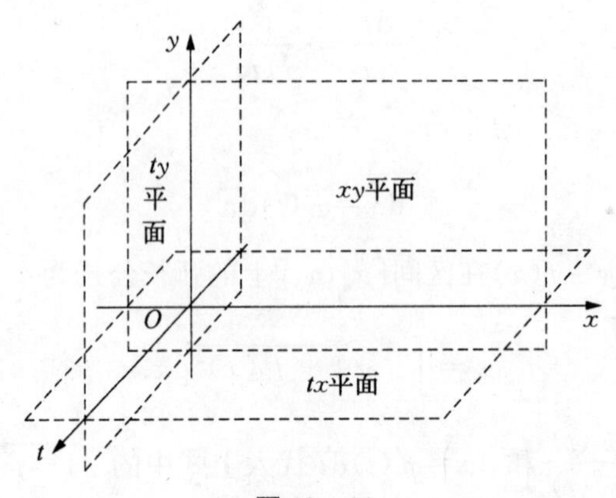

图 10-44

让我们在 t 轴任选一点 t_0，即令 $t=t_0$，根据参数方程 $x=\varphi(t), y=\psi(t)$，得 $x_0=\varphi(t_0)$ 和 $y_0=\psi(t_0)$. 让我们在 tx 平面内作点 (t_0,x_0)；在 ty 平面内作点 (t_0,y_0)；在 xy 平面内作点 (x_0,y_0)，如图 10-45 所示. 也就是说，我们只要令 t 等于某个值，我们就可在这三个平面内各作一点. 如果持续令 t 等于不同的值，我们就可在三个平面内各作很多不同的点. 如果我们分别把各平面内的点连起来，那么我们就能在每个平面内得到一条曲线.

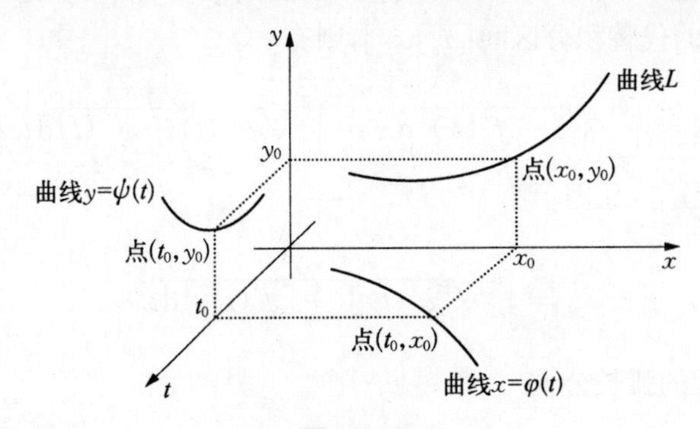

图 10-45

在 tx 平面内有 $x=\varphi(t)$ 曲线；在 ty 平面内有 $y=\psi(t)$ 曲线；在 xy 平面内有曲线 L（L 由参数方程 $x=\varphi(t), y=\psi(t)$ 给出），如图 10-45 所示.

现在令 $t=\alpha$，则有 $x_\alpha=\varphi(\alpha)$ 和 $y_\alpha=\psi(\alpha)$. 这样我们就在 xy 平面内的曲线 L 上得到一个点 (x_α,y_α). 再令 $t=\beta$（这里 $\beta>\alpha$），则有 $x_\beta=\varphi(\beta)$ 和 $y_\beta=\psi(\beta)$. 这样我们就在曲线 L 上得到另一个点 (x_β,y_β)，如图 10-46 所示. 以 s 表示曲线 L 从点 (x_α,y_α) 至点 (x_β,y_β) 的长度（s 也可说是曲线 L 在区间 $[x_\alpha,x_\beta]$ 上的长度，也可说是当 $t=\alpha$ 及 $t=\beta$ 时，曲线 L 的长度），则可证明

$$s=\lim_{n\to\infty}\sum_{i=1}^{n}\sqrt{[\varphi'(t_i^*)]^2+[\psi'(t_i^*)]^2}\Delta t, \Delta t=\frac{\beta-\alpha}{n}.$$

这个证明需分五步进行.

注意，当我们令 $t=\alpha$ 及 $t=\beta$ 时，我们实际上在 t 轴上设立了一个区间 $[\alpha,\beta]$，弧长 s 就是曲线 L 对应于这个区间 $[\alpha,\beta]$ 的长度. 而三平面系统让我们能形象化地展示 xy 平面内的弧长 s 与 t 轴上区间 $[\alpha,\beta]$ 的关系.

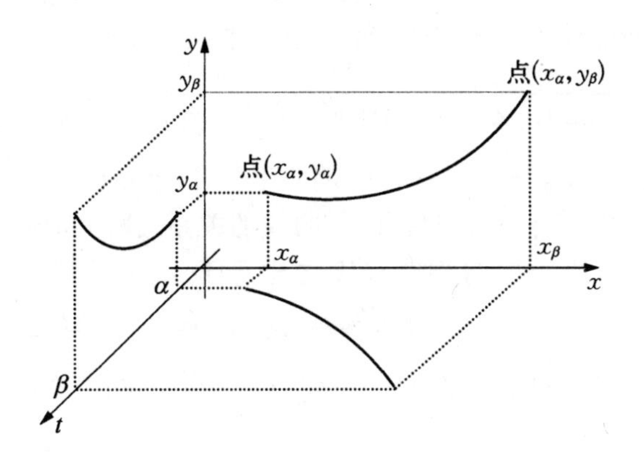

图 10－46

1. 推导公式 $\lim\limits_{\Delta t\to 0}\dfrac{\Delta s}{\Delta s_s}=1$

首先解释什么是 Δs 及Δs_s. 设函数 $x=\varphi(t)$, $y=\psi(t)$ 可导,且导函数 $\varphi'(t)$ 和 $\psi'(t)$ 连续. 让我们在 t 轴上选择一个点 t_0,并以这个点为起始点设立一个小区间 $[t_0,t_0+\Delta t]$. 小区间起始点为 t_0,相应地,在曲线 L 上就有点 (x_0,y_0). 这里 $x_0=\varphi(t_0)$ 及 $y_0=\psi(t_0)$. 小区间末端点为 $t_0+\Delta t$. 相应地,在曲线 L 上就有点 $(\varphi(t_0+\Delta t),\psi(t_0+\Delta t))$,如图 10－47 所示. 以 Δs 表示曲线 L 从点 (x_0,y_0) 至点 $(\varphi(t_0+\Delta t),\psi(t_0+\Delta t))$ 的长度,如图 10－47 所示. 小曲线 Δs 在 y 轴上的长度(纵增)为 $\psi(t_0+\Delta t)-\psi(t_0)$. 因为 $y=\psi(t)$,按惯例可将 $\psi(t_0+\Delta t)-\psi(t_0)$ 记为 Δy,则有

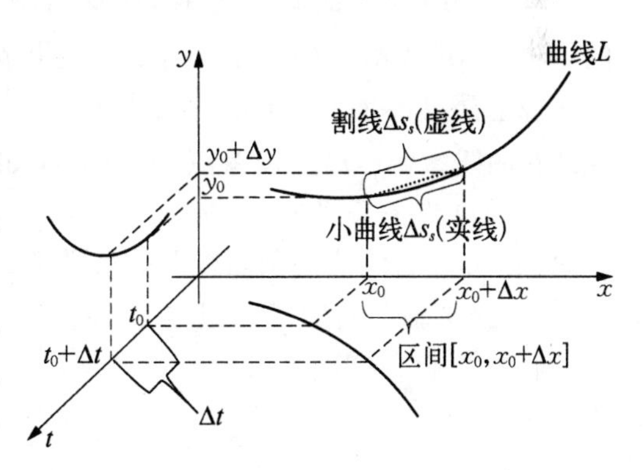

图 10－47

$$\Delta y=\psi(t_0+\Delta t)-\psi(t_0)=\psi(t_0+\Delta t)-y_0,$$

即有

$$\psi(t_0+\Delta t)=y_0+\Delta y.$$

相应地,小曲线 Δs 在 x 轴上的长度(横增)为 $\varphi(t_0+\Delta t)-\varphi(t_0)$. 同理,因为 $x=\varphi(t)$,按上例可将 $\varphi(t_0+\Delta t)-\varphi(t_0)$ 记为 Δx,则有

$$\Delta x=\varphi(t_0+\Delta t)-\varphi(t_0)=\varphi(t_0+\Delta t)-x_0.$$

即有

$$\varphi(t_0+\Delta t)=x_0+\Delta x.$$

这样点 $(\varphi(t_0+\Delta t),\psi(t_0+\Delta t))$ 就可以记为 $(y_0+\Delta y,x_0+\Delta x)$,如图 10－47 所示.

因为小曲线 Δs 的起点和终点的 x 轴坐标分别为 x_0 和 $x_0+\Delta x$,所以 Δs 也可说是曲线 L 在区间 $[x_0,x_0+\Delta x]$ 上的长度,如图 10－47 所示. 为了简便,我们也可将区间 $[x_0,x_0+\Delta x]$ 称为区间 Δx. 因此,Δs 也可说是曲线 L 在区间 Δx 上的长度. 显然,当 Δt 趋向于 0 时,$\Delta x,\Delta y,\Delta s$ 都趋向于 0.

让我们再对这段小曲线作一条割线，如图 10 - 47 所示. 以 Δs_s 表示割线的长度，则

$$\Delta s_s = \sqrt{[\varphi(t_0+\Delta t)-\varphi(t_0)]^2+[\psi(t_0+\Delta t)-\psi(t_0)]^2} = \sqrt{\Delta x^2+\Delta y^2}.$$

Δs_s 对应于小区间 $[t_0, t_0+\Delta t]$. 当 Δt 趋向于 0 时，Δs_s 也趋向于 0.

我们本章在第四节中，已经讨论过割线与曲线的关系. 我们知道：当割线与曲线所在的区间长度趋向于 0 时，曲线长度与割线长度之比等于 1. 这里割线与曲线所在的区间为 $[x_0, x_0+\Delta x]$，区间 $[x_0, x_0+\Delta x]$ 也可写成 $[\varphi(t_0), \varphi(t_0+\Delta t)]$，所以当 Δt 趋向于 0 时，区间 $[x_0, x_0+\Delta x]$ 的长度 Δx 趋近于 0，即 $\Delta x \to 0$. 因此当 $\Delta t \to 0$，就有 $\dfrac{\Delta s}{\Delta s_s} \to 1$. 这样就有

$$\lim_{\Delta t\to 0}\frac{\Delta s}{\Delta s_s} = 1.$$

2. 推导公式 $\lim\limits_{\Delta t\to 0}\dfrac{\Delta s_d}{\Delta t} = 0$

首先介绍 Δs_t^* 的概念. 现在，让我们在小区间 $[t_0, t_0+\Delta t]$ 间任意选一点 t^*，这个点的 t 轴坐标可表示为 $t^* = t_0 + p\Delta t$，这里 p 代表一个变量，它的变化范围为 $0 \leqslant p \leqslant 1$.

现在看 tx 平面. 因为在 t 轴上选点 $t^* = t_0 + p\Delta t$，就有 $x^* = \varphi(t^*) = \varphi(t_0 + p\Delta t)$. 相应地在曲线 $x = \varphi(t)$ 上就有点 (t^*, x^*)，如图 10 - 48 所示. 现在让我们在点 (t^*, x^*) 对曲线 $x = \varphi(t)$ 作一条切线，如图 10 - 48 所示. 切线的斜率为 $\varphi'(t^*) = \varphi'(t_0 + p\Delta t)$. 如果以小区间 $[t_0, t_0+\Delta t]$ 为这条切线上的水平增量（t 轴上的增量），那么在切线上就有相对应的垂直增量（x 轴上的增量）. 以 Δx_t^* 表示这个垂直增量（x 轴上的增量），如图 10 - 48 所示，则

$$\Delta x_t^* = \varphi'(t^*)\Delta t = \varphi'(t_0 + p\Delta t)\Delta t.$$

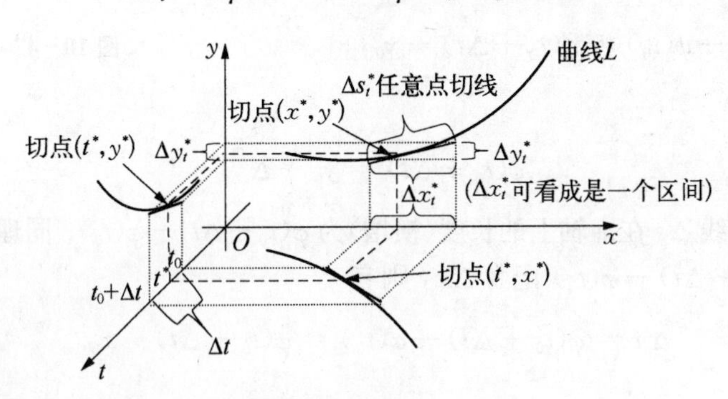

图 10 - 48

再看 ty 平面. 因为在 t 轴上选点 $t^* = t_0 + p\Delta t$，就有 $y^* = \psi(t^*) = \psi(t_0 + p\Delta t)$. 相应地在曲线 $y = \psi(t)$ 上就有点 (t^*, y^*)，如图 10 - 48 所示. 现在让我们在点 (t^*, y^*) 处对曲线 $y = \psi(t)$ 作一条切线，如图 10 - 48 所示. 切线的斜率为 $\psi'(t^*) = \psi'(t_0 + p\Delta t)$. 如果以小区间 $[t_0, t_0+\Delta t]$ 为这条切线上的水平增量（t 轴上的增量），那么在切线上就有相对应的垂直增量（y 轴上的增量）. 以 Δy_t^* 表示这个垂直增量（y 轴上的增量），如图 10 - 48 所

示，则

$$\Delta y_t^* = \psi'(t^*)\Delta t = \psi'(t_0 + p\Delta t)\Delta t.$$

再看 xy 平面内的曲线 L. 因为在 t 轴上选点 t^*，就有 $x^* = \varphi(t^*)$ 和 $y^* = \psi(t^*)$. 相应地在曲线 L 上就有点 (x^*, y^*). 现在让我们在点 (x^*, y^*) 处对曲线 L 作一条切线，如图 10－48 所示. 切线的斜率为 $\dfrac{\mathrm{d}y}{\mathrm{d}x} = \dfrac{\psi'(t^*)}{\varphi'(t^*)}$. 我们知道 $\Delta x_t^* = \varphi'(t^*)\Delta t$，如果以 Δx_t^* 为这条切线上的水平增量（x 轴上的增量），那么在切线上，对应于水平增量 Δx_t^* 的垂直增量（y 轴上的增量）应等于斜率乘以 Δx_t^*，即

$$\frac{\mathrm{d}y}{\mathrm{d}x} \cdot \Delta x_t^* = \frac{\psi'(t^*)}{\varphi'(t^*)} \cdot \Delta x_t^* = \frac{\psi'(t^*)}{\varphi'(t^*)} \cdot \varphi'(t^*)\Delta t = \psi'(t^*)\Delta t = \Delta y_t^*.$$

这就是说当切线上的 x 增量为 Δx_t^* 时，切线上的 y 增量一定是 Δy_t^*. 那么与 Δx_t^* 及 Δy_t^* 所对应的这一小段切线的长度就应等于 $\sqrt{[\Delta x_t^*]^2 + [\Delta y_t^*]^2}$. 这小段切线称为任意点切线，如图 10－48 所示. 以 Δs_t^* 表示任意点切线的长度，则

$$\begin{aligned}\Delta s_t^* &= \sqrt{[\Delta x_t^*]^2 + [\Delta y_t^*]^2} = \sqrt{[\varphi'(t^*)\Delta t]^2 + [\psi'(t^*)\Delta t]^2} \\ &= \sqrt{[\varphi'(t^*)]^2 + [\psi'(t^*)]^2}\Delta t.\end{aligned}$$

在这里，如果我们把 Δx_t^* 看成是 x 轴上的一个区间，那么 Δs_t^* 就表示在点 x^* 处的任意点切线，在区间 Δx_t^* 上的长度，如图 10－48 所示.

我们可以找出区间 Δx_t^* 的起点及终点的 x 坐标. 因为 Δx_t^* 又是曲线 $x = \varphi(t)$ 的任意点切线在区间 $[t_0, t_0 + \Delta t]$ 上的 x 增量，据此，Δx_t^* 起点的 x 坐标应为 $\varphi(t^*) - \varphi'(t^*)p\Delta t$；而终点的 x 坐标应为 $\varphi(t^*) + \varphi'(t^*)(1-p)\Delta t$；因此我们可用起点坐标和终点坐标将区间 Δx_t^* 写为 $[\varphi(t^*) - \varphi'(t^*)p\Delta t, \varphi(t^*) + \varphi'(t^*)(1-p)\Delta t]$.

综上所说，对曲线 L 的切线 Δs_t^* 而言，参数方程 $x = \varphi(t)$ 的导数 $x' = \varphi'(t)$ 乘以 Δt 给出了切线 Δs_t^* 上的 x 增量（水平增量），而参数方程 $y = \psi(t)$ 的导数 $y' = \psi'(t)$ 乘以 Δt 给出了切线 Δs_t^* 上的 y 增量（垂直增量）. 根据这两个增量，我们可直接计算出切线长度. 而不必按惯例，先计算曲线 L 上的切线斜率，再给切线一个 x 增量，从而计算出切线上的 y 增量，再根据这两个增量计算出切线的长度.

小结

1. 在 t 轴上设立一个小区间 $[t_0, t_0 + \Delta t]$，该小区间通过曲线 $x = \varphi(t)$ 在 x 轴上生成小区间 $[x_0, x_0 + \Delta x]$，又称小区间 Δx，而曲线 L 在小区间 Δx 上的弧长就是 Δs，弧长 Δs 的割线是 Δs_s，如图 10－49 所示，即弧长 Δs 及割线 Δs_s 均在小区间 Δx 上.

2. 在 t 轴的小区间 $[t_0, t_0 + \Delta t]$ 上，选择一个任意点 t^*，对曲线 $x = \varphi(t)$ 作切线；t 轴的小区间 $[t_0, t_0 + \Delta t]$ 通过这条切线在 x 轴上生成小区间 Δx_t^*；同时，任意点 t^* 在曲线 L 上有对应的点 (x^*, y^*)，过该点对曲线 L 作切线，这条切线在小区间 Δx_t^* 上的长度就是 Δs_t^*，如图 10－49 所示.

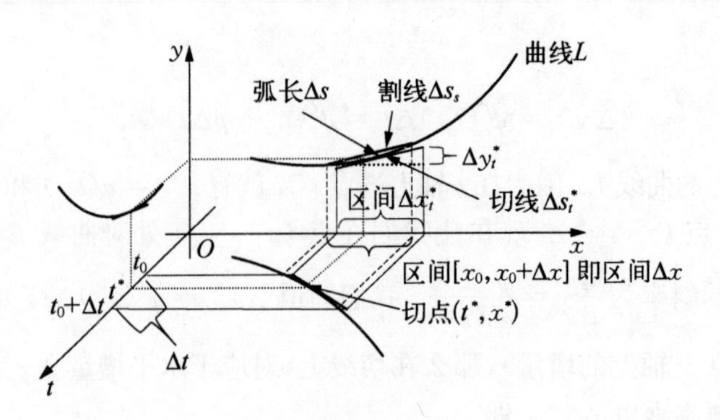

图 10－49

小区间 Δx 与小区间 Δx_t^* 不是一个小区间，但它们都是由 Δt 决定的. 当 Δt 趋向于 0 时，Δx 和 Δx_t^* 都将趋向于 0.

3. $\Delta s, \Delta s_s$ 和 Δs_t^* 都与 Δt 有关. 当 Δt 趋向于 0 时，$\Delta s, \Delta s_s$ 和 Δs_t^* 都将趋向于 0.

现在解释什么是 Δs_d. 我们知道 Δs 不等于 Δs_t^*，以 Δs_d 表示 Δs 与 Δs_t^* 之间的差值. 我们规定

$$\Delta s_d = \Delta s - \Delta s_t^*.$$

据此有

$$\Delta s = \Delta s_t^* + \Delta s_d. \tag{1}$$

我们可以证明 $\lim\limits_{\Delta t\to 0}\dfrac{\Delta s_d}{\Delta t} = 0$.

$$\begin{aligned}
\lim_{\Delta t\to 0}\frac{\Delta s_d}{\Delta t} &= \lim_{\Delta t\to 0}\frac{\Delta s - \Delta s_t^*}{\Delta t} \\
&= \lim_{\Delta t\to 0}\frac{\Delta s}{\Delta t} - \lim_{\Delta t\to 0}\frac{\Delta s_t^*}{\Delta t} \\
&= \lim_{\Delta t\to 0}\frac{\Delta s\cdot\Delta s_s}{\Delta t\cdot\Delta s_s} - \lim_{\Delta t\to 0}\frac{\Delta s_t^*}{\Delta t} \\
&= \lim_{\Delta t\to 0}\frac{\Delta s_s}{\Delta t}\cdot\lim_{\Delta t\to 0}\frac{\Delta s}{\Delta s_s} - \lim_{\Delta t\to 0}\frac{\Delta s_t^*}{\Delta t} \\
&= \lim_{\Delta t\to 0}\frac{\Delta s_s}{\Delta t}\cdot 1 - \lim_{\Delta t\to 0}\frac{\Delta s_t^*}{\Delta t} \\
&= \lim_{\Delta t\to 0}\frac{\sqrt{[\varphi(t_0+\Delta t)-\varphi(t_0)]^2+[\psi(t_0+\Delta t)-\psi(t_0)]^2}}{\Delta t} - \\
&\quad \lim_{\Delta t\to 0}\frac{\sqrt{[\varphi'(t_0+p\Delta t)]^2+[\psi'(t_0+p\Delta t)]^2}\,\Delta t}{\Delta t} \\
&= \lim_{\Delta t\to 0}\frac{\sqrt{\left[\dfrac{\varphi(t_0+\Delta t)-\varphi(t_0)}{\Delta t}\right]^2+\left[\dfrac{\psi(t_0+\Delta t)-\psi(t_0)}{\Delta t}\right]^2}\,\Delta t}{\Delta t} - \\
&\quad \lim_{\Delta t\to 0}\sqrt{[\varphi'(t_0+p\Delta t)]^2+[\psi'(t_0+p\Delta t)]^2}
\end{aligned}$$

（因为 $\varphi'(t)$ 和 $\psi'(t)$ 是连续函数，所以 $\sqrt{[\varphi'(t_0+p\Delta t)]^2+[\psi'(t_0+p\Delta t)]^2}$ 也是连续函数，故 $\lim\limits_{\Delta t\to 0}\sqrt{[\varphi'(t_0+p\Delta t)]^2+[\psi'(t_0+p\Delta t)]^2}=\sqrt{[\varphi'(t_0)]^2+[\psi'(t_0)]^2}$）

$$=\lim_{\Delta t\to 0}\sqrt{\left[\frac{\varphi(t_0+\Delta t)-\varphi(t_0)}{\Delta t}\right]^2+\left[\frac{\psi(t_0+\Delta t)-\psi(t_0)}{\Delta t}\right]^2}-\sqrt{[\varphi'(t_0)]^2+[\psi'(t_0)]^2}$$

（运用定理 $\lim\limits_{x\to a}f(g(x))=f(\lim\limits_{x\to a}g(x))$）

$$=\sqrt{\lim_{\Delta t\to 0}\left[\frac{\varphi(t_0+\Delta t)-\varphi(t_0)}{\Delta t}\right]^2+\lim_{\Delta t\to 0}\left[\frac{\psi(t_0+\Delta t)-\psi(t_0)}{\Delta t}\right]^2}-\sqrt{[\varphi'(t_0)]^2+[\psi'(t_0)]^2}$$

$$=\sqrt{[\varphi'(t_0)]^2+[\psi'(t_0)]^2}-\sqrt{[\varphi'(t_0)]^2+[\psi'(t_0)]^2}=0.$$

3. 推导辅助公式 $\lim\limits_{\Delta t\to 0}\dfrac{\Delta s_{t1}^*+\Delta s_{t2}^*+\cdots+\Delta s_{tn}^*}{\Delta s_1+\Delta s_2+\cdots+\Delta s_n}=1$

让我们在 t 轴上选一点，记为 t_0，并以此点为起点设立 n 个宽度为 Δt 的小区间，$[t_0,t_0+\Delta t]$，$[t_0+\Delta t,t_0+2\Delta t]$，…，$[t_0+(n-1)\Delta t,t_0+n\Delta t]$. 现在让我们在这每个小区间上，选择一个任意点，这样我们有 n 个任意点.

我们把第一小区间 $[t_0,t_0+\Delta t]$ 上的任意点记为 t_1^*，其 t 坐标为 $t_0+p_1\Delta t$. 相应地，在曲线 L 上，就有一点 (x_1^*,y_1^*). 让我们在点 (x_1^*,y_1^*) 处对曲线 L 作一条切线，如图 10－50 所示，那么就有一小段切线对应于这第一小区间. 我们把这小段切线的长度记为 Δs_{t1}^*，则

$$\Delta s_{t1}^*=\sqrt{[\varphi'(t_1^*)]^2+[\psi'(t_1^*)]^2}\Delta t=\sqrt{[\varphi'(t_0+p_1\Delta t)]^2+[\psi'(t_0+p_1\Delta t)]^2}\Delta t.$$

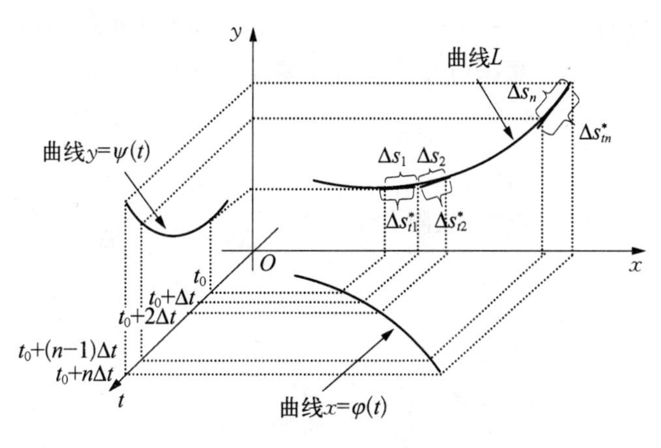

图 10－50

我们把第二小区间 $[t_0+\Delta t,t_0+2\Delta t]$ 上的任意点记为 t_2^*，其 t 坐标为 $t_0+(1+p_2)\Delta t$. 相应地，在曲线 L 上，就有一点 (x_2^*,y_2^*). 让我们在点 (x_2^*,y_2^*) 处对曲线 L 作一条切线，如图 10－50 所示，那么就有一小段切线对应于这第二小区间. 我们把这小段切线的长度记为 Δs_{t2}^*，则

$$\Delta s_{t2}^*=\sqrt{[\varphi'(t_0+(1+p_2)\Delta t)]^2+[\psi'(t_0+t_0+(1+p_2)\Delta t)]^2}\Delta t.$$

如此重复至第 n 个小区间，

我们把第 n 个小区间 $[t_0+(n-1)\Delta t, t_0+n\Delta t]$ 上的任意点记为 t_n^*，其 t 坐标为 $t_0+(n-1+p_n)\Delta t$. 相应地，在曲线 L 上，就有一点 (x_n^*, y_n^*). 让我们在点 (x_n^*, y_n^*) 处对曲线 L 作一条切线，如图 10－50 所示，那么就有一小段切线对应于这第 n 小区间. 我们把这小段切线的长度记为 Δs_{tn}^*，则

$$\Delta s_{tn}^* = \sqrt{[\varphi'(t_0+(n-1+p_n)\Delta t)]^2+[\psi'(t_0+(n-1+p_n)\Delta t)]^2}\,\Delta t.$$

这 n 个宽度为 Δt 的小区间，$[t_0, t_0+\Delta t], [t_0+\Delta t, t_0+2\Delta t], \cdots, [t_0+(n-1)\Delta t, t_0+n\Delta t]$ 还对应着曲线 L 上 n 个小段曲线.

第一小区间 $[t_0, t_0+\Delta t]$ 对应着曲线 L 上一小段曲线，起点为 $(\varphi(t_0), \psi(t_0))$，终点为 $(\varphi(t_0+\Delta t), \psi(t_0+\Delta t))$. 我们把这小段曲线的长度记为 Δs_1. 根据(1)式，我们可将 Δs_1 写成

$$\Delta s_1 = \Delta s_{t1}^* + \Delta s_{d1};$$

第二小区间 $[t_0+\Delta t, t_0+2\Delta t]$ 对应着曲线 L 上一小段曲线，起点为 $(\varphi(t_0+\Delta t), \psi(t_0+\Delta t))$，终点为 $(\varphi(t_0+2\Delta t), \psi(t_0+2\Delta t))$. 我们把这小段曲线的长度记为 Δs_2. 根据(1)式，我们可将 Δs_1 写成

$$\Delta s_2 = \Delta s_{t2}^* + \Delta s_{d2};$$

如此重复至第 n 个小区间，

第 n 个小区间 $[t_0+(n-1)\Delta t, t_0+n\Delta t]$ 对应着曲线 L 上一小段曲线，该小段曲线的起点为 $(\varphi(t_0+(n-1)\Delta t), \psi(t_0+(n-1)\Delta t))$，终点为 $(\varphi(t_0+n\Delta t), \psi(t_0+n\Delta t))$. 我们把这小段曲线的长度记为 Δs_n. 根据(1)式，我们可将 Δs_n 写成

$$\Delta s_n = \Delta s_{tn}^* + \Delta s_{dn};$$

让我们把上述这些表达式代入极限 $\lim\limits_{\Delta t\to 0}\dfrac{\Delta s_{t1}^*+\Delta s_{t2}^*+\cdots+\Delta s_{tn}^*}{\Delta s_1+\Delta s_2+\cdots+\Delta s_n}$，就有

$$\begin{aligned}
&\lim_{\Delta t\to 0}\frac{\Delta s_{t1}^*+\Delta s_{t2}^*+\cdots+\Delta s_{tn}^*}{\Delta s_1+\Delta s_2+\cdots+\Delta s_n}\\
&=\lim_{\Delta t\to 0}\frac{\Delta s_{t1}^*+\Delta s_{t2}^*+\cdots+\Delta s_{tn}^*}{(\Delta s_{t1}^*+\Delta s_{d1})+(\Delta s_{t2}^*+\Delta s_{d2})+\cdots+(\Delta s_{tn}^*+\Delta s_{dn})}\\
&=\frac{\lim\limits_{\Delta t\to 0}\dfrac{\Delta s_{t1}^*+\Delta s_{t2}^*+\cdots+\Delta s_{tn}^*}{\Delta t}}{\lim\limits_{\Delta t\to 0}\dfrac{\Delta s_{t1}^*+\Delta s_{t2}^*+\cdots+\Delta s_{tn}^*}{\Delta t}+\lim\limits_{\Delta t\to 0}\dfrac{\Delta s_{d1}}{\Delta t}+\lim\limits_{\Delta t\to 0}\dfrac{\Delta s_{d2}}{\Delta t}+\cdots+\lim\limits_{\Delta t\to 0}\dfrac{\Delta s_{dn}}{\Delta t}}\\
&=\frac{\lim\limits_{\Delta t\to 0}\dfrac{\Delta s_{t1}^*+\Delta s_{t2}^*+\cdots+\Delta s_{tn}^*}{\Delta t}}{\lim\limits_{\Delta t\to 0}\dfrac{\Delta s_{t1}^*+\Delta s_{t2}^*+\cdots+\Delta s_{tn}^*}{\Delta t}}
\end{aligned}$$

$$=\frac{\lim\limits_{\Delta t\to 0}\dfrac{\sqrt{[\varphi'(t_0+p_1\Delta t)]^2+[\psi'(t_0+p_1\Delta t)]^2}\Delta t+\cdots+\sqrt{[\varphi'(t_0+(n-1+p_n)\Delta t)]^2+[\psi'(t_0+(n-1+p_n)\Delta t)]^2}\Delta t}{\Delta t}}{\lim\limits_{\Delta t\to 0}\dfrac{\sqrt{[\varphi'(t_0+p_1\Delta t)]^2+[\psi'(t_0+p_1\Delta t)]^2}\Delta t+\cdots+\sqrt{[\varphi'(t_0+(n-1+p_n)\Delta t)]^2+[\psi'(t_0+(n-1+p_n)\Delta t)]^2}\Delta t}{\Delta t}}$$

$$=\frac{\lim\limits_{\Delta t\to 0}\sqrt{[\varphi'(t_0+p_1\Delta t)]^2+[\psi'(t_0+p_1\Delta t)]^2}+\cdots+\lim\limits_{\Delta t\to 0}\sqrt{[\varphi'(t_0+(n-1+p_n)\Delta t)]^2+[\psi'(t_0+(n-1+p_n)\Delta t)]^2}}{\lim\limits_{\Delta t\to 0}\sqrt{[\varphi'(t_0+p_1\Delta t)]^2+[\psi'(t_0+p_1\Delta t)]^2}+\cdots+\lim\limits_{\Delta t\to 0}\sqrt{[\varphi'(t_0+(n-1+p_n)\Delta t)]^2+[\psi'(t_0+(n-1+p_n)\Delta t)]^2}}$$

(因为 $\varphi'(t)$ 和 $\psi'(t)$ 是连续函数，所以 $\sqrt{[\varphi'(t_0+p\Delta t)]^2+[\psi'(t_0+p\Delta t)]^2}$ 也是连续函数，故 $\lim\limits_{\Delta t\to 0}\sqrt{[\varphi'(t_0+(i-1+p_i)\Delta t)]^2+[\psi'(t_0+(i-1+p_i)\Delta t)]^2}=\sqrt{[\varphi'(t_0)]^2+[\psi'(t_0)]^2}$，这里 $i=1,2,\cdots,n$)

$$=\frac{n\sqrt{[\varphi'(t_0)]^2+[\psi'(t_0)]^2}}{n\sqrt{[\varphi'(t_0)]^2+[\psi'(t_0)]^2}}$$

$$=1.$$

上面讨论了在末端可变区间$[t_0,t_0+n\Delta t]$上的辅助公式$\lim\limits_{\Delta t\to 0}\dfrac{\Delta s_{t1}^*+\Delta s_{t2}^*+\cdots+\Delta s_{tn}^*}{\Delta s_1+\Delta s_2+\cdots+\Delta s_n}=1$. 如果将区间$[t_0,t_0+n\Delta t]$换成固定区间$[\alpha,\beta]$，我们仍然可得这个辅助公式.

现在令$t_0=\alpha$，$t_0+n\Delta t=\beta$，这样就可把区间$[t_0,t_0+n\Delta t]$变成固定区间$[\alpha,\beta]$；在区间$[\alpha,\beta]$上，Δt 与 n 的关系为 $\Delta t=\dfrac{\beta-\alpha}{n}$. 每个区间上的 Δs，Δs_t^*，Δs_d的设置均与上面一样. 辅助公式的证明过程也一样，只是当代入表达式后(见下面)，需要再代入$t_0=\alpha$，$t_0+n\Delta t=\beta$，简述如下：

$$\lim_{\Delta t\to 0}\frac{\Delta s_{t1}^*+\Delta s_{t2}^*+\cdots+\Delta s_{tn}^*}{\Delta s_1+\Delta s_2+\cdots+\Delta s_n}$$

…

$$=\frac{\lim\limits_{\Delta t\to 0}\sqrt{[\varphi'(t_0+p_1\Delta t)]^2+[\psi'(t_0+p_1\Delta t)]^2}+\cdots+\lim\limits_{\Delta t\to 0}\sqrt{[\varphi'(t_0+(n-1+p_n)\Delta t)]^2+[\psi'(t_0+(n-1+p_n)\Delta t)]^2}}{\lim\limits_{\Delta t\to 0}\sqrt{[\varphi'(t_0+p_1\Delta t)]^2+[\psi'(t_0+p_1\Delta t)]^2}+\cdots+\lim\limits_{\Delta t\to 0}\sqrt{[\varphi'(t_0+(n-1+p_n)\Delta t)]^2+[\psi'(t_0+(n-1+p_n)\Delta t)]^2}}$$

$$=\frac{\lim\limits_{\Delta t\to 0}\sqrt{[\varphi'(t_0+p_1\Delta t)]^2+[\psi'(t_0+p_1\Delta t)]^2}+\cdots+\lim\limits_{\Delta t\to 0}\sqrt{[\varphi'(t_0+n\Delta t-\Delta t+p_n\Delta t)]^2+[\psi'(t_0+n\Delta t-\Delta t+p_n\Delta t)]^2}}{\lim\limits_{\Delta t\to 0}\sqrt{[\varphi'(t_0+p_1\Delta t)]^2+[\psi'(t_0+p_1\Delta t)]^2}+\cdots+\lim\limits_{\Delta t\to 0}\sqrt{[\varphi'(t_0+n\Delta t-\Delta t+p_n\Delta t)]^2+[\psi'(t_0+n\Delta t-\Delta t+p_n\Delta t)]^2}}$$

（代入$t_0=\alpha, t_0+n\Delta t=\beta$）

$$=\frac{\lim\limits_{\Delta t\to 0}\sqrt{[\varphi'(\alpha+p_1\Delta t)]^2+[\psi'(\alpha+p_1\Delta t)]^2}+\cdots+\lim\limits_{\Delta t\to 0}\sqrt{[\varphi'(\beta-\Delta t+p_n\Delta t)]^2+[\psi'(\beta-\Delta t+p_n\Delta t)]^2}}{\lim\limits_{\Delta t\to 0}\sqrt{[\varphi'(\alpha+p_1\Delta t)]^2+[\psi'(\alpha+p_1\Delta t)]^2}+\cdots+\lim\limits_{\Delta t\to 0}\sqrt{[\varphi'(\beta-\Delta t+p_n\Delta t)]^2+[\psi'(\beta-\Delta t+p_n\Delta t)]^2}}$$

$$=\frac{\sqrt{[\varphi'(\alpha)]^2+[\psi'(\alpha)]^2}+\sqrt{[\varphi'(\alpha)]^2+[\psi'(\alpha)]^2}+\cdots+\sqrt{[\varphi'(\beta)]^2+[\psi'(\beta)]^2}}{\sqrt{[\varphi'(\alpha)]^2+[\psi'(\alpha)]^2}+\sqrt{[\varphi'(\alpha)]^2+[\psi'(\alpha)]^2}+\cdots+\sqrt{[\varphi'(\beta)]^2+[\psi'(\beta)]^2}}$$

$=1.$

公式$\lim\limits_{\Delta t\to 0}\dfrac{\Delta s_{t1}^*+\Delta s_{t2}^*+\cdots+\Delta s_{tn}^*}{\Delta s_1+\Delta s_2+\cdots+\Delta s_n}=1$指出：如果参数方程$x=\varphi(t), y=\psi(t)$在一个以$t$为变量的闭区间上可导、且$\varphi'(t)$及$\psi'(t)$连续，那么当$\Delta t\to 0$时，在此闭区间上的所有任意点切线长度之和与所有小曲线长度之和的比的极限等于1. 这是一个可导且其导数连续的参数方程$x=\varphi(t), y=\psi(t)$所具有的一个重要特性.

4. **推导公式** $s=\lim\limits_{n\to\infty}\sum\limits_{i=1}^{n}\sqrt{[\varphi'(t_i^*)]^2+[\psi'(t_i^*)]^2}\Delta t$

让我们在t轴上设立一个大的区间$[\alpha,\beta]$（这里$\beta>\alpha$），这样我们就在曲线L上得到点(x_α, y_α)和点(x_β, y_β). 以s表示曲线L从点(x_α, y_α)到点(x_β, y_β)的长度. s也可说成是曲线L在区间$[x_\alpha, x_\beta]$上的长度. 这里，我们只要求函数$x=\varphi(t)$和函数$y=\psi(t)$在区间$[\alpha,\beta]$上可导且其导函数连续. 让我们把t区间$[\alpha,\beta]$分割n个Δt小区间（n代表一个大的整数）. 小区间宽度均为Δt，那么$\Delta t=\dfrac{\beta-\alpha}{n}$. 相对应这$n$个$\Delta t$小区间，弧长$s$被分割成$n$个小段曲线. 将$n$个小段曲线的长度依次分别记为$\Delta s_1$、$\Delta s_2$、$\cdots\Delta s_n$，如图10-51所示. 我们知道

$$s=\Delta s_1+\Delta s_2+\cdots+\Delta s_n. \tag{2}$$

现在让我们在每个Δt小区间上，任意选择一个点，这样我们有n个任意点. 将第一小区间$[\alpha,\alpha+\Delta t]$上的任意点记为t_1^*，相应地，在曲线L上，就有一点(x_1^*, y_1^*). 让我们在点(x_1^*, y_1^*)处对曲线L作一条切线，如图10-51所示，那么就有一小段切线对应于第一小区间. 我们把这小段切线的长度记为Δs_{t1}^*，则

$$\Delta s_{t1}^*=\sqrt{[\varphi'(t_1^*)]^2+[\psi'(t_1^*)]^2}\Delta t.$$

将第二小区间$[\alpha+\Delta t,\alpha+2\Delta t]$上的任意点记为$t_2^*$. 相应地，在曲线$L$上，就有一点

(x_2^*, y_2^*). 让我们在点 (x_2^*, y_2^*) 处对曲线 L 作一条切线，如图 10－51 所示，那么就有一小段切线对应于第二小区间. 我们把这小段切线的长度记为 Δs_{t2}^*，则

$$\Delta s_{t2}^* = \sqrt{[\varphi'(t_2^*)]^2 + [\psi'(t_2^*)]^2}\,\Delta t.$$

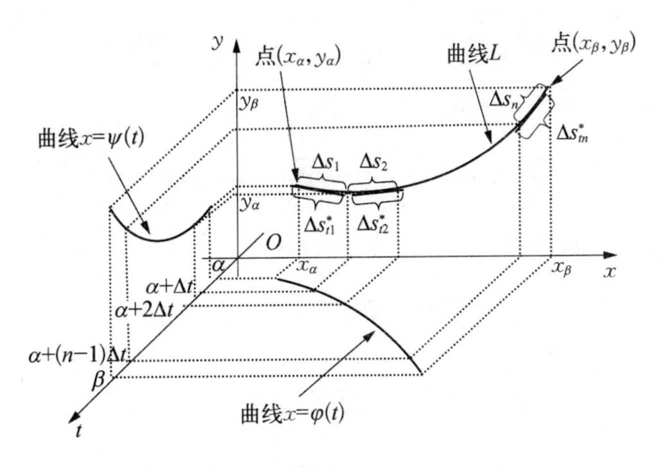

图 10－51

如此重复至第 n 个小区间，

将第 n 个小区间 $[\alpha+(n-1)\Delta t, \alpha+n\Delta t]$ 上的任意点记为 t_n^*. 相应地，在曲线 L 上，就有一点 (x_n^*, y_n^*). 让我们在点 (x_n^*, y_n^*) 处对曲线 L 作一条切线，如图 10－51 所示，那么就有一小段切线对应于第 n 个小区间. 我们把这小段切线的长度记为 Δs_{tn}^*，则

$$\Delta s_{tn}^* = \sqrt{[\varphi'(t_n^*)]^2 + [\psi'(t_n^*)]^2}\,\Delta t.$$

让我们将这 n 个 Δs_t^* 相加，得和 $\Delta s_{t1}^* + \Delta s_{t2}^* + \cdots + \Delta s_{tn}^*$. 我们知道所有 Δs_t^* 之和不等于所有 Δs 之和，即

$$\frac{\Delta s_{t1}^* + \Delta s_{t2}^* + \cdots + \Delta s_{tn}^*}{\Delta s_1 + \Delta s_2 + \cdots + \Delta s_n} \neq 1.$$

但是根据辅助公式 $\lim\limits_{\Delta t\to 0} \dfrac{\Delta s_{t1}^* + \Delta s_{t2}^* + \cdots + \Delta s_{tn}^*}{\Delta s_1 + \Delta s_2 + \cdots + \Delta s_n} = 1$，如果 Δt 无限趋近于 0，那么 $\dfrac{\Delta s_{t1}^* + \Delta s_{t2}^* + \cdots + \Delta s_{tn}^*}{\Delta s_1 + \Delta s_2 + \cdots + \Delta s_n}$ 将无限趋近于 1. 在这里，因为 $\Delta t = \dfrac{\beta-\alpha}{n}$，所以当 n 趋向于 ∞，Δt 将无限趋近于 0. 因此 n 趋向于 ∞ 与 Δt 趋近于 0 意义相同，故可用 $n\to\infty$ 替代 $\Delta t\to 0$，即有

$$\lim_{n\to\infty} \frac{\Delta s_{t1}^* + \Delta s_{t2}^* + \cdots + \Delta s_{tn}^*}{\Delta s_1 + \Delta s_2 + \cdots + \Delta s_n} = 1, \Delta t = \frac{\beta-\alpha}{n}.$$

将(2)式代入，即有

$$\lim_{n\to\infty} \frac{\Delta s_{t1}^* + \Delta s_{t2}^* + \cdots + \Delta s_{tn}^*}{s} = 1, \Delta t = \frac{\beta-\alpha}{n}.$$

由于 s 的值是个定值，上式可写为

$$\lim_{n\to\infty}(\Delta s_{t1}^* + \Delta s_{t2}^* + \cdots + \Delta s_{tn}^*) = s, \Delta t = \frac{\beta - \alpha}{n}.$$

由于 $\Delta s_{t1}^* = \sqrt{[\varphi'(t_1^*)]^2 + [\psi'(t_1^*)]^2}\Delta t, \cdots, \Delta s_{tn}^* = \sqrt{[\varphi'(t_n^*)]^2 + [\psi'(t_n^*)]^2}\Delta t$，上式可写为

$$s = \lim_{n\to\infty}\left[\sqrt{[\varphi'(t_1^*)]^2 + [\psi'(t_1^*)]^2}\Delta t + \cdots + \sqrt{[\varphi'(t_n^*)]^2 + [\psi'(t_n^*)]^2}\Delta t\right].$$

上式可用“西格玛”符号重写为

$$s = \lim_{n\to\infty}\sum_{i=1}^{n}\sqrt{[\varphi'(t_i^*)]^2 + [\psi'(t_i^*)]^2}\Delta t, \Delta t = \frac{\beta - \alpha}{n}.$$

将上式写成定积分的形式

$$s = \int_{\alpha}^{\beta}\sqrt{[\varphi'(t)]^2 + [\psi'(t)]^2}\,\mathrm{d}t.$$

如将 $\varphi'(t)$ 写成 $\frac{\mathrm{d}x}{\mathrm{d}t}$，$\psi'(t)$ 写成 $\frac{\mathrm{d}y}{\mathrm{d}t}$，上式可写成

$$s = \int_{\alpha}^{\beta}\sqrt{\left(\frac{\mathrm{d}x}{\mathrm{d}t}\right)^2 + \left(\frac{\mathrm{d}y}{\mathrm{d}t}\right)^2}\,\mathrm{d}t.$$

这就是参数方程 $x = \varphi(t), y = \psi(t)$ 的弧长公式，用任意点切线逼近弧长是这个公式的原理，也是这个公式所要表述的内容.

参数方程 $x = \varphi(t), y = \psi(t)$ 的弧长公式

设曲线 L 由参数方程 $x = \varphi(t), y = \psi(t)$ 给出，而 $\varphi(t)$ 及 $\psi(t)$ 在区间 $[\alpha, \beta]$ 上具有连续导数，且 $\varphi'(t)$ 及 $\psi'(t)$ 不同时为 0，那么在曲线 L 上从点 $(x_\alpha = \varphi(\alpha), y_\alpha = \psi(\alpha))$ 至点 $(x_\beta = \varphi(\beta), y_\beta = \psi(\beta))$ 的弧长 s（即曲线 L 在区间 $[x_\alpha, x_\beta]$ 上的长度），由下式给出：

$$s = \lim_{n\to\infty}\sum_{i=1}^{n}\sqrt{[\varphi'(t_i^*)]^2 + [\psi'(t_i^*)]^2}\Delta t = \int_{\alpha}^{\beta}\sqrt{[\varphi'(t)]^2 + [\psi'(t)]^2}\,\mathrm{d}t,$$

这里 $\Delta t = \frac{\beta - \alpha}{n}$.

令 $\mathrm{d}s = \sqrt{[\varphi'(t)]^2 + [\varphi'(t)]^2}\,\mathrm{d}t$，则有 $s = \int_{\alpha}^{\beta}\mathrm{d}s = \int_{\alpha}^{\beta}\sqrt{[\varphi'(t)]^2 + [\varphi'(t)]^2}\,\mathrm{d}t$.

三平面系统使我们能够形象化地讲解弧长公式中的任意点 t_i^*，Δt 小区间及切线长度 $\Delta s_t^* = \sqrt{[\varphi'(t^*)]^2 + [\psi'(t^*)]^2}\Delta t$ 等概念. 因此，三平面系统让这个公式变得容易理解. 三平面系统也帮助了本书实现了看图推公式，用图讲原理的目的.

例 1 设由参数方程 $\begin{cases} x = 2(t - \sin t), \\ y = 2(1 - \cos t) \end{cases}$ 所确定的函数的曲线，其图形是一条摆线，如图 10 - 52 所示. 求函数曲线在 t 区间 $[0, 2\pi]$ 上的长度.

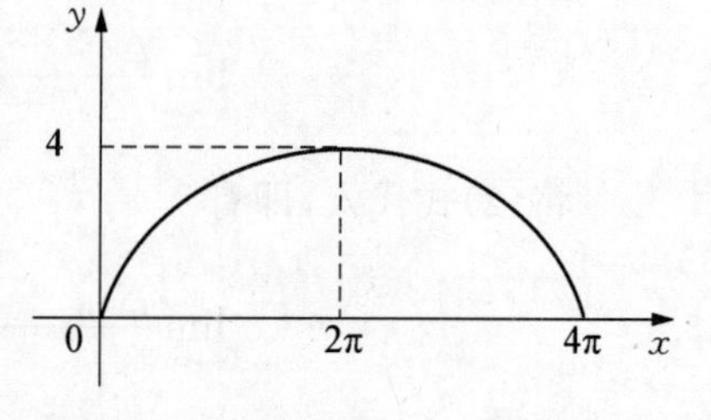

图 10 - 52

解　首先求 $\frac{dx}{dt}$ 与 $\frac{dy}{dt}$.

$$\frac{dx}{dt}=\varphi'(t)=2(t-\sin t)'=2(1-\cos t),$$

$$\frac{dy}{dt}=\psi'(t)=2(1-\cos t)'=2\sin t.$$

因为求曲线在 t 区间 $[0,2\pi]$ 上的长度，$\alpha=0,\beta=2\pi$，代入公式

$s=\int_{t=\alpha}^{t=\beta}\sqrt{\left(\frac{dx}{dt}\right)^2+\left(\frac{dy}{dt}\right)^2}dt$，得

$$\begin{aligned}
s&=\int_0^{2\pi}\sqrt{[2(1-\cos t)]^2+(2\sin t)^2}dt\\
&=\int_0^{2\pi}2\sqrt{1-2\cos t+\cos^2 t+\sin^2 t}dt\\
&=\int_0^{2\pi}2\sqrt{1-2\cos t+\cos^2 t+1-\cos^2 t}dt\\
&=\int_0^{2\pi}2\sqrt{2-2\cos t}dt\\
&=\int_0^{2\pi}2\sqrt{2(1-\cos t)}dt\\
&=\int_0^{2\pi}2\sqrt{4\left(\frac{1-\cos t}{2}\right)}dt\\
&=\int_0^{2\pi}2\sqrt{4\sin^2\left(\frac{t}{2}\right)}dt\\
&=\int_0^{2\pi}4\sin\left(\frac{t}{2}\right)dt\\
&=\int_0^{2\pi}8\sin\left(\frac{t}{2}\right)d\left(\frac{t}{2}\right)\\
&=8\left[-\cos\left(\frac{t}{2}\right)\right]_0^{2\pi}\\
&=8[(1)-(-1)]\\
&=16.
\end{aligned}$$

习题 10－5

1. 设由参数方程 $\begin{cases}x=5(t-\sin t),\\y=5(1-\cos t)\end{cases}$ 所确定的函数的曲线，其图形是一条摆线. 求函数曲线在 t 区间 $[0,2\pi]$ 上的长度.

2. 设由参数方程 $\begin{cases}x=2\cos^3 t,\\y=2\sin^3 t\end{cases}$ 所确定的函数的曲线，其图形为星形线. 求函数曲线在 t 区间 $\left[0,\frac{\pi}{2}\right]$ 上的长度.

3. 设由参数方程 $\begin{cases} x = 2(\cos t + t\sin t), \\ y = 2(\sin t - t\cos t) \end{cases}$ 所确定的函数的曲线，其图形为渐伸线. 求函数曲线在 t 区间 $[0,\pi]$ 上的长度.

第六节　旋转曲面的面积(选修)

我们已用逼近法推导出旋转体体积的计算公式，现在我们要用逼近法推导出旋转体外表曲面面积的计算公式，旋转体外表曲面也称为旋转曲面.

我们知道旋转体是由连续函数 $y = f(x) \geqslant 0$，直线 $x = a$ 和 $x = b$，及 x 轴所围成的曲边梯形，围绕 x 轴旋转一周形成的立体，如图 10 - 53 所示. 旋转曲面的面积就是指这个旋转体外表曲面的面积. 简单地说，旋转曲面是由函数 $f(x)$ 的曲线围绕 x 轴旋转一周形成的曲面. 而这条曲线 $f(x)$ 就称为旋转曲面的母线. 令 S 代表旋转曲面的面积，我们可以证明：如果 $f(x)$ 在区间 $[a,b]$ 有连续导数，那么

$$S = \lim_{n\to\infty}\sum_{i=1}^{n} 2\pi f(x_i^*)\sqrt{1+[f'(x_i^*)]^2}\,\Delta x\left(x_i^* \text{ 代表任意点}, \Delta x = \frac{b-a}{n}\right).$$

上式可写为

$$S = \int_a^b 2\pi f(x)\sqrt{1+[f'(x)]^2}\,\mathrm{d}x.$$

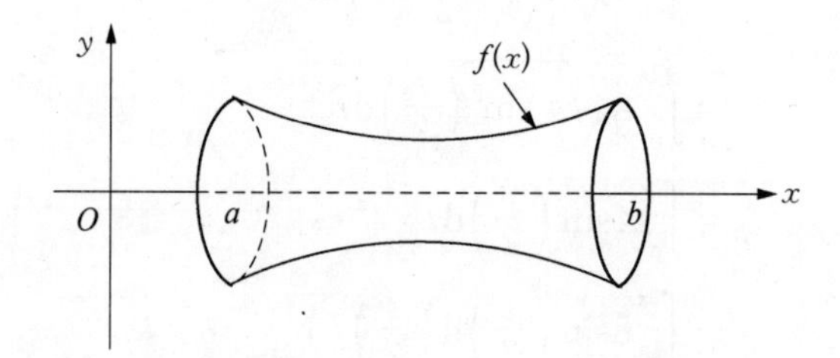

图 10 - 53

推导公式 $S = \lim\limits_{n\to\infty}\sum\limits_{i=1}^{n} 2\pi f(x_i^*)\sqrt{1+[f'(x_i^*)]^2}\,\Delta x$ 的原理是用切线圆台体的侧面积逼近旋转体的外表曲面面积. 推导公式的方法是“辅助公式证明法”. 证明分 5 步：

1. 推导公式 $\lim\limits_{\Delta x\to 0}\dfrac{\Delta S_s}{\Delta S_t} = 1$

让我们在 x 轴上设置一个小区间 $[x, x+\Delta x]$，如图 10 - 54 所示. 让我们分别在小区间的两个端点 x 和 $x+\Delta x$ 处垂直切割这个旋转体，我们将得到两个圆形横截面，在点 x 处的圆形横截面的周长为 $2\pi f(x)$. 在点 $x+\Delta x$ 处的圆形横截面的周长为 $2\pi f(x+\Delta x)$. 两个圆形横截面之间是一个薄片，它的厚度为 Δx，如图 10 - 54 所示. 这个薄片可看成是由一小段曲线围绕 x 轴旋转而成，故这个薄片的侧面被称为小曲线旋转面. 令 ΔS 代表这个小曲线旋转面的面积.

现在让我们在点 x 对函数 $f(x)$ 的曲线作一条切线，如图 10 - 55 中左图所示，那么的这条切线斜率就是 $f'(x)$，这条切线在小区间上的长度等于 $\sqrt{1+[f'(x)]^2}\,\Delta x$. 让这条切线

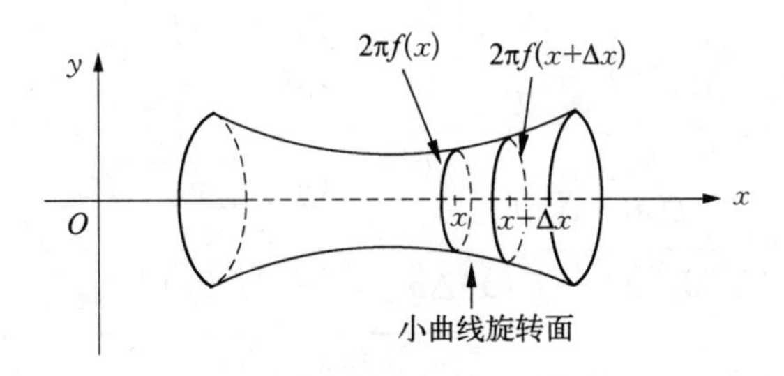

图 10-54

围绕 x 轴旋转一周，我们得到一个小切线旋转面，即小切线圆台体的侧面积，如图 10-55 右图所示，令 ΔS_t 代表这个小切线旋转面的面积，则

$$\Delta S_t = \frac{2\pi f(x) + 2\pi[f'(x)\Delta x + f(x)]}{2}\sqrt{1+[f'(x)]^2}\Delta x.$$

$$= \pi[2f(x) + f'(x)\Delta x]\sqrt{1+[f'(x)]^2}\Delta x.$$

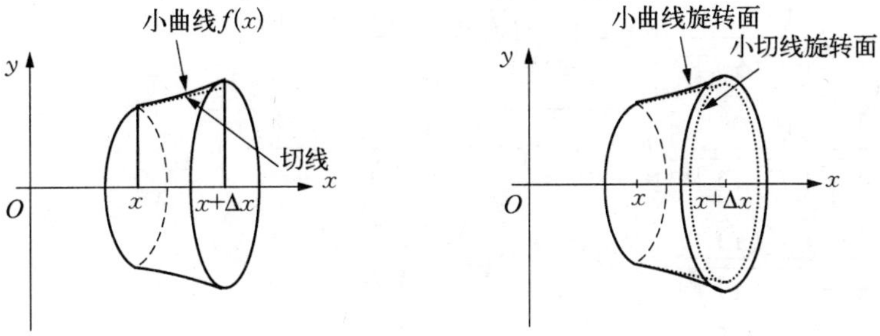

图 10-55

让我们对小区间 $[x, x+\Delta x]$ 上的曲线作一条割线，如图 10-56 左图所示. 这条割线在小区间 $[x, x+\Delta x]$ 上的长度为 $\sqrt{\Delta x^2 + (f(x+\Delta x) - f(x))^2} = \sqrt{1+\left(\frac{f(x+\Delta x)-f(x)}{\Delta x}\right)^2}\Delta x$. 让这条割线围绕 x 轴旋转一周，我们得到一个小割线旋转面，如图 10-56 右图所示，小割线旋转面是小割线旋转生成的小割线圆台体的侧面积. 令 ΔS_s 代表这个小割线旋转面的面积，则

$$\Delta S_s = \frac{2\pi f(x) + 2\pi f(x+\Delta x)}{2}\sqrt{1+\left(\frac{f(x+\Delta x)-f(x)}{\Delta x}\right)^2}\Delta x$$

$$= \pi[f(x) + f(x+\Delta x)]\sqrt{1+\left(\frac{f(x+\Delta x)-f(x)}{\Delta x}\right)^2}\Delta x.$$

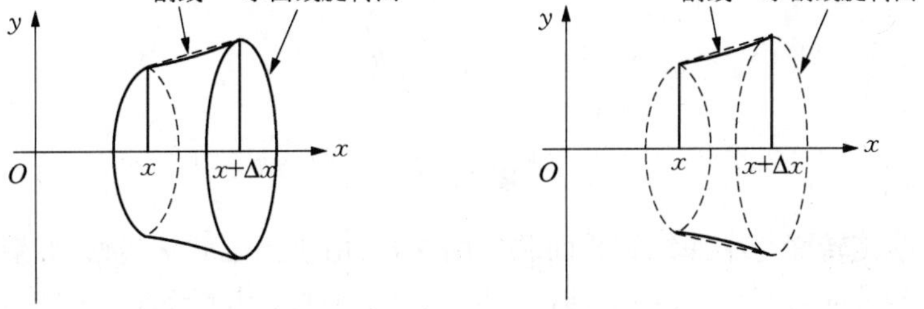

图 10-56

我们可以证明 $\lim\limits_{\Delta x\to 0}\dfrac{\Delta S_s}{\Delta S_t}=1$.

$$\lim_{\Delta x\to 0}\frac{\Delta S_s}{\Delta S_t}=\lim_{\Delta x\to 0}\frac{\pi[f(x)+f(x+\Delta x)]\sqrt{1+\left(\dfrac{f(x+\Delta x)-f(x)}{\Delta x}\right)^2}\Delta x}{\pi[2f(x)+f'(x)\Delta x]\sqrt{1+[f'(x)]^2}\Delta x}$$

$$=\lim_{\Delta x\to 0}\frac{[f(x)+f(x+\Delta x)]\sqrt{1+\left(\dfrac{f(x+\Delta x)-f(x)}{\Delta x}\right)^2}}{[2f(x)+f'(x)\Delta x]\sqrt{1+[f'(x)]^2}}$$

$$=\lim_{\Delta x\to 0}\frac{[f(x)+f(x+\Delta x)]}{[2f(x)+f'(x)\Delta x]\sqrt{1+[f'(x)]^2}}\lim_{\Delta x\to 0}\sqrt{1+\left(\frac{f(x+\Delta x)-f(x)}{\Delta x}\right)^2}$$

$$=\frac{2f(x)}{2f(x)\sqrt{1+[f'(x)]^2}}\sqrt{\lim_{\Delta x\to 0}\left[1+\left(\frac{f(x+\Delta x)-f(x)}{\Delta x}\right)^2\right]}$$

$$=\frac{1}{\sqrt{1+[f'(x)]^2}}\sqrt{1+\lim_{\Delta x\to 0}\left(\frac{f(x+\Delta x)-f(x)}{\Delta x}\right)^2}$$

$$=\frac{1}{\sqrt{1+[f'(x)]^2}}\sqrt{1+\left(\lim_{\Delta x\to 0}\frac{f(x+\Delta x)-f(x)}{\Delta x}\right)^2}$$

$$=\frac{\sqrt{1+[f'(x)]^2}}{\sqrt{1+[f'(x)]^2}}=1.$$

2. **推导公式 $\lim\limits_{\Delta x\to 0}\dfrac{\Delta S}{\Delta S_s}=1$**

现在我们有三个旋转面的面积：小曲线旋转面的面积 ΔS、小割线旋转面的面积 ΔS_s 和小切线旋转面的面积 ΔS_t，如图 10－57 所示. 小曲线旋转面总是位于小割线旋转面与小切线旋转面中间、并与割线旋转面共享两端. 这三个旋转面是由对应的小段曲线、割线和切线围绕 x 轴旋转而成. 在我们讨论曲线、割线和切线之间的关系时，我们已得出这样的结论：由于割线与曲线共享它们的两个端点，又由于当 $\Delta x\to 0$ 时，不但割线无限趋向于曲线，而且曲线无限趋向于平直，因此当 $\Delta x\to 0$ 时，曲线的长度将无限趋向于割线的长度，也就是说，当 $\Delta x\to 0$ 时，曲线的长度与割线的长度之比趋向于 1. 根据此论推理，应有如下推论：

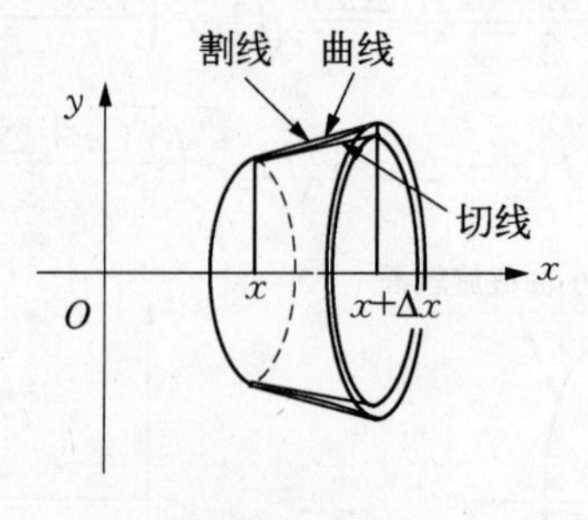

图 10－57

由于小割线旋转面与小曲线旋转面共享两端，又由于当 $\Delta x\to 0$ 时，小割线旋转面无限趋向于小曲线旋转面，而且小曲线旋转面无限趋向于平直，因此当 $\Delta x\to 0$ 时，小曲线旋转面的面积将无限趋向于小割线旋转面的面积，也就是说，当 $\Delta x \to 0$ 时，小曲线旋转面与小割线旋转面的面积之比趋向于 1，即有当 $\Delta x \to 0, \dfrac{\Delta S}{\Delta S_s} \to 1$.

另外公式 $\lim\limits_{\Delta x \to 0} \dfrac{\Delta S_s}{\Delta S_s} = 1$ 指出，当 $\Delta x \to 0$ 时，小割线旋转面无限趋向于小切线旋转面，以至于小割线旋转面的面积与小切线旋转面的面积无限趋向于相等，那么夹在这两旋转面中间的、无限趋向于平直的，且与割线旋转面共享两端的小曲线旋转面，其面积也必然与割线旋转面面积无限趋向于相等，因此有 $\Delta x \to 0, \dfrac{\Delta S}{\Delta S_s} \to 1$. 让我们把将趋向式 $\Delta x \to 0$, $\dfrac{\Delta S}{\Delta S_s} \to 1$ 写成极限

$$\lim_{\Delta x \to 0} \frac{\Delta S}{\Delta S_s} = 1.$$

3. **推导公式** $\lim\limits_{\Delta x \to 0} \dfrac{\Delta S_d}{\Delta x} = 0$

让我们在小区间 $[x, x+\Delta x]$ 上任意选择一个点 x^*，这个点的 x 坐标可表示为 $x^* = x + p\Delta x$，这里 p 代表一个变量，它的变化范围为 $0 \leqslant p \leqslant 1$. 现在让我们在该点对函数 $f(x)$ 的曲线作一条切线，如图 10－58 中左图所示. 切线的斜率为 $f'(x+p\Delta x)$.

现在让我们以这个任意点 x^* 为中心点，设置小区间 $\left[x^* - \dfrac{\Delta x}{2}, x^* + \dfrac{\Delta x}{2}\right]$，小区间长度为 Δx. 这个小区间称为中心点小区间. 那么在这个中心点小区间上切线的长度为 $\sqrt{1+[f'(x^*)]^2}\Delta x = \sqrt{1+[f'(x_0+p\Delta x)]^2}\Delta x$，如图 10－58 中左图所示.

让这小段切线围绕 x 轴旋转一周，我们得到一个以任意点为中心的切线旋转面，也就是以任意点为中心的切线圆台体的侧面，如图 10－58 中右图所示，以 $\Delta S_{t(mp)}$ 表示这个以任意点为中心的切线旋转面面积（mp 代表 midpoint，即中心点的意思），则

$$\Delta S_{t(mp)}^* = 2\pi f(x^*)\sqrt{1+[f'(x^*)]^2}\Delta x = 2\pi f(x+p\Delta x)\sqrt{1+[f'(x+p\Delta x)]^2}\Delta x.$$

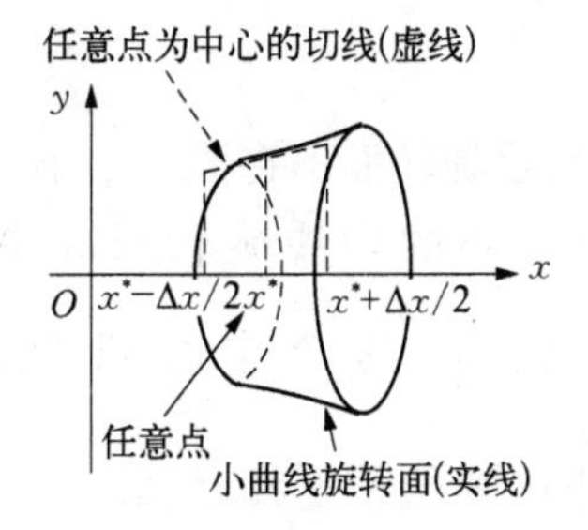

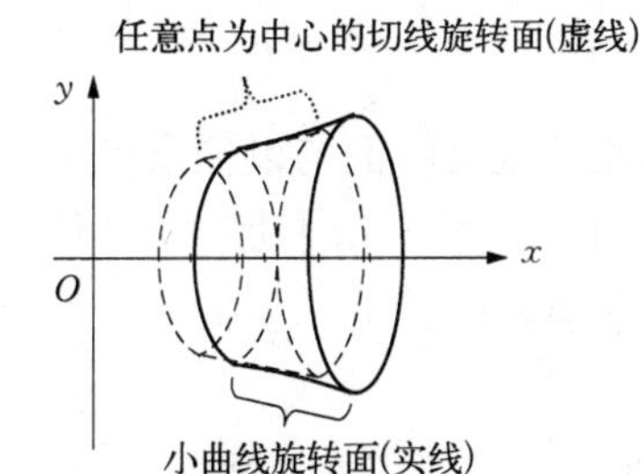

图 10－58

我们知道 ΔS 不等于 $\Delta S_{t(mp)}^*$，以 ΔS_d 表示 ΔS 与 $\Delta S_{t(mp)}^*$ 之间的差值，我们规定

$$\Delta S_d = \Delta S - \Delta S_{t(mp)}^*.$$

据此有

$$\Delta S = \Delta S_{t(mp)}^* + \Delta S_d. \tag{1}$$

我们借用公式 $\lim\limits_{\Delta x\to 0}\dfrac{\Delta S}{\Delta S_s}=1$ 就可以证明 $\lim\limits_{\Delta x\to 0}\dfrac{\Delta S_d}{\Delta x}=0$.

$$
\begin{aligned}
\lim_{\Delta x\to 0}\frac{\Delta S_d}{\Delta x} &= \lim_{\Delta x\to 0}\frac{\Delta S-\Delta S^*_{t(mp)}}{\Delta x}\\
&= \lim_{\Delta x\to 0}\frac{\Delta S}{\Delta x}-\lim_{\Delta x\to 0}\frac{\Delta S^*_{t(mp)}}{\Delta x}\\
&= \lim_{\Delta x\to 0}\frac{\Delta S\cdot\Delta S_s}{\Delta x\cdot\Delta S_s}-\lim_{\Delta x\to 0}\frac{2\pi f(x+p\Delta x)\sqrt{1+[f'(x+p\Delta x)]^2}\Delta x}{\Delta x}\\
&= \lim_{\Delta x\to 0}\frac{\Delta S}{\Delta S_s}\cdot\lim_{\Delta x\to 0}\frac{\Delta S_s}{\Delta x}-\lim_{\Delta x\to 0}2\pi f(x+p\Delta x)\sqrt{1+[f'(x+p\Delta x)]^2}\\
&= 1\cdot\lim_{\Delta x\to 0}\frac{\Delta S_s}{\Delta x}-2\pi f(x)\sqrt{1+[f'(x)]^2}\\
&= \lim_{\Delta\to 0}\frac{\pi[f(x)+f(x+\Delta x)]\sqrt{1+\left(\dfrac{f(x+\Delta x)-f(x)}{\Delta x}\right)^2}\Delta x}{\Delta x}-\\
&\quad 2\pi f(x)\sqrt{1+[f'(x)]^2}\\
&= \lim_{\Delta x\to 0}\pi[f(x)+f(x+\Delta x)]\sqrt{1+\left(\frac{f(x+\Delta x)-f(x)}{\Delta x}\right)^2}-\\
&\quad 2\pi f(x)\sqrt{1+[f'(x)]^2}\\
&= \lim_{\Delta x\to 0}\pi[f(x)+f(x+\Delta x)]\cdot\lim_{\Delta x\to 0}\sqrt{1+\left(\frac{f(x+\Delta x)-f(x)}{\Delta x}\right)^2}-\\
&\quad 2\pi f(x)\sqrt{1+[f'(x)]^2}\\
&= \pi[f(x)+f(x)]\cdot\sqrt{1+\left(\lim_{\Delta x\to 0}\frac{f(x+\Delta x)-f(x)}{\Delta x}\right)^2}-\\
&\quad 2\pi f(x)\sqrt{1+[f'(x)]^2}\\
&= 2\pi f(x)\sqrt{1+[f'(x)]^2}-2\pi f(x)\sqrt{1+[f'(x)]^2}\\
&= 0.
\end{aligned}
$$

注意，这里小曲线旋转面与以任意点为中心的切线旋转面不在同一个小区间上，小曲线旋转面在小区间 $[x,x+\Delta x]$ 上，而以任意点为中心的切线旋转面在中心点小区间 $\left[x^*-\dfrac{\Delta x}{2},x^*+\dfrac{\Delta x}{2}\right]$ 上，将 $x^*=x+p\Delta x$ 代入，这个中心点小区间可写为 $\left[x+\Delta x\left(p-\dfrac{1}{2}\right),x+\Delta x\left(p+\dfrac{1}{2}\right)\right]$. 但这两个小区间的长度都是 Δx，并且当 $\Delta x\to 0$ 时，这两个小区间都向点 x 收缩，且长度都趋向于 0.

3. **推导辅助公式** $\lim\limits_{\Delta x\to 0}\dfrac{\Delta S^*_{t(mp)1}+\Delta S^*_{t(mp)2}+\cdots+\Delta S^*_{t(mp)n}}{\Delta S_1+\Delta S_2+\cdots+\Delta S_n}=1$

让我们在 x 轴上选一点，记为 x_0，并以此点为起点设立 n 个宽度为 Δx 的小区间 $[x_0,x_0+\Delta x]$，$[x_0+\Delta x,x_0+2\Delta x]$，…，$[x_0+(n-1)\Delta x,x_0+n\Delta x]$. 在这 n 个小区间上，有 n 个小曲线旋转面. 让我们把这 n 个小曲线旋转面的面积依次分别记为 $\Delta S_1,\Delta S_2,\cdots,\Delta S_n$.

如图 10－59 所示.

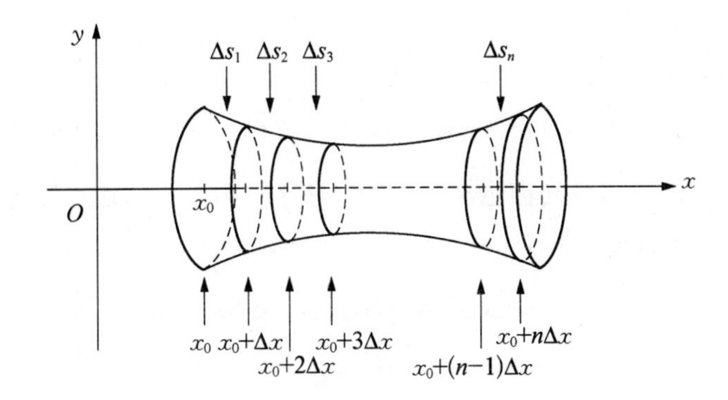

图 10－59

现在让我们在这每个小区间上,选择一个任意点,这样我们有 n 个任意点,

第一个小区间上的任意点记为 x_1^*,其 x 坐标为 $x_0+p_1\Delta x$,

第二个小区间上的任意点记为 x_2^*,其 x 坐标为 $x_0+(1+p_2)\Delta x$;

……

第 n 个小区间上的任意点记为 x_n^*,其 x 坐标为 $x_0+(n-1+p_n)\Delta x$;

让我们在每个任意点处对函数 $f(x)$ 作一条切线,并且以每个任意点为中心,设置一个中心点小区间. 这样在 n 个中心点小区间上就有 n 条任意点切线,第 1 条切线的长度为 $\sqrt{1+[f'(x_0+p_1\Delta x)]^2}\Delta x$,第 2 条切线的长度为 $\sqrt{1+[f'(x_0+(1+p_2)\Delta x)]^2}\Delta x$,…,第 n 条切线的长度为 $\sqrt{1+[f'(x_0+(n-1+p_n)\Delta x)]^2}\Delta x$,如图 10－60 所示. 让这 n 条切线围绕 x 轴旋转,我们可得 n 个以任意点为中心的切线旋转面,将这 n 个以任意点为中心的切线旋转面的面积依次分别记为 $\Delta S_{t(mp)1}^*$,$\Delta S_{t(mp)2}^*$,…,$\Delta S_{t(mp)n}^*$,如图 10－60 所示,则

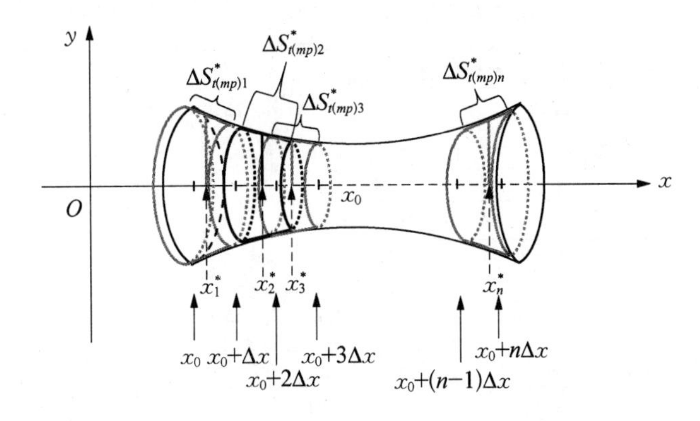

图 10－60

$$\begin{aligned}\Delta S_{t(mp)1}^* &= 2\pi f(x_1^*)\sqrt{1+[f'(x_1^*)]^2}\Delta x \\ &= 2\pi f(x_0+p_1\Delta x)\sqrt{1+[f'(x_0+p_1\Delta x)]^2}\Delta x;\end{aligned}$$

$$\Delta S_{t(mp)2}^* = 2\pi f(x_2^*)\sqrt{1+[f'(x_2^*)]^2}\Delta x$$

$$= 2\pi f(x_0 + (1 + p_2)\Delta x)\ \sqrt{1 + [f'(x_0 + (1 + p_2)\Delta x)]^2}\Delta x;$$

…

$$\Delta S^*_{t(mp)n} = 2\pi f(x_n^*)\ \sqrt{1 + [f'(x_n^*)]^2}\Delta x$$
$$= 2\pi f(x_0 + (n - 1 + p_n)\Delta x)\ \sqrt{1 + [f'(x_0 + (n - 1 + p_n)\Delta x)]^2}\Delta x.$$

现在我们有 n 个小曲线旋转面 ΔS 和 n 个以任意点为中心的切线旋转面 $\Delta S^*_{t(mp)}$，根据(1)式 $\Delta S = \Delta S^*_{t(mp)} + \Delta S_d$，即有

$$\Delta S_1 = \Delta S^*_{t(mp)1} + \Delta S_{d1};$$
$$\Delta S_2 = \Delta S^*_{t(mp)2} + \Delta S_{d2};$$
$$\cdots$$
$$\Delta S_n = \Delta S^*_{t(mp)n} + \Delta S_{dn}.$$

让我们把上述这些表达式代入极限 $\lim\limits_{\Delta x \to 0} \dfrac{\Delta S^*_{t(mp)1} + \Delta S^*_{t(mp)2} + \cdots + \Delta S^*_{t(mp)n}}{\Delta S_1 + \Delta S_2 + \cdots + \Delta S_n}$，则有

$$\lim_{\Delta x \to 0} \frac{\Delta S^*_{t(mp)1} + \Delta S^*_{t(mp)2} + \cdots + \Delta S^*_{t(mp)n}}{\Delta S_1 + \Delta S_2 + \cdots + \Delta S_n}$$

$$= \lim_{\Delta x \to 0} \frac{\Delta S^*_{t(mp)1} + \Delta S^*_{t(mp)2} + \cdots + \Delta S^*_{t(mp)n}}{(\Delta S^*_{t(mp)1} + \Delta S_{d1}) + (\Delta S^*_{t(mp)2} + \Delta S_{d2}) + \cdots + (\Delta S^*_{t(mp)n} + \Delta S_{dn})}$$

$$= \lim_{\Delta x \to 0} \frac{\Delta S^*_{t(m)1} + \Delta S^*_{t(m)2} + \cdots + \Delta S^*_{t(m)n}}{(\Delta S^*_{t(mp)1} + \Delta S^*_{t(mp)2} + \cdots + \Delta S^*_{t(mp)n}) + (\Delta S_{d1} + \Delta S_{d2} + \cdots + \Delta S_{dn})}$$

$$= \lim_{\Delta x \to 0} \frac{\dfrac{\Delta S^*_{t(mp)1} + \Delta S^*_{t(mp)2} + \cdots + \Delta S^*_{t(mp)n}}{\Delta x}}{\dfrac{\Delta S^*_{t(mp)1} + \Delta S^*_{t(mp)2} + \cdots + \Delta S^*_{t(mp)n}}{\Delta x} + \dfrac{\Delta S_{d1} + \Delta S_{d2} + \cdots + \Delta S_{dn}}{\Delta x}}$$

$$= \frac{\lim\limits_{\Delta x \to 0} \dfrac{\Delta S^*_{t(mp)1} + \Delta S^*_{t(mp)2} + \cdots + \Delta S^*_{t(mp)n}}{\Delta x}}{\lim\limits_{\Delta x \to 0} \dfrac{\Delta S^*_{t(mp)1} + \Delta S^*_{t(mp)2} + \cdots + \Delta S^*_{t(mp)n}}{\Delta x} + \lim\limits_{\Delta x \to 0} \dfrac{\Delta S_{d1}}{\Delta x} + \lim\limits_{\Delta x \to 0} \dfrac{\Delta S_{d2}}{\Delta x} + \cdots + \lim\limits_{\Delta x \to 0} \dfrac{\Delta S_{dn}}{\Delta x}}$$

$$= \frac{\lim\limits_{\Delta x \to 0} \dfrac{\Delta S^*_{t(mp)1} + \Delta S^*_{t(mp)2} + \cdots + \Delta S^*_{t(mp)n}}{\Delta x}}{\lim\limits_{\Delta x \to 0} \dfrac{\Delta S^*_{t(mp)1} + \Delta S^*_{t(mp)2} + \cdots + \Delta S^*_{t(mp)n}}{\Delta x}}$$

$$= \frac{\lim\limits_{\Delta x \to 0} \dfrac{\begin{array}{l} 2\pi f(x_0 + p_1\Delta x)\ \sqrt{1 + [f'(x_0 + p_1\Delta x)]^2}\Delta x + \cdots \\ \quad + 2\pi f(x_0 + (n - 1 + p_n)\Delta x)\ \sqrt{1 + [f'(x_0 + (n - 1 + p_n)\Delta x)]^2}\Delta x \end{array}}{\Delta x}}{\lim\limits_{\Delta x \to 0} \dfrac{\begin{array}{l} 2\pi f(x_0 + p_1\Delta x)\ \sqrt{1 + [f'(x_0 + p_1\Delta x)]^2}\Delta x + \cdots \\ \quad + 2\pi f(x_0 + (n - 1 + p_n)\Delta x)\ \sqrt{1 + [f'(x_0 + (n - 1 + p_n)\Delta x)]^2}\Delta x \end{array}}{\Delta x}}$$

$$=\frac{\lim\limits_{\Delta x\to 0}\left[2\pi f(x_0+p_1\Delta x)\sqrt{1+[f'(x_0+p_1\Delta x)]^2}+\cdots+2\pi f(x_0+(n-1+p_n)\Delta x)\sqrt{1+[f'(x_0+(n-1+p_n)\Delta x)]^2}\right]}{\lim\limits_{\Delta x\to 0}\left[2\pi f(x_0+p_1\Delta x)\sqrt{1+[f'(x_0+p_1\Delta x)]^2}+\cdots+2\pi f(x_0+(n-1+p_n)\Delta x)\sqrt{1+[f'(x_0+(n-1+p_n)\Delta x)]^2}\right]}$$

(因为我们已经假设 $f(x)$ 和 $f'(x)$ 都是连续函数,所以函数 $2\pi f(x_0+(i-1+p_i)\Delta x)\cdot\sqrt{1+[f'(x_0+(i-1+p_i)\Delta x)]^2}$ 也是连续的,这里 $i=1,2,\cdots,n$. 因此 $\lim\limits_{\Delta x\to 0}2\pi f(x_0+(i-1+p_i)\Delta x)\sqrt{1+[f'(x_0+(i-1+p_i)\Delta x)]^2}=2\pi f(x_0)\sqrt{1+[f'(x_0)]^2}$.)

$$=\frac{n\cdot 2\pi f(x_0)\sqrt{1+[f'(x_0)]^2}}{n\cdot 2\pi f(x_0)\sqrt{1+[f'(x_0)]^2}}$$

$$=1.$$

上面讨论了在末端可变区间 $[x_0,\ x_0+n\Delta x]$ 上的辅助公式 $\lim\limits_{\Delta x\to 0}\dfrac{\Delta S^*_{t(mp)1}+\Delta S^*_{t(mp)2}+\cdots+\Delta S^*_{t(mp)n}}{\Delta S_1+\Delta S_2+\cdots+\Delta S_n}=1$. 如果将区间 $[x_0,x_0+n\Delta x]$ 换成固定区间 $[a,b]$,我们仍然可得这个辅助公式.

现在令 $x_0=a,x_0+n\Delta x=b$,这样就可把区间 $[x_0,x_0+n\Delta x]$ 变成固定区间 $[a,b]$;在区间 $[a,b]$ 上,Δx 与 n 的关系为 $\Delta x=\dfrac{b-a}{n}$. 每个区间上的 $\Delta S,\Delta S^*_{t(mp)},\Delta S_d$ 的设置均与上面一样. 辅助公式的证明过程也一样,只是当代入表达式后(见下面),需要再代入 $x_0=a,x_0+n\Delta x=b$,简述如下:

$$\lim_{\Delta x\to 0}\frac{\Delta S^*_{t(mp)1}+\Delta S^*_{t(mp)2}+\cdots+\Delta S^*_{t(mp)n}}{\Delta S_1+\Delta S_2+\cdots+\Delta S_n}$$

$$\cdots$$

$$=\frac{\lim\limits_{\Delta x\to 0}\sqrt{1+[f'(x_0+p_1\Delta x)]^2}+\cdots+\lim\limits_{\Delta x\to 0}\sqrt{1+[f'(x_0+(n-1+p_n)\Delta x)]^2}}{\lim\limits_{\Delta x\to 0}\sqrt{1+[f'(x_0+p_1\Delta x)]^2}+\cdots+\lim\limits_{\Delta x\to 0}\sqrt{1+[f'(x_0+(n-1+p_n)\Delta x)]^2}}$$

$$=\frac{\lim\limits_{\Delta x\to 0}\sqrt{1+[f'(x_0+p_1\Delta x)]^2}+\cdots+\lim\limits_{\Delta x\to 0}\sqrt{1+[f'(x_0+n\Delta x-\Delta x+p_n\Delta x)]^2}}{\lim\limits_{\Delta x\to 0}\sqrt{1+[f'(x_0+p_1\Delta x)]^2}+\cdots+\lim\limits_{\Delta x\to 0}\sqrt{1+[f'(x_0+n\Delta x-\Delta x+p_n\Delta x)]^2}}$$

(代入 $x_0=a,x_0+n\Delta x=b$)

$$=\frac{\lim\limits_{\Delta x\to 0}\sqrt{1+[f'(a+p_1\Delta x)]^2}+\cdots+\lim\limits_{\Delta x\to 0}\sqrt{1+[f'(b-\Delta x+p_n\Delta x)]^2}}{\lim\limits_{\Delta x\to 0}\sqrt{1+[f'(a+p_1\Delta x)]^2}+\cdots+\lim\limits_{\Delta x\to 0}\sqrt{1+[f'(b-\Delta x+p_n\Delta x)]^2}}$$

$$=\frac{\sqrt{1+[f'(a)]^2}+\sqrt{1+[f'(a)]^2}+\cdots+\sqrt{1+[f'(b)]^2}+\sqrt{1+[f'(b)]^2}}{\sqrt{1+[f'(a)]^2}+\sqrt{1+[f'(a)]^2}+\cdots+\sqrt{1+[f'(b)]^2}+\sqrt{1+[f'(b)]^2}}$$

$$=1.$$

4. 推导公式 $S=\lim_{n\to\infty}\sum_{i=1}^{n}2\pi f(x_i^*)\sqrt{1+[f'(x_i^*)]^2}\Delta x$

让我们把区间 $[a,b]$ 分割成 n 个小区间(n 代表一个大的整数). 小区间宽度均为 Δx，那么 $\Delta x=\frac{b-a}{n}$. 这样在区间 $[a,b]$ 上的旋转体就被分割成 n 个小旋转体，于是我们有 n 个小曲线旋转面，将这 n 个小曲线旋转面依次分别记为 $\Delta S_1,\Delta S_2,\cdots,\Delta S_n$，如图 10 - 61 所示. 显然，这 n 个小曲线旋转面面积之和就等于在区间 $[a,b]$ 上的曲线旋转面面积 S，故有

$S=\Delta S_1+\Delta S_2+\cdots+\Delta S_n$. (2)

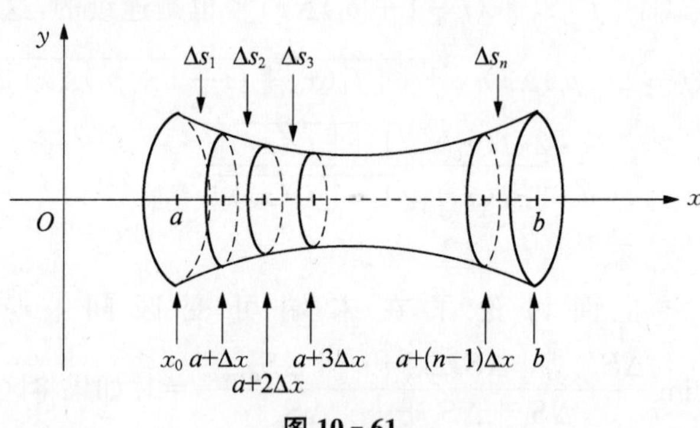

图 10 - 61

现在让我们在每个小区间上，任意选择一个点，这样我们有 n 个任意点. 我们把这 n 个任意点，依次分别记为 $x_1^*x_2^*,\cdots,x_n^*$. 让我们在每个任意点上，对函数 $f(x)$ 作一条切线，再让我们以每个任意点为中心，设置 n 个中心点小区间，这样在这 n 个中心点小区间上就有 n 条切线. 让这 n 条切线围绕 x 轴旋转，我们可得 n 个以任意点为中心的切线旋转面，将这 n 个以任意点为中心的切线旋转面面积依次分别记为 $\Delta S^*_{t(mp)1},\Delta S^*_{t(mp)2},\cdots,\Delta S^*_{t(mp)n}$，如图 10 - 62 所示，则

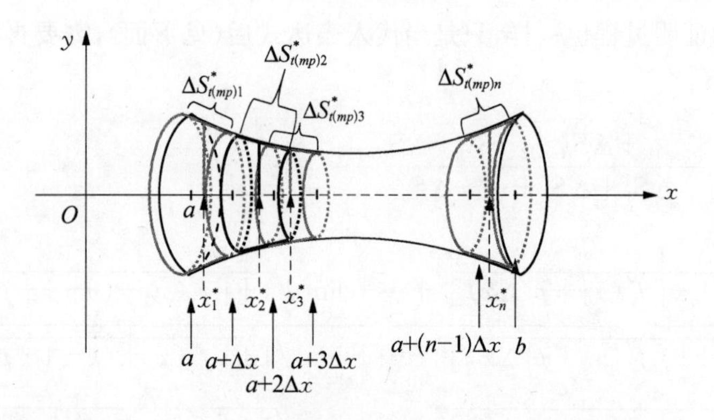

图 10 - 62

$$\Delta S^*_{t(mp)1}=2\pi f(x_1^*)\sqrt{1+[f'(x_1^*)]^2}\Delta x,$$
$$\Delta S^*_{t(mp)2}=2\pi f(x_2^*)\sqrt{1+[f'(x_2^*)]^2}\Delta x,$$
$$\cdots$$
$$\Delta S^*_{t(mp)n}=2\pi f(x_n^*)\sqrt{1+[f'(x_n^*)]^2}\Delta x. \tag{3}$$

让我们将区间 $[a,b]$ 上的 n 个 $\Delta S^*_{t(mp)}$ 相加. 我们知道所有 $\Delta S^*_{t(mp)}$ 之和不等于所有 ΔS 之和，即

$$\frac{\Delta S^*_{t(mp)1}+\Delta S^*_{t(mp)2}+\cdots+\Delta S^*_{t(mp)n}}{\Delta S_1+\Delta S_2+\cdots+\Delta S_n}\neq 1.$$

但是根据辅助公式 $\lim\limits_{\Delta x\to 0}\dfrac{\Delta S^*_{t(mp)1}+\Delta S^*_{t(mp)2}+\cdots+\Delta S^*_{t(mp)n}}{\Delta S_1+\Delta S_2+\cdots+\Delta S_n}=1$，如果 Δx 无限趋近于 0，那么 $\dfrac{\Delta S^*_{t(mp)1}+\Delta S^*_{t(mp)2}+\cdots+\Delta S^*_{t(mp)n}}{\Delta S_1+\Delta S_2+\cdots+\Delta S_n}$ 将无限趋近于 1. 在这里，因为 $\Delta x=\dfrac{b-a}{n}$，所以当 n 趋向于 ∞，Δx 将无限趋近于 0. 因此 n 趋向于 ∞ 与 Δx 趋近于 0 意义相同，故可用 $n\to\infty$ 替代 $\Delta x\to 0$，即有

$$\lim_{n\to\infty}\frac{\Delta S^*_{t(mp)1}+\Delta S^*_{t(mp)2}+\cdots+\Delta S^*_{t(mp)n}}{\Delta S_1+\Delta S_2+\cdots+\Delta S_n}=1,\Delta x=\frac{b-a}{n}.$$

将(2)式代入，即有

$$\lim_{n\to\infty}\frac{\Delta S^*_{t(mp)1}+\Delta S^*_{t(mp)2}+\cdots+\Delta S^*_{t(mp)n}}{S}=1,\Delta x=\frac{b-a}{n}.$$

由于 S 的值是个定值，上式可写为

$$S=\lim_{n\to\infty}(\Delta S^*_{t(mp)1}+\Delta S^*_{t(mp)2}+\cdots+\Delta S^*_{t(mp)n}),\quad \Delta x=\frac{b-a}{n}.$$

将(3)式代入，即有

$$S=\lim_{n\to\infty}(2\pi f(x_1^*)\sqrt{1+[f'(x_1^*)]^2}\Delta x+\cdots+2\pi f(x_n^*)\sqrt{1+[f'(x_n^*)]^2}\Delta x),$$

上式可用“西格玛”符号重写为

$$S=\lim_{n\to\infty}\sum_{i=1}^{n}2\pi f(x_i^*)\sqrt{1+[f'(x_i^*)]^2}\Delta x,\quad \Delta x=\frac{b-a}{n}.$$

根据定积分定义，上式可写成

$$S=\int_a^b 2\pi f(x)\sqrt{1+[f'(x)]^2}\,\mathrm{d}x.$$

证毕.

令 $\mathrm{d}S=2\pi f(x)\sqrt{1+[f'(x)]^2}\,\mathrm{d}x$，那么上式可写成

$$S=\int_a^b \mathrm{d}S=\int_a^b 2\pi f(x)\sqrt{1+[f'(x)]^2}\,\mathrm{d}x.$$

例 1　设有圆周曲线 $x^2+y^2=2^2(-2\leqslant x\leqslant 2)$，求在区间 $[-2,2]$ 上曲线绕 x 轴旋转一周而生成的旋转面的面积，即球表面积.

解　将 $x^2+y^2=2^2$ 写成

$$y=\sqrt{4-x^2},$$

则有 $y'=\dfrac{-x}{\sqrt{4-x^2}}$. 先求 $\mathrm{d}S$.

$$\mathrm{d}S=2\pi f(x)\sqrt{1+[f'(x)]^2}\,\mathrm{d}x$$

$$= 2\pi\sqrt{4-x^2}\sqrt{1+\left[\frac{-x}{\sqrt{4-x^2}}\right]^2}\,dx$$
$$= 2\pi\sqrt{4-x^2}\sqrt{1+\frac{x^2}{4-x^2}}\,dx$$
$$= 2\pi\sqrt{(4-x^2)+\frac{x^2(4-x^2)}{4-x^2}}\,dx$$
$$= 2\pi\sqrt{(4-x^2)+x^2}\,dx$$
$$= 4\pi dx.$$

因为区间为 $[-2,2]$，故 $a=-2,b=2$ 代入公式 $S=\int_a^b dS$，得

$$S=\int_{-2}^{2}4\pi dx=[4\pi x]_{-2}^{2}=16\pi.$$

第七节　空间曲线的弧长(选修)

在这一节中，我们要讨论参数方程空间曲线 $x=\varphi(t),y=\psi(t),z=\omega(t)$ 的弧长公式，这个公式的原理是用任意点切线逼近空间曲线. 这个公式的推导方式与参数方程平面曲线 $x=\varphi(t),y=\psi(t)$ 的弧长公式的推导方式相似. 参照参数方程平面曲线的弧长公式的推导过程，我们就能够比较容易地理解参数方程空间曲线弧长公式的推导过程. 因此请先读本章第五节第二小节，然后再读此节.

设空间曲线 Γ 的参数方程为 $x=\varphi(t),y=\psi(t),z=\omega(t)$，如图 10 - 63 所示，而 $\varphi(t)$，$\psi(t)$ 及 $\omega(t)$ 在区间 $[\alpha,\beta]$（$\alpha<\beta$）上具有连续导数，并且这三个导数 $\varphi'(t),\psi'(t)$ 及 $\omega'(t)$ 不同时为 0，那么空间曲线 Γ 从点 $(x_\alpha=\varphi(\alpha),y_\alpha=\psi(\alpha),z_\alpha=\omega(\alpha))$ 到点 $(x_\beta=\varphi(\beta),y_\beta=\psi(\beta),z_\alpha=\omega(\beta))$ 的弧长 s 为

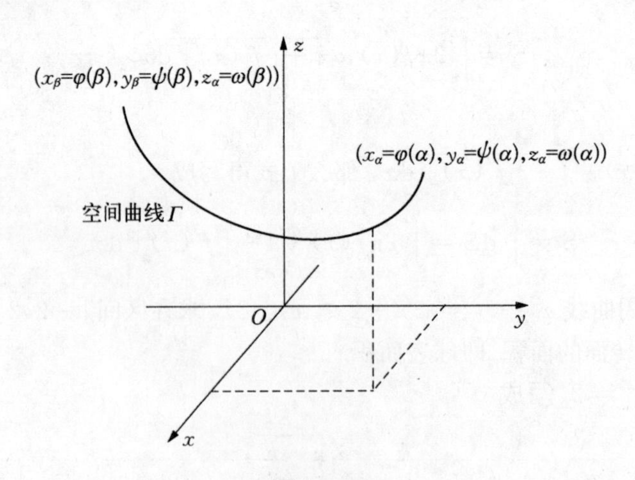

图 10 - 63

$$s=\lim_{n\to\infty}\sum_{i=1}^{n}\sqrt{[\varphi'(t_i^*)]^2+[\psi'(t_i^*)]^2+[\omega'(t_i^*)]^2}\,\Delta t,\Delta t=\frac{\beta-\alpha}{n}.$$

上式可写为

$$s=\int_{\alpha}^{\beta}\sqrt{[\varphi'(t)]^2+[\psi'(t)]^2+[\omega'(t)]^2}\,\mathrm{d}t.$$

这个公式的推导分五步进行.

1. 推导公式 $\lim\limits_{\Delta x\to 0}\dfrac{\Delta s_s}{\Delta s_t}=1$

首先解释什么是 Δs,Δs_s 及 Δs_t^*.

(1) Δs 的概念:设有一个由 x 轴、y 轴及 z 轴组成的 $O-xyz$ 空间直角坐标系.

(现在让我们想象有一个 t 轴,它与 x 轴、y 轴及 z 轴都相垂直,这样就有 tx 平面、ty 平面及 tz 平面. 参数方程函数 $x=\varphi(t)$ 的曲线在 tx 平面内,函数 $y=\psi(t)$ 的曲线在 ty 平面内,函数 $z=\omega(t)$ 的曲线在 tz 平面内. t 轴通过这三个平面与 $O-xyz$ 空间发生联系. 注意,这一切都是虚拟与想象.)

如果我们在虚拟 t 轴选择一个点 t_0,那么根据参数方程 $x=\varphi(t)$,$y=\psi(t)$,$z=\omega(t)$,在曲线 Γ 上就有点 (x_0,y_0,z_0). 这里 $x_0=\varphi(t_0)$,$y_0=\psi(t_0)$ 及 $z_0=\omega(t_0)$. 我们再给 t_0 一个增量 Δt,在虚拟 t 轴上就有点 $(t_0+\Delta t)$,那么根据参数方程 $x=\varphi(t)$,$y=\psi(t)$,$z=\omega(t)$,在曲线 Γ 上就有点 $(\varphi(t_0+\Delta t),\psi(t_0+\Delta t),\omega(t_0+\Delta t))$. 以 Δs 代表曲线 Γ 从点 (x_0,y_0,z_0) 至点 $((\varphi(t_0+\Delta t),\psi(t_0+\Delta t),\omega(t_0+\Delta t))$ 的长度,如图 10-64 所示. 也就是说,当我们在虚拟 t 轴上设立一个小区间 $[t_0,t_0+\Delta t]$(区间 $[t,t+\Delta t]$ 称为 Δt 小区间),我们就会在曲线 Γ 上得到一小段曲线 Δs. 显然,当 Δt 趋向于 0 时,Δs 也趋向于 0.

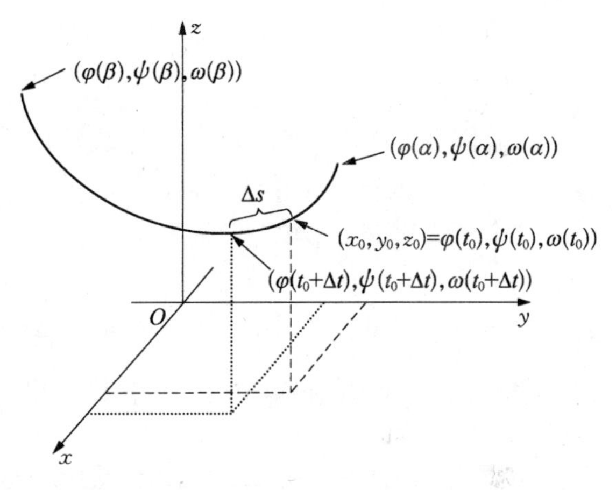

图 10-64

(2) Δs_s 的概念及空间曲线的割线方程式:现在让我们再对这小段曲线 Δs 作一条割线,如图 10-65 所示. 这条割线的起点为 (x_0,y_0,z_0),末端点为 $((\varphi(t_0+\Delta t),\psi(t_0+\Delta t),\omega(t_0+\Delta t))$. 这条割线在 x 轴上增量 Δx 为 $\varphi(t_0+\Delta t)-\varphi(t_0)$,则 $\Delta x=\varphi(t_0+\Delta t)-\varphi(t_0)$;割线在 y 轴上增量 Δy 为 $\psi(t_0+\Delta t)-\psi(t_0)$,则 $\Delta y=\psi(t_0+\Delta t)-\psi(t_0)$;割线在 z 轴上增量 Δz 为 $\omega(t_0+\Delta t)-\omega(t_0)$,则 $\Delta z=\omega(t_0+\Delta t)-\omega(t_0)$. 这样末端点 $((\varphi(t_0+\Delta t),\psi(t_0+\Delta t),\omega(t_0+\Delta t))$ 就可表示为 $(x_0+\Delta x,y_0+\Delta y,z_0+\Delta z)$.

以 Δs_s 表示该条割线的长度,则

$$\begin{aligned}\Delta s_s&=\sqrt{\Delta x^2+\Delta y^2+\Delta z^2}\\&=\sqrt{[\varphi(t_0+\Delta t)-\varphi(t_0)]^2+[\psi(t_0+\Delta t)-\psi(t_0)]^2+[\omega(t_0+\Delta t)-\omega(t_0)]^2}.\end{aligned}$$

Δs_s 对应于虚拟 t 轴上的小区间 $[t_0,t_0+\Delta t]$. 当 Δt 趋向于 0 时,Δs_s 也趋向于 0.

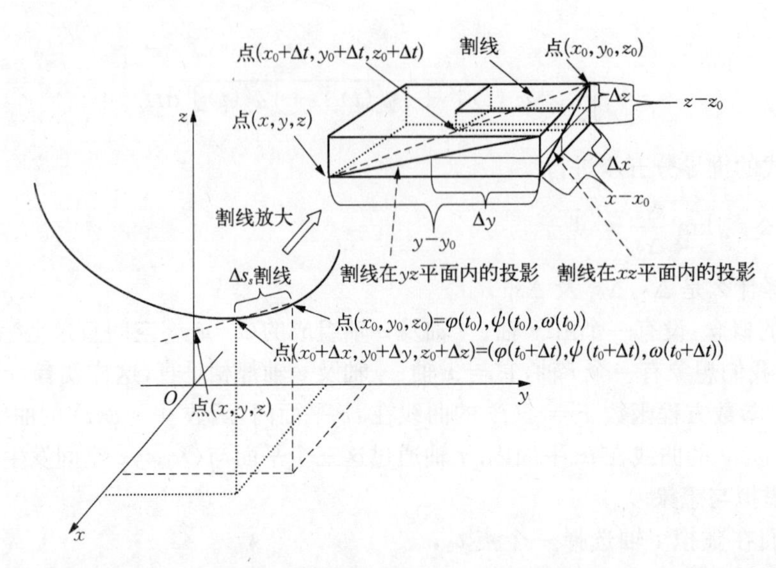

图 10 - 65

让我们写出这条割线的方程.将割线延长,取一点记为(x,y,z),这样我们就有一个从点(x_0,y_0,z_0)至点(x,y,z)的割线片段,如图 10 - 65 所示(图右上方有该割线片端的放大图).这个割线片段在x轴上增量为$x-x_0$,在y轴上增量为$y-y_0$,在z轴上增量为$z-z_0$.而原来的从点(x_0,y_0,z_0)至点$(x_0+\Delta x,y_0+\Delta y,z_0+\Delta z)$的割线小片段在$x$轴上增量为$\Delta x$,在$y$轴上增量为$\Delta y$,在$z$轴上增量为$\Delta z$,如图 10 - 65 中的割线放大图所示.注意,这条割线在xz平面内的投影也是一条直线,如图 10 - 65 所示,据此,我们可得等式$\frac{x-x_0}{\Delta x}=\frac{z-z_0}{\Delta z}$.同样,这条割线在$yz$平面内的投影也是一条直线,如图 10 - 65 中的割线放大图所示,据此,我们可得等式$\frac{y-y_0}{\Delta y}=\frac{z-z_0}{\Delta z}$.这样对这条割线就有等式

$$\frac{x-x_0}{\Delta x}=\frac{y-y_0}{\Delta y}=\frac{z-z_0}{\Delta z}.$$

$\Delta x,\Delta y,\Delta z$均与$\Delta t$有关,对等式各边乘以$\Delta t$:

$$\frac{(x-x_0)\Delta t}{\Delta x}=\frac{(y-y_0)\Delta t}{\Delta y}=\frac{(z-z_0)\Delta t}{\Delta z}.$$

上式可写为

$$\frac{x-x_0}{\frac{\Delta x}{\Delta t}}=\frac{y-y_0}{\frac{\Delta y}{\Delta t}}=\frac{z-z_0}{\frac{\Delta z}{\Delta t}}.$$

这就是空间曲线割线的方程式.

(3) Δs_t的概念及空间曲线的切线方程式:让我们过点(x_0,y_0,z_0)对空间曲线$\Gamma(x=\varphi(t),y=\psi(t),z=\omega(t))$作一条切线,那么这条切线的方程为

$$\frac{x-x_0}{\varphi'(t_0)}=\frac{y-y_0}{\psi'(t_0)}=\frac{z-z_0}{\omega'(t_0)}.$$

让我们推导这个方程. 因为这条切线过点 (x_0,y_0,z_0)，而上述的割线过点 (x_0,y_0,z_0) 和点 $(x_0+\Delta x,y_0+\Delta y,z_0+\Delta z)$，所以上述割线与该切线相对应. 如果让 $\Delta t\to 0$，那么上述割线将无限逼近该切线. 因此如果对割线方程 $\dfrac{x-x_0}{\dfrac{\Delta x}{\Delta t}}=\dfrac{y-y_0}{\dfrac{\Delta y}{\Delta t}}=\dfrac{z-z_0}{\dfrac{\Delta z}{\Delta t}}$ 取当 $\Delta t\to 0$ 时的极限，就可得到切线方程，即有

$$\lim_{\Delta t\to 0}\frac{x-x_0}{\dfrac{\Delta x}{\Delta t}}=\lim_{\Delta t\to 0}\frac{y-y_0}{\dfrac{\Delta y}{\Delta t}}=\lim_{\Delta t\to 0}\frac{z-z_0}{\dfrac{\Delta z}{\Delta t}},$$

上式可写为

$$\frac{x-x_0}{\lim\limits_{\Delta t\to 0}\dfrac{\Delta x}{\Delta t}}=\frac{y-y_0}{\lim\limits_{\Delta t\to 0}\dfrac{\Delta y}{\Delta t}}=\frac{z-z_0}{\lim\limits_{\Delta t\to 0}\dfrac{\Delta z}{\Delta t}},$$

将 $\Delta x,\Delta y,\Delta z$ 的表达式代入：

$$\frac{x-x_0}{\lim\limits_{\Delta t\to 0}\dfrac{\varphi(t_0+\Delta t)-\varphi(t_0)}{\Delta t}}=\frac{y-y_0}{\lim\limits_{\Delta t\to 0}\dfrac{\psi(t_0+\Delta t)-\psi(t_0)}{\Delta t}}=\frac{z-z_0}{\lim\limits_{\Delta t\to 0}\dfrac{\omega(t_0+\Delta t)-\omega(t_0)}{\Delta t}},$$

然后将上式写为

$$\frac{x-x_0}{\varphi'(t_0)}=\frac{y-y_0}{\psi'(t_0)}=\frac{z-z_0}{\omega'(t_0)}.$$

这就是过点 (x_0,y_0,z_0) 空间曲线切线的方程式.

现在我们要以点 (x_0,y_0,z_0) 为起点，基于小区间 $[t_0,t_0+\Delta t]$ 截取一小段切线，方法如下：

我们知道函数 $x=\varphi(t)$、$y=\psi(t)$ 及 $z=\omega(t)$ 在 t_0 处的导数为 $\varphi'(t_0)$、$\psi'(t_0)$ 及 $\omega'(t_0)$. 现在让我们借用虚拟的 tx 平面、ty 平面及 tz 平面来讨论这些导数的意义. 在 tx 平面内，导数 $\varphi'(t_0)$ 其实就是函数 $x=\varphi(t)$ 在 t_0 处切线的斜率，在 ty 平面内，导数 $\psi'(t_0)$ 就是函数 $y=\psi(t)$ 在 t_0 处切线的斜率，在 tz 平面内，$\omega'(t_0)$ 就是函数 $z=\omega(t)$ 在 t_0 处切线的斜率. 现在让我们给 t_0 一个增量 Δt，也就是建立了小区间 $[t_0,t_0+\Delta t]$，那么在 tx 平面内，函数 $x=\varphi(t)$ 的这条切线在小区间 $[t_0,t_0+\Delta t]$ 上的垂直增量（即 x 轴上的增量）为 $\varphi'(t_0)\Delta t$；在 ty 平面内，函数 $y=\psi(t)$ 的这条切线在小区间 $[t_0,t_0+\Delta t]$ 上的垂直增量（即 y 轴上的增量）为 $\psi'(t_0)\Delta t$；在 tz 平面内，函数 $z=\omega(t)$ 的这条切线在小区间 $[t_0,t_0+\Delta t]$ 上的垂直增量（即 z 轴上的增量）为 $\omega'(t_0)\Delta t$.

现在我们回到空间曲线 Γ 的切线上，如果以点 (x_0,y_0,z_0) 为起点，截取一这小段切线，将这小段切线的末端点记为 (x,y,z)；并使得该段切线在 x 轴上的增量 $x-x_0$ 为 $\varphi'(t_0)\Delta t$，即 $x-x_0=\varphi'(t_0)\Delta t$，那么该段切线在 y 轴上的增量 $y-y_0$ 必然等于 $\psi'(t_0)\Delta t$，在 z 轴上的增量 $z-z_0$ 必然等于 $\omega'(t_0)\Delta t$. 让我们根据空间曲线的切线方程 $\dfrac{x-x_0}{\varphi'(t_0)}=\dfrac{y-y_0}{\psi'(t_0)}=$

$\dfrac{z-z_0}{\omega'(t_0)}$ 来解释为什么：

由于这段切线在 x 轴上的增量 $x-x_0$ 为 $\varphi'(t_0)\Delta t$，将 $x-x_0=\varphi'(t_0)\Delta t$ 代入切线方程 $\dfrac{x-x_0}{\varphi'(t_0)}=\dfrac{y-y_0}{\psi'(t_0)}$ 得

$$\frac{\varphi'(t_0)}{\varphi'(t_0)}=\frac{y-y_0}{\psi'(t_0)},$$

化简得 y 轴上的增量 $y-y_0$：

$$y-y_0=\psi'(t_0)\Delta t.$$

同理，将 $x-x_0=\varphi'(t_0)\Delta t$，代入切线方程 $\dfrac{x-x_0}{\varphi'(t_0)}=\dfrac{z-z_0}{\omega'(t_0)}$ 得

$$\frac{\varphi'(t_0)}{\varphi'(t_0)}=\frac{z-z_0}{\omega'(t_0)},$$

化简得 z 轴上的增量 $z-z_0$：

$$z-z_0=\omega'(t_0).$$

这样这小段切线的末端点 (x,y,z) 可记为 $(x_0+\varphi'(t_0)\Delta t, y_0+\psi'(t_0)\Delta t, z_0+\omega'(t_0)\Delta t)$.

综上所述，当我们给 t_0 一个增量 Δt，也就是建立了小区间 $[t_0,t_0+\Delta t]$，那么在切线上，我们会相应地得到一小段切线，它起点为 (x_0,y_0,z_0)，末端点为 $(x_0+\varphi'(t_0)\Delta t, y_0+\psi'(t_0)\Delta t, z_0+\omega'(t_0)\Delta t)$. 对应于虚拟 t 轴上的小区间 $[t_0,t_0+\Delta t]$，这段切线在 x 轴上的增量为 $\varphi'(t_0)\Delta t$、在 y 轴上的增量为 $\psi'(t_0)\Delta t$、在 z 轴上的增量为 $\omega'(t_0)\Delta t$，如图 10－66 所示.

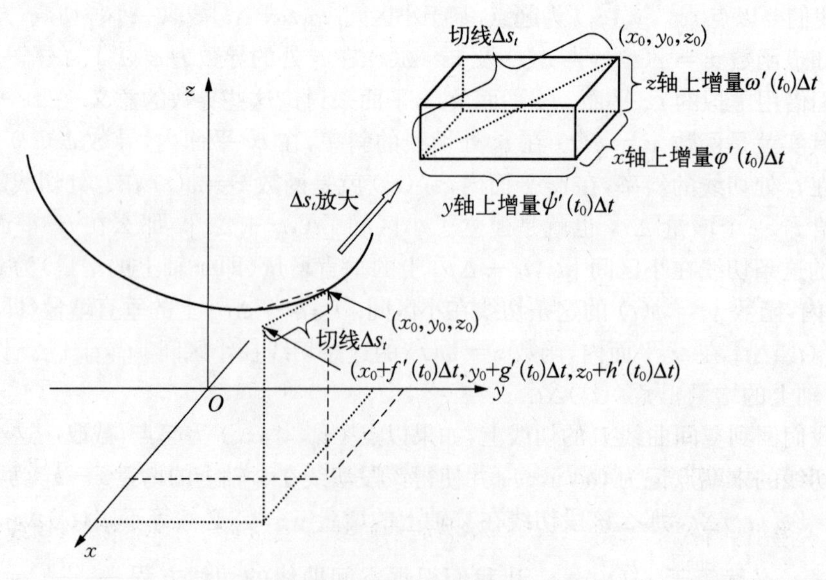

图 10－66

令 Δs_t 代表这段切线的长度，则

$$\begin{aligned}\Delta s_t &= \sqrt{[\varphi'(t_0)\Delta t]^2+[\psi'(t_0)\Delta t]^2+[\omega'(t_0)\Delta t]^2}\\ &= \sqrt{[\varphi'(t_0)]^2+[\psi'(t_0)]^2+[\omega'(t_0)]^2}\Delta t.\end{aligned}$$

也就是说，当我们在虚拟 t 轴上设立一个小区间 $[t_0, t_0+\Delta t]$，我们就可以得到一小段过点 (x_0, y_0, z_0) 的空间曲线切线 Δs_t. 根据上述公式，当 Δt 趋向于 0 时，Δs_t 也趋向于 0.

介绍完上述概念，现在让我们证明 $\lim\limits_{\Delta t\to 0}\dfrac{\Delta s_s}{\Delta s_t}=1$.

$$\lim_{\Delta t\to 0}\frac{\Delta s_s}{\Delta s_t}=\lim_{\Delta x\to 0}\frac{\sqrt{[\varphi(t_0+\Delta t)-\varphi(t_0)]^2+[\psi(t_0+\Delta t)-\psi(t_0)]^2+[\omega(t_0+\Delta t)-\omega(t_0)]^2}}{\sqrt{[\varphi'(t_0)]^2+[\psi'(t_0)]^2+[\omega'(t_0)]^2}\Delta t}$$

$$=\lim_{\Delta t\to 0}\frac{\dfrac{\sqrt{[\varphi(t_0+\Delta t)-\varphi(t_0)]^2+[\psi(t_0+\Delta t)-\psi(t_0)]^2+[\omega(t_0+\Delta t)-\omega(t_0)]^2}}{\Delta t}}{\dfrac{\sqrt{[\varphi'(t_0)]^2+[\psi'(t_0)]^2+[\omega'(t_0)]^2}\Delta t}{\Delta t}}$$

$$=\lim_{\Delta t\to 0}\frac{\sqrt{\left[\dfrac{\varphi(t_0+\Delta t)-\varphi(t_0)}{\Delta t}\right]^2+\left[\dfrac{\psi(t_0+\Delta t)-\psi(t_0)}{\Delta t}\right]^2+\left[\dfrac{\omega(t_0+\Delta t)-\omega(t_0)}{\Delta t}\right]^2}}{\sqrt{[\varphi'(t_0)]^2+[\psi'(t_0)]^2+[\omega'(t_0)]^2}}$$

$$=\frac{\lim\limits_{\Delta t\to 0}\sqrt{\left[\dfrac{\varphi(t_0+\Delta t)-\varphi(t_0)}{\Delta t}\right]^2+\left[\dfrac{\psi(t_0+\Delta t)-\psi(t_0)}{\Delta t}\right]^2+\left[\dfrac{\omega(t_0+\Delta t)-\omega(t_0)}{\Delta t}\right]^2}}{\sqrt{[\,'(t_0)]^2+[\psi'(t_0)]^2+[\omega'(t_0)]^2}}$$

（现在我们要运用定理 $\lim\limits_{x\to a}f(g(x))=f(\lim\limits_{x\to a}g(x))$）

$$=\frac{\sqrt{\lim\limits_{\Delta t\to 0}\left[\dfrac{\varphi(t_0+\Delta t)-\varphi(t_0)}{\Delta t}\right]^2+\lim\limits_{\Delta t\to 0}\left[\dfrac{\psi(t_0+\Delta t)-\psi(t_0)}{\Delta t}\right]^2+\lim\limits_{\Delta t\to 0}\left[\dfrac{\omega(t_0+\Delta t)-\omega(t_0)}{\Delta t}\right]^2}}{\sqrt{[\varphi'(t_0)]^2+[\psi'(t_0)]^2+[\omega'(t_0)]^2}}$$

$$=\frac{\sqrt{\left[\lim\limits_{\Delta t\to 0}\dfrac{\varphi(t_0+\Delta t)-\varphi(t_0)}{\Delta t}\right]^2+\left[\lim\limits_{\Delta t\to 0}\dfrac{\psi(t_0+\Delta t)-\psi(t_0)}{\Delta t}\right]^2+\left[\lim\limits_{\Delta t\to 0}\dfrac{\omega(t_0+\Delta t)-\omega(t_0)}{\Delta t}\right]^2}}{\sqrt{[\varphi'(t_0)]^2+[\psi'(t_0)]^2+[\omega'(t_0)]^2}}$$

$$=\frac{\sqrt{[\varphi'(t_0)]^2+[\psi'(t_0)]^2+[\omega'(t_0)]^2}}{\sqrt{[\varphi'(t_0)]^2+[\psi'(t_0)]^2+[\omega'(t_0)]^2}}$$

$$=1.$$

2. 推导公式 $\lim\limits_{\Delta t\to 0}\dfrac{\Delta s}{\Delta s_t}=1$

在第四节讨论平面曲线 $f(x)$ 的小段曲线长度与割线长度之间的关系时，我们已证明当 Δx 趋向于 0 时，曲线将无限接近割线. 这个定律也同样适用与空间曲线. 这是因为 1. 像平面曲线一样，空间曲线与割线共享它们的两个端点，如图 10－65 所示；2. 刚证明的公式 $\lim\limits_{\Delta t\to 0}\dfrac{\Delta s_s}{\Delta s_t}=1$ 指出：当 Δt 趋向于 0 时，空间曲线的割线无限接近于空间曲线的切线，而曲线又始终位于割线和切线之间，如图 10－66 所示. 因此我们可得出结论：当 Δt 趋向于 0 时，空间

曲线 Δs 将无限接近割线 Δs_s，即有

$$\lim_{\Delta t\to 0}\frac{\Delta s}{\Delta s_s}=1.$$

现在我们有两个极限公式 $\lim\limits_{\Delta t\to 0}\dfrac{\Delta s_s}{\Delta s_t}=1$ 和 $\lim\limits_{\Delta t\to 0}\dfrac{\Delta s}{\Delta s_s}=1$，由此可得

$$\lim_{\Delta t\to 0}\frac{\Delta s_s}{\Delta s_t}\cdot\lim_{\Delta t\to 0}\frac{\Delta s}{\Delta s_s}=1\cdot 1,$$

因为 $\lim\limits_{\Delta t\to 0}\dfrac{\Delta s_s}{\Delta s_t}\cdot\lim\limits_{\Delta t\to 0}\dfrac{\Delta s}{\Delta s_s}=\lim\limits_{\Delta t\to 0}\left(\dfrac{\Delta s_s}{\Delta s_t}\cdot\dfrac{\Delta s}{\Delta s_s}\right)=\lim\limits_{\Delta t\to 0}\dfrac{\Delta s}{\Delta s_t}$，所以上式可写为

$$\lim_{\Delta t\to 0}\frac{\Delta s}{\Delta s_t}=1.$$

3. **推导公式** $\lim\limits_{\Delta t\to 0}\dfrac{\Delta s_d}{\Delta t}=0$

我们首先解释什么是 Δs_t^*，然后再解释什么是 Δs_d.

现在让我们在小区间 $[t_0,t_0+\Delta t]$ 间任意选一点 t^*，这个点的虚拟 t 轴坐标可表示为 $t^*=t_0+p\Delta t$，这里 p 代表一个变量，它的变化范围为 $0\leqslant p\leqslant 1$. 因为在虚拟 t 轴上选点 t^*，就有 $x^*=\varphi(t^*)$，$y^*=\psi(t^*)$ 和 $z^*=\omega(t^*)$. 相应地在曲线 Γ 上就有点 (x^*,y^*,z^*). 让我们过点 (x^*,y^*,z^*) 对曲线 Γ 作一条切线，如图 10 - 67 所示. 那么对应于小区间 $[t_0,t_0+\Delta t]$，就会有一小段切线，这段切线在 x 轴上的增量为 $\varphi'(t^*)\Delta t$，在 y 轴上的增量为 $\psi'(t^*)\Delta t$，在 z 轴上的增量为 $\omega'(t^*)\Delta t$. 让我们解释为什么.

我们知道函数 $x=\varphi(t)$，$y=\psi(t)$ 及 $z=\omega(t)$ 在 t^* 处的导数为 $\varphi'(t^*)$，$\psi'(t^*)$ 及 $\omega'(t^*)$. 现在让我们借用虚拟的 tx 平面、ty 平面及 tz 平面来讨论这些导数的意义. 在 tx 平面内，导数 $\varphi'(t^*)$ 其实就是函数 $x=\varphi(t)$ 在 t^* 处切线的斜率，在 ty 平面内，导数 $\psi'(t^*)$ 就是函数 $y=\psi(t)$ 在 t^* 处切线的斜率，在 tz 平面内，$\omega'(t^*)$ 就是函数 $z=\omega(t)$ 在 t^* 处切线的斜率. 显然，那么在 tx 平面内，函数 $x=\varphi(t)$ 的这条切线在小区间 $[t_0,t_0+\Delta t]$ 上的垂直增量（即 x 轴上的增量）为 $\varphi'(t^*)\Delta t$；在 ty 平面内，函数 $y=\psi(t)$ 的这条切线在小区间 $[t_0,t_0+\Delta t]$ 上的垂直增量（即 y 轴上的增量）为 $\psi'(t^*)\Delta t$；在 tz 平面内，函数 $z=\omega(t)$ 的这条切线在小区间 $[t_0,t_0+\Delta t]$ 上的垂直增量（即 z 轴上的增量）为 $\omega'(t^*)\Delta t$.

现在我们回到空间曲线 Γ 的切线上，根据空间曲线的切线方程，如果让这段切线在 x 轴上的增量为 $\varphi'(t^*)\Delta t$，那么在 y 轴上的增量必然为 $\psi'(t^*)\Delta t$，在 z 轴上的增量必然为 $\omega'(t^*)\Delta t$，也就是说，这小段切线是对应于小区间 $[t_0,t_0+\Delta t]$ 的. 据此，我们可写出这小段切线两段点的坐标，它起点的坐标为 $((x^*-\varphi'(t^*)p\Delta t),(y^*-\psi'(t^*)p\Delta t),(z^*-\omega'(t^*)p\Delta t))$，末端点的坐标为 $((x^*+\varphi'(t^*)(1-p)\Delta t),(y^*+\psi'(t^*)(1-p)\Delta t),(z^*+\omega'(t^*)(1-p)\Delta t))$. 令 Δs_t^* 代表这小段切线的长度，则

$$\begin{aligned}\Delta s_t^*&=\sqrt{[\varphi'(t^*)]^2+[\psi'(t^*)]^2+[\omega'(t^*)]^2}\,\Delta t\\&=\sqrt{[\varphi'(t_0+p\Delta t)]^2+[\psi'(t_0+p\Delta t)]^2+[\omega'(t_0+p\Delta t)]^2}\,\Delta t.\end{aligned}$$

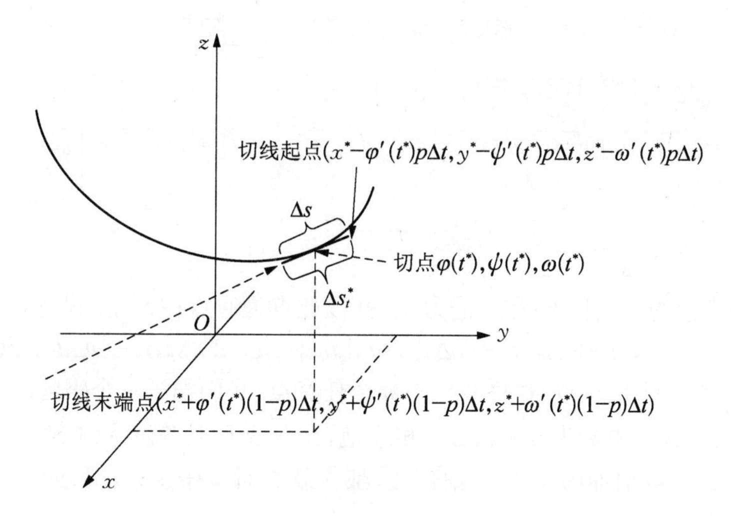

图 10－67

我们知道 Δs 不等于 Δs_t^*，以 Δs_d 表示 Δs 与 Δs_t^* 之间的差值. 我们规定

$$\Delta s_d = \Delta s - \Delta s_t^*.$$

据此有

$$\Delta s = \Delta s_t^* + \Delta s_d. \tag{1}$$

我们可以证明 $\lim\limits_{\Delta t\to 0}\dfrac{\Delta s_d}{\Delta t} = 0$.

$$\begin{aligned}
\lim_{\Delta t\to 0}\frac{\Delta s_d}{\Delta t} &= \lim_{\Delta t\to 0}\frac{\Delta s - \Delta s_t^*}{\Delta t}\\
&= \lim_{\Delta t\to 0}\frac{\Delta s}{\Delta t} - \lim_{\Delta t\to 0}\frac{\Delta s_t^*}{\Delta t}\\
&= \lim_{\Delta t\to 0}\frac{\Delta s\cdot\Delta s_t}{\Delta t\cdot\Delta s_t} - \lim_{\Delta t\to 0}\frac{\Delta s_t^*}{\Delta t}\\
&= \lim_{\Delta t\to 0}\frac{\Delta s_t}{\Delta t}\cdot\lim_{\Delta t\to 0}\frac{\Delta s}{\Delta s_t} - \lim_{\Delta t\to 0}\frac{\Delta s_t^*}{\Delta t}\\
&= \lim_{\Delta t\to 0}\frac{\Delta s_t}{\Delta t}\cdot 1 - \lim_{\Delta t\to 0}\frac{\Delta s_t^*}{\Delta t}\\
&= \lim_{\Delta t\to 0}\frac{\sqrt{[\varphi'(t_0+\Delta t)]^2+[\psi'(t_0+\Delta t)]^2+[\omega'(t_0+\Delta t)]^2}\Delta t}{\Delta t} -\\
&\quad\ \lim_{\Delta t\to 0}\frac{\sqrt{[\varphi'(t_0+p\Delta t)]^2+[\psi'(t_0+p\Delta t)]^2+[\omega'(t_0+p\Delta t)]^2}\Delta t}{\Delta t}\\
&= \lim_{\Delta t\to 0}\sqrt{[\varphi'(t_0+\Delta t)]^2+[\psi'(t_0+\Delta t)]^2+[\omega'(t_0+\Delta t)]^2}\Delta t -\\
&\quad\ \lim_{\Delta t\to 0}\sqrt{[\varphi'(t_0+p\Delta t)]^2+[\psi'(t_0+p\Delta t)]^2+[\omega'(t_0+p\Delta t)]^2}
\end{aligned}$$

(因为 $\varphi'(t)$，$\psi'(t)$ 和 $\omega'(t)$ 都是连续函数，所以

$\sqrt{[\varphi'(t_0+p\Delta t)]^2+[\psi'(t_0+p\Delta t)]^2+[\omega'(t_0+p\Delta t)]^2}$ 也是连续函数，故

$$\lim_{\Delta t \to 0} \sqrt{[\varphi'(t_0+p\Delta t)]^2+[\psi'(t_0+p\Delta t)]^2+[\omega'(t_0+p\Delta t)]^2} =$$
$$\sqrt{[\varphi'(t_0)]^2+[\psi'(t_0)]^2+[\omega'(t_0)]^2})$$
$$= \sqrt{[\varphi'(t_0)]^2+[\psi'(t_0)]^2+[\omega'(t_0)]^2} - \sqrt{[\varphi'(t_0)]^2+[\psi'(t_0)]^2+[\omega'(t_0)]^2}$$
$$= 0.$$

4. **推导辅助公式** $\lim\limits_{\Delta x \to 0} \dfrac{\Delta s_{t1}^* + \Delta s_{t2}^* + \cdots + \Delta s_{tn}^*}{\Delta s_1 + s_2 + \cdots + \Delta s_n} = 1$

让我们在虚拟的 t 轴上选一点,记为 t_0,并以此点为起点在 t 轴上设立 n 个宽度为 Δt 的小区间,$[t_0, t_0+\Delta t]$,$[t_0+\Delta t, t_0+2\Delta t]$,…,$[t_0+(n-1)\Delta t, t_0+n\Delta t]$. 现在让我们在每个小区间上,选择一个任意点,这样我们有 n 个任意点. 我们把第一个小区间 $[t_0, t_0+\Delta t]$ 上的任意点记为 t_1^*,其 t 坐标为 $t_0+p_1\Delta t$. 相应地,在曲线 L 上,就有点 (x_1^*, y_1^*, z_1^*). 让我们在点 (x_1^*, y_1^*, z_1^*) 处对曲线 L 作一条切线,那么就有对应于这个小区间的一小段切线. 我们把这小段切线的长度记为 Δs_{t1}^*,则

$$\Delta s_{t1}^* = \sqrt{[\varphi'(t_1^*)]^2+[\psi'(t_1^*)]^2+[\omega'(t_1^*)]^2}\,\Delta t$$
$$= \sqrt{[\varphi'(t_0+p_1\Delta t)]^2+[\psi'(t_0+p_1\Delta t)]^2+[\omega'(t_0+p_1\Delta t)]^2}\,\Delta t.$$

如此重复至第 n 个小区间,我们把第 n 个小区间 $[t_0+(n-1)\Delta t, t_0+n\Delta t]$ 上的任意点记为 t_n^*,其 t 坐标为 $t_0+(n-1+p_n)\Delta t$. 相应地,在曲线 L 上,就有点 (x_n^*, y_n^*, z_n^*). 让我们在点 (x_n^*, y_n^*, z_n^*) 处对曲线 L 作一条切线,那么就有对应于这个小区间的一小段切线. 我们把这小段切线的长度记为 Δs_{tn}^*,则

$$\Delta s_{tn}^* =$$
$$\sqrt{[\varphi'(t_0+(n-1+p_n)\Delta t)]^2+[\psi'(t_0+(n-1+p_n)\Delta t)]^2+[\omega'(t_0+(n-1+p_n)\Delta t)]^2}\,\Delta t.$$

同时,这 n 个宽度为 Δt 的小区间,$[t_0, t_0+\Delta t]$,$[t_0+\Delta t, t_0+2\Delta t]$,…,$[t_0+(n-1)\Delta t, t_0+n\Delta t]$ 还对应着曲线 Γ 上 n 个小段曲线,如图 10-68 所示.

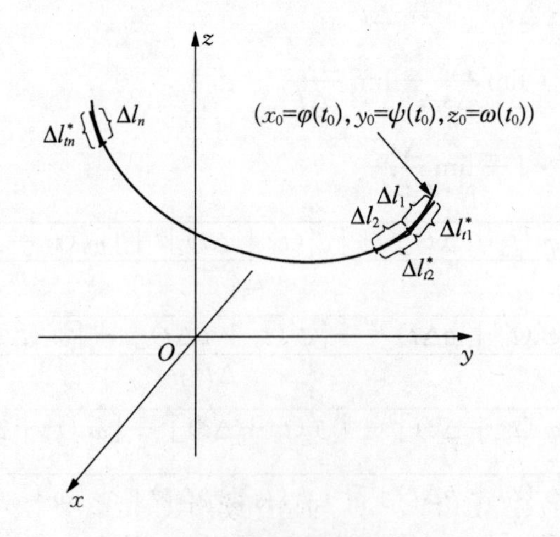

图 10-68

第一小区间 $[t_0, t_0+\Delta t]$ 对应着曲线 Γ 上一小段曲线，起点为 $(\varphi(t_0), \psi(t_0), \omega(t_0))$，终点为 $(\varphi(t_0+\Delta t), \psi(t_0+\Delta t), \omega(t_0+\Delta t))$. 我们把这小段曲线的长度记为 Δs_1. 根据(1)式，我们可将 Δs_1 写成

$$\Delta s_1 = \Delta s_{t1}^* + \Delta s_{d1};$$

如此重复至第 n 个小区间. 第 n 个小区间 $[t_0+(n-1)\Delta t, t_0+n\Delta t]$ 对应着曲线 Γ 上一小段曲线，该小段曲线的起点为 $(\varphi(t_0+(n-1)\Delta t), \psi(t_0+(n-1)\Delta t), \omega(t_0+(n-1)\Delta t))$，终点为 $(\varphi(t_0+n\Delta t), \psi(t_0+n\Delta t), \omega(t_0+n\Delta t))$. 我们把这小段曲线的长度记为 Δs_n. 根据(1)式，我们可将 Δs_n 写成

$$\Delta s_n = \Delta s_{tn}^* + \Delta s_{dn};$$

让我们把上述这些表达式代入极限 $\lim\limits_{\Delta t\to 0}\dfrac{\Delta s_{t1}^* + \Delta s_{t2}^* + \cdots + \Delta s_{tn}^*}{\Delta s_1 + \Delta s_2 + \cdots + \Delta s_n}$，则有

$$\begin{aligned}
&\lim_{\Delta t\to 0}\frac{\Delta s_{t1}^* + \Delta s_{t2}^* + \cdots + \Delta s_{tn}^*}{\Delta s_1 + \Delta s_2 + \cdots + \Delta s_n}\\
&= \lim_{\Delta t\to 0}\frac{\Delta s_{t1}^* + \Delta s_{t2}^* + \cdots + \Delta s_{tn}^*}{(\Delta s_{t1}^* + \Delta s_{d1}) + (\Delta s_{t2}^* + \Delta s_{d2}) + \cdots + (\Delta s_{tn}^* + \Delta s_{dn})}\\
&= \frac{\lim\limits_{\Delta t\to 0}\dfrac{\Delta s_{t1}^* + \Delta s_{t2}^* + \cdots + \Delta s_{tn}^*}{\Delta t}}{\lim\limits_{\Delta t\to 0}\dfrac{\Delta s_{t1}^* + \Delta s_{t2}^* + \cdots + \Delta s_{tn}^*}{\Delta t} + \lim\limits_{\Delta t\to 0}\dfrac{\Delta s_{d1}}{\Delta t} + \lim\limits_{\Delta t\to 0}\dfrac{\Delta s_{d2}}{\Delta t} + \cdots + \lim\limits_{\Delta t\to 0}\dfrac{\Delta s_{dn}}{\Delta t}}\\
&= \frac{\lim\limits_{\Delta t\to 0}\dfrac{\Delta s_{t1}^* + \Delta s_{t2}^* + \cdots + \Delta s_{tn}^*}{\Delta t}}{\lim\limits_{\Delta t\to 0}\dfrac{\Delta s_{t1}^* + \Delta s_{t2}^* + \cdots + \Delta s_{tn}^*}{\Delta t}}\\
&= \frac{\lim\limits_{\Delta t\to 0}\dfrac{\sqrt{[\varphi'(t_0+p_1\Delta t)]^2 + [\psi'(t_0+p_1\Delta t)]^2 + [\omega'(t_0+p_1\Delta t)]^2}\Delta t + \cdots + \sqrt{[\varphi'(t_0+(n-1+p_n)\Delta t)]^2 + [\psi'(t_0+(n-1+p_n)\Delta t)]^2 + [\omega'(t_0+(n-1+p_n)\Delta t)]^2}\Delta t}{\Delta t}}{\lim\limits_{\Delta t\to 0}\dfrac{\sqrt{[\varphi'(t_0+p_1\Delta t)]^2 + [\psi'(t_0+p_1\Delta t)]^2 + [\omega'(t_0+p_1\Delta t)]^2}\Delta t + \cdots + \sqrt{[\varphi'(t_0+(n-1+p_n)\Delta t)]^2 + [\psi'(t_0+(n-1+p_n)\Delta t)]^2 + [\omega'(t_0+(n-1+p_n)\Delta t)]^2}\Delta t}{\Delta t}}\\
&= \frac{\lim\limits_{\Delta t\to 0}\sqrt{[\varphi'(t_0+p_1\Delta t)]^2 + [\psi'(t_0+p_1\Delta t)]^2 + [\omega'(t_0+p_1\Delta t)]^2} + \cdots + \lim\limits_{\Delta t\to 0}\sqrt{[\varphi'(t_0+(n-1+p_n)\Delta t)]^2 + [\psi'(t_0+(n-1+p_n)\Delta t)]^2 + [\omega'(t_0+(n-1+p_n)\Delta t)]^2}}{\lim\limits_{\Delta t\to 0}\sqrt{[\varphi'(t_0+p_1\Delta t)]^2 + [\psi'(t_0+p_1\Delta t)]^2 + [\omega'(t_0+p_1\Delta t)]^2} + \cdots + \lim\limits_{\Delta t\to 0}\sqrt{[\varphi'(t_0+(n-1+p_n)\Delta t)]^2 + [\psi'(t_0+(n-1+p_n)\Delta t)]^2 + [\omega'(t_0+(n-1+p_n)\Delta t)]^2}}
\end{aligned}$$

(因为导数函数 $\varphi'(t)$、$\psi'(t)$ 和 $\omega'(t)$ 均是连续函数，所以

$\sqrt{[\varphi'(t_0+(i-1+p_i)\Delta t)]^2 + [\psi'(t_0+(i-1+p_i)\Delta t)]^2 + [\omega'(t_0+(i-1+p_i)\Delta t)]^2}$

也是连续函数，这里 $i = 1, 2, \cdots, n$，故有

$\sqrt{[\varphi'(t_0+(i-1+p_i)\Delta t)]^2+[\psi'(t_0+(i-1+p_i)\Delta t)]^2+[\omega'(t_0+(i-1+p_i)\Delta t)]^2}=$
$\sqrt{[\varphi'(t_0)]^2+[\psi'(t_0)]^2+[\omega'(t_0)]^2})$

$$=\frac{n\sqrt{[\varphi'(t_0)]^2+[\psi'(t_0)]^2+[\omega'(t_0)]^2}}{n\sqrt{[\varphi'(t_0)]^2+[\psi'(t_0)]^2+[\omega'(t_0)]^2}}=1.$$

上面讨论了在末端可变区间$[t_0,t_0+n\Delta t]$上的辅助公式$\lim\limits_{\Delta t\to 0}\dfrac{\Delta s_{t1}^*+\Delta s_{t2}^*+\cdots+\Delta s_{tn}^*}{\Delta s_1+\Delta s_2+\cdots+\Delta s_n}=1$.如果将区间$[t_0,t_0+n\Delta t]$换成固定区间$[\alpha,\beta]$,我们仍然可得这个辅助公式.

现在令$t_0=\alpha,t_0+n\Delta t=\beta$,这样就可把区间$[t_0,t_0+n\Delta t]$变成固定区间$[\alpha,\beta]$;在区间$[\alpha,\beta]$上,$\Delta t$与$n$的关系为$\Delta t=\dfrac{\beta-\alpha}{n}$.每个区间上的$\Delta s,\Delta s_t^*,\Delta s_d$的设置均与上面一样.辅助公式的证明过程也一样,只是当代入表达式后(见下面),需要再代入$t_0=\alpha,t_0+n\Delta t=\beta$,简述如下:

$$\lim_{\Delta t\to 0}\frac{\Delta s_{t1}^*+\Delta s_{t2}^*+\cdots+\Delta s_{tn}^*}{\Delta s_1+\Delta s_2+\cdots+\Delta s_n}$$

$\cdots$

$$=\frac{\begin{array}{l}\lim\limits_{\Delta t\to 0}\sqrt{[\varphi'(t_0+p_1\Delta t)]^2+[\psi'(t_0+p_1\Delta t)]^2+[\omega'(t_0+p_1\Delta t)]^2}+\cdots+\\ \lim\limits_{\Delta t\to 0}\sqrt{[\varphi'(t_0+(n-1+p_n)\Delta t)]^2+[\psi'(t_0+(n-1+p_n)\Delta t)]^2+[\omega'(t_0+(n-1+p_n)\Delta t)]^2}\end{array}}{\begin{array}{l}\lim\limits_{\Delta t\to 0}\sqrt{[\varphi'(t_0+p_1\Delta t)]^2+[\psi'(t_0+p_1\Delta t)]^2+[\omega'(t_0+p_1\Delta t)]^2}+\cdots+\\ \lim\limits_{\Delta t\to 0}\sqrt{[\varphi'(t_0+(n-1+p_n)\Delta t)]^2+[\psi'(t_0+(n-1+p_n)\Delta t)]^2+[\omega'(t_0+(n-1+p_n)\Delta t)]^2}\end{array}}$$

$$=\frac{\begin{array}{l}\lim\limits_{\Delta t\to 0}\sqrt{[\varphi'(t_0+p_1\Delta t)]^2+[\psi'(t_0+p_1\Delta t)]^2+[\omega'(t_0+p_1\Delta t)]^2}+\cdots+\\ \lim\limits_{\Delta t\to 0}\sqrt{\begin{array}{c}[\varphi'(t_0+n\Delta t-\Delta t+p_n\Delta t)]^2+[\psi'(t_0+n\Delta t-\Delta t+p_n\Delta t)]^2+\\ [\omega'(t_0+n\Delta t-\Delta t+p_n\Delta t)]^2\end{array}}\end{array}}{\begin{array}{l}\lim\limits_{\Delta t\to 0}\sqrt{[\varphi'(t_0+p_1\Delta t)]^2+[\psi'(t_0+p_1\Delta t)]^2+[\omega'(t_0+p_1\Delta t)]^2}+\cdots+\\ \lim\limits_{\Delta t\to 0}\sqrt{\begin{array}{c}[\varphi'(t_0+n\Delta t-\Delta t+p_n\Delta t)]^2+[\psi'(t_0+n\Delta t-\Delta t+p_n\Delta t)]^2+\\ [\omega'(t_0+n\Delta t-\Delta t+p_n\Delta t)]^2\end{array}}\end{array}}$$

(代入$t_0=\alpha,t_0+n\Delta t=\beta$)

$$=\frac{\begin{array}{l}\lim\limits_{\Delta t\to 0}\sqrt{[\varphi'(\alpha+p_1\Delta t)]^2+[\psi'(\alpha+p_1\Delta t)]^2+[\omega'(\alpha+p_1\Delta t)]^2}+\cdots+\\ \lim\limits_{\Delta t\to 0}\sqrt{[\varphi'(\beta-\Delta t+p_n\Delta t)]^2+[\psi'(\beta-\Delta t+p_n\Delta t)]^2+[\omega'(\beta-\Delta t+p_n\Delta t)]^2}\end{array}}{\begin{array}{l}\lim\limits_{\Delta t\to 0}\sqrt{[\varphi'(\alpha+p_1\Delta t)]^2+[\psi'(\alpha+p_1\Delta t)]^2+[\omega'(\alpha+p_1\Delta t)]^2}+\cdots+\\ \lim\limits_{\Delta t\to 0}\sqrt{[\varphi'(\beta-\Delta t+p_n\Delta t)]^2+[\psi'(\beta-\Delta t+p_n\Delta t)]^2+[\omega'(\beta-\Delta t+p_n\Delta t)]^2}\end{array}}$$

$$=\frac{\sqrt{[\varphi'(\alpha)]^2+[\psi'(\alpha)]^2+[\omega'(\alpha)]^2}+\cdots+\sqrt{[\varphi'(\beta)]^2+[\psi'(\beta)]^2+[\omega'(\beta)]^2}}{\sqrt{[\varphi'(\alpha)]^2+[\psi'(\alpha)]^2+[\omega'(\alpha)]^2}+\cdots+\sqrt{[\varphi'(\beta)]^2+[\psi'(\beta)]^2+[\omega'(\beta)]^2}}$$

$=1.$

5. **推导公式** $s=\lim_{n\to\infty}\sum_{i=1}^{n}\sqrt{[\varphi'(t_i^*)]^2+[\psi'(t_i^*)]^2+[\omega'(t_i^*)]^2}\Delta t$

让我们在虚拟的 t 轴上设立一个大的 t 区间 $[\alpha,\beta]$（这里 $\beta>\alpha$），这样我们就在空间曲线 Γ 上得到点 $(x_\alpha,y_\alpha,z_\alpha)$ 和点 $(x_\beta,y_\beta,z_\beta)$. 以 s 表示曲线 Γ 从点 $(x_\alpha,y_\alpha,z_\alpha)$ 到点 $(x_\beta,y_\beta,z_\beta)$ 的长度. 这里我们要求函数 $x=\varphi(t)$，$y=\psi(t)$ 和 $z=\omega(t)$ 在 t 区间 $[\alpha,\beta]$ 上可导且其导函数连续. 让我们把 t 区间 $[\alpha,\beta]$ 分割 n 个 Δt 小区间（n 代表一个大的整数），小区间宽度均为 Δt，则 $\Delta t=\frac{\beta-\alpha}{n}$. 相对应这 n 个 Δt 小区间，弧长 s 被分割成 n 个小段曲线. 将 n 个小段曲线的长度依次分别记为 $\Delta s_1,\Delta s_2,\cdots,\Delta s_n$. 我们知道

$$s=\Delta s_1+\Delta s_2+\cdots+\Delta s_n. \tag{2}$$

让我们在这每个 Δt 小区间上，任意选择一个点，这样我们有 n 个任意点. 将第 1 个 Δt 小区间上的任意点记为 t_1^*，将第 2 个 Δt 小区间上的任意点记为 t_2^*，…，将第 n 个 Δt 小区间上的任意点记为 t_n^*. 这样就有 n 个任意点 $t_1^*,t_2^*,\cdots,t_n^*$.

由于在虚拟 t 轴上有这 n 个任意点 $t_1^*,t_2^*,\cdots,t_n^*$，那么在曲线 L 上，就有 n 个对应点：$(x_1^*,y_1^*,z_1^*),(x_2^*,y_2^*,z_2^*),\cdots,(x_n^*,y_n^*,z_n^*)$. 让我们在这 n 个对应点上，对空间曲线 Γ 作 n 条切线，这 n 条切线对应于上述 n 个 Δt 小区间，如图 10-69 所示. 让我们把对应于第 1 个 Δt 小区间的第 1 条切线长度记为 Δs_{t1}^*，把对应于第 2 个 Δt 小区间的第 2 条切线长度记为 Δs_{t2}^*，…，把对应于第 n 个 Δt 小区间的第 n 条切线长度记为 Δs_{tn}^*，则

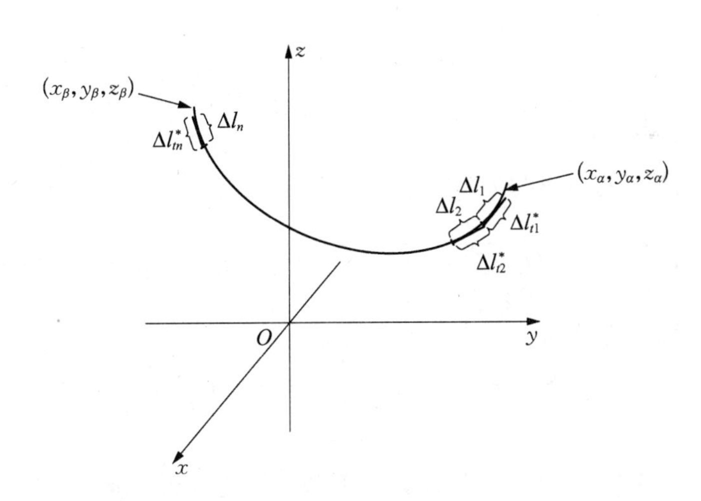

图 10-69

$$\Delta s_{t1}^*=\sqrt{[\varphi'(t_1^*)]^2+[\psi'(t_1^*)]^2+[\omega'(t_1^*)]^2}\Delta t;$$
$$\Delta s_{t2}^*=\sqrt{[\varphi'(t_2^*)]^2+[\psi'(t_2^*)]^2+[\omega'(t_2^*)]^2}\Delta t;$$
$$\cdots$$
$$\Delta s_{tn}^*=\sqrt{[\varphi'(t_n^*)]^2+[\psi'(t_n^*)]^2+[\omega'(t_n^*)]^2}\Delta t. \tag{3}$$

让我们将这 n 个 Δs_t^* 相加，得和 $\Delta s_{t1}^*+\Delta s_{t2}^*+\cdots+\Delta s_{tn}^*$. 我们知道所有 Δs_t^* 之和不等于所有 Δs 之和，即

$$\frac{\Delta s_{t1}^* + \Delta s_{t2}^* + \cdots + \Delta s_{tn}^*}{\Delta s_1 + \Delta s_2 + \cdots + \Delta s_n} \neq 1.$$

但是根据辅助公式 $\lim\limits_{\Delta t \to 0} \dfrac{\Delta s_{t1}^* + \Delta s_{t2}^* + \cdots + \Delta s_{tn}^*}{\Delta s_1 + \Delta s_2 + \cdots + \Delta s_n} = 1$，如果 Δt 无限趋近于 0，那么 $\dfrac{\Delta s_{t1}^* + \Delta s_{t2}^* + \cdots + \Delta_{tn}^*}{\Delta s_1 + \Delta s_2 + \cdots + \Delta s_n}$ 将无限趋近于 1. 在这里，因为 $\Delta t = \dfrac{\beta - \alpha}{n}$，所以当 n 趋向于 ∞，Δt 将无限趋近于 0. 因此 n 趋向于 ∞ 与 Δt 趋近于 0 意义相同，故可用 $n \to \infty$ 替代 $\Delta t \to 0$，即有

$$\lim_{n \to \infty} \frac{\Delta s_{t1}^* + \Delta s_{t2}^* + \cdots + \Delta s_{tn}^*}{\Delta s_1 + \Delta s_2 + \cdots + \Delta s_n} = 1, \Delta t = \frac{\beta - \alpha}{n}.$$

将(2)式代入，即有

$$\lim_{n \to \infty} \frac{\Delta s_{t1}^* + \Delta s_{t2}^* + \cdots + \Delta s_{tn}^*}{s} = 1, \Delta t = \frac{\beta - \alpha}{n}.$$

由于 s 的值是个定值，上式可写为

$$\lim_{n \to \infty} (\Delta s_{t1}^* + \Delta s_{t2}^* + \cdots + \Delta s_{tn}^*) = s, \Delta t = \frac{\beta - \alpha}{n}.$$

将(3)式代入，即有

$$s = \lim_{n \to \infty} \Big[\sqrt{[\varphi'(t_1^*)]^2 + [\psi'(t_1^*)]^2 + [\omega'(t_1^*)]^2} \Delta t + \cdots + \sqrt{[\varphi'(t_n^*)]^2 + [\psi'(t_n^*)]^2 + [\omega'(t_n^*)]^2} \Delta t \Big],$$

式中 $\Delta t = \dfrac{\beta - \alpha}{n}$.

上式可用“西格玛”符号重写为

$$s = \lim_{n \to \infty} \sum_{i=1}^{n} \sqrt{[\varphi'(t_i^*)]^2 + [\psi'(t_i^*)]^2 + [\omega'(t_i^*)]^2} \Delta t, \Delta t = \frac{\beta - \alpha}{n}.$$

上式可写成定积分的形式

$$s = \int_\alpha^\beta \sqrt{[\varphi'(t)]^2 + [\psi'(t)]^2 + [\omega'(t)]^2} \mathrm{d}t.$$

如将 $\varphi'(t)$ 写成 $\dfrac{\mathrm{d}x}{\mathrm{d}t}$，$\psi'(t)$ 写成 $\dfrac{\mathrm{d}y}{\mathrm{d}t}$，$\omega'(t)$ 写成 $\dfrac{\mathrm{d}z}{\mathrm{d}t}$，上式可写成

$$s = \int_\alpha^\beta \sqrt{\left(\frac{\mathrm{d}x}{\mathrm{d}t}\right)^2 + \left(\frac{\mathrm{d}y}{\mathrm{d}t}\right)^2 + \left(\frac{\mathrm{d}z}{\mathrm{d}t}\right)^2} \mathrm{d}t.$$

证毕.

令 $\mathrm{d}s = \sqrt{\left(\dfrac{\mathrm{d}x}{\mathrm{d}t}\right)^2 + \left(\dfrac{\mathrm{d}y}{\mathrm{d}t}\right)^2 + \left(\dfrac{\mathrm{d}z}{\mathrm{d}t}\right)^2} \mathrm{d}t$，那么上式可写成

$$s = \int_\alpha^\beta \mathrm{d}s = \int_\alpha^\beta \sqrt{\left(\frac{\mathrm{d}x}{\mathrm{d}t}\right)^2 + \left(\frac{\mathrm{d}y}{\mathrm{d}t}\right)^2 + \left(\frac{\mathrm{d}z}{\mathrm{d}t}\right)^2} \mathrm{d}t.$$

这就是空间曲线 $x=\varphi(t), y=\psi(t), z=\psi(t)$ 的弧长公式.

例 1　设圆柱螺旋线是由参数方程 $x=3\cos t, y=3\sin t, z=4t$ 所决定. 求在 t 区间 $[0,\pi]$ 上,圆柱螺旋线的弧长.

解　先求 $\mathrm{d}s$. 因为 $x=3\cos t, y=3\sin t, z=4t$, 则有 $\dfrac{\mathrm{d}x}{\mathrm{d}t}=-3\sin t, \dfrac{\mathrm{d}y}{\mathrm{d}t}=3\cos t, \dfrac{\mathrm{d}z}{\mathrm{d}t}=4$. 代入 $\mathrm{d}s$ 公式

$$\begin{aligned}\mathrm{d}s&=\sqrt{\left(\frac{\mathrm{d}x}{\mathrm{d}t}\right)^2+\left(\frac{\mathrm{d}y}{\mathrm{d}t}\right)^2+\left(\frac{\mathrm{d}z}{\mathrm{d}t}\right)^2}\mathrm{d}t\\&=\sqrt{(-3\sin t)^2+(3\cos t)^2+4^2}\mathrm{d}t\\&=\sqrt{9(\sin^2t+\cos^2t)+16}\mathrm{d}t\\&=\sqrt{9+16}\mathrm{d}t\\&=5\mathrm{d}t.\end{aligned}$$

因为 t 区间为 $[0,\pi]$, 故 $\alpha=0, \beta=\pi$ 代入公式 $s=\int_{\alpha}^{\beta}\mathrm{d}s$, 得

$$s=\int_{\alpha}^{\beta}5\mathrm{d}t=[5t]_0^{\pi}=5\pi.$$

第八节　曲顶柱体的体积(选修)

曲顶柱体:设有一立体,它的底是 xOy 平面上的有界闭区域 D,它的顶是二元连续函数 $z=f(x,y)$ 的曲面,那么函数曲面与闭区域 D 之间的立体就是曲顶柱体,其侧面垂直于 xOy 平面,如图 10－70 所示.

如果区域 D 是由 $a\leqslant x\leqslant b$ 及 $\varphi_1(x)\leqslant y\leqslant\varphi_2(x)$ 所围成,如图 10－70 中左图所示,那么函数曲面与闭区域 D 之间的曲顶柱体的体积 V 由下式给出:

$$V=\int_{x=a}^{x=b}\left[\int_{y=\varphi_1(x)}^{y=\varphi_2(x)}f(x,y)\mathrm{d}y\right]\mathrm{d}x.$$

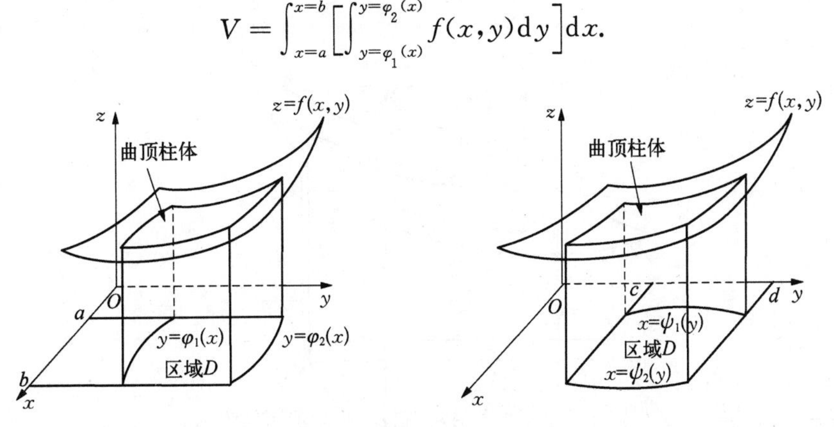

图 10－70

如果区域 D 是由 $\psi_1(y)\leqslant x\leqslant\psi_2(y)$ 及 $c\leqslant y\leqslant d$ 所围成,如图 10－70 中右图所示,那么函数曲面与闭区域 D 之间的曲顶柱体的体积 V 由下式给出:

$$V=\int_{y=c}^{y=d}\left[\int_{x=\psi_1(y)}^{x=\psi_2(y)}f(x,y)\mathrm{d}x\right]\mathrm{d}y.$$

让我们对这两种情况分别进行讨论.

一、由 $a\leqslant x\leqslant b$ 及 $\varphi_1(x)\leqslant y\leqslant\varphi_2(x)$ 所围的区域 D 上的曲顶柱体体积

为了讨论的方便,我们将由 $a\leqslant x\leqslant b$ 及 $\varphi_1(x)\leqslant y\leqslant\varphi_2(x)$ 所围的区域 D 写成由 $x=a,x=b,y=\varphi_1(x)$ 和 $y=\varphi_2(x)$ 所围成的区域 D. 其图形如图 10-70 中左图所示. 此时,如果 $y=\varphi_1(x)$ 和 $y=\varphi_2(x)$ 在区间 $[a,b]$ 上连续,且函数 $f(x,y)$ 在区域 D 上连续,那么可证明函数曲面与闭区域 D 之间的曲顶柱体的体积 V 为

$$V=\int_{x=a}^{x=b}\left[\int_{y=\varphi_1(x)}^{y=\varphi_2(x)}f(x,y)\mathrm{d}y\right]\mathrm{d}x.$$

这个公式的推导与本章第三节的横截面为 $A(x)$ 的立体体积公式的推导过程相似. 我们在已知横截面函数 $A(x)$ 的条件下,通过辅助公式证明法,推导出了横截面为 $A(x)$ 的立体体积公式. 遵循这个思路,我们首先找出曲顶柱体的横截面函数,然后通过辅助公式证明法,就能推导出曲顶柱体的体积公式. 此推导分 5 步.

1. 找出曲顶柱体的横截面函数 $A(x)$

让我们在 x 轴上的区间 $[a,b]$ 上选择一个点 x_0,并且在 xy 平面上作直线 $x=x_0$,如图 10-71 所示. 让我们在直线 $x=x_0$ 上垂直切割这个曲顶柱体. 这样就得到一个横截面,它的底部是直线,其两个段点分别为 $y=\varphi_1(x_0)$ 和 $y=\varphi_2(x_0)$,即在 y 轴上横截面所位于的区间为 $[y=\varphi_1(x_0),y=\varphi_2(x_0)]$. 横截面的顶部是曲线 $f(x_0,y)$,如图 10-71 所示. 这里,因为 x_0 是一个定值,故函数 $f(x_0,y)$ 是单自变量 y 的函数. 运用曲线下面积公式,我们很容易得到横截面的面积. 令 $A(x_0)$ 代表这个横截面的面积,则

$$A(x_0)=\int_{y=\varphi_1(x_0)}^{y=\varphi_2(x_0)}f(x_0,y)\mathrm{d}y.$$

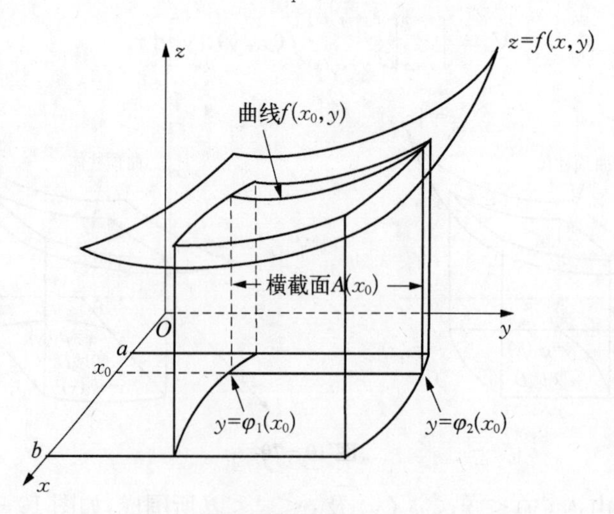

图 10-71

显然,如果我们在 x 轴上取不同的点,那么这个横截面的面积将变化. 因此,这个横截面的面积是 x 的函数. 我们可以把这个公式写成更一般的形式,用 x 表示轴上的区间 $[a,b]$ 上的一个任意点 x, 则相应的横截面的面积 $A(x)$ 就为

$$A(x)=\int_{y=\varphi_1(x)}^{y=\varphi_2(x)} f(x,y)\mathrm{d}y.$$

(为了增加感性认识,请看下面例 1 中的 $A(x)$ 求解过程.)

因为函数 $f(x,y)$ 在由直线 $x=a,x=b$, 及曲线 $y=\varphi_1(x)$ 和 $y=\varphi_2(x)$ 所围成的区域 D 上连续,而且函数 $y=\varphi_1(x)$ 和 $y=\varphi_2(x)$ 在区间 $[a,b]$ 上连续,根据相关定理,横截面面积函数 $A(x)$ 在 x 轴上的区间 $[a,b]$ 上连续. $A(x)$ 在区间 $[a,b]$ 上连续对下面的证明至关重要.

现在我们已经找到了曲顶柱体的横截面函数 $A(x)$, 下面的证明步骤就与推导横截面为 $A(x)$ 的立体体积公式的步骤一样,只是在符号上的右下角加了一个标志.

2. 推导公式 $\lim\limits_{\Delta x\to 0}\dfrac{\Delta V_{\perp x}}{\Delta x}=A(x)$

现在让我们在 x 轴上设置一个小区间 $[x,x+\Delta x]$, 如图 10－72 所示. 让我们分别在小区间的两个端点 x 和 $x+\Delta x$ 处用垂直于 x 轴的平面垂直切割这个曲顶柱体,我们将得到一个垂直于 x 轴的薄片,它的厚度为 Δx, 如图 10－72 所示. 让我们称它曲顶柱体薄片,这个薄片有两个侧面积(也就是两个横截面),在点 x 处的侧面积为 $A(x)$; 在点 $x+\Delta x$ 处的侧面积为 $A(x+\Delta x)$. 令 $\Delta V_{\perp x}$ 代表这个垂直于 x 轴的曲顶柱体薄片的体积,这里的符号 $\perp x$ 表示薄片垂直于 x 轴的意思. 我们可以证明 $\lim\limits_{\Delta x\to 0}\dfrac{\Delta V_{\perp x}}{\Delta x}=A(x)$.

由于 Δx 可以被设置成任意小,因此我们可以让其小得足以使函数 $A(x)$ 的值在小区间 $[x,x+\Delta x]$ 上的变化呈单调状,即要么增加、要么减少、要么不变. 也就是说,要么 $A(x+\Delta x)\geqslant A(x)$, 要么 $A(x+\Delta x)\leqslant A(x)$. 因此横截面面积函数 $A(x)$ 的值在小区间 $[x,x+\Delta x]$ 上的变化是单调的. 在这个例子里, $A(x+\Delta x)\geqslant A(x)$.

现在我们让点 x 处的横截面前延伸到点 $x+\Delta x$ 处,这样我们就得到一个等面薄片,它的两边侧面积相等、均为 $A(x)$, 这个薄片垂直于 x 轴,它的厚度为 Δx, 它的底面为矩形,如图 10－72 所示. 令 $\Delta V_{e(x)_{\perp x}}$ 代表这个垂直于 x 轴的等面薄片的体积(这里 e 是 equal(相等)的第一个字母,意为两侧面相等),则

$$\Delta V_{e(x)_{\perp x}}=A(x)\Delta x.$$

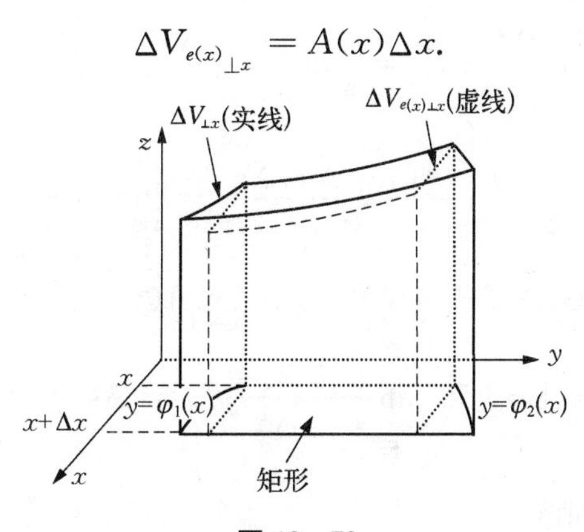

图 10－72

我们再让在点 $x+\Delta x$ 处的横截面前延伸到点 x 处，这样我们就得到一个等面薄片，它的两边侧面积相等、均为 $A(x+\Delta x)$，这个薄片垂直于 x 轴，它的厚度为 Δx，它的底面为矩形，如图 10－73 所示. 令 $\Delta V_{e(x+\Delta x)_{\perp x}}$ 代表这个垂直于 x 轴的等面薄片的体积，则

$$\Delta V_{e(x+\Delta x)_{\perp x}}=A(x+\Delta x)\Delta x.$$

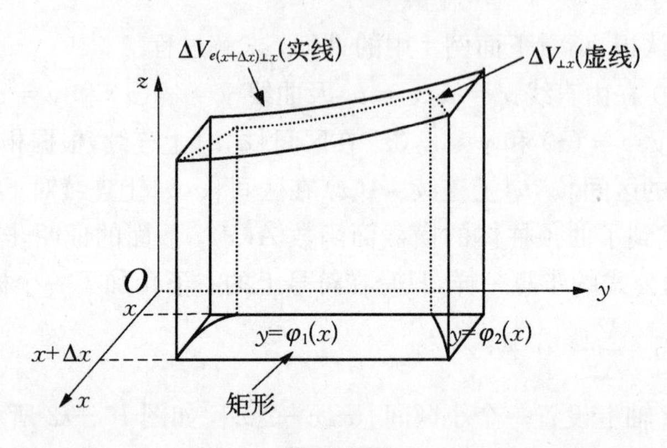

图 10－73

现在我们有三个薄片 $\Delta V_{\perp x}$、$\Delta V_{e(x)_{\perp x}}$ 和 $\Delta V_{e(x+\Delta x)_{\perp x}}$. 在这里因为 $A(x+\Delta x)\geqslant A(x)$，所以 $\Delta V_{\perp x}$ 必然介于 $\Delta V_{e(x)_{\perp x}}$ 与 $\Delta V_{e(x+\Delta x)_{\perp x}}$ 之间，因此我们有不等式

$$\Delta V_{e(x)_{\perp x}}\leqslant\Delta V_{\perp x}\leqslant\Delta V_{e(x+\Delta x)_{\perp x}}.$$

同时，$\Delta V_{\perp x}$，$\Delta V_{e(x)_{\perp x}}$ 和 $\Delta V_{e(x+\Delta x)_{\perp x}}$ 的值都随 Δx 的变化而变化，因此它们都是 Δx 的函数. 将这三个函数都除以 Δx. 这里 Δx，$\Delta V_{\perp x}$，$\Delta V_{e(x)_{\perp x}}$ 和 $\Delta V_{e(x+\Delta x)_{\perp x}}$ 均为正，故有不等式

$$\frac{\Delta V_{e(x)_{\perp x}}}{\Delta x}\leqslant\frac{\Delta V_{\perp x}}{\Delta x}\leqslant\frac{\Delta V_{e(x+\Delta x)_{\perp x}}}{\Delta x}.$$

我们可以证明 $\lim\limits_{\Delta x\to 0}\dfrac{\Delta V_{e(x)_{\perp x}}}{\Delta x}=A(x)$ 和 $\lim\limits_{\Delta x\to 0}\dfrac{\Delta V_{e(x+\Delta x)_{\perp x}}}{\Delta x}=A(x)$.

$$\lim_{\Delta x\to 0}\frac{\Delta V_{e(x)_{\perp x}}}{\Delta x}=\lim_{\Delta x\to 0}\frac{A(x)\Delta x}{\Delta x}=A(x).$$

$$\lim_{\Delta x\to 0}\frac{\Delta V_{e(x+\Delta x)_{\perp x}}}{\Delta x}=\lim_{\Delta x\to 0}\frac{A(x+\Delta x)\Delta x}{\Delta x}=\lim_{\Delta x\to 0}A(x+\Delta x)=A(x).$$

在上述证明中，因为 $A(x)$ 是连续函数，故有 $\lim\limits_{\Delta x\to 0}A(x+\Delta x)=A(x)$.

因为 $\lim\limits_{\Delta x\to 0}\dfrac{\Delta V_{e(x)_{\perp x}}}{\Delta x}=A(x)$ 和 $\lim\limits_{\Delta x\to 0}\dfrac{\Delta V_{e(x+\Delta x)_{\perp x}}}{\Delta x}=A(x)$，及 $\dfrac{\Delta V_{e(x)_{\perp x}}}{\Delta x}\leqslant\dfrac{\Delta V_{\perp x}}{\Delta x}\leqslant$ $\dfrac{\Delta V_{e(x+\Delta x)_{\perp x}}}{\Delta x}$，根据夹逼准则得

$$\lim_{\Delta x \to 0} \frac{\Delta V_{\perp x}}{\Delta x} = A(x).$$

3. **推导公式** $\lim\limits_{\Delta x \to 0} \dfrac{\Delta V_d}{\Delta x} = 0$

让我们在一个小区间 $[x, x+\Delta x]$ 上任意选择一个点 x^*，即 x^* 为任意点. 任意点 x^* 的坐标可表示为：$x^* = x + p\Delta x$，这里 p 代表一个变量，它的变化范围为 $0 \leqslant p \leqslant 1$.

让我们作直线 $x = x^*$，并在直线 $x = x^*$ 处垂直切割这个曲顶柱体. 这样，我们得到一个横截面，它的面积 $A(x^*)$ 为

$$A(x^*) = \int_{y=\varphi_1(x^*)}^{y=\varphi_2(x^*)} f(x^*, y)\mathrm{d}y.$$

我们让这个横截面 $A(x^*)$ 向前延伸到点 x 处，再向后延伸到点 $x+\Delta x$ 处，这样我们就得到一个很薄的等侧面薄片，它垂直于 x 轴，它的厚度为 Δx，它的底为矩形，它的两边侧面积均为 $A(x^*)$，如图 10－74 所示. 让我们称它任意点等面薄片，令 $\Delta V^*_{e_{\perp x}}$ 代表这个任意点等面薄片的体积，则

$$\Delta V^*_{e_{\perp x}} = \left(\int_{y=\varphi_1(x^*)}^{y=\varphi_2(x^*)} f(x^*, y)\mathrm{d}y\right)\Delta x = A(x^*)\Delta x = A(x + p\Delta x)\Delta x.$$

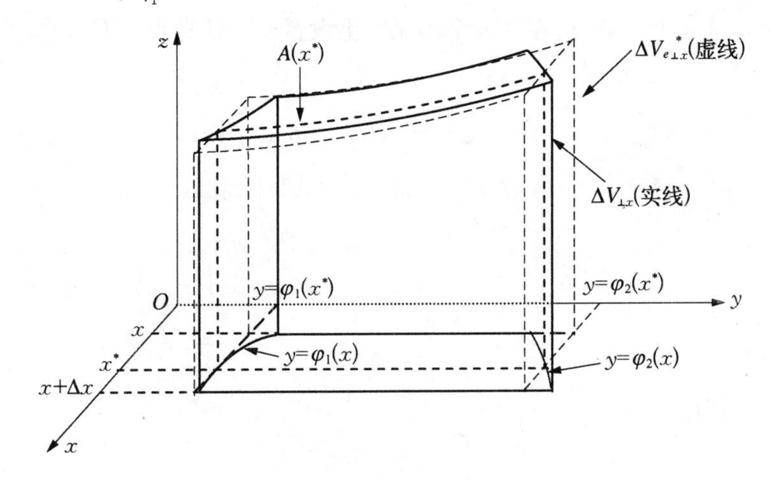

图 10－74

我们知道 $\Delta V_{\perp x}$ 不等于 $\Delta V^*_{e_{\perp x}}$. 它们之间有一个差值. 我们将这个差值记为 ΔV_d. 我们规定

$$\Delta V_d = \Delta V_{\perp x} - \Delta V^*_{e_{\perp x}}.$$

据此则有

$$\Delta V_{\perp x} = \Delta V^*_{e_{\perp x}} + \Delta V_d. \tag{1}$$

借助于 $\lim\limits_{\Delta x \to 0} \dfrac{\Delta V_{\perp x}}{\Delta x} = A(x)$，我们可证明 $\lim\limits_{\Delta x \to 0} \dfrac{\Delta V_d}{\Delta x} = 0$.

$$\lim_{\Delta x\to 0}\frac{\Delta V_d}{\Delta x}=\lim_{\Delta x\to 0}\frac{\Delta V_{\perp x}-\Delta V^*_{e_{\perp x}}}{\Delta x}$$

$$=\lim_{\Delta x\to 0}\frac{\Delta V_{\perp x}}{\Delta x}-\lim_{\Delta x\to 0}\frac{\Delta V^*_{e_{\perp x}}}{\Delta x}$$

$$=A(x)-\lim_{\Delta x\to 0}\frac{A(x+p\Delta x)\Delta x}{\Delta x}$$

$$=A(x)-\lim_{\Delta x\to 0}A(x+p\Delta x)$$

（因为 $A(x)$ 是连续函数，所以 $\lim\limits_{\Delta x\to 0}A(x+p\Delta x)=A(x)$. 因此上式等于）

$$=A(x)-A(x)=0.$$

4. **证明辅助公式** $\lim\limits_{\Delta x\to 0}\dfrac{\Delta V^*_{e1_{\perp x}}+\Delta V^*_{e2_{\perp x}}+\cdots+\Delta V^*_{en_{\perp x}}}{\Delta V_{1_{\perp x}}+\Delta V_{2_{\perp x}}+\cdots+\Delta V_{n_{\perp x}}}=1$

让我们在 x 轴上选一点，记为 x_0，并以此点为起点设立 n 个宽度为 Δx 的小区间：$[x_0,x_0+\Delta x]$，$[x_0+\Delta x,x_0+2\Delta x]$，$\cdots$，$[x_0+(n-1)\Delta x,x_0+n\Delta x]$. 现在让我们在这每个小区间上，选择一个任意点，这样我们有 n 个任意点 x^*，如图 10－75 所示. 让我们把它分别记为 $x_1^*,x_2^*,\cdots,x_n^*$，则 $x_1^*=x_0+p_1\Delta x$，$x_2^*=x_0+(1+p_2)\Delta x$，$\cdots$，$x_n^*=x_0+(n-1+p_n)\Delta x$.

让我们根据这 n 个任意点，在这 n 个小区间上设置 n 个任意点等面薄片，这样我们就有 n 个 $\Delta V^*_{e_{\perp x}}$. 让我们把它分别记为 $\Delta V^*_{e1_{\perp x}},\Delta V^*_{e2_{\perp x}},\cdots,\Delta V^*_{en_{\perp x}}$，则

$$\Delta V^*_{e1_{\perp x}}=A(x_1^*)\Delta x=A(x_0+p_1\Delta x)\Delta x,$$

$$\Delta V^*_{e2_{\perp x}}=A(x_2^*)\Delta x=A(x_0+(1+p_2)\Delta x)\Delta x,$$

$$\cdots$$

$$\Delta V^*_{en_{\perp x}}=A(x_n^*)\Delta x=A(x_0+(n-1+p_n)\Delta x)\Delta x.$$

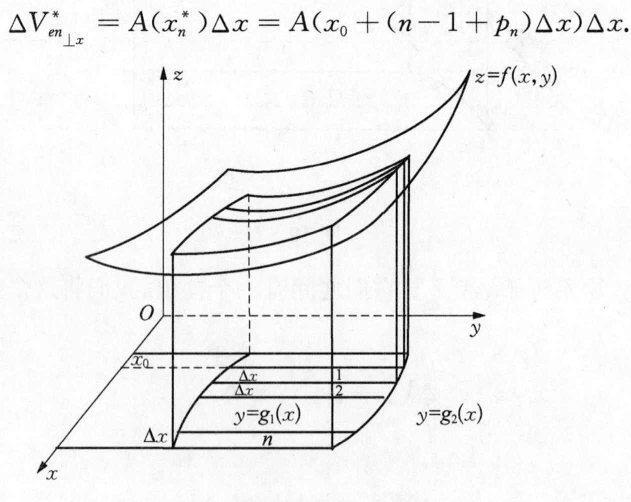

图 10－75

在这 n 个小区间的端点上，我们对曲顶柱体进行切割，就有 n 个曲顶柱体薄片，这样我们就有 n 个 $\Delta V_{\perp x}$. 让我们把它分别记为 $\Delta V_{1_{\perp x}},\Delta V_{2_{\perp x}},\cdots,\Delta V_{n_{\perp x}}$. 根据(1)式，则有

$$\Delta V_{1_{\perp x}}=\Delta V^*_{e1_{\perp x}}+\Delta V_{d1};$$
$$\Delta V_{2_{\perp x}}=\Delta V^*_{e2_{\perp x}}+\Delta V_{d2};$$
$$\cdots$$
$$\Delta V_{n_{\perp x}}=\Delta V^*_{en_{\perp x}}+\Delta V_{dn}.$$

让我们把上述这些表达式代入极限 $\lim\limits_{\Delta x\to 0}\dfrac{\Delta V^*_{e1_{\perp x}}+\Delta V^*_{e2_{\perp x}}+\cdots+\Delta V^*_{en_{\perp x}}}{\Delta V_{1_{\perp x}}+\Delta V_{2_{\perp x}}+\cdots+\Delta V_{n_{\perp x}}}$，就有

$$\lim_{\Delta x\to 0}\frac{\Delta V^*_{e1_{\perp x}}+\Delta V^*_{e2_{\perp x}}+\cdots+\Delta V^*_{en_{\perp x}}}{\Delta V_{1_{\perp x}}+\Delta V_{2_{\perp x}}+\cdots+\Delta V_{n_{\perp x}}}$$

$$=\lim_{\Delta x\to 0}\frac{\dfrac{\Delta V^*_{e1_{\perp x}}+\Delta V^*_{e2_{\perp x}}+\cdots+\Delta V^*_{en_{\perp x}}}{\Delta x}}{\dfrac{(\Delta V^*_{e1_{\perp x}}+\Delta V_{d1})+(\Delta V^*_{e2_{\perp x}}+\Delta V_{d2})+\cdots+(\Delta V^*_{en_{\perp x}}+\Delta V_{dn})}{\Delta x}}$$

$$=\lim_{\Delta x\to 0}\frac{\dfrac{\Delta V^*_{e1_{\perp x}}+\Delta V^*_{e2_{\perp x}}+\cdots+\Delta V^*_{en_{\perp x}}}{\Delta x}}{\dfrac{\Delta V^*_{e1_{\perp x}}+\Delta V^*_{e2_{\perp x}}+\cdots+\Delta V^*_{en_{\perp x}}}{\Delta x}+\dfrac{\Delta V_{d1}+\Delta V_{d2}+\cdots+\Delta V_{dn}}{\Delta x}}$$

$$=\frac{\lim\limits_{\Delta x\to 0}\dfrac{\Delta V^*_{e1_{\perp x}}+\Delta V^*_{e2_{\perp x}}+\cdots+\Delta V^*_{en_{\perp x}}}{\Delta x}}{\lim\limits_{\Delta x\to 0}\dfrac{\Delta V^*_{e1_{\perp x}}+\Delta V^*_{e2_{\perp x}}+\cdots+\Delta V^*_{en_{\perp x}}}{\Delta x}+\lim\limits_{\Delta x\to 0}\dfrac{\Delta V_{d1}}{\Delta x}+\lim\limits_{\Delta x\to 0}\dfrac{\Delta V_{d2}}{\Delta x}+\cdots+\lim\limits_{\Delta x\to 0}\dfrac{\Delta V_{dn}}{\Delta x}}$$

$$=\frac{\lim\limits_{\Delta x\to 0}\dfrac{\Delta V^*_{e1_{\perp x}}+\Delta V^*_{e2_{\perp x}}+\cdots+\Delta V^*_{en_{\perp x}}}{\Delta x}}{\lim\limits_{\Delta x\to 0}\dfrac{\Delta V^*_{e1_{\perp x}}+\Delta V^*_{e2_{\perp x}}+\cdots+\Delta V^*_{en_{\perp x}}}{\Delta x}}$$

$$=\frac{\lim\limits_{\Delta x\to 0}\dfrac{A(x_0+p_1\Delta x)\Delta x+A(x_0+(1+p_2)\Delta x)\Delta x+\cdots+A(x_0+(n-1+p_n)\Delta x)\Delta x}{\Delta x}}{\lim\limits_{\Delta x\to 0}\dfrac{A(x_0+p_1\Delta x)\Delta x+A(x_0+(1+p_2)\Delta x)\Delta x+\cdots+A(x_0+(n-1+p_n)\Delta x)\Delta x}{\Delta x}}$$

$$=\frac{\lim\limits_{\Delta x\to 0}[A(x_0+p_1\Delta x)+A(x_0+(1+p_2)\Delta x)+\cdots+A(x_0+(n-1+p_n)\Delta x)]}{\lim\limits_{\Delta x\to 0}[A(x_0+p_1\Delta x)+A(x_0+(1+p_2)\Delta x)+\cdots+A(x_0+(n-1+p_n)\Delta x)]}$$

(因为 $A(x)$ 是连续函数，所以函数 $A(x_0+(i-1+p_i)\Delta x)$ 也是连续的，这里 $i=1,2,\cdots,n$. 因此 $\lim\limits_{\Delta x\to 0}A(x_0+(i-1+p_i)\Delta x)=A(x_0)$. 分子和分母各有 n 个极限，故分子和分母各有 n 个 $A(x_0)$)

$$=\frac{nA(x_0)}{nA(x_0)}$$

$$=1.$$

上面讨论了在末端可变区间 $[x_0, x_0+n\Delta x]$ 上的辅助公式 $\lim\limits_{\Delta x\to 0}\dfrac{\Delta V^*_{e1_{\perp x}}+\Delta V^*_{e2_{\perp x}}+\cdots+\Delta V^*_{en_{\perp x}}}{\Delta V_{1_{\perp x}}+\Delta V_{2_{\perp x}}+\cdots+\Delta V_{n_{\perp x}}}=1$. 如果将区间$[x_0,x_0+n\Delta x]$换成固定区间$[a,b]$，我们仍然可得这个辅助公式.

现在令$x_0=a$，$x_0+n\Delta x=b$，这样就可把区间$[x_0,x_0+n\Delta x]$变成固定区间$[a,b]$；在区间$[a,b]$上，Δx与n的关系为$\Delta x=\dfrac{b-a}{n}$. 每个区间上的ΔV，ΔV^*_e，ΔV_d的设置均与上面一样. 辅助公式的证明过程也一样，只是当代入表达式后（见下面），需要再代入$x_0=a$，$x_0+n\Delta x=b$，简述如下：

$$\lim_{\Delta x\to 0}\frac{\Delta V^*_{e1_{\perp x}}+\Delta V^*_{e2_{\perp x}}+\cdots+\Delta V^*_{en_{\perp x}}}{\Delta V_{1_{\perp x}}+\Delta V_{2_{\perp x}}+\cdots+\Delta V_{n_{\perp x}}}$$

$\cdots$

$$=\frac{\lim\limits_{\Delta x\to 0}[A(x_0+p_1\Delta x)+A(x_0+(1+p_2)\Delta x)+\cdots+A(x_0+(n-1+p_n)\Delta x)]}{\lim\limits_{\Delta x\to 0}[A(x_0+p_1\Delta x)+A(x_0+(1+p_2)\Delta x)+\cdots+A(x_0+(n-1+p_n)\Delta x)]}$$

$$=\frac{\lim\limits_{\Delta x\to 0}[A(x_0+p_1\Delta x)+A(x_0+(1+p_2)\Delta x)+\cdots+A(x_0+n\Delta x-\Delta x+p_n\Delta x)]}{\lim\limits_{\Delta x\to 0}[A(x_0+p_1\Delta x)+A(x_0+(1+p_2)\Delta x)+\cdots+A(x_0+n\Delta x-\Delta x+p_n\Delta x)]}$$

（代入$x_0=a$，$x_0+n\Delta x=b$）

$$=\frac{\lim\limits_{\Delta x\to 0}[A(a+p_1\Delta x)+A(a+(1+p_2)\Delta x)+\cdots+A(b-\Delta x+p_n\Delta x)]}{\lim\limits_{\Delta x\to 0}[A(a+p_1\Delta x)+A(a+(1+p_2)\Delta x)+\cdots+A(b-\Delta x+p_n\Delta x)]}$$

$$=\frac{A(a)+A(a)+\cdots+A(b)}{A(a)+A(a)+\cdots+A(b)}$$

$=1$.

5. 推导公式 $V=\int_{x=a}^{x=b}\int_{y=\varphi_1(x)}^{y=\varphi_2(x)}f(x,y)\mathrm{d}y\mathrm{d}x$

现在让我们把曲顶柱体所在的x轴上的区间$[a,b]$分割成n个小区间（n代表一个大的整数）. 小区间宽度均为Δx，那么$\Delta x=\dfrac{b-a}{n}$. 因为区间$[a,b]$被分割成n个小区间，那么在区间$[a,b]$上的曲顶柱体就被分割成n个曲顶柱体薄片，每个小区间上有一个曲顶柱体薄片，如图 10－76 所示. 让我们把这n个小区间上的n个曲顶柱体薄片的体积依次记为$\Delta V_{1_{\perp x}}$，$\Delta V_{2_{\perp x}}$，…，$\Delta V_{n_{\perp x}}$. 显然，如果我们把$\Delta V_{1_{\perp x}}$，$\Delta V_{2_{\perp x}}$，…，$\Delta V_{n_{\perp x}}$相加，那么n个$\Delta V_{\perp x}$相加之和必然等于曲顶柱体在区间$[a,b]$上的体积，即有

$$V=\Delta V_{1_{\perp x}}+\Delta V_{2_{\perp x}}+\cdots+\Delta V_{n_{\perp x}}. \tag{2}$$

现在让我们在这每个小区间上，选择一个任意点，这样我们有n个任意点x^*，如图 10－76所示. 让我们把它分别记为x_1^*，x_2^*，…，x_n^*. 让我们根据这n个任意点，在这n个小区间上设置n个任意点等面薄片，这样我们就有n个$\Delta V_{e_{(\perp x)}}$. 让我们把它分别记为$\Delta V^*_{e1_{\perp x}}$，$\Delta V^*_{e2_{\perp x}}$，…，$\Delta V^*_{en_{\perp x}}$，则

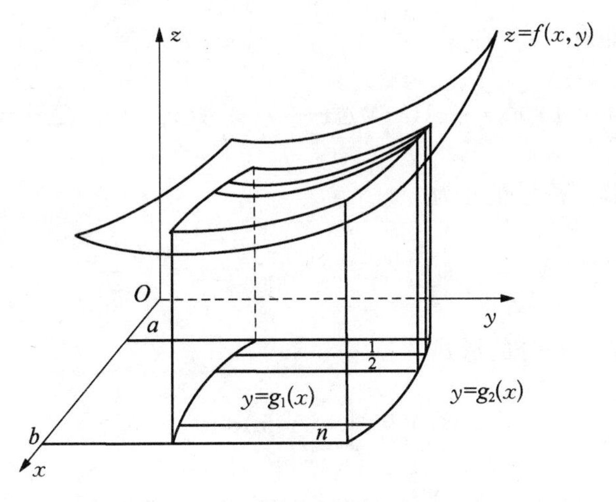

图 10－76

$$\Delta V^*_{e1_{\perp x}}=A(x_1^*)\Delta x;$$
$$\Delta V^*_{e2_{\perp x}}=A(x_2^*)\Delta x;$$
$$\cdots$$
$$\Delta V^*_{en_{\perp x}}=A(x_n^*)\Delta x. \tag{3}$$

让我们将区间 $[a,b]$ 上的 n 个 $\Delta V^*_{e_{\perp x}}$ 相加，即有和 $(\Delta V^*_{e1_{\perp x}}+\Delta V^*_{e2_{\perp x}}+\cdots+\Delta V^*_{en_{\perp x}})$. 我们知道所有 $\Delta V_{\perp x}$ 之和不等于所有 $\Delta V^*_{e_{\perp x}}$ 之和，即

$$\frac{\Delta V^*_{e1_{\perp x}}+\Delta V^*_{e2_{\perp x}}+\cdots+\Delta V^*_{en_{\perp x}}}{\Delta V_{1_{\perp x}}+\Delta V_{2_{\perp x}}+\cdots+\Delta V_{n_{\perp x}}}\neq 1.$$

但是根据辅助公式 $\lim\limits_{\Delta x\to 0}\dfrac{\Delta V^*_{e1_{\perp x}}+\Delta V^*_{e2_{\perp x}}+\cdots+\Delta V^*_{en_{\perp x}}}{\Delta V_{1_{\perp x}}+\Delta V_{2_{\perp x}}+\cdots+\Delta V_{n_{\perp x}}}=1$，如果 Δx 无限趋近于 0，那么 $\dfrac{\Delta V^*_{e1_{\perp x}}+\Delta V^*_{e2_{\perp x}}+\cdots+\Delta V^*_{en_{\perp x}}}{\Delta V_{1_{\perp x}}+\Delta V_{2_{\perp x}}+\cdots+\Delta V_{n_{\perp x}}}$ 将无限趋近于 1. 在这里，因为 $\Delta x=\dfrac{b-a}{n}$，所以当 n 趋向于 ∞，Δx 将无限趋近于 0. 因此 n 趋向于 ∞ 与 Δx 趋近于 0 意义相同，故 $n\to\infty$ 替代 $\Delta x\to 0$，即有

$$\lim_{n\to\infty}\frac{\Delta V^*_{e1_{\perp x}}+\Delta V^*_{e2_{\perp x}}+\cdots+\Delta V^*_{en_{\perp x}}}{\Delta V_{1_{\perp x}}+\Delta V_{2_{\perp x}}+\cdots+\Delta V_{n_{\perp x}}}=1,\Delta x=\frac{b-a}{n}.$$

将(2)式代入，即有

$$\lim_{n\to\infty}\frac{\Delta V^*_{e1_{\perp x}}+\Delta V^*_{e2_{\perp x}}+\cdots+\Delta V^*_{en_{\perp x}}}{V}=1,\Delta x=\frac{b-a}{n}.$$

由于 V 的值是个定值，上式可写为

$$V=\lim_{n\to\infty}(\Delta V^*_{e1_{\perp x}}+\Delta V^*_{e2_{\perp x}}+\cdots+\Delta V^*_{en_{\perp x}}),\Delta x=\frac{b-a}{n}.$$

将(3)式代入,即有

$$V=\lim_{n\to\infty}(A(x_1^*)\Delta x+A(x_2^*)\Delta x+\cdots+A(x_n^*)\Delta x),\Delta x=\frac{b-a}{n}.$$

上式可用“西格玛”符号重写为

$$V=\lim_{n\to\infty}\sum_{i=1}^{n}A(x_i^*)\Delta x,\quad \Delta x=\frac{b-a}{n}.$$

将这个公式写成定积分的形式

$$V=\int_{x=a}^{x=b}A(x)\mathrm{d}x.$$

将第一步中求得的 $A(x)=\int_{y=\varphi_1(x)}^{y=\varphi_2(x)}f(x,y)\mathrm{d}y$ 代入,即有

$$V=\int_{x=a}^{x=b}\left[\int_{y=\varphi_1(x)}^{y=\varphi_2(x)}f(x,y)\mathrm{d}y\right]\mathrm{d}x.$$

上式也可写为

$$V=\int_{x=a}^{x=b}\mathrm{d}x\int_{y=\varphi_1(x)}^{y=\varphi_2(x)}f(x,y)\mathrm{d}y.$$

证毕.

求解这个公式需分两步进行,第一步求出横截面的面积 $A(x)$,即以可变值区间 $[\varphi_1(x),\varphi_2(x)]$ 为积分区间求出定积分 $A(x)=\int_{y=\varphi_1(x)}^{y=\varphi_2(x)}f(x,y)\mathrm{d}y$. 第二步求出体积 V,即以固定值区间 $[a,b]$ 为积分区间求出定积分 $V=\int_a^b A(x)\mathrm{d}x$.

例 1 设函数为 $z=2x^2+3y^2$,再设区域 D 是由 $x_1=3$, $x_2=10$, 及 $y_1=1$ 和 $y_2=\frac{1}{3}x^2$ 所围成,如图 10－77 所示,求该函数曲面下、区域 D 上的曲顶柱体的体积 V.

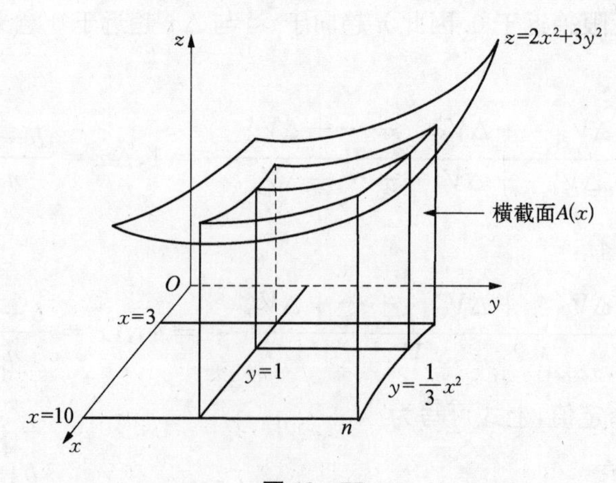

图 10－77

解　先求横截面 $A(x)=\int_{y_1=\varphi_1(x)}^{y_2=\varphi_2(x)} f(x,y)\mathrm{d}y$，再求 $V=\int_{x=a}^{x=b} A(x)\mathrm{d}x$.

$$\begin{aligned}A(x)&=\int_{y_1=\varphi_1(x)}^{y_2=\varphi_2(x)} f(x,y)\mathrm{d}y\\&=\int_{y_1=1}^{y_2=\frac{1}{3}x^2}(2x^2+3y^2)\mathrm{d}y\\&=\left[2x^2y+y^3\right]_{y_1=1}^{y_2=\frac{1}{3}x^2}\\&=\left[2x^2\cdot\frac{1}{3}x^2+\left(\frac{1}{3}x^2\right)^3\right]-(2x^2+1)\\&=\frac{x^6}{27}+\frac{2}{3}x^4-2x^2-1.\end{aligned}$$

将 $A(x)$ 及 $x=a=3,x=b=10$，代入 $V=\int_{x=a}^{x=b} A(x)\mathrm{d}x$，得

$$\begin{aligned}V&=\int_3^{10}\left[\frac{x^6}{27}+\frac{2}{3}x^4-2x^2-1\right]\mathrm{d}x\\&=\left[\frac{x^7}{189}+\frac{2}{15}x^5-\frac{2}{3}x^3-x\right]_3^{10}\\&=\left(\frac{10^7}{189}+\frac{2\cdot10^5}{15}-\frac{2\cdot10^3}{3}-10\right)-\left(\frac{3^7}{189}+\frac{2\cdot3^5}{15}-\frac{2\cdot3^3}{3}-3\right)\\&=\left(\frac{10^7-3^7}{189}+\frac{200\,000-486}{15}+\frac{54-2\,000}{3}-7\right)\\&=\left(\frac{9\,997\,813}{189}+\frac{199\,514}{15}-\frac{1\,946}{3}-7\right)\\&=\left(\frac{7\,141\,295}{135}+\frac{1\,795\,626}{135}-\frac{87\,570}{135}-\frac{945}{135}\right)\\&=\frac{8\,848\,406}{135}\\&\approx65\,544.\end{aligned}$$

即有

$$V\approx65\,544.$$

二、由 $\psi_1(y)\leqslant x\leqslant\psi_2(y)$ 及 $c\leqslant y\leqslant d$ 所围的区域 D 上的曲顶柱体体积

为了讨论的方便，我们将由 $\psi_1(y)\leqslant x\leqslant\psi_2(y)$ 及 $c\leqslant y\leqslant d$ 所围的区域 D 写成由 $y=c,y=d,x=\psi_1(y)$ 和 $x=\psi_2(y)$ 所围成的区域 D，其图形如图 10-78 所示. 此时，如果 $x=\psi_1(y)$ 和 $x=\psi_2(y)$ 在区间 $[c,d]$ 上连续，且函数 $f(x,y)$ 在区域 D 上连续，那么可证明函数曲面与闭区域 D 之间的曲顶柱体的体积 V 为

$$V=\int_{y=c}^{y=d}\left[\int_{x=\psi_1(y)}^{x=\psi_2(y)}f(x,y)\mathrm{d}x\right]\mathrm{d}y.$$

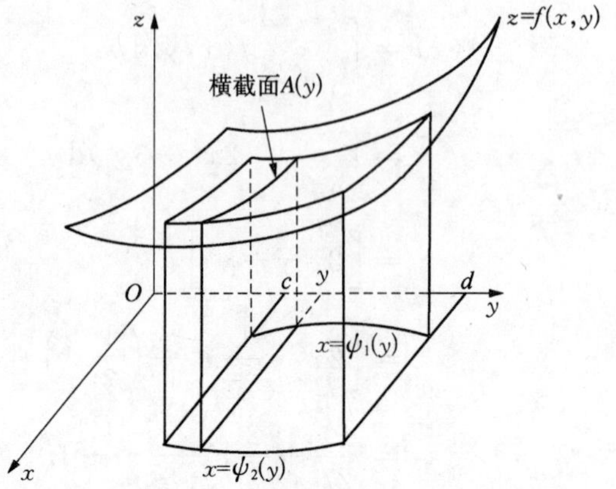

图 10 - 78

这个公式的证明方法与上述公式 $V=\int_{x=a}^{x=b}\mathrm{d}x\int_{y=\varphi_1(x)}^{y=\varphi_2(x)}f(x,y)\mathrm{d}y$ 的证明方法一样，简单叙述如下：

1. 找出曲顶柱体的横截面函数 $A(y)$

$$A(y)=\int_{x=\psi_1(y)}^{x=\psi_2(y)}f(x,y)\mathrm{d}x.$$

式中的 $A(y)$ 是垂直于 y 轴的横截面，如图 10 - 78 所示.

2. 推导公式 $\lim\limits_{\Delta y\to 0}\dfrac{\Delta V_{\perp y}}{\Delta y}=A(y)$

现在让我们在 y 轴上设置一个小区间 $[y,y+\Delta y]$. 让我们分别在小区间的两个端点 y 和 $y+\Delta y$ 处用垂直于 y 轴的平面垂直切割这个曲顶柱体，我们将得到一个垂直于 y 轴的曲顶柱体薄片，它的厚度为 Δy. 令 $\Delta V_{\perp y}$ 代表这个垂直于 y 轴的曲顶柱体薄片的体积，这里的符号 $\perp y$ 表示薄片垂直于 y 轴的意思. 我们可以证明 $\lim\limits_{\Delta y\to 0}\dfrac{\Delta V_{\perp y}}{\Delta y}=A(y)$，证明方法与上面证明公式 $\lim\limits_{\Delta x\to 0}\dfrac{\Delta V_{\perp x}}{\Delta x}=A(x)$ 的方法一样，这里就不详述了.

3. 推导公式 $\lim\limits_{\Delta y\to 0}\dfrac{\Delta V_d}{\Delta y}=0$

让我们在一个小区间 $[y,y+\Delta y]$ 上选择一个任意点 y^*，其坐标可表示为 $y^*=y+p\Delta y$，让我们作直线 $y=y^*$，并在直线 $y=y^*$ 处垂直切割这个曲顶柱体. 这样，我们得到一个横截面，它的面积 $A(y^*)$ 为

$$A(y^*)=\int_{x=\psi_1(y^*)}^{x=\psi_2(y^*)}f(x,y^*)\mathrm{d}x.$$

我们让这个横截面 $A(y^*)$ 向前延伸到点 y 处，再向后延伸到点 $y+\Delta y$ 处，这样我们就

得到一个很薄的等侧面薄片，它垂直于 y 轴，它的厚度为 Δy，它的底为矩形，它的两边侧面积均为 $A(y^*)$. 让我们称它任意点等面薄片，令 $\Delta V^*_{e_{\perp y}}$ 代表这个任意点等面薄片的体积，则

$$\Delta V^*_{e_{\perp y}} = \left(\int_{x=\psi_1(y^*)}^{x=\psi_2(y^*)} f(x,y^*)\mathrm{d}x\right)\Delta y = A(y^*)\Delta y = A(y+p\Delta y)\Delta y.$$

我们知道 $\Delta V_{\perp y}$ 不等于 $\Delta V^*_{e_{\perp y}}$. 它们之间有一个差值. 我们将这个差值记为 ΔV_d. 我们规定

$$\Delta V_d = \Delta V_{\perp y} - \Delta V^*_{e_{\perp y}}.$$

我们可以证明 $\lim\limits_{\Delta y\to 0}\dfrac{\Delta V_d}{\Delta y}=0$，证明方法与上面证明公式 $\lim\limits_{\Delta x\to 0}\dfrac{\Delta V_d}{\Delta x}=0$ 的方法一样，这里就不详述了.

4. **证明辅助公式** $\lim\limits_{\Delta y\to 0}\dfrac{\Delta V^*_{e1_{\perp y}}+\Delta V^*_{e2_{\perp y}}+\cdots+\Delta V^*_{en_{\perp y}}}{\Delta V_{1_{\perp y}}+\Delta V_{2_{\perp y}}+\cdots+\Delta V_{n_{\perp y}}}=1$

让我们在 y 轴上选一点，记为 y_0，并以此点为起点设立 n 个宽度为 Δy 的小区间：$[y_0, y_0+\Delta y]$，$[y_0+\Delta y, y_0+2\Delta y]$，$\cdots$，$[y_0+(n-1)\Delta y, y_0+n\Delta y]$. 在这 n 个小区间的端点上，我们对曲顶柱体进行切割，就有 n 个曲顶柱体薄片，这样我们就有 n 个 $\Delta V_{\perp y}$. 让我们把它分别记为 $\Delta V_{1_{\perp y}}, \Delta V_{2_{\perp y}}, \cdots, \Delta V_{n_{\perp y}}$. 现在让我们在这每个小区间上，选择一个任意点，这样我们有 n 个任意点 y^*，根据这 n 个任意点，我们可设立 n 个任意点等面薄片，这样我们就有 n 个 $\Delta V^*_{e_{\perp y}}$，把它分别记为 $\Delta V^*_{e1_{\perp y}}, \Delta V^*_{e2_{\perp y}}, \cdots, \Delta V^*_{en_{\perp y}}$.

我们可以证明 $\lim\limits_{\Delta y\to 0}\dfrac{\Delta V^*_{e1_{\perp y}}+\Delta V^*_{e2_{\perp y}}+\cdots+\Delta V^*_{en_{\perp y}}}{\Delta V_{1_{\perp y}}+\Delta V_{2_{\perp y}}+\cdots+\Delta V_{n_{\perp y}}}=1$，证明方法与上面证明公式 $\lim\limits_{\Delta x\to 0}\dfrac{\Delta V^*_{e1_{\perp x}}+\Delta V^*_{e2_{\perp x}}+\cdots+\Delta V^*_{en_{\perp x}}}{\Delta V_{1_{\perp x}}+\Delta V_{2_{\perp x}}+\cdots+\Delta V_{n_{\perp x}}}=1$ 的方法一样，这里就不详述了.

5. **推导公式** $V=\int_{y=c}^{y=d}\left[\int_{x=\psi_1(y)}^{x=\psi_2(y)} f(x,y)\mathrm{d}x\right]\mathrm{d}y$

让我们把曲顶柱体所在的 y 轴上的区间 $[c,d]$ 分割成 n 个小区间，相应地曲顶柱体就被分割成 n 个曲顶柱体薄片，这样我们就有 n 个 $\Delta V_{\perp y}$，把它分别记为 $\Delta V_{1_{\perp y}}, \Delta V_{2_{\perp y}}, \cdots, \Delta V_{n_{\perp y}}$. 显然，$V=\Delta V_{1_{\perp y}}+\Delta V_{2_{\perp y}}+\cdots+\Delta V_{n_{\perp y}}$. 让我们再在这每个小区间上，选择一个任意点，这样我们有 n 个任意点 y^*，根据这 n 个任意点，我们可设立 n 个任意点等面薄片，这样我们就有 n 个 $\Delta V^*_{e_{\perp y}}$，把它分别记为 $\Delta V^*_{e1_{\perp y}}, \Delta V^*_{e2_{\perp y}}, \cdots, \Delta V^*_{en_{\perp y}}$. 根据辅助公式 $\lim\limits_{\Delta y\to 0}\dfrac{\Delta V^*_{e1_{\perp y}}+\Delta V^*_{e2_{\perp y}}+\cdots+\Delta V^*_{en_{\perp y}}}{\Delta V_{1_{\perp y}}+\Delta V_{2_{\perp y}}+\cdots+\Delta V_{n_{\perp y}}}=1$，我们可有公式

$$\lim_{\Delta y\to 0}\frac{\Delta V^*_{e1_{\perp y}}+\Delta V^*_{e2_{\perp y}}+\cdots+\Delta V^*_{en_{\perp y}}}{\Delta V_{1_{\perp y}}+\Delta V_{2_{\perp y}}+\cdots+\Delta V_{n_{\perp y}}}=1.$$

因为 $V=\Delta V_{1_{\perp y}}+\Delta V_{2_{\perp y}}+\cdots+\Delta V_{n_{\perp y}}$，上式可写为

$$V=\lim_{\Delta y\to 0}(\Delta V_{e1_{\perp y}}^{*}+\Delta V_{e2_{\perp y}}^{*}+\cdots+\Delta V_{en_{\perp y}}^{*}).$$

因为$\Delta V_{e1_{\perp x}}^{*}=A(y_1^{*})\Delta y,\Delta V_{e2_{\perp y}}^{*}=A(y_2^{*})\Delta y,\cdots,\Delta V_{en_{\perp y}}^{*}=A(y_n^{*})\Delta y$，上式可写为

$$V=\lim_{\substack{n\to\infty\\ \Delta y\to 0}}(A(y_1^{*})\Delta y+A(y_2^{*})\Delta y+\cdots+A(y_n^{*})\Delta y),\quad \Delta y=\frac{d-c}{n}.$$

上式又可写为

$$V=\lim_{n\to\infty}\sum_{i=1}^{n}A(y_i^{*})\Delta y,\quad \Delta y=\frac{d-c}{n}.$$

将这个公式写成定积分的形式

$$V=\int_{y=c}^{y=d}A(y)\mathrm{d}y.$$

将第一步中求得的$A(y)=\int_{x=\psi_1(y)}^{x=\psi_2(y)}f(x,y)\mathrm{d}x$代入，即有

$$V=\int_{y=c}^{y=d}\left[\int_{x=\psi_1(y)}^{x=\psi_2(y)}f(x,y)\mathrm{d}x\right]\mathrm{d}y.$$

上式也可写为

$$V=\int_{y=c}^{y=d}\mathrm{d}y\int_{x=\psi_1(y)}^{x=\psi_2(y)}f(x,y)\mathrm{d}x.$$

证毕.

求解这个公式需分两步进行，第一步求出横截面的面积$A(y)$，即以可变值区间$[\psi_1(y),\psi_2(y)]$为积分区间求出定积分$A(y)=\int_{x=\psi_1(y)}^{x=\psi_2(y)}f(x,y)\mathrm{d}x$. 第二步求出体积$V$，即以固定值区间$[c,d]$为积分区间求出定积分$V=\int_{y=c}^{y=d}A(y)\mathrm{d}y$.

例 2 设函数为$z=x^2+y^2$，再设区域D是由$x_1=\frac{1}{y^2}$，$x_2=y^2$，及$y_1=2$和$y_2=5$所围成，如图 10－79 所示，求该函数曲面下、区域D上的曲顶柱体的体积V.

解 先求横截面$A(y)=\int_{x_1=\psi_1(y)}^{x_2=\psi_2(y)}f(x,y)\mathrm{d}x$，再求$V=\int_{y=c}^{y=d}A(y)\mathrm{d}y$.

$$\begin{aligned}A(y)&=\int_{x_1=\psi_1(y)}^{x_2=\psi_2(y)}f(x,y)\mathrm{d}x\\&=\int_{x_1=\frac{1}{y^2}}^{x_2=y^2}(x^2+y^2)\mathrm{d}x\\&=\left[\frac{1}{3}x^3+xy^2\right]_{x_1=\frac{1}{y^2}}^{x_2=y^2}\\&=\left[\frac{1}{3}(y^2)^3+y^2y^2\right]-\left[\frac{1}{3}\left(\frac{1}{y^2}\right)^3+\frac{1}{y^2}y^2\right]\end{aligned}$$

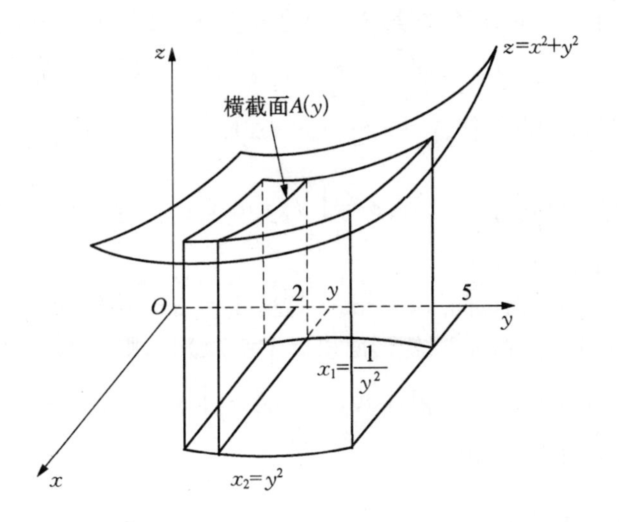

图 10-79

$$= \frac{y^6}{3} + y^4 - \frac{1}{3y^6} - 1.$$

将 $A(y)$ 及 $y=c=2, y=d=5$，代入 $V=\int_{y=c}^{y=d} A(y)\mathrm{d}y$，得

$$\begin{aligned}
V &= \int_2^5 \left[\frac{y^6}{3} + y^4 - \frac{1}{3y^6} - 1\right]\mathrm{d}y \\
&= \left[\frac{y^7}{21} + \frac{1}{5}y^5 + \frac{1}{15y^5} - y\right]_2^5 \\
&= \left(\frac{5^7}{21} + \frac{1}{5}5^5 + \frac{1}{15\cdot 5^5} - 5\right) - \left(\frac{2^7}{21} + \frac{1}{5}2^5 + \frac{1}{15\cdot 2^5} - 2\right) \\
&= \left(\frac{5^7-2^7}{21} + \frac{5^5-2^5}{5} + \frac{1}{15\cdot 5^5} - \frac{1}{15\cdot 2^5} - 3\right) \\
&\approx 4\ 330,
\end{aligned}$$

即有

$$V \approx 4\ 330.$$

第九节　定积分在物理学上的应用(选修)

在这一节中，我们将讨论如何运用定积分的原理解决物理问题. 对于这类用定积分计算物理量的问题，我们用元素法(微元法)进行讲解. 用元素法设立定积分有四个步骤，以设立曲线下面积公式 $A=\int_a^b f(x)\mathrm{d}x$ 为例介绍如下：

1. 将区间 $[a,b]$ 分割成 n 个等长小区间 $[x, x+\Delta x]$，从而将区间 $[a,b]$ 上、曲线 $f(x)$ 下的面积 A 分割成 n 个 ΔA，第 i 个小区间上的 ΔA 记为 ΔA_i，则有 $A=\sum_{i=1}^{n}\Delta A_i$.

2. 设立与ΔA_i相近似的元素，在第 i 个小区间上，任取一点x_i^*设立元素 $f(x_i^*)\Delta x$(小矩形面积)，则有$\Delta A_i \approx f(x_i^*)\Delta x$.

3. 求和，得面积 A 的近似值$A \approx \sum\limits_{i=1}^{n} f(x_i^*)\Delta x$.

4. 取极限得 $A = \lim\limits_{n\to\infty}\sum\limits_{i=1}^{n} f(x_i^*)\Delta x = \int_a^b f(x)\mathrm{d}x$.

以上步骤还可简化成两步.

1. 在区间$[a,b]$上设立微区间$[x,x+\mathrm{d}x]$，这里 $\mathrm{d}x=\Delta x$，则该区间上、曲线 $f(x)$下的面积仍记为 ΔA. 在该区间上设立微元(微矩形面积)$\mathrm{d}A=f(x)\mathrm{d}x$，则有 $\Delta A\approx \mathrm{d}A=f(x)\mathrm{d}x$.

2. 求微元在区间$[a,b]$上的定积分 $A=\int_a^b \mathrm{d}A=\int_a^b f(x)\mathrm{d}x$.

下面用微元法讨论物理问题.

一、变速直线运动的路程

我们在第八章中，已经讨论过这个问题，现在用微元法再作一次讨论. 我们知道，如果物体在时间段 t 上、以速度 v 做等速直线运动，则物体所移动的路程 s 为

$$s=vt.$$

现在设有一个做变速直线运动的物体，其速度函数为 $v=v(t)$($v(t)$为连续函数). 求在时间 $t=a$ 至时间 $t=b$ 的时间段中物体所移动的路程.

在时间区间$[a,b]$上设立时间微区间$[t,t+\mathrm{d}t]$. 物体在时间微区间 $\mathrm{d}t=\Delta t$ 上做变速运动所移动的实际路程可记为 Δs. 物体在时间微区间起始点 t 上的速度为$v=v(t)$，以该速度让物体在微时间 $\mathrm{d}t$ 上做匀速运动，那么所移动的微路程 $\mathrm{d}s$ 为

$$\Delta s\approx \mathrm{d}s=v(t)\mathrm{d}t.$$

在时间区间$[a,b]$上对微路程 $\mathrm{d}s$ 进行积分，则得在时间区间$[a,b]$上、物体所移动的路程 s 为

$$s=\int_a^b \mathrm{d}s=\int_a^b v(t)\mathrm{d}t.$$

例 1 设有一个汽车在 0 至 10 小时内做变速直线运动，其速度函数为 $v=t^2$ km/h. 问从第 3 小时至第 6 小时这个 3 小时中，汽车行驶了多少路程?

解 因为汽车速度函数为 $v=t^2$ km/h，则汽车在时间微区间$[t,t+\mathrm{d}t]$上、以速度 $v=t^2$ 做匀速运动所行驶的微路程为

$$\mathrm{d}s=t^2\mathrm{d}t.$$

那么汽车在时间段$[t=3,t=6]$上所行驶的路程 s 为

$$s=\int_3^6 t^2\mathrm{d}t=\left[\frac{t^3}{3}\right]_3^6=\frac{6^3}{3}-\frac{3^3}{3}=63(\mathrm{km}).$$

二、变力沿直线所做的功

我们知道,如果物体在路程段 s 上、受一个不变的力 F 作用,这个力的方向与物体运动的方向一致,那么在路程 s 上该力对物体所做的功 W 为

$$W=F\cdot s.$$

现在设有一个做直线运动的物体在路程区间$[a,b]$上受一个变化的力作用,该力的方向与物体运动的方向一致,这个力可用函数 $F=F(s)$表示($F(s)$为连续函数). 问当物体从 $s=a$ 移动到 $s=b$ 的路程中(即在路程区间$[a,b]$上),力对物体所做的功.

在路程区间$[a,b]$上设立路程微区间$[s,s+\mathrm{d}s]$,则在微路程 $\mathrm{d}s$ 上变力 F 对物体所做的实际功可记为 ΔW. 物体在路程微区间起始点 s 上所受的力为 $F=F(s)$,以该力为不变的力、在微路程 $\mathrm{d}s$ 上作用于物体,那么在微路程 $\mathrm{d}s$ 上、该不变力对物体所做的微功 $\mathrm{d}W$ 为

$$\Delta W\approx \mathrm{d}W=F(s)\mathrm{d}s.$$

在路程区间$[a,b]$上对微功进行积分,则得在路程区间$[a,b]$上、力对物体所做的功 W,即

$$W=\int_a^b \mathrm{d}W=\int_a^b F(s)\mathrm{d}s.$$

例 2　已知弹簧在拉伸的过程中,需要的拉力 F(单位:N)与伸长量 s(单位:cm)之间的关系为 $F=ks$,其中 k 是比例常数. 现有一弹簧其 k 值为 20,如果把弹簧拉由原长 0 cm 拉伸至 10 cm(0.1 m),问所做的功是多少?

解　已知拉力函数为 $F=20s$,设拉力在微路程 $\mathrm{d}s$ 上不变,则拉力在微路程 $\mathrm{d}s$ 上所做的微功 $\mathrm{d}W$ 为

$$\mathrm{d}W=F\mathrm{d}s=ks\mathrm{d}s=20s\mathrm{d}s.$$

那么在$[s=0,s=0.1\ \mathrm{m}]$路程上拉力所做的功 W 为

$$W=\int_0^{0.1}20s\mathrm{d}s=[10s^2]_0^{0.1}=10\cdot 0.1^2-0=0.1(\mathrm{J}).$$

习题答案

第一章

习题 1-1

1. (1) $(-\infty,+\infty)$;(2) $(-12,-4)$;(3) $(-\infty,-12]\cup[-4,+\infty)$.
2. (1) $(-\infty,12)$;(2) $(-6,1)$;(3) $(-\infty,-6]$.
3. (A).
4. (1) $(-\infty,9)$;(2) $(-\infty,5]$;(3) $(-\infty,2)\cup(2,+\infty)$.

习题 1-2

1. $(-\infty,0.5)$.
2. $(-\infty,1)\cup(1,+\infty)$.
3. $(-\infty,0)\cup(0,3)\cup(3,+\infty)$.
4. $(10,11)\cup(11,+\infty)$.
5. $(0,+\infty)$.
6. $(-\infty,0)\cup(0,1)\cup(1,2]$.

习题 1-3

1. (1) 奇函数;(2) 偶函数;(3) 偶函数;(4) 偶函数.
2. (1) 周期函数,周期为 2π; (2) 周期函数,周期为 π;
   (3) 非周期函数; (4) 周期函数,周期为 2π.

习题 1-4

1. $x=\sqrt{y}$.
2. $x=\sqrt[5]{y}$.
3. 一样.
4. (1) 一样;(2) 一样;(3) 它们互为倒数.
5. 一样.
6. $y=\sin^2 x$.

7. $y=\cos x^3$.

8. $y=\sqrt{x^2+2x}$.

习题 1－5

1. (3).
2. (2)和(4).
3. (4).

第二章

习题 2－1

1. (1) 4;　(2) 5;　(3) 6;　(4) 6.
2. (1) 略;　(2) 略;　(3) 略;　(4) 略.
3. (1) 0;　(2) 0.
4. 略.
5. (1) 0;　(2) 2.
6. (1) 略;　(2) 略;　(3) 略;　(4) 略.
7. 成立.
8. 成立.

习题 2－2

1. (1) 45;　(2) 15;　(3) 20;　(4) 0;
   (5) $\frac{1}{5}$;　(6) 6;　(7) 12;　(8) 48;
   (9) 32;　(10) 5;　(11) $\frac{1}{24}$;　(12) $\frac{1}{32}$.
2. (1) 1;　(2) $\frac{1}{2}$;　(3) 4;　(4) 0;
   (5) 0;　(6) 5.

习题 2－3

1. (1) 7;　(2) $\frac{2}{3}$;　(3) 1;　(4) 2.
2. (1) e^7;　(2) e;　(3) $\sqrt{\mathrm{e}}$;　(4) e^{-4};
   (5) $\frac{1}{\mathrm{e}}$;　(6) e^2.

习题 2－4

1. ∞.

2. $+\infty$.
3. $+\infty$.
4. $\dfrac{1}{x^3}$.
5. $\dfrac{1}{x}$.
6. 是.
7. 是.
8. 不一定是,因为当 $x\to 0$ 时,$\sin x$ 与 $2x$ 都是无穷小量,但$\lim\limits_{x\to 0}\dfrac{\sin x}{2x}=\dfrac{1}{2}$.
9. 略.
10. 0.
11. 0.

第三章

习题 3-1

1. 连续.
2. 连续.
3. 不连续.
4. 连续.
5. 不连续.
6. 不连续.
7. (A).
8. (C).
9. (B).
10. (1) $x=2$ 可去间断点;　(2) $x=3$,$x=-3$ 可去间断点;
    (3) $x=1$, $x=2$ 可去间断点.

习题 3-2

1. 8.
2. $\dfrac{\sqrt{14}}{14}$.
3. 1.
4. 2.
5. 1.
6. 0.

习题 3－3

1. 略.
2. 略.
3. 略.

第四章

习题 4

1. 不可导.
2. (1) 不可导； (2) 不可导.
3. 不可导.
4. (1) 不可导； (2) 可导； (3) 可导.
5. (1) -2； (2) 不可导； (3) 4； (4) 18.
6. (1) $\dfrac{\sqrt{2}}{2\sqrt{x}}$； (2) $18x$； (3) $\dfrac{1}{3\sqrt[3]{x^2}}$； (4) $2x+1$.

第五章

习题 5

1. $\dfrac{215}{3}$.
2. 729.
3. 1.
4. 24.

第六章

习题 6－1

1. -1.
2. -1.
3. 2.
4. -2.
5. 1.
6. -1.

7. $\frac{1}{37}$.

8. $-\frac{1}{65}$.

9. $\frac{1}{3}$.

10. $\frac{2}{3}$.

11. 256.

12. 2.

13. 1.

14. $\ln 2 \cdot 2^{e}$.

15. e.

16. 相同.

习题 6-2

1. (1) $3x^2+2x$;　　(2) $8x-e^x$;

(3) $24x^5-\frac{2\cos x}{5}$;　　(4) $2x+\frac{6}{x^7}$;

(5) $4(\cos^2 x-\sin^2 x)$;　　(6) $4x^3\ln x+x^3$;

(7) $\frac{-2\ln x+1}{x^3}$;　　(8) $3x^2\cos x-x^3\sin x$;

(9) $\frac{(x-3)e^x}{x^4}$;　　(10) $\frac{x\cos x-2\sin x}{x^3}$.

2. (1) $\frac{-x}{\sqrt{9-x^2}}$;　　(2) $\sin(3-x)$;

(3) $2\sin x\cos x$;　　(4) $-2\cos x\sin x$;

(5) $\frac{2x}{x^4+1}$;　　(6) $\frac{x}{(2-x^2)^{\frac{3}{2}}}$;

(7) $\frac{-1}{2\sqrt{1-x}\sqrt{x}}$;　　(8) $\frac{\sec^2 x}{\tan x}$;

(9) $\frac{\sin x+\cos x}{\sin x-\cos x}$;　　(10) $\frac{x}{(25-x^2)^{\frac{3}{2}}}$;

(11) $\frac{1}{x^2+1}$;　　(12) $\frac{1}{2x\sqrt{\ln x}}$.

习题 6-3

1. (1) $\frac{1}{(1+x^2)^{\frac{3}{2}}}$;　　(2) $-\cos(x-1)$;

(3) $-\sin x$; (4) $2\sec^2 x\tan x$.

2. (1) $-\cos x$; (2) $\sin(x+1)$;

(3) $(x+3)e^x$; (4) $8\cos x\sin x$.

3. (1) $120x$; (2) $\cos x$;

(3) $(16x^4-12)\sin x^2-48x^2\cos x^2$; (4) $y=120(1-x)$.

习题 6-4

1. (1) $\dfrac{ye^{xy}-1}{1-xe^{xy}}$;

(2) $\dfrac{1}{4\cos y-1}$;

(3) $\dfrac{-2x-ye^{xy}}{2y+xe^{xy}}$;

(4) $\dfrac{e^{x+y}-y}{x-e^{x+y}}$;

2. (1) $-\dfrac{2\cos 2t}{\sin t}$; (2) $-\dfrac{1}{2t}$;

(3) $-8e^{3t}$; (4) $\dfrac{2(t^2-2)}{t}$.

习题 6-5

1. (1) e^x; (2) $-\cos x$;

(3) $6x$; (4) $\tan x$;

(5) $\csc x$; (6) $6\operatorname{arccot} x$;

(7) $3\arctan x$; (8) $2\ln x$;

(9) $\dfrac{1}{4}x^4$; (10) 2^x.

2. (1) $\dfrac{\sec^2 x}{\tan x}dx$; (2) $\dfrac{\cos x-\sin x}{\sin x+\cos x}dx$;

(3) $\dfrac{x}{(36-x^2)^{\frac{3}{2}}}dx$; (4) $y=\dfrac{1}{(1+x)^2+1}dx$;

(5) $(3x^2\sin x+x^3\cos x)dx$;

(6) $[\sin x+\cos x+x(\cos x-\sin x)]dx$;

(7) $\dfrac{1}{(1-x^2)^{\frac{3}{2}}}dx$; (8) $\dfrac{-x\sin x-\cos x}{x^2}dx$.

3. (1) a. $\cos t$; b. $-\sin t$; c. $-\dfrac{\cos t}{\sin t}$.

(2) a. 2; b. $2t$; c. $\dfrac{1}{t}$.

(3) a. e^t; b. $-7e^{-t}$; c. $-\dfrac{e^{2t}}{7}$.

(4) a. 4；　　　b. $\dfrac{2}{t}$；　　　c. $2t$.

第七章

习题 7-1

1. 略.
2. 略.
3. 略.

习题 7-2

1. $-\sin a$.
2. 1.
3. -3.
4. 2.
5. 4.
6. 0.

习题 7-3

1. 该运动物体在第 6 秒时的速度为 12 米/秒、加速度为 2 米/秒^2.
2. 该运动物体在第 1 秒时的速度为 6 米/秒、加速度为 12 米/秒^2.
3. 该运动物体在第 9 秒时的速度为 81 米/秒、加速度为 18 米/秒^2.
4. 该运动物体的在第 4 秒时速度为 e^4 米/秒、加速度为 e^4 米/秒^2.

习题 7-4

1. (1) $(-\infty,0)$上单调减少,$(0,+\infty)$上单调增加；
   (2) $(-\infty,1)$上单调增加,$(1,+\infty)$上单调减少；
   (3) $(-\infty,+\infty)$上单调增加；
   (4) $(-\infty,+\infty)$上单调减少.
2. (1) $(-\infty,0)$凸的,$(0,+\infty)$凹的；
   (2) $(-\infty,-1)$凹的,$(-1,+\infty)$凸的；
   (3) $(-\infty,+\infty)$凸的；
   (4) $(-\infty,+\infty)$凹的.
3. (1) $x=3$ 极小值点,$x=-3$ 极大值点；
   (2) $x=0$,极小值点；
   (3) $x=1$,极大值点；
   (4) $x=-1$,极小值点.
4. $x=15$ 米,$y=30$ 米.

习题 7－5

1. $15+12(x-1)+7(x-1)^2+2(x-1)^3$.
2. $6x^4+2x^2+x+1$.
3. $\sqrt{x}=2+\frac{1}{4}(x-4)-\frac{1}{64}(x-4)^2+\frac{1}{512}(x-4)^3-\frac{15(x-4)^4}{4!\ 16[4+\theta(x-4)]^{\frac{7}{2}}}$ $(0<\theta<1)$.
4. $\tan x=x+\frac{1}{3}x^3+\theta(x^3)$ $(0<\theta<1)$.
5. $xe^x=x+x^2+\frac{x^3}{2!}+\cdots+\frac{x^n}{(n-1)!}+\theta(x^n)$ $(0<\theta<1)$.
6. (1) 0.156 4； (2) 0.587.
7. (1) 3； (2) $\frac{1}{6}$.

习题 7－6

1. $K=16,\rho=\frac{1}{16}$.
2. $\rho=\frac{1}{144}$.
3. $(-1,5)$.
4. $\frac{4\sqrt{5}}{25}$.

第八章

习题 8－1

1. (1) $\frac{x^4}{4}+C$； (2) $\tan x+C$； (3) $\sin x+C$； (4) e^x+C.
   (5) $\arcsin x+C$； (6) $-\cot x+C$； (7) $8x+C$； (8) $\arctan x+C$.
2. (1) $-\frac{5}{2x^2}+C$； (2) $-\frac{2}{\sqrt{x}}+C$； (3) $\frac{2x^{\frac{9}{2}}}{9}+C$；
   (4) $\frac{3x^{\frac{7}{3}}}{7}+C$； (5) $-\frac{2}{3x^{\frac{3}{2}}}+C$； (6) $\frac{x^4}{4}+x^3-10x+C$；
   (7) $\frac{x^4}{4}-\cos x+C$； (8) $\frac{(x-4)^3}{3}+C$； (9) $\frac{(x+1)^4}{4}+C$；
   (10) $3\arcsin x+C$； (11) $\arcsin\frac{x}{6}+C$； (12) $2\arctan x+C$；

(13) $\frac{\arctan\frac{x}{6}}{6}+C$； (14) $4\arcsin\frac{x}{2}+\frac{x^3}{3}+C$； (15) $\arctan x-\frac{1}{x}+C$；

(16) $7\arcsin\frac{x}{3}+\frac{x^3}{3}+C$； (17) $5\arcsin\frac{x}{2}+\frac{x^2}{2}+C$； (18) $\arctan x+x+C$；

(19) $-\frac{\sqrt{x}(2x^2-10)}{5}+C$； (20) $2(x-\arctan x)+C$； (21) $\frac{\sqrt{x}(6x^2-20x+30)}{15}+C$；

(22) $\frac{e^x 3^{2x}}{2\ln 3+1}+C$； (23) $\frac{\left(\frac{e}{4}\right)^x}{\ln\frac{e}{4}}+C$； (24) $\frac{x^2+\sin x+x}{2}+C$；

(25) $\frac{x-\sin x-x^2}{2}+C$； (26) $-\cos x+C$.

习题 8 - 2

1. (1) $\frac{1}{3}$； (2) -1； (3) $\frac{5}{2}$； (4) $\frac{1}{2x}$；

(5) $\frac{-1}{\sin x}$； (6) $\frac{1}{e^x}$； (7) $\frac{x}{3}$； (8) $\frac{1}{5}$.

2. (1) $x^9+9x^6+27x^3+C$； (2) $x^{15}+9x^{10}+27x^5+C$；

(3) $(x^2+3)^{\frac{3}{2}}+C$； (4) $-\cos(x+4)+C$；

(5) $\sin(x-7)=C$； (6) $\sqrt{x^2+12}+C$；

(7) $2\sqrt{x^2-6}+C$； (8) $\frac{2\sqrt{x^3+6}}{3}+C$；

(9) $\frac{\sqrt{x^6+6}}{3}+C$； (10) $\frac{\sin(2x)+2x}{4}+C$；

(11) $\frac{1}{2-\ln x}+C$； (12) $-\frac{\cos^6 x}{6}+C$；

(13) $x^6+9x^4+27x^2+C$； (14) $\frac{x^3}{3}+x^2+x+C$.

3. (1) $\frac{x\sqrt{4-x^2}}{2}+2\arcsin\frac{x}{2}+C$； (2) $\ln(x+\sqrt{x^2+25})+C$；

(3) $\ln\left|x+\sqrt{x^2-36}\right|+C$； (4) $\frac{\ln(x+\sqrt{x^2+4})}{4}+C$；

(5) $\frac{1}{2}(49\arcsin\frac{x}{7}-x\sqrt{49-x^2})+C$； (6) $-\frac{(1-x^2)^{\frac{3}{2}}}{3x^3}+C$；

(7) $\frac{1}{8}[4\sqrt{x}-\ln(4\sqrt{x}+1)]$； (8) $\sqrt{x^2-25}-5\arctan\frac{5}{\sqrt{x^2-25}}+C$；

(9) $x-6\sqrt{x+1}+6\ln\left|\sqrt{x+1}+1\right|+C$；　(10) $4\arcsin\frac{x}{2}+C$；

(11) $\arcsin x-\frac{x}{1+\sqrt{1-x^2}}+C$；　(12) $\arcsin\frac{2x-1}{\sqrt{5}}+C$.

习题 8 - 3

1. $(x^2-2x)e^x+C$.
2. $(x+6)\sin x+\cos x$.
3. $e^x(x^3-3x^2+6x-6)+C$.
4. $e^{2x}\sin 2x-e^{2x}\cos 2x$.
5. $\sin x-x\cos x+C$.
6. $-2x\sin 2x-\cos 2x+2x^2$.
7. $4x\sin x+4\cos x+C$.
8. $3\sin 2x-6x\cos 2x+C$.
9. $3x(\ln x)^2-6x\ln x+6x+C$.
10. $\frac{x^2\sin x}{2}+x\cos x-\sin x+C$.
11. $-2xe^{-2x}-e^{-2x}+C$.
12. $x\sin\frac{x}{2}+2x\cos\frac{x}{2}+C$.

习题 8 - 4

1. $\frac{x^3}{3}-2x+16-64\ln|x+4|+C$.
2. $2\ln|x+2|-\frac{1}{2}\ln|x+1|-\frac{3}{2}\ln|x+3|+C$.
3. $\ln|x+6|+\ln|x-2|+\ln|x|+C$.
4. $\ln|x+8|+\ln|x-1|+\ln(x^2)+C$.
5. $\ln|x|-\frac{1}{2}\ln|x^2+4|+C$.
6. $\ln|x+3|+\ln|x-8|+\ln|x|+C$.
7. $\ln|x-1|-\ln|x+1|+\frac{1}{x-1}+C$.
8. $\ln|x|-\frac{1}{2}\ln|x+1|-\frac{1}{4}\ln(x^2+1)-\frac{1}{2}\arctan x+C$.

第九章

习题 9 - 1

1. (1) 14；　(2) 81；　(3) 14.5；　(4) 25.5；

(5) 22；　(6) 680.1；　(7) 2；　(8) 0.71.

2. (1) $\int_0^1 x^2\mathrm{d}x$；　(2) $\int_1^2 x^4\mathrm{d}x$；　(3) $\int_0^1 x\mathrm{d}x$；　(4) $\int_0^{\frac{\pi}{6}} \cos x\mathrm{d}x$.

习题 9－2

1. (1) 0.11；　(2) 1.69；　(3) 130.74；　(4) 624.86；
(5) 0.62；　(6) 1.17；　(7) 16.16；　(8) 3 122.45；
(9) 3.0；　(10) 11.58；　(11) 1 003.75；　(12) 0.33.

2. (1) $\frac{1}{3}$；
(2) $\frac{1}{8e}$.

习题 9－3

1. (1) $\frac{1}{216}$；　(2) $\frac{3\pi}{4}$；　(3) 1；　(4) 2π；
(5) $\frac{4\sqrt{2}\pi}{3}+\sqrt{6}$；　(6) $\frac{\sqrt{5}}{2}-\frac{\sqrt{10}}{3}$；　(7) 0.29；　(8) 1.29；
(9) 0.64；　(10) 1.97；　(11) 11.19；　(12) 0.14；
(13) 55.95；　(14) 1 789.4；　(15) 0.57；　(16) 20.22.

2. 略.
3. 略.
4. 略.

习题 9－4

1. 1.
2. $\frac{\pi}{4}$.
3. π.
4. 1.
5. $\frac{\ln 0.5-1}{2}$.
6. $\frac{8}{3}$.

第十章

习题 10－1

1. 2.

2. 36.

3. 10.67.

4. 21.3.

5. 1.

6. $\frac{2}{3}-\ln 2$.

7. $\frac{4}{3}$.

8. $\frac{9}{4}$.

习题 10－2

1. $\frac{3}{2}\pi$.

2. $\frac{\pi}{3}-\frac{\sqrt{3}}{4}$.

3. π.

4. $\frac{\pi}{6}+\frac{1-\sqrt{3}}{2}$.

习题 10－3

1. $299\ 593\pi$.

2. $\frac{\pi^2}{2}$.

3. $\frac{\pi^2}{2}$.

4. $\frac{43\ 864\pi}{105}$.

5. 28.5.

6. $\frac{7\pi}{2}$.

习题 10－4

1. 12.41.

2. $\frac{16}{3}$.

3. $\frac{19}{3}$.

4. $\frac{5\sqrt{10}-4}{9}$.

习题 10－5

1. 40.
2. 3.
3. π^2.

附　录

为什么说用折线逼近法推导出的弧长公式不是定积分

在高等数学的教材中，弧长公式的传统推导方法是折线逼近法. 我们先演示这种推导方法，然后再说明为什么用折线逼近法推导出的弧长公式不是定积分.

设函数 $f(x)$ 在区间 $[a,b]$ 上可导，且导函数 $f'(x)$ 连续，将区间 $[a,b]$ 分割成 n 个宽度均为 Δx 的小区间，每个小区间上都有一小段曲线，让我们对每一小段曲线都作一条折线，这样我们有 n 条折线，将这 n 条折线的长度依次分别记为 $\Delta s_{s1}, \Delta s_{s2}, \cdots, \Delta s_{sn}$（右下角 s 是 secant 的第一个字母)，如图 1 所示. 可证明曲线 $f(x)$ 在区间 $[a,b]$ 的长度 s 由下式给出

$$s=\lim_{\substack{n\to\infty\\ \Delta x\to 0}}(\Delta s_{s1}+\Delta s_{s2}+\cdots+\Delta s_{sn}), \Delta x=\frac{b-a}{n}.$$

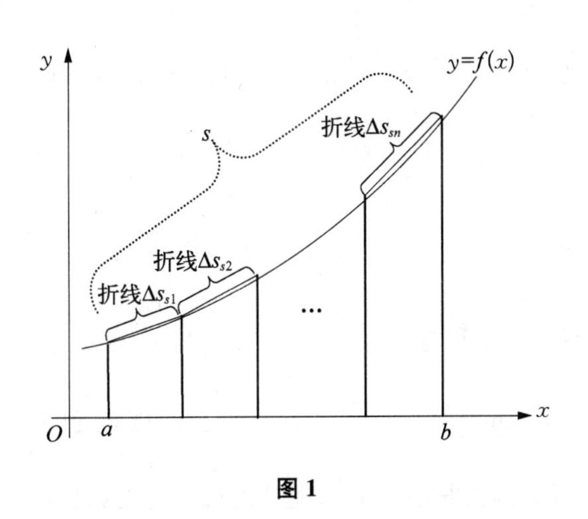

图 1

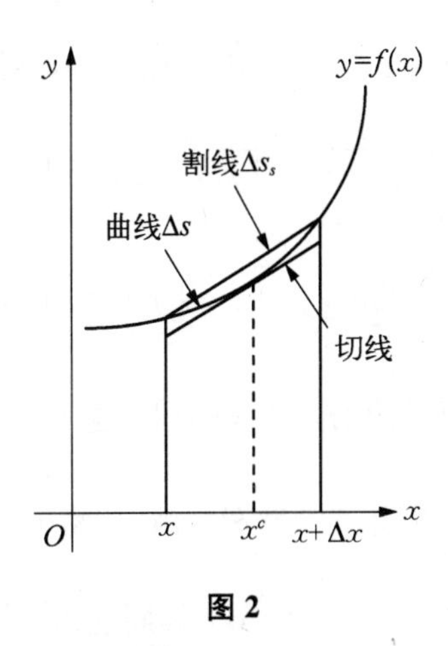

图 2

根据拉格朗日中值定理，如果对小区间 $[x,x+\Delta x]$ 上的曲线 Δs 作割线 Δs_s，那么我们总可以在该区间对曲线作一条平行于该割线的切线，如图 2 所示. 因为平行，这个切线的长度与该割线长度相等. 有切线就必然有切点. 但是此切线的切点不是一个任意点，而是某一个定点，以 x^c 表示这个这个切点(c 是 certain 的第一个字母). 注意，这个切点不能是小区间端点，因为在端点上拉格朗日中值定理不成立. 在上面的公式中，有 n 条折线，故可作 n 条切线. 这样就有 n 个切点，我们将这 n 个切点，依次分别记为 $x_1^c, x_2^c, \cdots, x_n^c$. 那么第一条切线的

长度至第 n 条切线的长度分别为 $\sqrt{1+[f'(x_1^c)]^2}\ \Delta x$，$\sqrt{1+[f'(x_2^c)]^2}\Delta x,\cdots$，$\sqrt{1+[f'(x_n^c)]^2}\Delta x$. 因为折线的长度与对应的切线长度相等，故 $\Delta s_{s1}=\sqrt{1+[f'(x_1^c)]^2}\cdot\Delta x,\Delta s_{s2}=\sqrt{1+[f'(x_2^c)]^2}\Delta x,\cdots,\Delta s_{sn}=\sqrt{1+[f'(x_n^c)]^2}\Delta x$. 代入公式 $s=\lim\limits_{\substack{n\to\infty\\ \Delta x\to 0}}(\Delta s_{s1}+\Delta s_{s2}+\cdots+\Delta s_{sn})$，得

$$s=\lim_{\substack{n\to\infty\\ \Delta x\to 0}}(\sqrt{1+[f'(x_1^c)]^2}\Delta x+\sqrt{1+[f'(x_2^c)]^2}\Delta x+\cdots+\sqrt{1+[f'(x_n^c)]^2}\Delta x),$$

这里 $\Delta x=\dfrac{b-a}{n}$. 上式可用“西格玛”符号重写为

$$s=\lim_{\substack{n\to\infty\\ \Delta x\to 0}}\sum_{i=1}^{n}\sqrt{1+[f'(x_i^c)]^2}\Delta x,\Delta x=\frac{b-a}{n},x_i^c\neq a,x_i^c\neq i\Delta x.$$

因为在这些小区间端点上，拉格朗日中值定理不成立，故 $x_i^c\neq a,x_i^c\neq i\Delta x$. 由于 $\Delta x=\dfrac{b-a}{n}$，$\lim\limits_{\substack{n\to\infty\\ \Delta x\to 0}}$ 可以被简单地写为 $\lim\limits_{n\to\infty}$，则有

$$s=\lim_{n\to\infty}\sum_{i=1}^{n}\sqrt{1+[f'(x_i^c)]^2}\Delta x,\Delta x=\frac{b-a}{n},x_i^c\neq a,x_i^c\neq i\Delta x.$$

这就是以折切线逼近法推导出的弧长公式. 注意，在这个公式中，x_i^c 是不能等于小区间端点的. 根据定积分的定义，只有当 x_i^* 是任意点时，$\lim\limits_{n\to\infty}\sum\limits_{i=1}^{n}\sqrt{1+[f'(x_i^*)]^2}\Delta x$ 才能等于 $\int_a^b\sqrt{1+[f'(x)]^2}\mathrm{d}x$，而 x_i^c 不是任意点，且 $x_i^c\neq a,x_i^c\neq i\Delta x(i=1,2,\cdots,n)$，因此 $\lim\limits_{n\to\infty}\sum\limits_{i=1}^{n}\sqrt{1+[f'(x_i^c)]^2}\Delta x$ 不是定积分，它不能等于 $\int_a^b\sqrt{1+[f'(x)]^2}\mathrm{d}x$，即

$$\lim_{n\to\infty}\sum_{i=1}^{n}\sqrt{1+[f'(x_i^c)]^2}\Delta x\neq\int_a^b\sqrt{1+[f'(x)]^2}\mathrm{d}x(x_i^c\neq a,x_i^c\neq i\Delta x).$$

但在传统的教科书上，这个极限被写成了定积分 $\int_a^b\sqrt{1+[f'(x)]^2}\mathrm{d}x$，这就违反了定积分的定义. 另外，由于将极限 $s=\lim\limits_{n\to\infty}\sum\limits_{i=1}^{n}\sqrt{1+[f'(x_i^c)]^2}\Delta x$ 与定积分 $s=\int_a^b\sqrt{1+[f'(x)]^2}\mathrm{d}x$ 等同起来，让人们误认为弧长公式的原理是以折线逼近弧长，从而曲解了弧长公式的真正原理及含义，这需要纠正. 我们在第十章第四节中已讨论过，弧长公式的真正原理是以任意点切线逼近弧长，只有采用任意点切线逼近法，才能使推导出的弧长公式 $s=\lim\limits_{n\to\infty}\sum\limits_{i=1}^{n}\sqrt{1+[f'(x_i^*)]^2}\Delta x$ 中的 x_i^* 为任意点，才能得到定积分

$$s=\int_a^b\sqrt{1+[f'(x)]^2}\mathrm{d}x.$$

通过以上讨论,我们知道,当$n\to\infty$,折线长度之和的极限$\lim\limits_{n\to\infty}\sum\limits_{i=1}^{n}\sqrt{1+[f'(x_i^c)]^2}\Delta x$等于曲线长度,但这个极限不是定积分.

尽管极限$s=\lim\limits_{n\to\infty}\sum\limits_{i=1}^{n}\sqrt{1+[f'(x_i^c)]^2}\Delta x$不是定积分,但我们却可以运用这个极限和连续函数可积定理来证明当$n\to\infty$时,任意点切线长度之和的极限$\lim\limits_{n\to\infty}\sum\limits_{i=1}^{n}\sqrt{1+[f'(x_i^*)]^2}\Delta x$等于曲线长度,即

$$s=\lim_{n\to\infty}\sum_{i=1}^{n}\sqrt{1+[f'(x_i^*)]^2}\Delta x.$$

做法如下:

1. 因为$\sqrt{1+[f'(x)]^2}$是连续函数,根据连续函数可积定理,极限$\lim\limits_{n\to\infty}\sum\limits_{i=1}^{n}\sqrt{1+[f'(x_i^*)]^2}\Delta x$必等于一个定值.

2. 极限$\lim\limits_{n\to\infty}\sum\limits_{i=1}^{n}\sqrt{1+[f'(x_i^c)]^2}\Delta x$是极限$\lim\limits_{n\to\infty}\sum\limits_{i=1}^{n}\sqrt{1+[f'(x_i^*)]^2}\Delta x$中的一个特例,根据连续函数可积定理,当极限$\lim\limits_{n\to\infty}\sum\limits_{i=1}^{n}\sqrt{1+[f'(x_i^c)]^2}\Delta x=s$时,那么极限$\lim\limits_{n\to\infty}\sum\limits_{i=1}^{n}\sqrt{1+[f'(x_i^*)]^2}\Delta x$所等于的值也应是$s$. 即有

$$s=\lim_{n\to\infty}\sum_{i=1}^{n}\sqrt{1+[f'(x_i^*)]^2}\Delta x.$$

3. 因为极限$\lim\limits_{n\to\infty}\sum\limits_{i=1}^{n}\sqrt{1+[f'(x_i^*)]^2}\Delta x$中的$x_i^*$是任意点,根据定积分定义,可以将极限$\lim\limits_{n\to\infty}\sum\limits_{i=1}^{n}\sqrt{1+[f'(x_i^*)]^2}\Delta x$写成定积分$\int_a^b\sqrt{1+[f'(x)]^2}\mathrm{d}x$,即有

$$s=\lim_{n\to\infty}\sum_{i=1}^{n}\sqrt{1+[f'(x_i^*)]^2}\Delta x=\int_a^b\sqrt{1+[f'(x)]^2}\mathrm{d}x.$$

注意,如果采用这样的证明方法,此时就必须对极限$s=\lim\limits_{n\to\infty}\sum\limits_{i=1}^{n}\sqrt{1+[f'(x_i^c)]^2}\Delta x$与极限$s=\lim\limits_{n\to\infty}\sum\limits_{i=1}^{n}\sqrt{1+[f'(x_i^*)]^2}\Delta x$的意义进行说明:$s=\lim\limits_{n\to\infty}\sum\limits_{i=1}^{n}\sqrt{1+[f'(x_i^c)]^2}\Delta x$表述的是用折线逼近弧长,而$s=\lim\limits_{n\to\infty}\sum\limits_{i=1}^{n}\sqrt{1+[f'(x_i^*)]^2}\Delta x$表述的是用任意点切线逼近弧长. 用折线逼近弧长的极限$\lim\limits_{n\to\infty}\sum\limits_{i=1}^{n}\sqrt{1+[f'(x_i^c)]^2}\Delta x$不是定积分,而用任意点切线逼近弧长的极限$\lim\limits_{n\to\infty}\sum\limits_{i=1}^{n}\sqrt{1+[f'(x_i^*)]^2}\Delta x$才是定积分. 事实上,如用这样的证明法反而将问题变得更复杂、更曲折. 这就远不如直接用任意点切线逼近弧长法来得简单、明了.

综上所述,极限 $\lim\limits_{n\to\infty}\sum\limits_{i=1}^{n}\sqrt{1+[f'(x_i^c)]^2}\Delta x$ 不是定积分,而极限 $\lim\limits_{n\to\infty}\sum\limits_{i=1}^{n}\sqrt{1+[f(x_i^*)]^2}\cdot\Delta x$ 才是定积分 $\int_a^b\sqrt{1+[f'(x)]^2}\mathrm{d}x$. 既然公式 $s=\int_a^b\sqrt{1+[f'(x)]^2}\mathrm{d}x$ 表述的是用任意点切线逼近弧长,而我们也找到了用任意点切线逼近法直接推导公式 $s=\int_a^b\sqrt{1+[f'(x)]^2}\mathrm{d}x$ 的方法,那我们就没有理由不采用这种新方法. 高等数学以严谨著称,来不得半点马虎. 现在是我们转变观念,采用新方法,还原弧长公式真正含义的时候了.